2024年版

第二種電気工事士技能試験
候補問題
丸わかり

電気書院　編

電気書院

[本書の正誤に関するお問い合せ方法は，最終ページをご覧ください]

2024年版
第二種電気工事士
技能試験

候補問題丸わかり 目次

第二種電気工事士試験 受験の手引き 2024年度（令和6年度）

第二種電気工事士試験は，電気工事士法に基づく国家試験です．試験に関する事務は，経済産業大臣指定の一般財団法人電気技術者試験センター（指定試験機関）が行います．第二種電気工事士試験は上期，下期試験のどちらかを選択して受験することができます．令和6年度（2024年度）の試験に関する日程は下記の通りです．

受験手数料

インターネットによる申込み

9,300円

原則，インターネット申込みとなります． インターネットをご利用になれない等，やむを得ない場合で書面申込みを希望される方は，一般財団法人電気技術者試験センター本部事務局（TEL：03-3552-7691）までご連絡ください．

郵送による**書面申込みの受験手数料は9,600円**です．なお，書面申込みは，申込期間最終日の消印有効となります．

受験申込受付期間

上期試験：2024年3月18日（月）～4月8日（月）

下期試験：2024年8月19日（月）～9月5日（木）

※申込期間は，筆記方式・CBT方式・筆記免除者ともに同じです．インターネットによる申込みは初日10時から最終日の17時までになります．

試験実施日

学科試験

上期試験（CBT方式）：2024年 4月22日(月)～ 5月9日（木）

（筆記方式）：2024年 5月26日(日)

下期試験（CBT方式）：2024年 9月20日(金)～10月7日（月）

（筆記方式）：2024年10月27日(日)

技能試験

上期試験：2024年 7月20日（土）〈技能－1〉

：2024年 7月21日（日）〈技能－2〉

下期試験：2024年12月14日（土）〈技能－1〉

：2024年12月15日（日）〈技能－2〉

※技能試験は，試験地により技能-1または技能-2のいずれかの日に実施されます．

準備する筆記用具・作業用工具

HBの鉛筆又はシャープペンシル，鉛筆削り，プラスチック消しゴム，定規

※複線図等を描く場合は，問題用紙の余白を使用してください．その際，色鉛筆，色ボールペン，蛍光ペン，マジック等を使用できます．

マークシートへの記入には，HBの鉛筆またはシャープペンシルを使用してください．ボールペン等は使用できません．

作業用工具【指定工具】

ペンチ，ドライバ（プラス・マイナス），ナイフ，スケール，ウォータポンププライヤ，リングスリーブ用圧着工具（JIS C 9711：1982・1990・1997適合品）

※技能試験では，電動工具以外のすべての工具を使用することができます．なお，「指定工具」は最低限必要と考えられますので，必ず持参してください．

注a：リングスリーブの圧着は，リングスリーブにJIS C 9711に適合する圧着マークが刻印されることが求められます．リングスリーブ用圧着工具は，JISの「屋内配線用電線接続工具・手動片手式工具・リングスリーブ用」（JIS C 9711：1982・1990・1997）の規格のもの（**握り部分の色が黄色のもの**）を使用すれば，この圧着マークが刻印されます．○，小，中，大の刻印が明確に出るものを用意してください．なお，上記以外のリングスリーブ用圧着工具（1982年より以前のJIS規格のリングスリーブ用圧着工具を含む．）で圧着し，リングスリーブに圧着マークが刻印されない場合は減点の対象となります．

注b：試験中の工具の貸借はできません．

注c：持参する工具の数量に制限はありませんが，作業用机が狭いので，その上に置く工具は，他の受験者に迷惑のかからないようにしてください．

注d：カッターナイフでケガをされる方がおります．使用は自粛してください．注e：回路計（テスター）等の計測機器は使用できません．

注f：「保護板」は配付されたもの以外使用できません．注g：手袋，工具を入れるための腰ベルトは使用できます．注h：電動工具（電動ドライバー等），改造した工具および自作した工具は使用できません．

試験の詳細は，一般財団法人電気技術者試験センター（TEL：03-3552-7691，ホームページ：https://www.shiken.or.jp）にお問い合わせください．

●これが今年発表された技能試験の候補問題 No.1 ～ No.13 です●

令和６年度第二種電気工事士技能試験候補問題の公表について

1. 技能試験候補問題について

ここに公表した候補問題（No.1 ～ No.13）は，一般用電気工作物の電気工事にかかる基本的な作業であって，試験を机上で行うことと使用する材料・工具等を考慮して作成してあります．

2. 出題方法

令和６年度の技能試験問題は，次の No.1 ～ No.13 の配線図の中から出題します．ただし，配線図，施工条件等の詳細については，試験問題に明記します．なお，**試験時間は，すべての問題について 40 分の予定**です．

その他，詳細についての**ご質問には一切応じられません**．

（注）1. 図記号は，原則として JIS C 0303：2000 に準拠している．
　　また，作業に直接関係のない部分等は省略又は簡略化してある．
2. Ⓡはランプレセプタクルを示す．
3. 記載のない電線の種類は，VVF1.6 とする．

No. 1

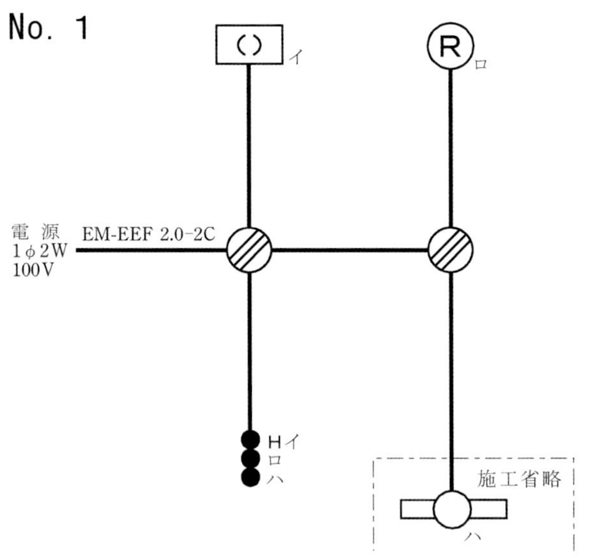

No. 2

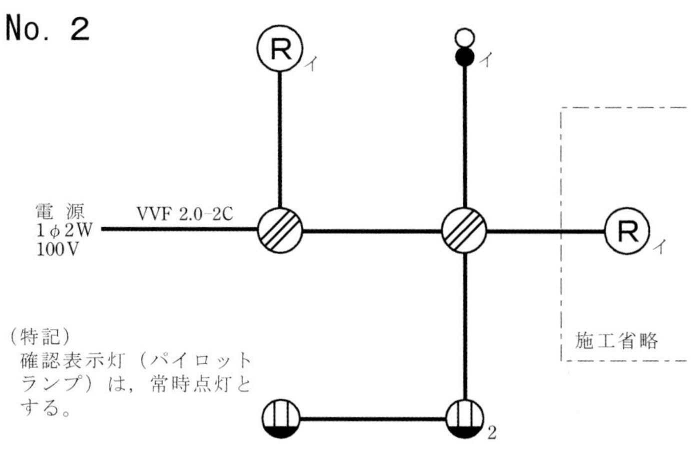

No. 3

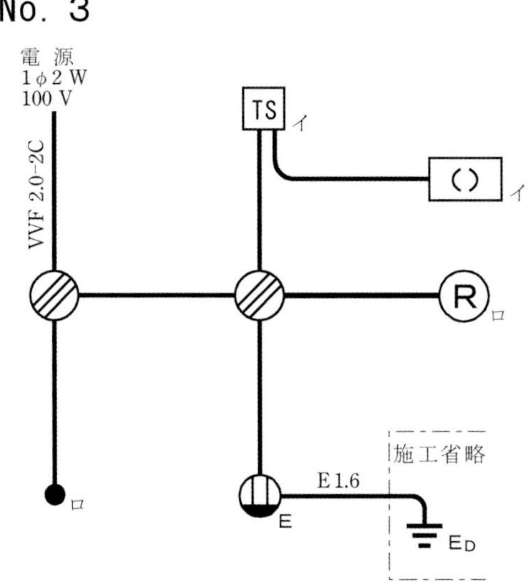

No. 4

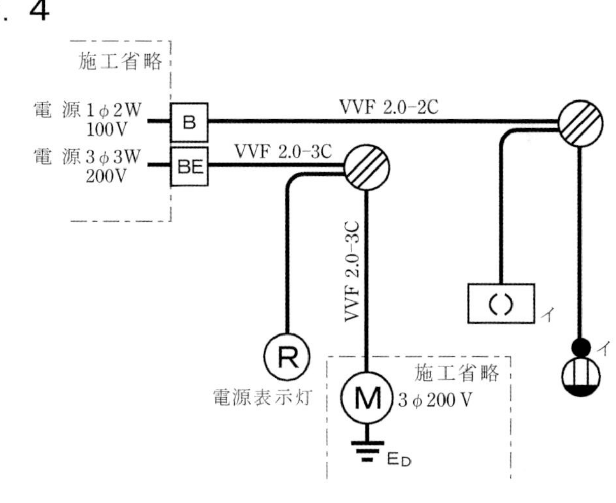

No. 5

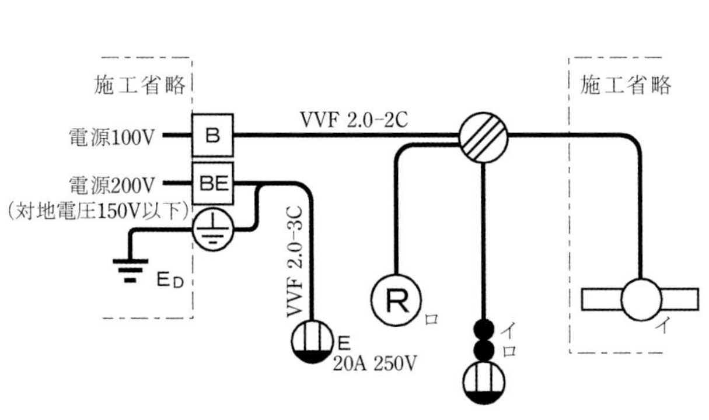

No. 6

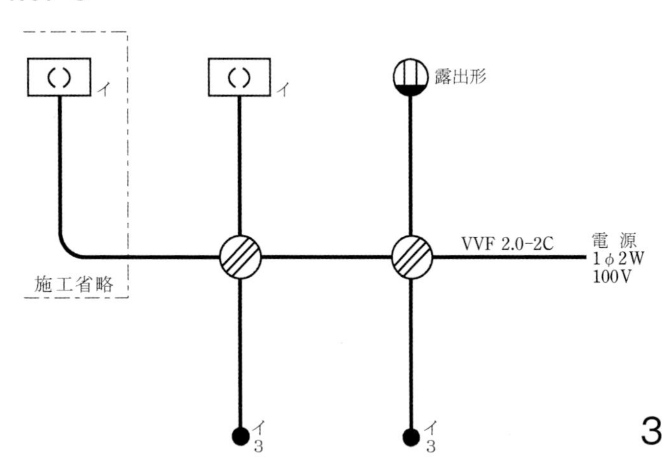

No. 7

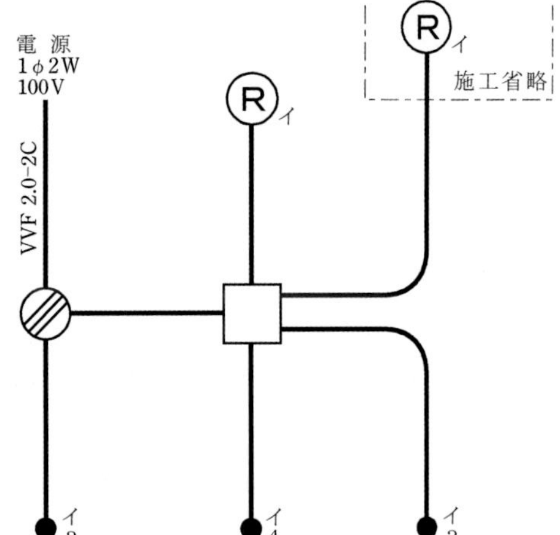

No. 8

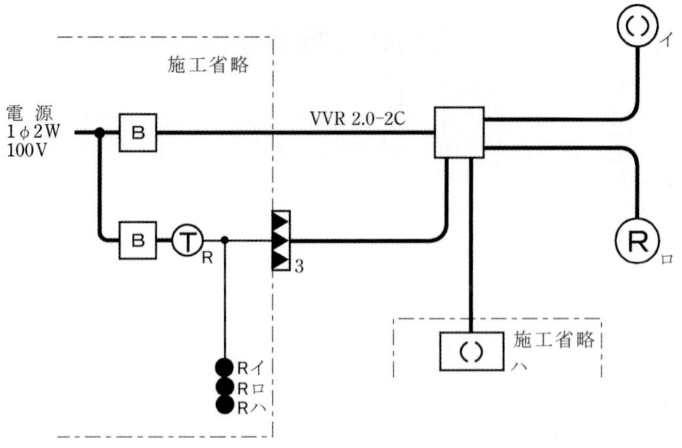

No. 9

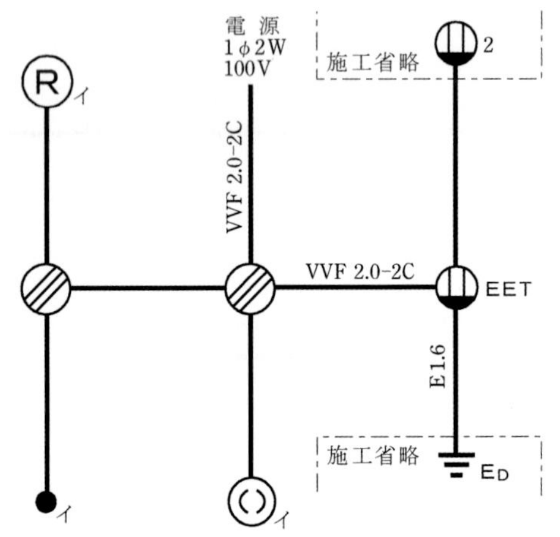

No. 10

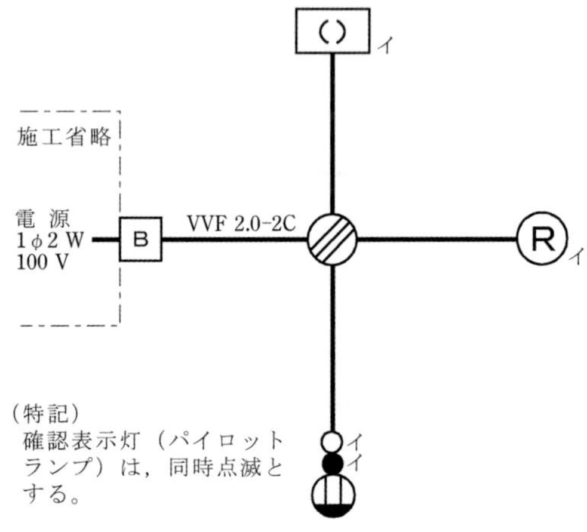

No. 11

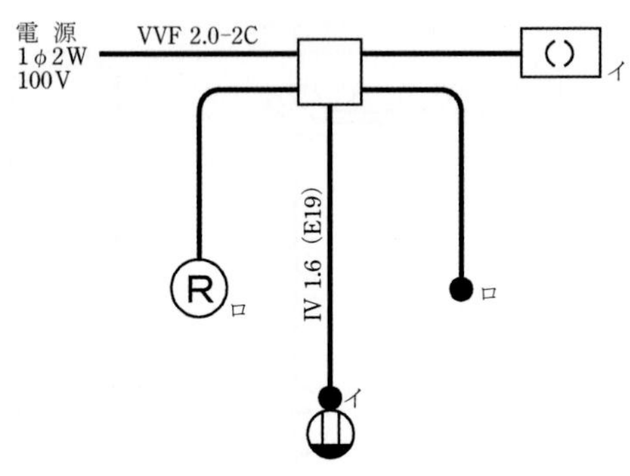

No. 12

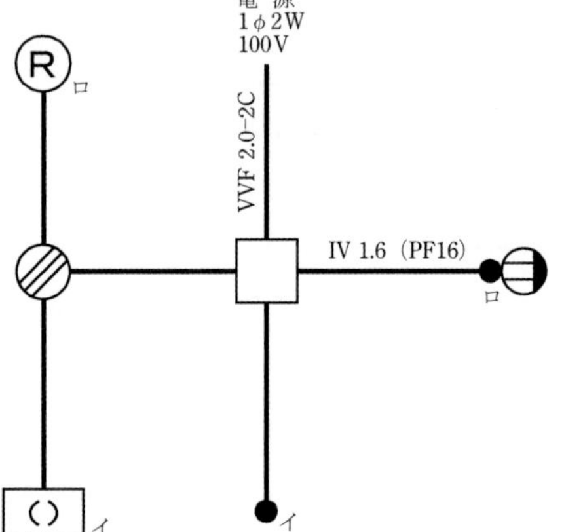

No. 13

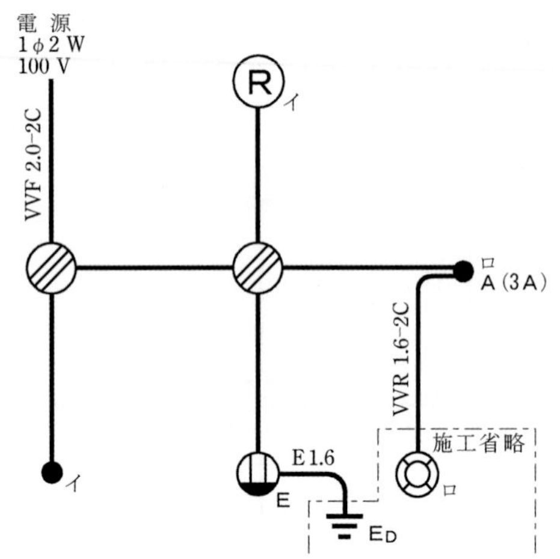

第1章 技能試験の基礎知識

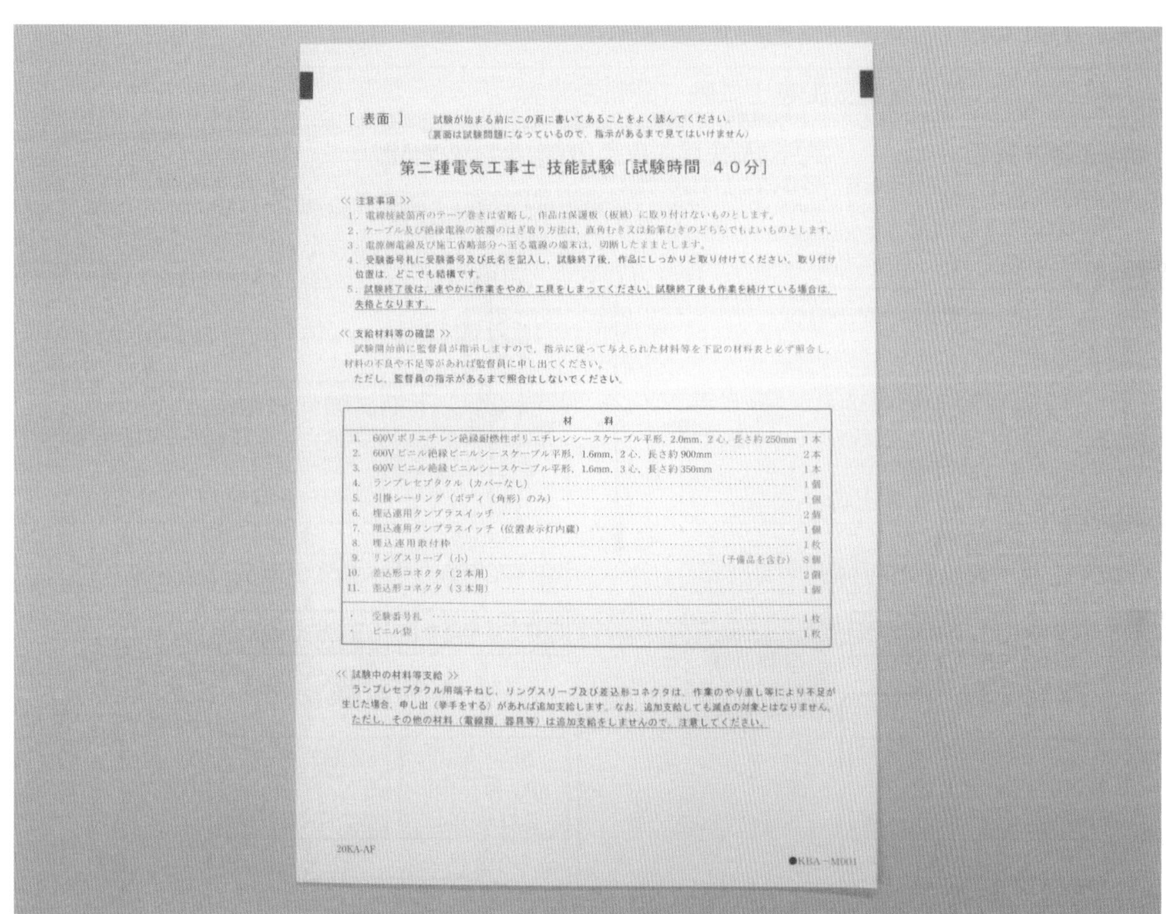

［表面］　試験が始まる前にこの頁に書いてあることをよく読んでください。
（裏面は試験問題になっているので，指示があるまで見てはいけません）

第二種電気工事士 技能試験［試験時間 40分］

<< 注意事項 >>
1．電線接続箇所のテープ巻きは省略し，作品は保護板（板紙）に取り付けないものとします。
2．ケーブル及び絶縁電線の被覆のはぎ取り方法は，直角むき又は鉛筆むきのどちらでもよいものとします。
3．電源側電線及び施工省略部分へ至る電線の端末は，切断したままとします。
4．受験番号札に受験番号及び氏名を記入し，試験終了後，作品にしっかりと取り付けてください。取り付け位置は，どこでも結構です。
5．試験終了後は，速やかに作業をやめ，工具をしまってください。試験終了後も作業を続けている場合は，失格となります。

<< 支給材料等の確認 >>
試験開始前に監督員が指示しますので，指示に従って与えられた材料等を下記の材料表と必ず照合し，材料の不良や不足等があれば監督員に申し出てください。
ただし，監督員の指示があるまで照合はしないでください。

	材　料	
1.	600V ポリエチレン絶縁耐燃性ポリエチレンシースケーブル平形，2.0mm，2心，長さ約 250mm	1本
2.	600V ビニル絶縁ビニルシースケーブル平形，1.6mm，2心，長さ約 900mm	2本
3.	600V ビニル絶縁ビニルシースケーブル平形，1.6mm，3心，長さ約 350mm	1本
4.	ランプレセプタクル（カバーなし）	1個
5.	引掛シーリング（ボディ（角形）のみ）	1個
6.	埋込連用タンブラスイッチ	2個
7.	埋込連用タンブラスイッチ（位置表示灯内蔵）	1個
8.	埋込連用取付枠	1枚
9.	リングスリーブ（小）（予備品を含む）	8個
10.	差込形コネクタ（2本用）	2個
11.	差込形コネクタ（3本用）	1個
・	受験番号札	1枚
・	ビニル袋	1枚

<< 試験中の材料等支給 >>
ランプレセプタクル用端子ねじ，リングスリーブ及び差込形コネクタは，作業のやり直し等により不足が生じた場合，申し出（挙手をする）があれば追加支給します。なお，追加支給しても減点の対象とはなりません。
ただし，その他の材料（電線類，器具等）は追加支給をしませんので，注意してください。

20KA-AF

●KBA−M001

この章では，技能試験はどのような試験なのか，試験で必要な工具など，試験の準備として知っておきたい事項を解説します．

また，配線図や施工条件など試験問題の読み取り方も解説しているので，候補問題の練習に入る前に目を通しておきましょう．

1 技能試験の受験概要

1．技能試験を受験するには

第二種電気工事士の試験は，学科試験と技能試験の２度に分けて試験が実施されます．技能試験は「学科記試験合格者」と「学科試験免除対象者」のみ受験できます．「学科試験免除対象者」とは，前回の学科試験合格者（前回の技能試験に不合格だった者）や電気主任技術者の免許取得者などが該当します．

第二種電気工事士の試験は上期試験・下期試験の両方が受験可能で，学科試験合格者の学科試験免除の権利は，上期学科試験合格者は，その年度の下期試験のみに有効，下期学科試験合格者は，次年度の上期試験のみに有効となります．

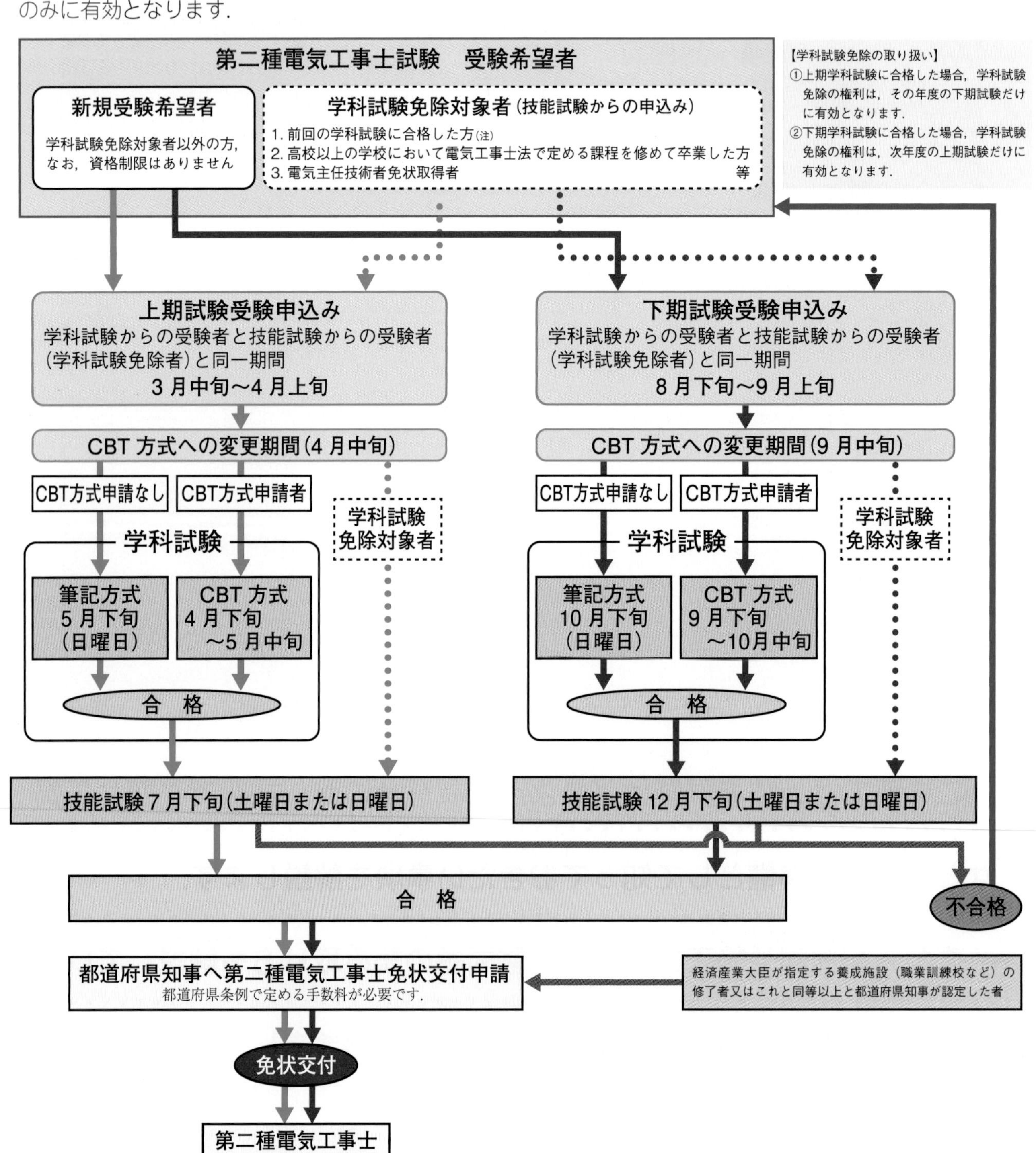

2. 技能試験について

技能試験は受験者が持参した作業用工具を使い，支給される材料器具で，与えられた問題（1 題）を一定時間内に完成させる方法で行われます．合否は完成作品から判定されます．

試験問題には配線図（電線の種類と寸法，器具の配置が JIS の図記号で描かれているもの）と施工条件が示されています．この施工条件等を正しく満たした作品であり，かつ，欠陥がない作品が合格となります．

合否の判定に関する欠陥は，「電気工事士技能試験（第一種・第二種）欠陥の判断基準」として，一般財団法人電気技術者試験センターのホームページで公開されています．

この「電気工事士技能試験（第一種・第二種）欠陥の判断基準」に該当する欠陥が 1 つでもあると原則として不合格という判定基準になっているので，欠陥を出さずに丁寧に作品を作ることを心掛けましょう．

欠 陥 …原則として 1 つでもあると

- 未完成
- 配置相違，寸法相違，接続方法等の相違
- 電線の種類の相違，色別の相違
- 誤接続，誤結線
- 圧着マークの不適切，取付枠への器具の取付位置の誤り

など

3. 技能試験で使用する作業用工具

受験者は必ず試験会場に作業用工具を持参しなければなりません．試験では電動工具以外のすべての工具の使用が認められていますが, 作業に最低限必要な工具は一般財団法人電気技術者試験センターによって「指定工具」として示されています．具体的にはペンチ，ドライバ（プラス･マイナス），ナイフ，メジャー，ウォータポンププライヤ，リングスリーブ用圧着ペンチ（JIS 適合品）の 7 つです．また，ケーブルシースや絶縁被覆のはぎ取り作業が多いので，ケーブルストリッパやペンチとストリッパの一体型工具があると便利です．

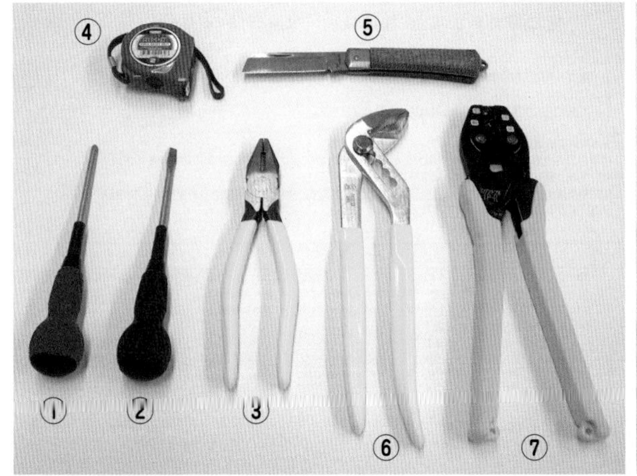

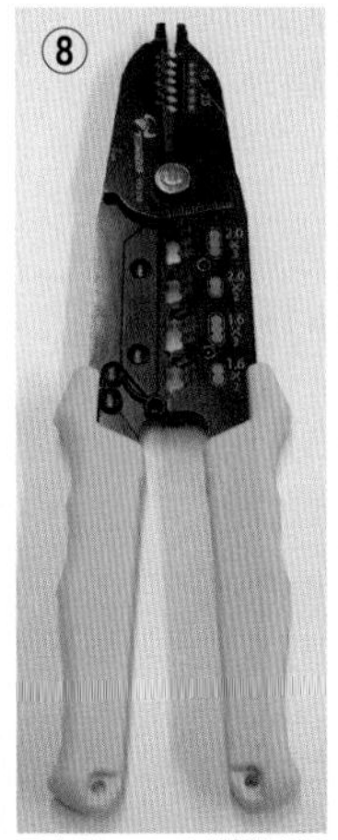

写真は，ツノダ製 VVF ストリッパ（VAS-230）

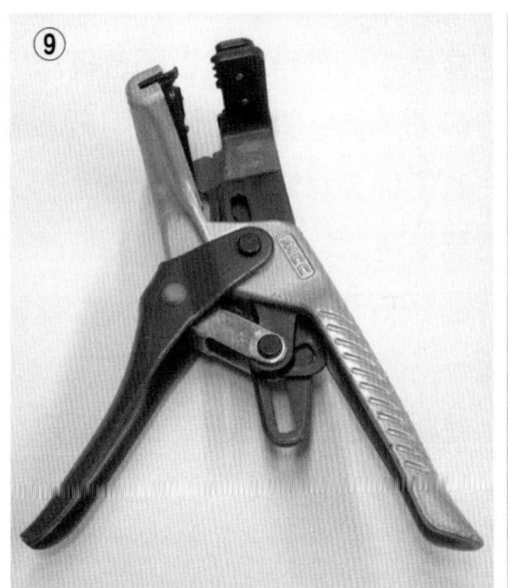

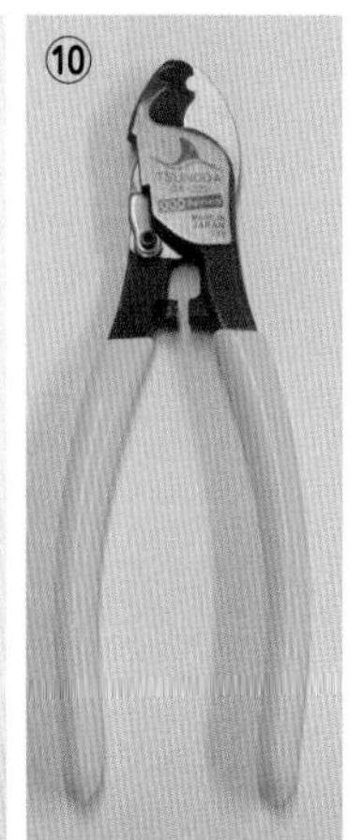

写真は，ツノダ製ケーブルカッタ（CA-22S）

指定工具とあると便利な工具

【指定工具】①プラスドライバ　②マイナスドライバ　③ペンチ　④メジャー　⑤ナイフ
⑥ウォータポンププライヤ　⑦リングスリーブ用圧着ペンチ（JIS 適合品）

【あると便利な工具】⑧一体型工具（ケーブル等の切断，シース等のはぎ取りに使用）
⑨ケーブルストリッパ（シース等のはぎ取りに使用）　⑩ケーブルカッタ（太いケーブルの切断等に使用）

試験の実際の流れ

ここでは技能試験が実際にどのような流れで行われるのか解説します．また，作品完成までの作業手順と各作業時間の目安も解説しますので，これらを参考にして学習を進めましょう．

受験会場入室〜着席

受験会場に入室したら，自分の受験番号の席に着席します．作業机の上には作業板（板紙）が置かれていて，作業はこの板の上で行います．また，当日の時間割と注意事項も事前に配布されているので，しっかりと内容を確認しましょう．

試験開始 30 分前頃

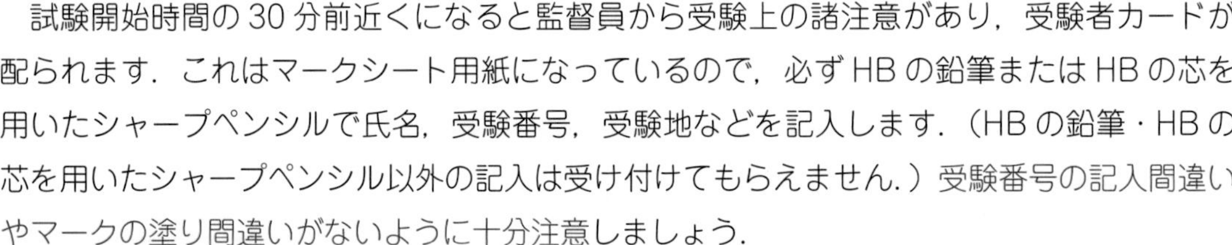

試験開始時間の 30 分前近くになると監督員から受験上の諸注意があり，受験者カードが配られます．これはマークシート用紙になっているので，必ず HB の鉛筆または HB の芯を用いたシャープペンシルで氏名，受験番号，受験地などを記入します．（HB の鉛筆・HB の芯を用いたシャープペンシル以外の記入は受け付けてもらえません．）受験番号の記入間違いやマークの塗り間違いがないように十分注意しましょう．

試験開始 10 分前頃

試験問題用紙と材料器具の入った箱が配られ，受験者カードと写真票が回収されます．そして試験開始時間の 10 分前頃に，監督員から材料器具の照合確認の指示があるので，箱を開けて問題用紙の表紙に記載されている材料一覧と照合しながら材料・器具を確認します．問題用紙は試験開始の合図があるまで開いてはいけないので，間違って開かないように注意しましょう．

確認の際は，ケーブルや電線を伸ばしてメジャーで長さを測ることはできますが，ランプレセプタクルなどの器具の端子ねじを「ゆるめる」,「はずす」ことはできません．

材料が足りなかったり，破損した器具が配られていた場合，必ずその場で材料の支給・交換を申し出てください．（試験が開始されてしまうと，リングスリーブ，端子ねじ，差込形コネクタ以外の材料の支給は一切受けられません．）

※予備品のリングスリーブも材料箱内にセットされて支給されます．

［ 表面 ］　試験が始まる前にこの頁に書いてあることをよく読んでください。
（裏面は試験問題になっているので，指示があるまで見てはいけません）

第二種電気工事士 技能試験［試験時間 ４０分］

<< 注意事項 >>

1．受験番号札に受験番号及び氏名を記入し，試験終了後，作品にしっかりと取り付けてください。取り付け位置は，どこでも結構です。
2．試験終了後，作業を続けている場合は，失格となります。

<< 支給材料等の確認 >>

試験開始前に監督員が指示しますので，指示に従って与えられた材料等を下記の材料表と必ず照合し，材料の不良，破損や不足等があれば監督員に申し出てください。
試験開始後の支給材料の交換には，一切応じられませんので，材料確認の時間内に必ず確認してください。
なお，監督員の指示があるまで照合はしないでください。

	材料	
1.	600V ビニル絶縁ビニルシースケーブル平形（シース青色），2.0mm，2 心，長さ約 300mm	1 本
2.	600V ビニル絶縁ビニルシースケーブル平形，1.6mm，2 心，長さ約 650mm	1 本
3.	600V ビニル絶縁ビニルシースケーブル平形，1.6mm，3 心，長さ約 450mm	1 本
4.	配線用遮断器（100V，2 極 1 素子）	1 個
5.	ランプレセプタクル（カバーなし）	1 個
6.	引掛シーリングローゼット（ボディ（角形）のみ）	1 個
7.	埋込連用タンブラスイッチ	1 個
8.	埋込連用パイロットランプ	1 個
9.	埋込連用コンセント	1 個
10.	埋込連用取付枠	1 枚
11.	リングスリーブ（小）（予備品を含む）	2 個
12.	リングスリーブ（中）（予備品を含む）	2 個
13.	差込形コネクタ（３本用）	1 個
・	受験番号札	1 枚
・	ビニル袋	1 枚

<< 追加支給について >>

ランプレセプタクル用端子ねじ，リングスリーブ及び差込形コネクタは，作業のやり直し等により不足が生じた場合，申し出（挙手をする）があれば追加支給します。

試験開始　監督員からの合図と同時に試験開始です．時間配分に注意しながら，欠陥がないように落ち着いて作業を進めていきます．

1 問題・施工条件の確認 ～ 複線図を描く（作業目安時間：3分）

試験問題には，これから完成させる課題の「配線図」と「施工条件」が記載されています．それをしっかり確認し，内容を正確に把握します．

技能試験問題［試験時間　40分］

図に示す低圧屋内配線工事を与えられた材料を使用し，〈 **施工条件** 〉に従って完成させなさい。

なお，

1．—・—・— で示した部分は施工を省略する。
2．VVF 用ジョイントボックス及びスイッチボックスは支給していないので，その取り付けは省略する。
3．電線接続箇所のテープ巻きや絶縁キャップによる絶縁処理は省略する。
4．作品は保護板（板紙）に取り付けないものとする。

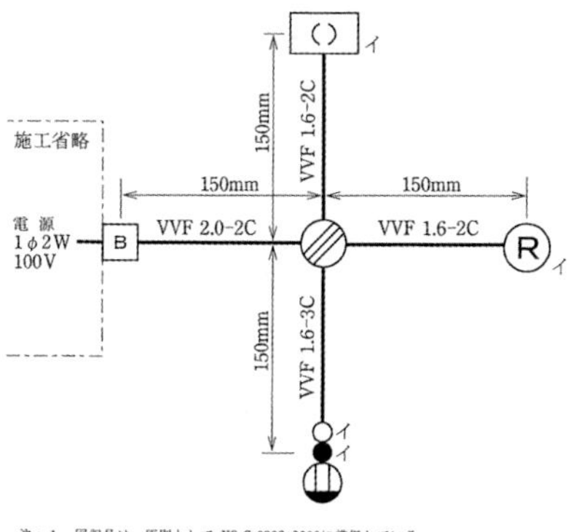

注：1．図記号は，原則として JIS C 0303:2000に準拠している。
また，作業に直接関係のない部分等は省略又は簡略化してある。
2．Ⓡは、ランプレセプタクルを示す。

〈 施工条件 〉

1．配線及び器具の配置は，図に従って行うこと。

2．**確認表示灯（パイロットランプ）は，引掛シーリングローゼット及びランプレセプタクルと同時点滅とすること。**

3．電線の色別（絶縁被覆の色）は，次によること。
①電源からの接地側電線には，すべて**白色**を使用する。
②電源から点滅器及びコンセントまでの非接地側電線には，すべて**黒色**を使用する。
③次の器具の端子には，**白色の電線**を結線する。
・コンセントの接地側極端子（Wと表示）
・ランプレセプタクルの受金ねじ部の端子
・引掛シーリングローゼットの接地側極端子（接地側と表示）
・配線用遮断器の接地側極端子（Nと表示）

4．VVF 用ジョイントボックス部分を経由する電線は，その部分ですべて接続箇所を設け，接続方法は，次によること。
①3本の接続箇所は，差込形コネクタによる接続とする。
②その他の接続箇所は，リングスリーブによる終端接続とする。

【配線図】

問題として出題される配線図は，事前に公表された候補問題（13 問題）のうちのどれかです．（本年度の公表された候補問題は 3，4 ページ参照）試験問題では，公表された候補問題図に施工寸法が入ったものが出題されます．

【施工条件】

施工条件には電線の色別（絶縁被覆の色）の指定，接続箇所の接続方法の指定など，作業を進めるにあたっての条件が示されています．この施工条件に違反した場合，欠陥になります．（特に太字で書かれた内容は重要なので，しっかりと確認してください．）

配線図と施工条件の確認をしたら，配線図と施工条件に従い，問題用紙の余白スペースに「複線図」を描きます．この「複線図」は作業を正確に行うために描くものです．技能試験では色鉛筆や色ボールペンの使用が認められていますから，配線などに色を付けるなどして見やすく描きましょう．（複線図の描き方は 20 ～ 31 ページ）

2 電線の寸法取り ～ 絶縁被覆のはぎ取り（作業目安時間：７分）

複線図が描き終わったら，電線の寸法取りをして各箇所で必要な長さに切断します．切断した電線は，シースと絶縁被覆をはぎ取って電線相互の接続および器具に結線できる状態にします（手順は作業例です．）．

（各作業の詳細は 40 ～ 51 ページで解説）

● ケーブルの寸法取り

【配線図】

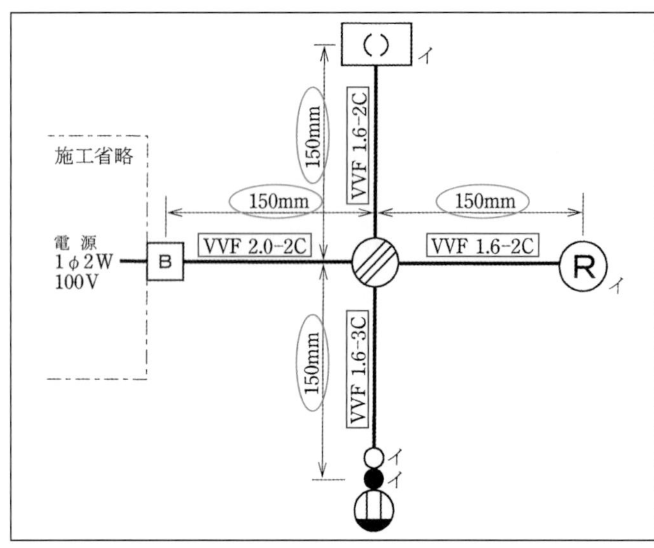

試験の配線図には使用するケーブルや絶縁電線の種類と寸法が示されています．

□は，その箇所で使うケーブルや絶縁電線の種類，○は，その箇所の施工寸法です．

ケーブルや絶縁電線の切断寸法は，この施工寸法に器具への結線作業や電線の接続作業に必要な長さを加えた寸法になるので，その長さで寸法取りをします．

● 切断作業

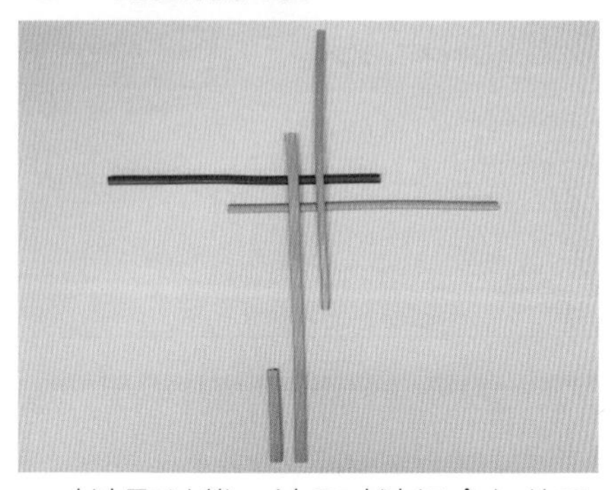

寸法取り後，その寸法に合わせてケーブルや絶縁電線を切断します．

● ケーブルシースや絶縁被覆のはぎ取り作業

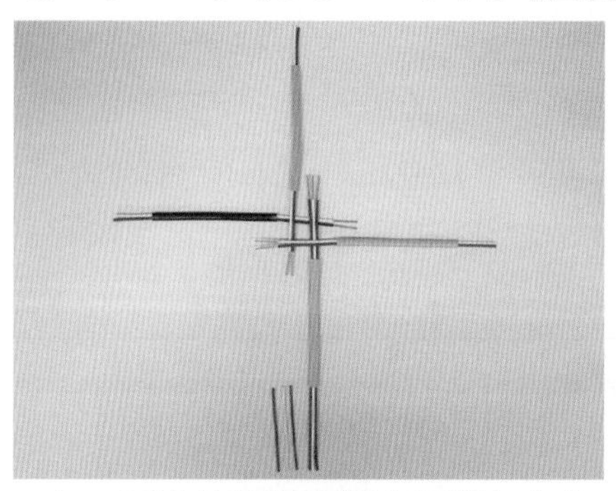

ケーブルや絶縁電線を切断したら，シースのはぎ取り作業を行います．

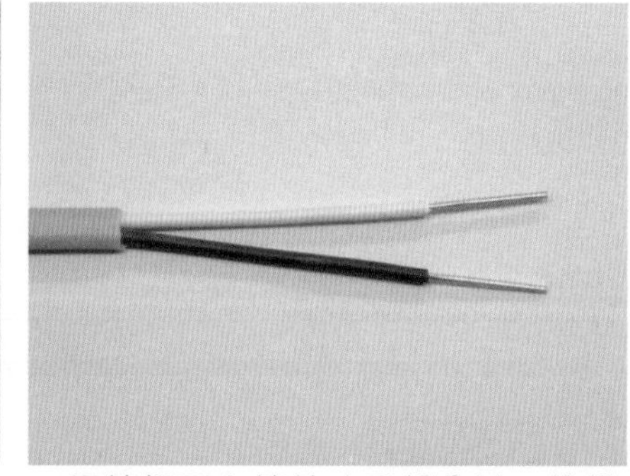

電線相互を接続する部分は，絶縁被覆もはぎ取って心線を出します．

3 各器具の取り付け ～ 電線の接続（作業目安時間：20 分）

ケーブルの加工が終わったら，各器具との結線や電線相互の接続などの作業に入ります．これらの作業は，第３章で解説している「基本作業」に沿って，確実に行います．

作品が完成してから，間違いがないか再度見直しますが，完成後に間違いに気が付いても修正の時間があまりありません．したがって，ここでの作業は落ち着いて，各作業ごとに間違いがないかを確認しながら進めていくことが大切です．

（各作業の詳細は 52 ～ 88 ページで解説）

4 完成作品の点検・手直し（作業目安時間：残り時間すべて）

作業がひと通り終わったら，できあがった作品が施工条件を満たしているか，欠陥がないかを確認します．器具の極性，リングスリーブの圧着マークは間違いやすいので必ずチェックしてください．チェックして欠陥が見つかったら，その箇所を直します．欠陥は１つでもあると合格できないので，必ず確認作業を行いましょう．

（確認作業の詳細は 89 ～ 94 ページで解説）

5 試験終了 ～ 退出

試験終了時間になると監督員から作業終了の合図があるので，そこで作業を終えます．この合図後も作業を続けていると不正行為とみなされて失格となるので注意しましょう．

試験が終了したら持参した工具を片付け，電線の切りクズなどは材料と一緒に配布されるビニル袋に入れて，作業机の上をキレイに整理します．作業机の上には完成作品のみを置きます．このとき，材料と一緒に配布される名札に受験番号と氏名が記入されているか確認してから取り付けます．

受験者が勝手に退出することはできないので，監督員の指示があるまで席で待ち，指示があったら速やかに退出します．

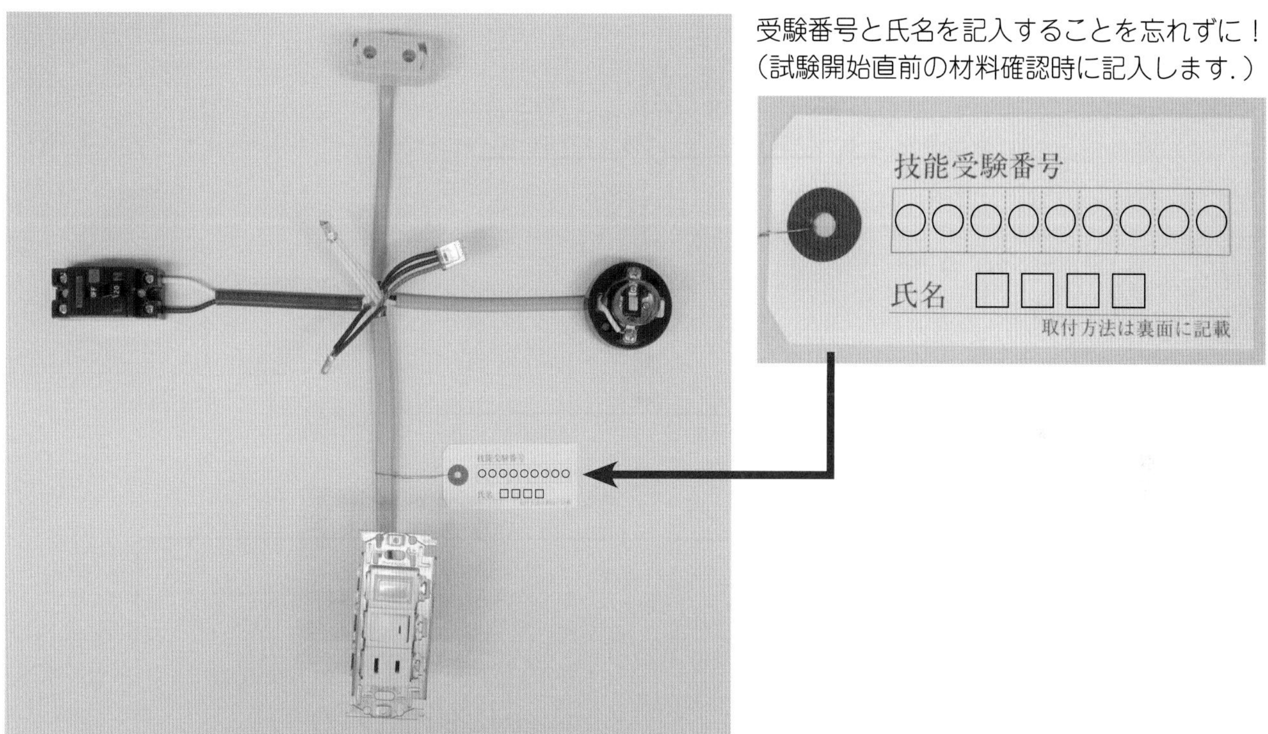
受験番号と氏名を記入することを忘れずに！
（試験開始直前の材料確認時に記入します．）
技能受験番号
○○○○○○○○○
氏名 □□□□
取付方法は裏面に記載

本書の第５章には，本年度の候補問題13問題について，寸法，接続方法，施工条件を想定した問題例があります．これらの各問題例を練習するときは，想定した材料表にある材料を準備し，1 ～ 4 の作業の流れを参考に練習してください．また，各問題例には「欠陥チェックリスト」があるので，完成作品に欠陥がないか確認しましょう．

試験実施について疑問点がある場合は 96 ～ 97 ページをチェック

3 試験問題の読み取り方

欠陥のない作品を完成させるためには，試験問題の「配線図」と「施工条件」の内容を正確に読み取ることが不可欠です．ここでは，過去の試験問題を例題に，配線図と施工条件の読み取り方について解説しますので，しっかりと身に付けましょう．

1．配線図から読み取る内容

試験問題では，器具の配置場所が JIS の図記号によって示され，それぞれの箇所で使うケーブルや絶縁電線の種類，施工寸法が示されています．

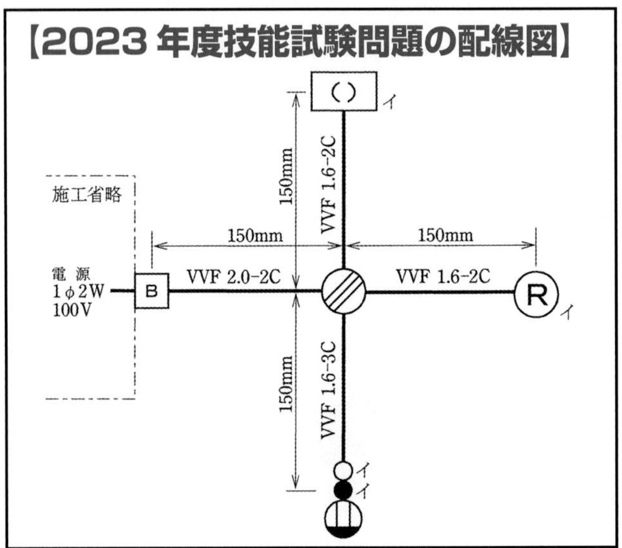

● 配線図から読み取る内容

① 器具を配置する位置

どこに電源部がくるのか，どの器具がどこに配置されるかということを配線図からしっかり読み取ります．器具の配置は配線図通りにしなくてはいけません．（施工条件にも指示がある．）

また，出題される問題によっては，配線図に一点鎖線で囲まれ「施工省略」となっている箇所があります．ここは「施工省略」と示されている通り，施工が省略されるため，この箇所で使用する器具の配布はありません．「施工省略」箇所では，一点鎖線で囲まれている部分の直前までは電線を配線することを覚えておきましょう．

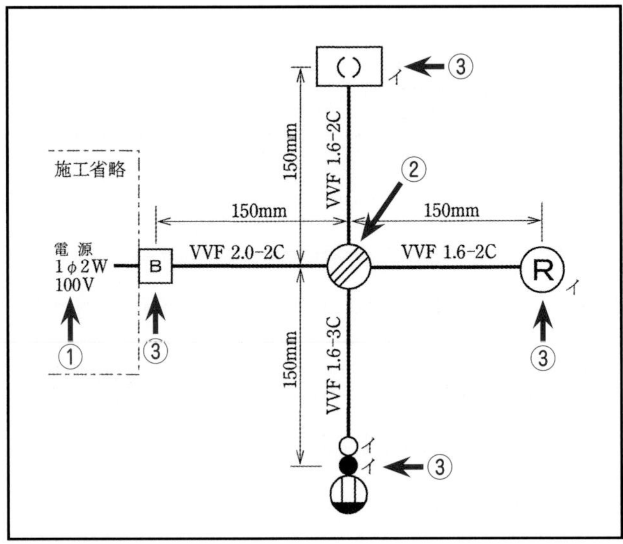

①：電源部　②：電線接続部　③：配線器具の位置

② ケーブルや絶縁電線の種類

配線図には，各箇所で使用するケーブルや絶縁電線の種類について「VVF1.6-2C」などと書かれているので，見逃さないようにしてください．この表記では，アルファベットの部分がケーブルの種類を表しています．詳細をいえば「VV」が絶縁被覆とケーブルシースの材質，「F」がケーブルの形状を表します．そのあとの「1.6」は心線の太さ，さらにそのあとの「2C」が心線の数を表しています．過去には丸形の VVR，エコケーブルの EM-EEF や絶縁電線の IV も出題されています．絶縁電線（IV）はシースで保護されていないので，使用する場合は電線管（金属管，PF 管など）で保護します．

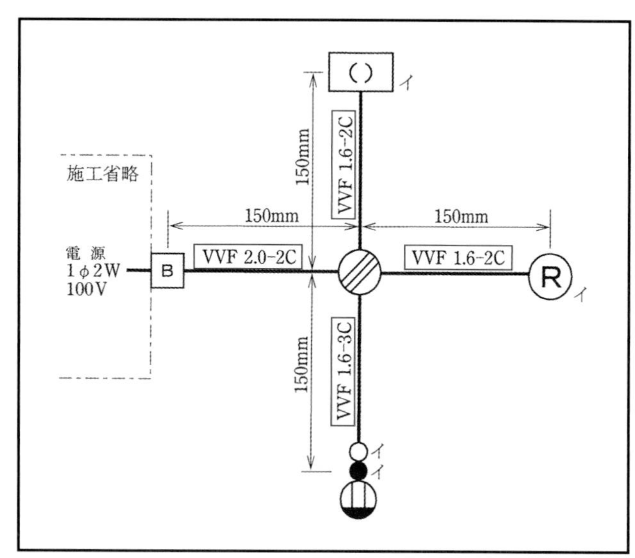

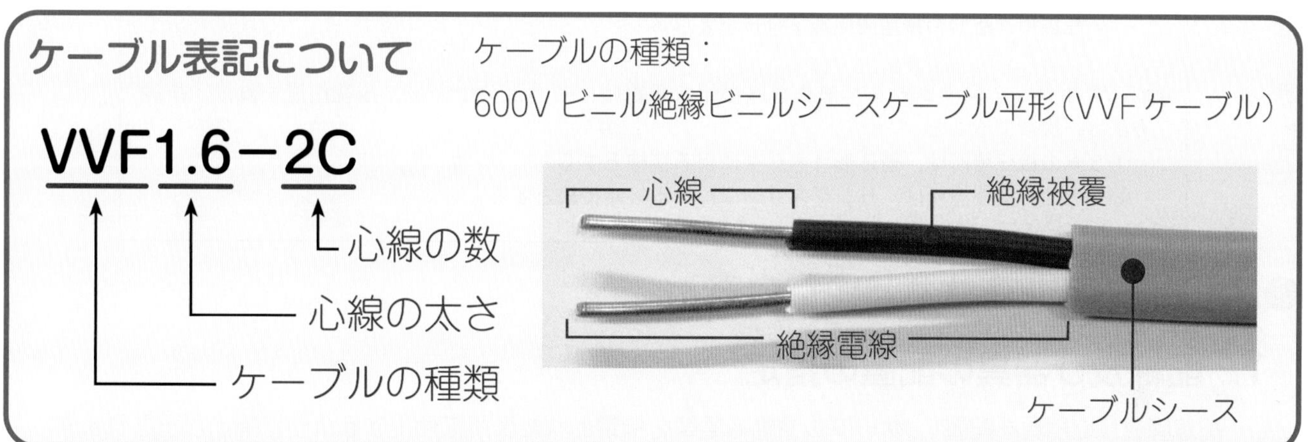

③ 各箇所ごとの施工寸法

配線図に mm 表記で書かれているものが，各箇所ごとの施工寸法です．この寸法をよく見ると，その範囲は器具図記号の中央からジョイントボックス図記号の中央までとなっています．したがって，結線の済んだ作品における器具等の中央からジョイントボックス中央までの仕上がり長さを施工寸法とします．

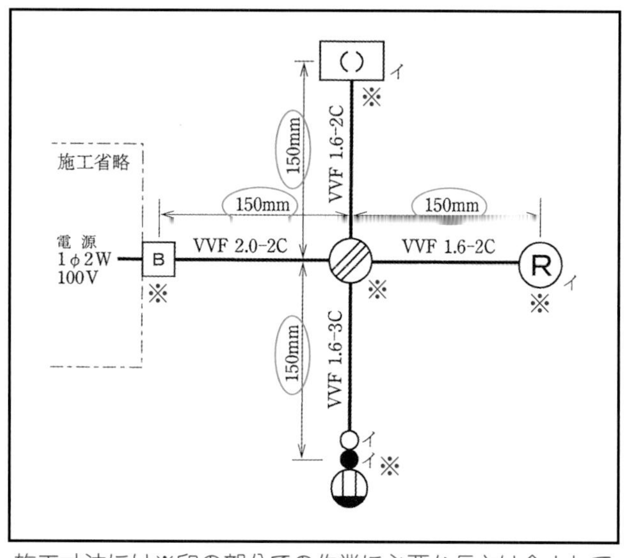

施工寸法には※印の部分での作業に必要な長さは含まれていない．（各作業に必要な長さは 41～46ページを参照.）

2. 施工条件の主な内容

試験問題の「施工条件」には作業に関する指示が書かれています．施工条件を守らないと欠陥となりますから，しっかりと施工条件を読んで内容を理解します．特に**太字**で書かれている項目は重要です．

【2023 年度技能試験問題の施工条件】

〈 施工条件 〉

1．配線及び器具の配置は，図に従って行うこと。

2．**確認表示灯（パイロットランプ）は，引掛シーリングローゼット及びランプレセプタクルと同時点滅とすること。**

3．電線の色別（絶縁被覆の色）は，次によること。
①電源からの接地側電線には，すべて**白色**を使用する。
②電源から点滅器及びコンセントまでの非接地側電線には，すべて**黒色**を使用する。
③次の器具の端子には，**白色の電線**を結線する。
・コンセントの接地側極端子（Wと表示）
・ランプレセプタクルの受金ねじ部の端子
・引掛シーリングローゼットの接地側極端子（接地側と表示）
・配線用遮断器の接地側極端子（Nと表示）

4．VVF 用ジョイントボックス部分を経由する電線は，その部分ですべて接続箇所を設け，接続方法は，次によること。
①3本の接続箇所は，差込形コネクタによる接続とする。
②その他の接続箇所は，リングスリーブによる終端接続とする。

● 施工条件で指示される主な内容

1. 配線及び器具の配置の指定

配線図通りに器具を配置し，ケーブルや絶縁電線を指定された箇所に使用するように指示が出されます．

2. 回路に関する指定

確認表示灯（パイロットランプ）や3路スイッチを含む問題が出題された場合，それらの回路についての指定があります．この条件からどのように器具と電線を結線するのかを読み取ります．また，代用端子台を使用する問題では，配線図とともに示された代用端子台の説明図に従って使用することが指定されます．

① 確認表示灯（パイロットランプ）の点灯方法

確認表示灯（パイロットランプ）の点灯方法（「常時点灯」，「同時点滅」，「異時点滅」）が指定されます．点灯方法ごとに結線が異なるので，指定通りの点灯方法になるように結線します．

② 3路スイッチの結線方法 ※例題にはこの指示はありません．

3路スイッチの結線について，「0」の端子に電源側又は負荷側の電線を結線し，「1」と「3」の端子には3路スイッチ相互間の電線を結線するように指定されます．これは「0」の端子に電源または負荷からの電線を結線し，「1」，「3」の端子には3路スイッチ相互につながる電線を結線するという指示内容になります．また，4路スイッチを含む回路の場合は，4路スイッチとの間の電線を結線するように指定されます．

③ 代用端子台を端子台の説明図に従って使用する指定 ※例題にはこの指示はありません．

3. 電線の色別（絶縁被覆の色）の指定

施工条件では電線の色別（絶縁被覆の色）が指定されます．絶縁被覆とは電線の心線を覆っている部分のことです．

① 「接地側電線」の色別指定

「接地側電線」とはB種接地工事が施されている電線で，人が誤って触れても感電しません．この「接地側電線」には，絶縁被覆が「白」の電線を使用するように指定されます．また，ランプレセプタクルの受金ねじ部の端子，コンセントや引掛シーリングの接地側極端子，配線用遮断器の記号Nの端子，自動点滅器（代用端子台）の記号「2」の端子などに絶縁被覆が「白」の電線を結線することも指定されます．また，施工条件に「すべて」とあるので，接地側電線につながる渡り線も「白」の電線を使用します．

② 「非接地側電線」の色別指定

「非接地側電線」とは接地工事が施されていない電線のことで，人が誤って触れたら感電します．

施工条件では，「電源から○○までの非接地側電線には，すべて黒色を使用する．」と指定され，この○○には点滅器（スイッチ），3路スイッチS（電源側3路スイッチ），パイロットランプ（「常時点灯」の場合），コンセントのどれかが入り，これらと電源を結ぶ電線は，絶縁被覆が「黒」のものを使用するという指示内容になります．また，施工条件に「すべて」とあるので，非接地側電線につながる渡り線も「黒」の電線を使用します．

③ 「接地線」の色別指定　※例題にはこの指示はありません．

接地極が付いている器具の⏚（JIS記号）の表記がある端子には「接地線」を結線しなければいけません．この「接地線」には，絶縁被覆が「緑」の電線を使用するように指定されます．

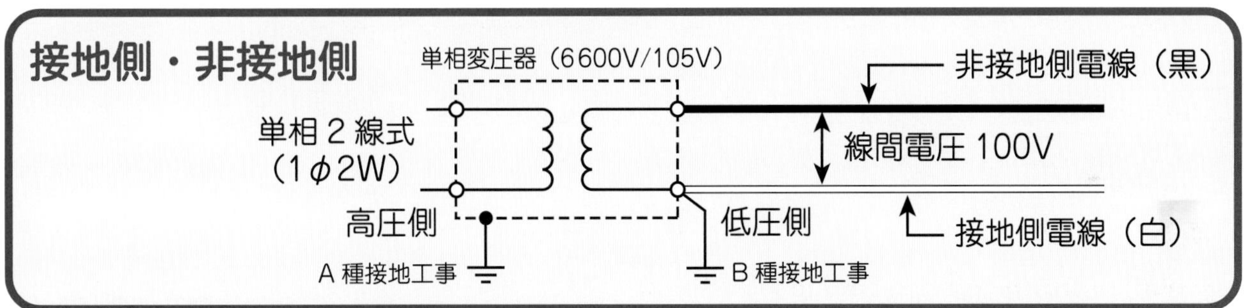

4. 電線の接続方法の指定

ジョイントボックスを経由する部分には接続箇所を設けるように指定され，接続方法はリングスリーブによる圧着接続，差込形コネクタによる接続のどちらかが指定されます．ジョイントボックスが2つある場合，配線図のジョイントボックスにA，Bと示され，ボックスごとの接続方法が指定されます．

アウトレットボックスを使用する場合は，打ち抜き済みの穴のみの使用が指定されるので，新たに穴を打ち抜いてはいけません．また，電線管やケーブルの配置は配線図によって指定されます．

5. 埋込連用取付枠の使用箇所の指定

埋込連用器具（タンブラスイッチ，コンセントなど）には埋込連用取付枠を取り付けますが，埋込連用器具の施工箇所数よりも埋込連用取付枠が少なく支給される場合，どの部分に取り付けるか指定されます．

次の章では，複線図の描き方について解説しています．いろいろな電灯回路を取り上げているので，参考にしてください．

単線図から複線図へ

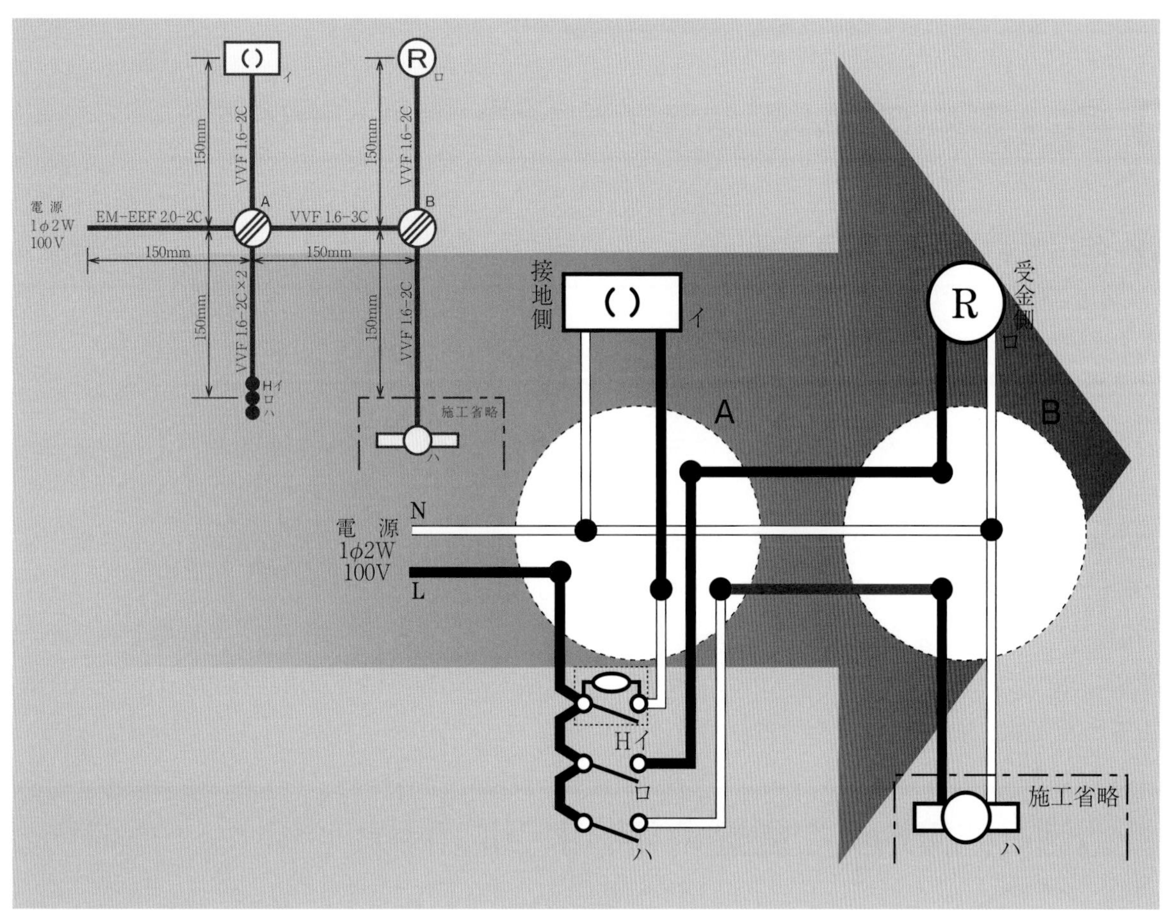

技能試験に合格するための第一歩は，正しい複線図を描くことです．この章では，間違いなく複線図を描くためのルールおよび手順について解説します．単線図から複線図を描く練習を積み重ねて，正しい複線図を描く知識をしっかり身に付けましょう．

複線図化の原則

施工条件では必ず「器具の配置」,「接地側電線」,「非接地側電線」に関する指示が出されます．これらの指示に従って「複線図」を描きます．

複線図を描くための原則

1 器具の配置は必ず配線図通りにする

2 接地側電線は**白色**を使用し，照明器具とコンセントに結線する

3 非接地側電線は**黒色**を使用し，点滅器（スイッチ）とコンセントに結線する

これらの原則は「複線図」を描くときに必ず守らなければいけません．特に「接地側電線」と「非接地側電線」の電線の色別と結線する器具を間違えないように注意しましょう．

実際の施工では「接地側電線」にはB種接地工事が施されているので，人が誤って触れても感電しませんが，「非接地側電線」には接地工事が施されておらず，人が誤って触れると感電します．

「非接地側電線」を間違えて照明器具に結線すると，点滅器（スイッチ）が「切」の状態でも，照明器具の充電部に触れると感電する危険な状態になるので，「非接地側電線」は必ず点滅器（スイッチ）を経由して結線する「非接地側点滅」としなければいけません．

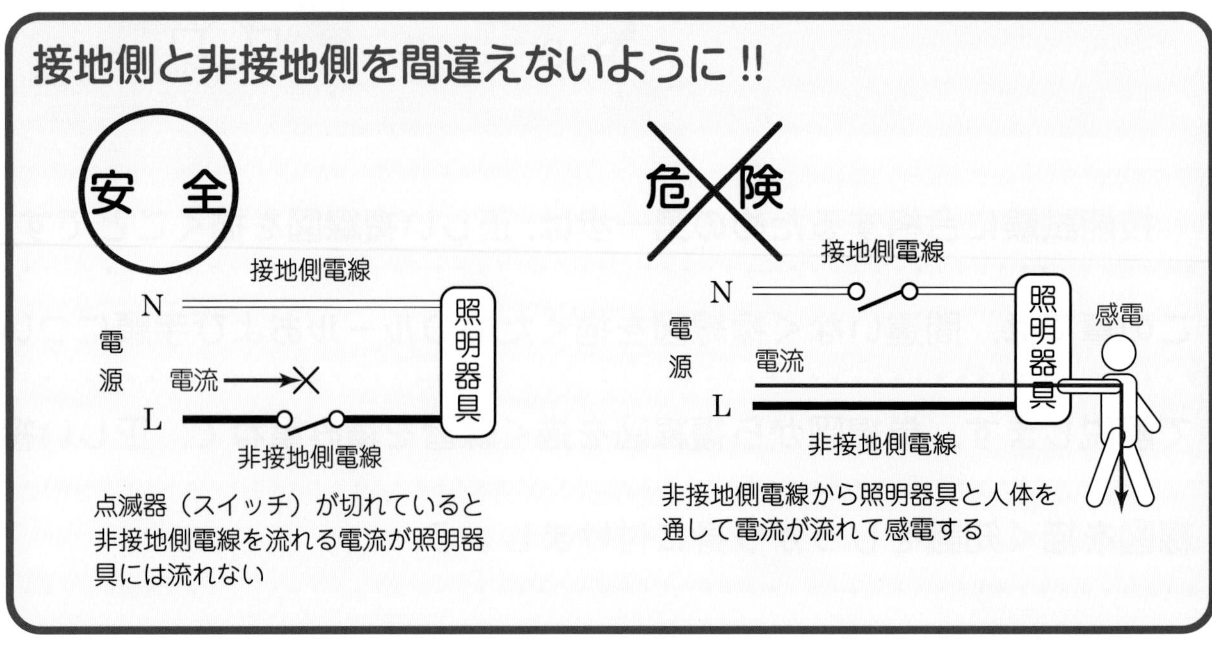

2 複線図を描く手順

1．複線図での点滅器（スイッチ）の端子について

複線図を描くときに，ランプレセプタクルや引掛シーリング，埋込連用コンセントなどの器具は，配線図の図記号をそのまま使用して描きますが，点滅器（スイッチ）は，どの端子に何色の電線を結線するか判別できるように，配線図の図記号とは違う形に描き直します．

① 片切スイッチ

配線図の図記号　　複線図での描き方

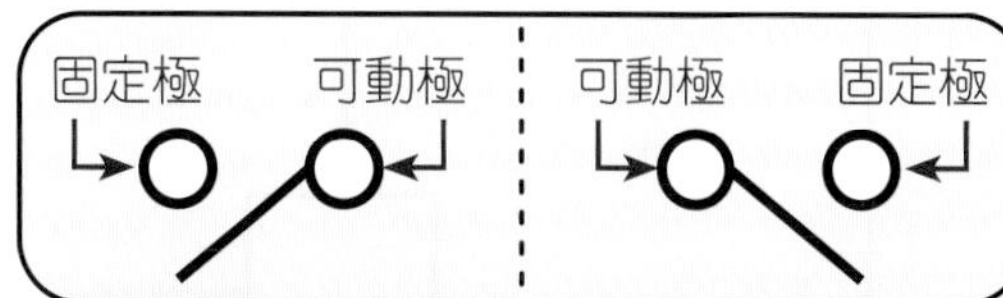

実際の器具への結線は，極性がないので，どちらの端子に結線してもよいが，複線図では固定極に黒色を描くようにする．（可動極に黒色を描いても間違いではない．）

② 位置表示灯内蔵スイッチ

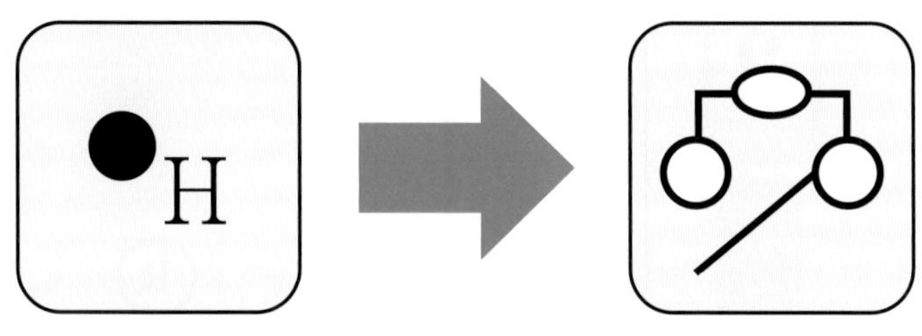

配線図の図記号　　複線図での描き方

片切スイッチに位置表示灯を内蔵したもので，端子については片切スイッチと同じ．器具への結線は，極性がないので，どちらの端子に結線してもよいが，複線図では固定極に黒色を描くようにする．（可動極に黒色を描いても間違いではない．）

③ 3路スイッチ

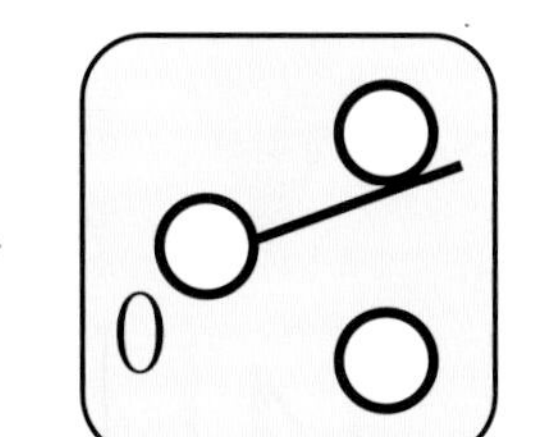

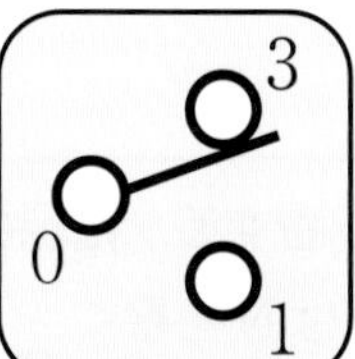

配線図の図記号　　複線図での描き方

実際の器具には，端子に0，1，3と数字が示され，0端子には黒色を結線するが，1，3端子相互間はどのように結線してもよいので，複線図では1，3の数字は書き込まない．

④ 4路スイッチ

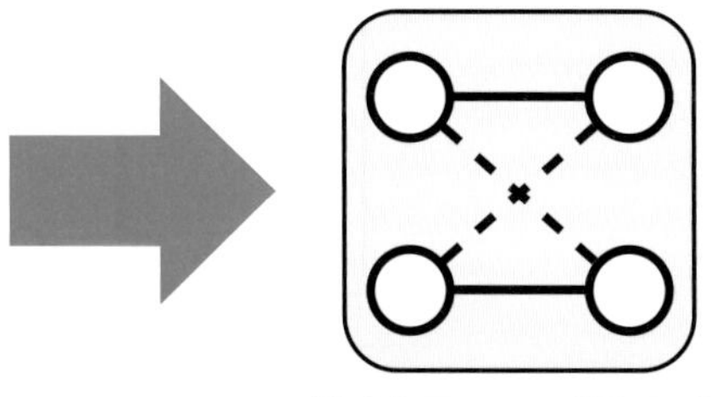

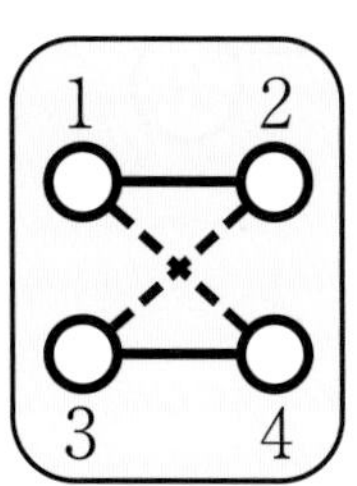

配線図の図記号　　複線図での描き方

4路スイッチは，3路スイッチのみに結線されるスイッチで，実際の器具の端子には1，2，3，4と数字が示されている．3路スイッチの「1」，「3」端子と4路スイッチの「1」，「3」端子または「2」，「4」端子間はどのように結線してもよいので，複線図では数字は書き込まない．

2. 複線図を描く基本手順

電灯回路には照明器具・片切スイッチ・コンセントで構成される基本的な回路，基本的な回路にパイロットランプや3路スイッチを含むもの，基本的な回路で照明器具，コンセント，スイッチの数が複数あるものなどいろいろなパターンがあります．下の単線図は，最も基本的な回路である照明器具1灯，点滅器（スイッチ）1箇所の回路です．この単線図から複線図を描いてみましょう．

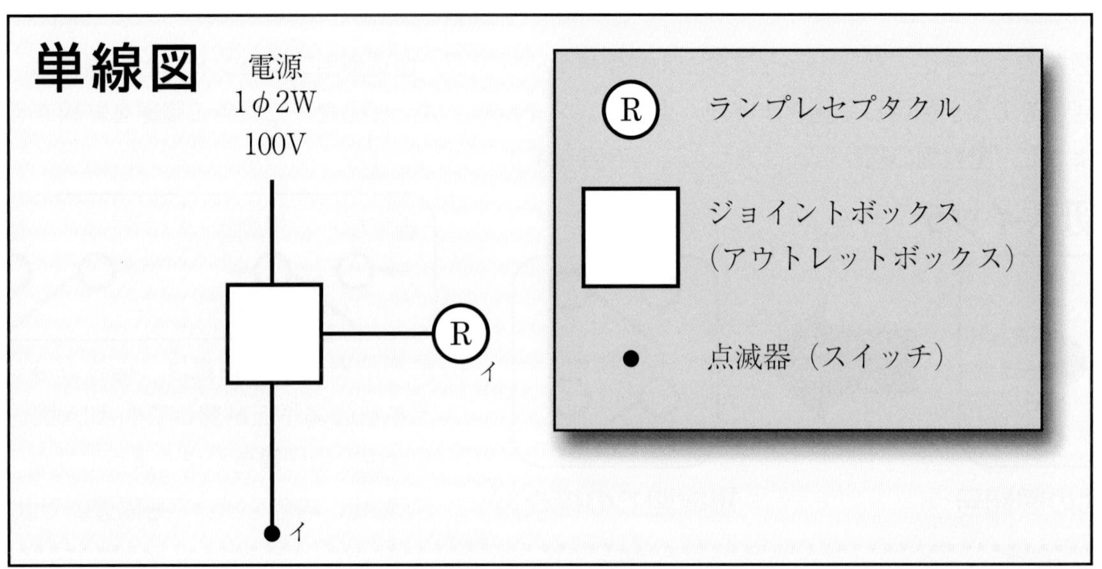

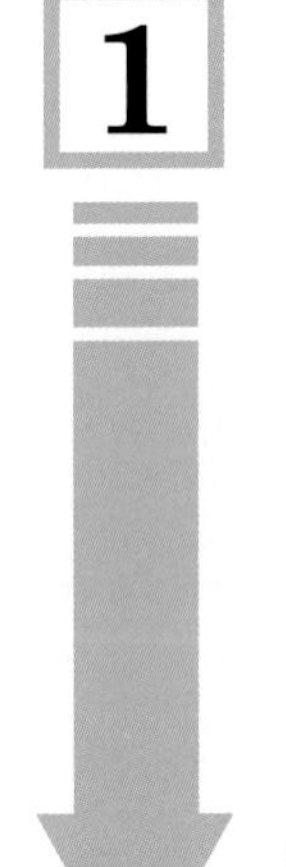

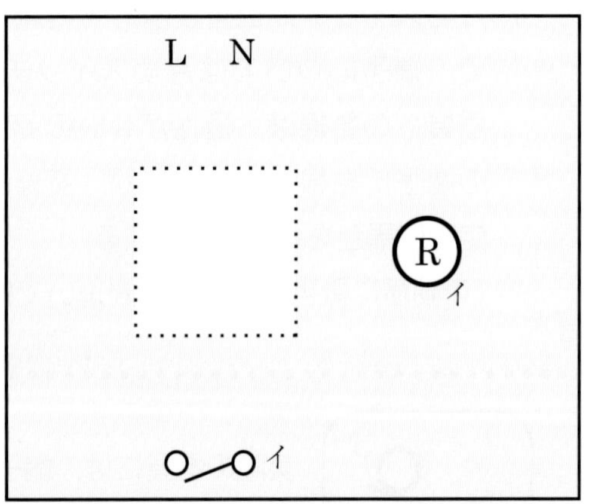

単線図通りに図記号を配置する．電源の非接地側にはL，接地側にはNと書く．

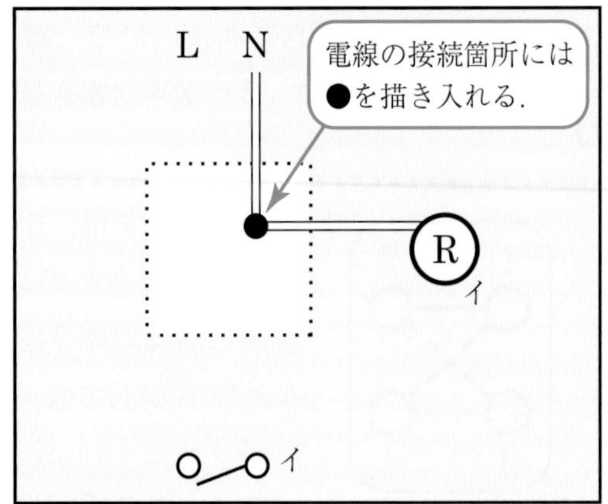

接地側電線とランプレセプタクルを結線し，電線相互を接続する箇所には接続点の●を描く．接地側電線の色別は「白」．

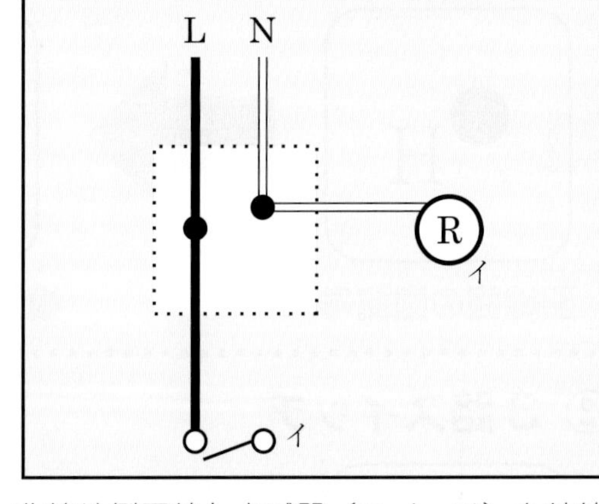

非接地側電線と点滅器（スイッチ）を結線する．非接地側電線の色別は「黒」．

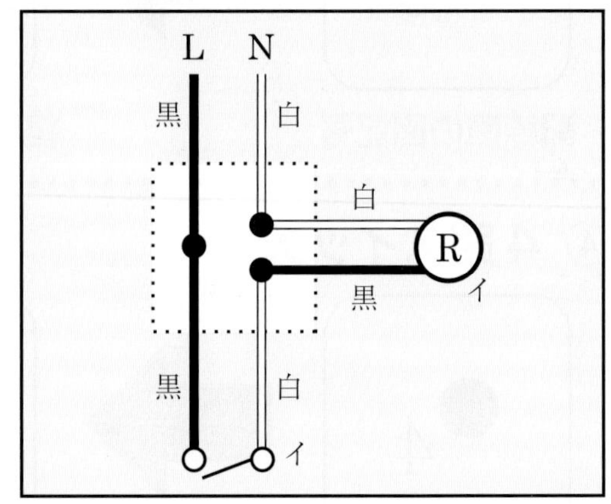

ランプレセプタクルと対応する点滅器（スイッチ）を結線する．最後に電線の色を書き込んで完了．

3. 電灯回路のパターン

① コンセント・点滅器各 1 箇所，照明器具 1 灯

単線図

電源
1φ2W
100V

R イ

イ

図記号

Ⓡ ランプレセプタクル

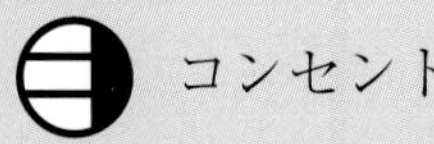

● 点滅器（スイッチ）

1

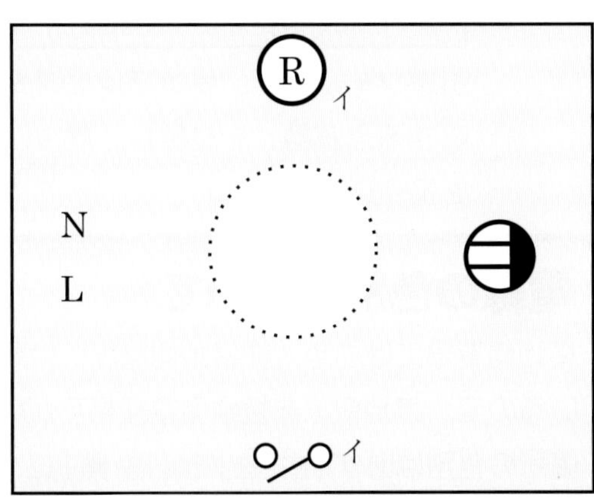

単線図通りに図記号を配置する．電源の非接地側には L，接地側には N と書く．

2

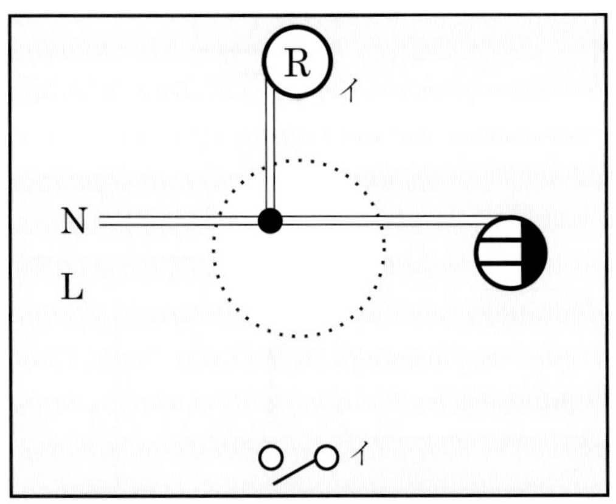

接地側電線とランプレセプタクル，コンセントを結線する．接地側電線の色別は「白」．

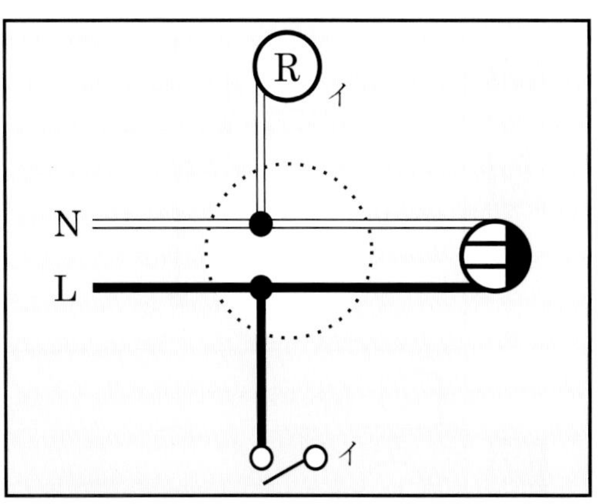

非接地側電線と点滅器イ，コンセントを結線する．非接地側電線の色別は「黒」．

4

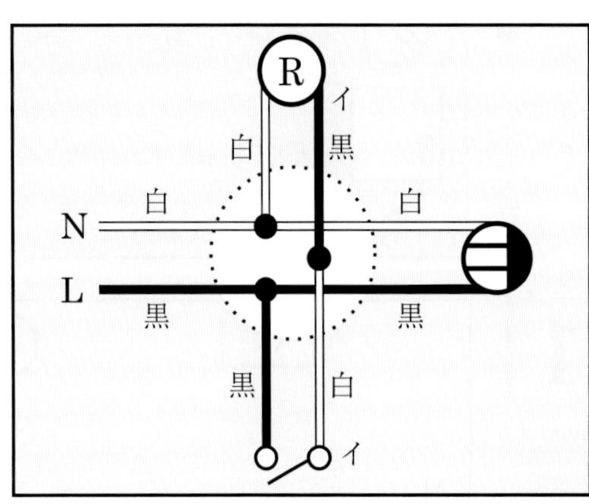

ランプレセプタクルと対応する点滅器イを結線し，最後に電線の色を書き込む．

コンセントの結線

点滅器の入・切に関係なく，コンセントは常に電源につながらないといけません．
つまり，コンセントの両端子には，常に電源の N，L が現れているようにします．

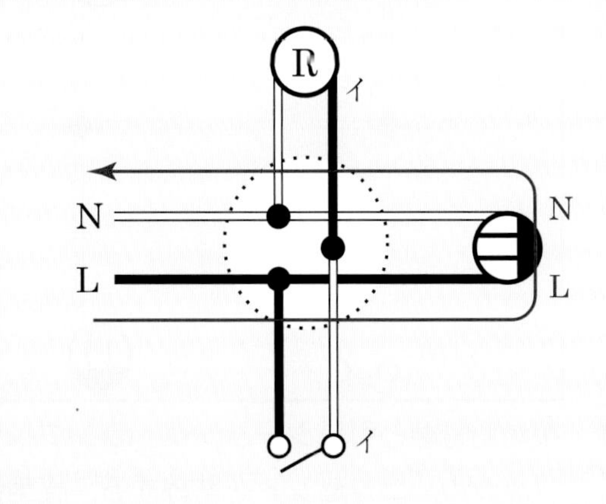

② コンセント・点滅器各 1 箇所，照明器具 2 灯

単線図

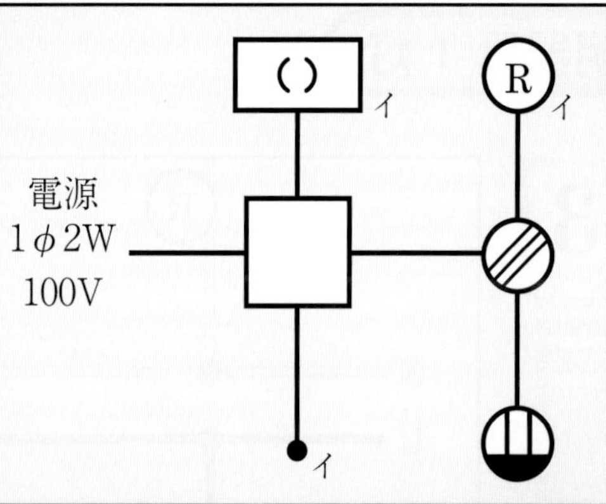

図記号

引掛シーリング（ボディ（角形）のみ）

ランプレセプタクル

コンセント

VVF 用ジョイントボックス

ジョイントボックス（アウトレットボックス）

点滅器（スイッチ）

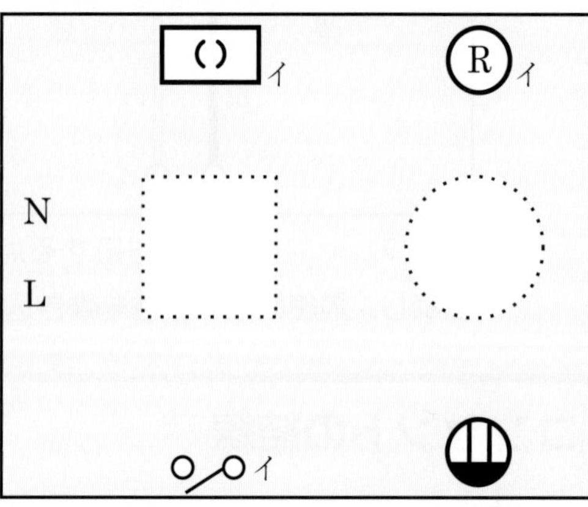

単線図通りに図記号を配置する．電源の非接地側にはL，接地側にはNと書く．

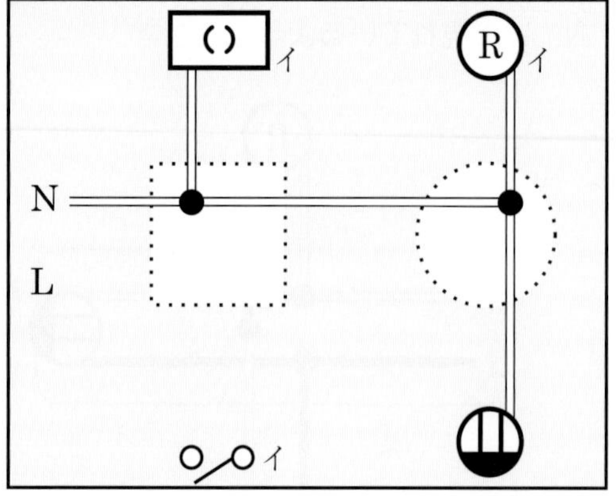

接地側電線と引掛シーリング，ランプレセプタクル，コンセントを結線する．接地側電線の色別は「白」．

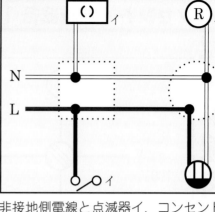

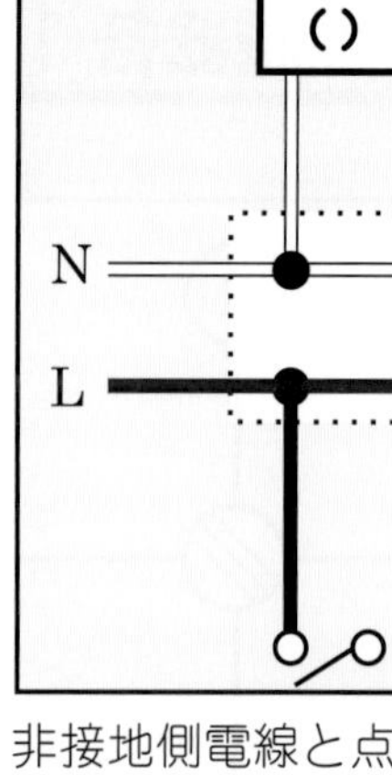

非接地側電線と点滅器イ，コンセントを結線する．非接地側電線の色別は「黒」．

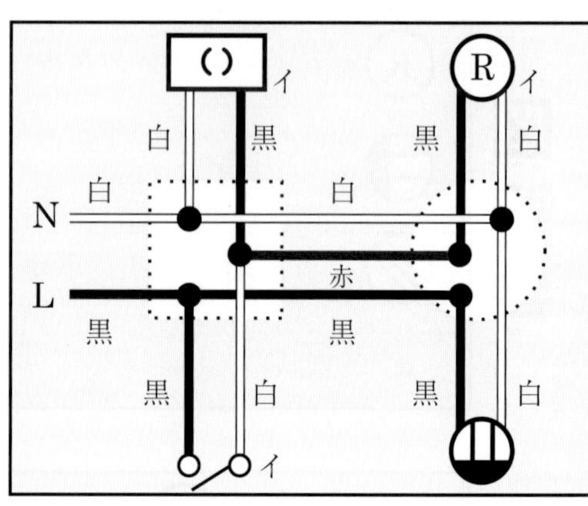

引掛シーリング，ランプレセプタクルと対応する点滅器イを結線し，最後に電線の色を書き込む．

電線の色別について

接地側電線には白色，非接地側電線には黒色を用いるので，接地側・非接地側電線相互が結ばれた箇所の色別は必ず「白·白」と「黒·黒」になります．点滅器イと各照明器具間の電線色別は，ケーブルの残りの色を使用します．

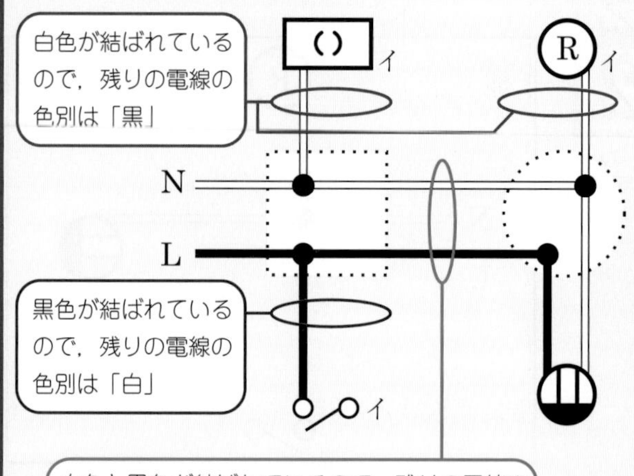

③ 点滅器2個（2個連用），照明器具2灯と他の負荷へ

単線図

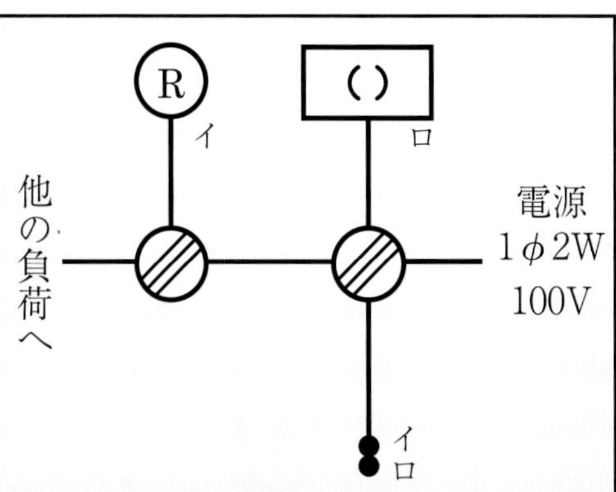

図記号

- ( ) 引掛シーリング（ボディ（角形）のみ）
- Ⓡ ランプレセプタクル
- VVF用ジョイントボックス
- ● 点滅器（スイッチ）

1

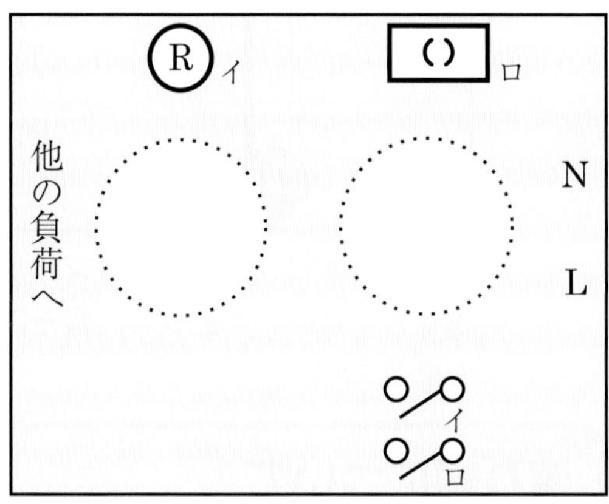

単線図通りに図記号を配置する．電源の非接地側にはL，接地側にはNと書き，「他の負荷へ」も書き込む．

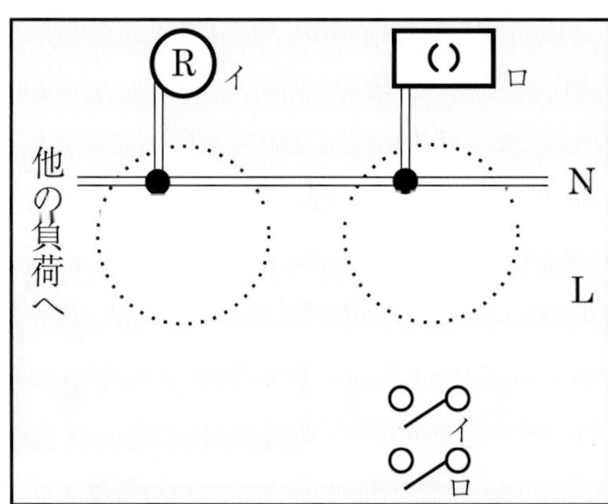

接地側電線と引掛シーリング，ランプレセプタクルを結線する．接地側電線の色別は「白」．また，「他の負荷へ」には接地側電線をそのまま延ばす．

3

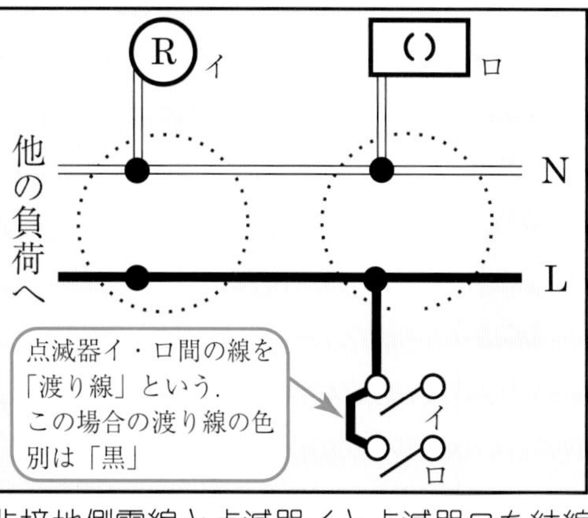

非接地側電線と点滅器イと点滅器ロを結線する．非接地側電線の色別は「黒」．また，「他の負荷へ」にも非接地側電線を延ばす．

4

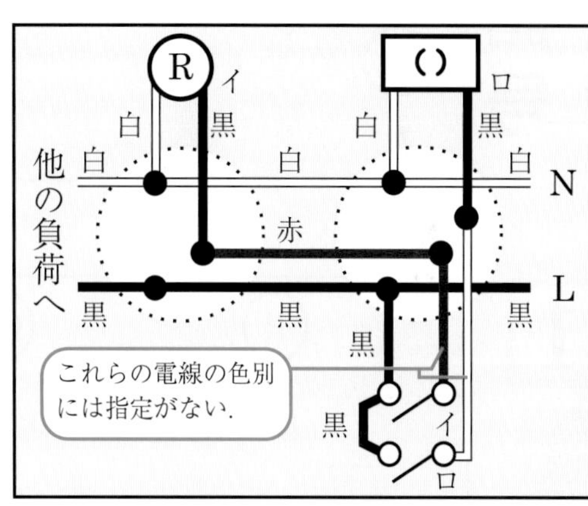

ランプレセプタクルと対応する点滅器イ，引掛シーリングと対応する点滅器ロを結線し，最後に電線の色を書き込む．

連用箇所の電線色別について

点滅器が2つある連用箇所には，3心ケーブルを用います．3心ケーブルの絶縁被覆の色は黒，白，赤で，非接地側電線には必ず黒色を使用して点滅器と結線し，残りの白色と赤色が点滅器と対応する照明器具と結ばれます．この白色と赤色には色別指定がないので，どちらの点滅器に使用しても構いません．（下図は4の別パターン）

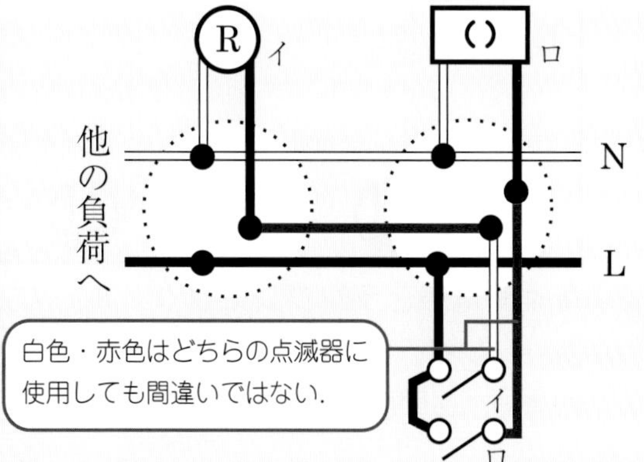

④ コンセント２箇所・点滅器１箇所，照明器具２灯

単線図

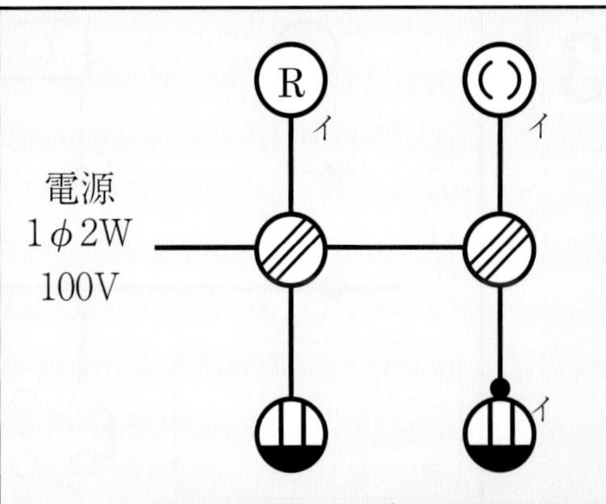

図記号

引掛シーリング（ボディ（丸形）のみ）
ランプレセプタクル
VVF 用ジョイントボックス
点滅器（スイッチ）

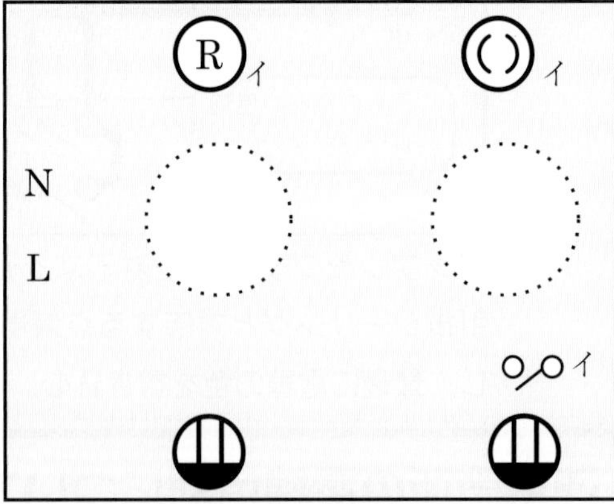

単線図通りに図記号を配置する．電源の非接地側には L，接地側には N と書く．

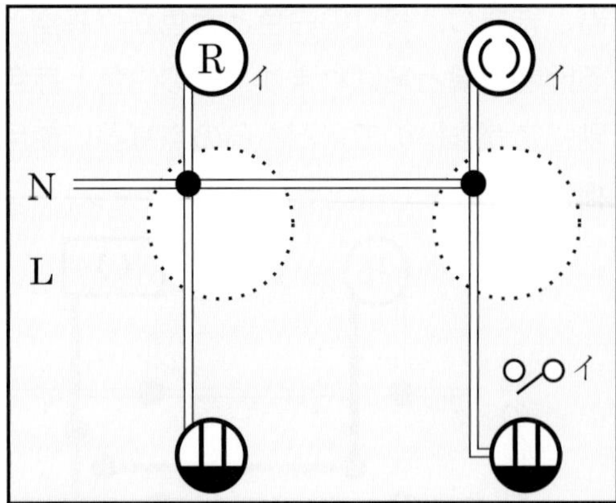

接地側電線とランプレセプタクル，引掛シーリング，コンセントを結線する．接地側電線の色別は「白」．

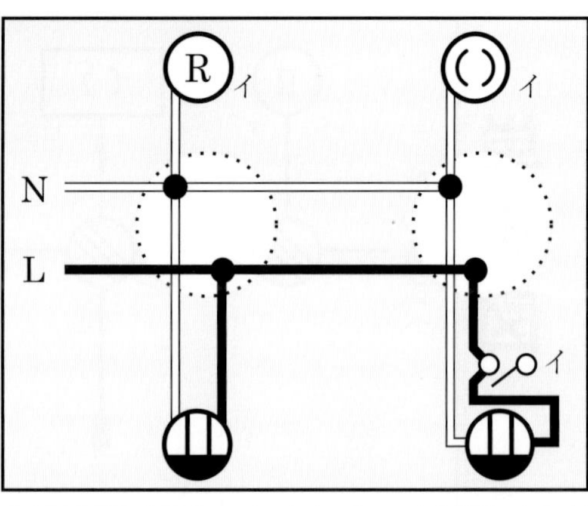

非接地側電線とコンセント，点滅器イを結線し．点滅器イとコンセントを渡り線で結線する．非接地側電線の色別は「黒」．

4

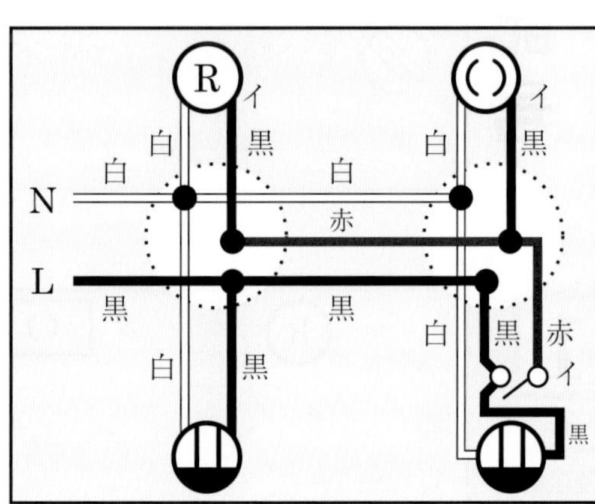

ランプレセプタクル，引掛シーリングと対応する点滅器イを結線し，最後に電線の色を書き込む．

渡り線について

点滅器とコンセントを連用する場合，２つの器具相互を結ぶ「渡り線」が必要です．非接地側電線とつながる「渡り線」には必ず黒色，接地側電線とつながる「渡り線」には施工条件の「接地側電線はすべて白色を使用」に従い，必ず白色を使用します．また，この箇所はコンセントに非接地側電線を結び，「渡り線」で点滅器に送る描き方でも構いません．

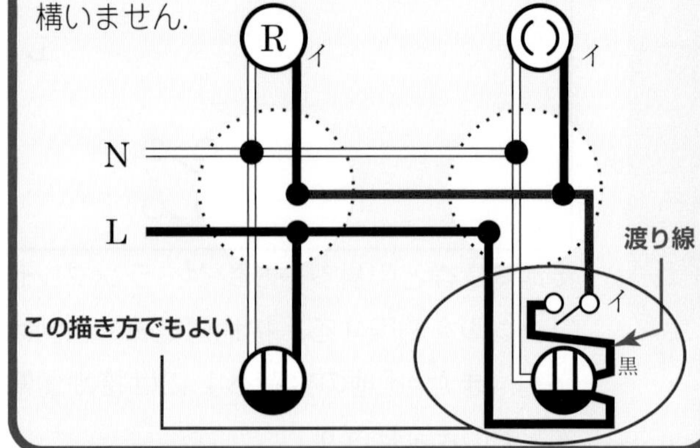

⑤ 点滅器 3 個（3 個連用），照明器具 3 灯

単線図

R イ
R ロ
施工省略
電源
1φ2W
100V
( )
ハ
イ
ロ
ハ

図記号

( )	引掛シーリング（ボディ（角形）のみ）
R	ランプレセプタクル
（斜線入りの丸）	VVF 用ジョイントボックス
（四角）	ジョイントボックス（アウトレットボックス）
●	点滅器（スイッチ）

1

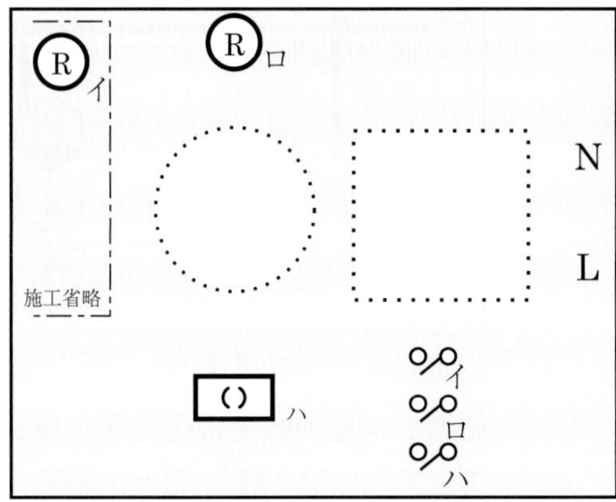

単線図通りに図記号を配置する．電源の非接地側には L，接地側には N と書く．

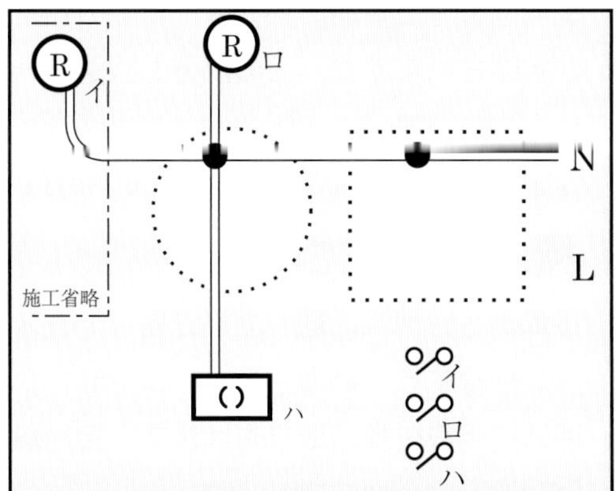

接地側電線とランプレセプタクル，引掛シーリングを結線する．接地側電線の色別は「白」．

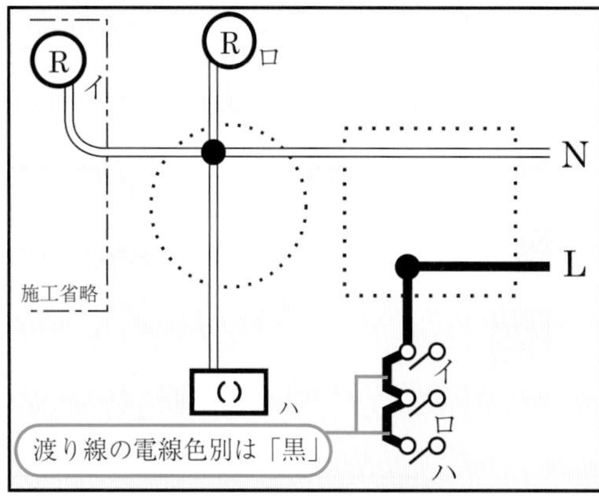

非接地側電線と点滅器イを結線し，点滅器イと点滅器ロ，点滅器ロと点滅器ハにそれぞれ渡り線を結線する．非接地側電線の色別は「黒」．

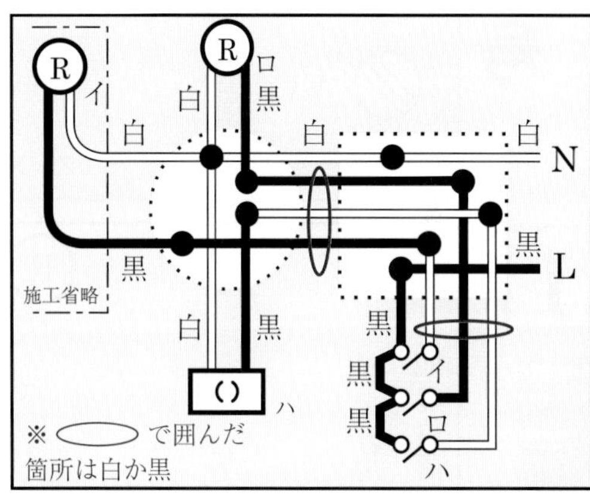

点滅器イ，ロ，ハとそれぞれ対応する照明器具を結線し，最後に電線の色を書き込む．

点滅器の 3 個連用について

点滅器の 3 個連用箇所では，2 心ケーブルを 2 本使うので，電線を 4 本結線しますが，照明器具とつながる電線には色別指定はありません．ジョイントボックス間にも電線が 4 本必要ですが，ここも照明器具と点滅器を結ぶ電線には色別指定はありません．

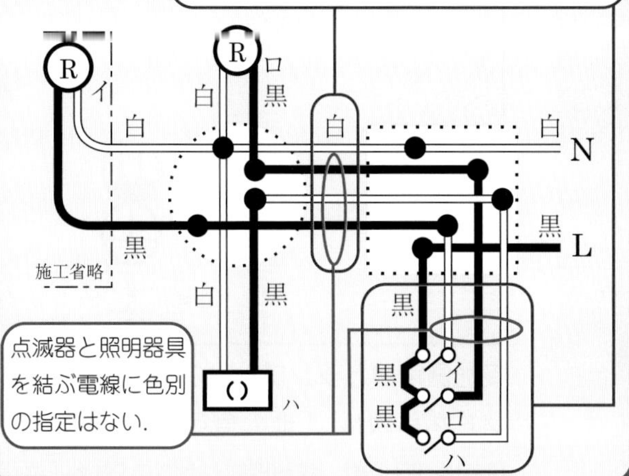

⑥ コンセント・接地端子・点滅器各１箇所，照明器具１灯

単線図

他の負荷へ
R イ
電源 1φ2W 100V
イ
施工省略
E_D

図記号

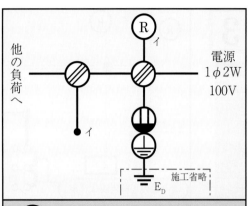

- Ⓡ ランプレセプタクル
- コンセント
- 接地端子
- VVF 用ジョイントボックス
- ● 点滅器（スイッチ）

1

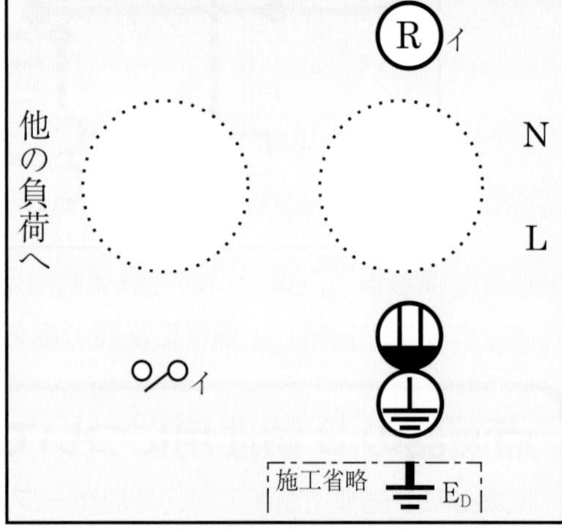

単線図通りに図記号を配置する．電源の非接地側にはＬ，接地側にはＮと書く．

2

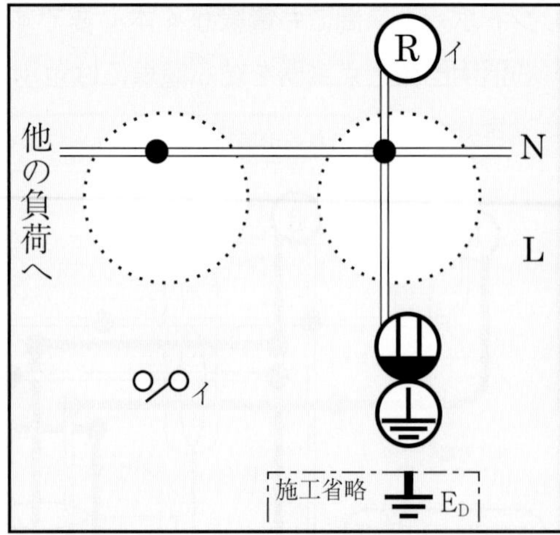

接地側電線とランプレセプタクル，コンセントを結線し，「他の負荷へ」にも接地側電線を延ばす．接地側電線の色別は「白」．

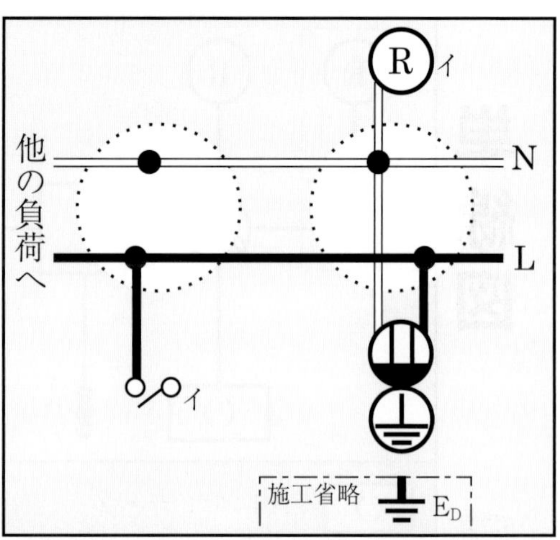

非接地側電線とコンセント，点滅器イを結線し，「他の負荷へ」にも非接地側電線を延ばす．非接地側電線の色別は「黒」．

4

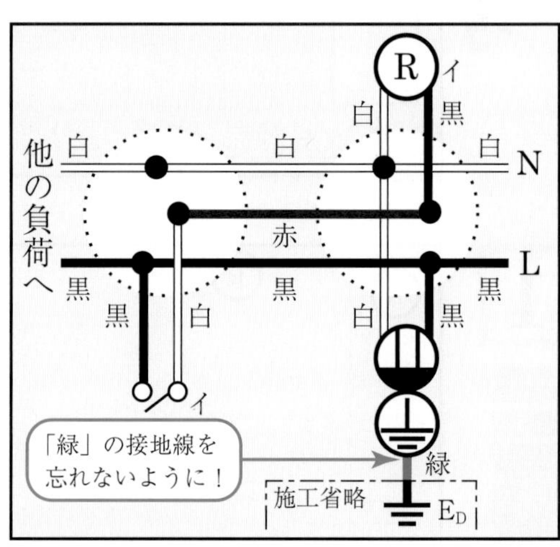

点滅器イと対応するランプレセプタクルを結線し，接地端子に接地線を結ぶ．接地線の電線色別は「緑」．最後に電線の色を書く．

施工省略の部分について

配線図の施工省略の部分は，実際の作業では施工が省略されますが，この部分も回路の一部ですから，「施工省略」の部分を含めて複線図を描きます．

接地端子について

接地端子は地中に埋めた接地極（アース）からの線を結線するためのもので，コンセントと一緒に埋込連用取付枠に取り付けます．接地端子には，「接地線」だけを結線します．
「接地線」の電線の色別は「緑」です．

⑦ 3路スイッチ2箇所，照明器具1灯

単線図

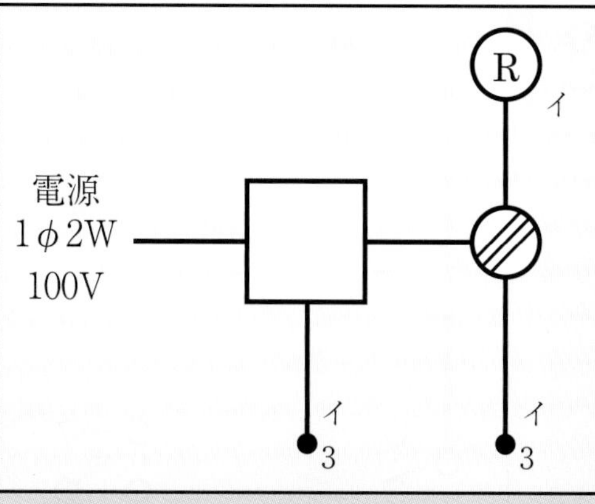

図記号

R ランプレセプタクル

VVF用ジョイントボックス

ジョイントボックス（アウトレットボックス）

●3 3路スイッチ

1

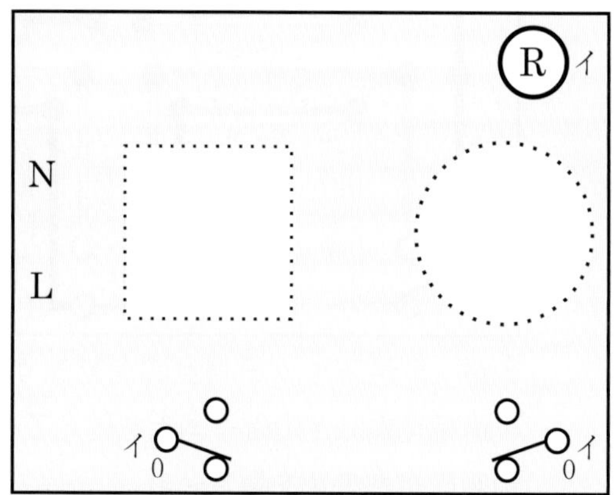

単線図通りに図記号を配置する．電源の非接地側にはL，接地側にはNと書く．

2

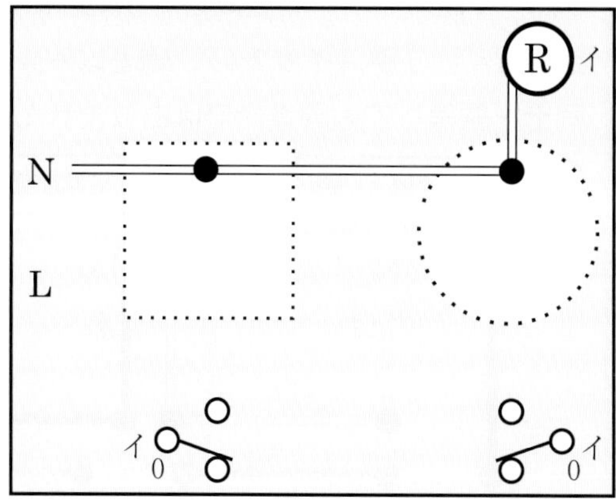

接地側電線とランプレセプタクルを結線する．接地側電線の色別は「白」．

3

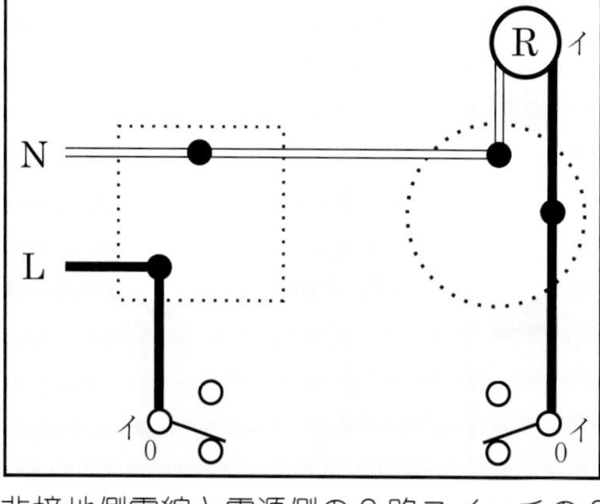

非接地側電線と電源側の3路スイッチの0端子，照明器具側の3路スイッチの0端子とランプレセプタクルを結線する．両方とも電線の色別は「黒」．

4

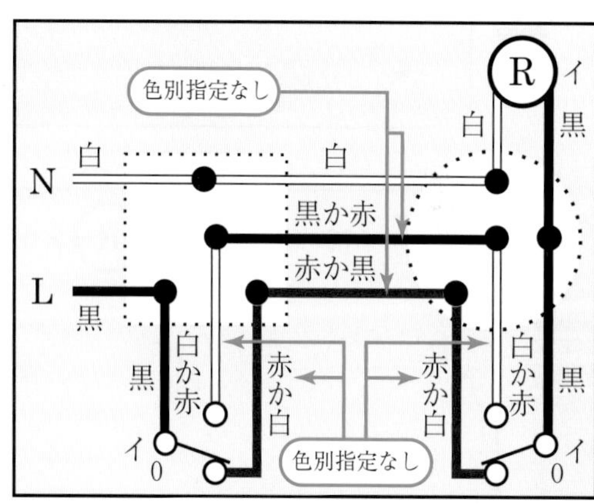

3路スイッチ相互間を結線する．3路スイッチ相互間は，どの端子を結んでもよい．最後に電線の色を書き込む．

3路スイッチの結線

3路スイッチには3心ケーブルを使用し，黒色は必ず0端子に結線しますが，残りの白・赤色には電線色別の指定はありません．また，3路スイッチ相互間の結線では，0端子以外をどのように結線しても間違いではありません．

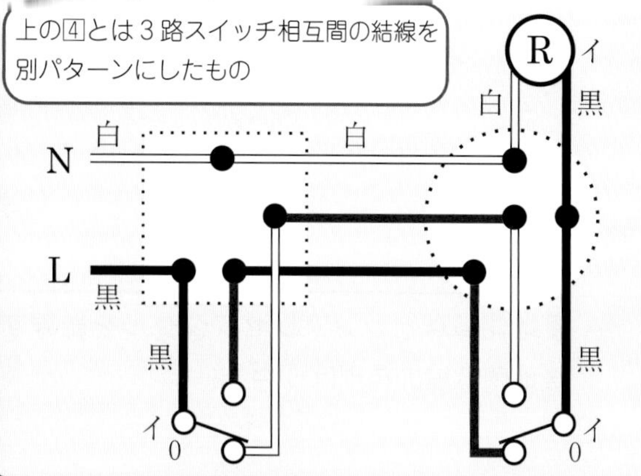

⑧ 3路スイッチ2箇所・4路スイッチ1箇所，照明器具1灯

単線図

電源
1ϕ2W
100V

R イ

イ 3

イ 3

イ 4

図記号

R ランプレセプタクル

VVF 用ジョイントボックス

$●_3$ 3路スイッチ

$●_4$ 4路スイッチ

1

L N R イ

イ 0

イ 0

イ

単線図通りに図記号を配置する．電源の非接地側にはL，接地側にはNと書く．

2

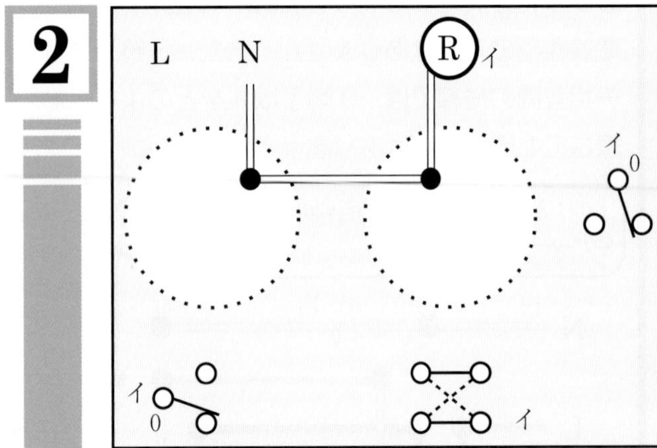

接地側電線とランプレセプタクルを結線する．接地側電線の色別は「白」．

3

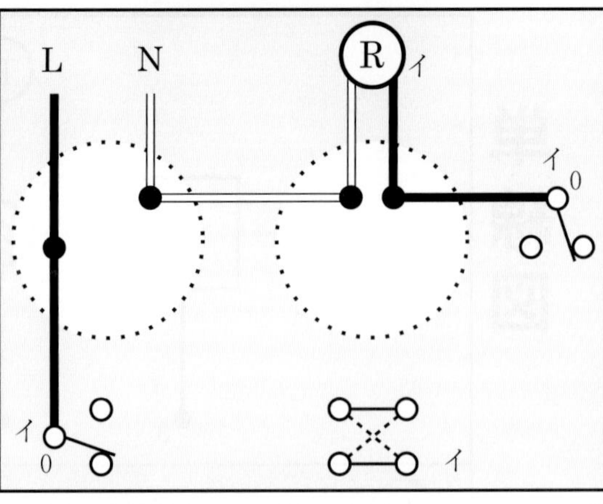

非接地側電線と電源側の3路スイッチの0端子，照明器具側の3路スイッチの0端子とランプレセプタクルを結線する．両方とも電線の色別は「黒」．

4

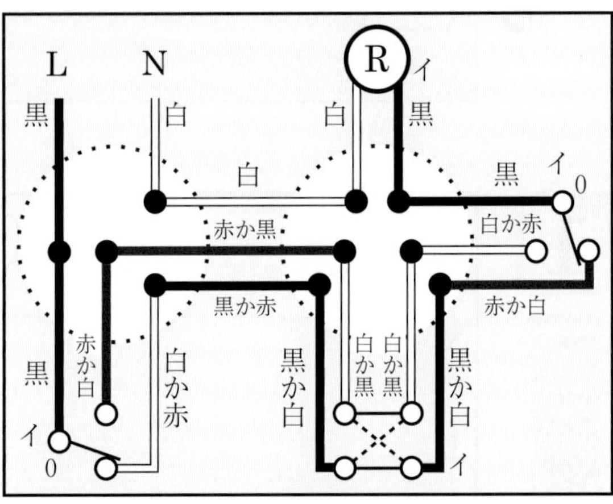

3路・4路スイッチ相互間を結線する．3路・4路相互間はどの端子同士を結んでもよい．

最後に電線の色を書き込む．

4路スイッチの結線

4路スイッチには2心ケーブルを2本使用します．3路・4路スイッチ相互間を結ぶ電線には色別指定はなく，3路スイッチの0端子以外，どの端子同士を結線しても間違いではありません．

上の4とは3路・4路スイッチ相互間の結線を変えたもの

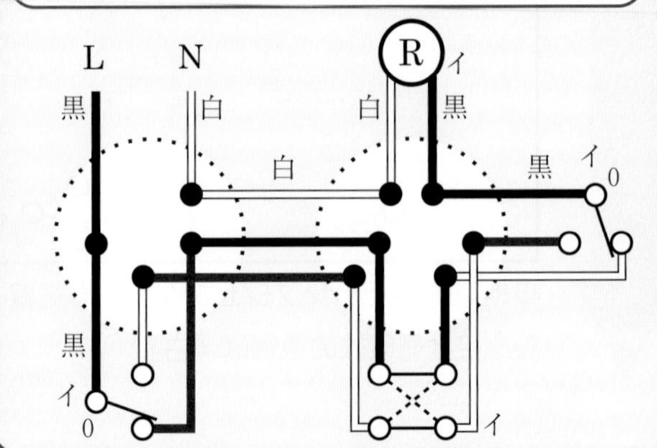

⑨ 点滅器 1 箇所，パイロットランプ 1 箇所，照明器具 1 灯

単線図

常時点灯の場合（電源確認）

電源 1ϕ2W
100V

R
イ
イ

図記号

R　ランプレセプタクル

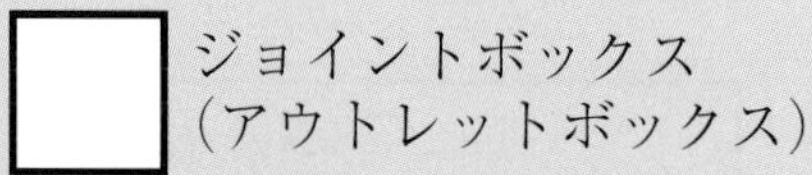

ジョイントボックス
（アウトレットボックス）

●　点滅器（スイッチ）

○　確認表示灯（別置）
（パイロットランプ）

1

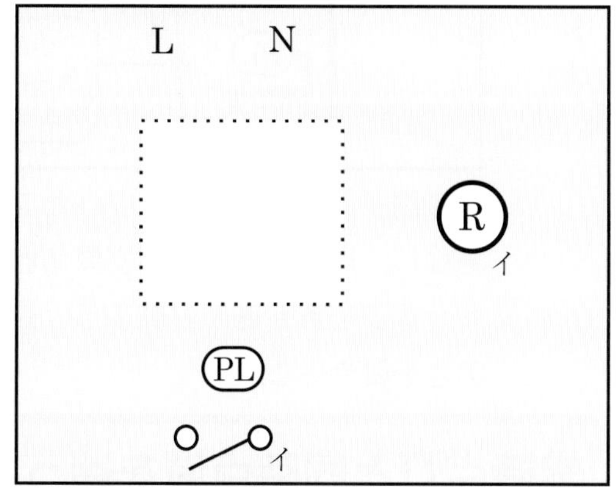

単線図通りに図記号を配置する．電源の非接地側には L，接地側には N と書く．

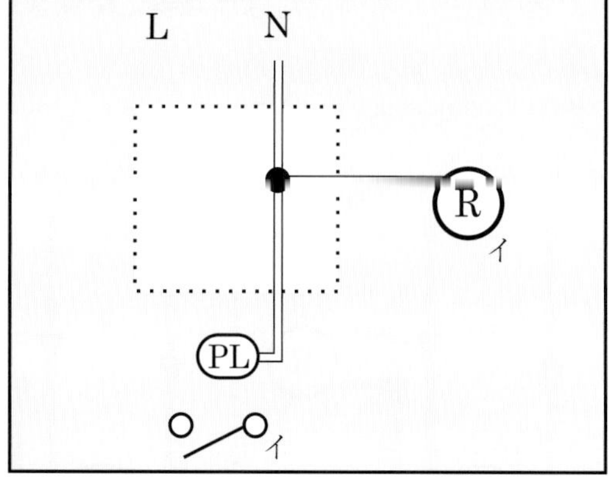

接地側電線とランプレセプタクル，パイロットランプを結線する．接地側電線の色別は「白」．

3

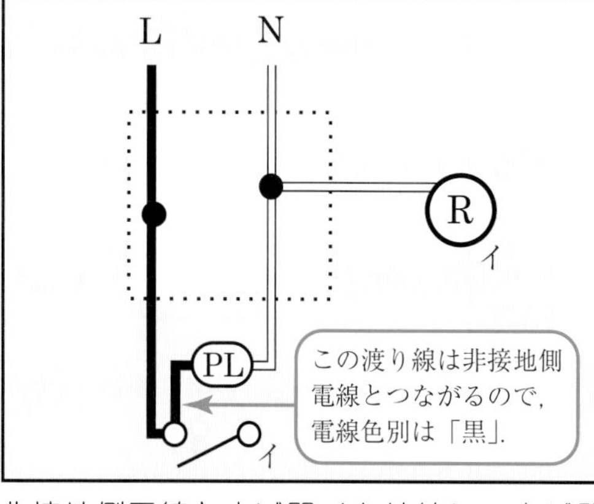

非接地側電線と点滅器イを結線し．点滅器イの電源側とパイロットランプを渡り線で結線する．非接地側電線の色別は「黒」．

4

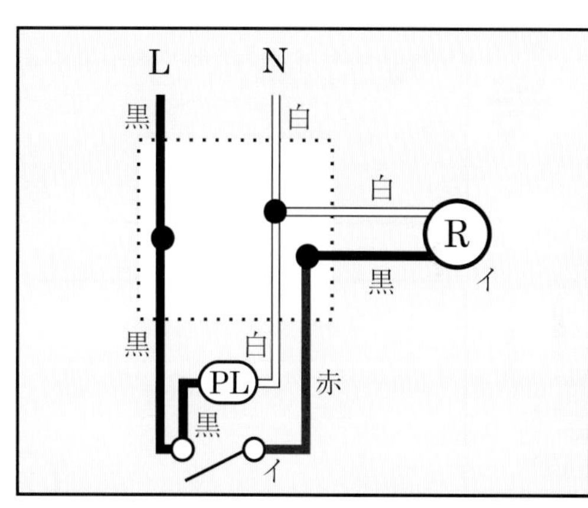

点滅器イと対応するランプレセプタクルを結線する．最後に電線の色を書き込む．

常時点灯の結線について

常時点灯の結線では，非接地側電線とパイロットランプを直接結線し，点滅器に渡り線をおろしても間違いではありません.（コンセントと同じ結線と考えても構いません.）

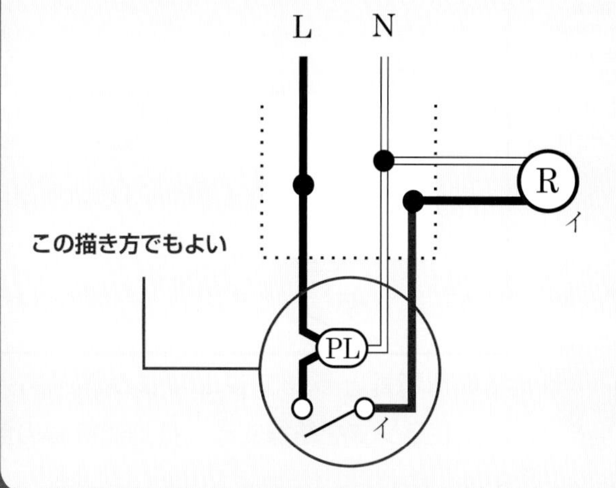

⑩ 点滅器１箇所，パイロットランプ１箇所，照明器具１灯

単線図

同時点滅の場合（点灯確認）

電源 1φ2W
100V

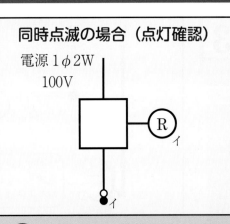

R イ

イ

図記号

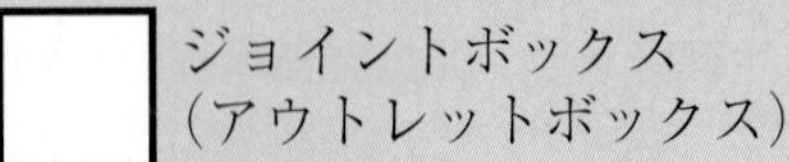

R　ランプレセプタクル

ジョイントボックス
（アウトレットボックス）

●　点滅器（スイッチ）

○　確認表示灯（別置）
（パイロットランプ）

1

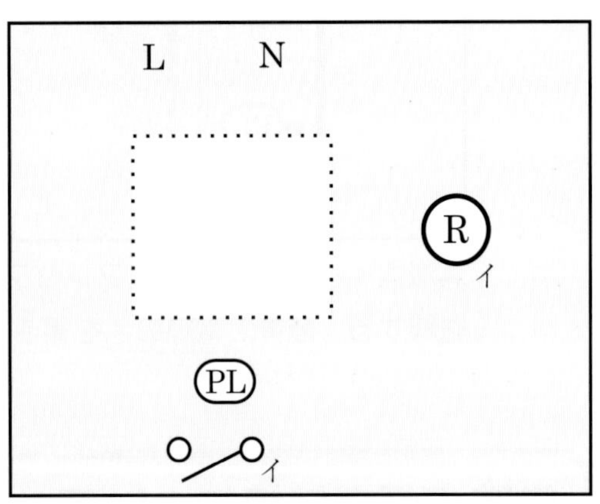

単線図通りに図記号を配置する．電源の非接地側にはL，接地側にはNと書く．

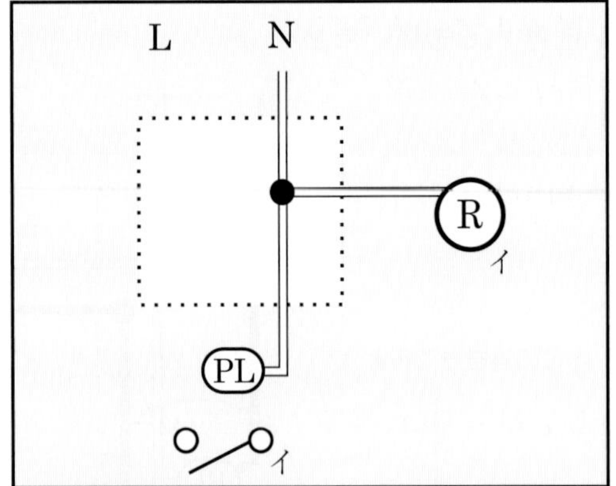

接地側電線とランプレセプタクル，パイロットランプを結線する．接地側電線の色別は「白」．

3

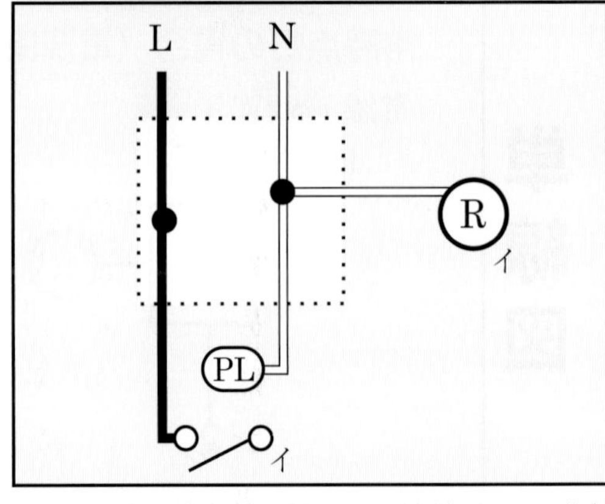

非接地側電線と点滅器イを結線する．非接地側電線の色別は「黒」．

4

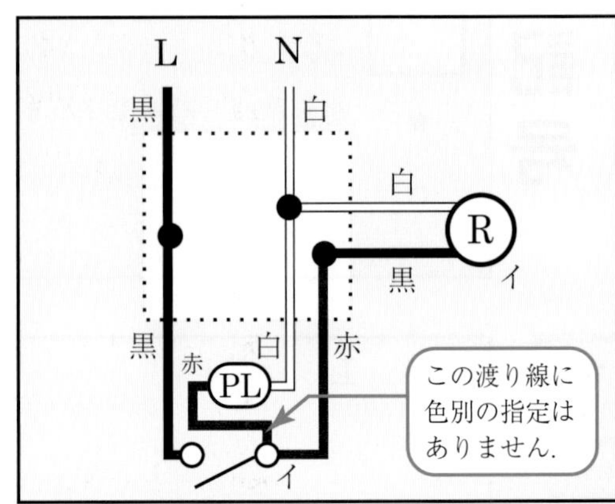

点滅器イと対応するランプレセプタクルを結線し，点滅器イの照明器具側とパイロットランプを渡り線で結線する．最後に電線の色を書き込む．

常時点灯と同時点滅を迷ったら

常時点灯と同時点滅の回路の違いは，パイロットランプからの渡り線を点滅器の電源側・照明器具側のどちらに結線するかの違いだけなので，結線で迷ったら，常時点灯は点滅器に関係なく常に電源とつながり，同時点滅は点滅器がONのときに電源とつながることを思い出しましょう．

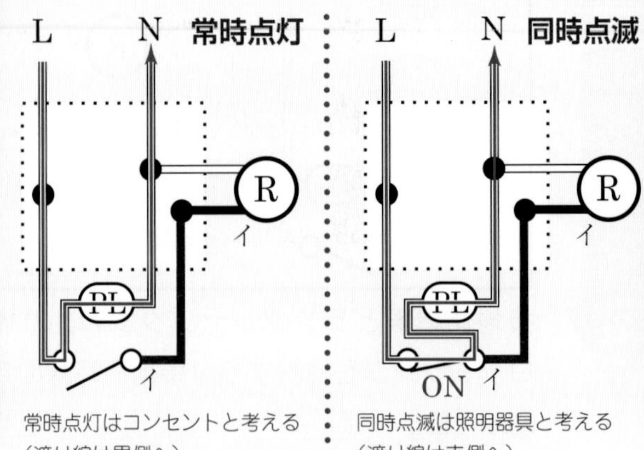

常時点灯はコンセントと考える
（渡り線は黒側へ）

同時点滅は照明器具と考える
（渡り線は赤側へ）

⑪ 点滅器 1 箇所，パイロットランプ 1 箇所，照明器具 1 灯

単線図

異時(交互)点滅の場合（位置確認）

電源 1 ϕ 2W
100V

R イ

イ

図記号

Ⓡ ランプレセプタクル

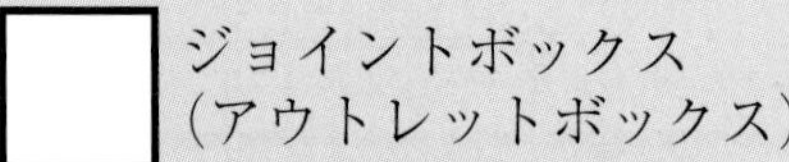

ジョイントボックス
(アウトレットボックス)

● 点滅器（スイッチ）

○ 確認表示灯(別置)
(パイロットランプ)

1

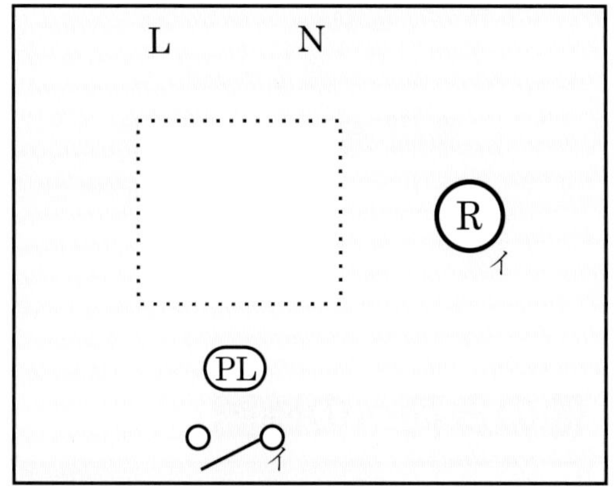

単線図通りに図記号を配置する．電源の非接地側には L，接地側には N と書く．

2

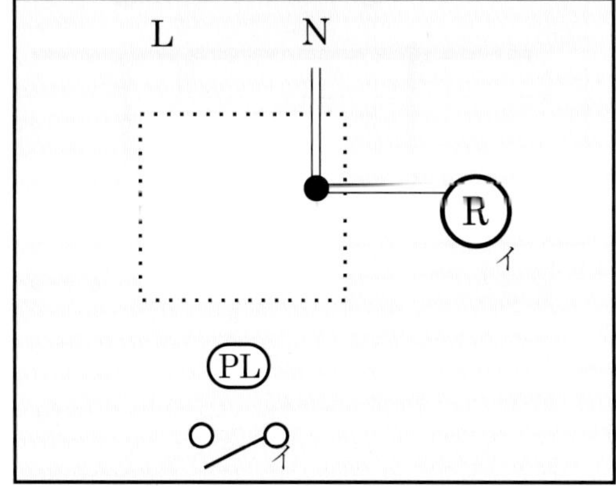

接地側電線とランプレセプタクルを結線する．接地側電線の色別は「白」．

3

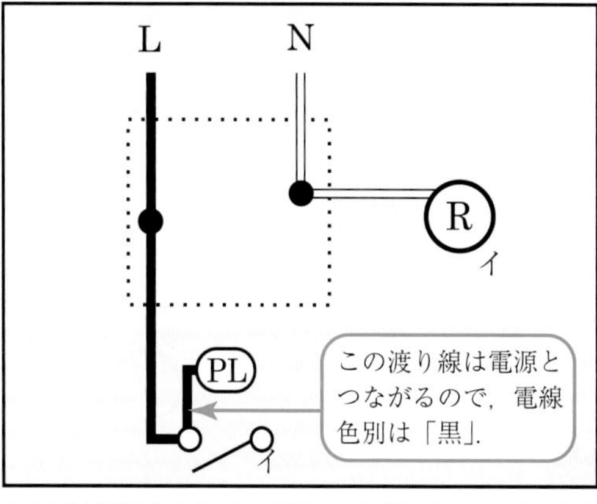

非接地側電線と点滅器イを結線し．点滅器イの電源側とパイロットランプを渡り線で結線する．非接地側電線の色別は「黒」．

4

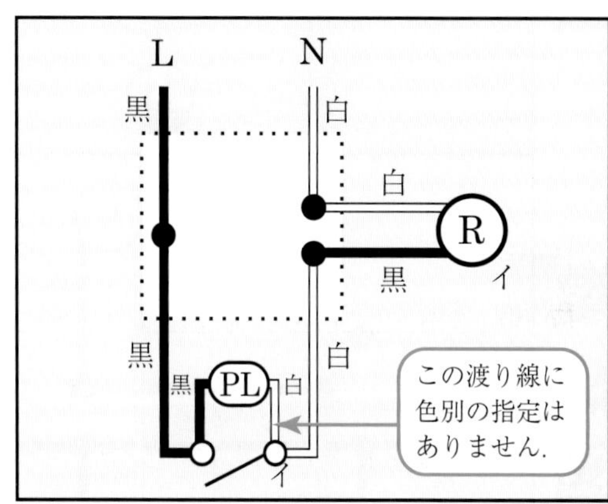

点滅器イと対応するランプレセプタクルを結線し，点滅器イの照明器具側とパイロットランプを渡り線で結線する．最後に電線の色を書き込む．

点灯方法別の電線色別について

常時点灯：点滅器の電源側（非接地側電線を結んだ側）に結線した渡り線は，電源につながるので，必ず「黒」でなければならず，接地側電線とつながる電線も必ず「白」でなければならない．

同時点滅：点滅器の照明器具側（照明器具を結んだ側）に結線した渡り線は何色でもよいが，接地側電線とつながる電線は必ず「白」でなければならない．

異時点滅：異時点滅の回路では，パイロットランプと点滅器を 2 本の渡り線で結ぶ．電源側の渡り線は電源につながるので，必ず「黒」でなければならないが，照明器具側の渡り線は何色でもよい．

4. 複線図の回路の確認

複線図が描き終わったら，回路を正しく描けているか確認します．回路の確認は，配線図で示された各負荷（器具）ごとに分割して行います．ここでは，主な回路の確認方法について解説します．

① 電灯（照明器具）回路・コンセント回路・他の負荷への確認

単線図

複線図

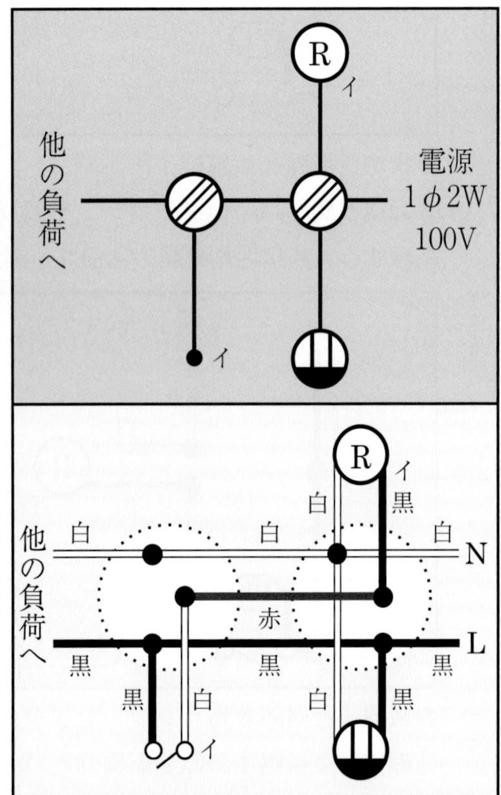

コンセント回路の確認

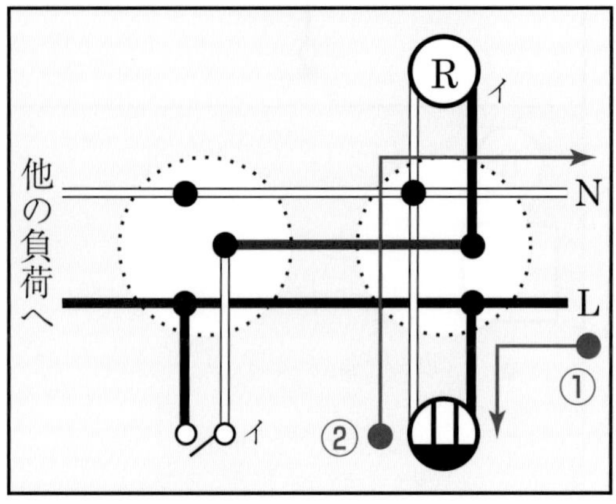

①電源から非接地側電線（黒色）をコンセントまでたどる．

②コンセントから接地側電線（白色）をたどり，電源に戻れば正しい回路．

※パイロットランプの常時点灯回路もこの方法で確認する．

電灯（照明器具）回路の確認

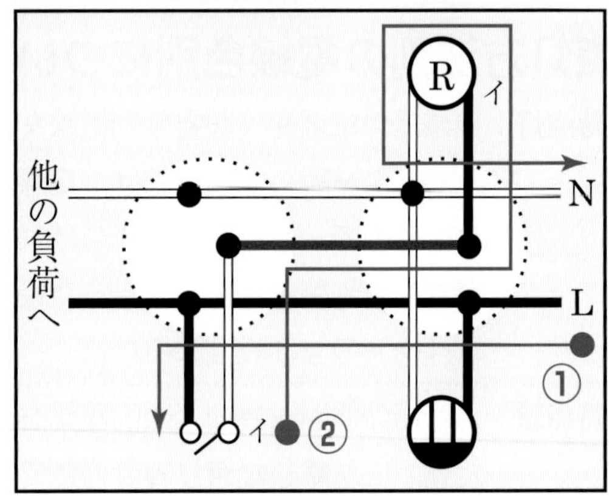

①電源から非接地側電線（黒色）を点滅器までたどる．

②点滅器から点滅器と対応する照明器具までたどり，さらに照明器具から接地側電線（白色）をたどって電源に戻れば正しい回路．

※パイロットランプの同時点滅回路もこの方法で確認する．

他の負荷への確認

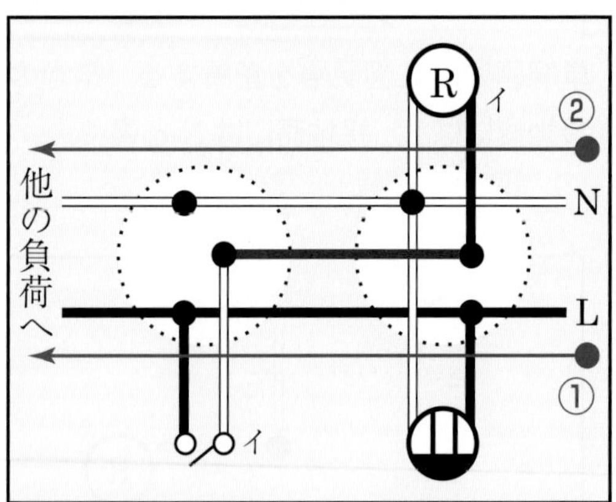

①電源から非接地側電線（黒色）をたどり，他の負荷まで延びているか確認する．

②電源から接地側電線（白色）をたどり，他の負荷まで延びているか確認する．

② 3路スイッチを含む電灯回路（照明器具）の確認

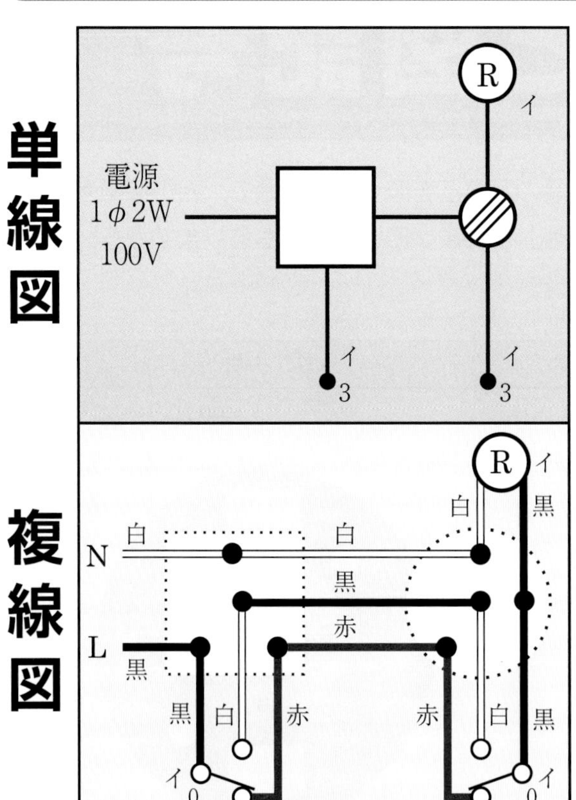

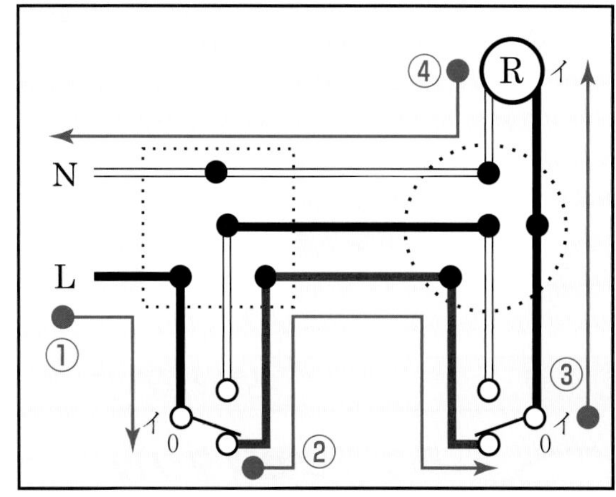

①電源から非接地側電線（黒色）を電源側の3路スイッチの0端子までたどる.

②3路スイッチ相互を結んでいるどちらかの端子からもう一方の3路スイッチまでたどる.

③もう一方の3路スイッチの0端子から照明器具までたどる.

④照明器具から接地側電線（白色）をたどり，電源に戻れば正しい回路.

③ 3路・4路スイッチを含む電灯回路（照明器具）の確認

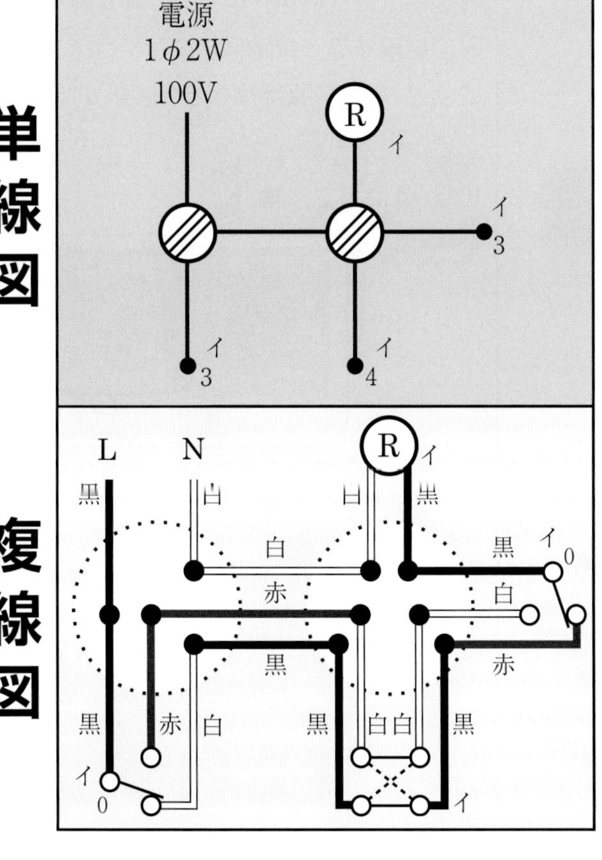

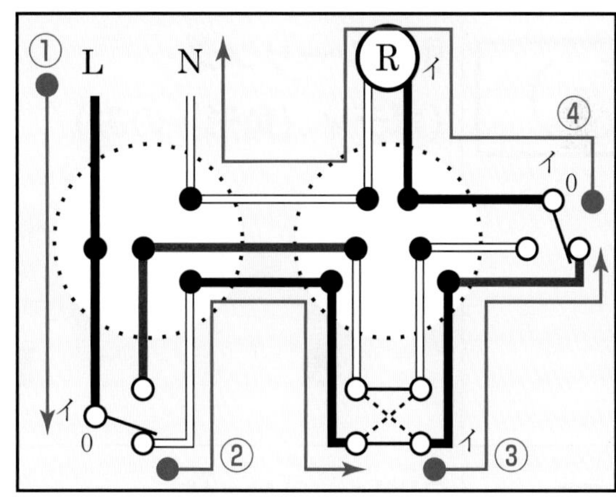

①電源から非接地側電線（黒色）を電源側の3路スイッチの0端子までたどる.

②3路・4路スイッチ相互を結んでいるどちらかの端子から4路スイッチまでたどる.

③②でたどった端子の隣の端子から，もう一方の3路スイッチまでたどる.

④もう一方の3路スイッチの0端子から照明器具までたどり，さらに照明器具から接地側電線（白色）をたどって電源に戻れば正しい回路.

配線器具と図記号

複線図を描くことに慣れてきたら，図記号と実物の配線器具の写真とを照らし合わせて，どの図記号がどの器具を表しているのか覚えましょう．器具によっては「極性」が決まっているものもありますから，これも覚えておきましょう．

図記号	名称と実物写真	備　考
R	**ランプレセプタクル**	受金ねじ部 受金ねじ部の端子 接地側電線（白色）は，必ず受金ねじ部の端子に結線する．
( )	**引掛シーリング** **（ボディ（角形）のみ）** **表**　**裏**	接地側電線（白色）は，必ず接地側極端子に結線する．接地側極端子にはメーカによりN，W，接地側などの表記がある． **接地側極端子**
( )	**引掛シーリング** **（ボディ（丸形）のみ）** **表**　**裏**	**接地側極端子**

図記号	名称と実物写真	備　考
●	**埋込連用タンブラスイッチ（片切スイッチ）** 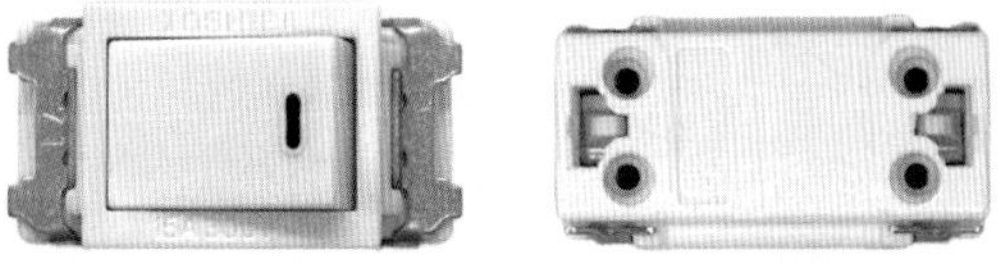 表　裏	極性がないので，黒色・白色をどちらの端子に結線してもよい． 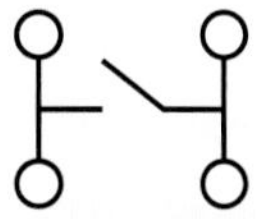 同じ側の上下の端子は内部でつながっている． 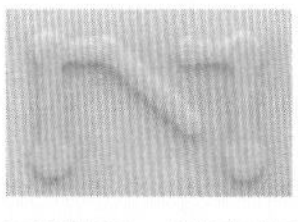 内部回路図 裏面にはどの端子が固定極，可動極かを示す図がある． 可動極　固定極
$●_3$	**埋込連用タンブラスイッチ（3 路スイッチ）** 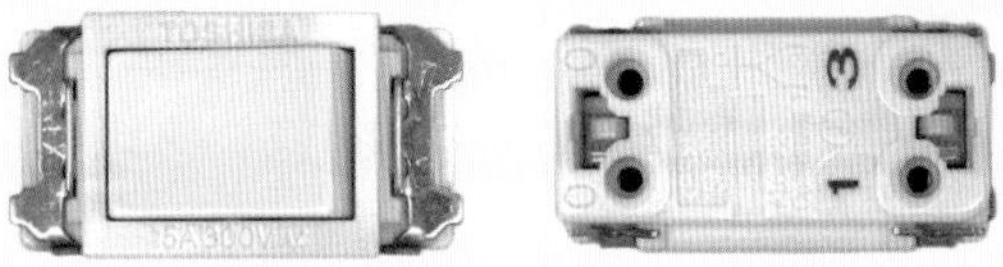 表　裏	「0」の接続端子 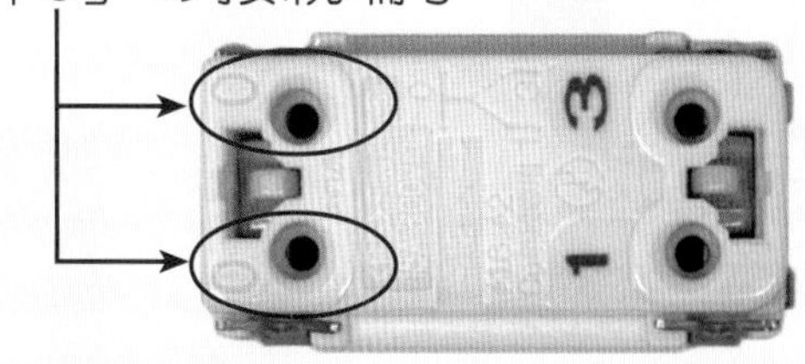 接続端子（裏面）には「0」，「1」，「3」の表示があり，これで 4 路スイッチと区別する．「0」の接続端子には，非接地側電線又は負荷側の黒色を結線する． 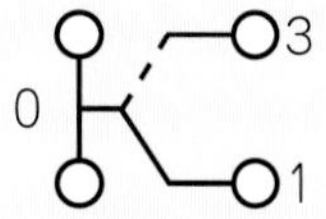 0　3　1 「0」端子の上下の端子は内部でつながっている． 内部回路図
$●_4$	**埋込連用タンブラスイッチ（4 路スイッチ）** 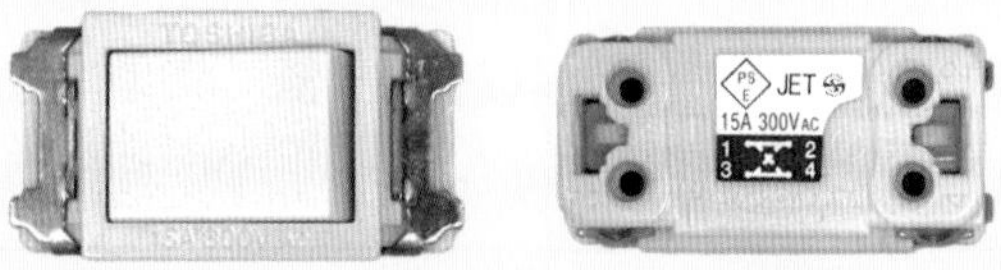 表　裏	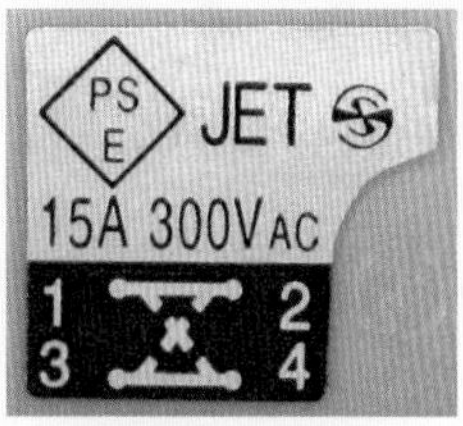 PS E JET 15A 300VAC 1 2 3 4 E4路 NDG1114 **裏面シール** 　**側面シール** 4 路スイッチ表面は 3 路スイッチと同じなので，裏面や側面に貼られたシールから，4 路スイッチと判断する．
$●_H$	**埋込連用タンブラスイッチ（位置表示灯内蔵）** 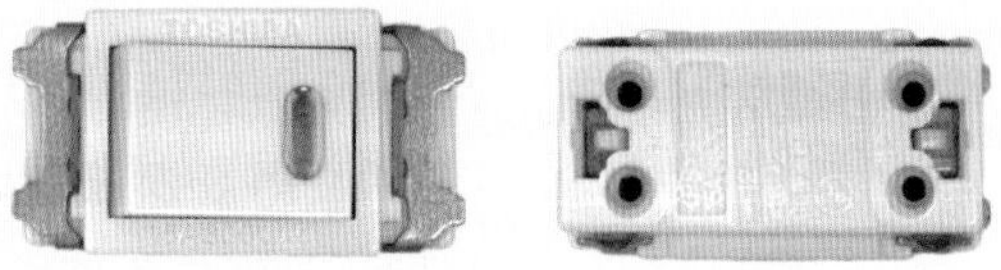 表　裏	極性がないので，黒色・白色をどちらの端子に結線してもよい．  PL 同じ側の上下の端子は内部でつながっている． 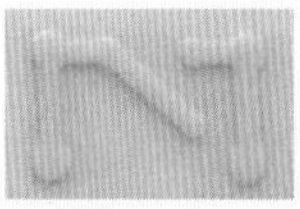 内部回路図 裏面にはどの端子が固定極，可動極かを示す図がある． 可動極　固定極

図記号	名称と実物写真	備　考
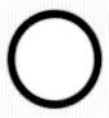 ○	**埋込連用パイロットランプ**   表　裏	極性がないので，黒色・白色をどちらの端子に結線してもよい． 施工条件では，確認表示灯（パイロットランプ）と示されている． 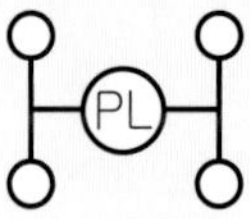 PL 内部回路図 同じ側の上下の端子は内部でつながっている．
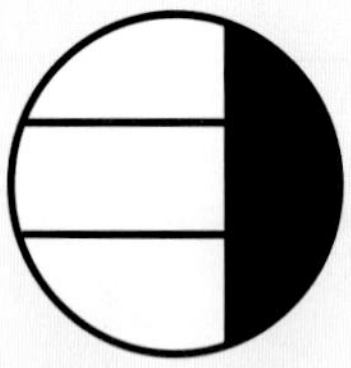 露出形	**露出形コンセント** 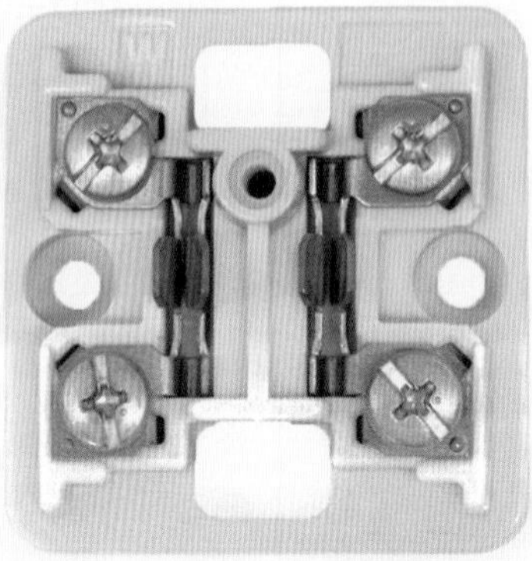	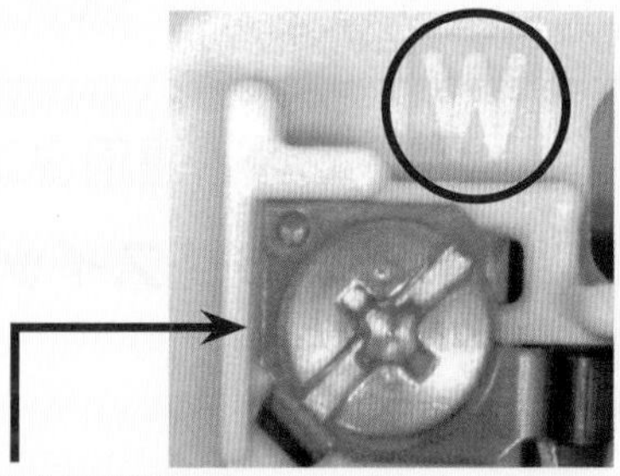 W 接地側極端子 接地側電線（白色）は，必ず接地側極端子に結線する．接地側極端子にはメーカーにより，N，W，接地側などの表記がある．
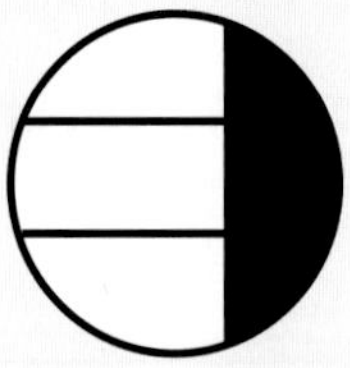	**埋込連用コンセント**   表　裏	接地側極端子 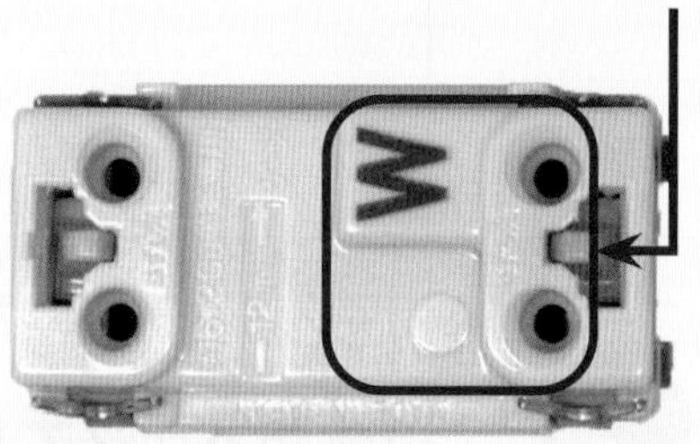 W 接地側電線（白色）は，必ず接地側極端子に結線する．接地側極端子にはメーカーにより，N，W，接地側などの表記がある．
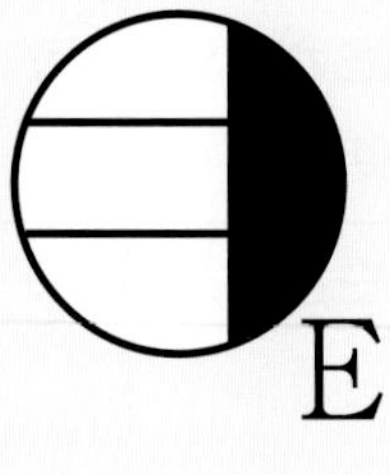 E	**埋込連用接地極付コンセント**  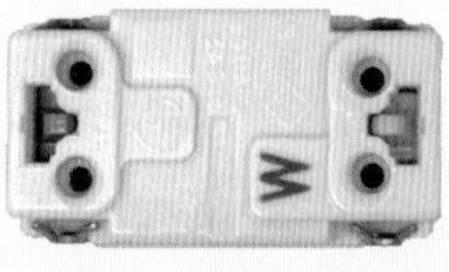 表　裏	接地線を結線する端子 接地側極端子 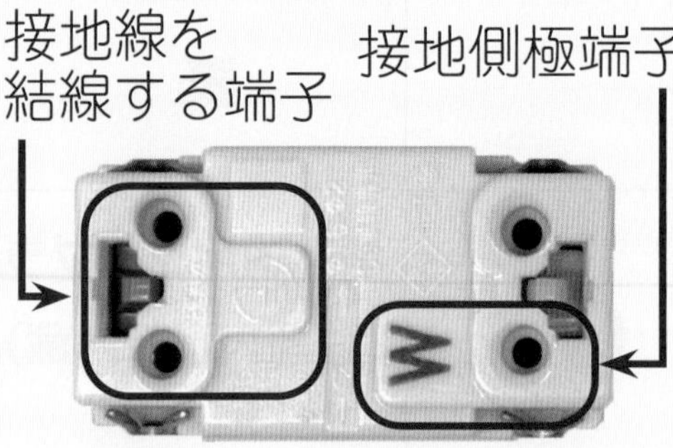 W 接地線（緑色）は，必ず左側の端子に結線する．左側の端子には接地の表記がある． 接地側電線（白色）は，必ず接地側極端子に結線する．接地側極端子にはメーカーにより，N，W，接地側などの表記がある．

図記号	名称と実物写真	備　考
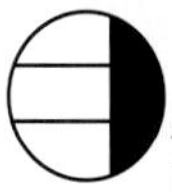 20A 250V E	**200V 用接地極付コンセント** 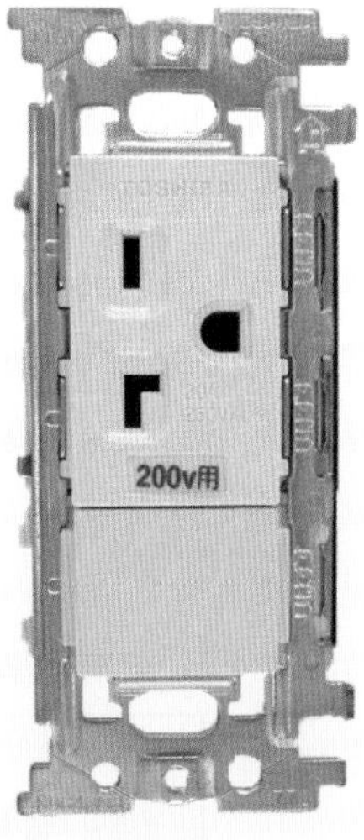 表 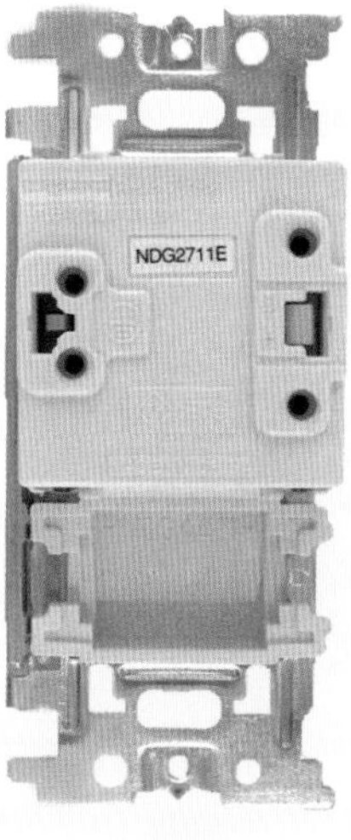 裏	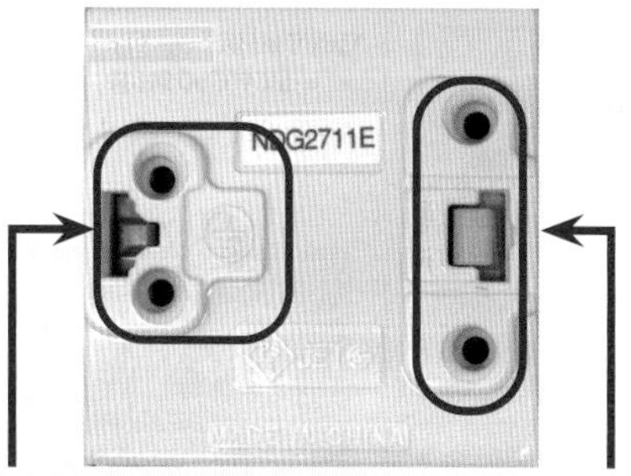 接地線を結線する端子　電源端子 接地線（緑色）は，必ず左側の端子に結線する．左側の端子には接地の表記がある．電源端子には極性がないので，どちらの端子に何色の電線を結線してもよい．※器具の表面に「200V 用」と表記されているが，図記号では定格電圧の「250V」が表記される．
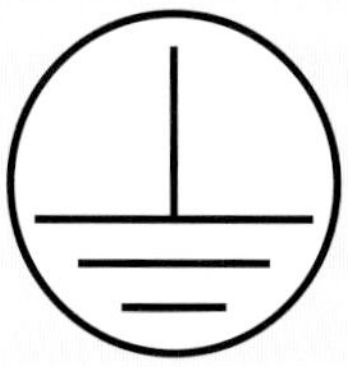	**接地端子（差し込み式）** 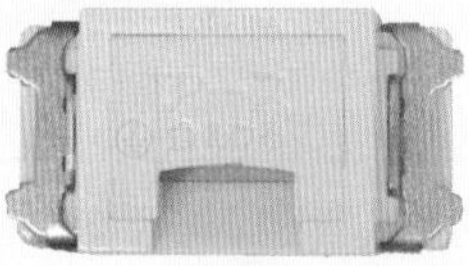 表  裏	 ねじ端子 接地線（緑色）は，裏面の端子に差し込む．試験時は，ねじ端子（表面）には何も結線しない．（実際は電気機器のアース線を結線する．）
	接地端子（ねじ止め式）  表  裏	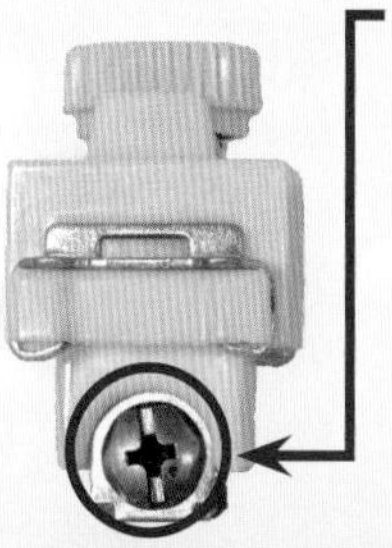 接地線（緑色）は，側面のねじで留める．試験時は，表面のねじ端子には何も結線しない．（実際は電気機器のアース線を結線する．）
B	**配線用遮断器（2 極 1 素子）100V 用** 	 接地側電線（白色）を結線する端子 接地側電線（白色）は，必ず N 表示のある端子に結線する．N 表示はメーカにより大きさや表示のある場所が異なる．

単線図から複線図へ

図記号	名称と実物写真	備　考
TS	**タイムスイッチ（代用端子台）**  S1 S2 L1	タイムスイッチには，交流モータ式と電子式があり，技能試験では交流モータ式が３極の端子台で代用されて過去に出題されている．交流モータ式のタイムスイッチは，内蔵された交流モータでダイヤル（24時間目盛り付き円板）を回転させ，設定した時刻に内部接点を「閉」または「開」して負荷を「入」「切」させる．そのため，このモーターは常時電源とつながっていなければならない． 内部結線図 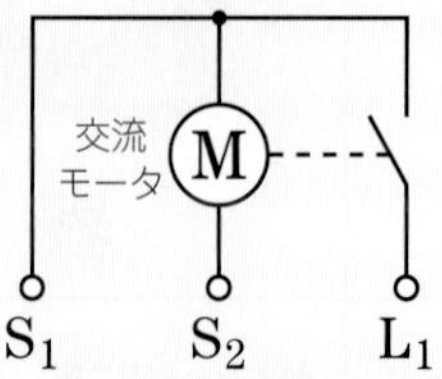 交流モータ M S_1 S_2 L_1 【各端子に結線する電線】 S_1：非接地側電線（黒色） S_2：接地側電線（白色） L_1：点滅回路の電線
●A(3A)	**自動点滅器（代用端子台）**  1 2 3	自動点滅器は，周囲の明るさを検知し，自動的に照明器具を点灯・消灯する点滅器である．技能試験では，光導電素子とバイメタルスイッチ式が３極の端子台で代用されて過去に出題されている．光導電素子とバイメタルスイッチ式の自動点滅器では，内蔵されたcds回路が周囲の明るさを検知して内部接点を「閉」または「開」するため，cds回路は常時電源とつながっていなければならない． 内部結線図 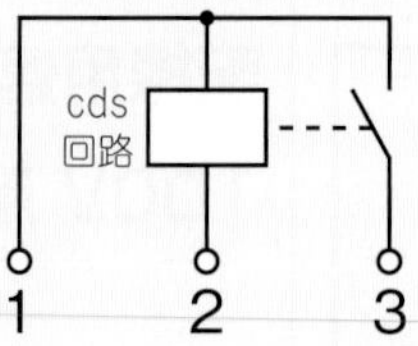 cds回路 1 2 3 【各端子に結線する電線】 1：非接地側電線（黒色） 2：接地側電線（白色） 3：点滅回路の電線

第3章 技能試験の基本作業

この章では，技能試験に必要な基本作業を解説します．基本作業がしっかりと身に付いていなければ，試験時間内に正確な作品を完成させることは困難です．基本作業をすばやく正確にできるようになるために，基本作業の練習を積み重ねましょう．

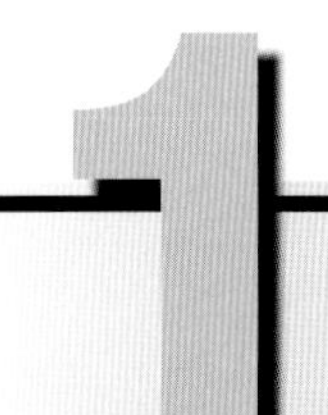

ケーブルの加工作業

1．技能試験で使用する主なケーブル・電線の種類

技能試験では数種類のケーブルや電線を使用して作品を完成させます．試験問題の材料表には，ケーブルや電線の正式名称が記載されるので，どのケーブルや電線が，どの名称であるのか判別できるようになりましょう．

電線・ケーブルの種類	断　面	備　　考
600V ビニル絶縁電線（IV 線）		・金属管や PF 管などの電線管で保護をして使用する． ・接地線には緑の IV 線を使用する．
600V ビニル絶縁ビニルシースケーブル平形（VVF ケーブル） **2 心** **3 心**		・心線数は 2 心，3 心のもの，心線の太さは 1.6mm と 2.0mm のものが使われる． ・電源部の太さ 2.0mm には，ケーブルシースが青色のものを使用することが多い．
600V ビニル絶縁ビニルシースケーブル丸形（VVR ケーブル）		・ケーブルシースの下に押さえテープ，介在物が入っている．
600V ポリエチレン絶縁耐燃性ポリエチレンシースケーブル平形（EM-EEF ケーブル）		・このケーブルは絶縁物にポリエチレンを使用したエコケーブルである． ・ケーブルシースには印字がある．

2. ケーブルの寸法取りについて

試験問題の配線図で示される各箇所の施工寸法は，器具の中央からジョイントボックス中央までの寸法で，器具との結線分，電線相互の接続分が含まれていません．この寸法でケーブルを切断して作業を進めると，仕上がった作品の寸法は配線図の寸法より短くなってしまいます．そのため，写真の※印箇所の作業で必要な長さを加えた寸法で切断する必要があります．

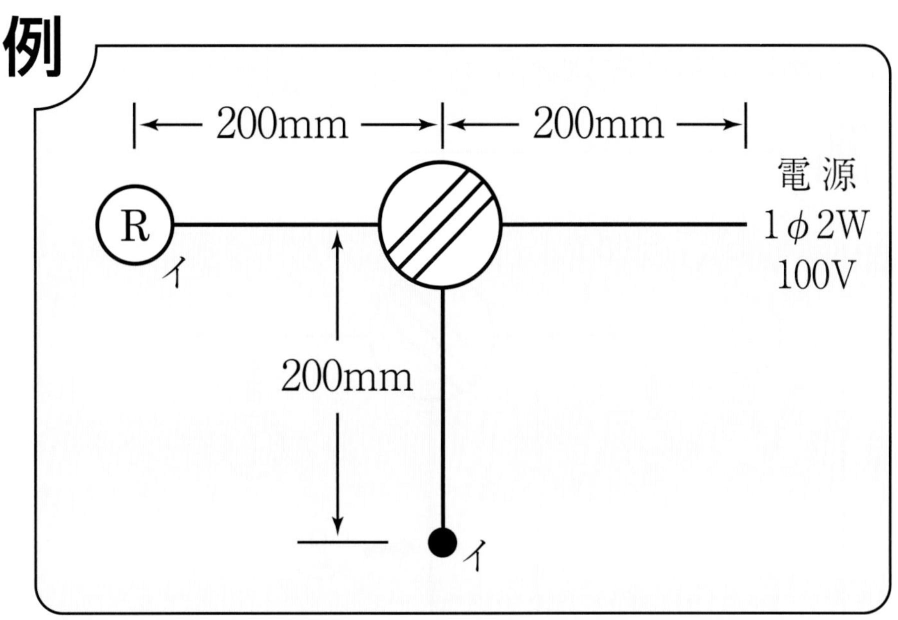

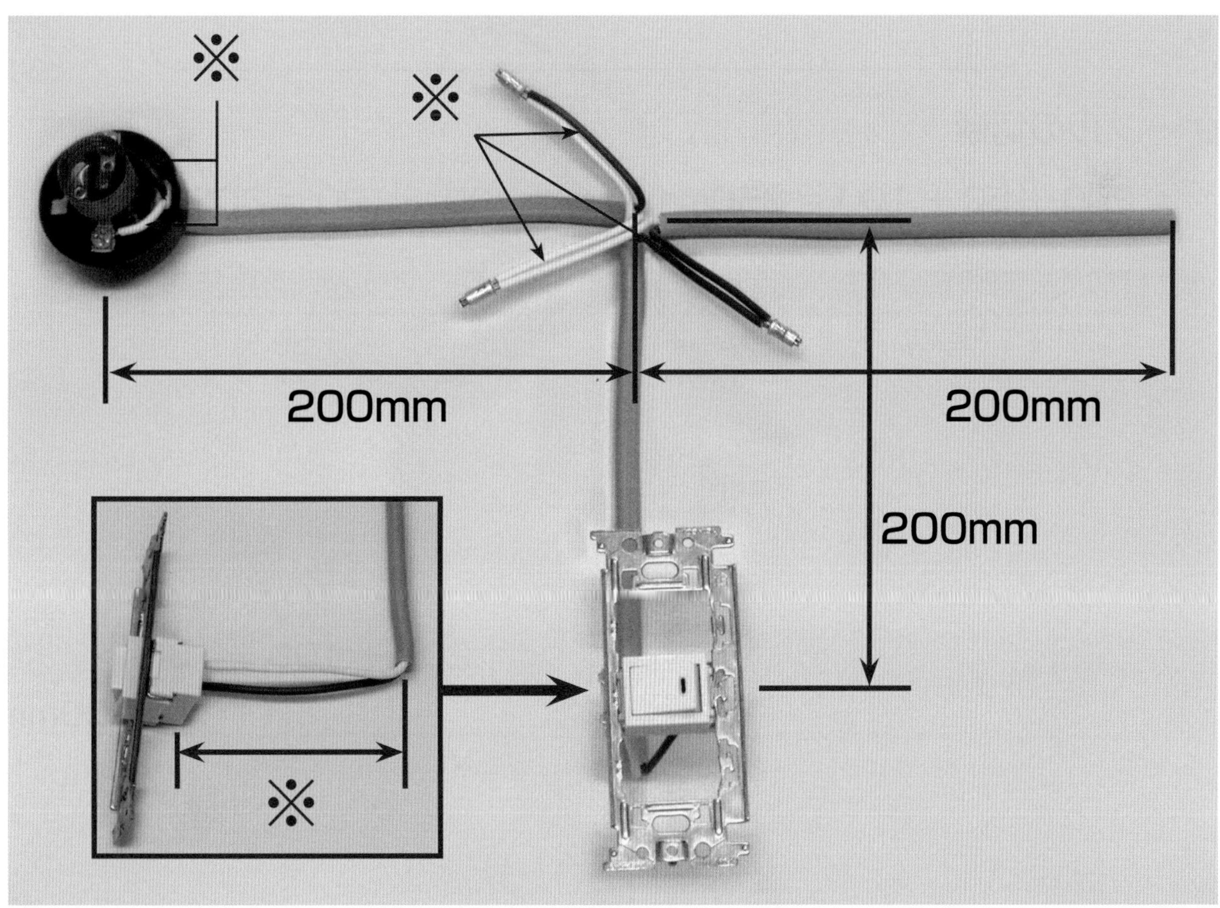

ケーブルの切断寸法とケーブルシースのはぎ取り

ケーブルを切断するときは，ランプレセプタクルや引掛シーリングなどの露出形器具への結線部分は50mm，片切スイッチや埋込連用コンセントなどの埋込器具への結線部分は100mm，電線相互の接続部分も100mmの長さを目安とし，施工寸法にこの長さを加えてケーブルを切断します．これは，試験時に支給されるケーブルには施工寸法のみの長さではなく，作業に必要な分も含まれ，この目安の長さを加えて切断すると，支給されたケーブルを余すことなく使い切ることができるからです．

ケーブルを切断したら，加えた長さのケーブルシースをはぎ取ります．また，電線相互の接続部分は絶縁被覆も30mm程度はぎ取って心線を出しておきます．

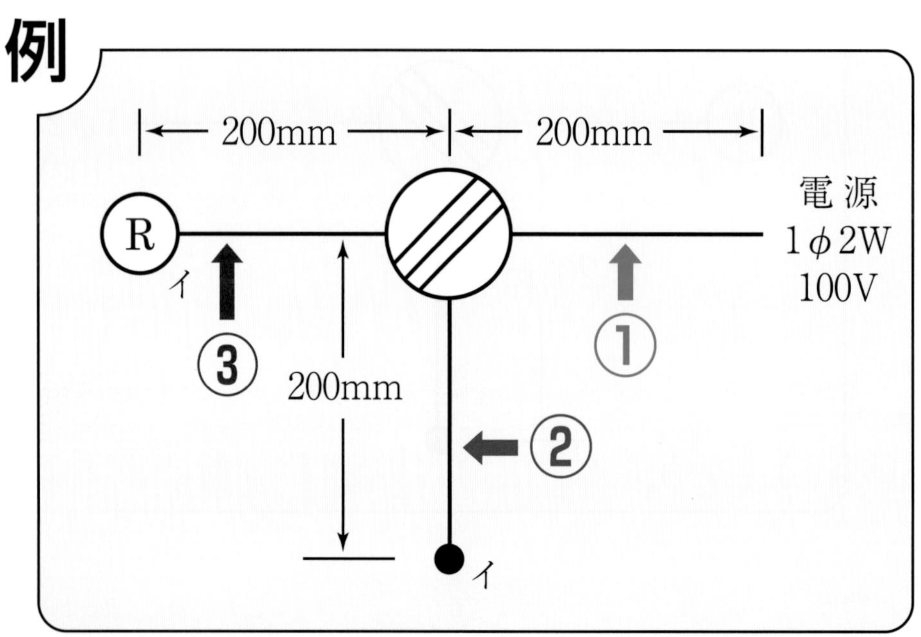

●ケーブルの切断

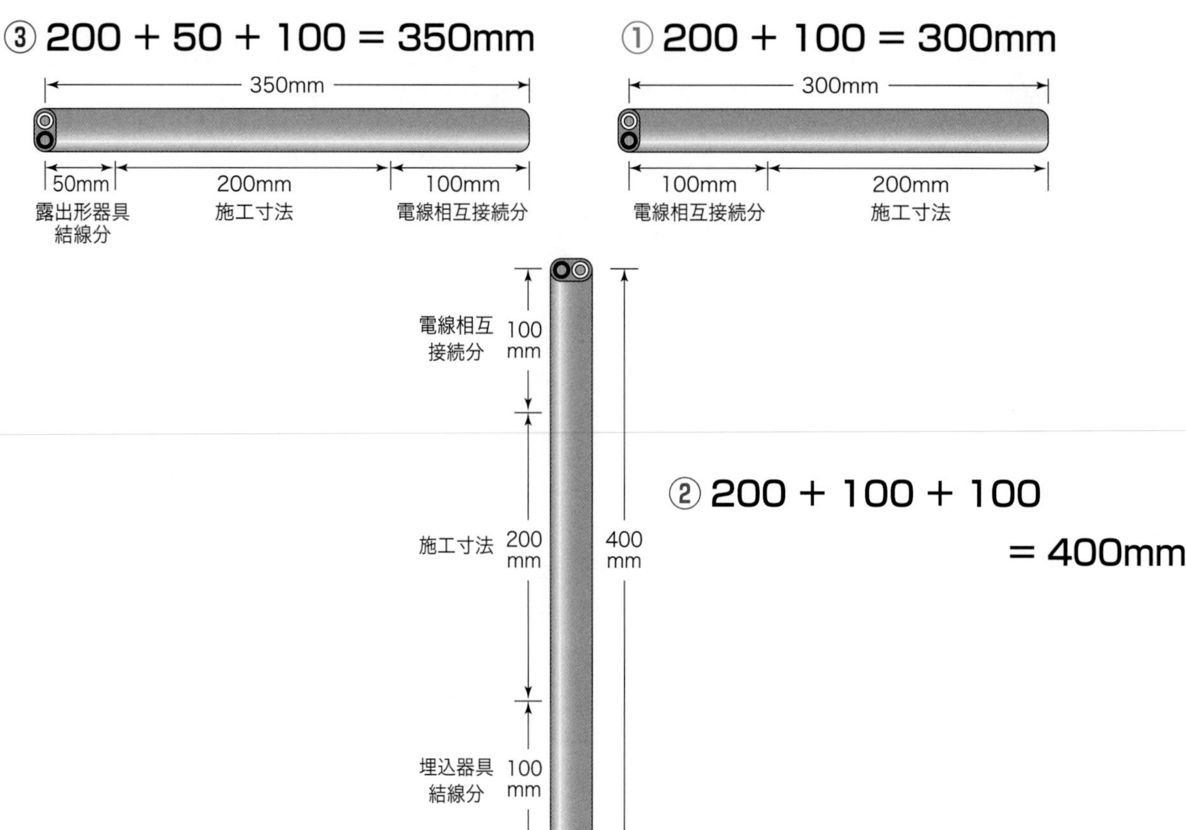

●ケーブルシース・絶縁被覆のはぎ取り

③ケーブルシース：50mm と 100mm
絶縁被覆：30mm

①ケーブルシース：100mm
絶縁被覆：30mm

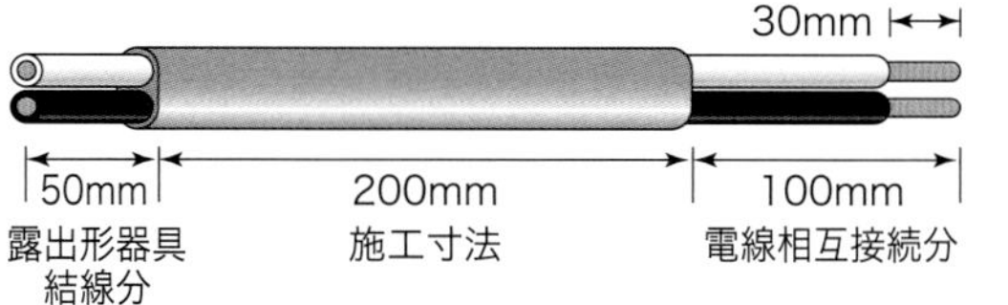

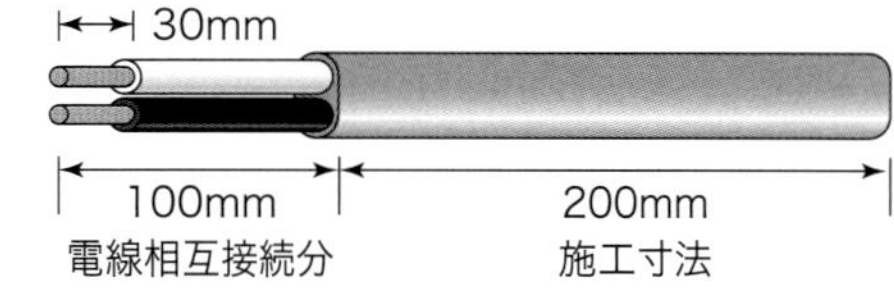

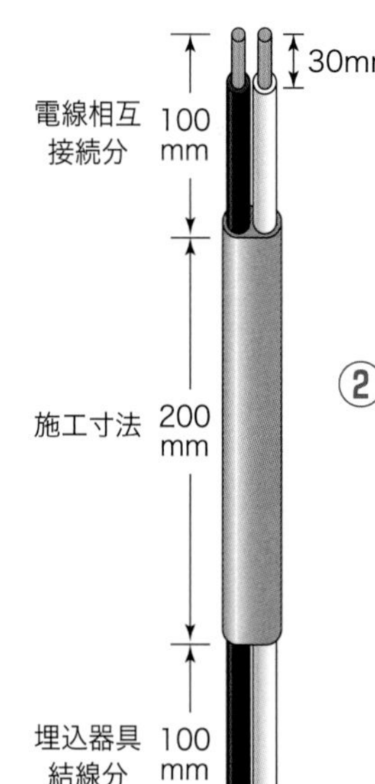

②ケーブルシース：100mm ずつ
絶縁被覆：30mm

例

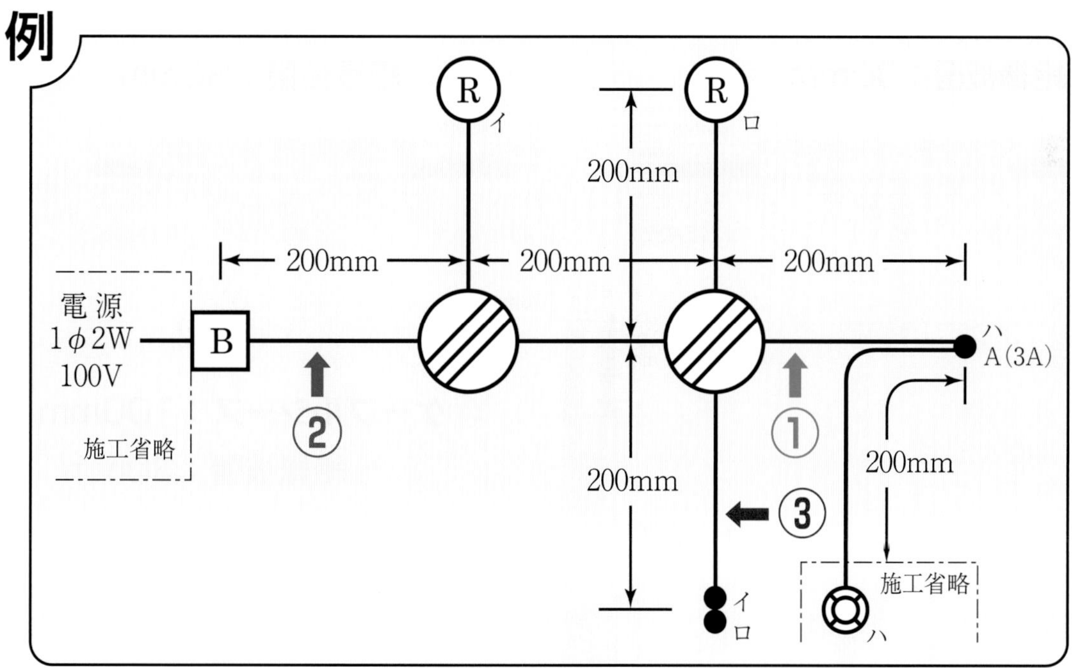

自動点滅器やタイムスイッチなどの器具は端子台で代用されます．端子台への結線部分は 50mm 程度を目安の長さとして施工寸法に加えて切断し，ケーブルシースは加えた長さだけはぎ取ります．配線用遮断器への結線部分も 50mm 程度を目安の長さとして施工寸法に加えて切断し，加えた長さだけケーブルシースをはぎ取ります．

埋込器具を 2 個以上連用する部分では渡り線が必要になります．渡り線が必要な問題では，ケーブルまたは電線が約 100mm 程度長く支給されるので，100mm 程度を渡り線として使用します．

●ケーブルの切断

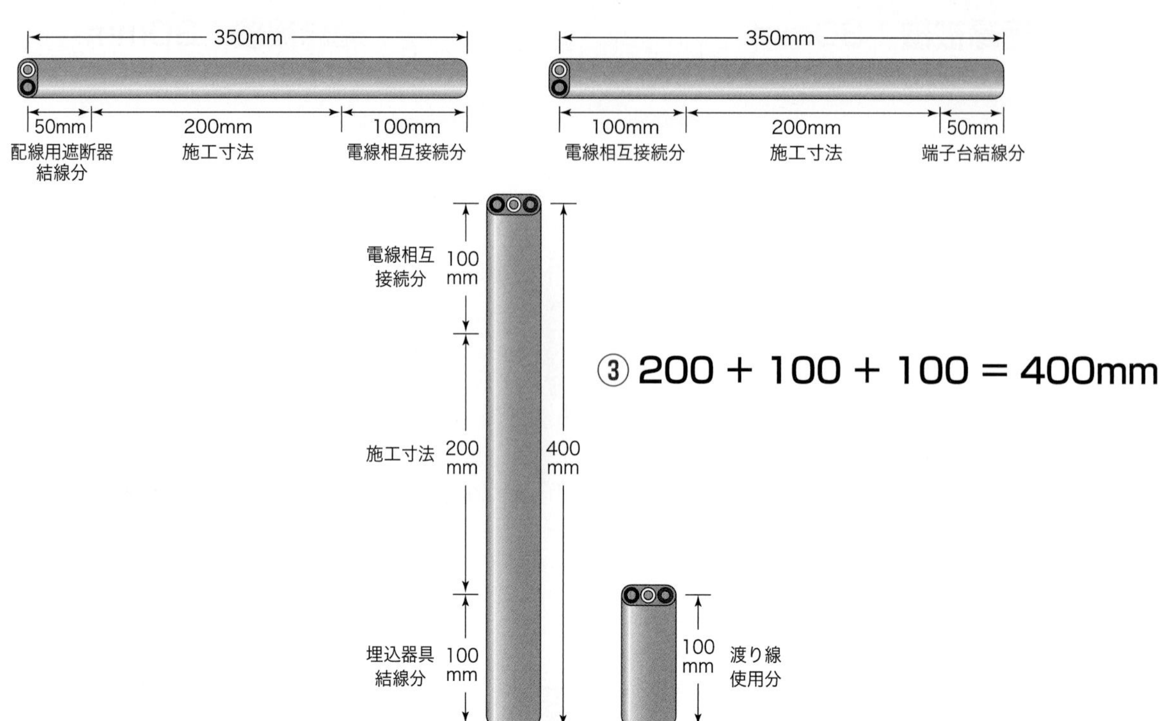

●ケーブルシース・絶縁被覆のはぎ取り

◆配線用遮断器・端子台結線分を含めずに寸法取りする場合◆

試験問題によっては，配線用遮断器や端子台への結線作業分の長さを含めずに寸法取りをすることを前提とした長さでケーブルが支給されることがあります．この場合，施工寸法に電線相互の接続分の長さ分のみを加えて切断し，ケーブルシースをはぎ取る際に，電線相互の接続分の長さと配線用遮断器や端子台の結線分の長さをはぎ取ります．（残ったケーブルシースの長さは通常の寸法取りよりも短くなります．）

※VVF1.6－3C はここでは省略しています．

例

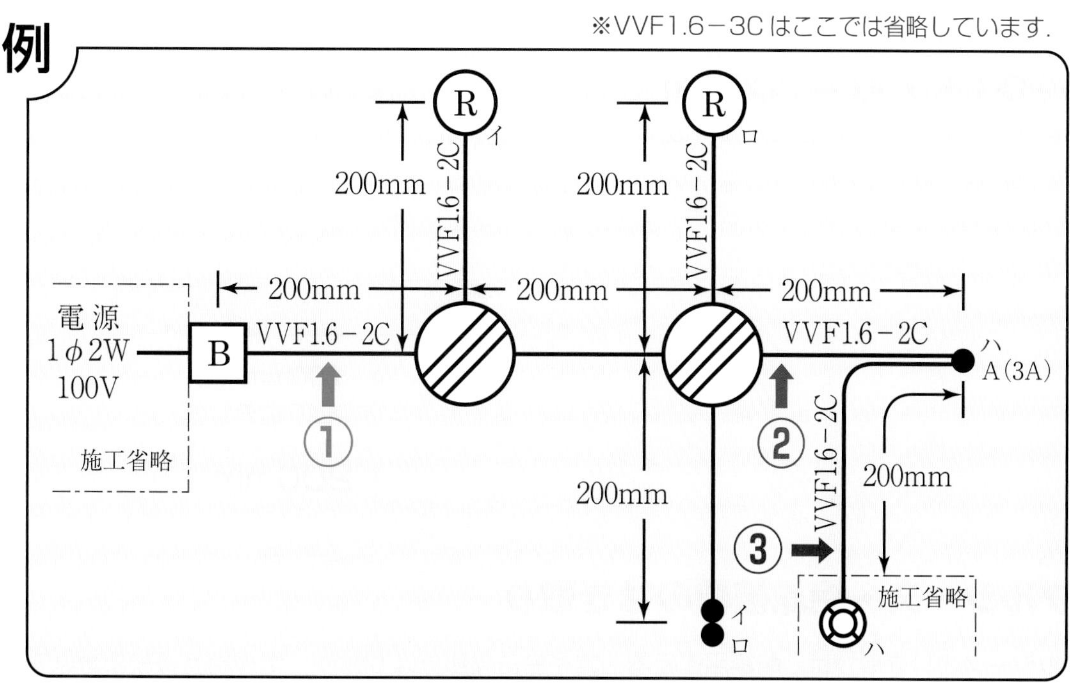

【支給されたケーブル長】VVF1.6－2C：約 1500mm

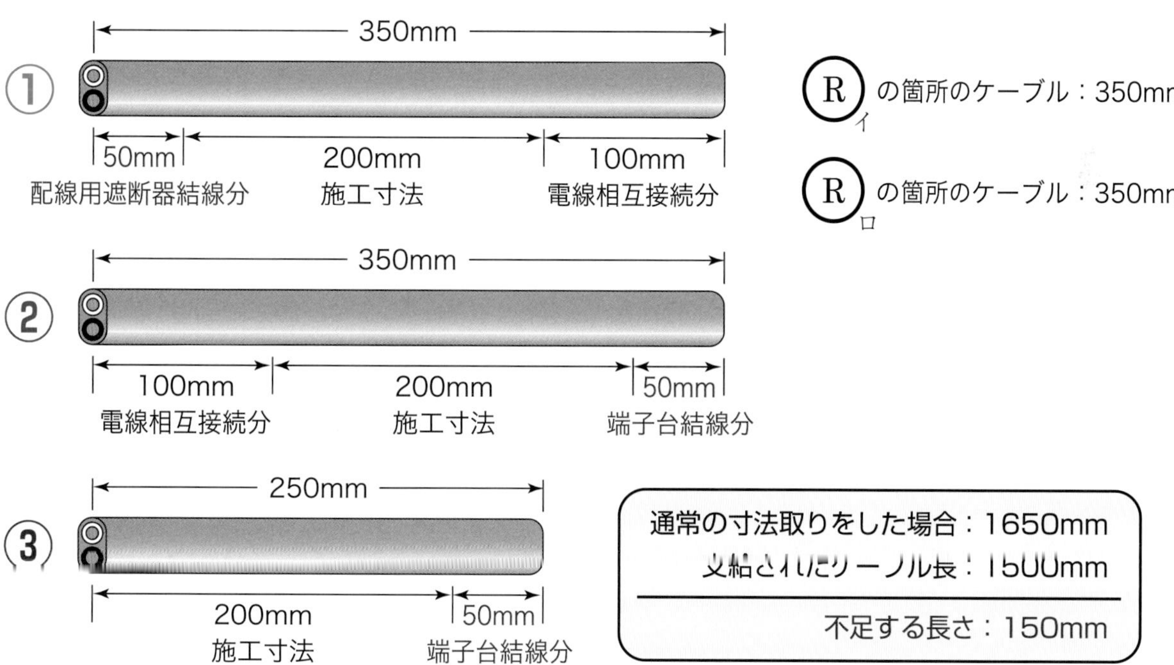

例題では，VVF1.6 － 2C は 5 箇所で使用します．通常の寸法取りでケーブルを切断すると約 1650mm の長さが必要になりますが，支給された VVF1.6 － 2C の長さは約 1500mm なので通常の寸法取りができません．この場合，配線用遮断器に結線する①のケーブルと自動点滅器代用端子台に結線する②のケーブルは，施工寸法に電線相互接続分の 100mm のみ加え，器具結線分は加えずに切断します．③のケーブルは，屋外灯への結線が施工省略のため，器具結線分と端子台結線分を加えずに施工寸法の長さで切断します．

●ケーブルの切断

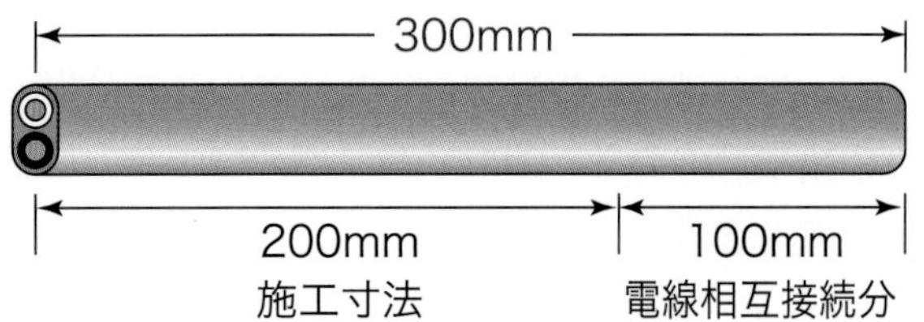

① 200 + 100 = 300mm

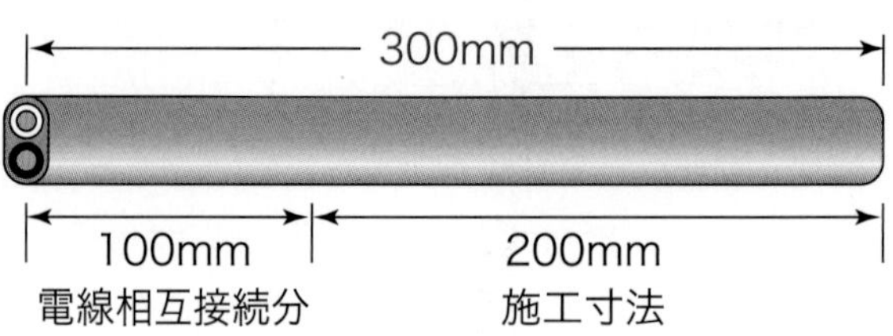

② 200 + 100 = 300mm

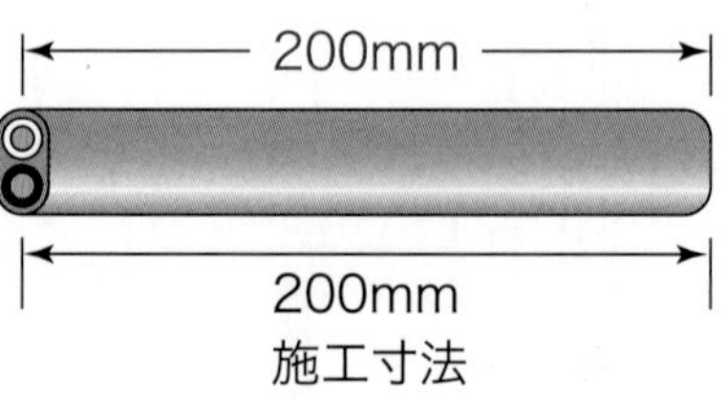

③ 200mm

●ケーブルシース・絶縁被覆のはぎ取り

ケーブルシースのはぎ取りは，配線用遮断器・端子台結線部分は 50mm，電線相互接続部分は 100mm の長さを目安にはぎ取ります．また，電線相互接続部分は絶縁被覆も 30mm 程度はぎ取って心線を出しておきます．この場合，配線用遮断器・端子台結線分を含めずに切断しているため，残ったケーブルシースの長さは通常の寸法取りで処理したものより短くなります．

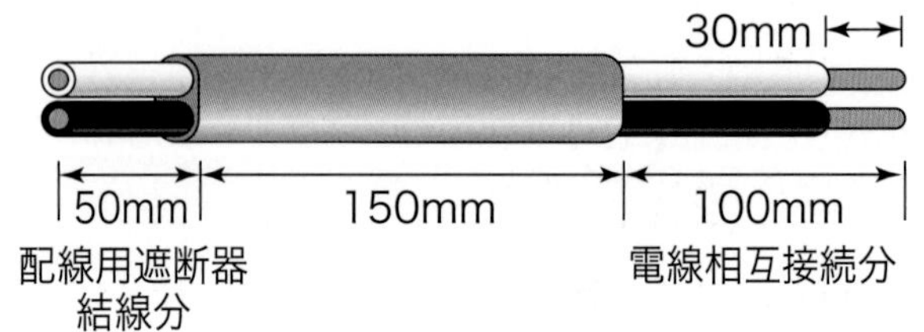

①ケーブルシース：50mm と 100mm
絶縁被覆：30mm

30mm
100mm
150mm
50mm
電線相互接続分
端子台結線分

②ケーブルシース：100mm と 50mm
絶縁被覆：30mm

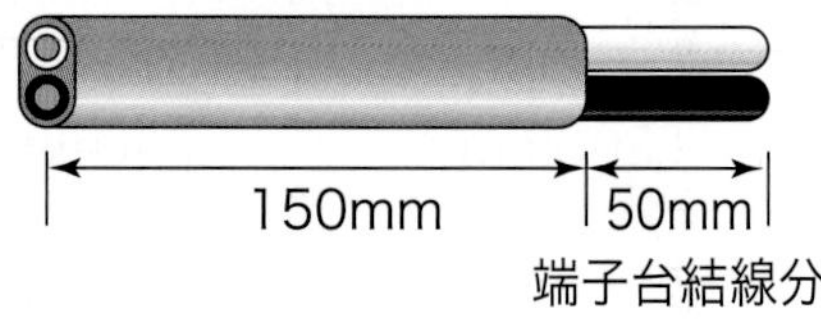

③ケーブルシース：50mm

3．ケーブルシースのはぎ取り方

平形ケーブルのシースを電工ナイフを使用してはぎ取る場合

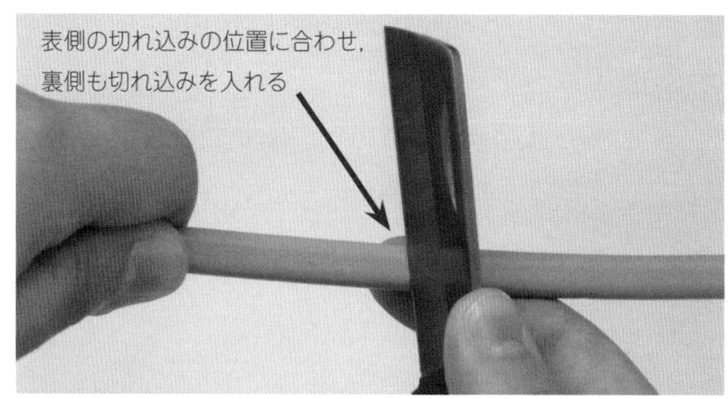

1

ケーブルの横方向にナイフの刃を当て，ケーブルの表側と裏側の２回に分けて全周に切れ込みを入れる．

ケーブルシースに刃を深く入れすぎて，絶縁被覆まで切らないように注意！

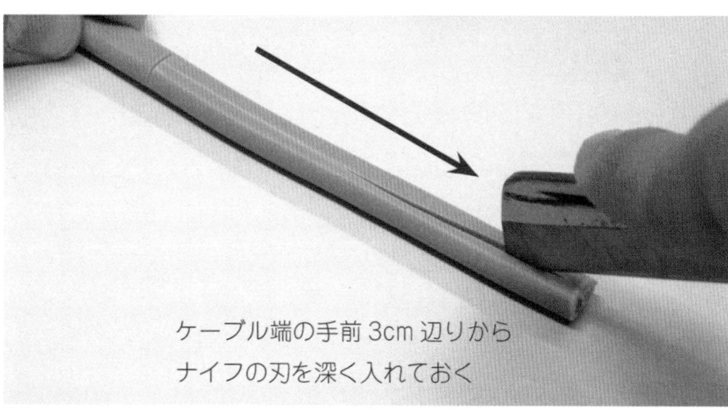

ケーブル端の手前 3cm 辺りから
ナイフの刃を深く入れておく

2

1 で入れた切れ込みの中央部にナイフの刃を当て，ナイフを引きながらケーブル端まで縦に切れ込みを入れる．

ケーブルシースに刃を深く入れすぎて，絶縁被覆まで切らないように注意！

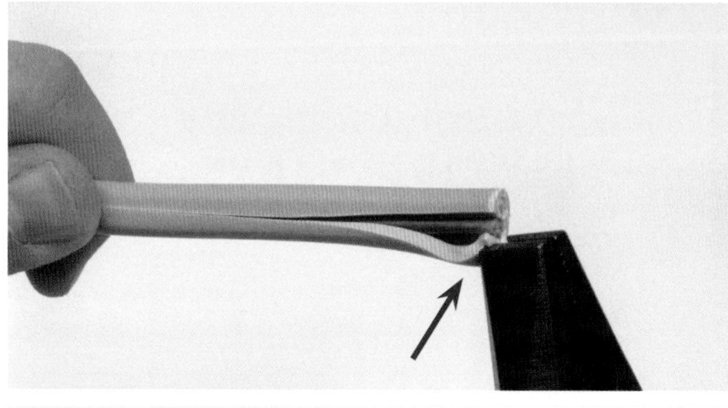

3

ケーブル端のシースをペンチの角で挟む．

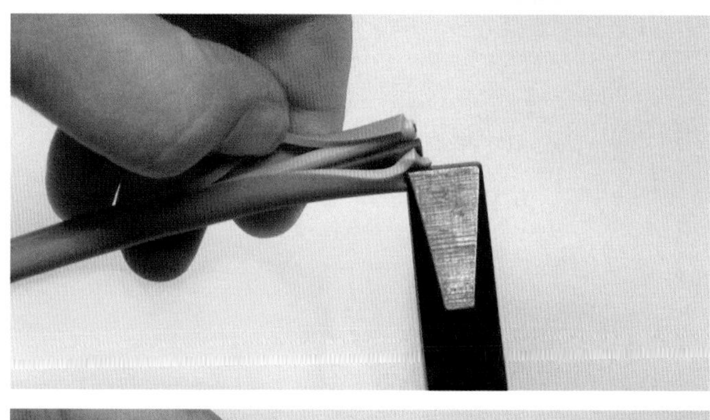

4

シースに入れた縦の切れ込みを広げるように切り離す．

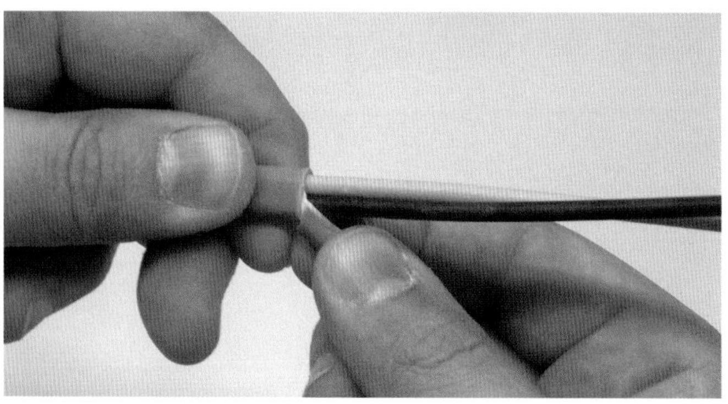

5

横に入れた切れ込みからシースを切り離して完了．

VVR ケーブルシースのはぎ取り方

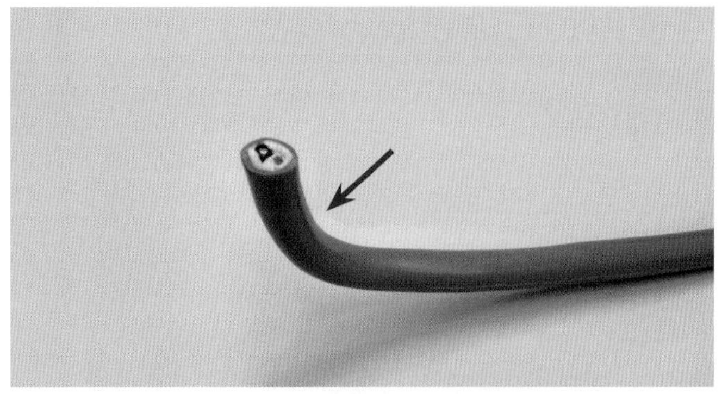

1

ケーブルが短いため，作業中にシースが抜ける恐れがあるので，ケーブルの他方を曲げておく．

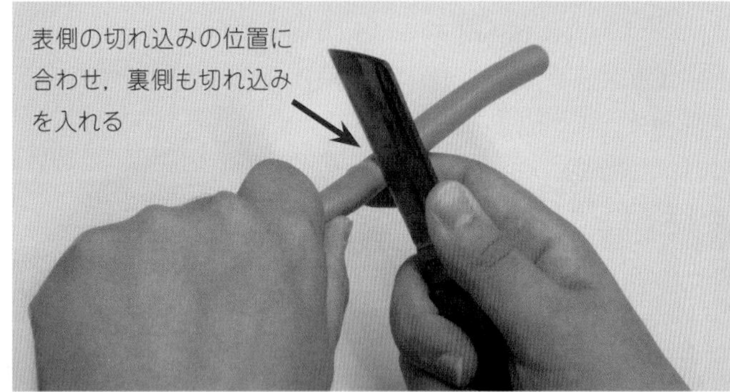
表側の切れ込みの位置に
合わせ，裏側も切れ込み
を入れる

2

ケーブルの横方向にナイフの刃を当て，ケーブルの表側と裏側の2回に分けて全周に切れ込みを入れる．

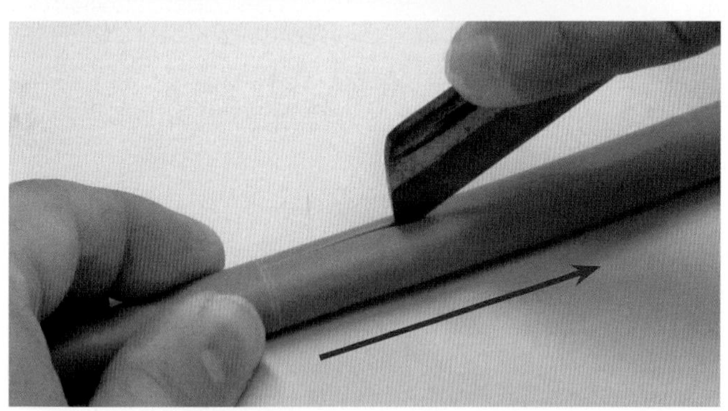

3

2で入れた切れ込みの中央部にナイフの刃を当て，ナイフを引きながらケーブル端まで縦に切れ込みを入れる．

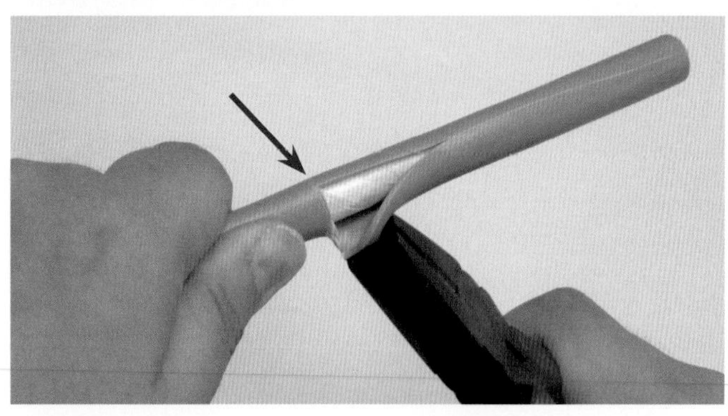

4

切れ込みが重なっている部分のシースをペンチの角で挟み，切れ込みとシースを切り離す．

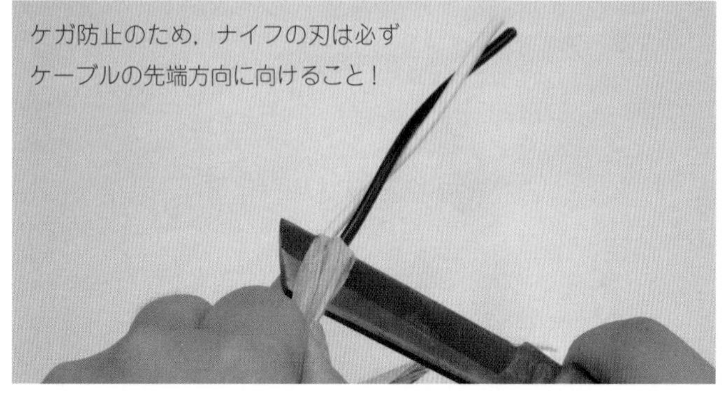
ケガ防止のため，ナイフの刃は必ず
ケーブルの先端方向に向けること！

5

押さえテープと介在物を折り曲げ，数回に分けて切り取る．（ナイフの刃をケーブルの先端方向に向けて作業すること．）最後に絡まっている電線を直線状態になるように形を整える．

平形ケーブルのシースをケーブルストリッパを使用してはぎ取る場合

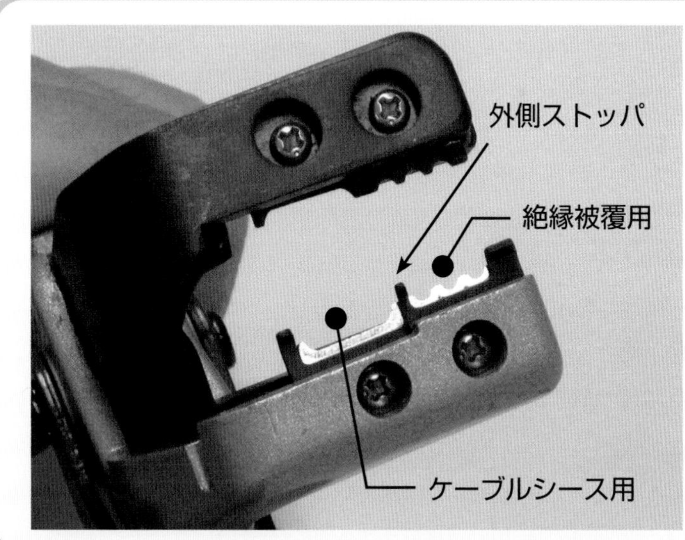

刃の形状

写真のように，ケーブルストリッパにはケーブルシース用と絶縁被覆用のはぎ取り刃がある．使用するときは刃を間違えないように注意する．

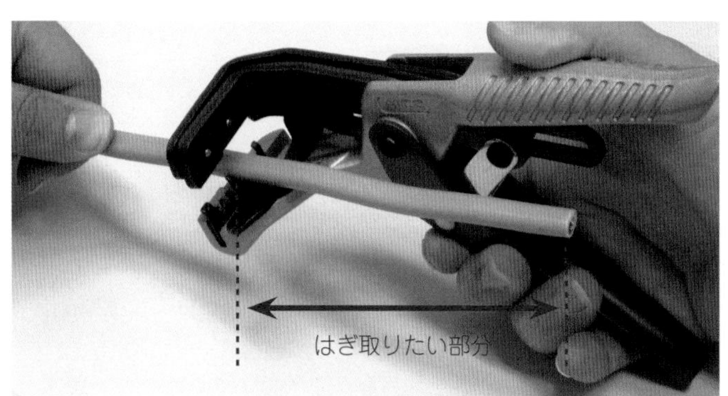

1

はぎ取りたい長さ分のケーブルシースをケーブルストリッパの内側に出す．

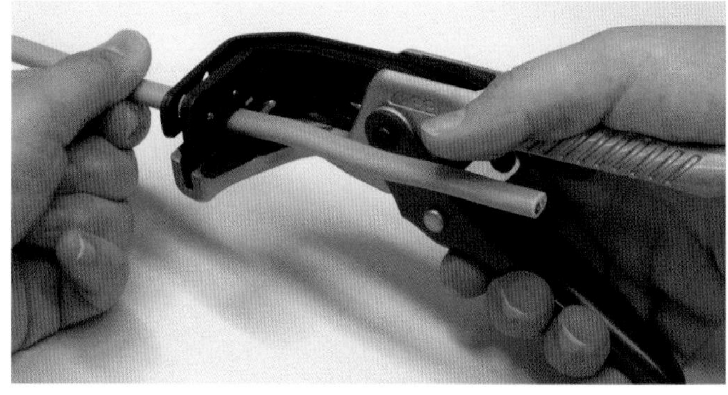

2

ケーブルシースを外側ストッパに当て，ケーブルシース用の刃で挟む．

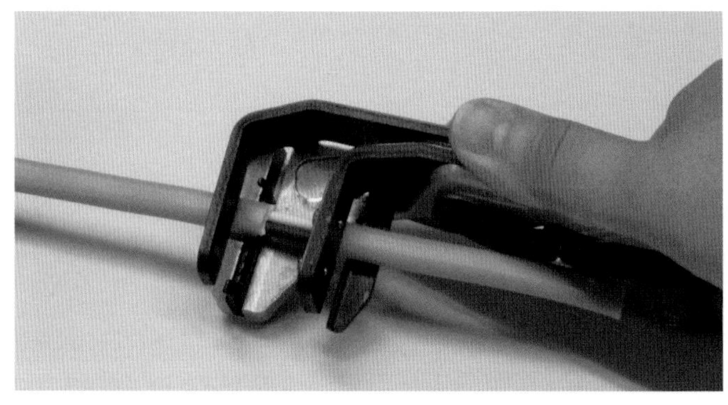

3

レバーを一気に握り，シースをはぎ取る．（レバーをゆっくり握るとしっかりはぎ取れない．）

4. 絶縁被覆のはぎ取り方

「段むき」と「鉛筆むき」について

絶縁被覆のはぎ取り方には，絶縁被覆を直角にはぎ取る「段むき」，鉛筆を削るようにはぎ取る「鉛筆むき」の２種類があります．技能試験では，このどちらでもよいことになっているので，「鉛筆むき」よりも時間短縮のできる「段むき」で行うことをお勧めします．

「段むき」と「鉛筆むき」の絶縁被覆の切り口

■「段むき」
絶縁被覆の切り口が直角になる．（写真上側）
ケーブルストリッパを使用した場合もこのようになる．

■「鉛筆むき」
絶縁被覆を鉛筆を削るようにはぎ取る．

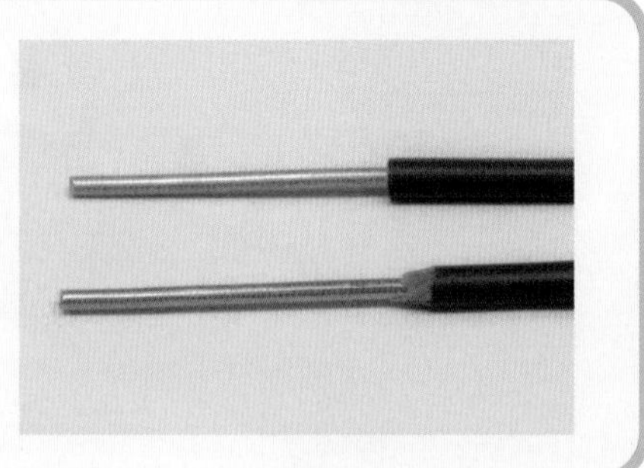

段むきと鉛筆むきの詳細については 101 ページ

「段むき」で絶縁被覆をはぎ取る（電工ナイフの場合）

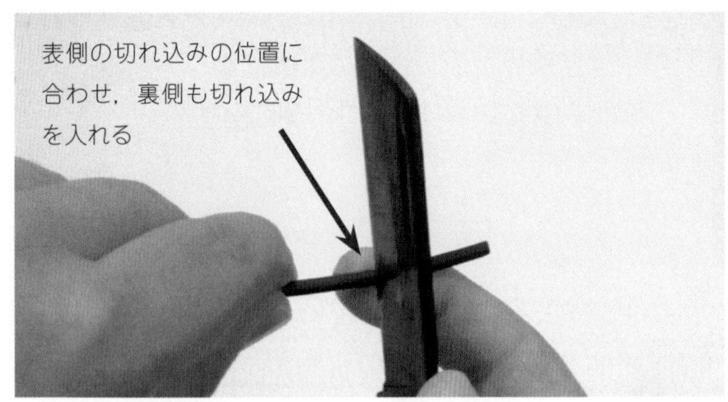
表側の切れ込みの位置に
合わせ，裏側も切れ込み
を入れる

1

絶縁被覆に直角にナイフの刃を当て，絶縁被覆の表側と裏側の２回に分けて全周に切れ込みを入れる．

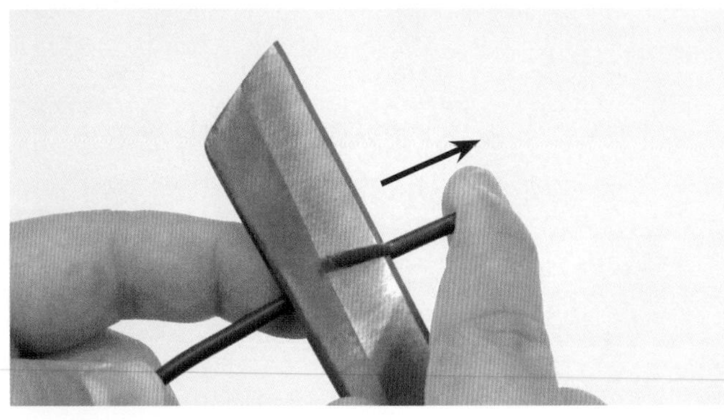

2

切れ込みから先の絶縁被覆を鉛筆を削る要領ではぎ取る．（はぎ取るのは片側だけでよい．）

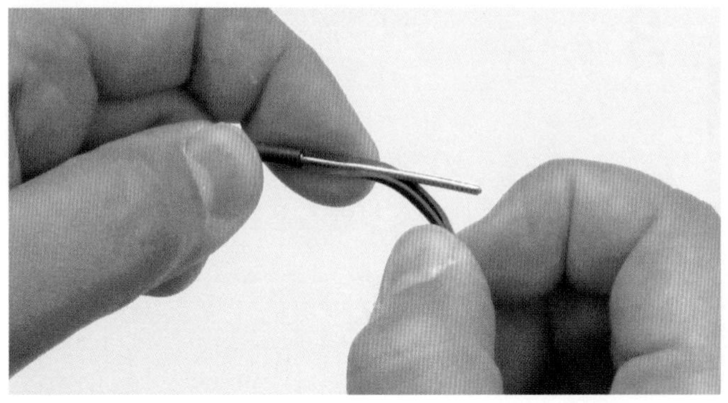

3

絶縁被覆を心線から取り除いて完了．

「段むき」で絶縁被覆をはぎ取る（ケーブルストリッパの場合）

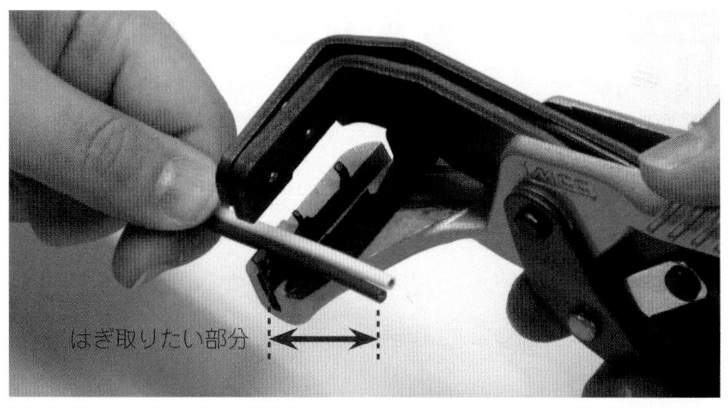

1

はぎ取りたい長さ分の絶縁被覆をケーブルストリッパの内側から出し，絶縁被覆はぎ取り用の下刃溝に軽く添える．

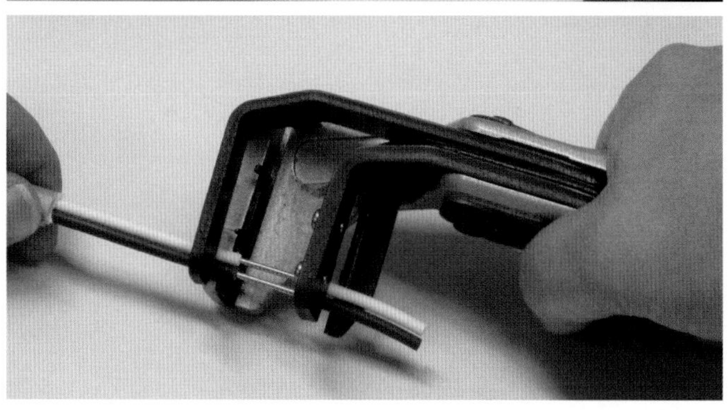

2

電線を挟み，レバーをしっかりと握って絶縁被覆をはぎ取る．

技能試験の基本作業

5. ケーブルの加工作業での欠陥例

絶縁被覆の露出

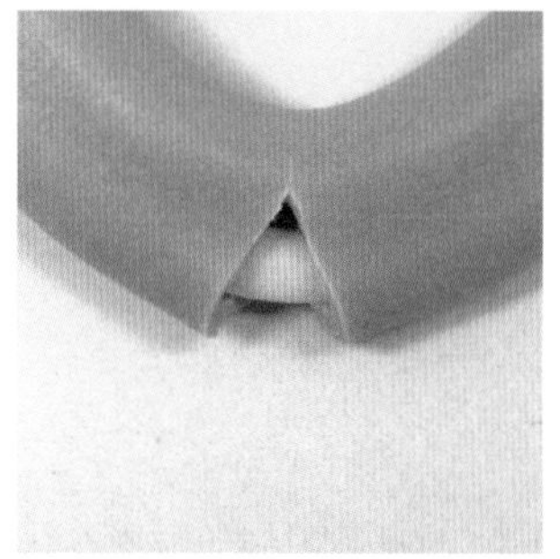

ケーブルを折り曲げると絶縁被覆が露出する．

シースの著しい損傷

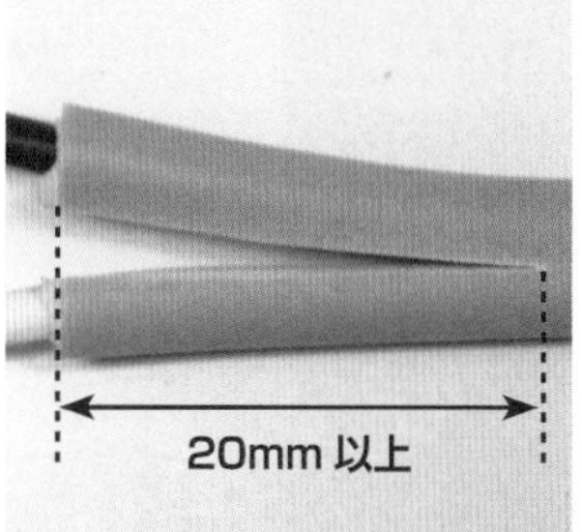

シースに 20mm 以上の縦割れがある．

介在物の抜け

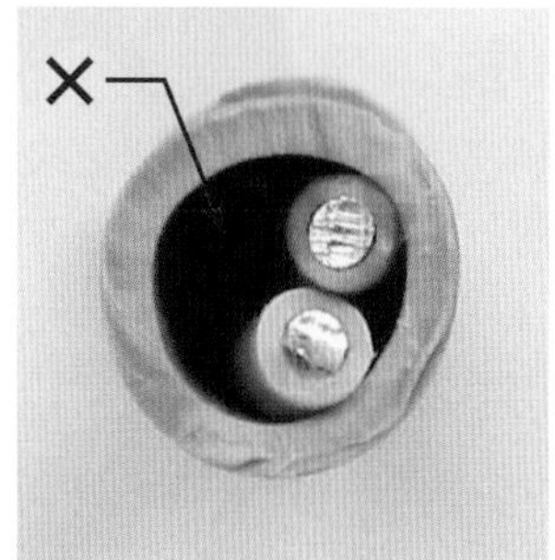

VVR のシースの内側にある介在物が抜けている．

絶縁被覆の損傷

電線を折り曲げると心線が露出する．

心線の著しい傷

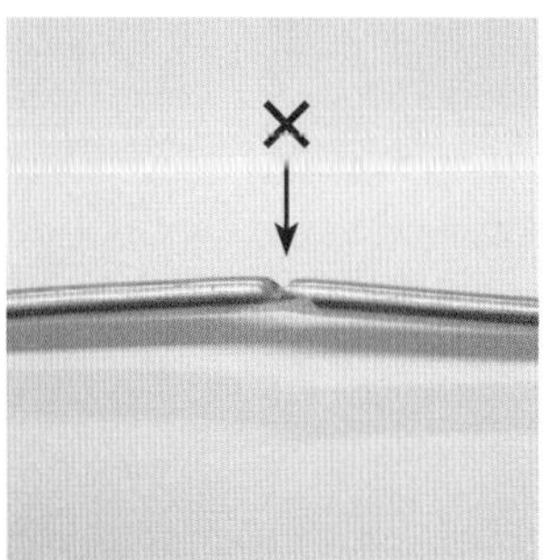

心線を折り曲げると心線が折れる程度の傷がある．

ケーブル関連の疑問点がある場合は 100 ～ 101 ページをチェック

露出形器具の作業

1-1. ペンチを使用した輪作りの方法

露出形器具は「ランプレセプタクル」,「露出形コンセント」,「引掛シーリング」などです.「ランプレセプタクル」と「露出形コンセント」は心線に輪を作り, 端子ねじで締めつけて結線します.

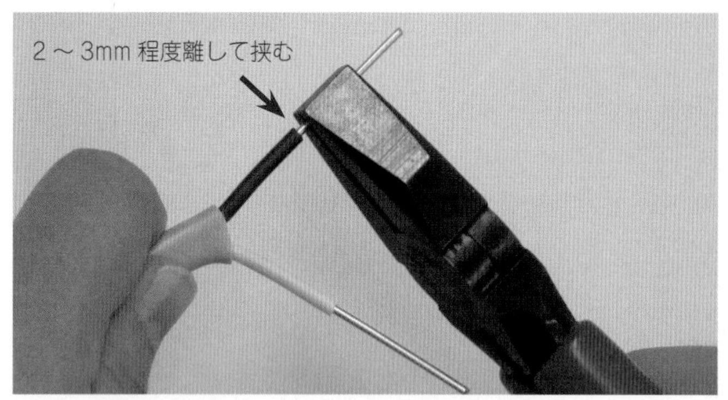
2～3mm 程度離して挟む

1

絶縁被覆の端から2～3mm 離して心線をペンチで挟む.

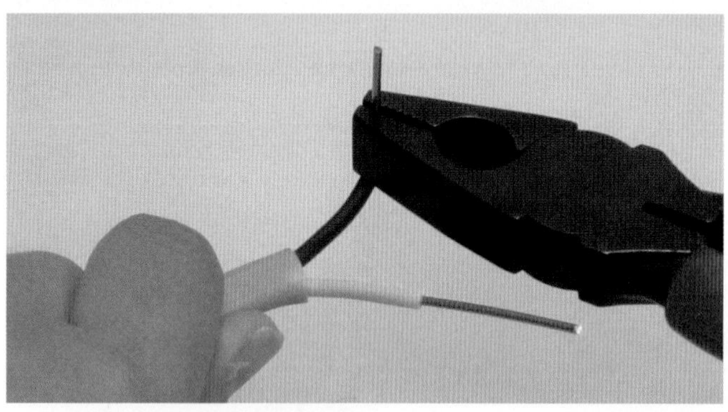

2

心線を直角に折り曲げる.

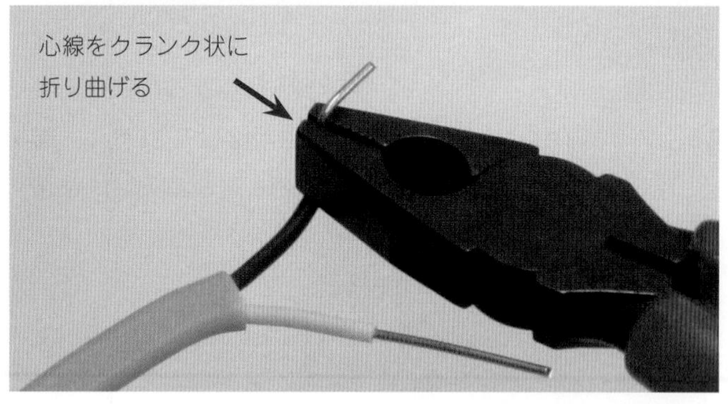
心線をクランク状に
折り曲げる

3

ペンチの先から出ている心線もペンチに押し付けるように曲げ, クランク状にする.

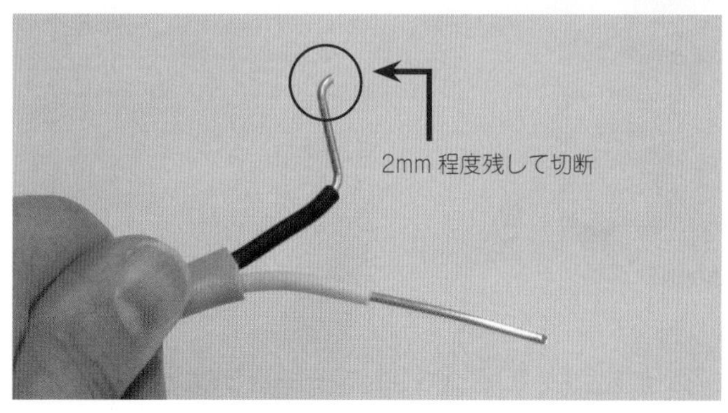
2mm 程度残して切断

4

3 で曲げた角から2mm 程度残して心線を切断する.

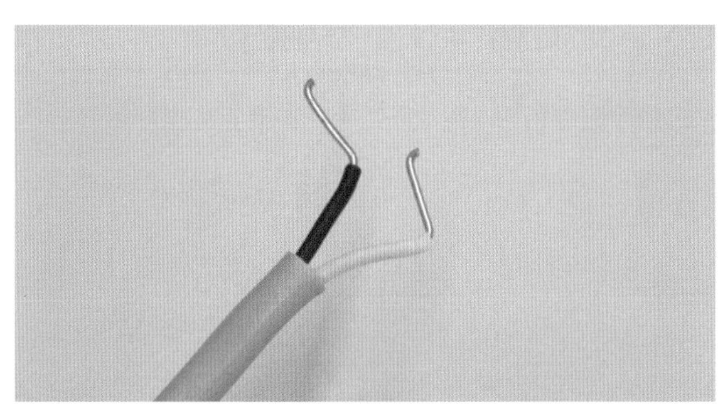

5

もう１本の電線でも１～４の作業を行い，２本の心線を同じ形にする．

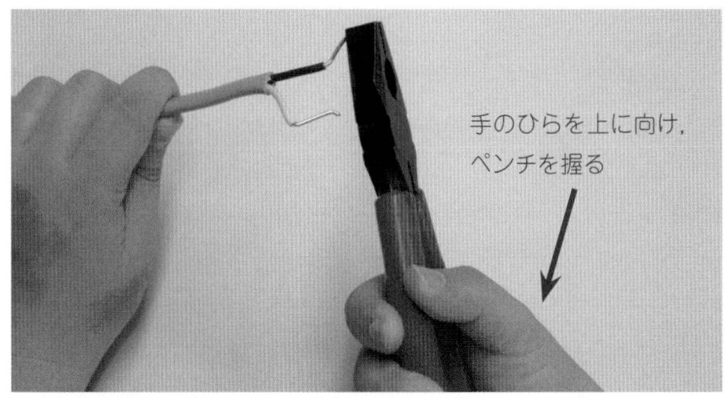
手のひらを上に向け，
ペンチを握る

6

４で切り残した部分をペンチで挟み，手のひらが上を向くようにペンチを握る．

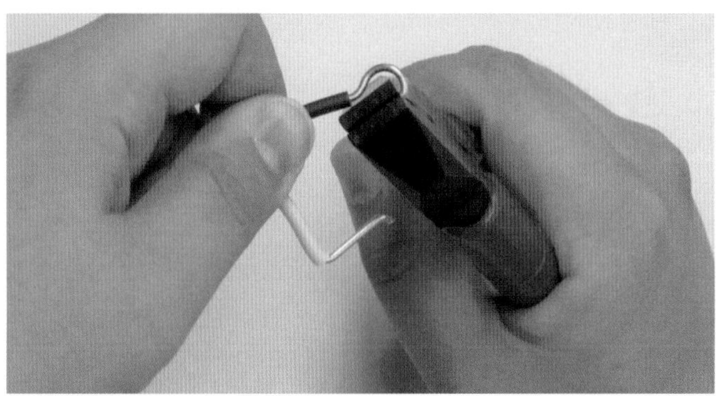

7

手首を内側にひねって心線を丸く曲げる．

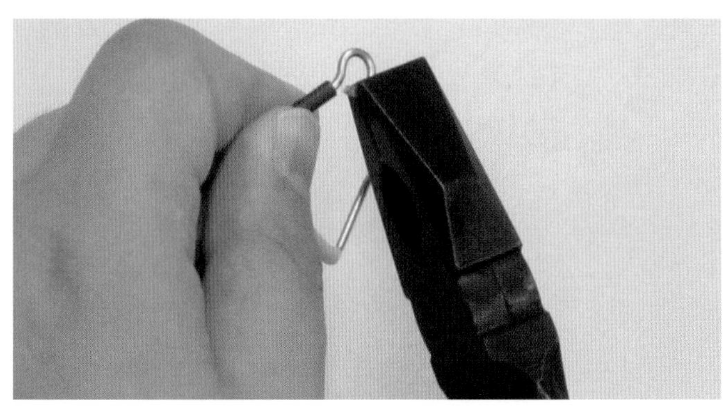

8

輪の大きさが端子ねじの大きさと合うように調節して完成．

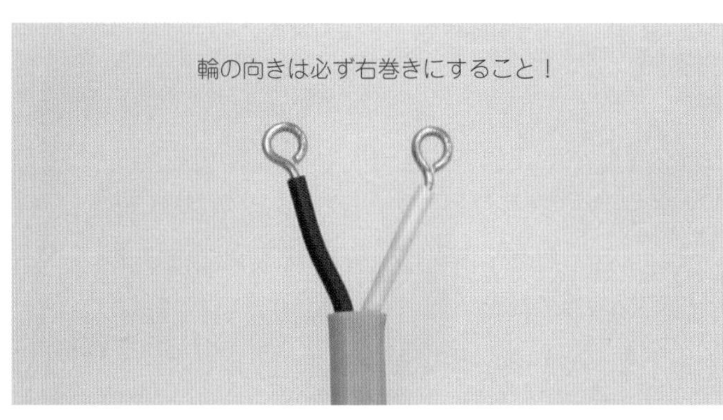
輪の向きは必ず右巻きにすること！

9

結線の際は，輪の向きが右巻きになっているか確認してからねじ締めすること！

2-1．ランプレセプタクルへの結線（ペンチで輪作りする場合）

ランプレセプタクルには極性があります．受金ねじ部の端子に白色を結線することを必ず覚えましょう．

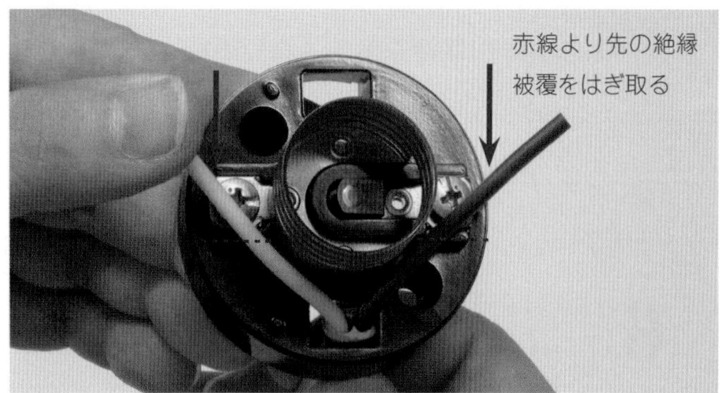
赤線より先の絶縁
被覆をはぎ取る

1

台座の引込口にケーブルを差し込み，電線を広げて端子ねじと重ね，引込口から端子ねじまでのところに印を付ける．

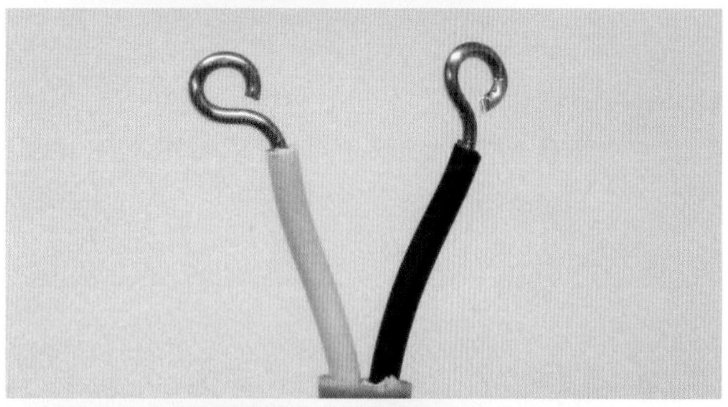

2

1 で付けた印から先の絶縁被覆をはぎ取り，52 ～ 53 ページの手順で輪を作る．

輪は右巻きの状態
になるように！

3

端子ねじをはずし，輪は右巻きで，白色が受金ねじ部側にくるように差し込む．

4

輪とねじ穴が重なるように電線を広げ，端子ねじをしっかりと締め付ける．

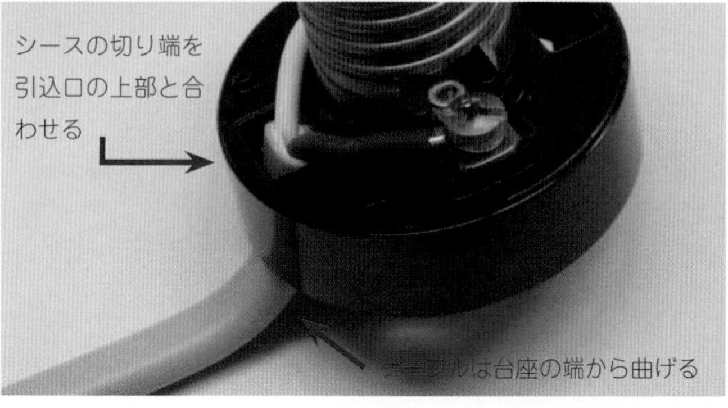
シースの切り端を
引込口の上部と合
わせる
は台座の端から曲げる

5

ケーブルシースの切り端を引込口の上部と合わせ，ケーブルの形を整えて完了．

輪作り，ランプレセプタクルの作業で疑問点がある場合は 102 ～ 103 ページをチェック

2-2. 一体型ストリッパを使用したランプレセプタクルの結線

ホーザン製の P-958 やツノダ製の VVF ストリッパー VAS-230 など，ペンチとストリッパの機能一体型工具での輪作りは，ペンチを使用した場合と作業方法が異なります．ここでは，ツノダ製 VAS-230 での作業を解説します．

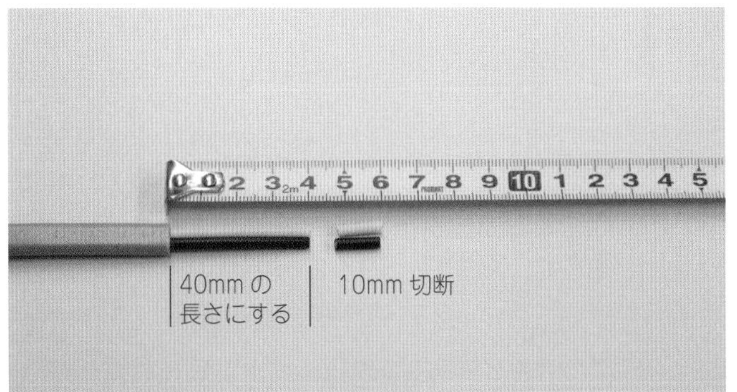

1

50mm 出ている電線を 10mm 切断して 40mm の長さにする．

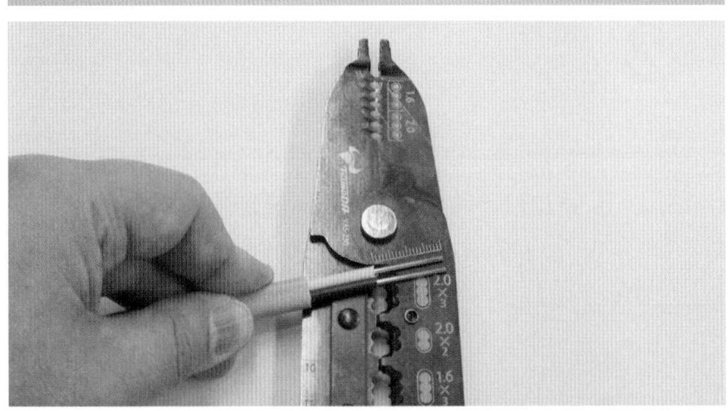

2

工具のゲージに合わせて，絶縁被覆を 20mm はぎ取る．

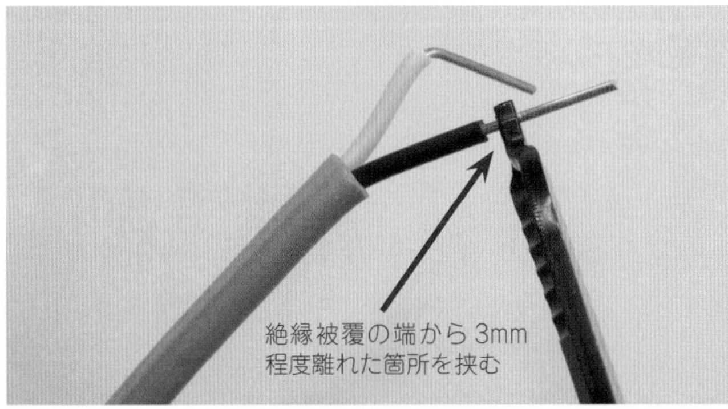

3

絶縁被覆の端から 3mm 程度離れた箇所を工具の先端で挟み，直角に折り曲げる．

4

手のひらが上を向くようにペンチを握り，心線の先端を工具で挟んだら，手首を内側にひねって心線を丸く曲げる．

※入手しやすいパナソニック製のランプレセプタクルは，端子ネジの径が M3.5 だが，試験で支給されるランプレセプタクルの端子ネジは，径が M4 のもの（明工社製等）である．

5

ランプレセプタクルへの結線の作業は，前ページの **3** ～ **5** と同様の手順で行う．

技能試験の基本作業

3-1．露出形コンセントへの結線（ペンチで輪作りする場合）

露出形コンセントにも極性があります．接地側極端子（N，W，接地側などの表記がある）に白色を結線することを必ず覚えましょう．

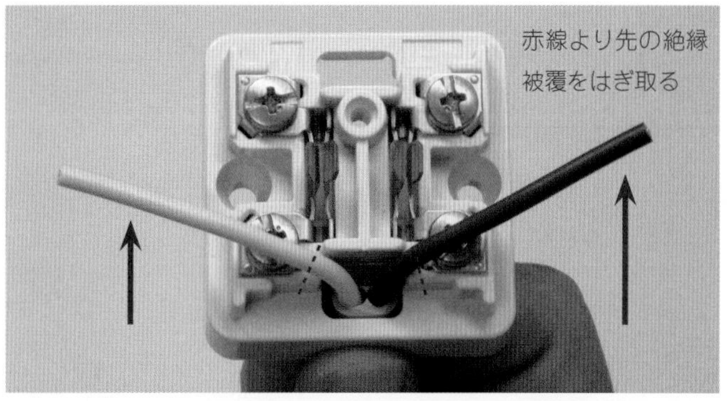
赤線より先の絶縁
被覆をはぎ取る

1

台座の引込口にケーブルを差し込み，電線を広げて端子ねじと重ね，差込口から端子ねじまでのところに印を付ける．

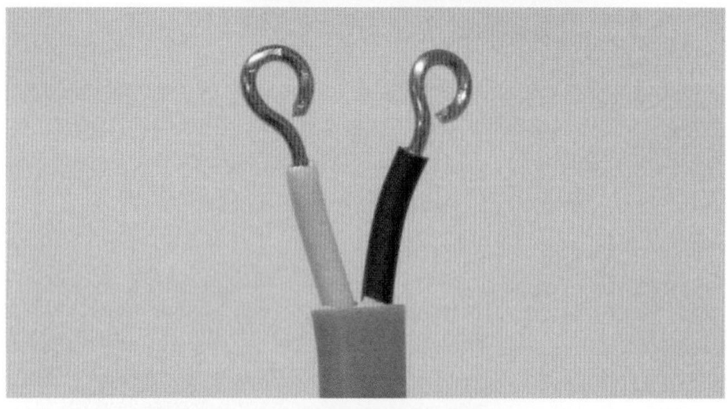

2

1 で付けた印から先の絶縁被覆をはぎ取り，52 ～ 53 ページの手順で輪を作る．

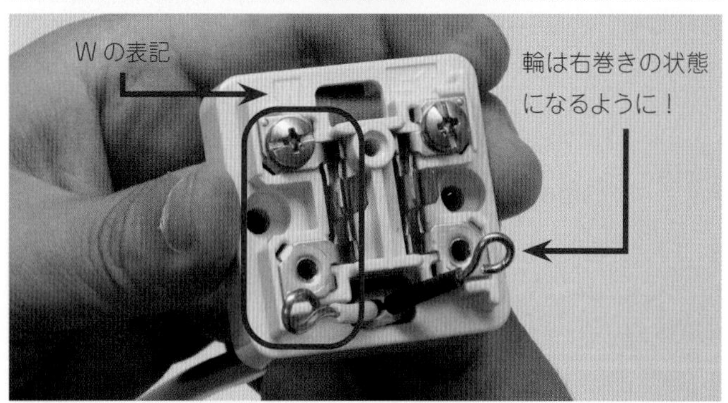
W の表記
輪は右巻きの状態
になるように！

3

端子ねじをはずし，輪は右巻きで，白色が接地側極端子にくるように差し込む．

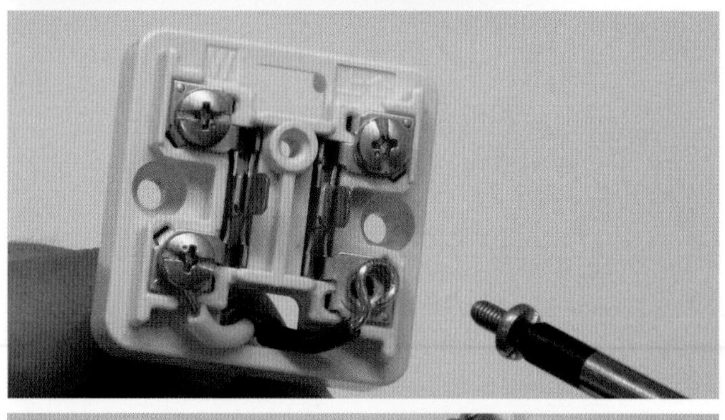

4

輪とねじ穴が重なるように電線を広げ，端子ねじをしっかりと締め付ける．

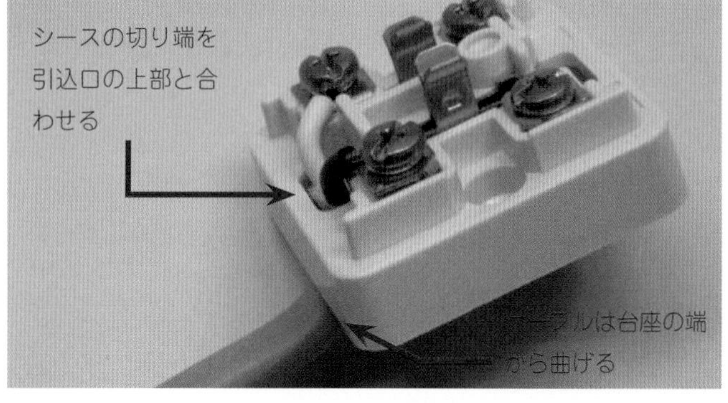
シースの切り端を
引込口の上部と合
わせる
ルは台座の端
から曲げる

5

ケーブルシースの切り端を引込口の上部と合わせ，ケーブルの形を整えて完了．

3-2. 一体型ストリッパを使用した露出形コンセントへの結線

ホーザン製の P-958 やツノダ製の VVF ストリッパー VAS-230 など，ペンチとストリッパの機能一体型工具での輪作りは，ペンチを使用した場合と作業方法が異なります．ここでは，ツノダ製 VAS-230 での作業を解説します．

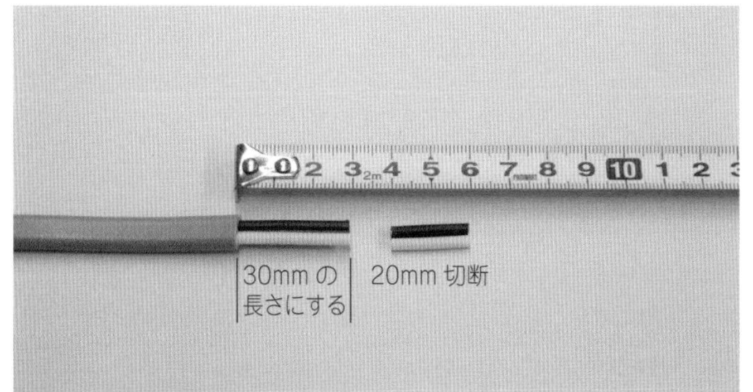

1

50mm 出ている電線を 20mm 切断して 30mm の長さにする．

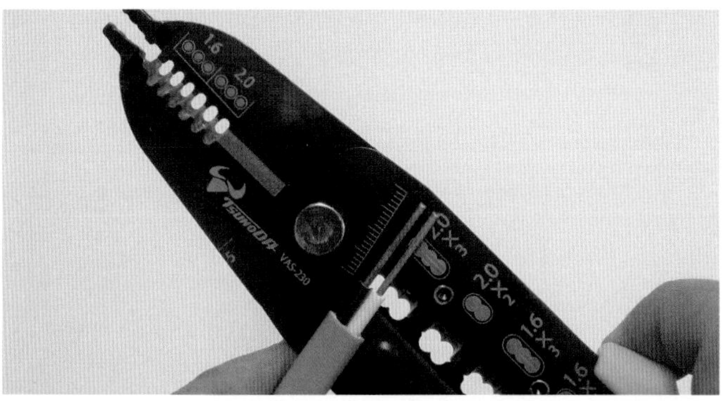

2

工具のゲージに合わせて，絶縁被覆を 20mm はぎ取る．

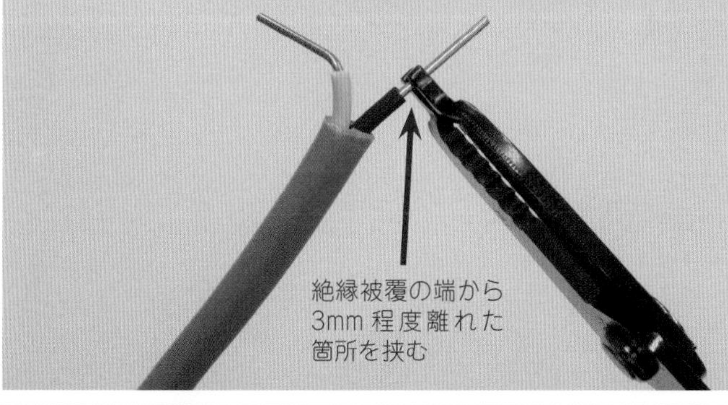

3

絶縁被覆の端から 3mm 程度離れた箇所を工具の先端で挟み，直角に折り曲げる．

4

手のひらが上を向くようにペンチを握り，心線の先端を工具で挟んだら，手首を内側にひねって心線を丸く曲げる．

※試験で支給される露出型コンセントの端子ネジは，径が M4 のものである．

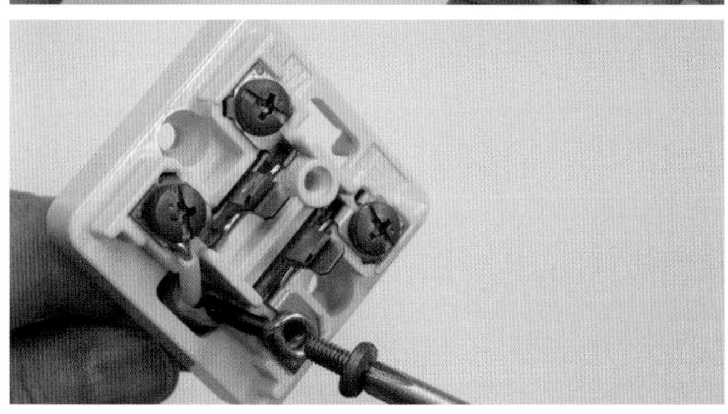

5

露出型コンセントへの結線の作業は，前ページの **3**～**5** と同様の手順で行う．

4. 引掛シーリングへの結線

引掛シーリングにも極性があります．接地側極端子（N，W，接地側などの表記がある）に白色を結線することを必ず覚えましょう．

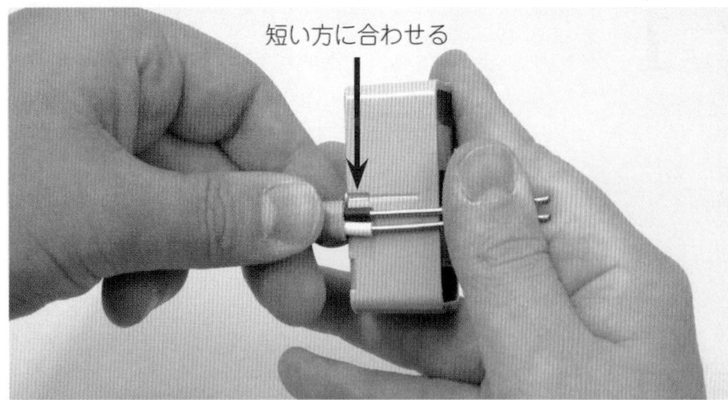
短い方に合わせる

1

ケーブルシースの端を引掛シーリングの端に合わせ，絶縁被覆の長さを短い方のストリップゲージに合わせてはぎ取る．

（注）最近の引掛シーリングの結線部中央にはセパレータがあり，短いゲージの長さが約 2mm の引掛シーリングでは，絶縁被覆の長さをゲージに合わせると心線が見えることがある．この場合，絶縁被覆をゲージより若干長くして結線したほうがよい．

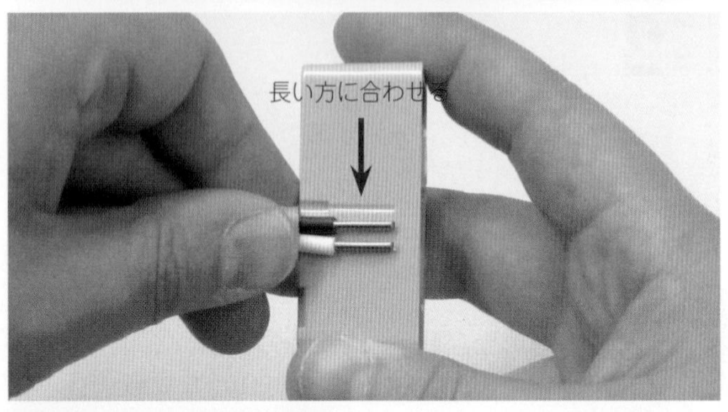
長い方に合わせる

2

1 と同様に，長い方のストリップゲージに心線の長さを合わせて切断する．

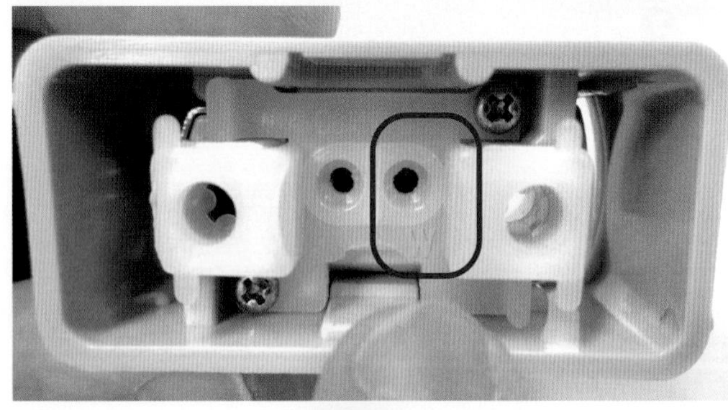

3

接地側極端子を確認する．

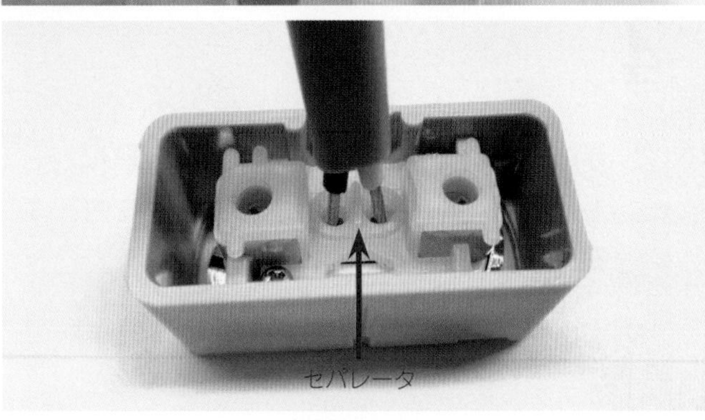
セパレータ

4

接地側極端子に白色がくるように，2 本の心線を同時に端子に差し込み，心線が見えていないことを確認する．

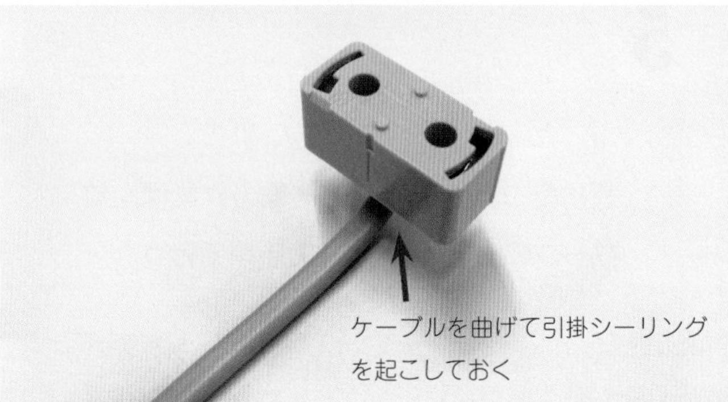
ケーブルを曲げて引掛シーリング
を起こしておく

5

ケーブルの形を整えて完了．

5. 露出形器具の作業での欠陥例

極性の誤り

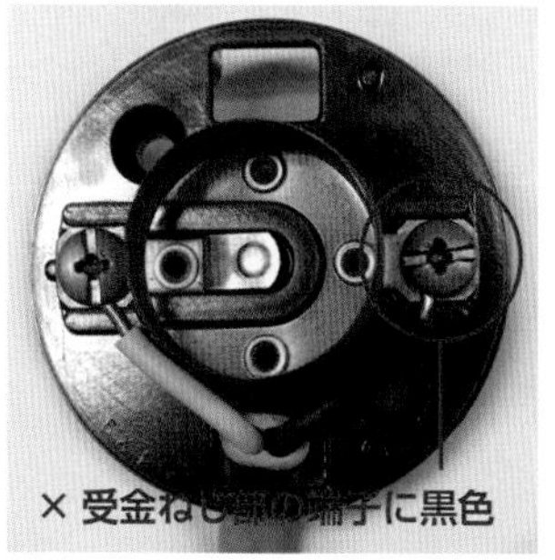

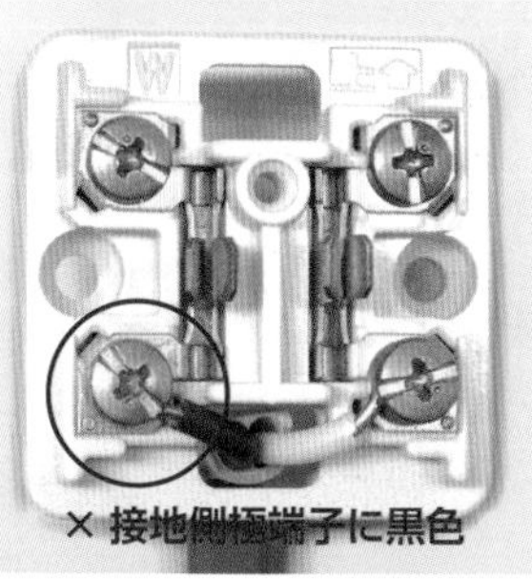

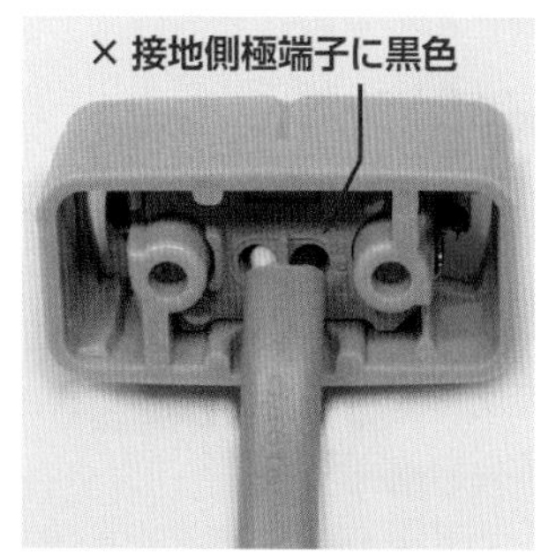

受金ねじ部の端子や接地側極端子に白色を結線していない.

心線の露出

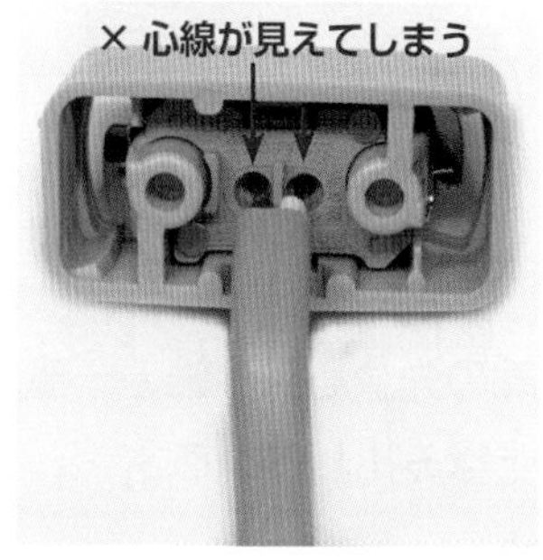

心線が差込口（端子）から1mm以上露出している.

絶縁被覆の締め付け

絶縁被覆を挟み込んだ状態で端子ねじを締め付けている.

絶縁被覆のむき過ぎ

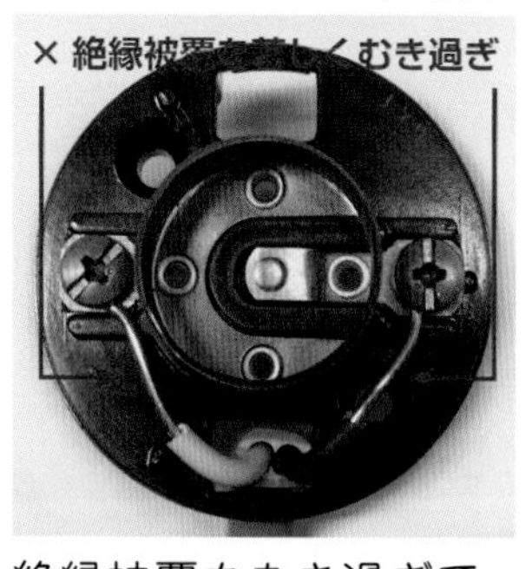

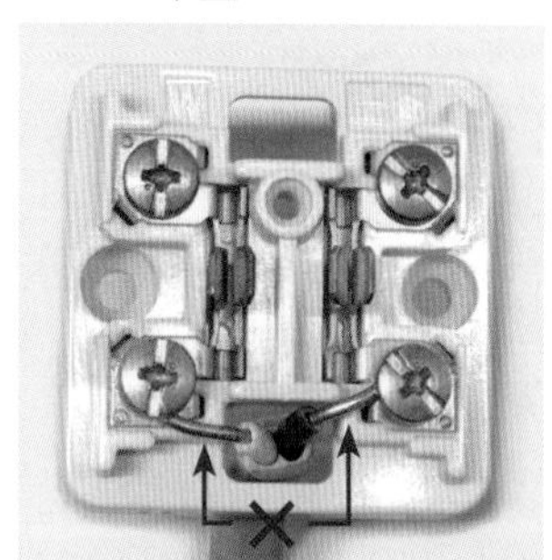

絶縁被覆をむき過ぎて，ねじの端から心線が5mm以上露出している.

心線をねじで締め付けていない

端子ねじをしっかりと締め付けていないため，心線がしっかりと固定されていない.

台座の上から結線している

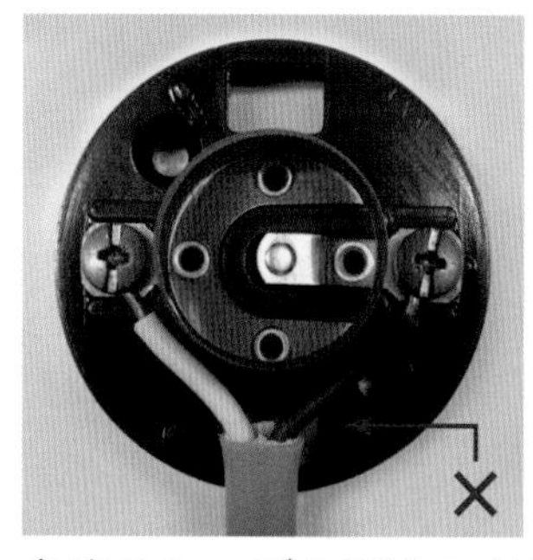

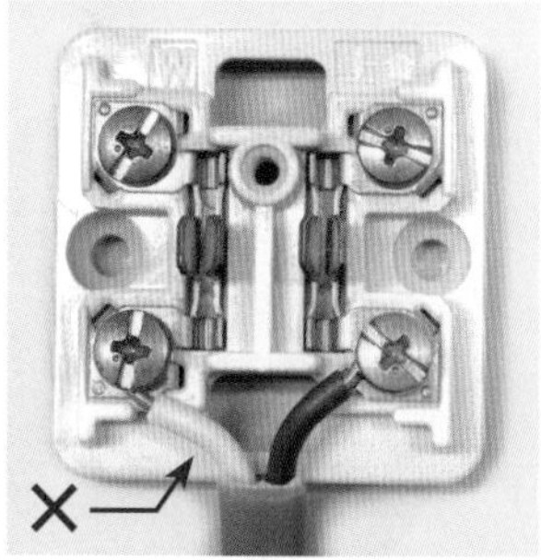

台座のケーブル引込口からケーブルを通さず，台座の上から結線している.

心線の挿入不足

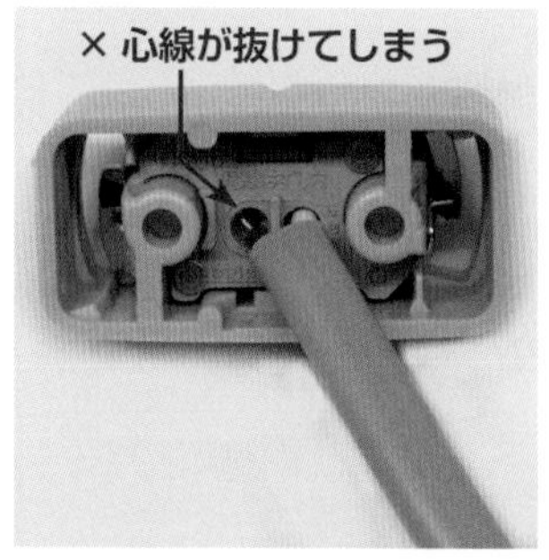

引っ張ると心線が端子から抜ける.

シースが台座の中まで入っていない

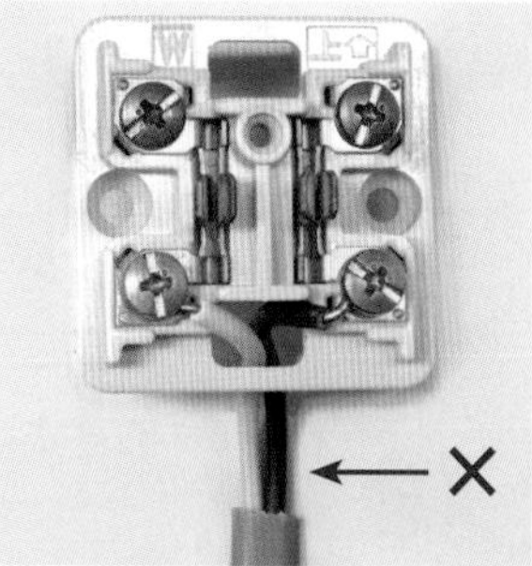

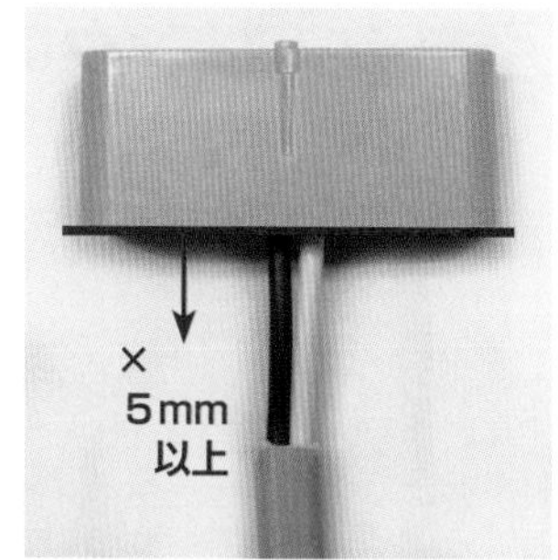

ケーブルシースが台座の中まで入っておらず，絶縁被覆が台座の外まで出てしまっている（引掛シーリングの場合は，台座の下端から5mm以上露出したもの）.

心線が端子ねじからはみ出ている

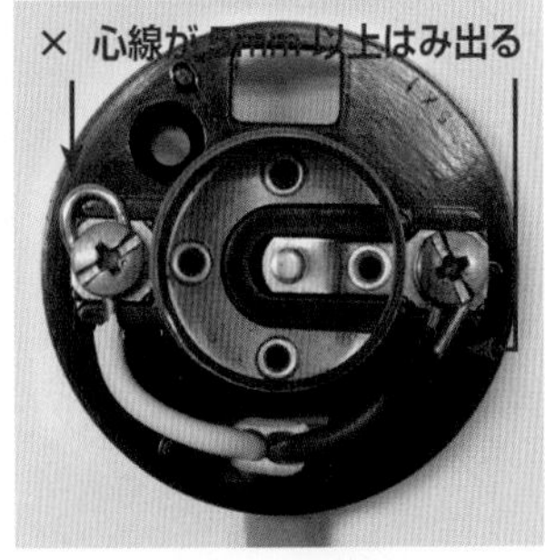

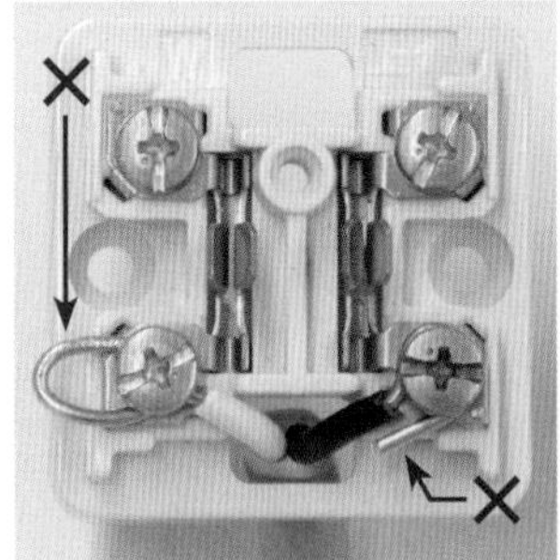

心線の先や心線の輪の一部が端子ねじの端から 5mm 以上はみ出している.

カバーが適切に締まらない

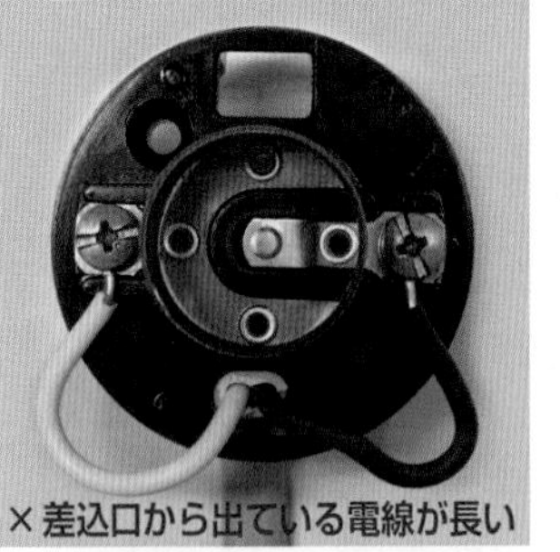

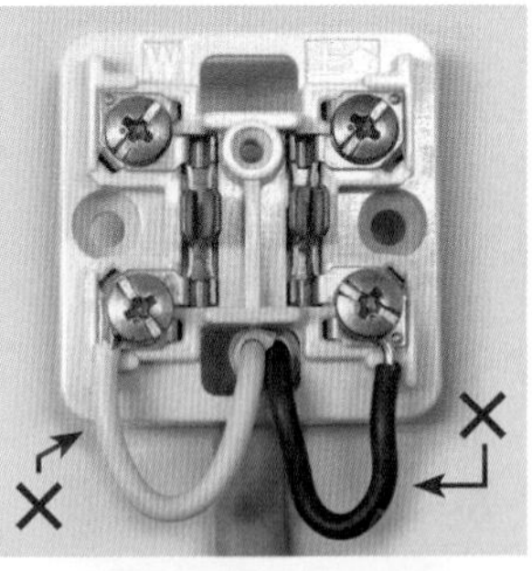

電線の長さが長すぎてカバーが締まらない状態.

心線の巻付け不足

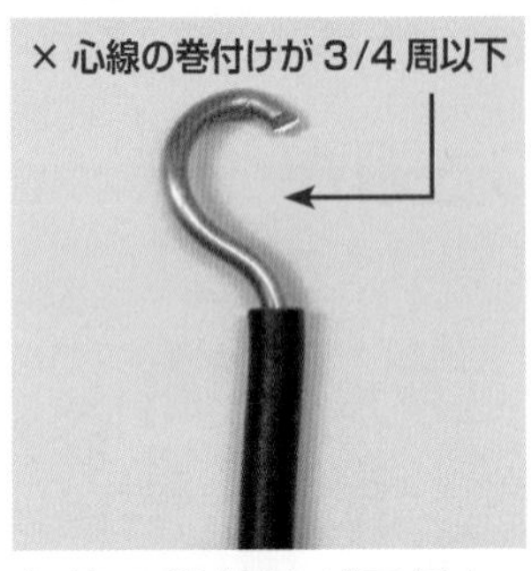

心線の巻付けが不足し，しっかりと輪になっていない．心線の巻付けが 3/4 周以下.

心線の重ね巻き

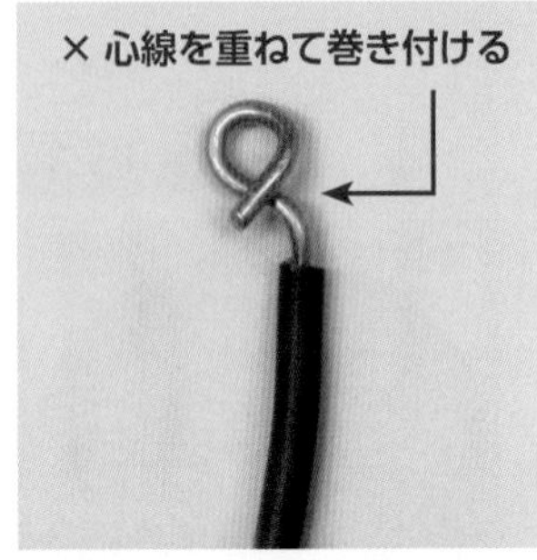

心線を 1 周以上巻付け，心線が重なっている.

心線の左巻き

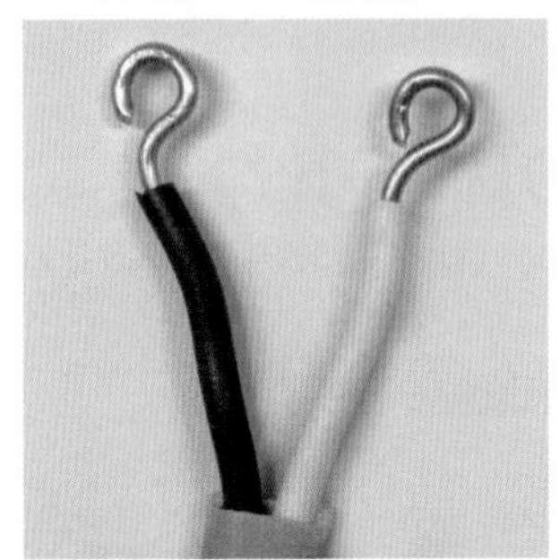

心線の巻付けを左巻きで締め付けてしまっている.

露出している心線の長さは？

端子ねじから露出している心線の長さはランプレセプタクル・露出形コンセントともに 1 ～ 2mm くらいが最適です.

引掛シーリングの電線のはずし方

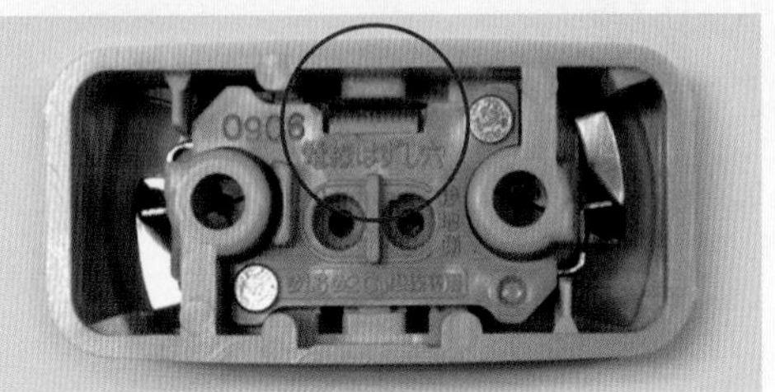

引掛シーリングから電線をはずすときは，マイナスドライバを垂直に「電線はずし穴」の奥まで差し込みながら電線を引っ張ると抜けます.

3 埋込器具の作業

1．埋込連用取付枠への器具の取り付け

埋込連用取付枠への取り付け位置は，下記のように決まっています．これは実際の施工では取り付けるプレートの穴と同じ位置になっています．（技能試験ではプレートの取り付けは省略されている．）

複数の器具の取り付けは必ず問題図通りに配置します．

埋込器具の取り付け位置

器具が１個の場合

連用取付枠に埋込器具を１個取り付ける場合，１個口のプレートを使用するので，プレートの穴の位置に合わせて取付枠の中央に器具を取り付ける．

器具が２個の場合

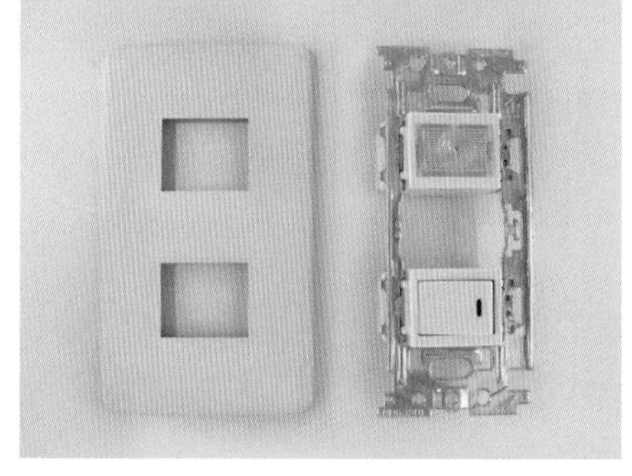

連用取付枠に埋込器具を２個取り付ける場合，２個口のプレートを使用するので，プレートの穴の位置に合わせて取付枠の上下に器具を取り付ける．

上下の器具の配置は，試験問題の配線図の配置に従う．

器具が３個の場合

連用取付枠に埋込器具を３個取り付ける場合，３個口のプレートを使用する．この場合は，試験問題の配線図の器具配置に従い，取付枠にすべての器具を取り付ける．

埋込連用取付枠への取り付け方

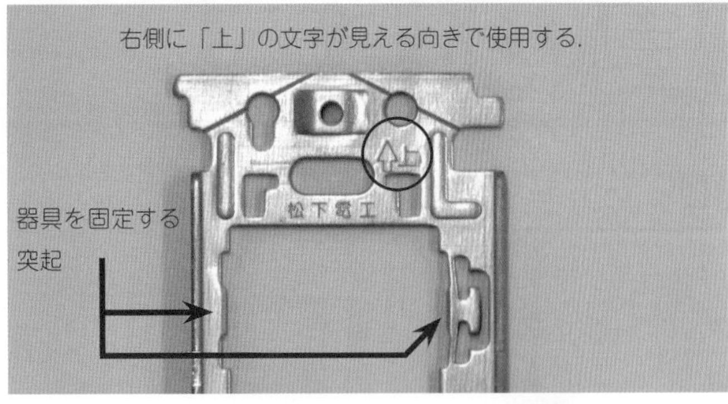
右側に「上」の文字が見える向きで使用する.
器具を固定する
突起

1

取付枠の表裏，上下を確認する.

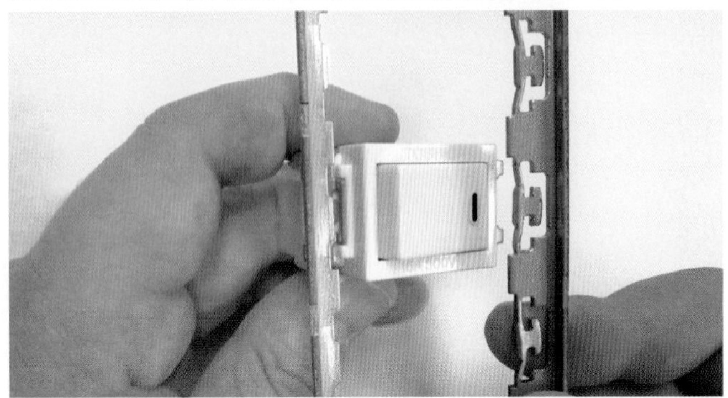

2

器具を所定の位置に裏から差し込む.

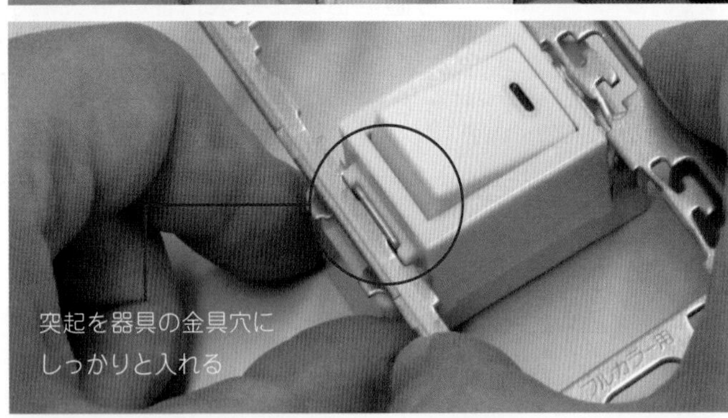
突起を器具の金具穴に
しっかりと入れる

3

枠の左側の突起を器具の金具穴に入れる.

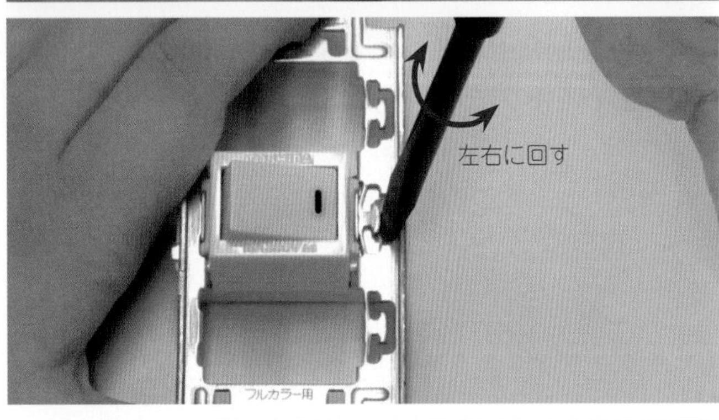
左右に回す

4

枠の右側の爪を，マイナスドライバで器具の金具穴に押し込む.

連用取付枠のはずし方

取付枠右側の突起の両サイドにある穴にマイナスドライバを差し込み，突起を元の状態に戻す方向に押せば，突起が器具からはずれます.

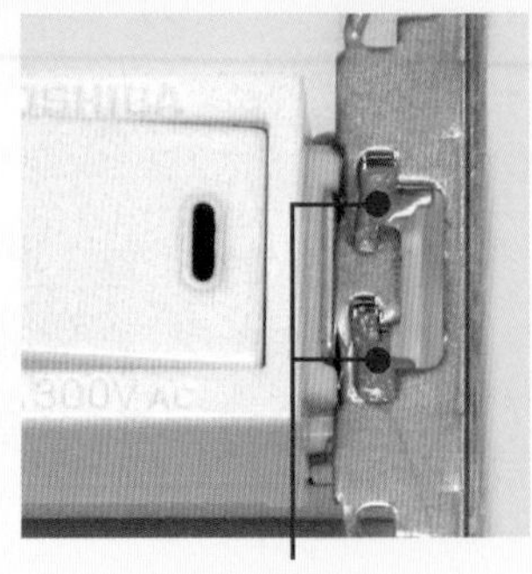

この穴に差し込む.

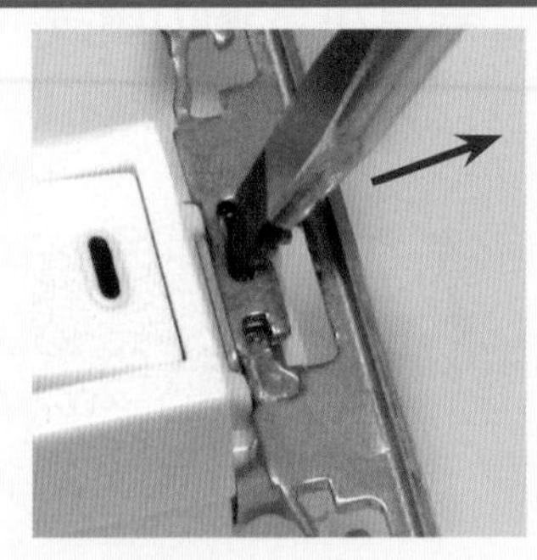

元に戻す方向に押す.

埋込連用取付枠の作業について疑問点がある場合は 104 ページをチェック

2. 極性のない埋込器具への結線

極性のない埋込器具には「片切スイッチ」,「位置表示灯内蔵スイッチ」,「パイロットランプ」などがあります.これらの器具への結線方法はすべて同じです.ここでは出題頻度が高い片切スイッチを取り上げて解説します.

片切スイッチ

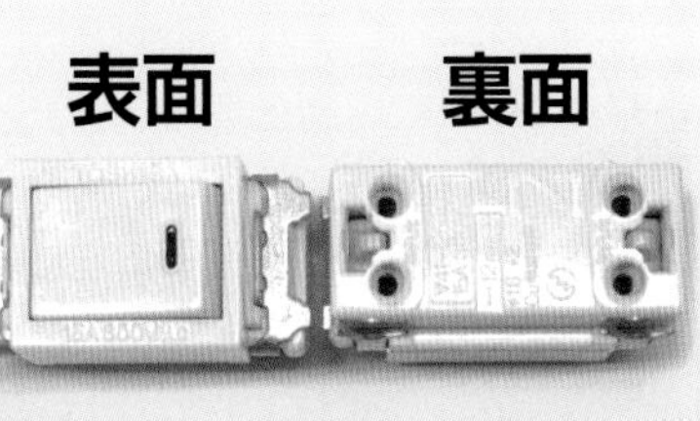

位置表示灯内蔵スイッチ

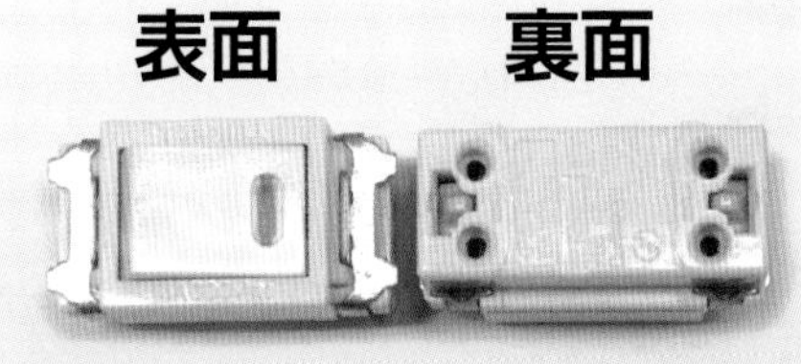

パイロットランプ

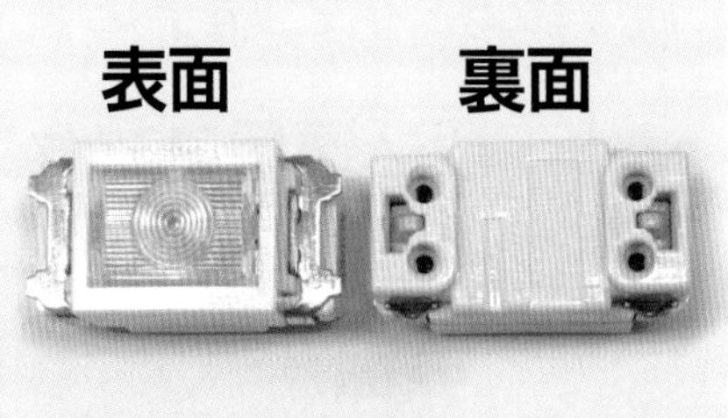

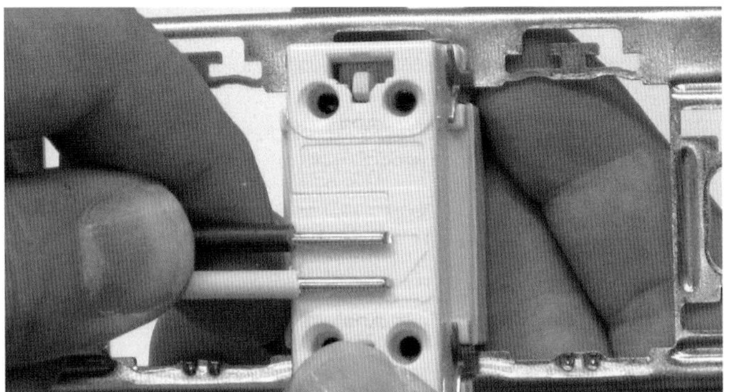

1

ストリップゲージに合わせて絶縁被覆をはぎ取る.

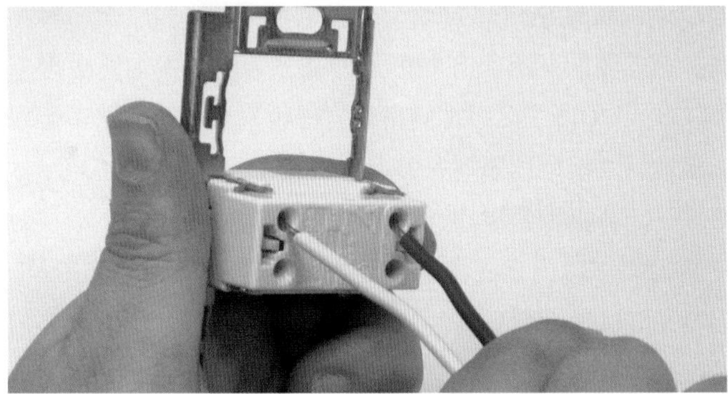

2

左右の端子に心線を差し込む.

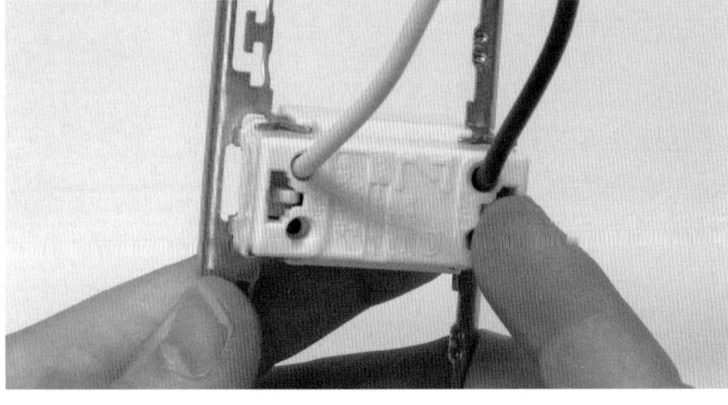

3

心線が見えていないか確認して完了.

※器具に極性がない場合，白色・黒色の電線を左右どちらの端子に結線しても構いません.

結線箇所の整え方の詳細は 105 ページをチェック

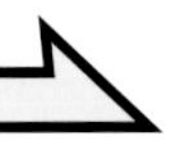

3. 埋込連用のコンセント各種の形状と結線作業

「埋込コンセント」，「接地極付コンセント」，「200V 用接地コンセント」など埋込連用のコンセントには極性があり，結線する端子と電線色別に指定があります．器具によって端子の配置が異なっているので，各器具の端子の配置を理解し，結線時に間違えないように注意しましょう．

器具の形状と端子の配置

埋込連用コンセント

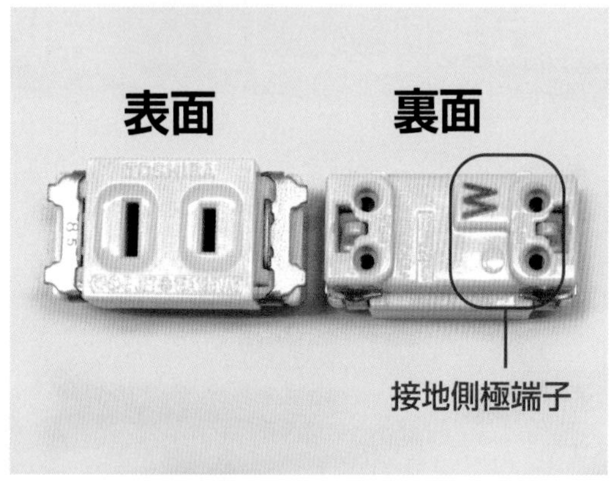

各種の埋込連用のコンセントは，表面の刃受けの位置と裏面の端子の配置が対応している．

埋込連用コンセントの裏面の場合，N，W，接地側などの表記がある右側の端子が上下とも接地側極端子となり，この端子に接地側電線（白色）を必ず結線する．

また，左側の端子は上下とも非接地側となるので，この端子に非接地側電線（黒色）を必ず結線する．

※接地側，非接地側の上下どちらかの端子に結線すると，他方の端子は渡り線の送り配線用の端子になる．

埋込連用接地極付コンセント

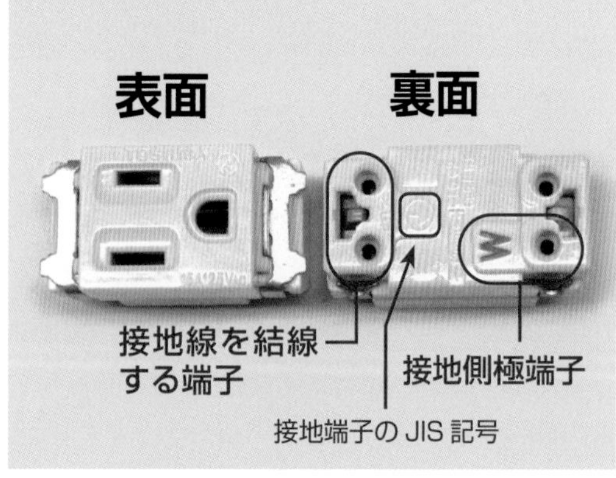

表面の刃受けの向きが埋込連用コンセントとは異なっており，裏面の端子の配置も埋込連用コンセントとは違うので注意する．

埋込連用接地極付コンセントの裏面では，N，W，接地側などの表記がある右側の下の端子のみが接地側極端子となり，この端子に接地側電線（白色）を必ず結線する．

非接地側は接地側極端子の上部の端子のみとなるので，この端子に非接地側電線（黒色）を必ず結線する．

左側の端子は上下とも接地線を結線する端子なので，この端子には接地線（緑色）を必ず結線する．

※接地側，非接地側の電源端子には，送り配線用の端子はない．

埋込連用 200V 用接地コンセント

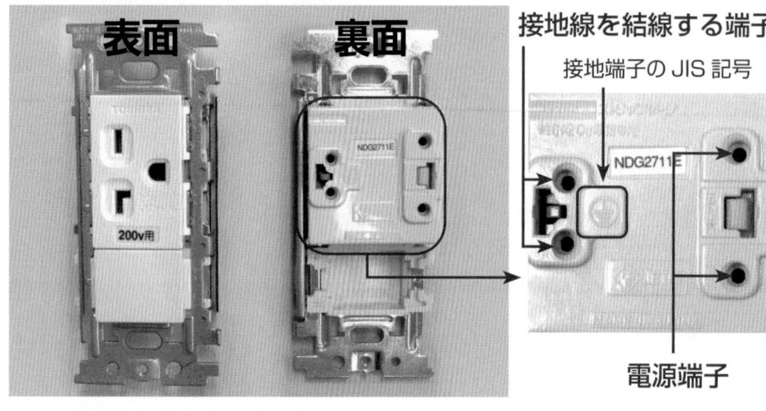

表面の刃受けの位置と裏面の端子の配置が対応している．

埋込連用 200V 用接地コンセントの裏面の場合，右側の上下の端子が電源端子となるので，この端子に電源からの電線を結線する．この端子に結線する電線の色別に指定はない．送り配線用の端子もない．

左側の端子は上下とも接地線を結線する端子なので，この端子には接地線（緑色）を必ず結線する．（送り配線がないとき，他方の端子は空き端子になる．）

埋込コンセントへの結線

埋込コンセントは必ず接地側極端子（N，W，接地側などの表記がある）に白色を結線します．

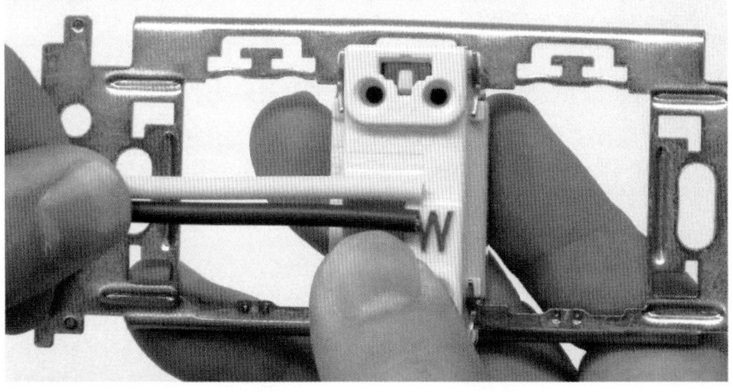

1 裏面のストリップゲージに電線を当てる．

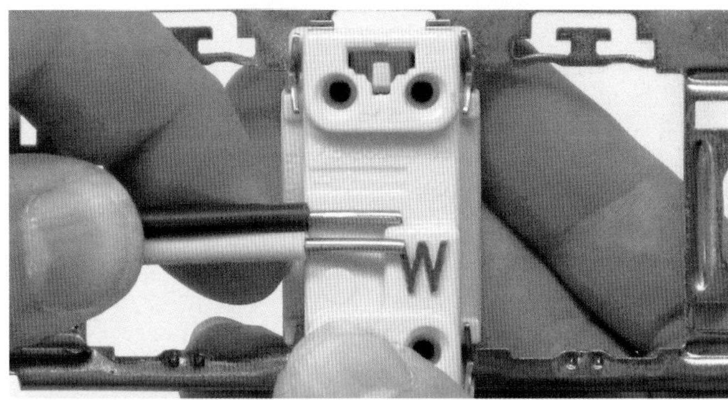

2 ストリップゲージに合わせて絶縁被覆をはぎ取る．

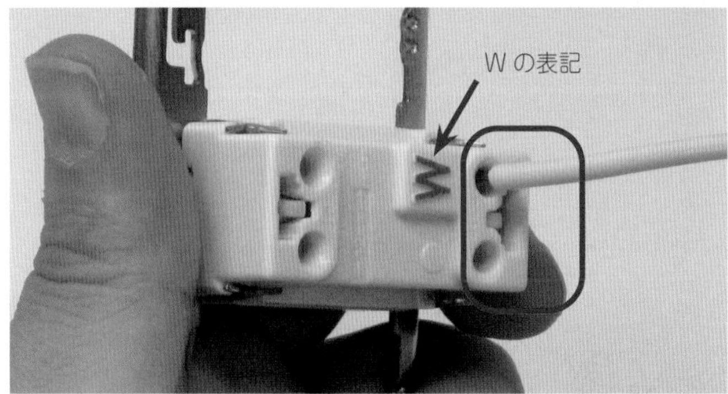

3 接地側極端子に白色を差し込む．

※接地側の渡り線が必要なときは，空き端子が送り配線用端子になる．

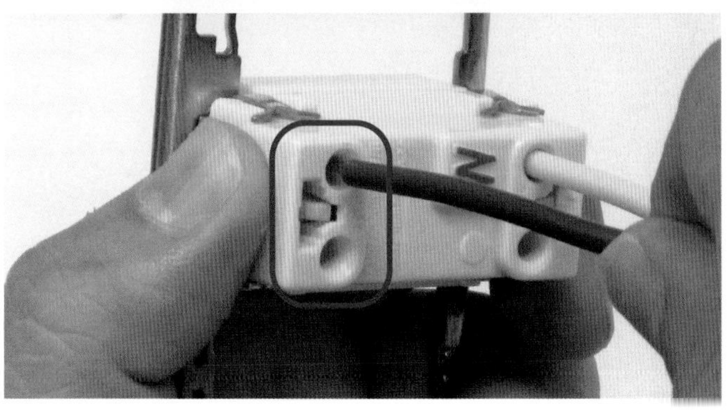

4 反対側の端子に黒色を差し込んで完了．

※非接地側の渡り線が必要なときは，空き端子が送り配線用端子になる．

埋込器具に結線した電線のはずし方

端子の横などにある「はずし穴」に，マイナスドライバを溝の奥までまっすぐに差し込みながら電線を引っ張ると抜けます．

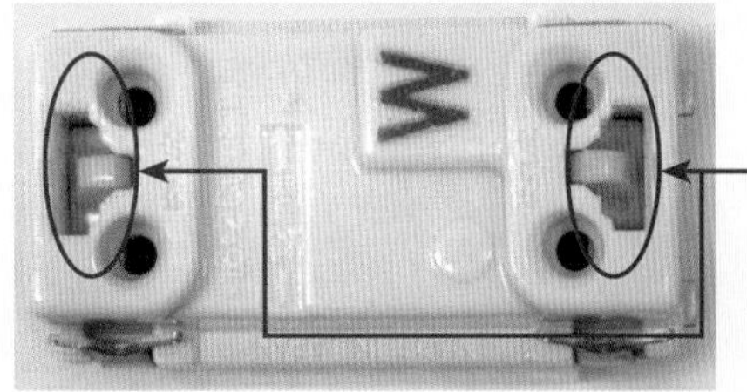

抜きたい側のはずし穴にマイナスドライバを差し込んで，電線を引っ張る．

接地極付コンセントへの結線

接地極付コンセントは必ず，接地側極端子（N，W，接地側などの表記がある）に白色，接地線端子に緑色の接地線を結線します．

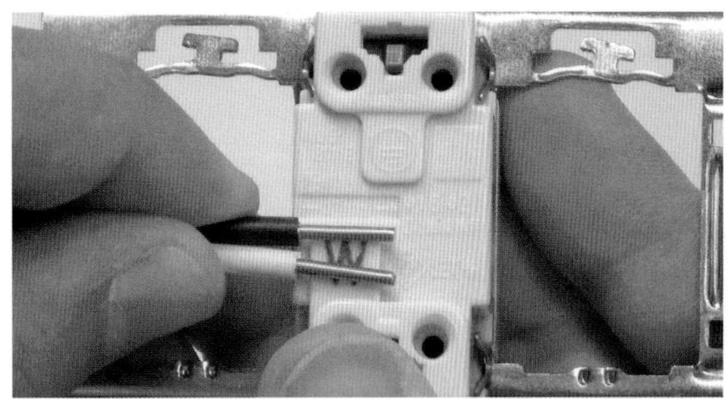

1

裏面のストリップゲージに合わせて絶縁被覆をはぎ取る．

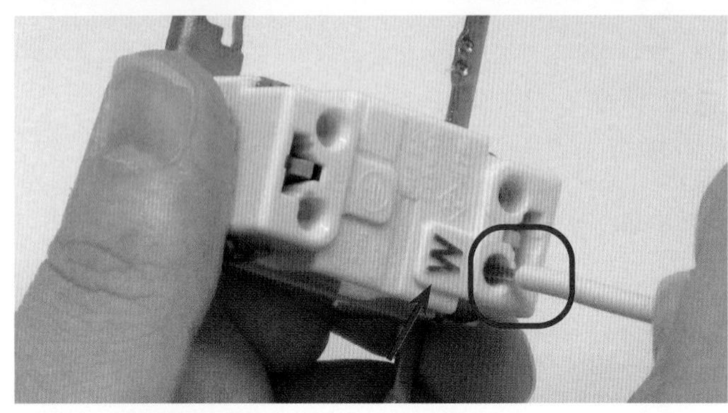

2

右側下の接地側極端子に白色を差し込む．

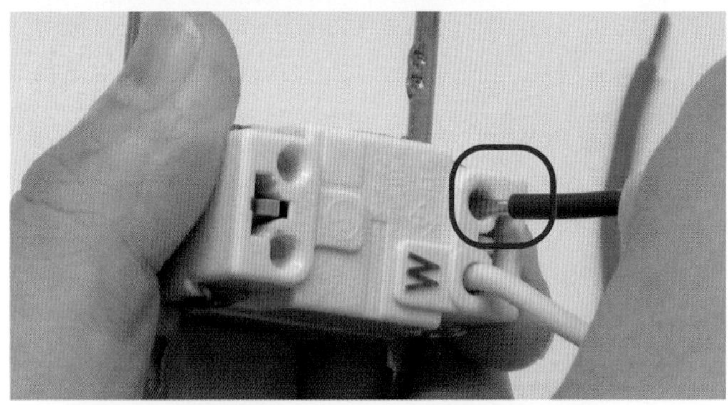

3

右側上の端子に黒色を差し込む．

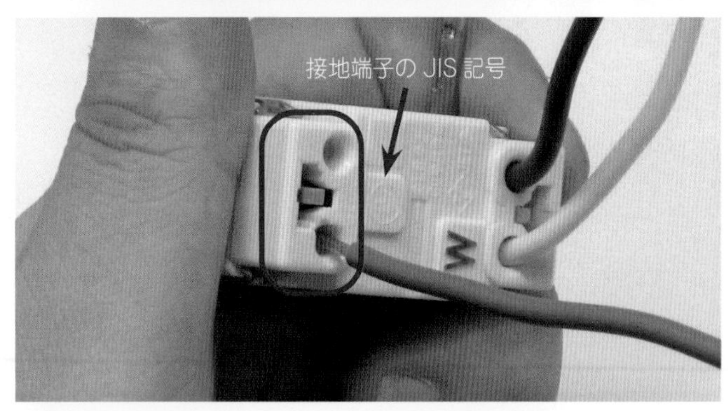

4

左側の端子に緑色の接地線を差し込む．

※送り配線がないときは，上部の端子は空き端子となる．

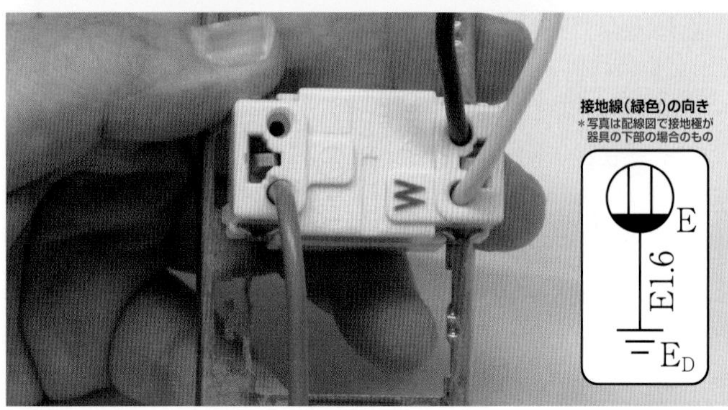

5

心線が見えていないか確認して完了．

※接地線（緑色）の向きは，配線図の接地極の配置に合わせる．

200V 用接地コンセントへの結線

接地極付コンセントは必ず，接地線端子に緑色の接地線を結線します．

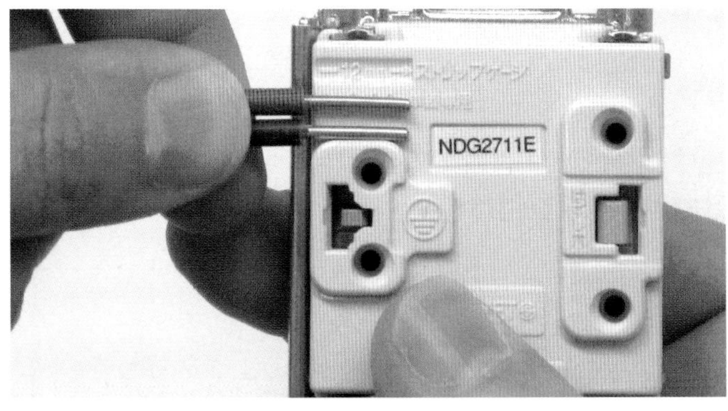

1

裏面のストリップゲージに合わせて絶縁被覆をはぎ取る．

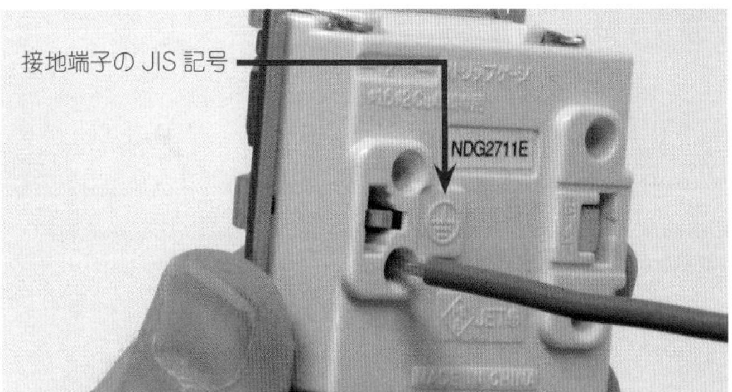

2

左側の端子に緑色の接地線を差し込む．

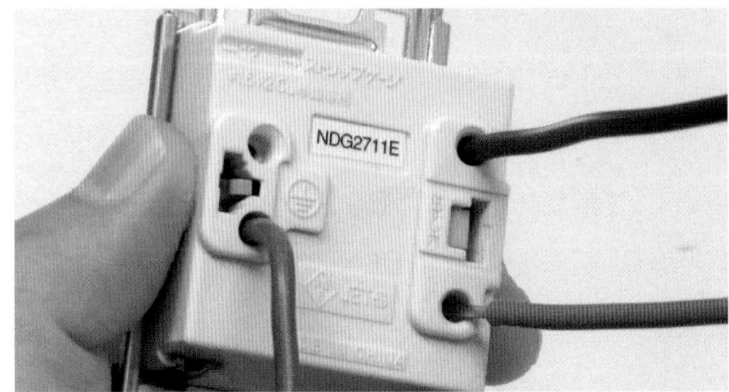

3

右側の端子に電源からの電線を差し込む．

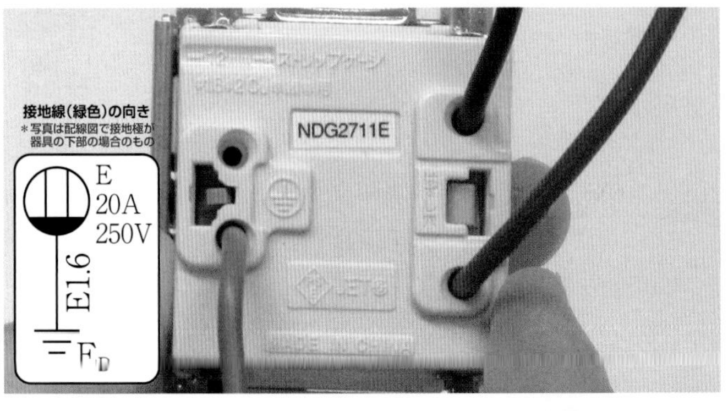

4

心線が見えていないか確認して完了．

※接地線（緑色）の向きは，配線図の接地極の配置に合わせる．

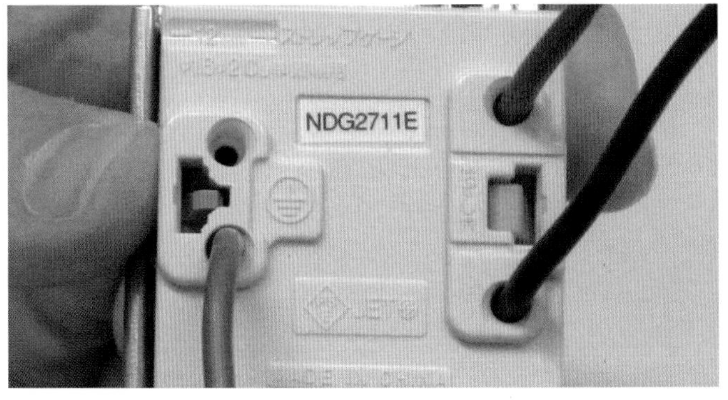

右側の端子には電線色別の指定がないので，上下のどちらに電源からのどの色の電線を差し込んでも構わない．

技能試験の基本作業

4. 埋込器具の連用箇所の結線について

片切スイッチや埋込コンセントなどの埋込器具を 2 個以上連用する場合，器具相互に渡り線を結線します．渡り線に使用する電線は，支給されたケーブルや電線の残りを使用します．長さに決まりはありませんが，器具を 2 個連用する場合は 10cm を目安の長さにして下さい．ここでは片切スイッチと埋込コンセントの連用箇所を取り上げて解説します．

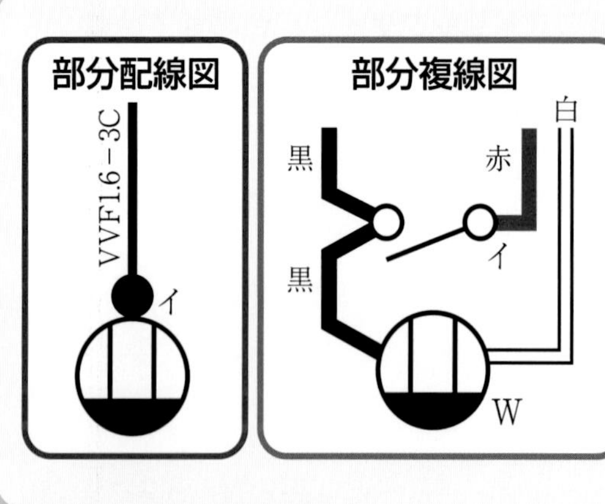

取付枠への取り付け

左のような場合を取り上げて作業を解説します．

渡り線の作り方

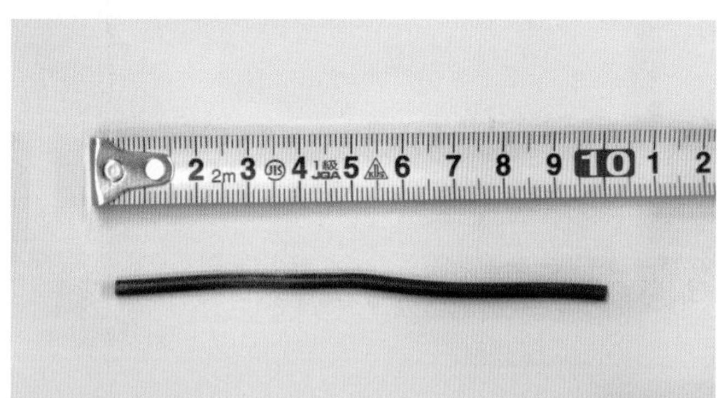

1 渡り線に使用する電線を 10cm 程の長さで用意する．

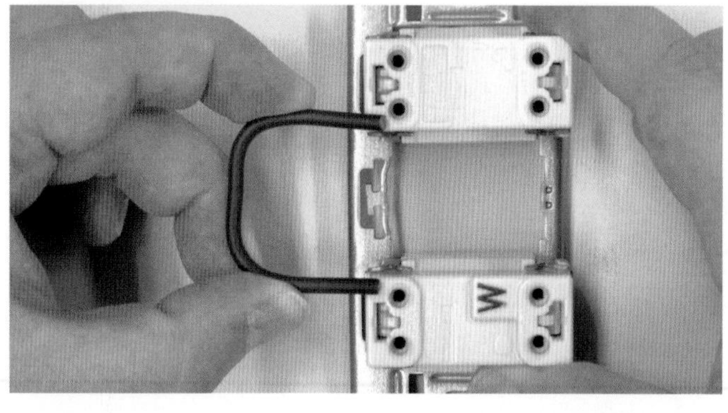

2 各器具の端子の位置に合わせて電線をコの字に曲げ，余分な長さを切断して渡り線の両端の長さを揃える．

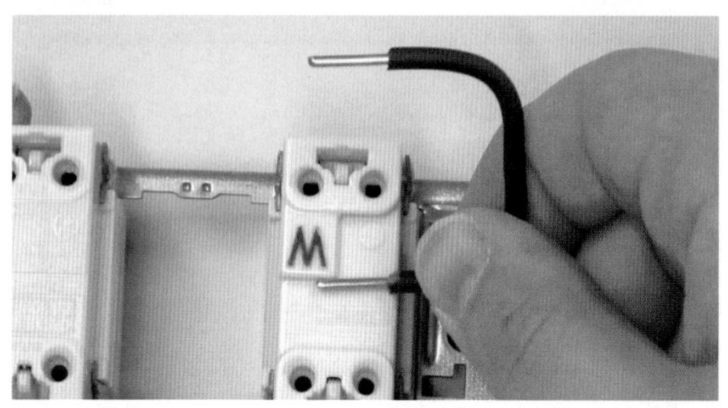

3 ストリップゲージに合わせて，両端の絶縁被覆をはぎ取る．

部分複線図の結線方法

※片切スイッチと埋込コンセントの連用箇所の結線方法は，これ以外にも複数あります.

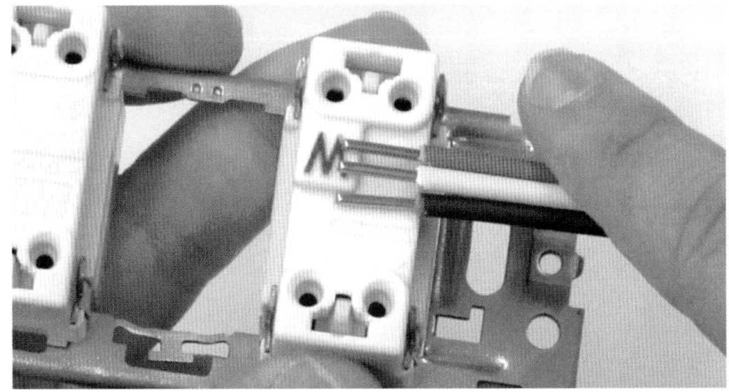

1

裏面のストリップゲージに合わせて３心ケーブルの絶縁被覆をはぎ取る.

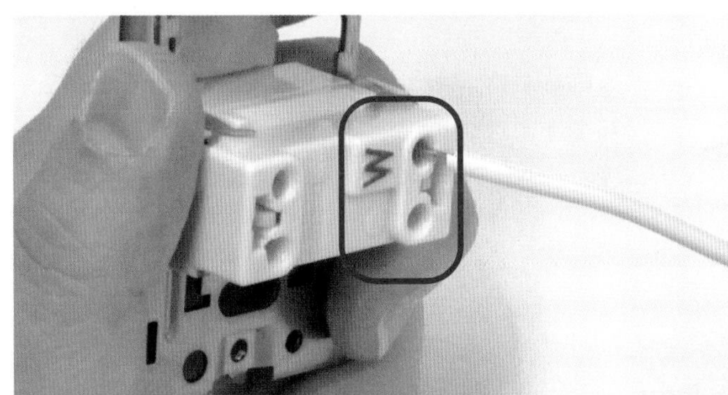

2

下段の埋込コンセントの接地側極端子に白色を差し込む.

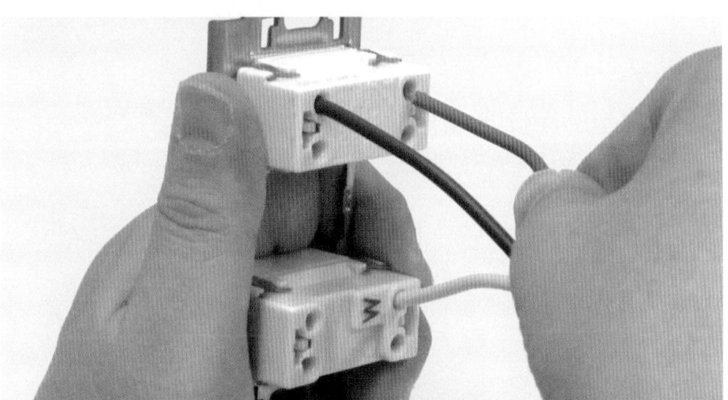

3

上段の片切スイッチ左側の上の端子に黒色，反対側の端子に赤色を差し込む.

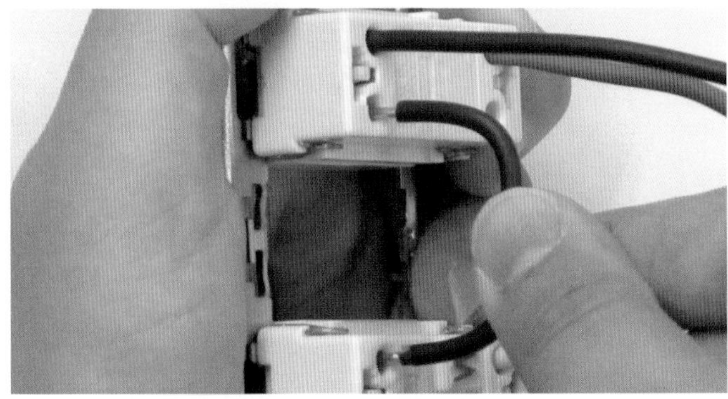

4

3 で黒色を差し込んだ端子の下部の送り配線用端子と埋込コンセントに渡り線を差し込む.

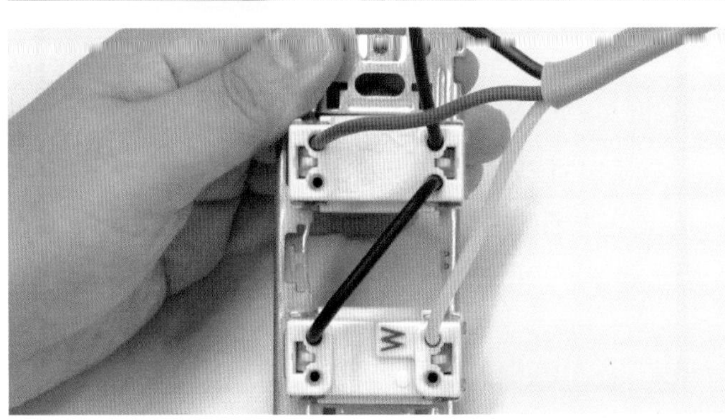

各器具への結線が正しければ，渡り線を斜めに結線しても間違いではない.

渡り線の長さついて疑問点がある場合は 104 ページをチェック 

5. 3路スイッチと4路スイッチへの結線

照明器具を複数箇所で「入」,「切」させる回路では「3路スイッチ」や「4路スイッチ」が使用されます.「3路スイッチ」には電線色別の指定がありますが,「4路スイッチ」にはありません.

3路スイッチへの結線

3路スイッチには電線色別の指定があります.「0」端子には黒色を結線することを覚えておきましょう.

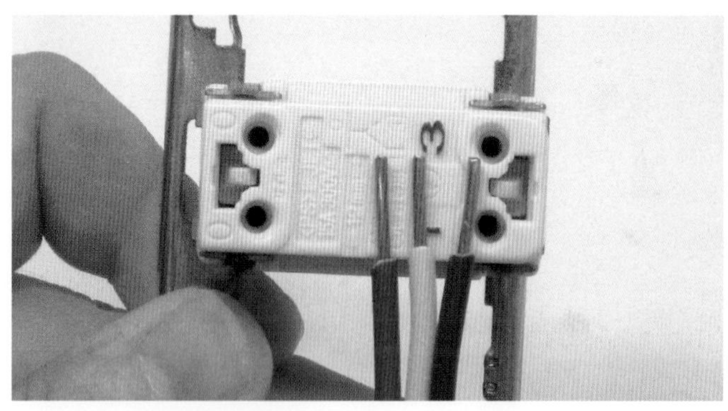

1

裏面のストリップゲージに合わせて絶縁被覆をはぎ取る.

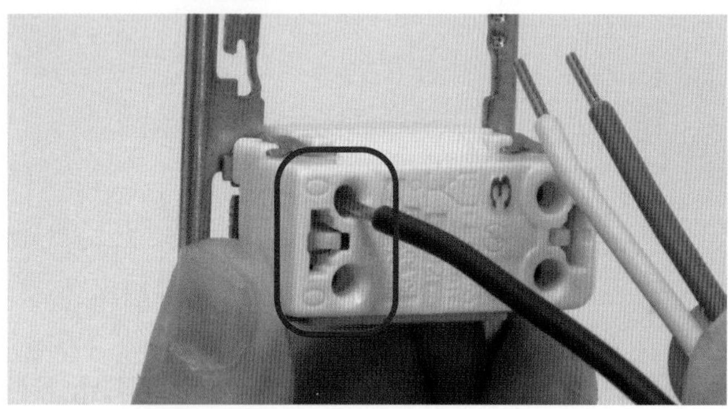

2

「0」端子に黒色を差し込む.(「0」端子は,上下どちらに結線してもよい.)

※実際の施工では,下部の空き端子は複数のスイッチを連用する場合の送り配線用端子となる.

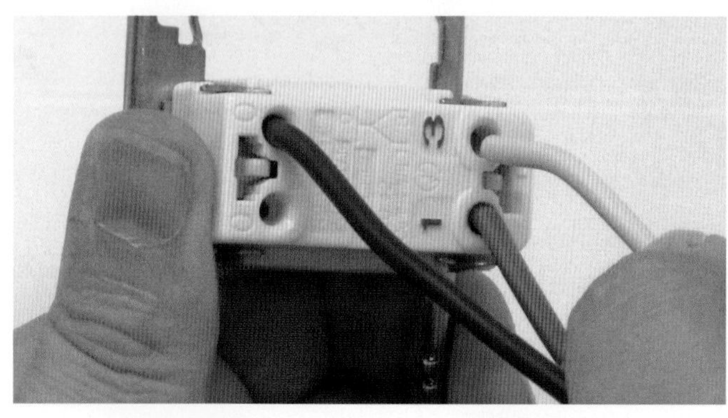

3

「1」・「3」端子に白色・赤色を差し込む.

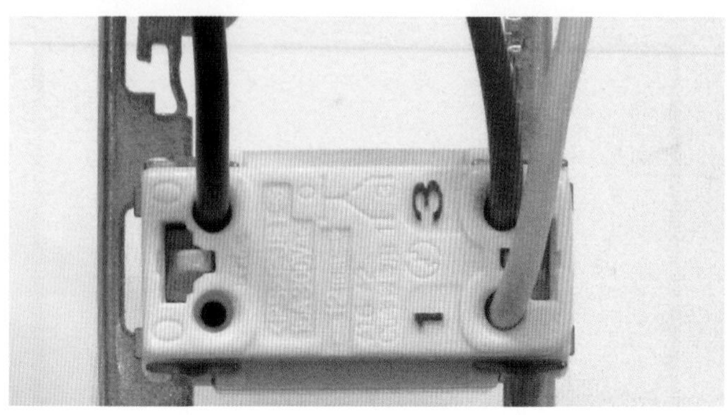

「1」・「3」端子には電線色別の指定がなく,どちらに白色・赤色を結線してもよい.

4路スイッチへの結線

4路スイッチには2心ケーブルを使用し，すべての端子に結線します．なお，4路スイッチには電線色別の指定がありません．

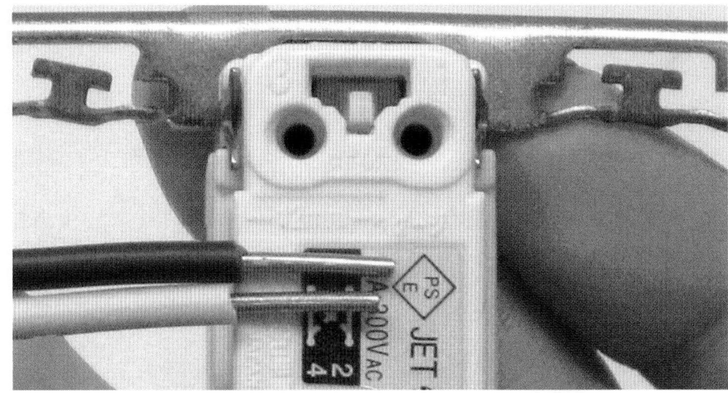

1

裏面のストリップゲージに合わせて絶縁被覆をはぎ取る．

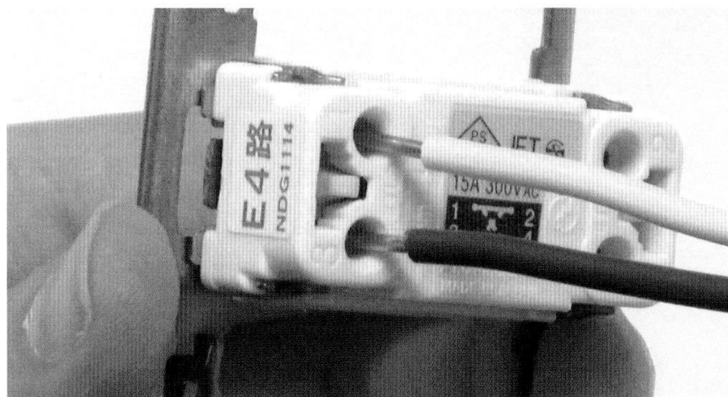

2

左側の端子に1本目のケーブルの白色・黒色を差し込む．

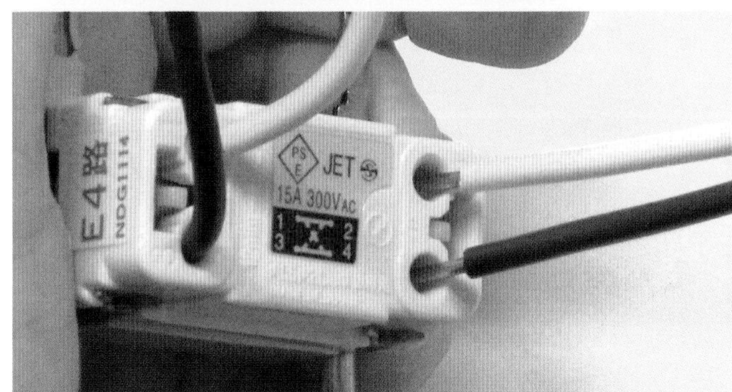

3

右側の端子に2本目のケーブルの白色・黒色を差し込む．

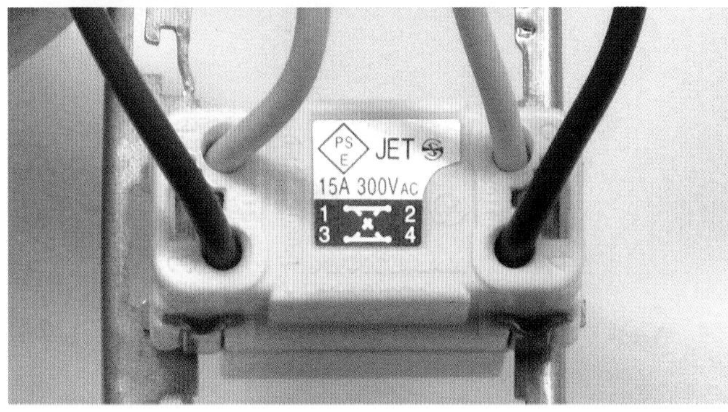

4

心線が見えていないか確認して完了．

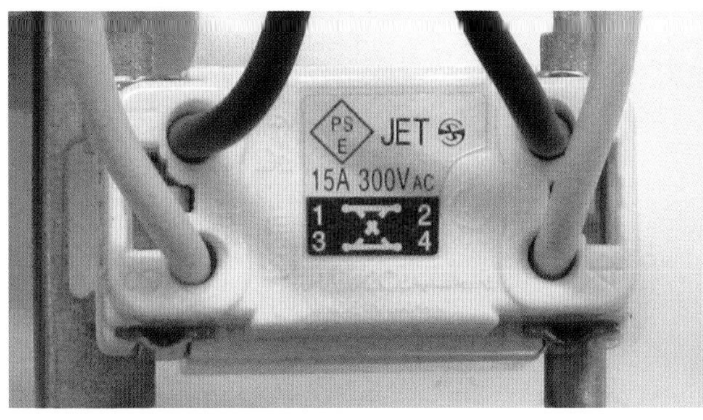

電線色別の指定はないので，上下どちらの端子に白色，黒色を結線しても構わない．

3路スイッチ，4路スイッチの接続で疑問点がある場合は106ページをチェック

6. 接地端子への結線

接地端子（差し込み式・ねじ止め式）には接地線を結線します．接地線には緑色の絶縁電線（IV）を使用します．

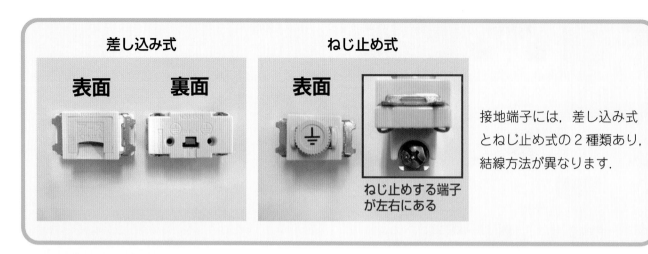

差し込み式

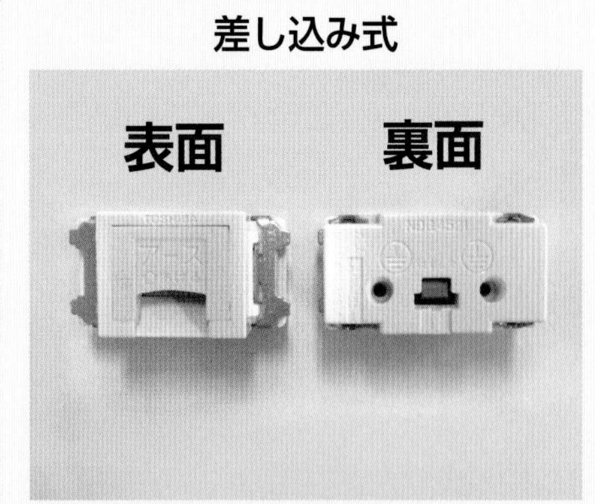

ねじ止め式

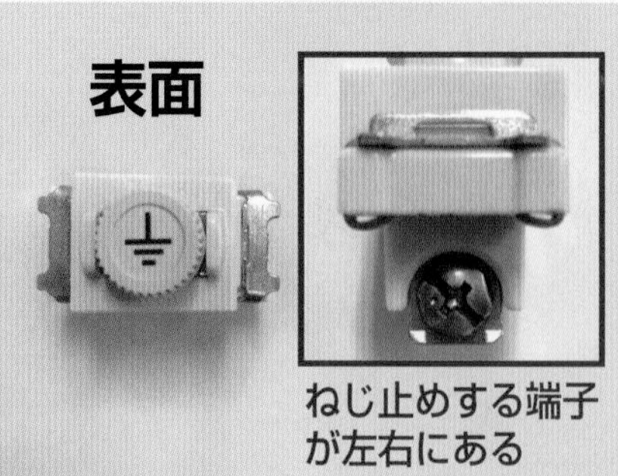

接地端子には，差し込み式とねじ止め式の 2 種類あり，結線方法が異なります．

差し込み式の場合

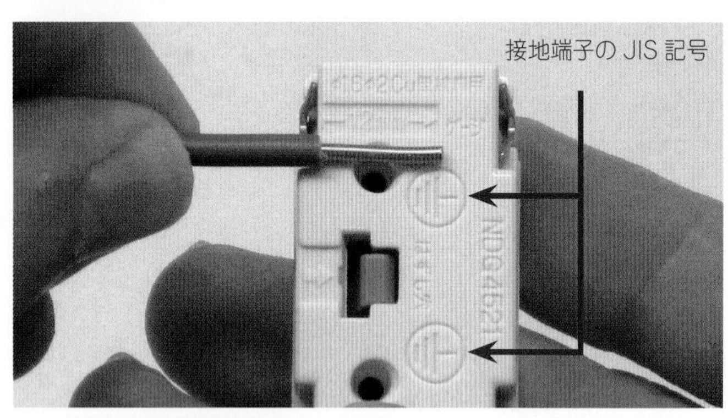

1

裏面のストリップゲージに合わせて絶縁被覆をはぎ取る．

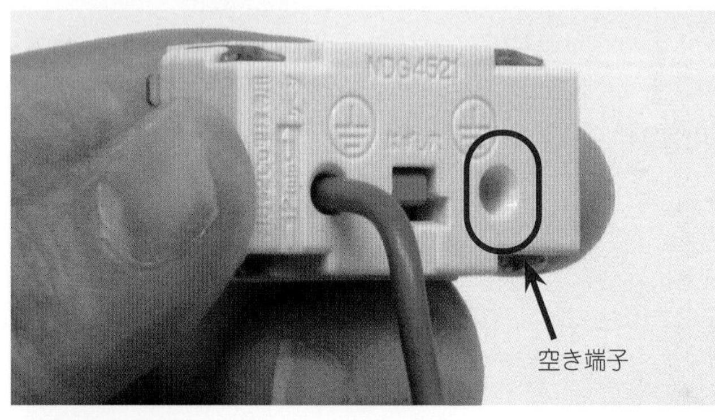

2

心線を端子にしっかり差し込んで完了．
（左右どちらの端子に結線してもよい．）

※空き端子は，接地極付コンセント等への送り配線用端子になる．

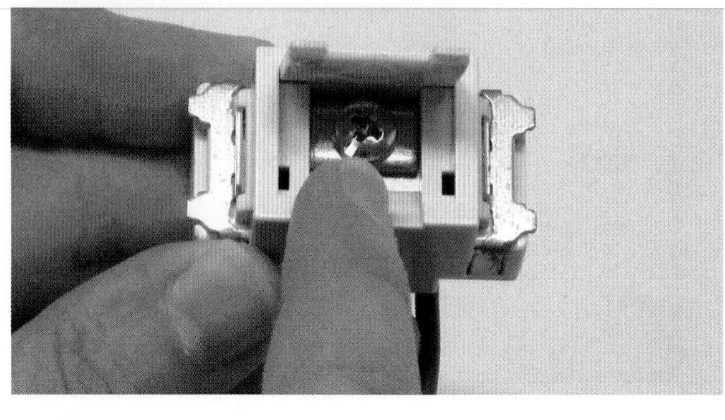

注

表面の端子には何も結線しないこと！

ねじ止め式の場合

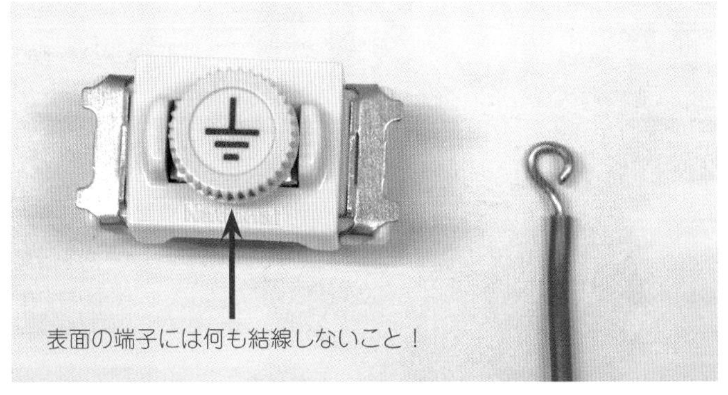

1

接地線の片端に輪作りをする.

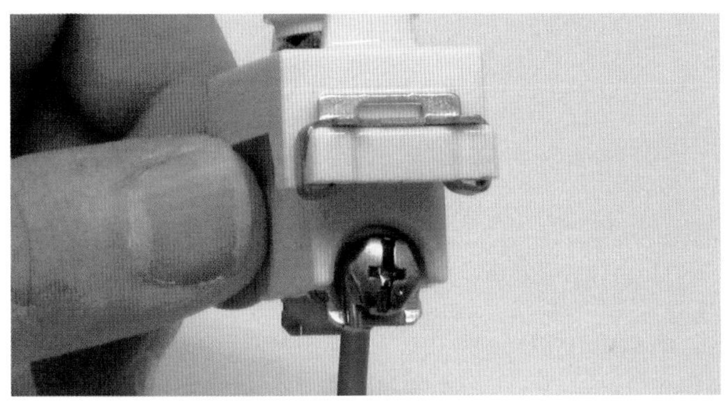

2

端子ねじをはずして右巻きの状態にした輪に通し，ねじをしっかり締め付けて完了.
（左右どちらの端子に結線してもよい.）

※空き端子は，接地極付コンセント等への送り配線用端子になる.

7. 埋込器具に関する作業での欠陥例

取付枠の未使用

取付枠の未使用．または，使用箇所を間違えている.

極性の間違い

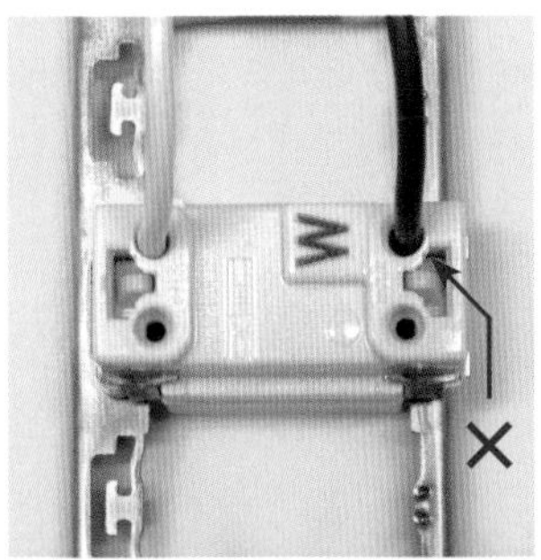

接地側極端子に白色以外の電線が結線されている.

心線の露出

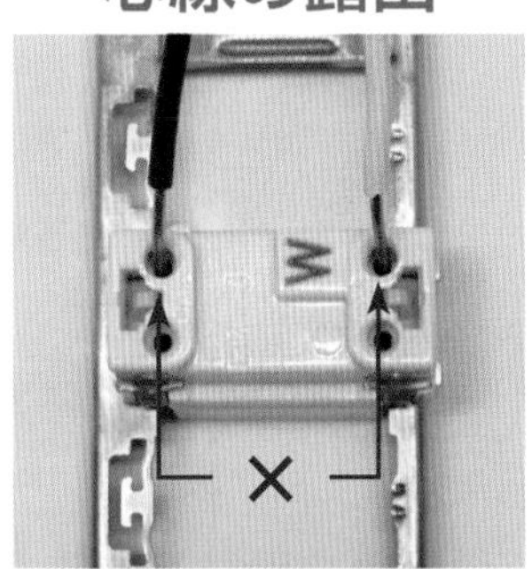

心線が差込口（端子）から2mm以上露出している.

心線の挿入不足

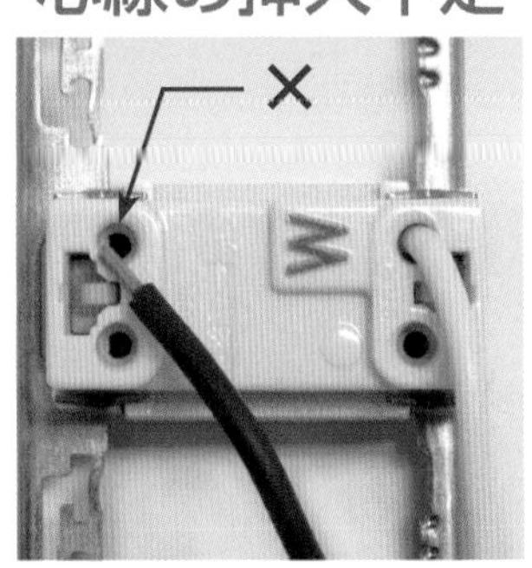

電線を引っ張ると心線が抜ける.

取付位置の誤り

器具の取付位置を間違えている.

枠の取付不良

取付枠の裏返し．または，器具を引っ張って外れる.

4 代用端子台の作業

1．代用端子台への結線

タイムスイッチ（TS），自動点滅器，リモコンリレーなどの器具は，「端子台」で代用されます．「端子台」にはタッチダウン式とセルフアップ式があり，ここではセルフアップ式を取り上げて解説します．

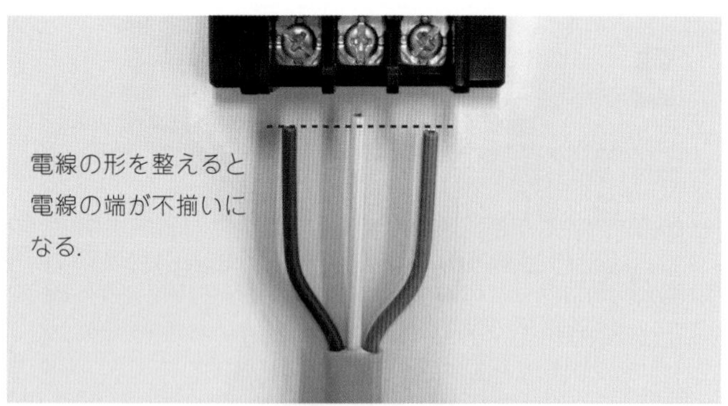

電線の形を整えると
電線の端が不揃いに
なる.

1

電線をすべての端子に同時に差し込めるように形を整える．

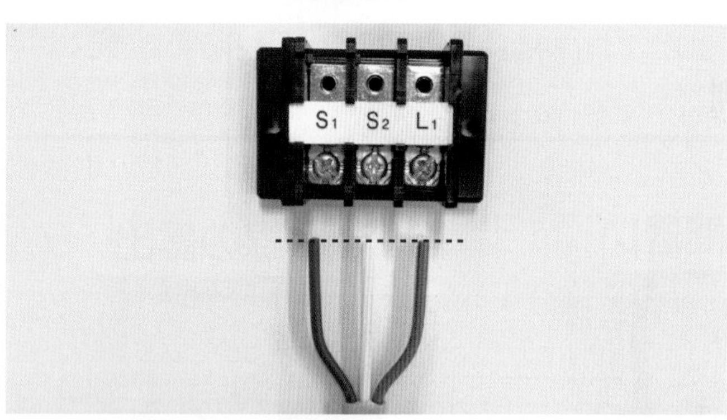

2

すべての電線の長さを揃える．

3

電線の先端を端子の奥に当て，座金より少し長いところに印を付ける．

4

印より先の絶縁被覆をはぎ取る．

5

心線が差し込める程度に端子ねじをゆるめて心線を直線状態のまま差し込む.

※タッチダウン式の場合は，ねじ穴にねじを押し込みながら，ねじ締めする.

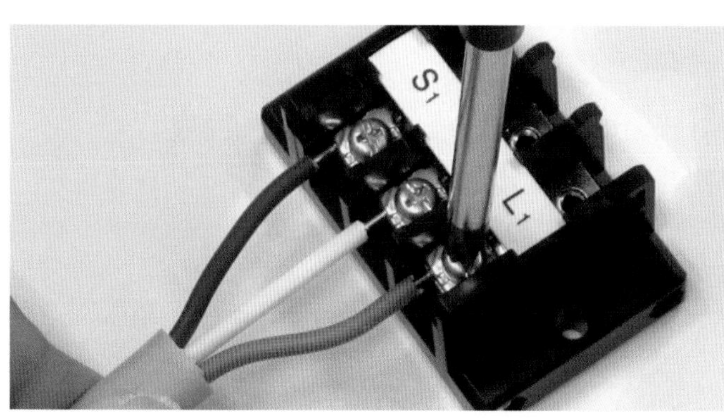

6

絶縁被覆の挟み込みや心線が必要以上に露出していないことを確認し，しっかりねじを締め付けて完了.

露出している心線の長さは？

心線が座金の端から端子台の端までの間で 1 ～ 2mm 程度見えているのが最適の長さです.

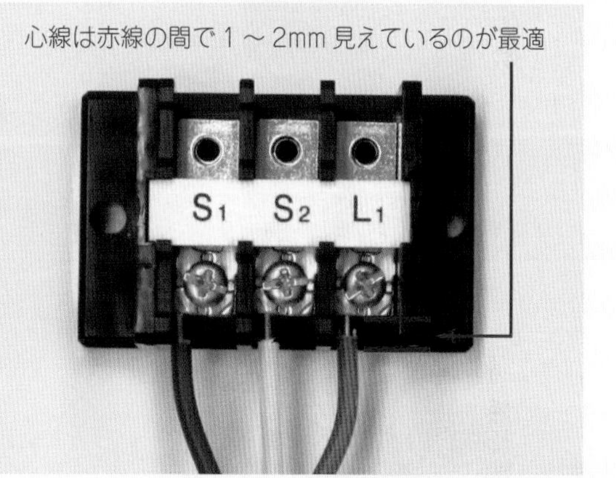

技能試験の基本作業

2. 代用端子台への結線作業での欠陥例

ねじの締め忘れ

ねじを締め忘れている. または，電線を引っ張ると抜けてしまう.

心線のはみ出し

心線が端子台の端から 5mm 以上出ている.

絶縁被覆の締め付け

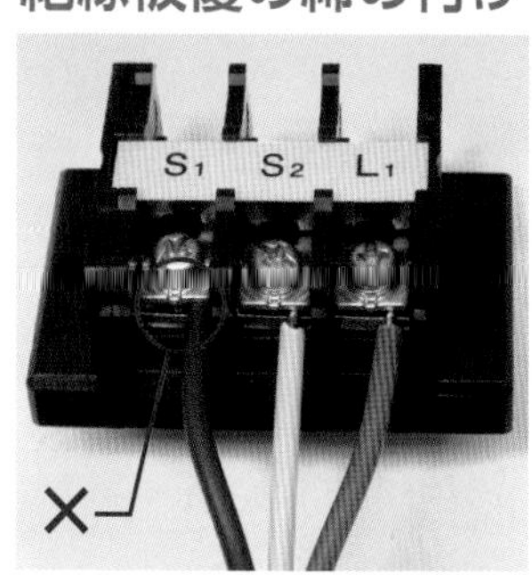

絶縁被覆を挟み込んでねじ締めしている.

代用端子台の作業について疑問点がある場合は 107 ～ 108 ページをチェック

配線用遮断器の作業

1．配線用遮断器への結線

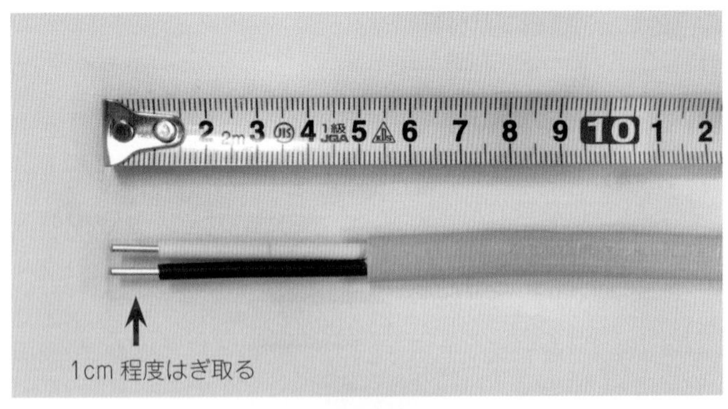
1cm 程度はぎ取る

1

1cm 程度を目安に絶縁被覆をはぎ取り，結線部の心線を出す．

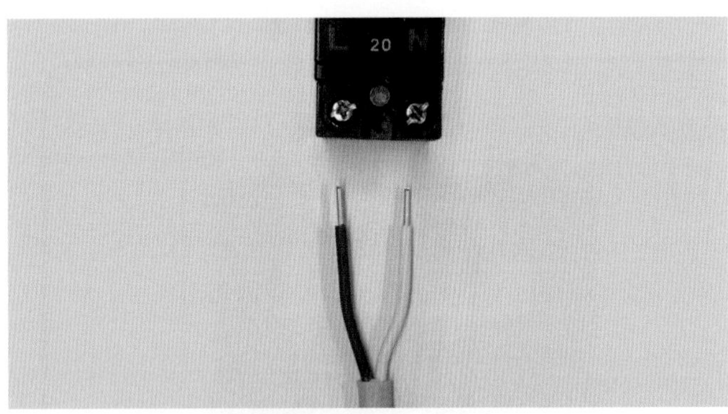

2

すべての端子に電線を同時に差し込めるように形を整える．

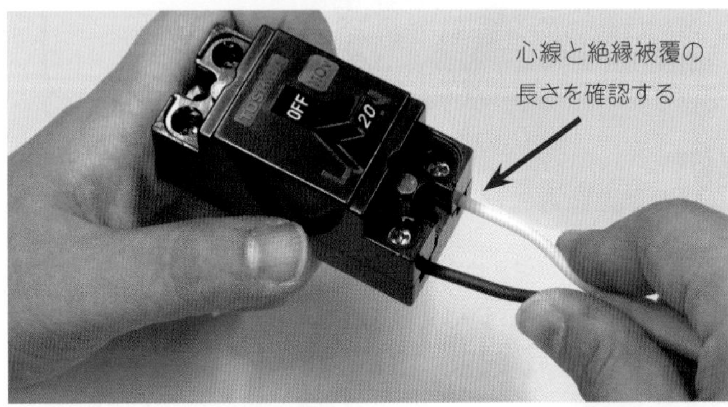
心線と絶縁被覆の
長さを確認する

3

端子に心線を差し込み，絶縁被覆と心線の長さを確認する．

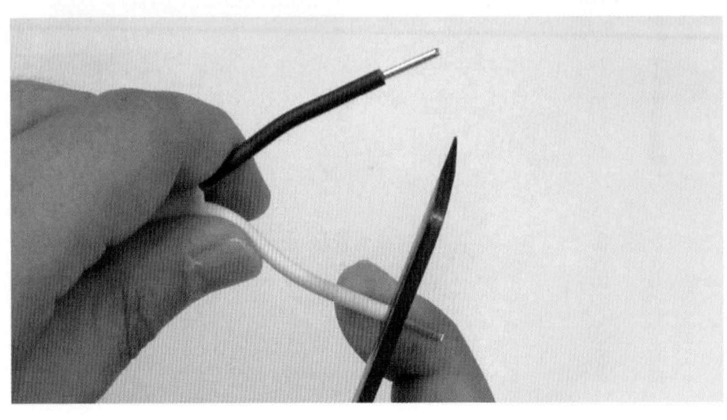

4

3 の確認で，端子の中まで絶縁被覆が入っていたら，絶縁被覆を少しはぎ取る．端子の外まで心線が露出していたら，心線を短くして絶縁被覆の挟み込みや心線が露出しないように調節する．

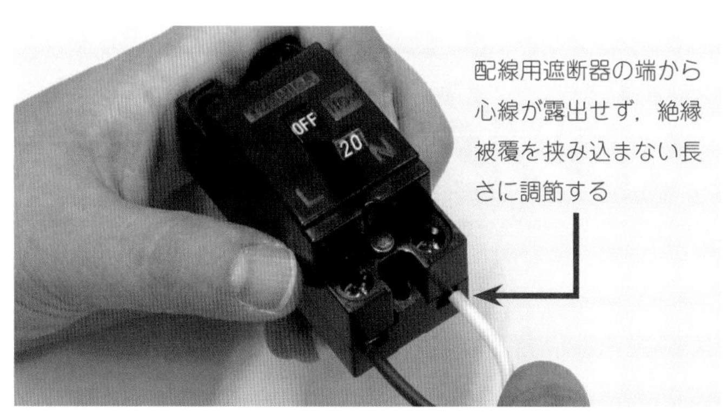

配線用遮断器の端から心線が露出せず，絶縁被覆を挟み込まない長さに調節する

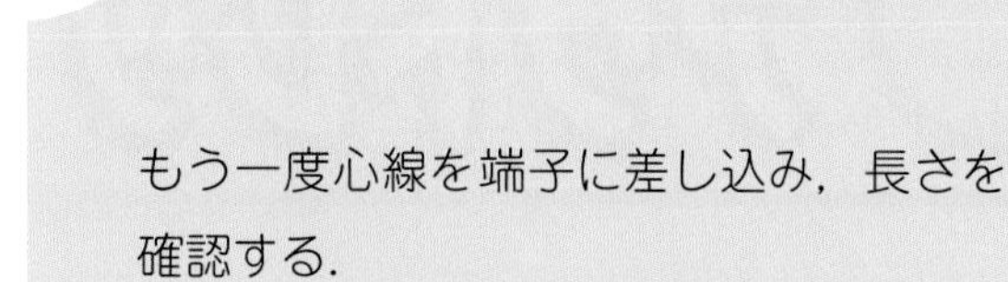

5

もう一度心線を端子に差し込み，長さを確認する．

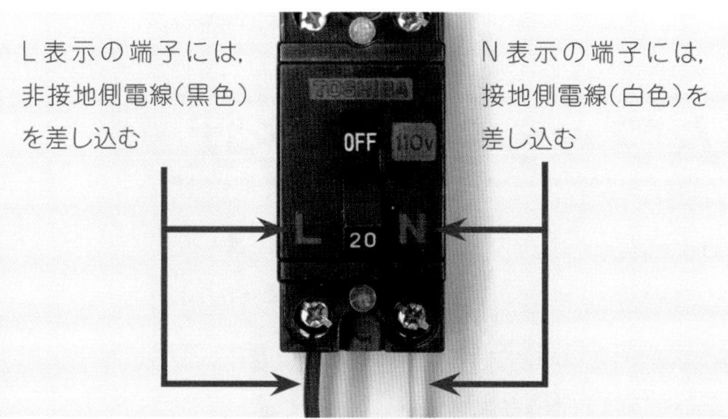

6

N表示端子に白色，L表示端子には黒色を差し込み，ねじをしっかり締め付けて完了．

配線用遮断器の向きは？

配線用遮断器を使用する場合の向きに関しては，上下どちらを電源側・負荷側にしても構いません．

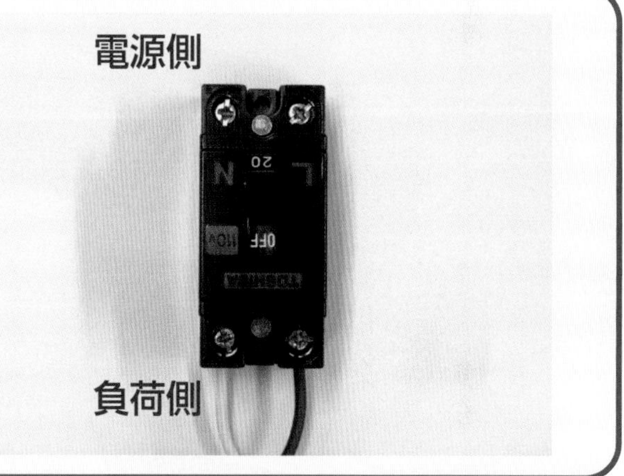

2. 配線用遮断器への結線作業での欠陥例

極性の誤り

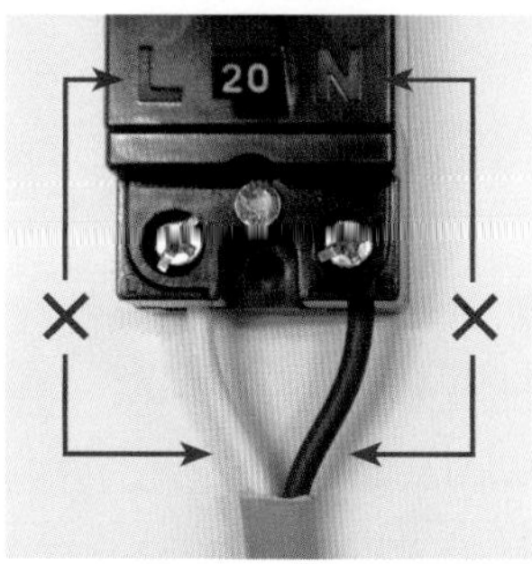

L表示端子に白色を結線している．

心線の露出

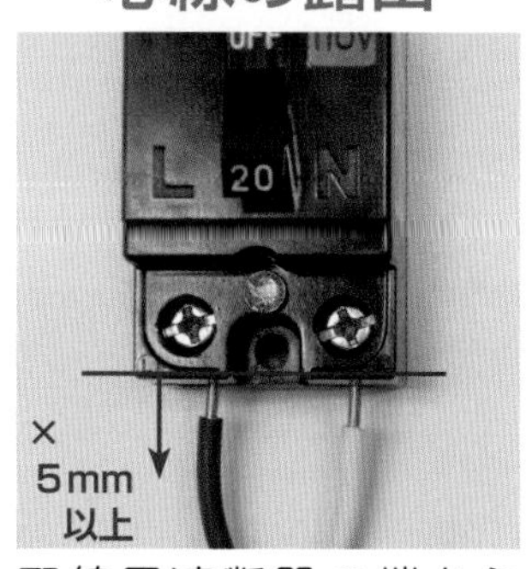

配線用遮断器の端から5mm以上心線が露出．

絶縁被覆の締め付け

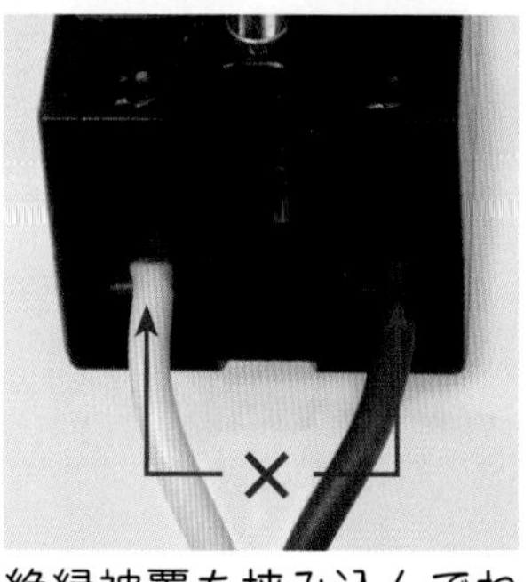

絶縁被覆を挟み込んでねじ締めしている．

電線が抜ける

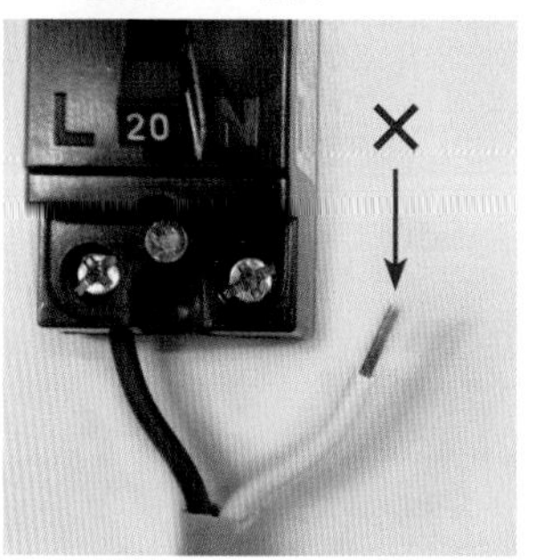

締め付けが不適切で，電線を引っ張ると抜ける．

配線用遮断器を取り付ける向きについての詳細は109ページをチェック 

6 アウトレットボックスの作業

1．ゴムブッシングの取り付け方

アウトレットボックスの穴には，ケーブルを保護する「ゴムブッシング」を取り付けます．ゴムブッシングには直径19mmと25mmのものがあり，アウトレットボックスの穴の大きさに合ったものを取り付けます．

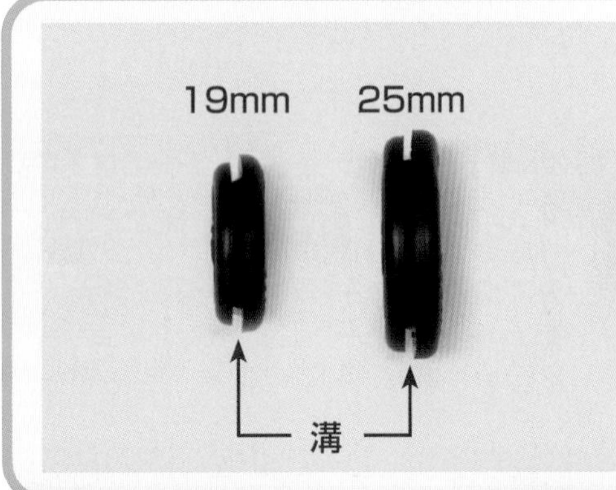

ゴムブッシングの形状

写真のように，ゴムブッシングを横から見ると中央に溝があります．ゴムブッシングの取り付け時には，アウトレットボックスの側面にこの溝にはめて取り付けます．

1

ゴムブッシングにケーブルを通すための切れ込みを入れる．

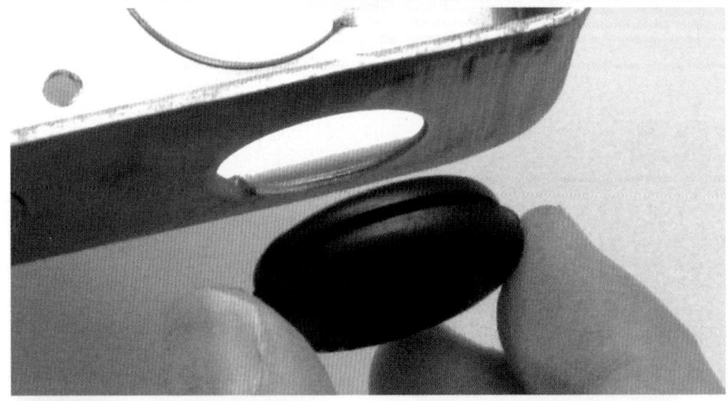

2

径の小さい方を外側から押し込む．

3

溝がはまったら，形を整えて完了．

2. 合成樹脂製可とう電線管（PF 管）の取り付け

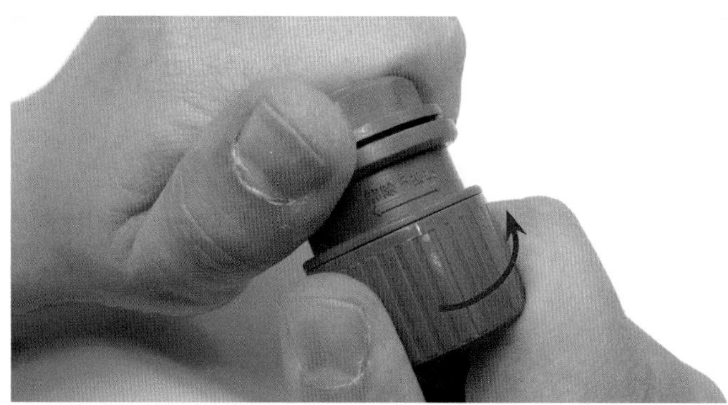

1

PF 管用ボックスコネクタの止め具が，しっかり締まっているか確認する．

（注）止め具部分にマークがあり，「接続」または「解除」の矢印位置に合わせて「接続」または「解除」するタイプのボックスコネクタもある．このタイプの場合は，止め具部分のマークが「接続」の矢印位置に合致していることを確認する．

2

ボックスコネクタの止め具部分に PF 管を強く押し込む．

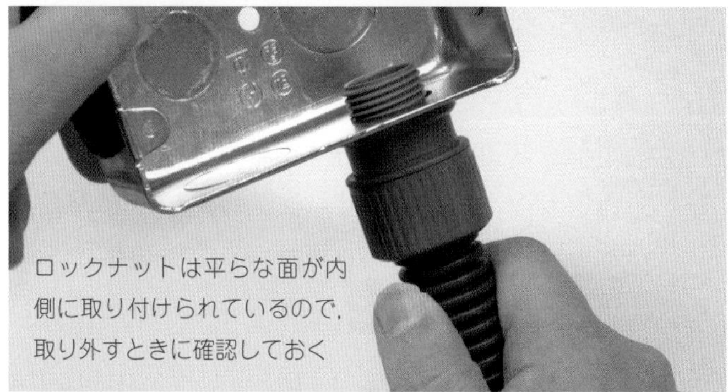

ロックナットは平らな面が内側に取り付けられているので，取り外すときに確認しておく

3

ボックスコネクタに付いているロックナットをはずし，アウトレットボックスの外側からボックスコネクタを差し込む．

平らな面をコネクタ側に向けて取り付ける

4

アウトレットボックスの内側から，取りはずしたロックナットを向きに注意して再度取り付ける．

5

ウォータポンププライヤを使ってロックナットをしっかり締め付けて完了．

PF 管用ボックスコネクタの詳細については 112 ページをチェック 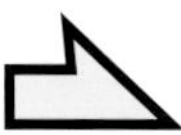

3. ねじなし電線管の取り付けとアウトレットボックスとの電気的接続

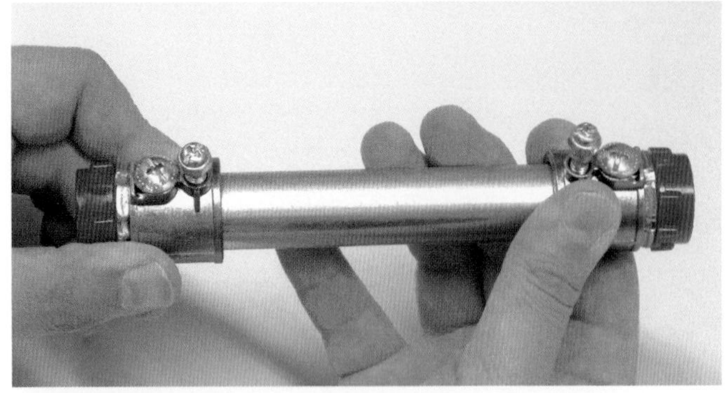

1

ねじなしボックスコネクタに金属管を差し込む.

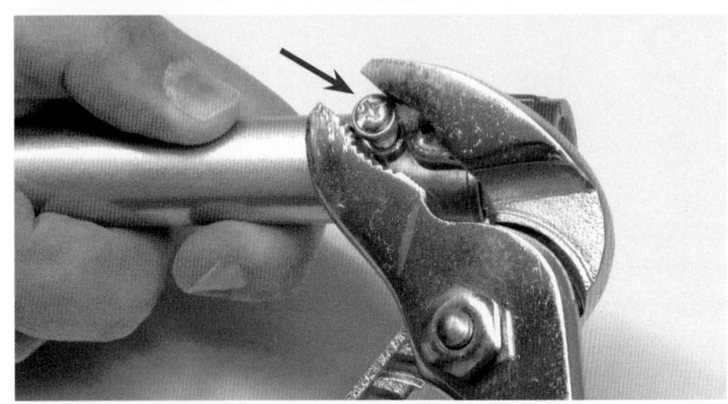

2

ウォータポンププライヤで止めねじの頭がねじ切れるまで締め付ける.

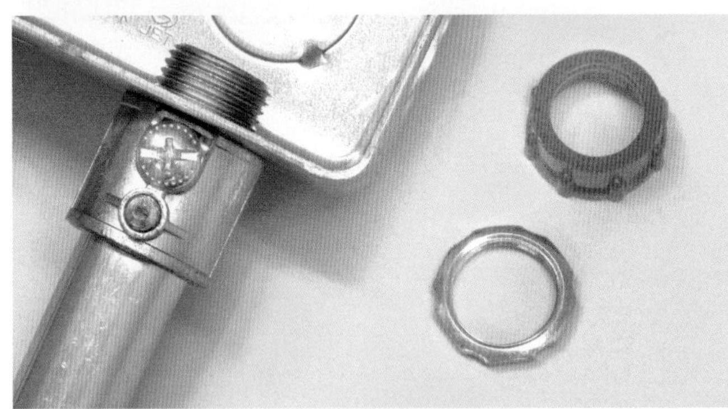

3

ボックスコネクタから，絶縁ブッシングとロックナットをはずし，アウトレットボックスの外側からボックスコネクタを差し込む.

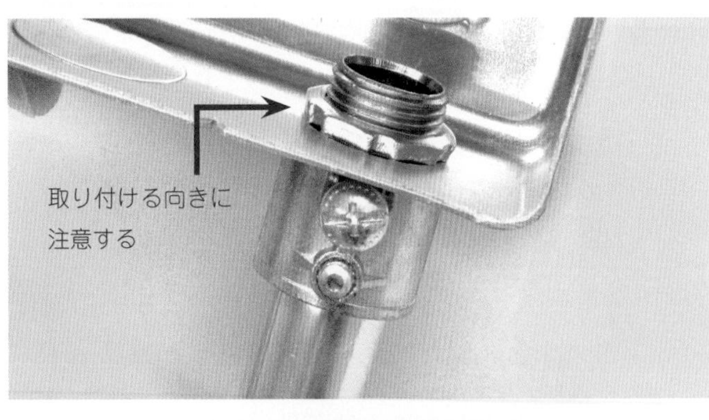

4

ロックナットの向きに注意し，アウトレットボックスの内側から取り付け，ウォータポンププライヤを使ってロックナットをしっかり締め付ける.

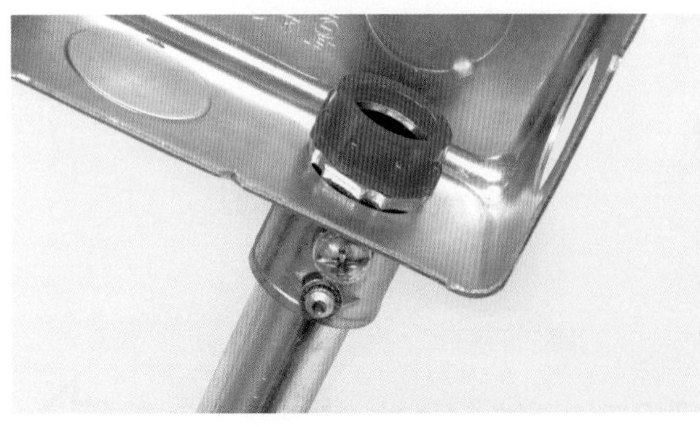

5

絶縁ブッシングをアウトレットボックスの内側から取り付け，ウォータポンププライヤを使ってしっかり締め付ける.

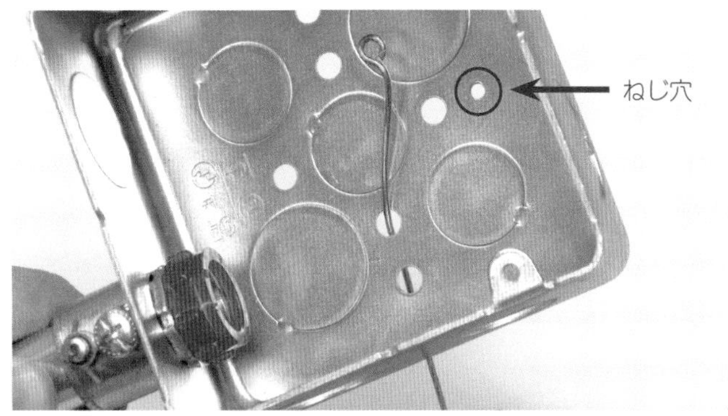
ねじ穴

6

ボンド線の片端に輪作りし，輪のない方をアウトレットボックス底部の接地用取付ねじ穴以外の穴から外に出す．

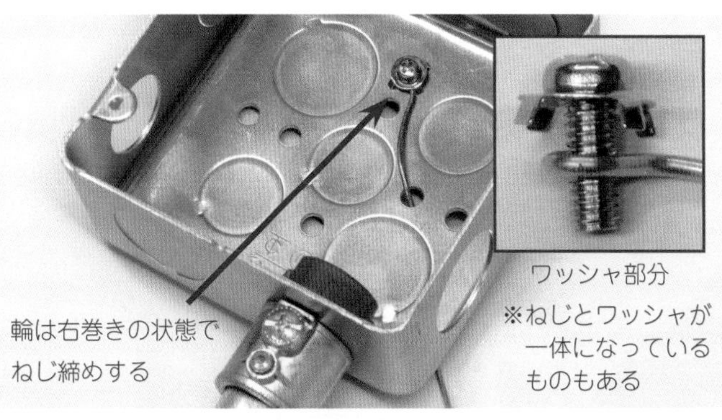
輪は右巻きの状態でねじ締めする
ワッシャ部分
※ねじとワッシャが一体になっているものもある

7

輪を右巻きの状態にし，ねじとワッシャを取り付け，アウトレットボックス底部の接地用取付ねじ穴にねじ締めする．

ボンド線はねじ幅より少し長く出して切断

8

ボンド線をボックスコネクタの接地用端子ねじから少し出る長さにして，接地用端子ねじで挟み，しっかりねじ締めする．

※ 6 ～ 8 の電気的接続の作業は，出題によっては省略されることがあります．

ねじなし電線管の作業について疑問点がある場合は 110 ～ 111 ページをチェック 

4. ゴムブッシングの取り付け作業での欠陥例

径を間違えて使用

×

穴の径とゴムブッシングの大きさが合っていない．

使用していない

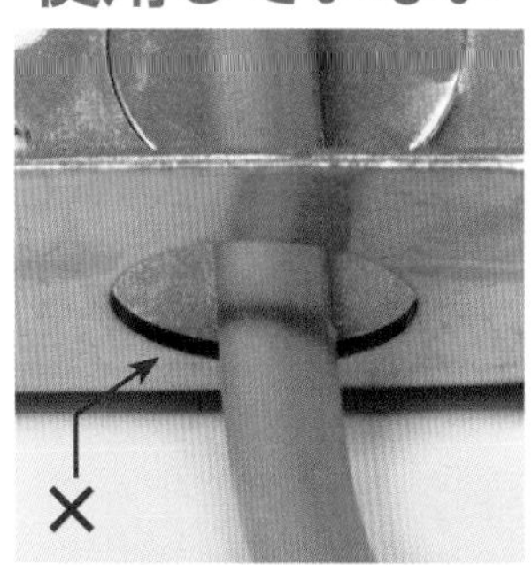
×

ゴムブッシングを取り付けていない．

技能試験の基本作業

5．電線管の取り付け作業での欠陥例

アウトレットボックスと未接続

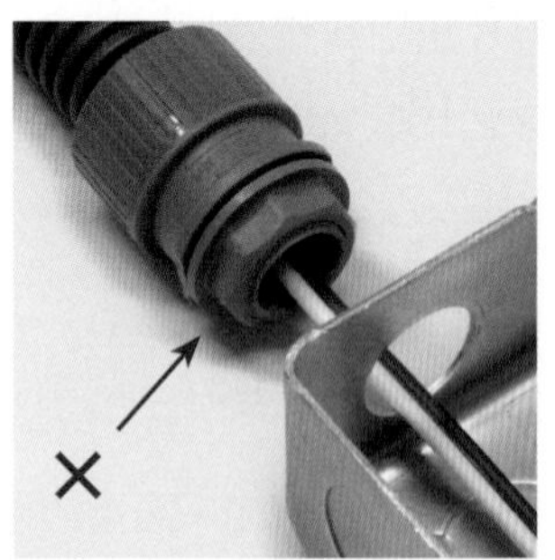

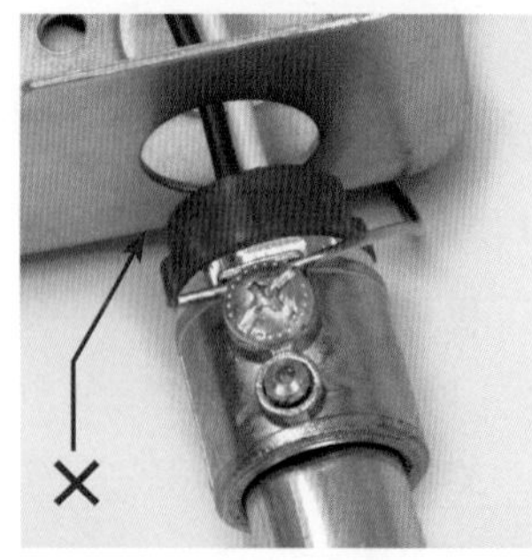

ボックスコネクタ等の構成部品を正しい位置に使用してアウトレットボックスと接続していない．

管が外れている

管が外れている，または引っ張って外れるもの．

絶縁ブッシング未使用

絶縁ブッシングを取り付けていない．

ロックナット未使用

ロックナックを使用してボックスコネクタを固定していない．

構成部品間の接続の不適切

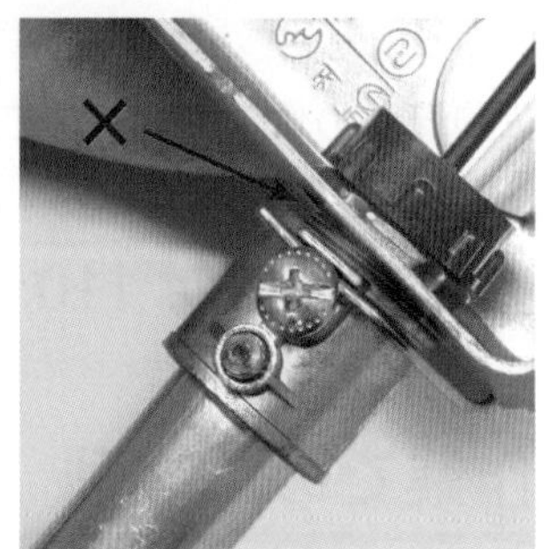

ボックスコネクタの取り付けがゆるく，アウトレットボックスとボックスコネクタの間に隙間が目視できるもの．

取付箇所の誤り

ロックナットをボックス外部に取り付けている．

取付箇所の誤り

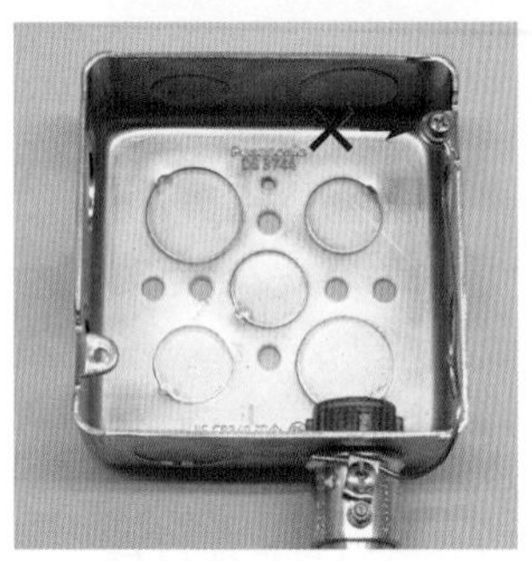

接地用取付ねじ穴以外へのボンド線の取り付け．

ボンド線の挿入不足

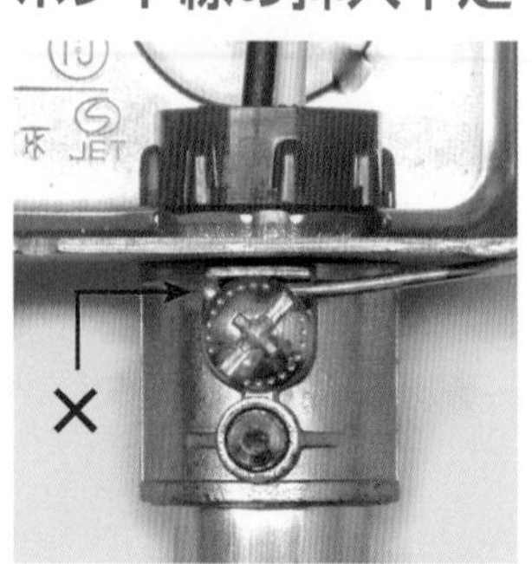

ボンド線の先端が端子ねじの他端から出ていない．

ねじ切っていない

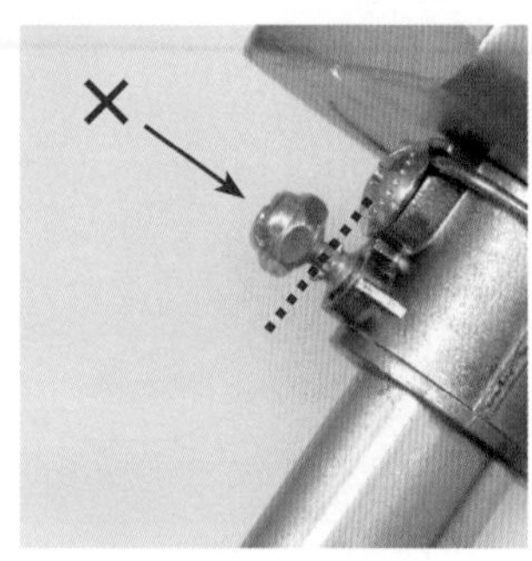

止めねじをねじ切れるまで締め付けていない．

7 電線接続の作業

電線相互の接続は「アウトレットボックス」や「VVF 用ジョイントボックス」などのジョイントボックス内で行います．接続方法には「リングスリーブ」や「差込形コネクタ」を使って接続する方法と，電線相互をねじって接続する「ねじり接続」や「とも巻き接続」などの方法があります．ここでは「リングスリーブ」と「差込形コネクタ」を使って接続する方法を解説します．なお，技能試験で使用するジョイントボックスは「アウトレットボックス」のみで，「VVF 用ジョイントボックス」は省略されます．

1．差込形コネクタ接続の作業

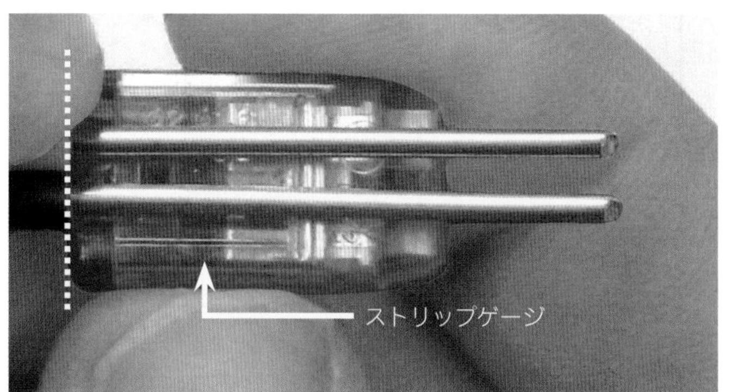
ストリップゲージ

1

ストリップゲージの端に絶縁被覆の端を合わせる．

2

心線の長さをストリップゲージに合わせて切断する．

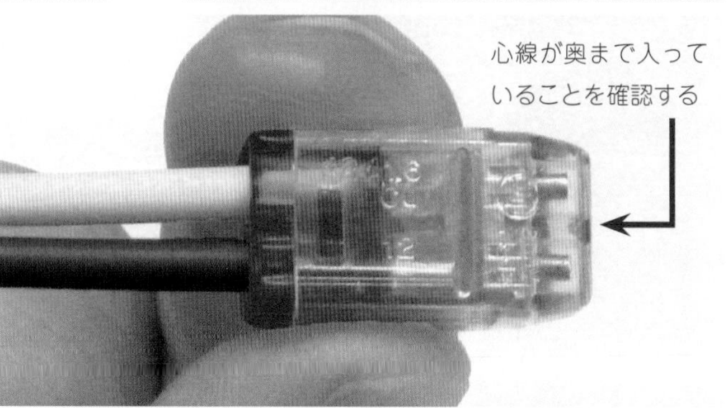
心線が奥まで入っていることを確認する

3

心線を奥までしっかりと差し込む．

ストリップゲージは，凹みと数字（mm）で必要な長さを示している．

技能試験の基本作業

2. リングスリーブ接続の作業

リングスリーブの使い分けと圧着マークについて

リングスリーブには，小・中・大の３種類があり，接続する電線の本数や太さなどの組合せによって使い分けます．技能試験では小がほとんどで，まれに中が使用されます．

このリングスリーブを使用する場合，「リングスリーブ用圧着工具」と呼ばれるJIS規格適合品の圧着ペンチを使って電線相互を圧着し，必ずリングスリーブに圧着マークを刻まなくてはいけません．

接続する電線の組合せ	圧着マーク	リングスリーブ
1.6mm × 2 本	○	小サイズ
1.6mm × 3 本	小	
1.6mm × 4 本		
2.0mm × 2 本		
1.6mm × 1 本と 2.0mm × 1 本		
1.6mm × 2 本と 2.0mm × 1 本		
1.6mm × 3 本と 2.0mm × 1 本	中	中サイズ
1.6mm × 1 本と 2.0mm × 2 本		
1.6mm × 2 本と 2.0mm × 2 本		

圧着ペンチのダイスと圧着マーク

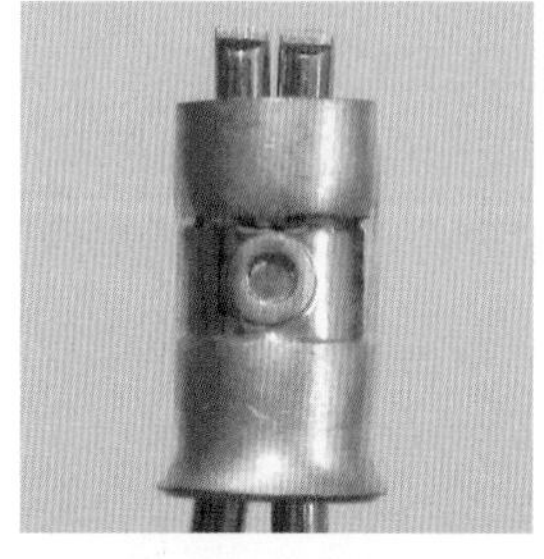

「○」の圧着マーク

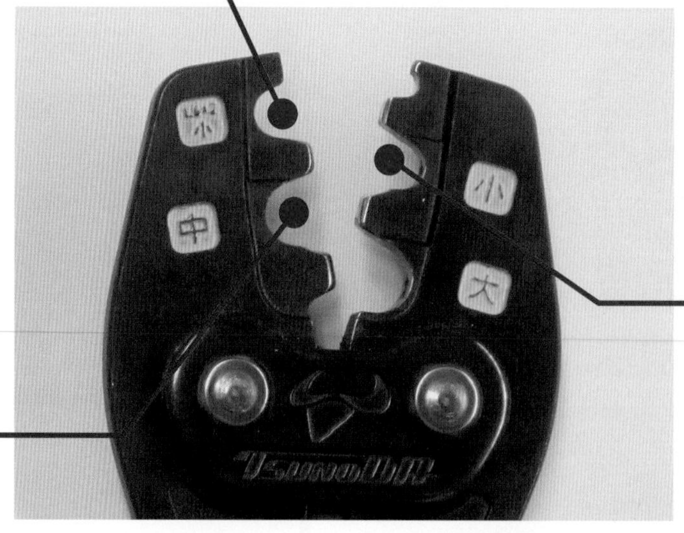

「小」の圧着マーク

「中」の圧着マーク

リングスリーブ接続の作業手順

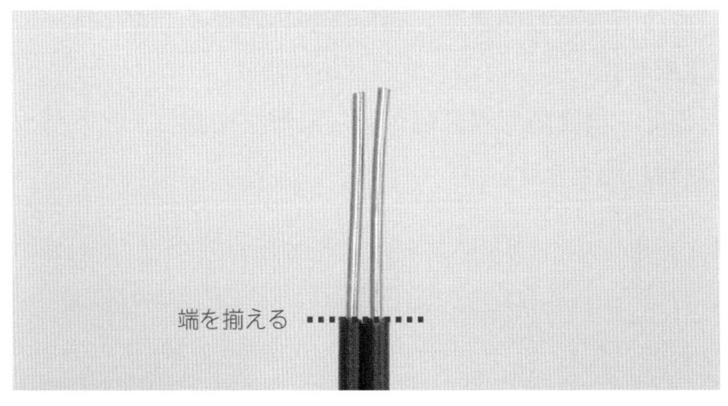

1

絶縁被覆の端を揃えて電線を持つ.

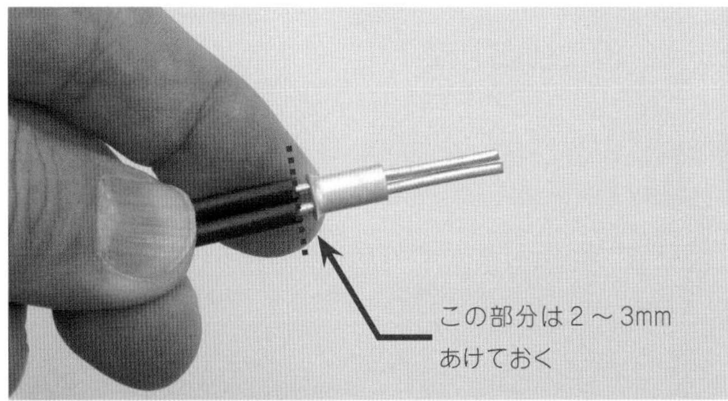

2

絶縁被覆から 2mm 程度離したところにリングスリーブを留めておく.

※接続本数が多く，絶縁被覆から 2mm 程度離したところまでリングスリーブを移動できない場合は，10mm 以上あかないように注意して作業する.

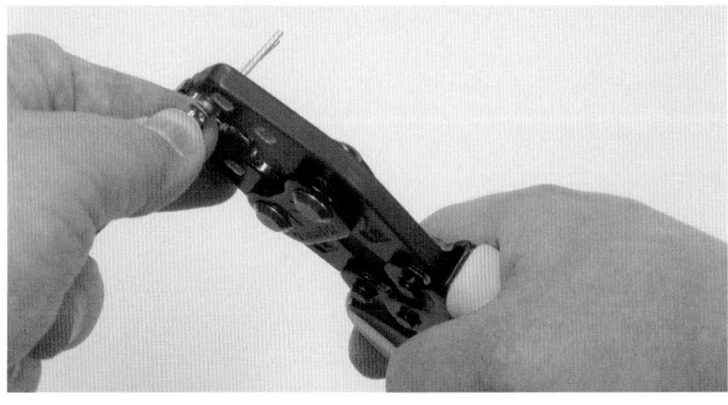

3

圧着ペンチのダイスの位置を確認し，圧着ペンチの先端に近いところを持って，軽く圧着する.

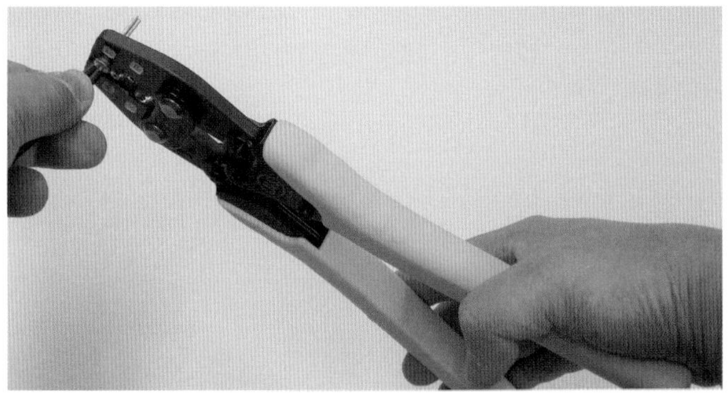

4

リングスリーブの位置が動いていないか確認し，黄色い柄を握って，圧着ペンチが開くまでしっかりと握り潰す.

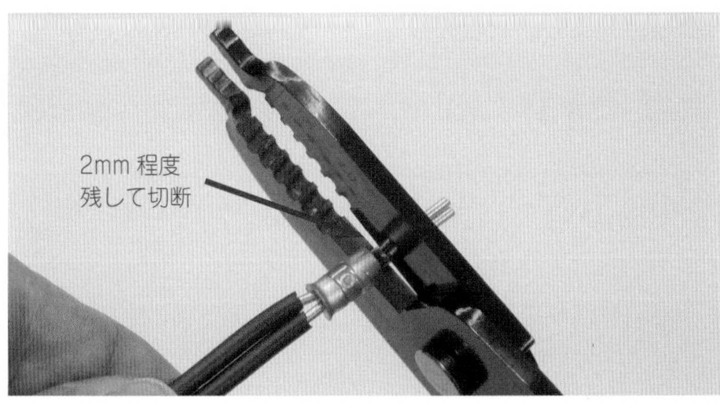

5

先端の心線を 2mm 程度残して切断する.
（この作業を「端末処理」という.）

電線接続箇所の整え方の詳細は 114 ページをチェック 

3. 差込形コネクタ接続の間違いを直す方法

差込形コネクタは，一度差し込むと電線が抜けないようになっています．もし電線を間違えて差し込んでしまった場合，差込形コネクタを左右にねじりながら電線を強く引っ張ると電線が抜けます．

差込形コネクタから抜いた電線の心線には傷が付くので，再接続の際は傷付いた心線を切断し，ストリップゲージに合わせて絶縁被覆をはぎ取ってから，心線を差し込みます．

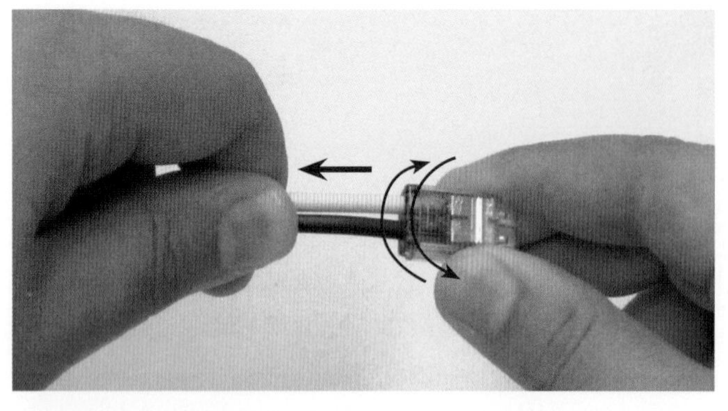

1

差込形コネクタを左右にねじりながら電線を強く引っ張る．

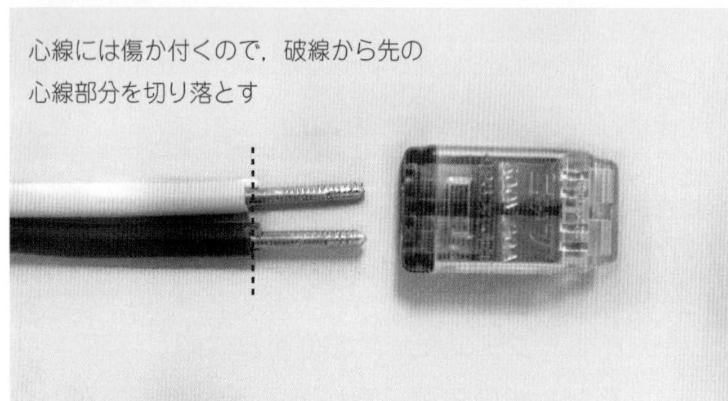

心線には傷か付くので，破線から先の
心線部分を切り落とす

2

抜いた心線には傷が付いているので，心線の部分を切り落とす．

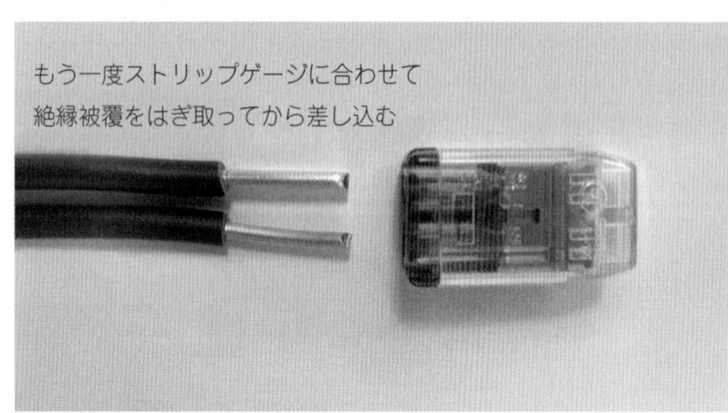

3

ストリップゲージの長さ分の絶縁被覆をはぎ取り，心線を奥までしっかりと差し込む．

4. リングスリーブ接続の間違いを直す方法

「小」で圧着するところを「○」で圧着したり，絶縁被覆の上から圧着した場合は，新たなリングスリーブを使って圧着をやり直します．この場合，もう一度絶縁被覆をはぎ取って心線を出しますが，絶縁被覆はケーブルシースから 20mm 以上出ていないと欠陥になるので，絶縁被覆の長さを極力短くさせないように圧着部分を切り取ります．

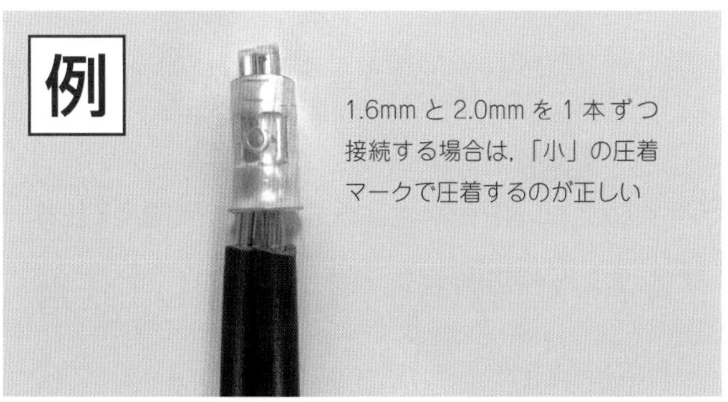

例
1.6mm と 2.0mm を 1 本ずつ接続する場合は，「小」の圧着マークで圧着するのが正しい

1.6mm と 2.0mm を 1 本ずつ圧着する場合は「小」の圧着マークで圧着するが，間違えて「○」の圧着マークで圧着してしまった場合．

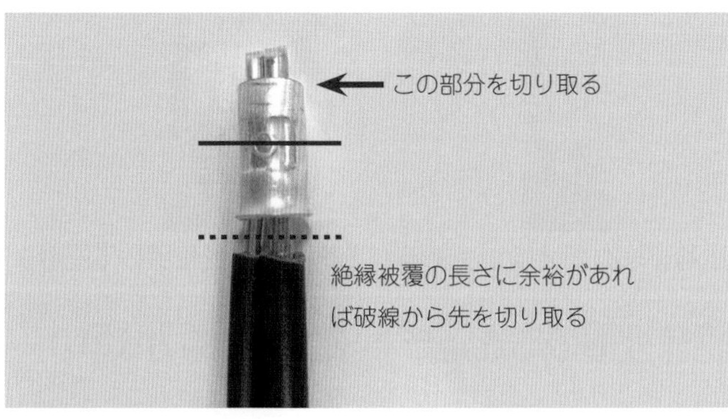

この部分を切り取る
絶縁被覆の長さに余裕があれば破線から先を切り取る

1

赤線より先の部分を切り取る．
（絶縁被覆の長さに余裕があれば，リングスリーブの根元から切り取る．）

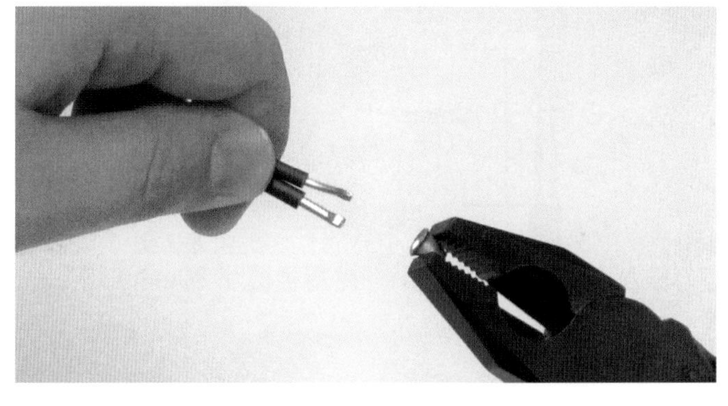

2

リングスリーブをペンチで挟みながら引っ張り，心線からはずす．

3

絶縁被覆を再度はぎ取って，85 ページの **1**～**5** の作業を行う．

技能試験の基本作業

5. 電線接続の作業での欠陥例

心線の露出

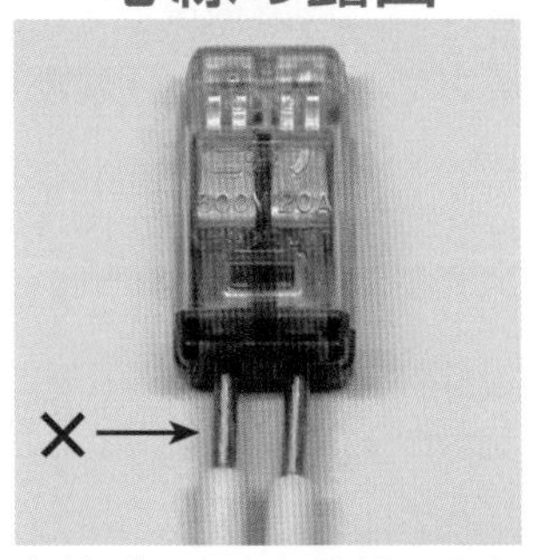

心線がコネクタ外部に露出.

心線が短い

挿入された心線が短い.

選択の誤り

使用する大きさの選択を誤った.

圧着マークの不適切

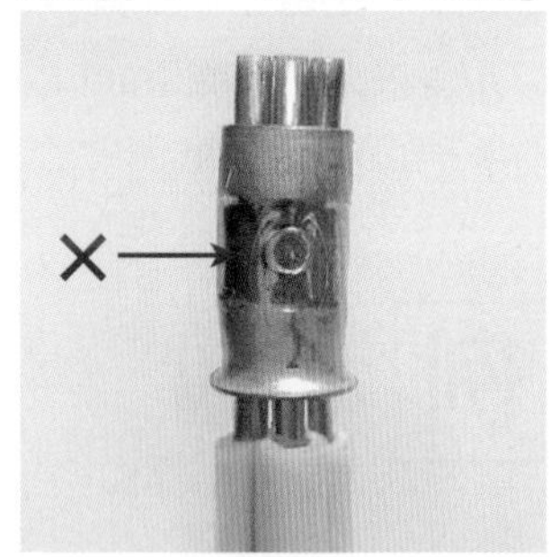

圧着マークを間違えて圧着.

リングスリーブの破損

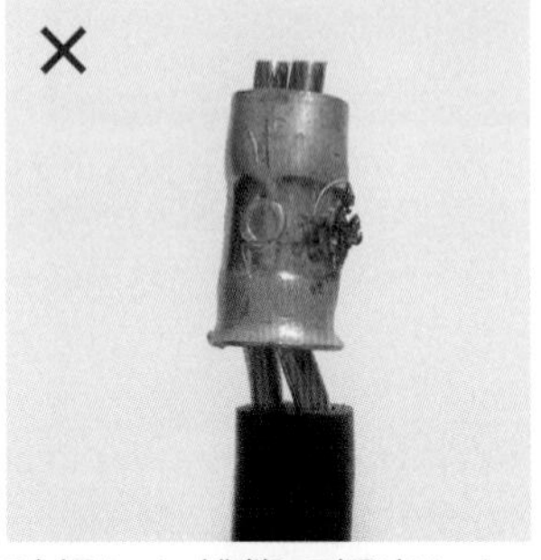

破損した状態で提出した.

圧着マークの欠け

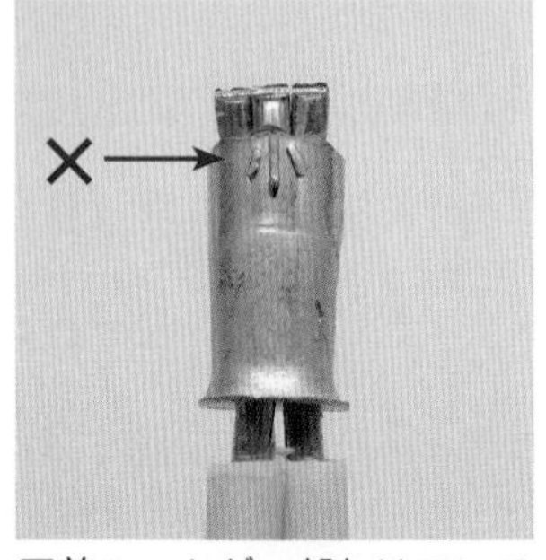

圧着マークが一部欠けている.

圧着マークが複数ある

圧着マークが 2 つ以上ある.

複数使用して圧着

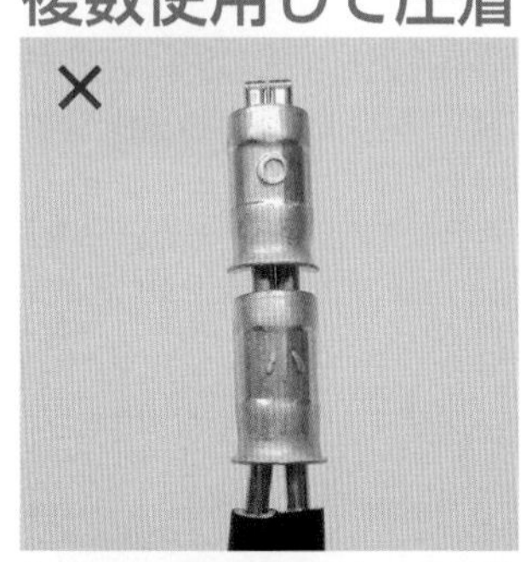

1 箇所に複数使用して圧着.

心線の挿入不足

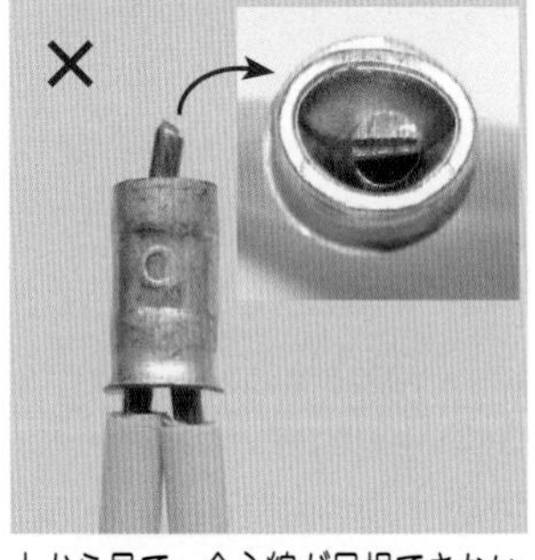

上から見て，全心線が目視できない.

端末処理の不適切

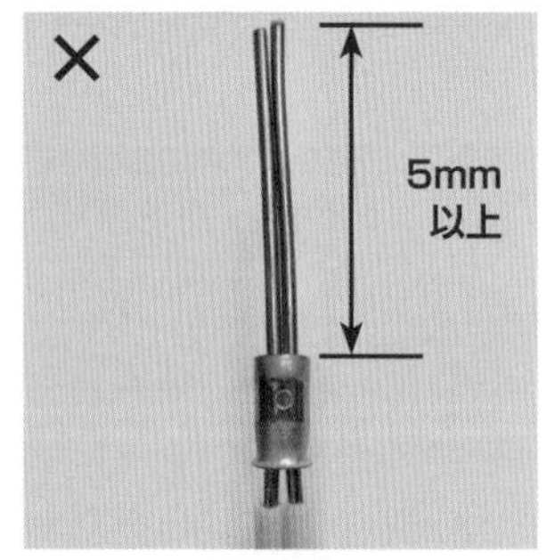

心線が 5mm 以上出ている.

絶縁被覆のむき過ぎ

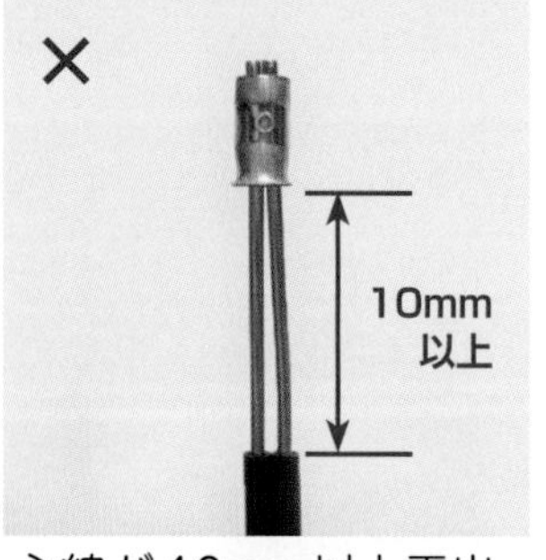

心線が 10mm 以上露出.

絶縁被覆が短い

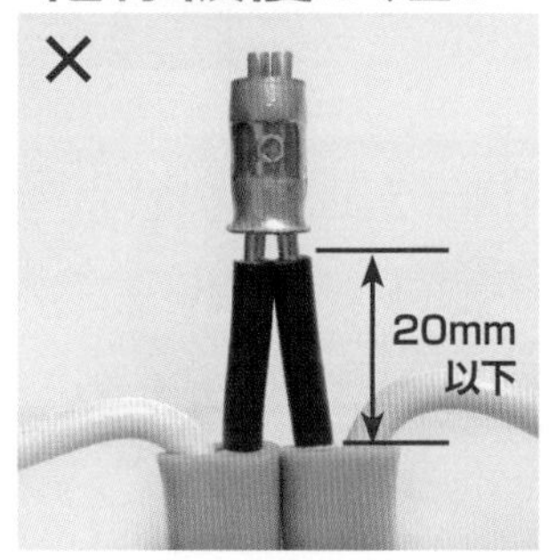

絶縁被覆が 20mm 以下.

絶縁被覆の上から圧着

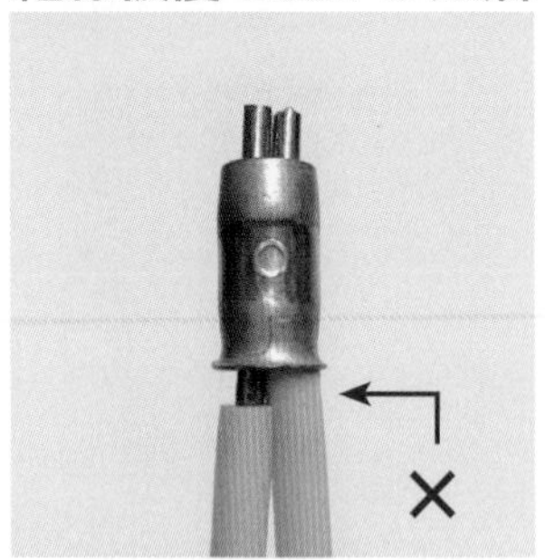

絶縁被覆を挟み込んで圧着.

作品が完成したら，その作品が施工条件に適合しているか，正しい回路で配線できているかなどの最終確認を行い，間違いが見つかった場合は直します．この確認は重要ですから，作品が完成したら必ず行いましょう．

ここでは，平成 21 年度の出題問題を例として確認作業について解説します．

1．作品の確認ついて

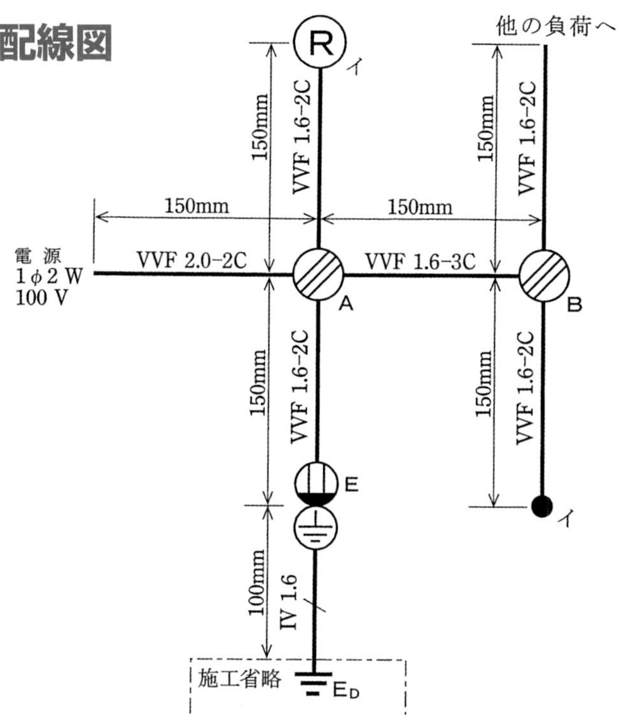

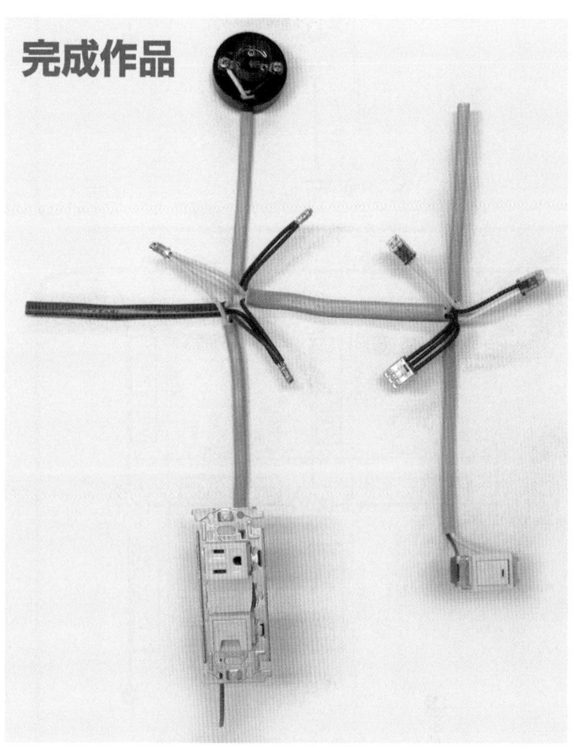

施工条件

1．配線及び器具の配置は，図に従って行うこと．

2．電線の色別（絶縁被覆の色）は，次によること．

①電源からの接地側電線は，すべて**白色**を使用する．

②電源からコンセント，点滅器及び他の負荷までの非接地側電線は，すべて**黒色**を使用する．

③次の器具の端子には，**白色の電線**を結線する．

・ランプレセプタクルの受金ねじ部の端子

・コンセントの接地側極端子（W と表示）

④接地線は，すべて**緑色**を使用する．

3．VVF 用ジョイントボックス部分を経由するの接続方法は，次によること．

① A 部分の接続箇所は，リングスリーブによる終端接続とする．

② B 部分の接続箇所は，差込形コネクタによる接続とする．

4．埋込連用取付枠は，コンセント及び接地端子部分に使用すること．

5．ランプレセプタクルは，台座のケーブル引込口を欠かずに，ケーブルを下部（裏側）から挿入して使用すること．

器具の配置

配線図

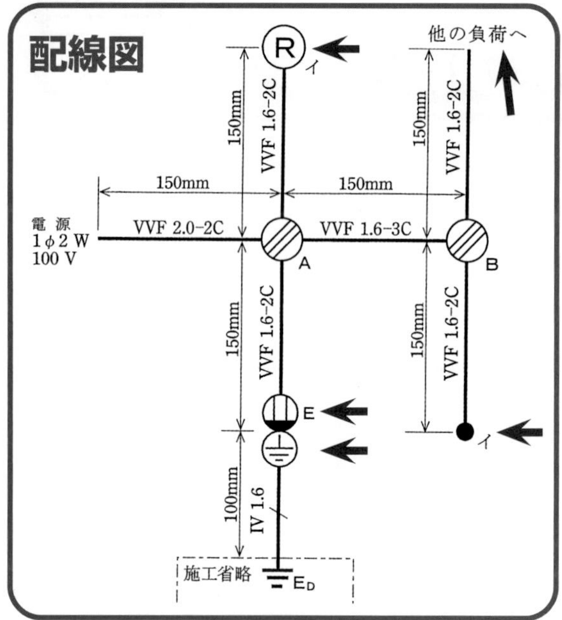

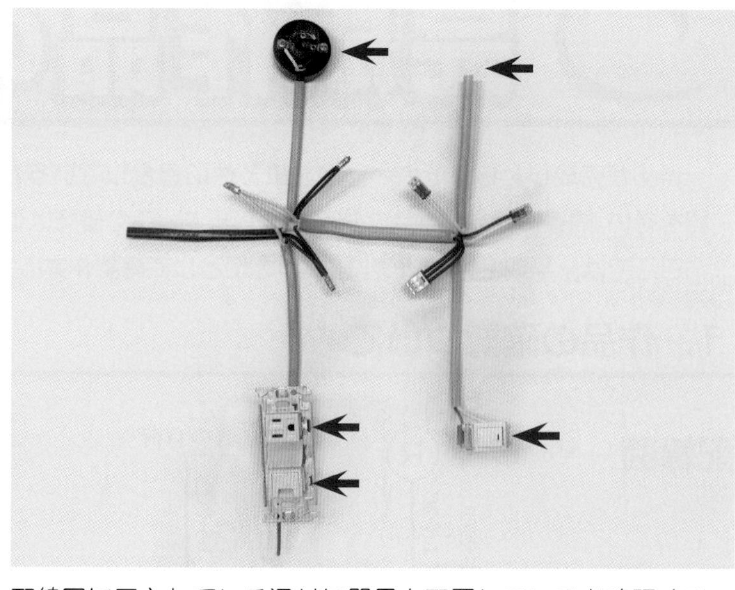

配線図に示されている通りに器具を配置しているか確認する.

配線図

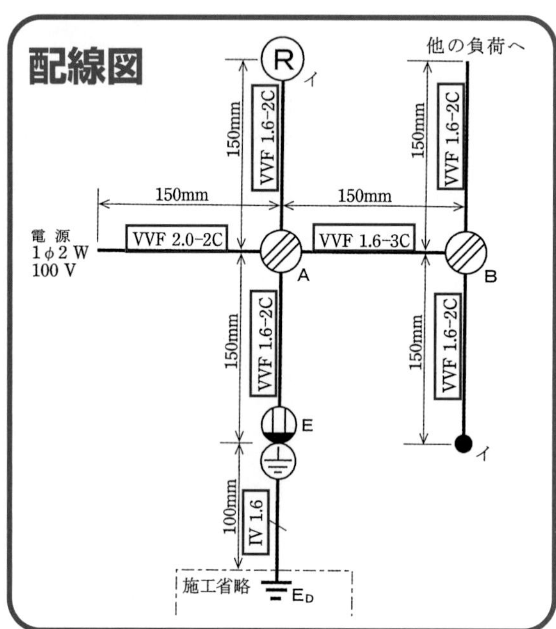

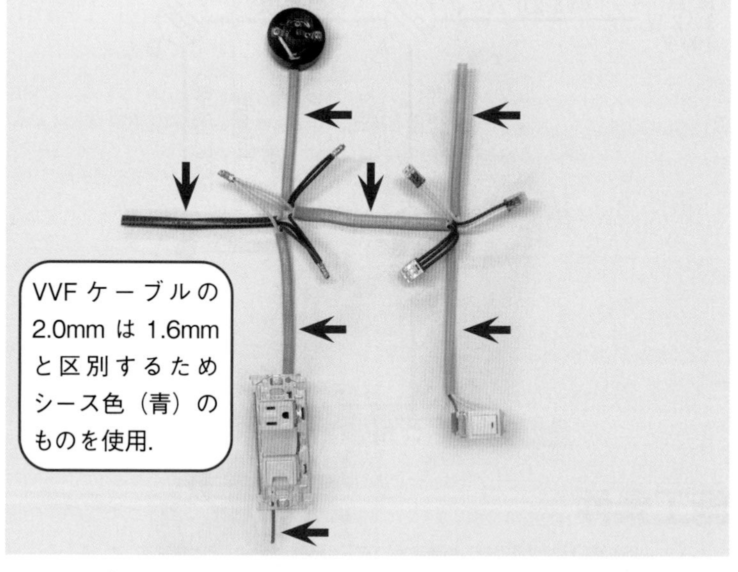

VVF ケーブルの2.0mm は 1.6mm と区別するためシース色（青）のものを使用.

ケーブル・電線を指定の箇所に使用しているか確認する.

施工条件

4．埋込連用取付枠は，コンセント及び接地端子部分に使用すること.

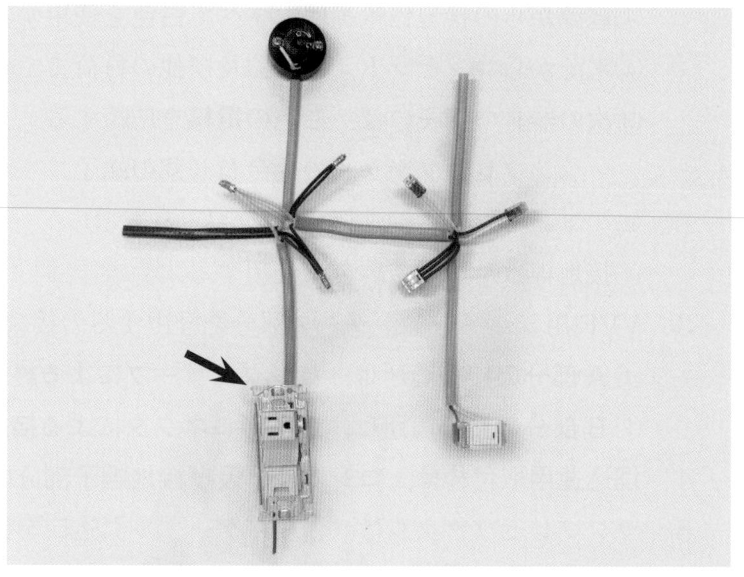

埋込連用取付枠を指定の箇所に使用しているか確認する.

電線の色別（絶縁被覆の色）

施工条件

2．電線の色別(絶縁被覆の色)は，次によること．

①電源からの接地側電線は，すべて**白色**を使用する．

③次の器具の端子には，**白色の電線**を結線する．

・ランプレセプタクルの受金ねじ部の端子

・コンセントの接地側極端子（Wと表示）

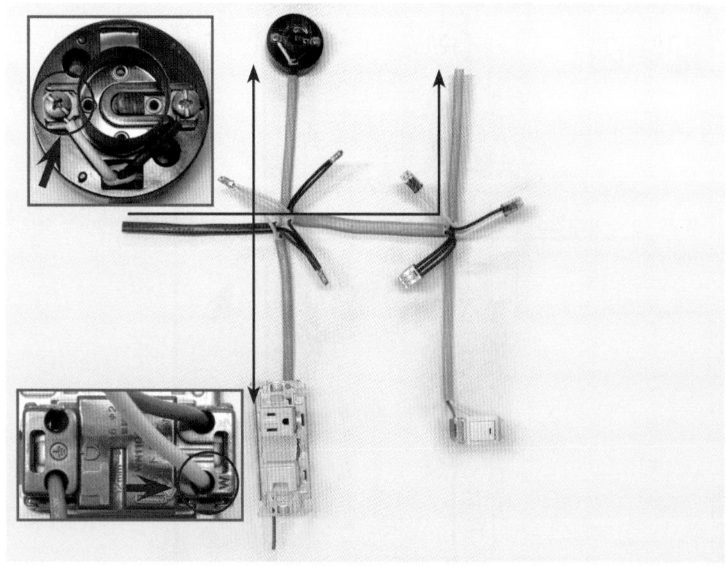

施工条件通りにすべての接地側電線に白色を使っているか確認．

施工条件

2．電線の色別(絶縁被覆の色)は，次によること．

②電源からコンセント，点滅器及び他の負荷までの非接地側電線は，すべて**黒色**を使用する．

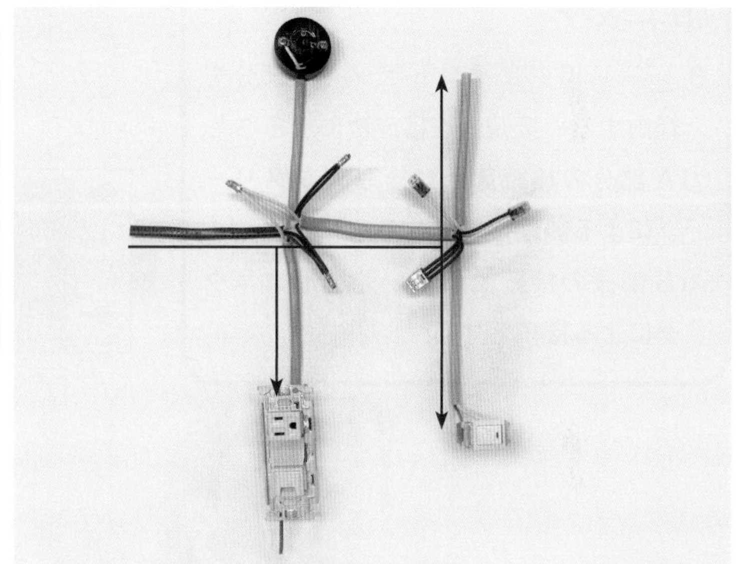

指定の器具までの非接地側電線に黒色を使っているか確認する．

施工条件

2．電線の色別(絶縁被覆の色)は，次によること．

④接地線は，すべて**緑色**を使用する．

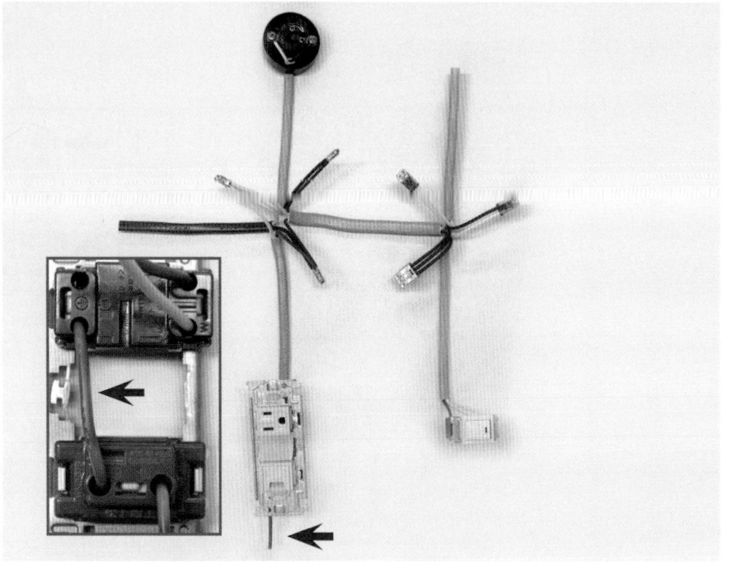

施工条件に従い，接地線に緑色を使用しているか確認する．

電線の接続

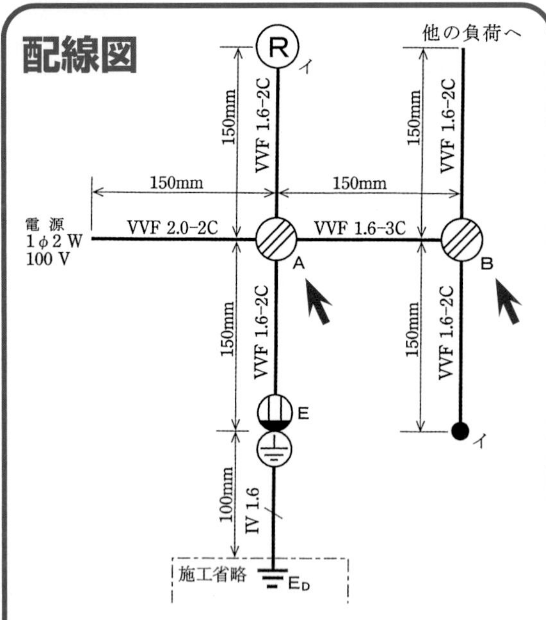

施工条件

3．VVF 用ジョイントボックス部分を経由するの接続方法は，次によること．

①A 部分の接続箇所は，リングスリーブによる終端接続とする．

②B 部分の接続箇所は，差込形コネクタによる接続とする．

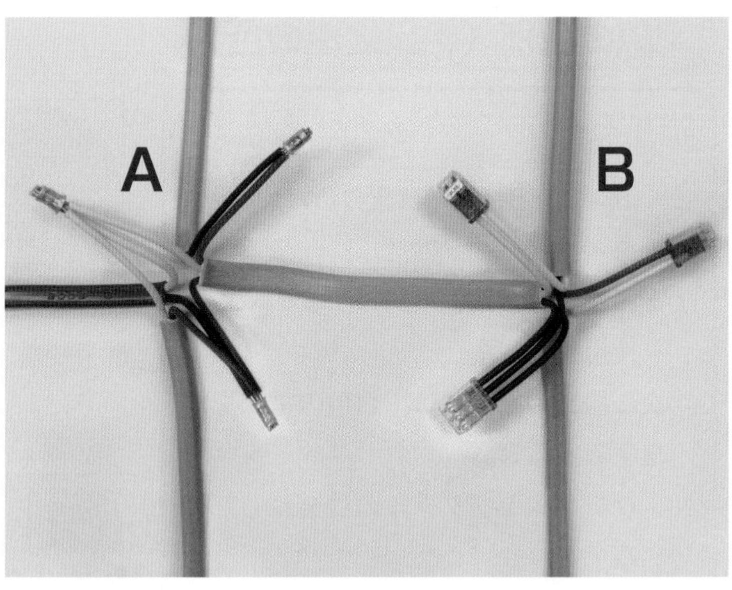

ジョイントボックス部分の接続方法は指定に従っているか確認.

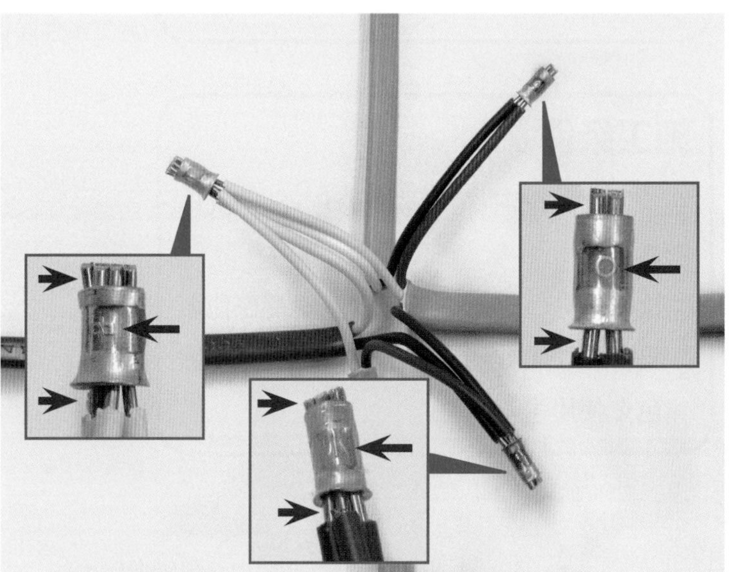

リングスリーブ接続では，正しい刻印か，絶縁被覆の挟み込みはないか，端末が処理済みかを確認する.

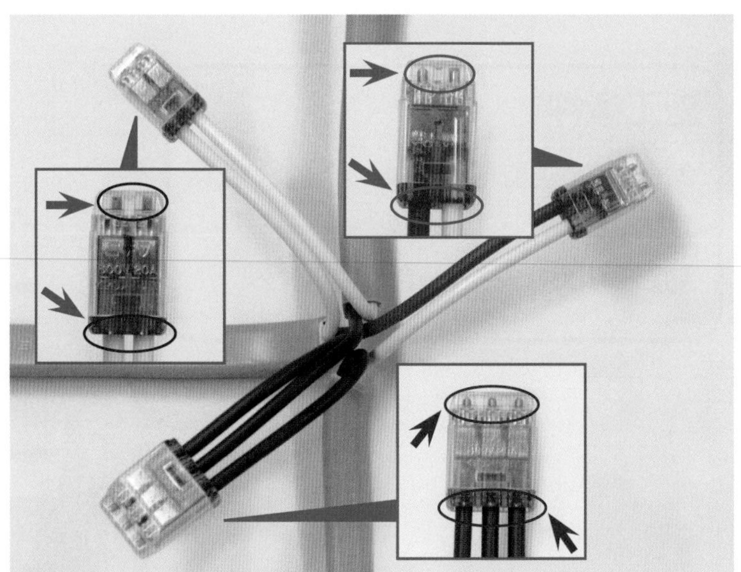

差込形コネクタ接続では，心線の挿入不足や心線が露出していないかを確認する.

2. 配線の確認について

作品の配線が正しく行われているかも確認します．配線の確認は，複線図の回路の確認（34 ～ 35 ページ）と同様に，配線図に示されている各負荷（器具）ごとに分割して確認します．

コンセント回路の配線の確認

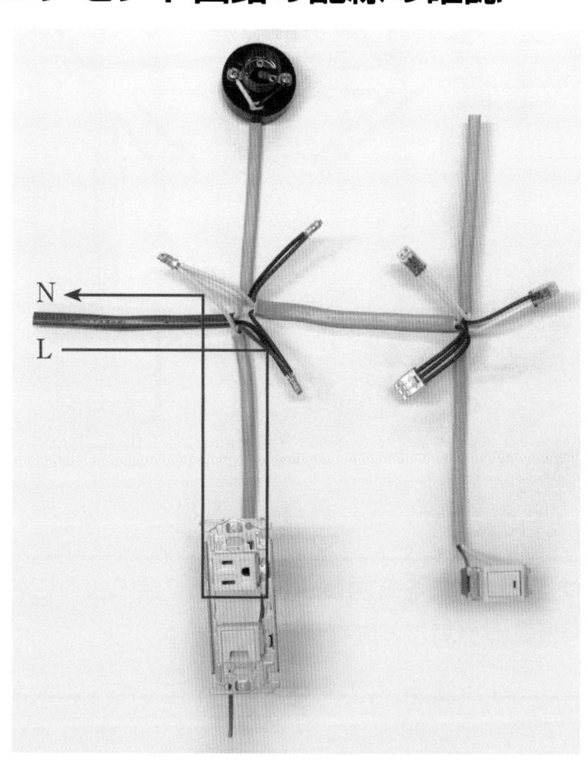

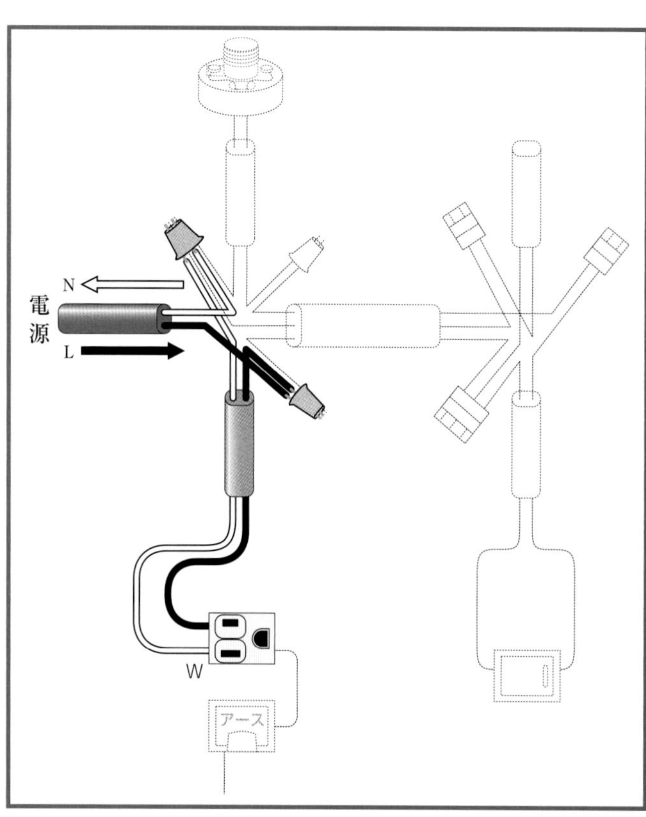

コンセント回路の配線の確認は，電源「L」よりコンセントを経由して電源「N」に戻るようになっているかを確認します．

他の負荷への配線の確認

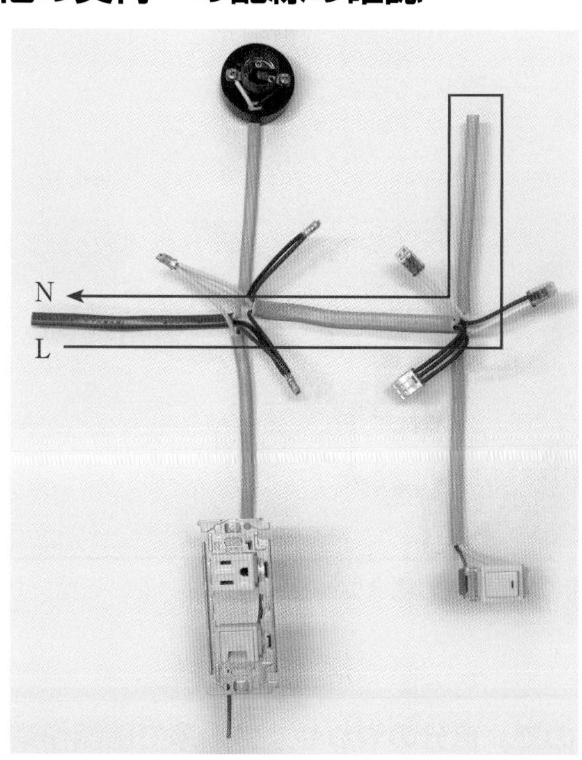

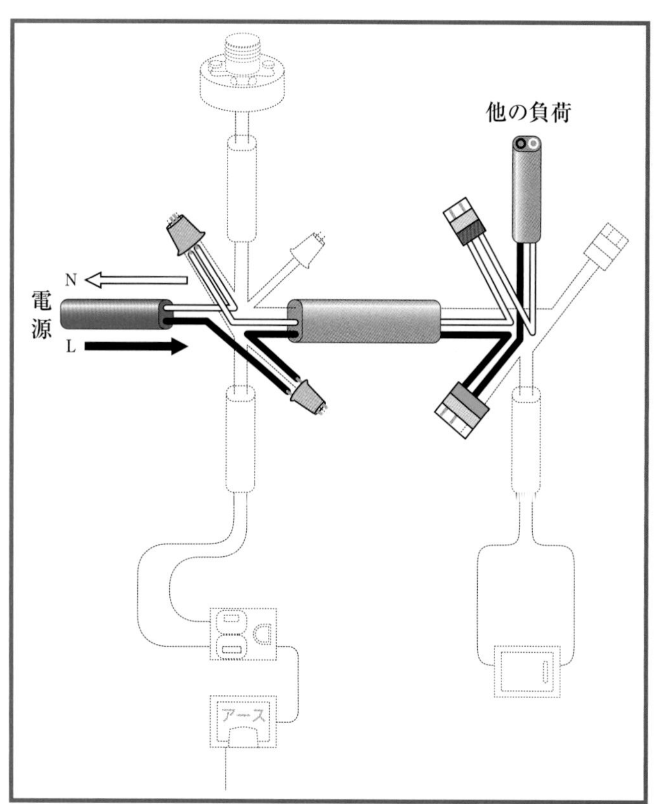

他の負荷への配線の確認は，コンセント回路の確認と同様に，電源「L」より他の負荷を経由して電源「N」に戻るようになっているかを確認します．

電灯回路の配線の確認

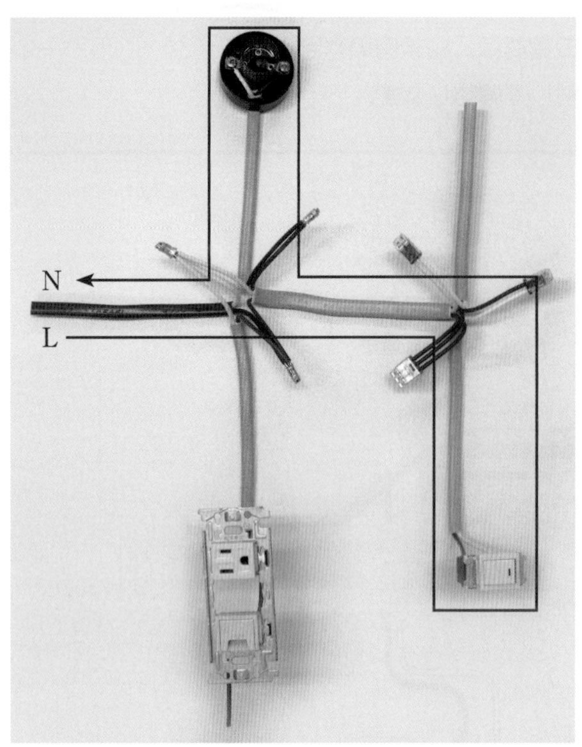

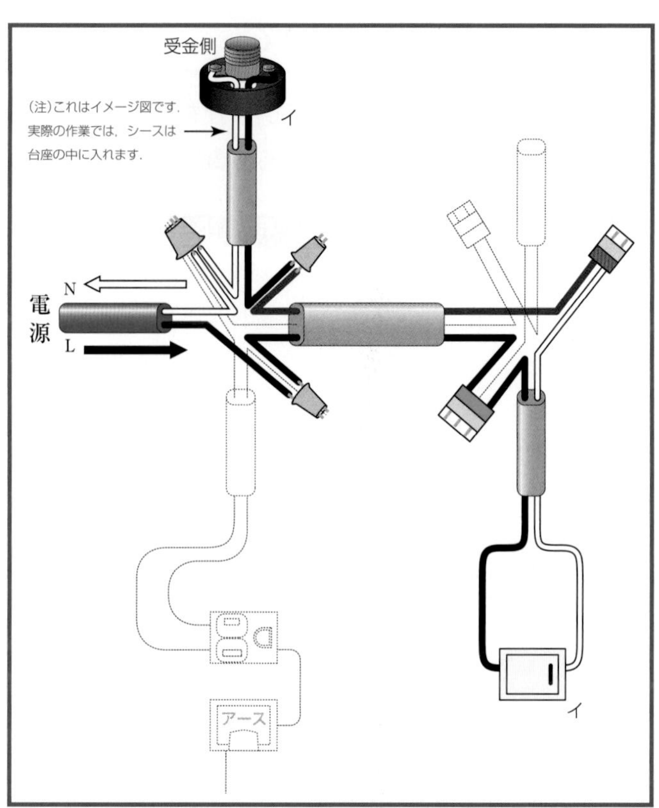

電灯回路の確認は,電源「L」より点滅器,点滅器と対応する照明器具を経由し,電源「N」に戻るようになっているかを確認します.(点滅器と照明器具が複数ある場合は,点滅器ごとに確認します.)

接地線への配線の確認

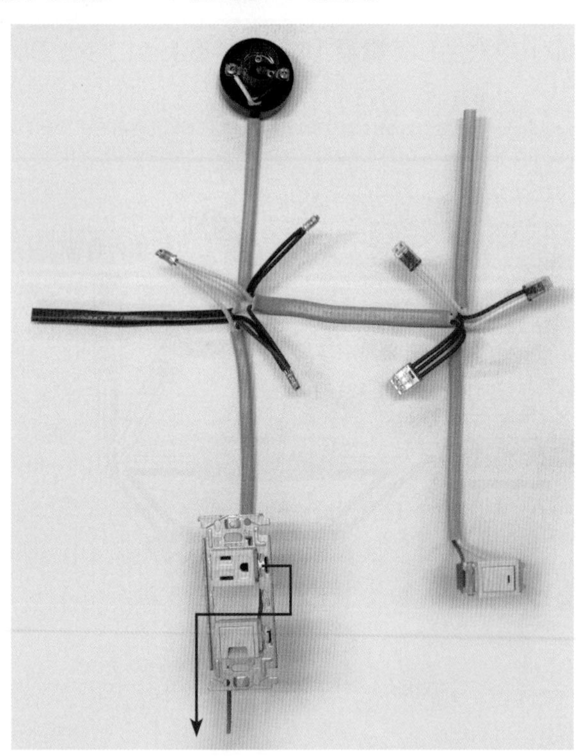

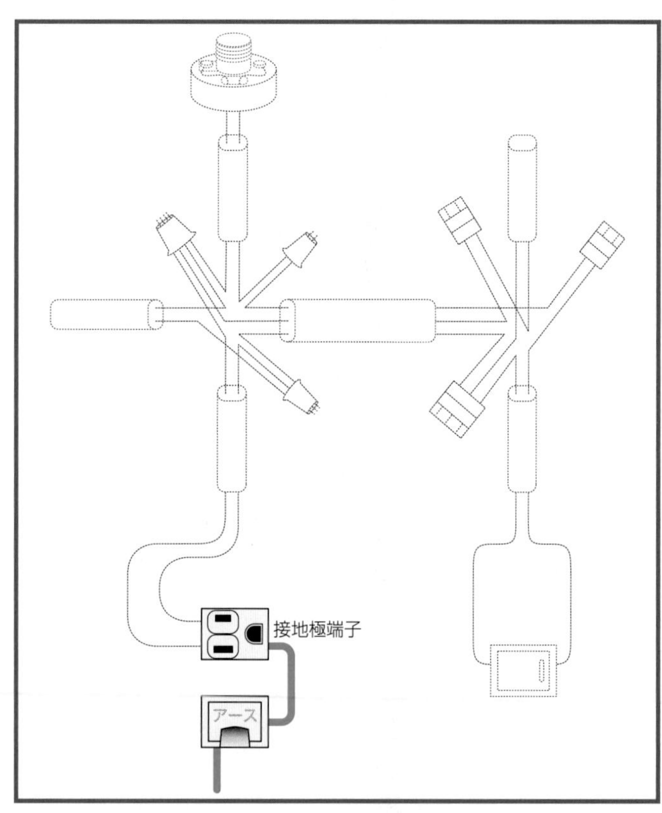

例題のように,接地極が付いている器具と接地端子を使用する問題の場合は,接地極が付いている器具から接地端子を経由して接地線が延びているかを確認します.

※作品の確認作業の順序に決まりはありませんので,自分のやりやすい順序で確認作業を行ってください.

第4章

技能試験のQ＆A

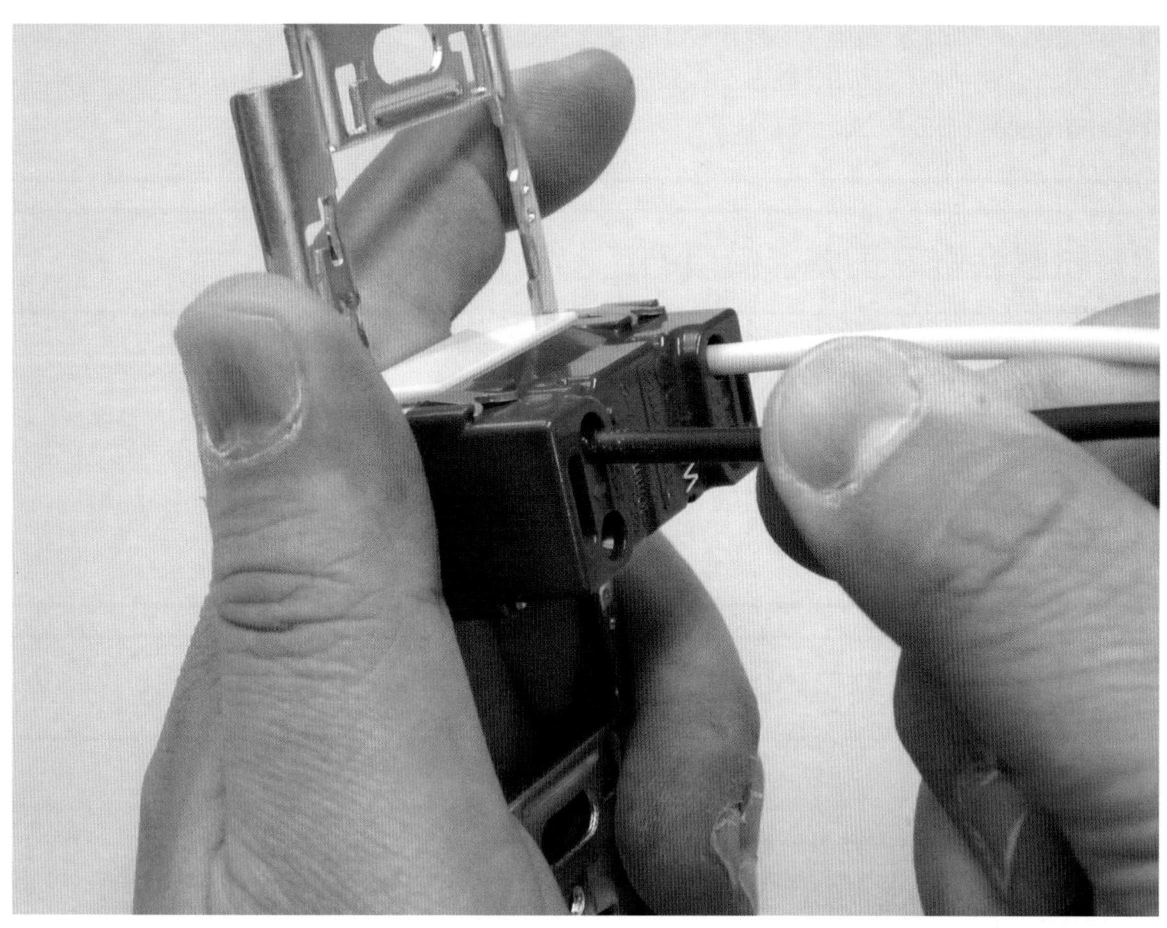

この章では，技能試験について疑問に思うこと，よくある質問などを取り上げて解説しています．疑問に思うことがあったら，まずこの章を開いてみましょう．この章の内容を技能試験の学習の参考にしてください．

試験に関する質問

Q.「候補問題」とは何ですか？

A. 事前に公表される問題のことです

技能試験では，「候補問題」と呼ばれる出題候補の 13 問が事前に公表されます.

「候補問題」では出題候補 13 問の配線図と使用電線の種類が公表され，この 13 問のうち 1 問が試験当日に出題されることになっています.

候補問題には「支給材料」,「施工寸法」,「施工条件」の記載がないため，本書の第 5 章では，「候補問題」の「支給材料」,「施工寸法」,「施工条件」を想定し，問題を解説しています.

Q. 試験会場で工具を借りることはできますか？

A. 借りることはできません

作業に必要な工具は受験者自身が持参しなくてはいけません．工具の貸借は禁止されているため，借りることは一切できません.

試験会場に向かう前に，工具の忘れ物がないか必ずチェックしましょう.

Q. 試験時の作業スペースは広いですか？

A. 作業スペースは広くありません

技能試験では，着席した状態で作品を作ります．机の上には作業板（板紙）が用意されます．過去に使用された作業板（板紙）は縦約 350mm，横約 500mm の大きさです．机もあまり大きくはないので，練習時も狭いスペースで作業するなど，狭いスペースでの作業に慣れておくといいでしょう.

Q. 試験中に工具などでケガをしたらどうなりますか？

A. 出血がひどいと強制退席になることもあります

試験中にケガをして出血がひどいと，治療のために試験が強制終了される場合があるので，ケガには充分注意しましょう．万が一に備えてカットバンやタオルなどを用意しておくといいでしょう.

Q. 材料支給の形態を詳しく教えて下さい

A. 作品完成に必要な器具類一式が箱に収められて配布されます

技能試験では，作品を完成させるために必要な数のケーブルや器具が支給されます．器具やケーブルの追加支給は一切してもらえないので，ケーブルの寸法を間違えて切断したり，作業中に器具を破損させないように注意しましょう．端子ねじ，リングスリーブ，差込形コネクタに限っては，追加支給が可能です．

上記のように器具は必要数のみの支給となっており（平成27年度より，予備品の支給方法が変更され，予備品のリングスリーブも材料箱内にセットされて支給されます.），予備品以外の支給器具を使い切らずに完成した作品は，「未完成」として欠陥となります．また，試験時に支給されるケーブルや電線の長さは，「施工寸法＋作業に必要な長さ」分よりも若干長く支給されることが多く，過去に「施工寸法＋作業に必要な長さ」分だけで，余分な長さの支給がなかった年もありますが，5～10cm程度は長く支給される傾向にあります．

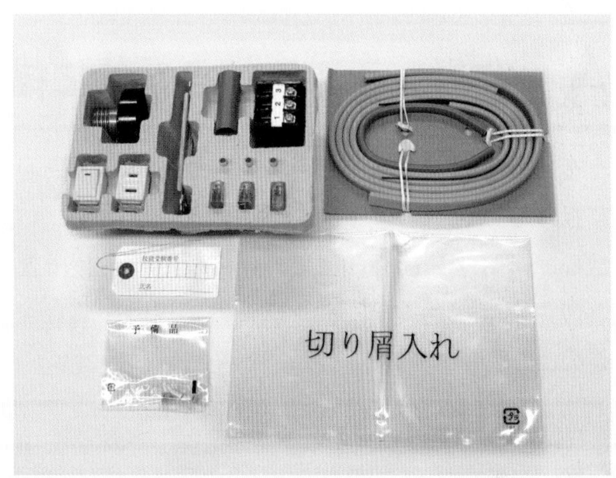

技能試験では，試験問題を完成させるのに必要な材料一式と予備品としてリングスリーブ数個，名札，ケーブルなどの切り屑を入れるビニル袋が箱に収められて配布される．

Q. 技能試験の出題問題の解答は発表されますか？

A. ホームページ上で作品例が発表されます

出題された問題の解答については，試験日の数日後に一般財団法人電気技術者試験センターのホームページ上で発表されます．

このときに完成作品の概念図，複線図，正解作品例などが発表されるので，参考にしてください．

Q. 試験結果はどのように発表されるのですか？

A. 合格・不合格のみが発表されます

技能試験の結果発表日当日から，一般財団法人電気技術者試験センターのホームページ上で「合格者受験番号検索」ができるようになり，自分の受験番号を入力すると合否が確認できます．

また，数日後に「試験結果通知書」が発送され，こちらにも合否の判定が記されています．

結果発表は，合格か不合格かだけの発表のため，「欠陥の数」や「間違えた箇所」などについては一切公表されません．

複線図に関する質問

Q. 「複線図」を描く目的は何ですか？

A. 作業を正確に行うために描きます

複線図自体は試験の合否に関係がないので，必ず描かなければいけないものではありません．しかし，複線図を描くことで作業中に電線の接続箇所や色別などが確認でき，作業の間違いを防止することができます．

試験当日は普段の練習時よりも緊張しながら作業するようになるでしょうから，作業を正確に行うためにも複線図を描いて常に確認しながら作業することをお勧めします．

Q. 試験中に複線図をどこに描けばいいのですか？

A. 問題用紙の余白に描きましょう

技能試験の問題用紙を開くと配線図や施工条件が書かれている下の部分に余白があるので，そこに描くようにして下さい．そうすれば問題・施工条件・複線図を同時に確認できます．この余白はA4サイズの1/3～1/2程度の広さなので，その程度の大きさで複線図を描く練習をされるとよいでしょう．

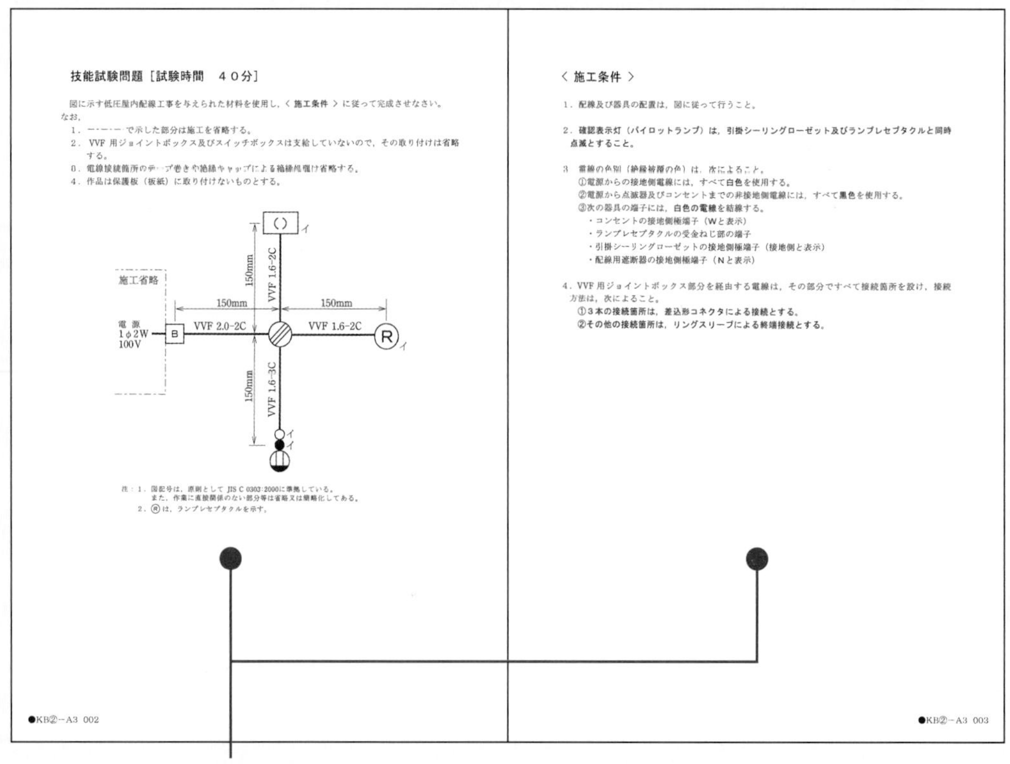

技能試験問題［試験時間　40分］

図に示す低圧屋内配線工事を与えられた材料を使用し，< 施工条件 > に従って完成させなさい。
なお，
1．一・一・一で示した部分は施工を省略する。
2．VVF 用ジョイントボックス及びスイッチボックスは支給していないので，その取り付けは省略する。
3．電線接続箇所のテープ巻きや絶縁キャップによる絶縁処理は省略する。
4．作品は保護板（板紙）に取り付けないものとする。

注：1．図記号は，原則として JIS C 0303:2000に準拠している。
また，作業に直接関係のない部分等は省略又は簡略化してある。
2．Ⓡは，ランプレセプタクルを示す。

●KB②－A3 002

< 施工条件 >

1．配線及び器具の配置は，図に従って行うこと。

2．確認表示灯（パイロットランプ）は，引掛シーリングローゼット及びランプレセプタクルと同時点滅とすること。

3．電線の色別（絶縁被覆の色）は，次によること。
①電源からの接地側電線には，すべて白色を使用する。
②電源から点滅器及びコンセントまでの非接地側電線には，すべて黒色を使用する。
③次の器具の端子には，白色の電線を結線する。
・コンセントの接地側極端子（Wと表示）
・ランプレセプタクルの受金ねじ部の端子
・引掛シーリングローゼットの接地側極端子（接地側と表示）
・配線用遮断器の接地側極端子（Nと表示）

4．VVF 用ジョイントボックス部分を経由する電線は，その部分ですべて接続箇所を設け，接続方法は，次によること。
①3本の接続箇所は，差込形コネクタによる接続とする。
②その他の接続箇所は，リングスリーブによる終端接続とする。

●KB②－A3 003

問題用紙の余白を利用して複線図を描くと作業の効率がよい．

Q. 電源の「N」，「L」の配置に決まりはありますか？

A. 特に決まりはありません

複線図を描くとき，電源の接地側「N」，非接地側「L」の配置には決まりはありません．接地側「N」，非接地側「L」の配置は，配線図の点滅器（スイッチ）と照明器具の配置に関係しています．

配線図上では，点滅器（スイッチ）は照明器具より下の位置に配置されることが多く，この配置で電源が左右のどちらかにあるときは，接地側「N」を上に，非接地側「L」を下にして複線図を描くと見やすい複線図になります．

電源が上下どちらかにある場合は照明器具が配置されている側に接地側「N」を配置して描くと見やすい複線図になります．

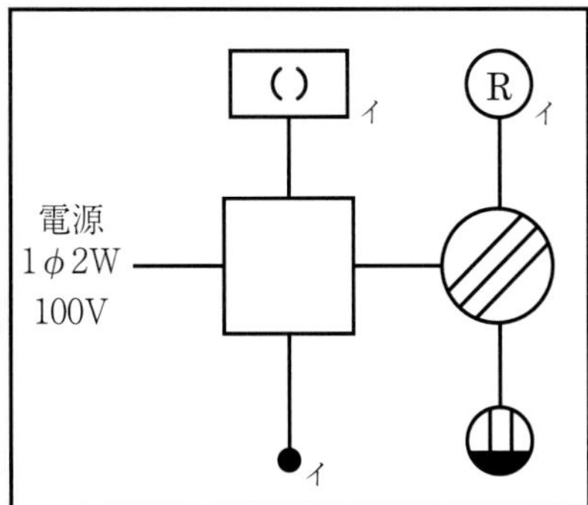

配線図では，照明器具よりも点滅器（スイッチ）の方が下に配置されることが多い．

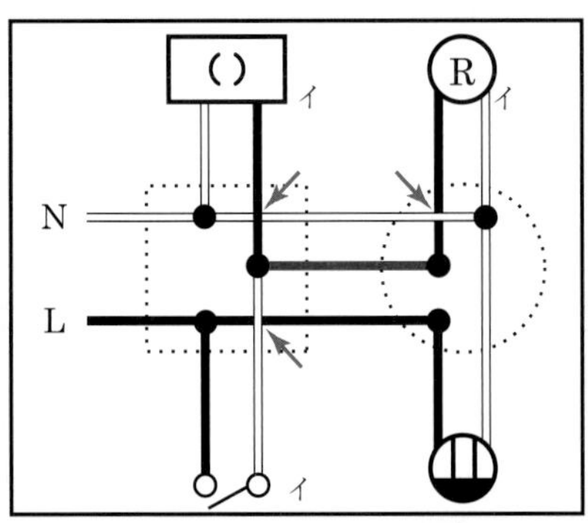

Nを上，Lを下の配置だと，電線の交差する箇所が少なく見やすい．（交差は3箇所）

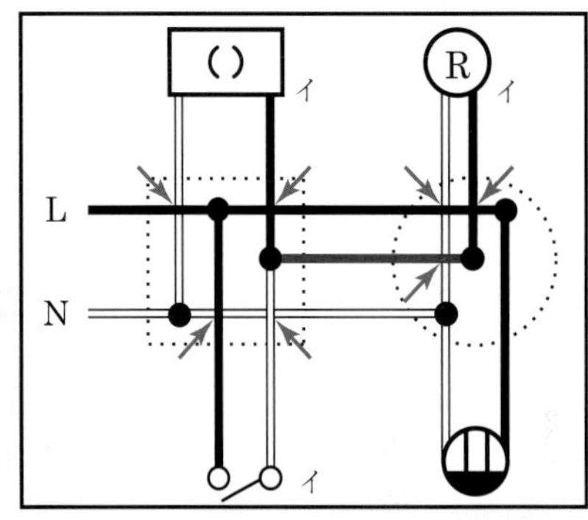

Lを上，Nを下の配置で描くと，電線が交差する箇所が多くなる．（交差は7箇所）

電源が上下どちらかにある場合

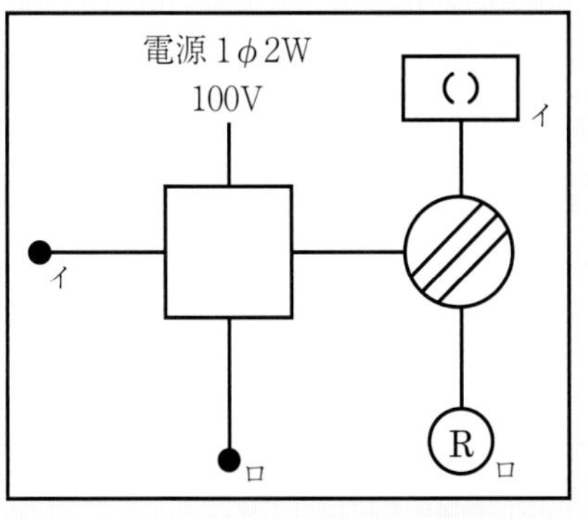

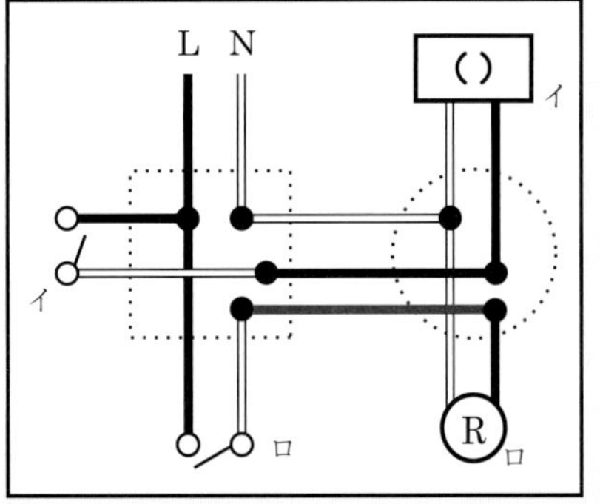

接地側「N」を照明器具側に配置して描くと見やすい配線図になる．

Q. 接続点の描き忘れを防止する方法はありますか？

A. 下記の描き方を参考にしてください

ジョイントボックスまで線を引いたらペンを止め，接続点を描く．

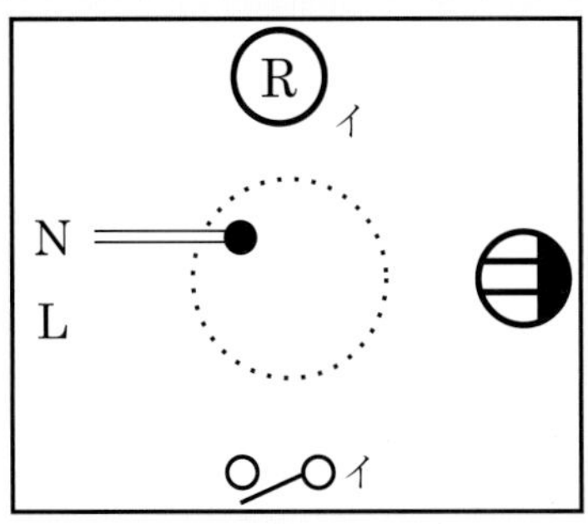

1で描いた接続点から線を延ばして器具と結ぶ．

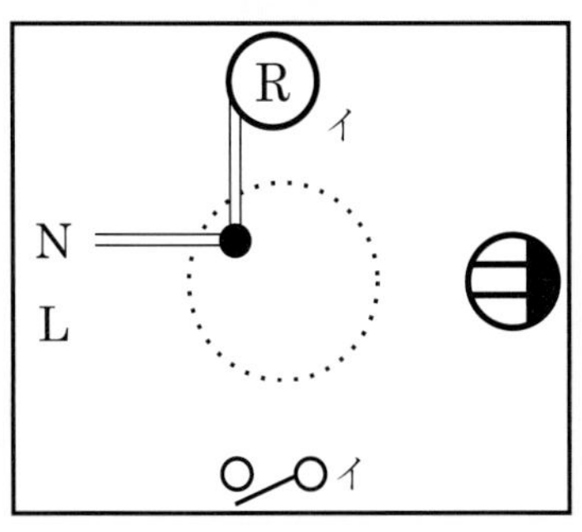

3 ケーブル関連の質問

Q. 施工寸法はケーブルシースの長さのことなのですか？

A. 器具の中央からジョイントボックス中央までの寸法が施工寸法です

試験問題の配線図で示される各箇所の施工寸法は，器具の中央からジョイントボックス中央までの寸法で表されています．

ケーブルの切断寸法について，本書では「施工寸法に作業で必要な長さを加えて切断し，ケーブルシースは加えた長さ分はぎ取る」と解説していますので，残ったケーブルシースの長さが施工寸法と同じになりますが，これはあくまでも目安で，施工寸法とケーブルシースが同じ長さにならなくても寸法相違の欠陥にはなりません．

Q. 問題の施工寸法通りに仕上がらないと欠陥になりますか？

A. 多少の誤差は欠陥にはなりません

仕上がった寸法と問題の施工寸法とに多少の誤差があっても欠陥にはなりません．問題に示されている寸法よりも50%以上短い場合に欠陥となります．

Q. ケーブルにくせがついたままだと欠陥になりますか？

A. 欠陥にはなりません

ケーブルは丸められた状態で支給されるため，ケーブルを伸ばしてから切断などの作業を行いますが，試験終了時には完成した作品を作業板（板紙）の上に置くだけで退出し，ケーブルの支持は省略されています．そのため，ケーブルのよじれなどは欠陥になりません．

Q. 器具が結線されていない部分はどうしますか？

A. 切断した状態のままで構いません

電源部分や施工省略部分のケーブル端には器具が結線されません．

この部分のケーブルは，切断した状態のままで構いません．

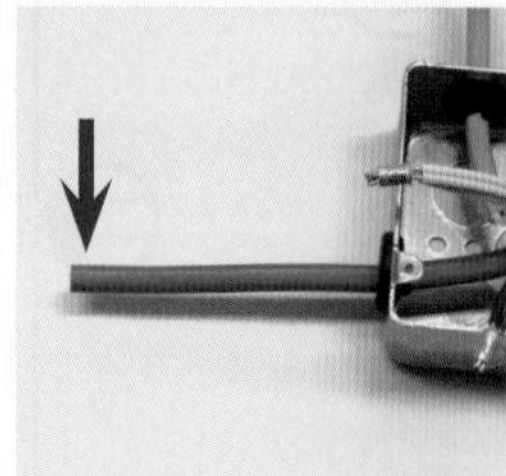

電源部分のケーブル端や施工省略など，器具が結線されない箇所は，切断したままの状態でよい．

Q. ケーブル加工作業の時間短縮方法はありますか？

A. 同じ作業をまとめて行うと時間短縮になります

各箇所で使用するケーブルごとに加工していると，作業ごとに工具を持ち替えるので時間のロスになります．

最初にケーブルの必要な本数をすべて切断し，次にすべてのケーブルシース・絶縁被覆をはぎ取るなど，同じ作業をまとめて行うと時間のロスが少なくなります．ただしこの場合，どの箇所で使用するケーブルかわからなくならないように注意してください．わからなくなると切断したケーブルを採寸し直すなどの作業が増え，時間のロスにつながります．（間違えないようにケーブルシースに使用箇所を記入しても欠陥になりません．）

また，電工ナイフに目盛りを書き込み，その目盛りで採寸するなど，工具への工夫も時間短縮につながります．

柄から先の部分は約 10cm あるので，目盛りを書き入れておくのも作業時間短縮につながる．

Q. ケーブルシースや絶縁被覆をキレイにはぎ取らないと欠陥ですか？

A. 欠陥にはなりません

ケーブルストリッパを使った場合，電工ナイフを使った場合に比べ，ケーブルシースや絶縁被覆の切り口がキレイに揃わないことがありますが，この状態でも欠陥にはなりません．

また，ケーブルストリッパでのはぎ取りの際に，刃のすべり傷が付くことがあります．これもケーブルシースや絶縁被覆をかすった程度の傷なので，欠陥にはなりません．

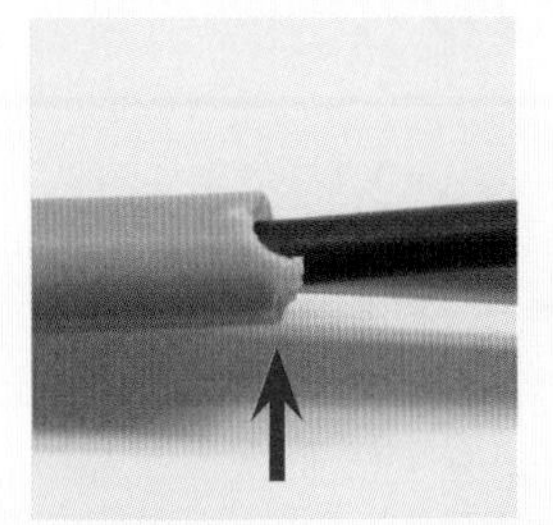
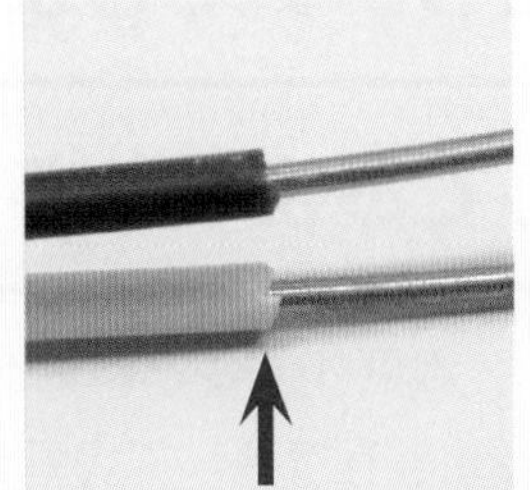
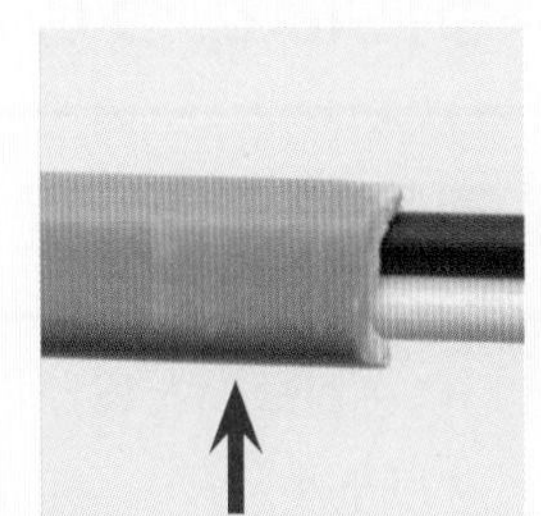
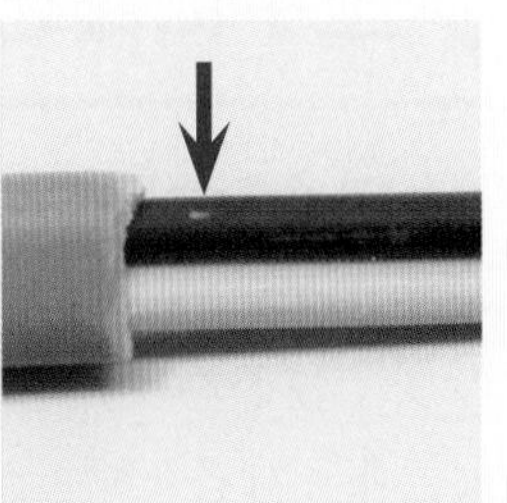

ケーブルストリッパを使用した場合，ケーブルが写真のような状態になることがあるが，これらは欠陥にはならい．

Q. なぜ「段むき」と「鉛筆むき」の 2 種類の方法があるのですか？

A. 電線をつなぐ物によって使い分ける必要があるからです

実際の施工では器具の結線には「段むき」，電線相互接続には「鉛筆むき」と使い分けます．

これは，絶縁テープを巻くとき（技能試験では省略される），太い電線は心線の太さに比例して絶縁被覆も厚くなるので，太い電線相互の接続を「段むき」で行うと，心線と絶縁被覆の間に隙間ができ，この隙間に水などが入ると絶縁不良の原因となるので，隙間ができないようにするためです．

4 露出形器具に関する質問

Q. ランプレセプタクルなどはカバーも支給されますか？

A. 支給されません

試験では，ランプレセプタクルや露出形コンセントのカバーは支給されません．

ケーブル引込口から出ている電線が長すぎるとカバーが適切に締まらず，この状態は欠陥となるため，練習時にはカバーを被せてみて，適切に締まるか確認されるといいでしょう．

試験で使用するランプレセプタクルや露出形コンセントは，カバーがない状態で支給される

Q. 上手に輪を作るにはどうしたらよいでしょうか？

A. 心線を切断する長さに注意してみましょう

ペンチで挟む心線先端部分の長さが短いと輪が小さく，長くなると輪も大きくなります．

適度な大きさの輪を作るためには，この部分を2mm 程度残して切断します．

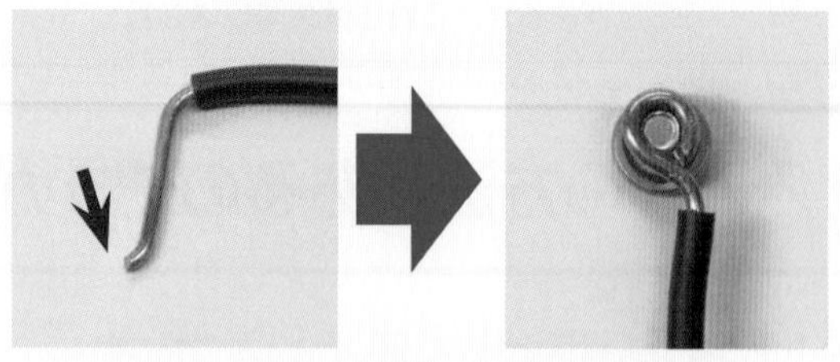

心線先端部分が短いと端子ねじより輪が小さくなる．

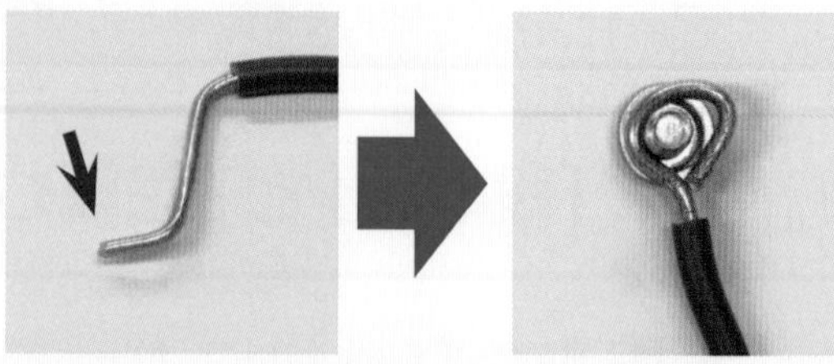

心線先端部分が長いと端子ねじより輪が大きくなる．

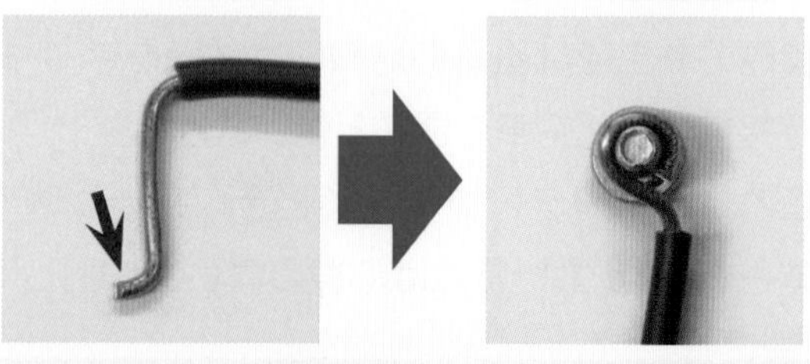

心線先端部分を 2mm 程度残して心線を切断し，輪を作ると修正の必要がないか，少し修正すれば適度な大きさの輪が出来る．

（注）ペンチ先端の幅の違いでも，輪の大きさが変わります．
ペンチサイズ 175mm，幅 14mm が適しています．

Q. ランプレセプタクルには接地側を示す表示はないのですか？

A. 表示のあるタイプもあります

受金ねじ部に「W」などと表示されたタイプのものもありますが，これが試験の材料として支給されるとは限りません．そのため，表示がなくても受金ねじ部を判別できなくてはいけません．

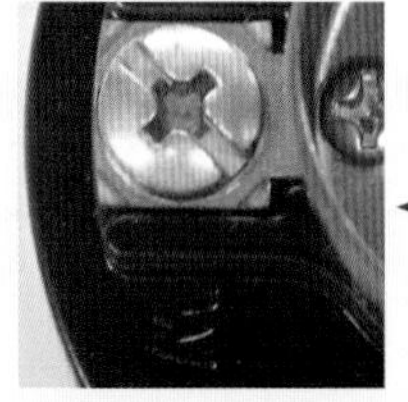

受金ねじ部に「W」表示があるタイプ

Q. 絶縁被覆を挟み込まずに上手くねじ締めするには？

A. 心線を折り曲げる部分に注意してみましょう

心線を折り曲げる部分が絶縁被覆に近すぎると，ねじ締めで絶縁被覆を挟み込み，逆に離れすぎると心線が露出しすぎてしまいます．絶縁被覆から2～3mm離して心線を折るようにしましょう．

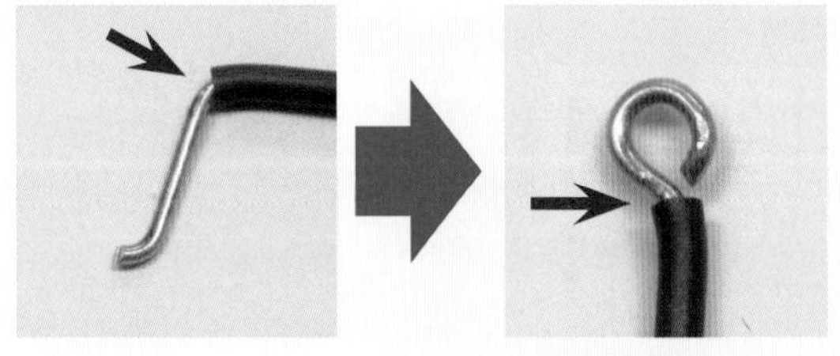

絶縁被覆の近くから心線を折ると，絶縁被覆を挟み込む．

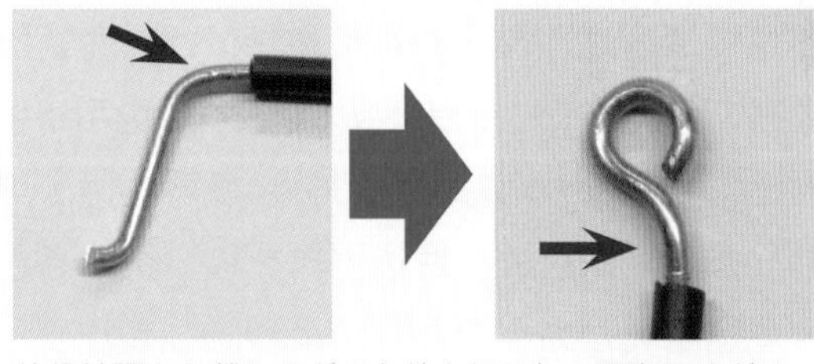

絶縁被覆から離しすぎて心線を折ると，露出しすぎる．

赤線で囲んでいる部分を2～3mm程度離して心線を折り曲げると絶縁被覆を挟み込まない．

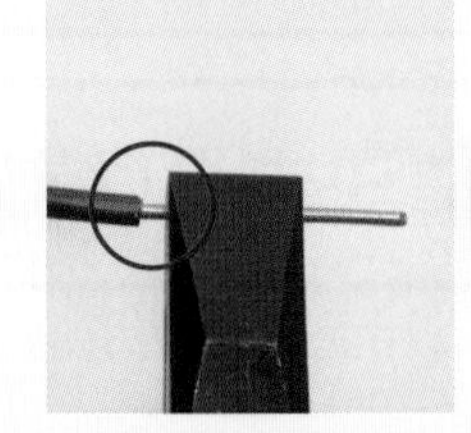

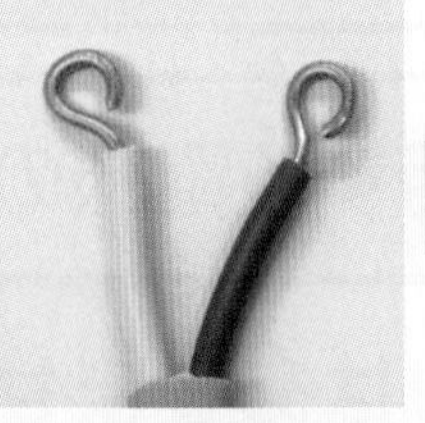

Q. 引掛シーリングの結線部分に50mm加えるのは長すぎませんか？

A. 覚えやすいよう，他の露出形器具と統一しています

引掛シーリングへの結線は，心線の長さを器具のストリップゲージに合わせて余分な長さを切断するので，この結線作業に50mmも加える必要はないと思うかもしれませんが，各器具ごとの作業に必要な長さを細かく解説すると間違いやすく，本書では覚えやすいように「露出形器具の結線部分は50mmを目安に加える」と統一しています．

過去の試験で支給されたケーブルも，この寸法取りができる程度の長さが支給されています．

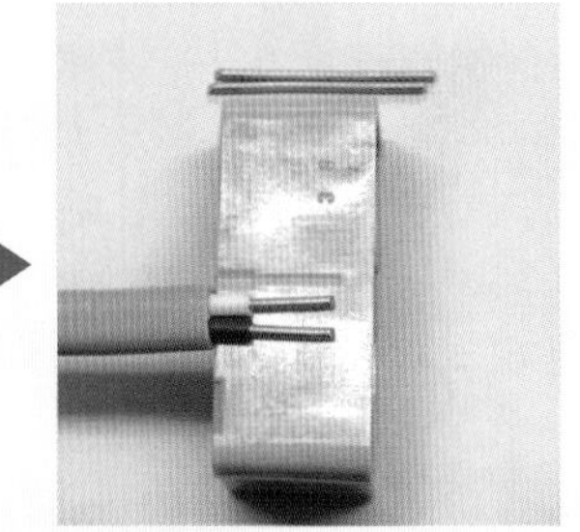

覚えやすいように本書では，どの露出形器具の結線箇所も「50mm加える」と統一して解説している．引掛シーリングの結線はストリップゲージに心線の長さを合わせ，余分な長さを切り捨てる．

5 埋込器具に関する質問

Q. 埋込器具を破損させてしまうと欠陥になりますか？

A. 欠陥になります

露出形器具（ランプレセプタクル，露出形コンセント，引掛シーリング）の台座の欠け以外，破損した器具を使用して作品を完成させた場合は欠陥になるので，充分注意してください．

Q. 取付枠に器具をゆるく取り付けた場合は欠陥ですか？

A. 器具が取付枠からはずれてしまうと欠陥です

取付枠に埋込器具をゆるく取り付け，埋込器具が自然に落下してしまったり，埋込器具を引っ張ったときに取付枠からはずれてしまう場合は，欠陥となります．取付枠へ埋込器具を取り付けるときは，埋込器具がガタつかないようにしっかりと取付枠にとりつけてください．

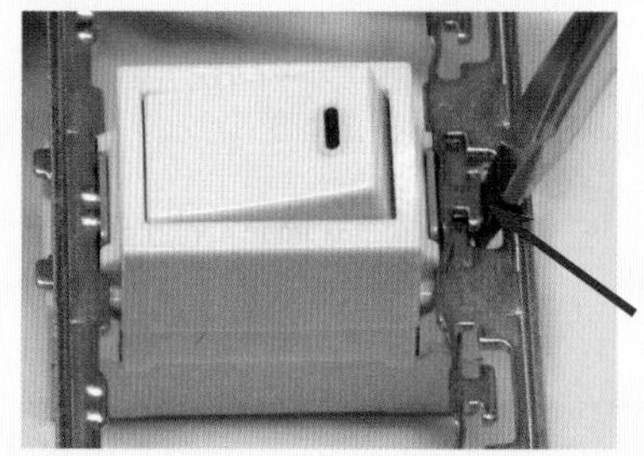

器具を固定する突起を埋込器具の金具穴にしっかりと押し込む．

Q. 渡り線に使用する電線の長さに決まりはありますか？

A. 長さに決まりはありません

渡り線に使用する電線の長さに決まりはなく，本書では，「結線する端子の位置に合わせて形を整えてから余分な長さを切断する」と解説していますが，形を整えたり，切断せずにそのままの長さで結線した場合も，回路と渡り線の色別に間違いがなければ欠陥にはなりません．実際の工事ではスイッチボックス等に収納しなければいけないため，本書ではコの字に整えた形で解説しています．

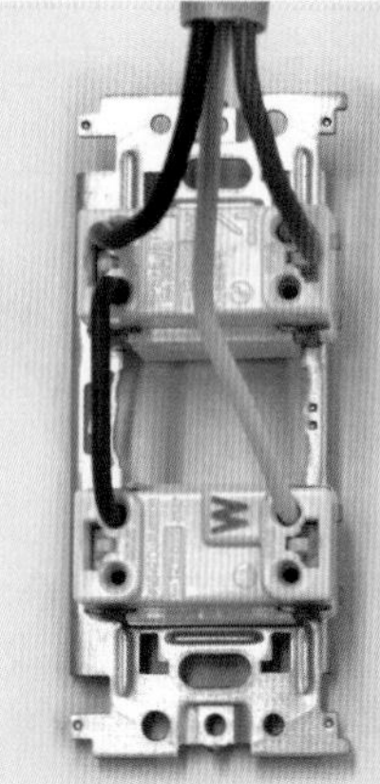

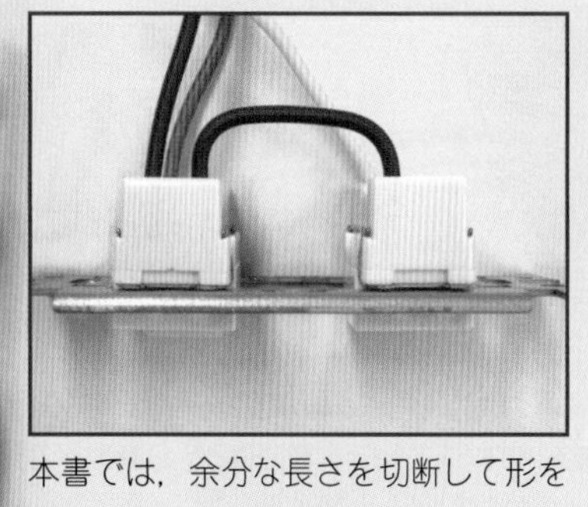

本書では，余分な長さを切断して形を整えると解説している．

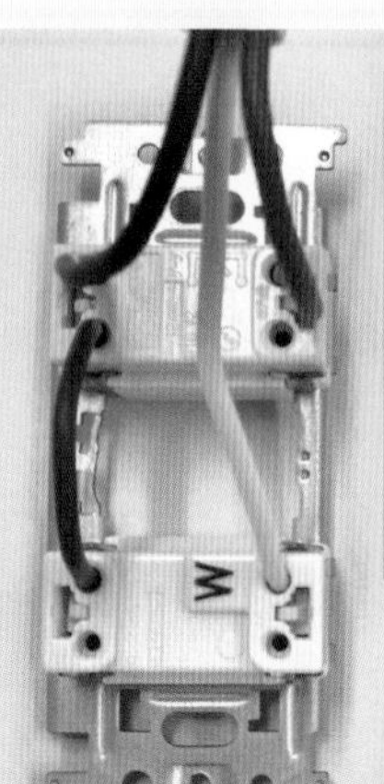

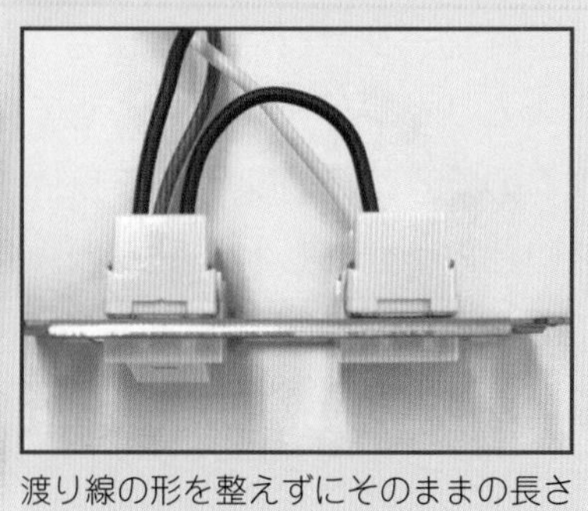

渡り線の形を整えずにそのままの長さで結線してもよい．

Q. 埋込器具の結線後はどのように整えますか？

A. 下記の解説を参照してください

埋込器具は，実際の施工では取付枠に取り付けてからスイッチボックスに取り付けますが，技能試験ではスイッチボックスは省略され，また，取付枠も使用されない部分もあります．そのため，技能試験では，埋込器具の結線箇所の形が整っていなくても欠陥とはみなされません．

左記のように，試験時にはスイッチボックスは省略されますので，形を整えるときは，実際にスイッチボックスに収める形にしなくとも欠陥にはなりませんから，ケーブルシース端から絶縁電線部分を直角に折り曲げておきます．

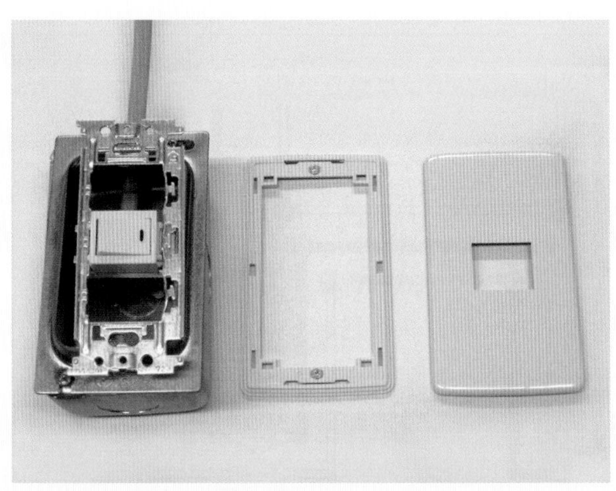

実際の施工では，埋込器具を取付枠に取り付けてからスイッチボックスに取り付け，その上からプレートを取り付ける．

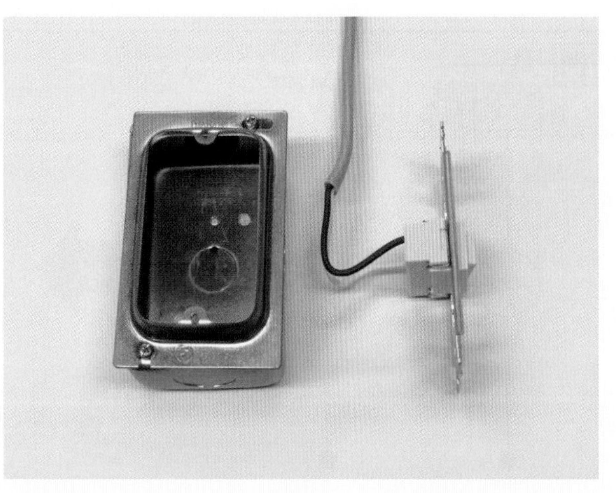

実際の施工でスイッチボックスにケーブルを差し込むときは，ケーブルシースがスイッチボックス内に入っている状態になる．

埋込器具１個への結線部分（取付枠なし）

埋込器具１個への結線部分（取付枠あり）

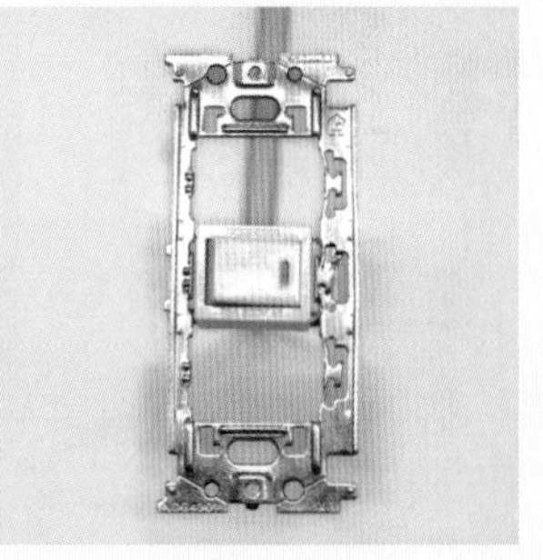

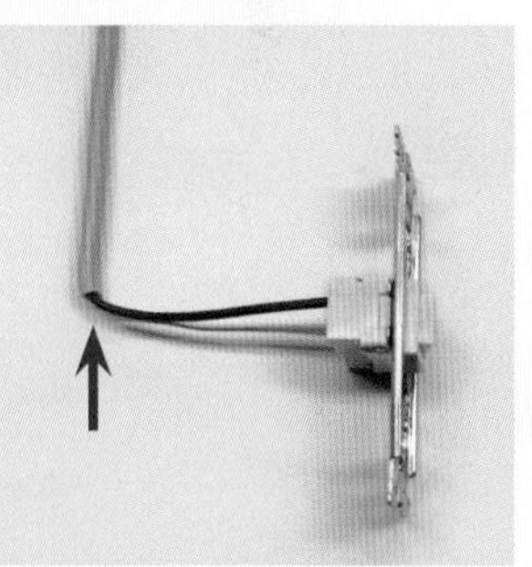

埋込器具２個連用の結線部分

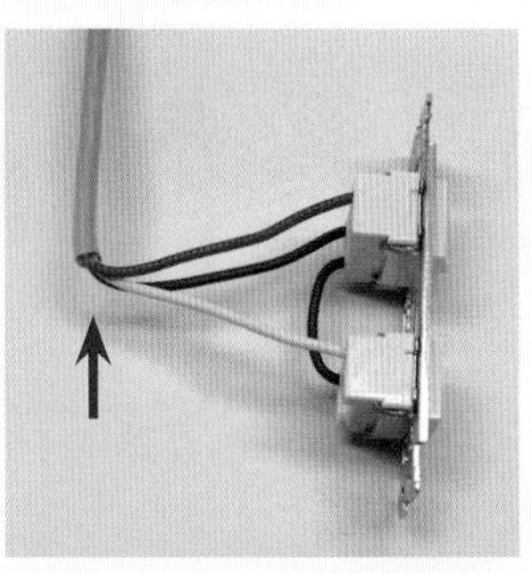

埋込器具３個連用の結線部分

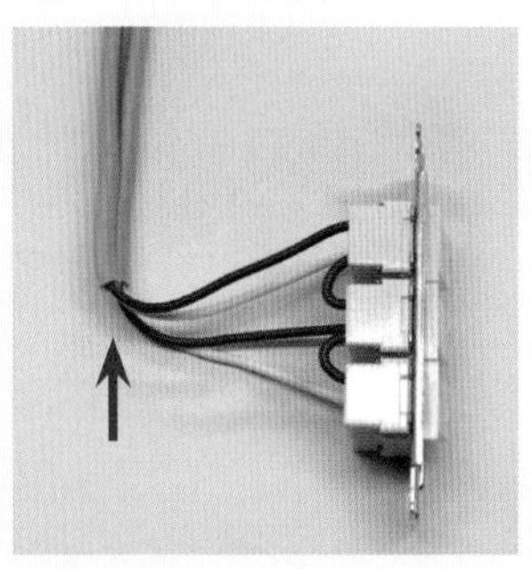

技能試験ではスイッチボックスは省略されるため，スイッチボックスに収める形で整えていなくても欠陥にはならないので，ケーブルシース端から絶縁電線部分を直角に折り曲げておけばよい．

技能試験 Q&A

Q. 完成時に４路スイッチのケーブルが交差していると欠陥ですか？

A. 欠陥にはなりません

３路・４路スイッチ回路の問題で，４路スイッチを裏面から見た状態の端子記号を書き込んだ複線図で作業を進めた場合，電線の接続が４路スイッチの「1」，「3」端子の電線と左側に配置する３路スイッチの電線，４路スイッチの「2」，「4」端子の電線と右側に配置する３路スイッチの電線をそれぞれ結線することになり，４路スイッチに結線したケーブルが交差した作品となります．

このように４路スイッチに結線したケーブルが交差してしまっても，回路が正しければ欠陥とみなされません．（実際の工事では，ジョイントボックス，スイッチボックス等の内部で整理できます．）

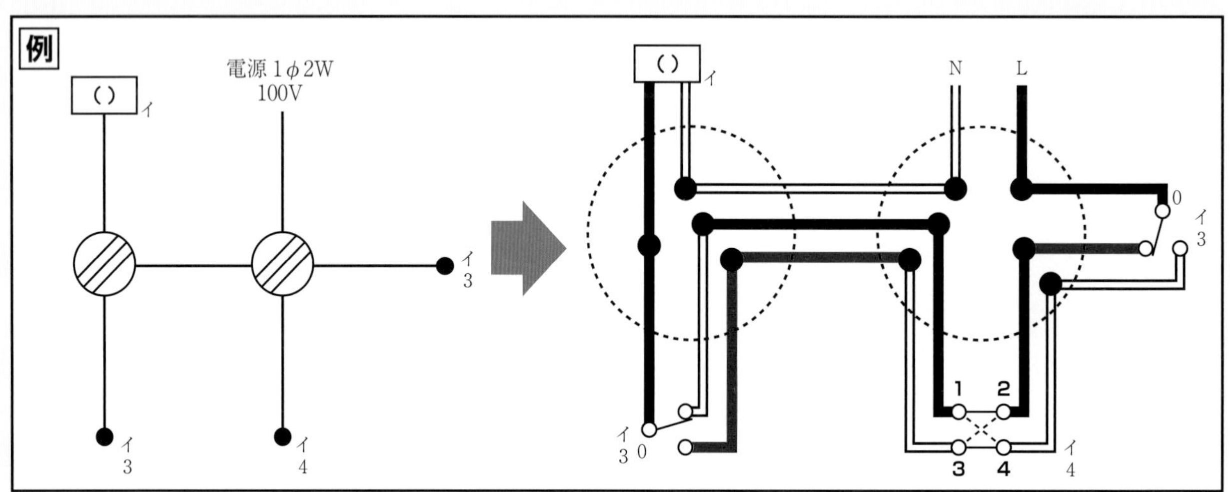

右上の複線図は，４路スイッチを裏面から見た状態で端子記号を書き込んでいる．

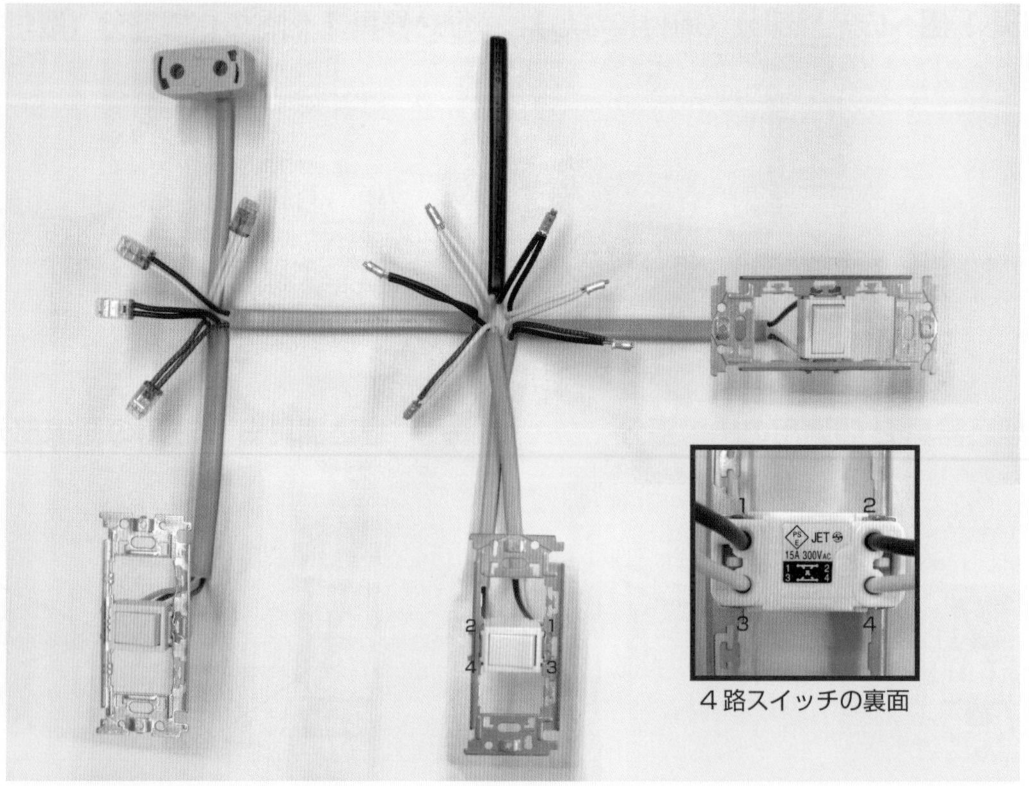

上の複線図に従って３路スイッチ・４路スイッチ間の電線を接続すると，４路スイッチに結線した２本のケーブルが交差した状態で完成するが，ケーブルの交差については欠陥とみなされない．

6 代用端子台に関する質問

Q. 端子台も何種類かタイプがあるのですか？

A. 「セルフアップ形」と「タッチダウン形」があります

端子台には「セルフアップ形」,「タッチダウン形」の２種類があります．

「セルフアップ形」の端子台は，端子ねじをゆるめると配線押さえ座金も上昇し，心線を差し込めるようになるので，心線を奥まで差し込んで端子ねじを締め付けて結線します．

端子ねじをゆるめすぎると，端子ねじと配線押さえ座金が端子台からはずれてしまいます．

「タッチダウン形」の端子台は，結線の際に，心線を奥まで差し込んで，端子ねじをドライバで押しながら締め付けます．配線押さえ座金にはストッパーが付いているのではずれません．

座金にストッパーがなく，端子ねじをゆるめすぎるとはずれてしまう．

セルフアップ形

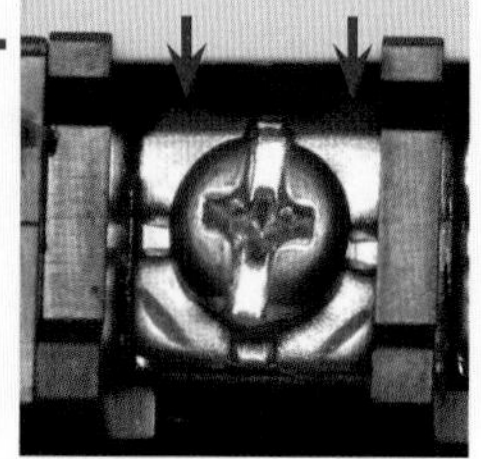

座金にストッパーがあるので，端子ねじははずれない．

タッチダウン形

Q. 端子台の記号は試験中に自分で書き込むのですか？

A. 印字されているので記入しません

試験時に使用する端子台は，すでに端子記号が印字されたものが支給され，自ら端子記号を記入する必要はありません．

支給された端子台は，そのまま使用します．

端子記号は印字された状態で支給される．

Q. 端子台箇所の寸法が施工寸法より長くなるのは平気ですか？

A. 問題ありません

本書では，「端子台への結線部分には 50mm を目安に加えてケーブルを切断する」と解説していて，この方法でケーブルを切断し，端子台に結線すると，仕上がり寸法が施工寸法よりも若干長くなりますが，欠陥とは見なされません．気にせず作業を進めてください．

例

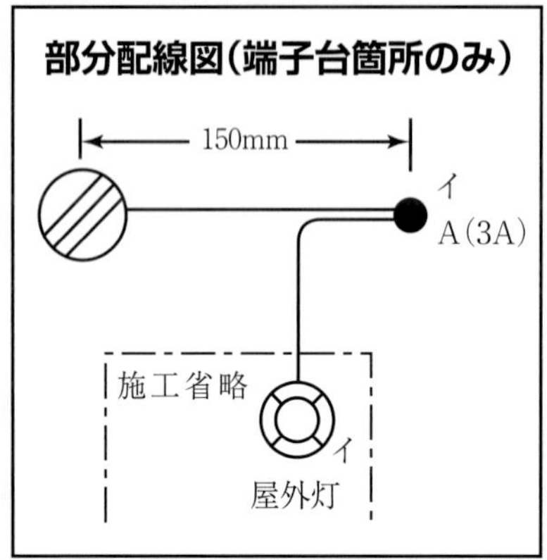

※この例では，ジョイントボックスへ至るケーブルを取り上げて寸法を解説しています．（施工省略の屋外灯へ至るケーブルについては省略．）

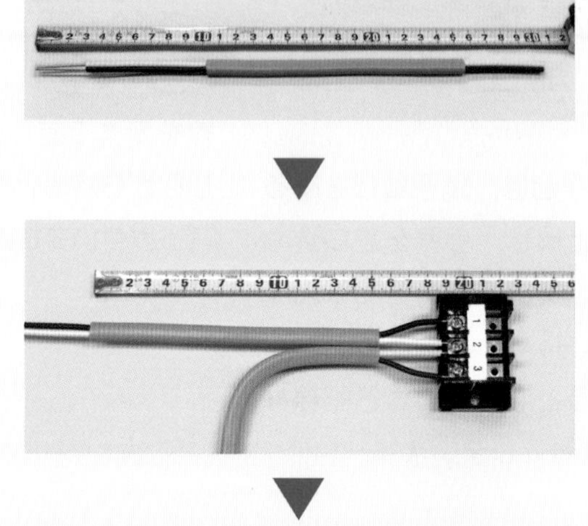

解説通りの寸法取りを行うと
50 + 150 + 100 = 300mm

端子台箇所の仕上がり寸法が若干施工寸法よりも長くなる．

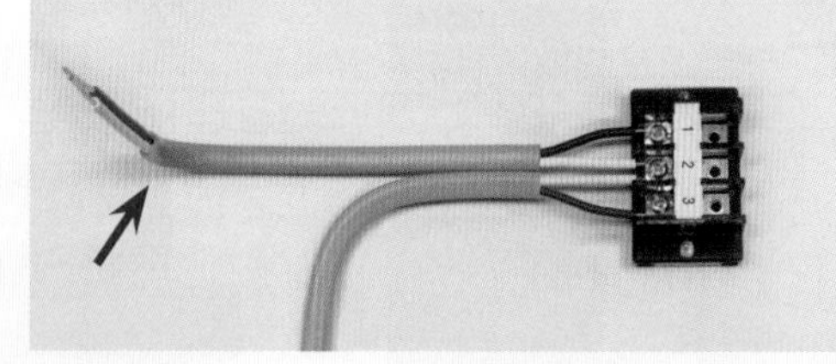

電線を接続する際に折り曲げてしまうので，若干長くても気にせず作業を進めてください．

Q. どのように 1 つの端子に電線を 2 本結線するのですか？

A. 端子ねじの左右に心線を差し込んでねじ締めします

端子ねじは左右に心線を差し込めるようになっていて，1 つの端子に電線を 2 本結線する場合，端子ねじの左右に同時に心線を差し込み，端子ねじを締め付けます．

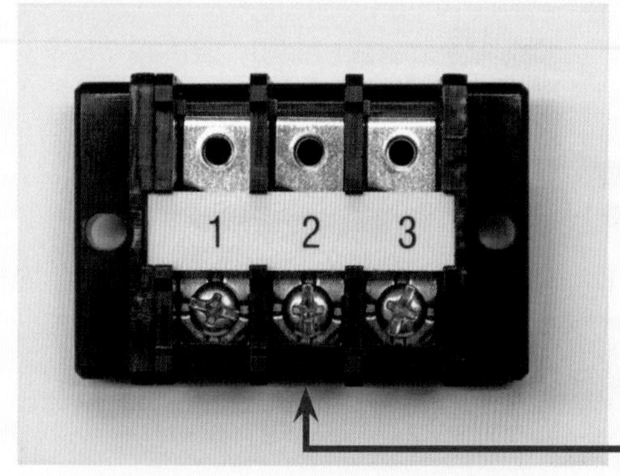

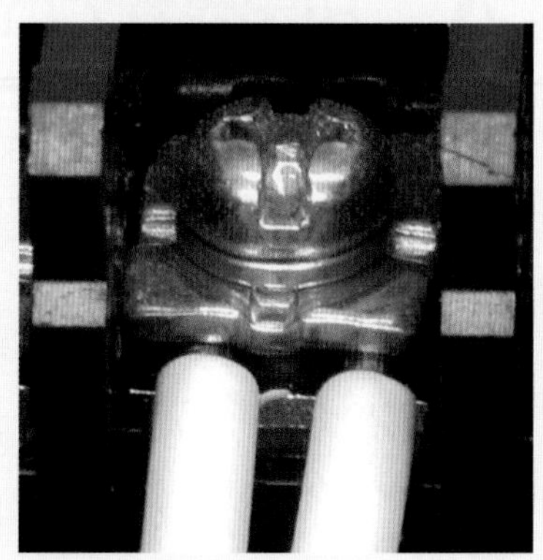

7 配線用遮断器に関する質問

Q. どうして結線時に器具の向きを問わないのですか？

A. 実際の分電盤への取り付け向きを参照してください

実際の分電盤では，上段に位置する配線遮断器は下部に電源が結線され，下段に位置する配線用遮断器は上部に電源が結線されています．

これは，配線用遮断器の上・下どちらに電源側または負荷側電線を結線しなければならないという決まりがないためです．

そのため，技能試験においても極性が正しく結線されていれば，配線用遮断器の上・下どちらを電源側・負荷側としても欠陥にはなりません．

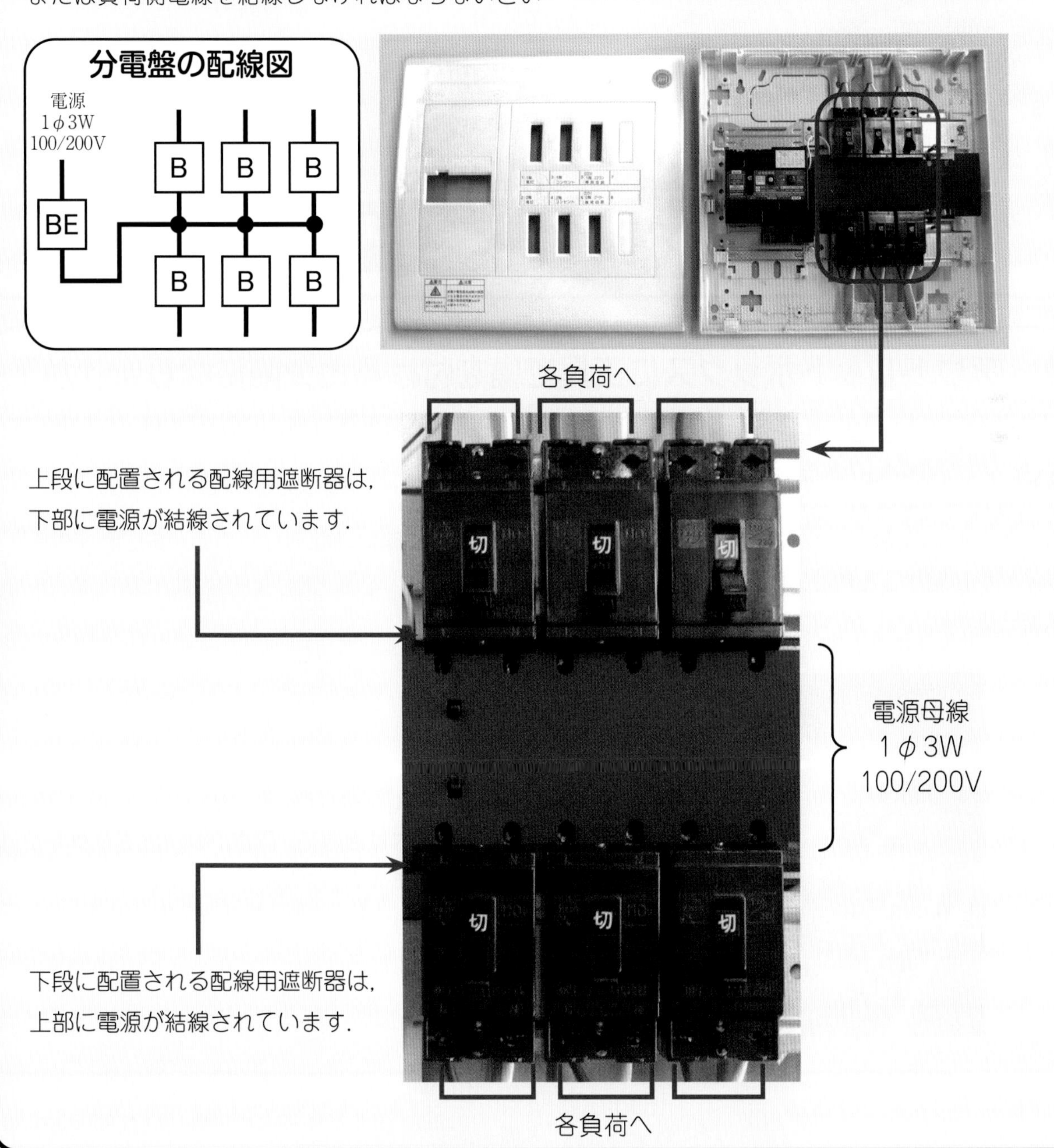

技能試験Q&A

8 アウトレットボックスに関する質問

Q. アウトレットボックスの穴はどのように開けるのですか？

A. 打ち抜いて開けます

購入時のアウトレットボックスには穴が開いていません．練習時には，穴を開けたい箇所をウォータポンププライヤの頭で打ち抜いて穴を開きます．

試験では，使用する穴が打ち抜かれて支給されるので，絶対に自分で穴を開かないでください．新たな穴が開いていると欠陥になります．

アウトレットボックスのこの部分を叩いて打ち抜く．

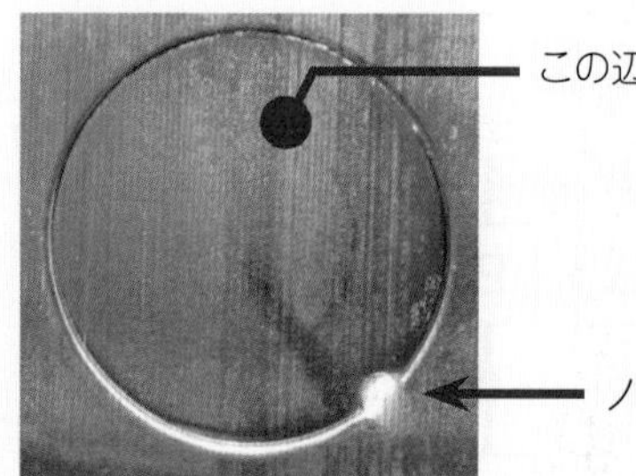

この辺りを叩くと打ち抜きやすい．

ノックアウトの固定部

Q. アウトレットボックスに工具で傷を付けると欠陥になりますか？

A. 欠陥にはなりません

ロックナットの締め付けなど，ウォータポンププライヤを使用するときにアウトレットボックスの側面に傷が付いてしまうことがあります．

この傷は欠陥にはならないので，気にせず作業しましょう．

ロックナットを締め付ける際に，アウトレットボックスの側面に傷を付けてしまっても欠陥にはなりません．

Q. ねじなしボックスコネクタについて詳しく教えてください

A. 下記の解説を参照してください

ねじなしボックスコネクタには，金属管を固定する「止めねじ」とボンド線を固定する「接地用端子」があります．

また，ロックナットは平らな面と膨らんだ面があり，ロックナットを取り付けるときは，膨らんだ面をアウトレットボックスの内部に向けて取り付けます．

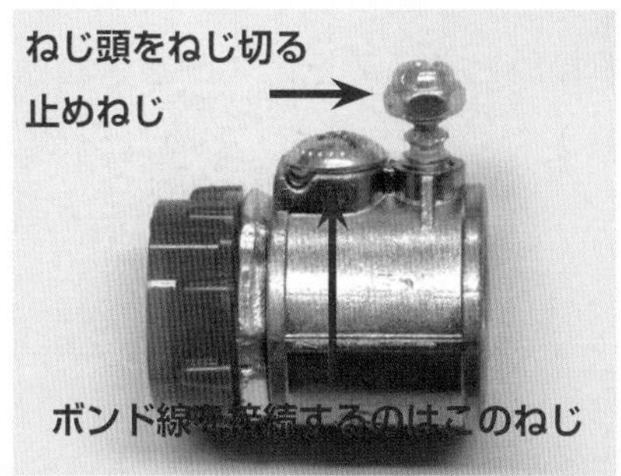

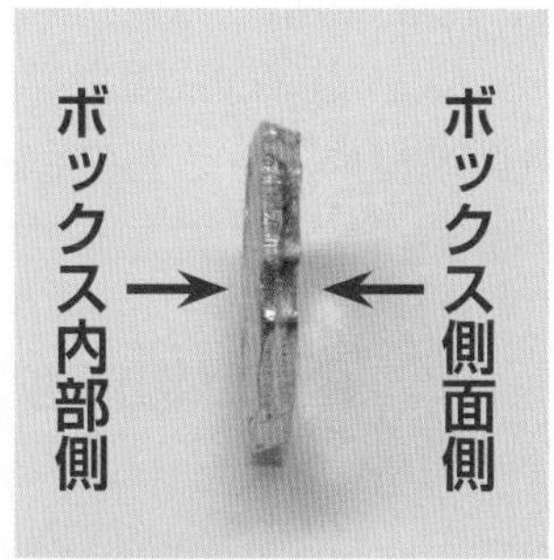

ロックナットは膨らんだ面をアウトレットボックスの内側に向けて取り付けるので，平らな面はアウトレットボックスの側面側に向く．

Q. アウトレットボックスのボンド線をねじ締めする穴がわかりません

A. 下記の解説を参照してください

アウトレットボックスの底部には，ねじ締め穴は1箇所しかありません．この穴は他の穴に比べて小さい穴です．

ボンド線をアウトレットボックス底部から外に出すときは，間違えてこの穴から外に出さないように注意しましょう．

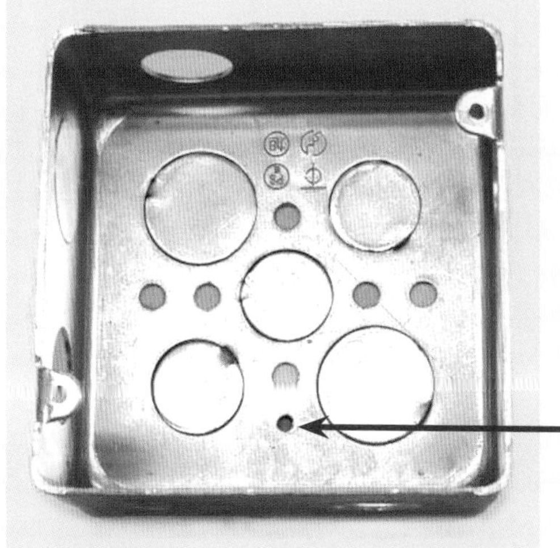

ねじ締め穴は他の穴に比べて小さく，この1箇所のみである．

Q. PF管用ボックスコネクタについて詳しく教えてください

A. 下記の解説を参照してください

PF管用ボックスコネクタには，「解除機能付き」と「解除機能なし」の2種類があります．

解除機能付きのものには，ロック解除の方向が矢印で示されています．PF管をはずしたい場合は，この矢印に従って解除の方向に回し，PF管を引っ張るとはずれるようになっています．

解除機能なしものは，一定方向にしか動かないため，PF管の他端までボックスコネクタを押し込んではずします．PF管の両端にボックスコネクタを取り付けている場合はPF管をはずせません．

また，解除機能付きのボックスコネクタを解除のままにしておくと軽欠陥になりますので，解除とは逆方向にしっかりと締めてください．（メーカにより，解除・接続という表記に↑印を合わせるものもあります．）

解除機能付きはこの部分ははずれない．この部分を接続の方向にしっかり締める．

解除機能なしはこの部分がはずれる．解除機能なしもこの部分をしっかり締める．

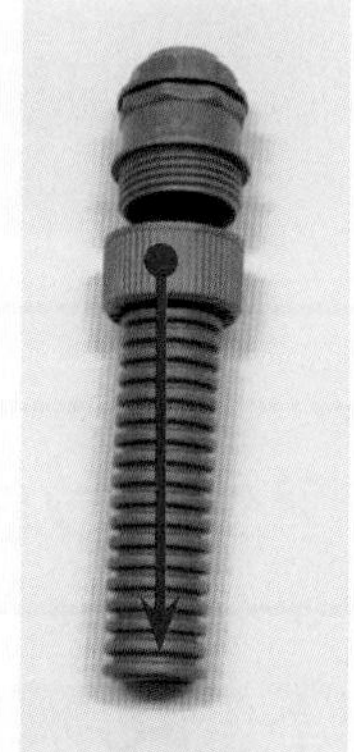

解除機能なしの場合は，PF管の他端までボックスコネクタを押し込んではずすため，PF管の片方に取り付けたときのみはずせる．

9 電線接続に関する質問

Q. 「結線」と「接続」の違いは何ですか？

A. 電線をつなぐ物の違いです

器具などに電線をつなぐことを「結線」と呼びます．

電線相互をつなぐことを「接続」と呼びます．

Q. 接続方法を施工条件通りに行わなかった場合は欠陥ですか？

A. 欠陥になります

施工条件の指定に従わずに接続を行った場合は，「接続方法の相違」として欠陥になります．

施工条件をよく読んで，確認してから施工条件の指定通りに作業しましょう．

Q. 電線圧着時に圧着マークが刻印されない原因は何ですか？

A. 工具に原因があると考えられます

電線圧着時に，圧着マークがリングスリーブに刻印されない原因は，使用工具の間違いが考えられます．圧着ペンチには「圧着端子用」と「リングスリーブ用」があります．

リングスリーブ圧着時に圧着マークが刻印されるのは，JIS 適合品の「リングスリーブ用圧着ペンチ」なので，必ず JIS 適合品の「リングスリーブ用圧着ペンチ」を使用して圧着作業を行います．

圧着端子用は柄が赤色，リングスリーブ用は柄は黄色なので，購入時には注意しましょう．

また，リングスリーブ用の圧着ペンチをかなり使い込むと，刻印ダイスがすり減ってしまって，圧着マークがしっかり刻印されないこともあります．判定員が圧着マークを判別できないと欠陥となりますから，この場合は新しいリングスリーブ用圧着ペンチに交換しておく必要があります．

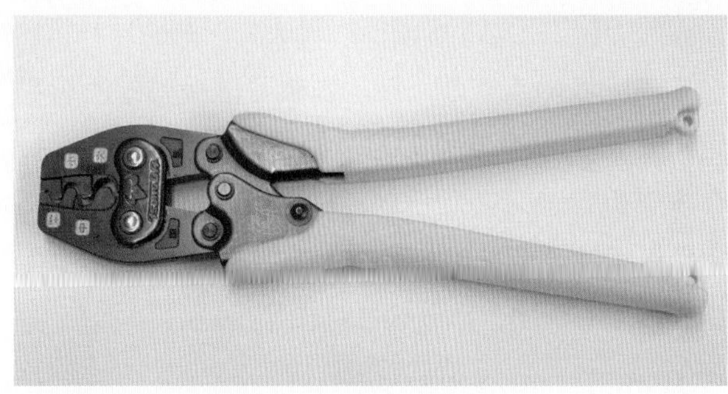

リングスリーブの圧着には JIS 適合品のリングスリーブ用圧着ペンチを使用してください．

※柄が黄色の圧着ペンチでも，かなり古いものには刻印マークがないものもあるので注意！

Q. アウトレットボックスにケーブルをどの位差し込みますか？

A. アウトレットボックスの中央まで差し込むようにします

試験問題に示される施工条件は，器具の中央から器具の中央までの長さのため，アウトレットボックスを使用する場合，アウトレットボックス中央から器具の中央までが施工寸法となります．そして，アウトレットボックスは接続部と電線部分（絶縁被覆部）の保護をするものですから，必ずケーブルシースをアウトレットボックスの中央まで差し込むようにしてください．

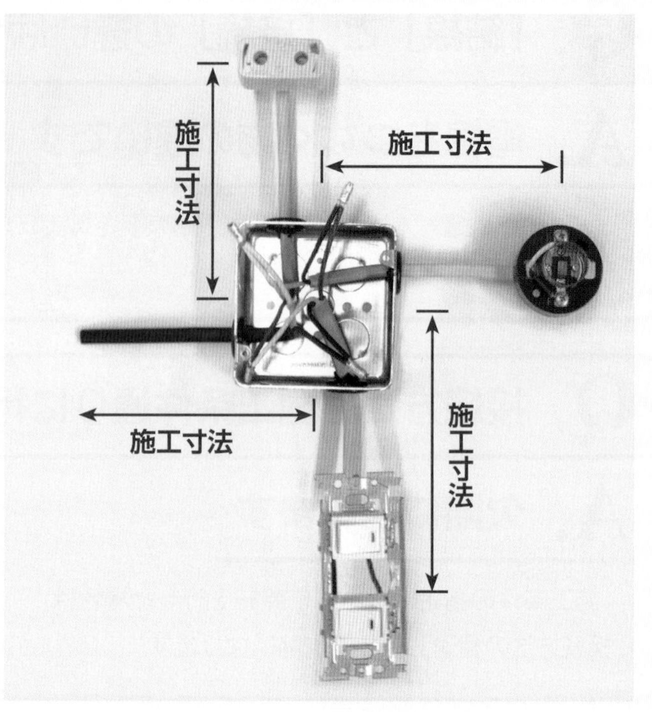

アウトレットボックス中央からが施工条件となるので，アウトレットボックスの中央までケーブルシースを差し込んだものが，適切な仕上がり寸法となる．
ケーブルの切断寸法を間違えて短く切断してしまった場合は，ゴムブッシングの内側（アウトレットボックスの中）にケーブルシースを少し入れて施工寸法を確認する．

Q. 電線相互の接続箇所はどのように整えればいいですか？

A. ケーブルシース端から絶縁電線を広げておきます

実際の施工では，接続した電線はジョイントボックス内に収めますが，技能試験では接続箇所を判定員がチェックするので，時間に余裕があれば，ケーブルシース端から絶縁電線部分を外側に開くように広げて形を整えておきましょう．（広がっていなくても欠陥とはみなされません．）

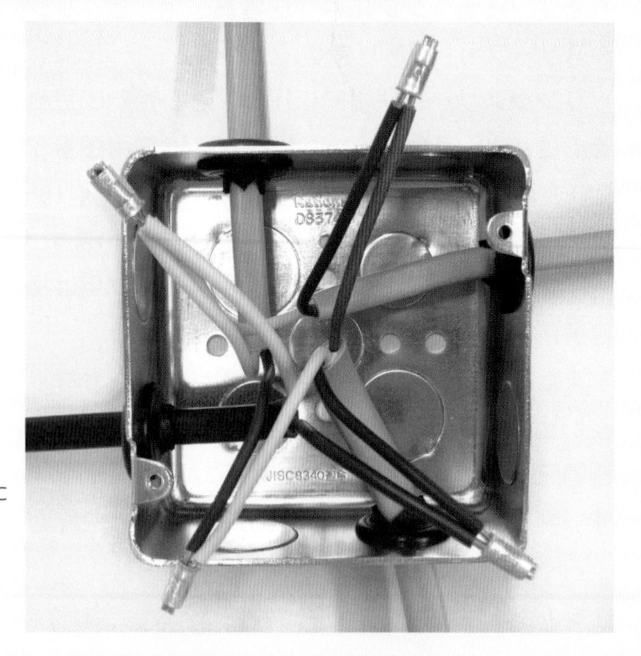

時間に余裕があれば，チェックしやすいように接続した絶縁電線をケーブルシース端から外側に開いておく．

第5章 候補問題の想定・解説

―2024年度（令和6年度）―

この章では，公表された2024年度（令和6年度）候補問題の13問題について，寸法や施工条件等を想定し，試験問題形式にしています．この想定した試験問題について，複線図の描き方やケーブル寸法，各作品の特徴なども解説しましたので，練習の参考にしてください．

第５章の使い方

第５章の各候補問題の問題例は，実際の試験の形式で練習できるようになっています．

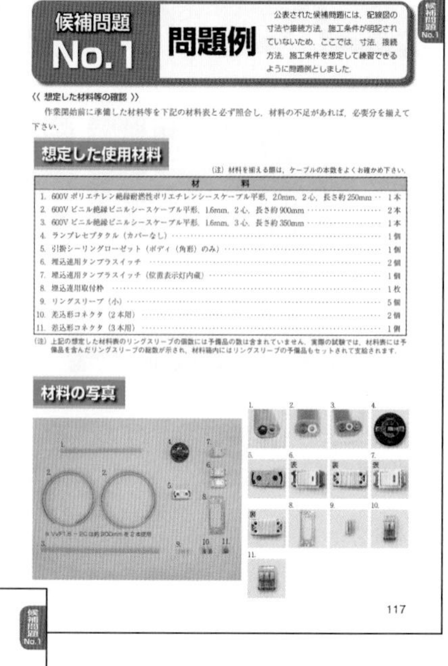
候補問題 No.1 問題例

公表された候補問題には，配線図の寸法や接続方法，施工条件が明記されていないため，ここでは，寸法，接続方法，施工条件を想定して練習できるように問題例としました．

《 想定した材料等の確認 》

作業開始前に準備した材料等を下記の材料表と必ず照合し，材料の不足があれば，必要分を揃えて下さい．

想定した使用材料

（注）材料を揃える際は，ケーブルの本数をよくお確かめ下さい．

材　　料
1. 600V ポリエチレン絶縁耐燃性ポリエチレンシースケーブル平形，2.0mm，2心，長さ約 250mm ……1本
2. 600V ビニル絶縁ビニルシースケーブル平形，1.6mm，2心，長さ約 900mm ……2本
3. 600V ビニル絶縁ビニルシースケーブル平形，1.6mm，3心，長さ約 350mm ……1本
4. ランプレセプタクル（カバーなし）……1個
5. 引掛シーリングローゼット（ボディ（角形）のみ）……1個
6. 埋込連用タンブラスイッチ ……2個
7. 埋込連用タンブラスイッチ（位置表示灯内蔵）……1個
8. 埋込連用取付枠 ……1枚
9. リングスリーブ（小）……5個
10. 差込形コネクタ（2本用）……2個
11. 差込形コネクタ（3本用）……1個

（注）上記の想定した材料表のリングスリーブの個数には予備品の数は含まれていません．実際の試験では，材料表には予備品を含んだリングスリーブの総数が示され，材料箱内にはリングスリーブの予備品もセットされて支給されます．

材料の写真

117

● 練習開始前

各候補問題を練習するために必要な材料を揃えます．材料の判別がつかないときは，材料の写真を参考にして揃えてください．

材料が揃ったら，実際の試験と同様に，揃えた材料と材料表とを照合します．

● 練習開始

候補問題の問題例は，実際の試験問題の形式に合わせ，左側に配線図，右側に施工条件を掲載しています．

試験問題と同様に，施工条件の下部には余白を取ってあり，複線図を描くこともできます．

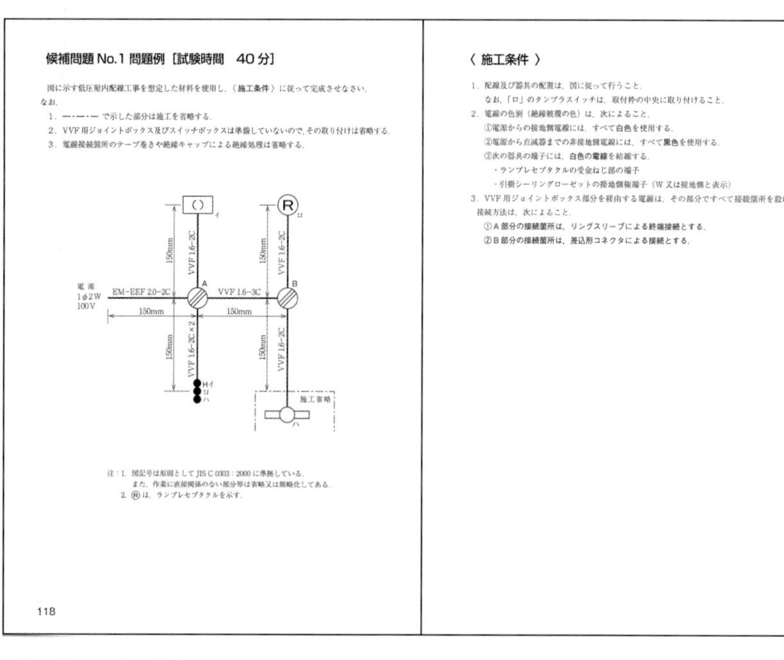
候補問題 No.1 問題例［試験時間　40 分］

図に示す低圧屋内配線工事を想定した材料を使用し，〈施工条件〉に従って完成させなさい．

なお，

1. ―・―・― で示した部分は施工を省略する．
2. VVF 用ジョイントボックス及びスイッチボックスは準備していないので，その取り付けは省略する．
3. 電線接続箇所のテープ巻きや絶縁キャップによる絶縁処理は省略する．

注：1．図記号は原則として JIS C 0303：2000 に準拠している．
また，作業に直接関係のない部分等は省略又は簡略化してある．
2．Ⓡは，ランプレセプタクルを示す．

118

〈 施工条件 〉

1. 配線及び器具の配置は，図に従って行うこと．
なお，「ロ」のタンブラスイッチは，取付枠の中央に取り付けること．
2. 電線の色別（絶縁被覆の色）は，次によること．
①電源からの接地側電線には，すべて白色を使用する．
②電源から点滅器までの非接地側電線には，すべて黒色を使用する．
③次の器具の端子には，白色の電線を結線する．
・ランプレセプタクルの受金ねじ部の端子
・引掛シーリングローゼットの接地側極端子（W 又は接地側と表示）
3. VVF 用ジョイントボックス部分を経由する電線は，その部分ですべて接続箇所を設け，接続方法は，次によること．
①A 部分の接続箇所は，リングスリーブによる終端接続とする．
②B 部分の接続箇所は，差込形コネクタによる接続とする．

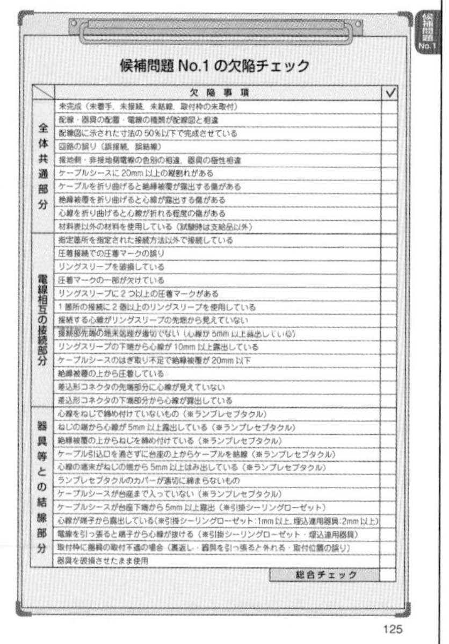
候補問題 No.1 の欠陥チェック

	欠　陥　事　項	✓
全体共通部分	未完成（未着手，未接続，未結線，取付枠の未取付）	
	配線・器具の配置・電線の種類が配線図と相違	
	配線図に示された寸法の 50%以下で完成させている	
	回路の誤り（誤接続，誤結線）	
	接地側・非接地側電線の色別の相違，器具の極性相違	
	ケーブルシースに 20mm 以上の縦割れがある	
	ケーブルを折り曲げると絶縁被覆が露出する傷がある	
	絶縁被覆を折り曲げると心線が露出する傷がある	
	心線を折り曲げると心線が折れる程度の傷がある	
	材料表以外の材料を使用している（試験時は支給品以外）	
電線相互の接続部分	指定箇所を指定された接続方法以外で接続している	
	圧着接続での圧着マークの誤り	
	リングスリーブを破損している	
	圧着マークの一部が欠けている	
	リングスリーブに 2 つ以上の圧着マークがある	
	1 箇所の接続に 2 個以上のリングスリーブを使用している	
	接続する心線がリングスリーブの先端から見えていない	
	接続部先端の端末処理が適切でない（心線が 5mm 以上露出している）	
	リングスリーブの下端から心線が 10mm 以上露出している	
	ケーブルシースのはぎ取り不足で絶縁被覆が 20mm 以下	
	絶縁被覆の上から圧着している	
	差込形コネクタの先端部分に心線が見えていない	
	差込形コネクタの下端部分から心線が露出している	
器具等との結線部分	心線をねじで締め付けていないもの（※ランプレセプタクル）	
	ねじの端から心線が 5mm 以上露出している（※ランプレセプタクル）	
	絶縁被覆の上からねじを締め付けている（※ランプレセプタクル）	
	ケーブル引込口を通さずに台座の上からケーブルを結線（※ランプレセプタクル）	
	心線の端末がねじの端から 5mm 以上はみ出している（※ランプレセプタクル）	
	ランプレセプタクルのカバーが適切に締まらないもの	
	ケーブルシースが台座まで入っていない（※ランプレセプタクル）	
	ケーブルシースが台座下端から 5mm 以上露出（※引掛シーリングローゼット）	
	心線が端子から露出している（※引掛シーリングローゼット：1mm 以上，埋込連用器具：2mm 以上）	
	電線を引っ張ると端子から心線が抜ける（※引掛シーリングローゼット・埋込連用器具）	
	取付枠に器具の取付不適の場合（裏返し・器具を引っ張ると外れる・取付位置の誤り）	
	器具を破損させたまま使用	
	総合チェック	

125

● 作品完成後

各候補問題の作品が完成したら，完成参考写真と見比べ，減点チェックリストの各項目に当てはまる欠陥がないか確認します．

252 ページには候補問題 No.1 ～ No.13 までの練習に必要な材料一覧がありますので，ご参照ください．

右の QR コードは，複線図の解説ページと完成参考写真のページのものと同じで，複線図の描き方と作業動画の一覧ページにアクセスできます．アクセス後，ご希望の候補問題の動画をお選びください．

動画公開期間が決まっておりますので，ご注意ください．

動画公開期間：2025 年 12 月 31 日まで

複線図の描き方

作品作成動画

候補問題 No.1 問題例

公表された候補問題には，配線図の寸法や接続方法，施工条件が明記されていないため，ここでは，寸法，接続方法，施工条件を想定して練習できるように問題例としました．

《 想定した材料等の確認 》

作業開始前に準備した材料等を下記の材料表と必ず照合し，材料の不足があれば，必要分を揃えて下さい．

想定した使用材料

（注）材料を揃える際は，ケーブルの本数をよくお確かめ下さい．

材　料	
1. 600V ポリエチレン絶縁耐燃性ポリエチレンシースケーブル平形，2.0mm，2 心，長さ約 250mm ‥	1 本
2. 600V ビニル絶縁ビニルシースケーブル平形，1.6mm，2 心，長さ約 900mm ‥‥‥‥‥‥‥‥‥‥	2 本
3. 600V ビニル絶縁ビニルシースケーブル平形，1.6mm，3 心，長さ約 350mm ‥‥‥‥‥‥‥‥‥‥	1 本
4. ランプレセプタクル（カバーなし）‥‥‥‥‥‥‥‥‥‥‥‥‥‥‥‥‥‥‥‥‥‥‥‥‥‥‥‥‥	1 個
5. 引掛シーリングローゼット（ボディ（角形）のみ）‥‥‥‥‥‥‥‥‥‥‥‥‥‥‥‥‥‥‥‥‥	1 個
6. 埋込連用タンブラスイッチ ‥‥‥‥‥‥‥‥‥‥‥‥‥‥‥‥‥‥‥‥‥‥‥‥‥‥‥‥‥‥‥	2 個
7. 埋込連用タンブラスイッチ（位置表示灯内蔵）‥‥‥‥‥‥‥‥‥‥‥‥‥‥‥‥‥‥‥‥‥‥	1 個
8. 埋込連用取付枠 ‥‥‥‥‥‥‥‥‥‥‥‥‥‥‥‥‥‥‥‥‥‥‥‥‥‥‥‥‥‥‥‥‥‥‥	1 枚
9. リングスリーブ（小）‥‥‥‥‥‥‥‥‥‥‥‥‥‥‥‥‥‥‥‥‥‥‥‥‥‥‥‥‥‥‥‥‥	5 個
10. 差込形コネクタ（2 本用）‥‥‥‥‥‥‥‥‥‥‥‥‥‥‥‥‥‥‥‥‥‥‥‥‥‥‥‥‥‥	2 個
11. 差込形コネクタ（3 本用）‥‥‥‥‥‥‥‥‥‥‥‥‥‥‥‥‥‥‥‥‥‥‥‥‥‥‥‥‥‥	1 個

（注）上記の想定した材料表のリングスリーブの個数には予備品の数は含まれていません．実際の試験では，材料表には予備品を含んだリングスリーブの総数が示され，材料箱内にはリングスリーブの予備品もセットされて支給されます．

材料の写真

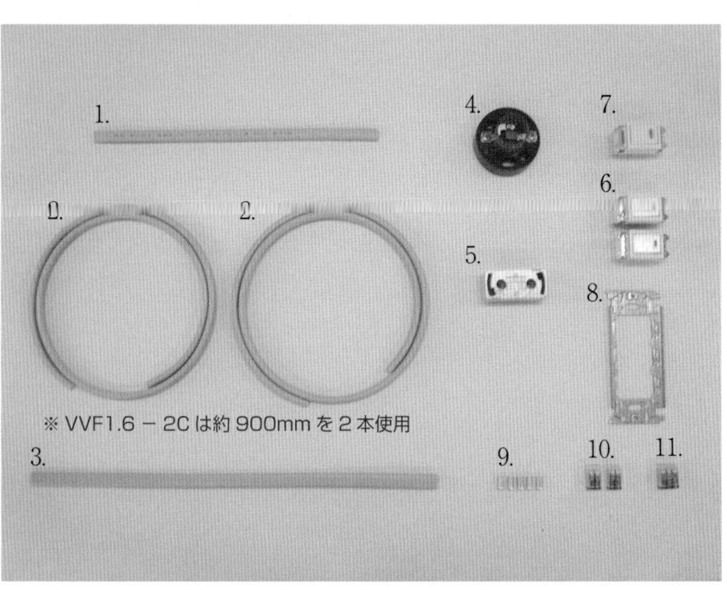

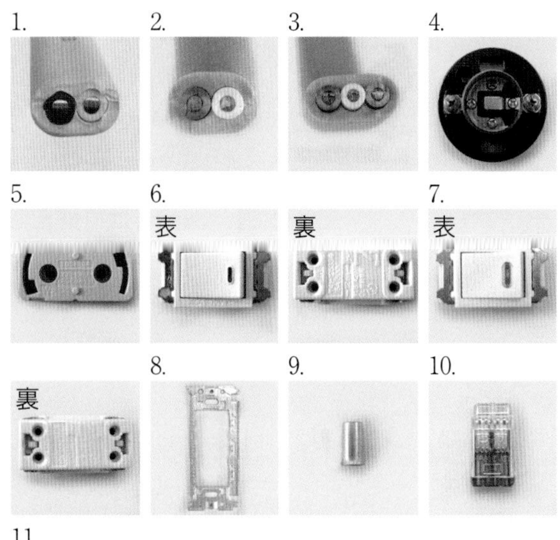

候補問題 No.1 問題例［試験時間　40 分］

図に示す低圧屋内配線工事を想定した全ての材料を使用し，〈**施工条件**〉に従って完成させなさい．なお，

1．**━ - ━ - ━** で示した部分は施工を省略する．

2．VVF 用ジョイントボックス及びスイッチボックスは準備していないので，その取り付けは省略する．

3．電線接続箇所のテープ巻きや絶縁キャップによる絶縁処理は省略する．

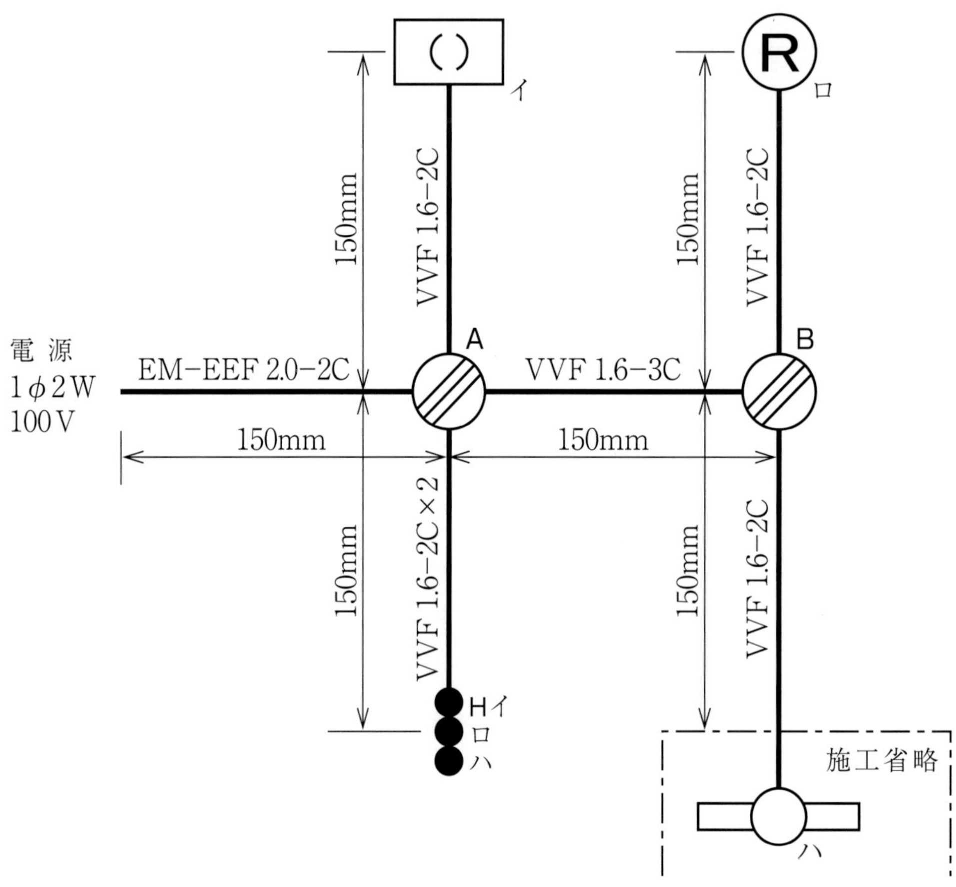

注：1．図記号は原則として JIS C 0303：2000 に準拠している．
また，作業に直接関係のない部分等は省略又は簡略化してある．
2．Ⓡは，ランプレセプタクルを示す．

〈 施工条件 〉

1．配線及び器具の配置は，図に従って行うこと．
　なお，「ロ」のタンブラスイッチは，取付枠の中央に取り付けること．

2．電線の色別（絶縁被覆の色）は，次によること．
　①電源からの接地側電線には，すべて**白色**を使用する．
　②電源から点滅器までの非接地側電線には，すべて**黒色**を使用する．
　③次の器具の端子には，**白色の電線**を結線する．
　　・ランプレセプタクルの受金ねじ部の端子
　　・引掛シーリングローゼットの接地側極端子（W 又は接地側と表示）

3．VVF 用ジョイントボックス部分を経由する電線は，その部分ですべて接続箇所を設け，接続方法は，次によること．
　① A 部分は，リングスリーブによる接続とする．
　② B 部分は，差込形コネクタによる接続とする．

複線図を描くステップ 1

複線図化の手順
接地側電線の白色を描く

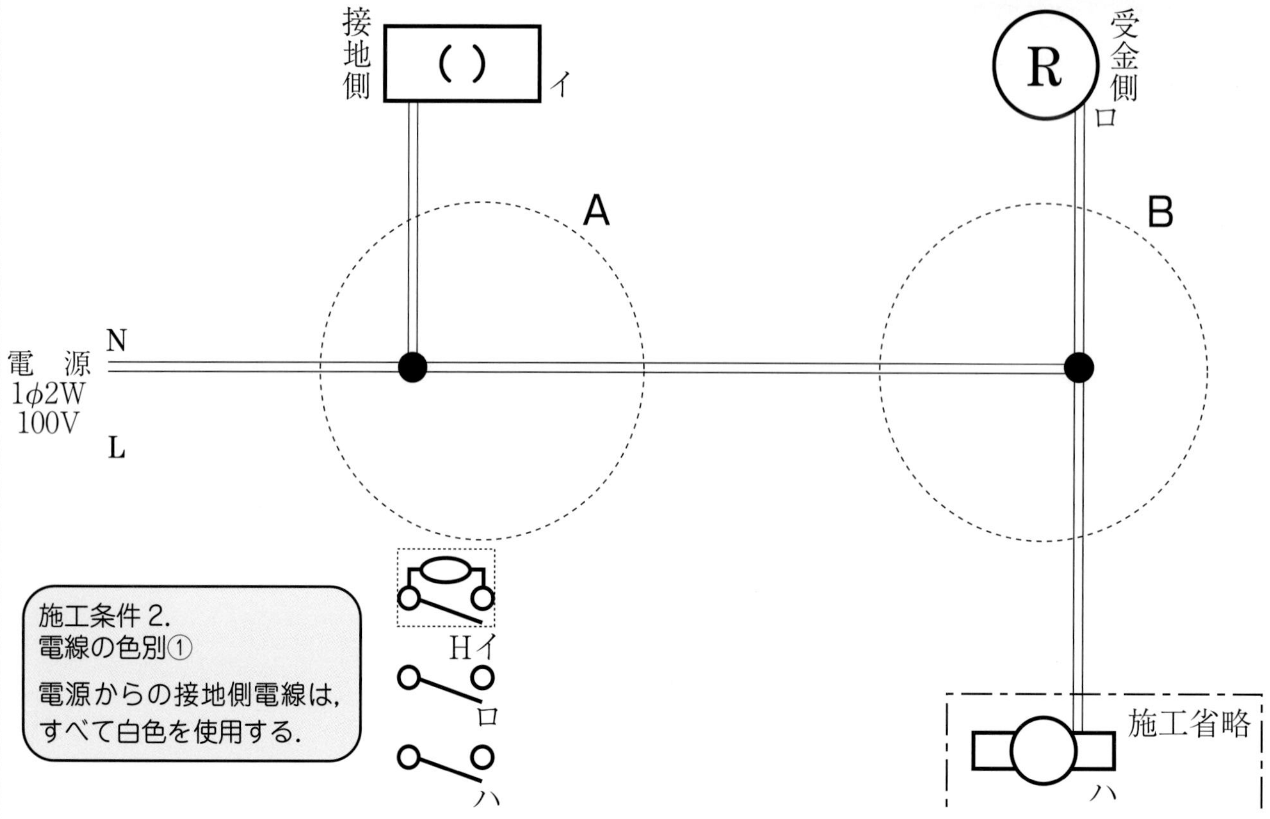

施工条件 2.
電線の色別①
電源からの接地側電線は，すべて白色を使用する.

複線図を描くステップ 2

複線図化の手順
非接地側電線の黒色を描く

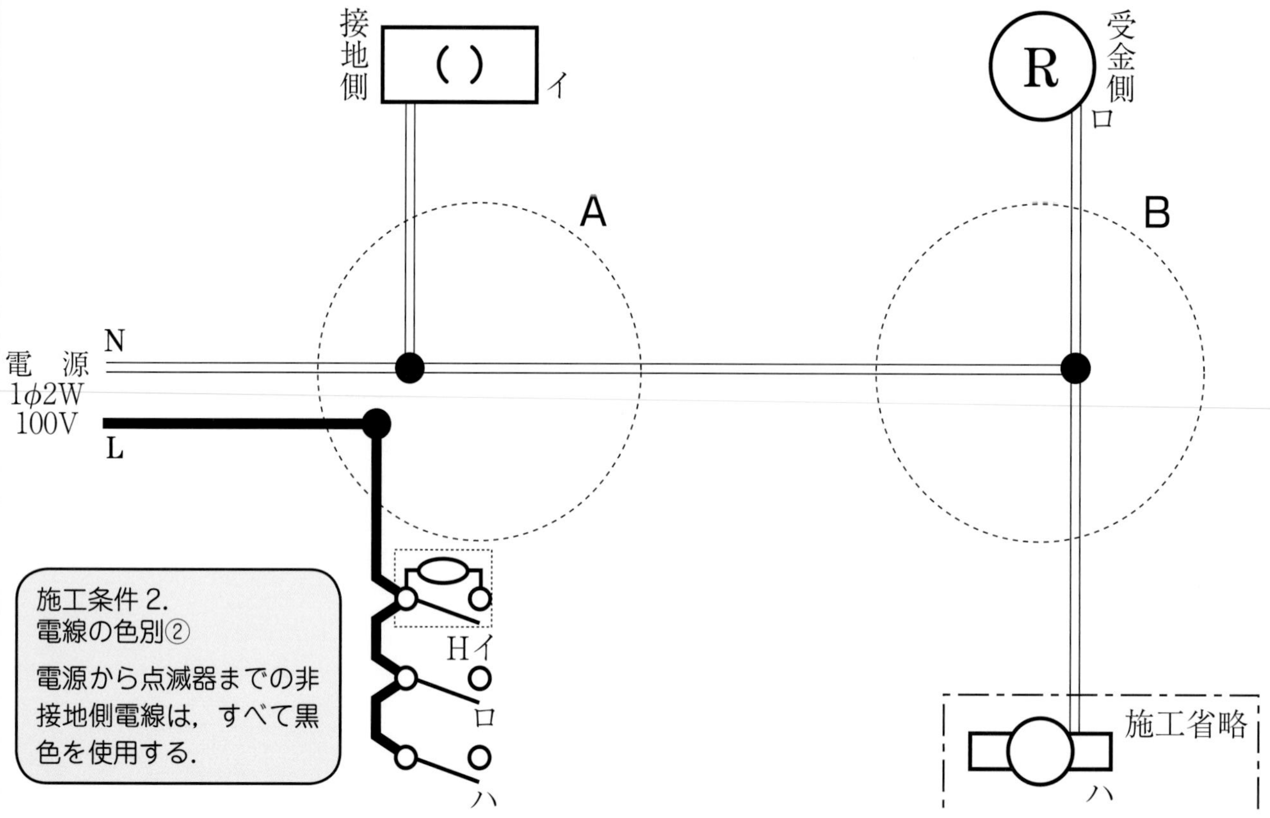

施工条件 2.
電線の色別②
電源から点滅器までの非接地側電線は，すべて黒色を使用する.

複線図を描くステップ 3

複線図化の手順
イ，ロ，ハの各点滅回路を描いて完了

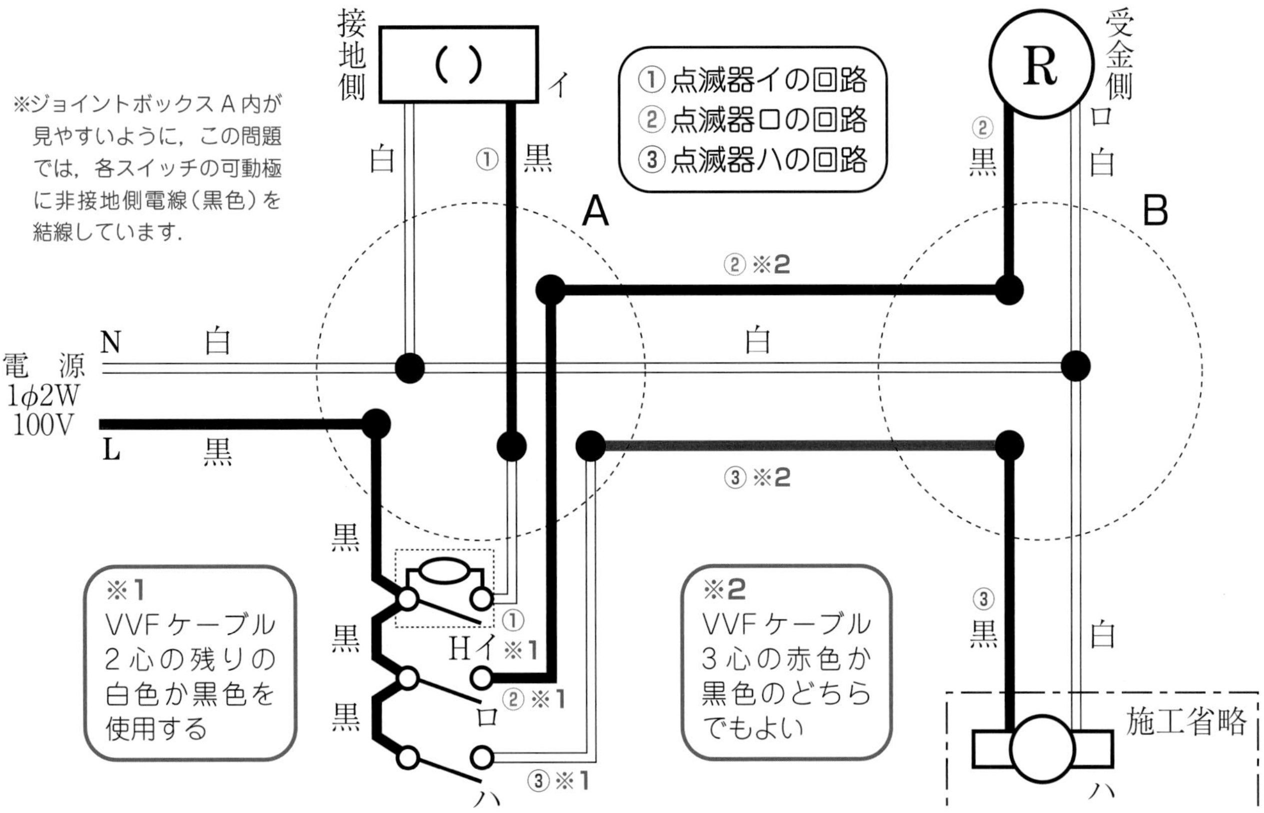

複線図を描くポイント（展開接続図）

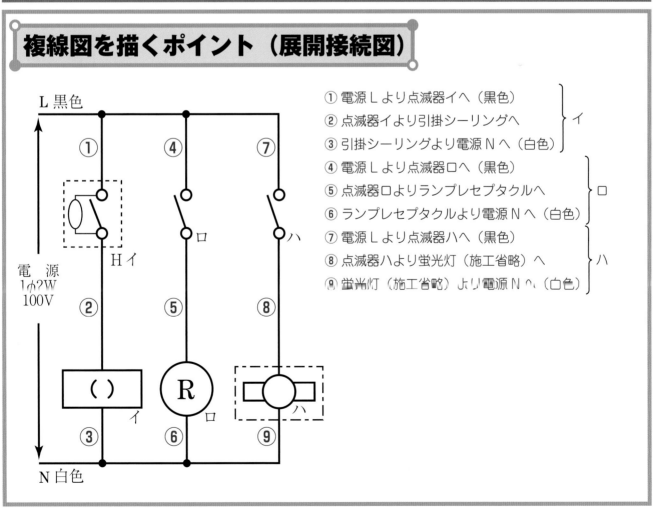

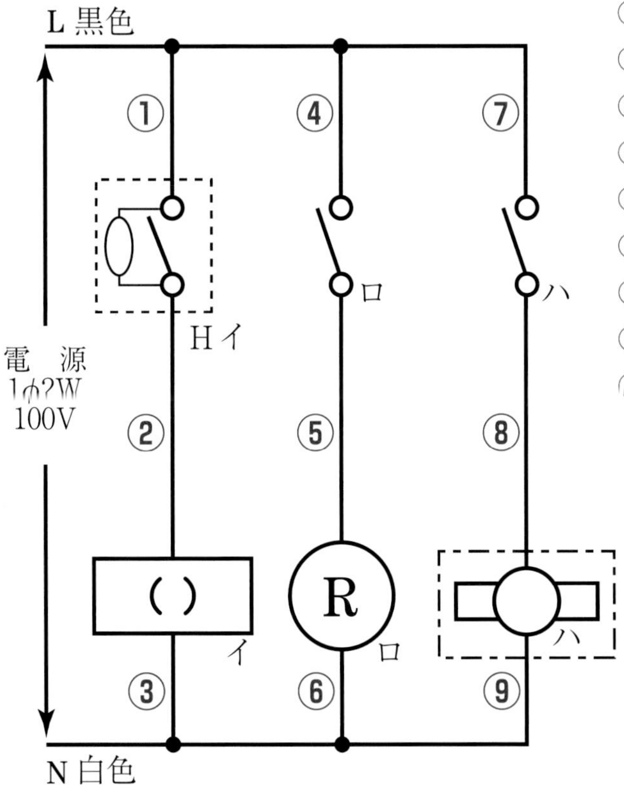

① 電源Lより点滅器イへ（黒色）
② 点滅器イより引掛シーリングへ
③ 引掛シーリングより電源Nへ（白色）
} イ

④ 電源Lより点滅器ロへ（黒色）
⑤ 点滅器ロよりランプレセプタクルへ
⑥ ランプレセプタクルより電源Nへ（白色）
} ロ

⑦ 電源Lより点滅器ハへ（黒色）
⑧ 点滅器ハより蛍光灯（施工省略）へ
⑨ 蛍光灯（施工省略）より電源Nへ（白色）
} ハ

● ケーブルの使用箇所と切断寸法

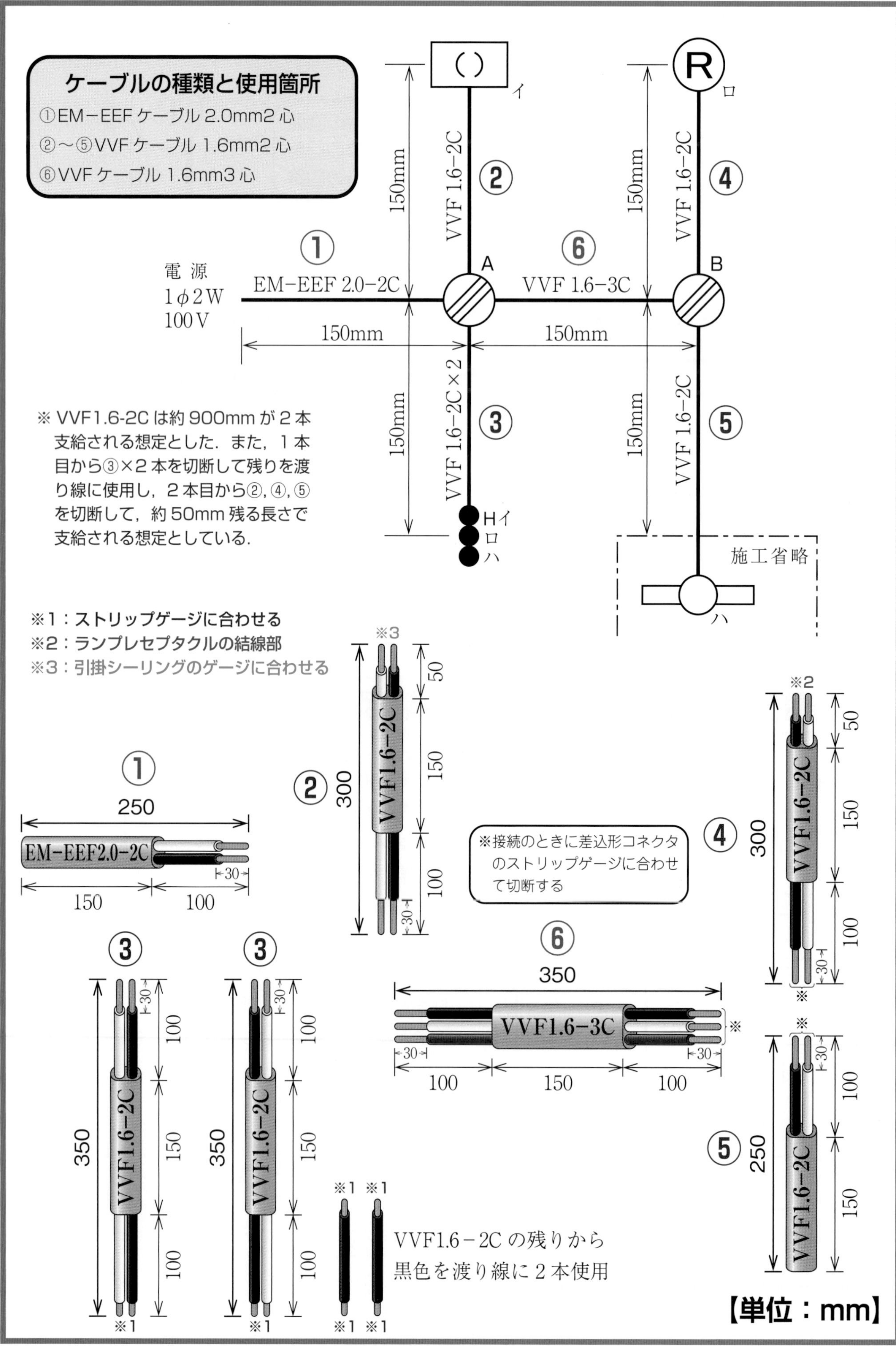

ケーブルの種類と使用箇所
①EM−EEF ケーブル 2.0mm2 心
②〜⑤VVF ケーブル 1.6mm2 心
⑥VVF ケーブル 1.6mm3 心
( )
イ
R
ロ
150mm
VVF 1.6−2C
②
④
①
⑥
電 源
1φ2W
100V
EM−EEF 2.0−2C
A
VVF 1.6−3C
B
150mm
VVF 1.6−2C×2
③
⑤
※ VVF1.6-2C は約 900mm が 2 本支給される想定とした．また，1 本目から③×2 本を切断して残りを渡り線に使用し，2 本目から②, ④, ⑤を切断して，約 50mm 残る長さで支給される想定としている．
H イ
ロ
ハ
施工省略
ハ
※1：ストリップゲージに合わせる
※2：ランプレセプタクルの結線部
※3：引掛シーリングのゲージに合わせる
250
EM−EEF2.0−2C
30
150
100
300
VVF1.6−2C
50
※接続のときに差込形コネクタのストリップゲージに合わせて切断する
350
VVF1.6−3C
VVF1.6−2C の残りから黒色を渡り線に 2 本使用
【単位：mm】

◆ 候補問題 No.1 で押さえておきたいポイント ◆

候補問題 No.1 の特徴と出題傾向

候補問題 No.1 の特徴として，点滅器を 3 個連用して 3 箇所の照明器具を点滅させる回路であること，電源部に EM-EEF ケーブル（エコケーブル），連用箇所に位置表示灯内蔵スイッチを 1 個使用することが挙げられます．

本年度と同一の配線図は，令和 5 ～元年度，平成 30 ～ 28 年度の候補問題として公表され，令和 5 ～元年度上期・下期試験，平成 30 年度上期・下期試験，平成 29 年度上期試験，平成 28 年度上期試験で出題されています．

この問題では，連用取付枠の最上段に位置表示灯内蔵形スイッチを取り付け，その下に片切スイッチを 2 個取り付けるので，取り付ける位置を間違えないようにしましょう．そして，点滅器を 3 つ連用して 3 箇所の照明器具を点滅させる回路では，各点滅器と対応する各照明器具の電線相互を接続する際に誤接続が多いため，電線接続の際は注意しましょう．

位置表示灯内蔵形スイッチ

「位置表示灯内蔵形スイッチ」は，片切スイッチ内部に電圧検知形パイロットランプが組み込まれたもので，結線方法は片切スイッチと同じです．

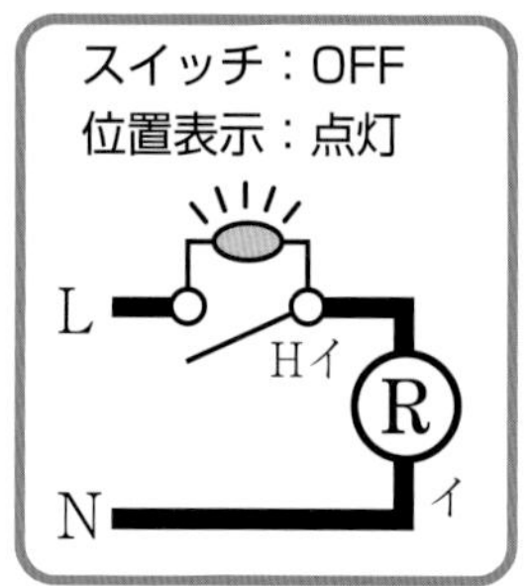

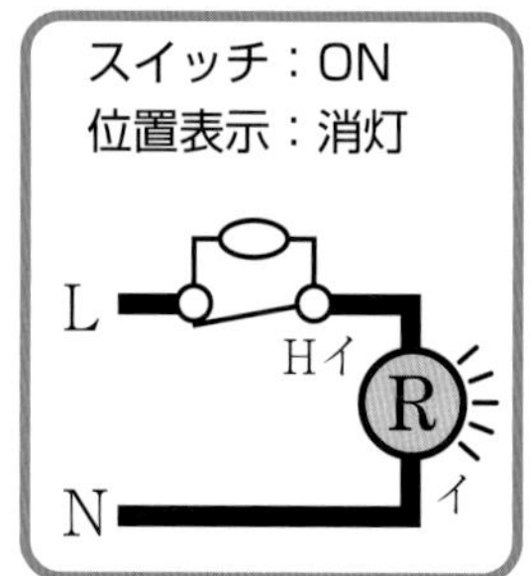

スイッチが OFF のとき，照明器具の内部抵抗を通じてパイロットランプの両端に約 100V の電圧が加わり点灯する．スイッチが ON のとき，パイロットランプ両端の電位差が 0(同電位)となり，照明器具が点灯して，パイロットランプは消灯する．

連用箇所の結線

点滅器 3 個の連用箇所の正しい結線方法は複数あります．下の写真は 124 ページとは別の正しい結線方法の一例です．

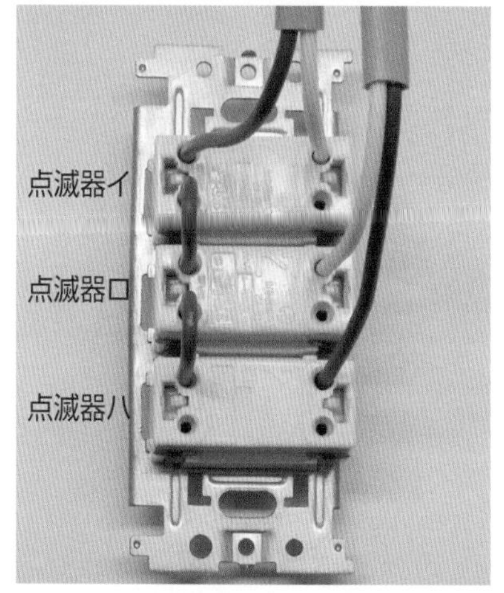

非接地側電線(黒色)は各点滅器の左側に結線し，点滅回路は，イに白色，ロに白色，ハに黒色を結線．

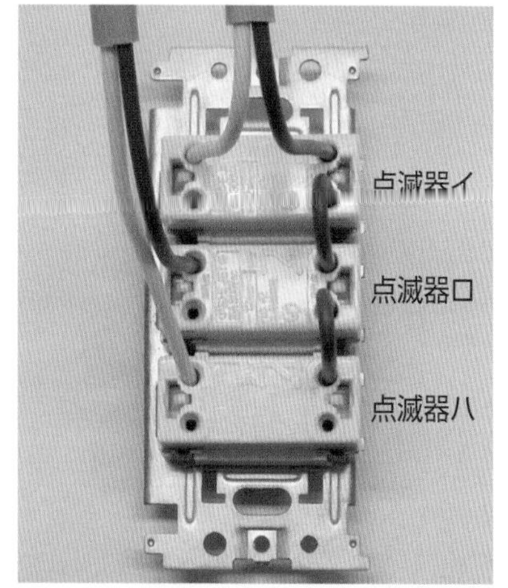

非接地側電線(黒色)は各点滅器の右側に結線し，点滅回路は，イに白色，ロに黒色，ハに白色を結線．

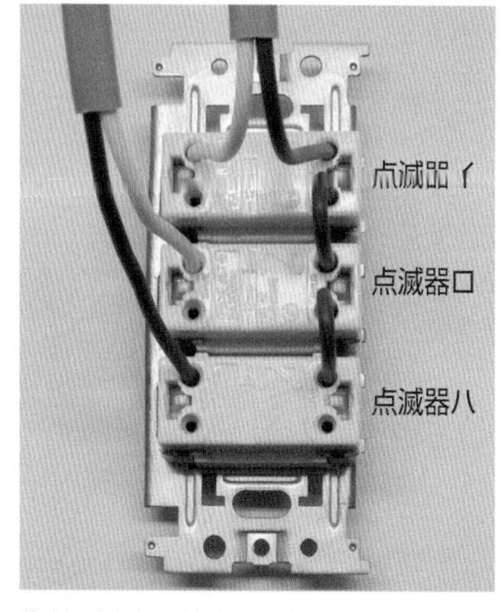

非接地側電線(黒色)は各点滅器の右側に結線し，点滅回路は，イに白色，ロに白色，ハに黒色を結線．

2024年度　第二種電気工事士技能試験

候補問題 No.1

完成参考写真

作業動画は
ここからアクセス！

	接続する電線の本数		圧着マーク	リングスリーブ
※	2本	1.6mm × 2	○	
★	2本	2.0mm × 1 と 1.6mm × 1	小	小
♠	3本	2.0mm × 1 と 1.6mm × 2	小	

★印の接続箇所は，圧着マークを間違えやすいので注意！

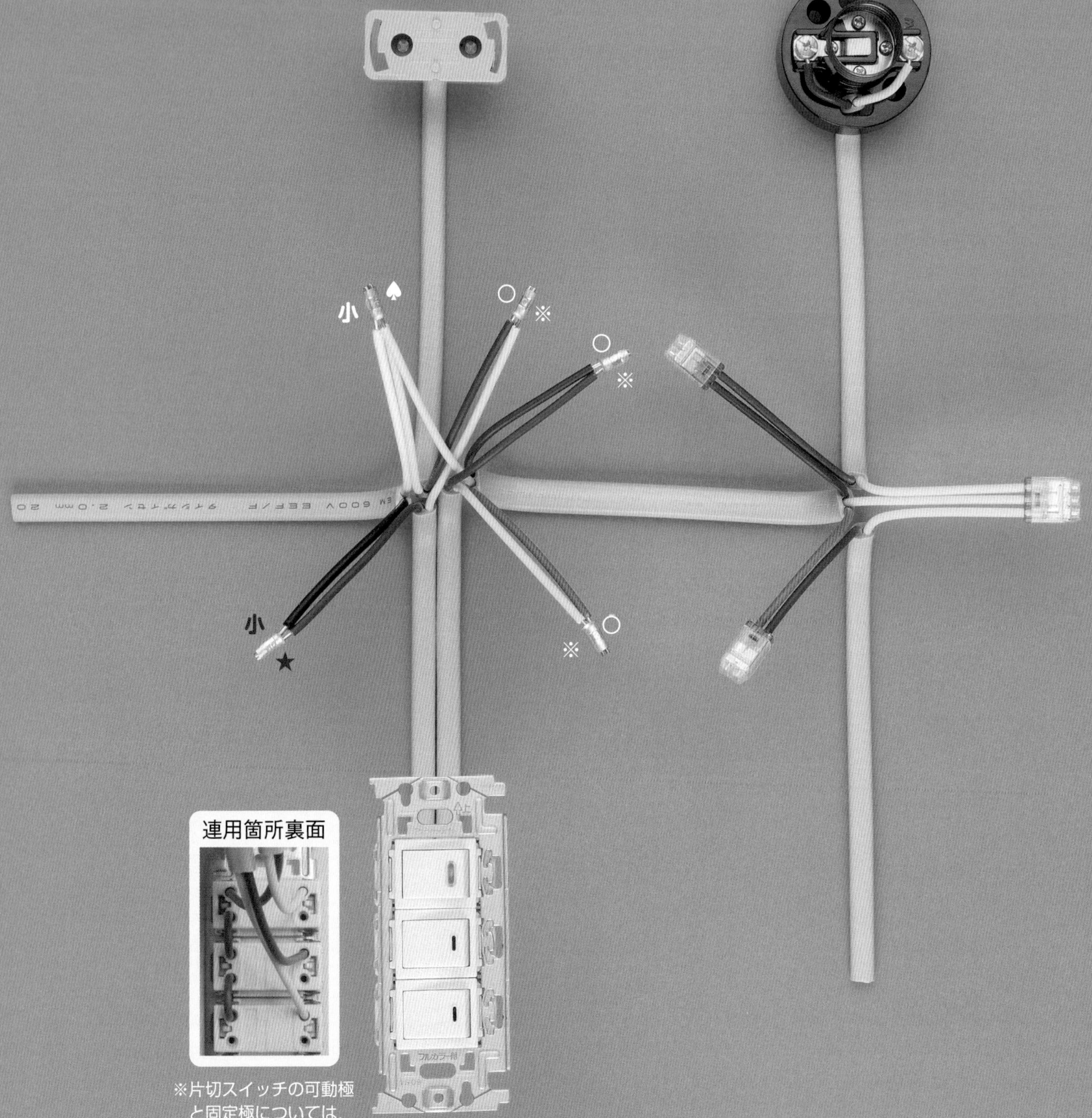

小 ♠

○ ※

○ ※

小 ★

※ ○

連用箇所裏面

※片切スイッチの可動極
と固定極については，
251ページを参照.

候補問題 No.1 の欠陥チェック

	欠陥事項	✓
全体共通部分	未完成（未着手，未接続，未結線，取付枠の未取付）	
	配線・器具の配置・電線の種類が配線図と相違	
	配線図に示された寸法の 50％以下で完成させている	
	回路の誤り（誤接続，誤結線）	
	接地側・非接地側電線の色別の相違，器具の極性相違	
	ケーブルシースに 20mm 以上の縦割れがある	
	ケーブルを折り曲げると絶縁被覆が露出する傷がある	
	絶縁被覆を折り曲げると心線が露出する傷がある	
	心線を折り曲げると心線が折れる程度の傷がある	
	材料表以外の材料を使用している（試験時は支給品以外）	
電線相互の接続部分	指定箇所を指定された接続方法以外で接続している	
	圧着接続での圧着マークの誤り	
	リングスリーブを破損している	
	圧着マークの一部が欠けている	
	リングスリーブに 2 つ以上の圧着マークがある	
	1 箇所の接続に 2 個以上のリングスリーブを使用している	
	接続する心線がリングスリーブの先端から見えていない	
	接続部先端の端末処理が適切でない（心線が 5mm 以上露出している）	
	リングスリーブの下端から心線が 10mm 以上露出している	
	ケーブルシースのはぎ取り不足で絶縁被覆が 20mm 以下	
	絶縁被覆の上から圧着している	
	差込形コネクタの先端部分に心線が見えていない	
	差込形コネクタの下端部分から心線が露出している	
器具等との結線部分	心線をねじで締め付けていないもの（※ランプレセプタクル）	
	ねじの端から心線が 5mm 以上露出している（※ランプレセプタクル）	
	絶縁被覆の上からねじを締め付けている（※ランプレセプタクル）	
	ケーブル引込口を通さずに台座の上からケーブルを結線（※ランプレセプタクル）	
	心線の端末がねじの端から 5mm 以上はみ出している（※ランプレセプタクル）	
	ランプレセプタクルのカバーが適切に締まらないもの	
	ケーブルシースが台座まで入っていない（※ランプレセプタクル）	
	ケーブルシースが台座下端から 5mm 以上露出（※引掛シーリングローゼット）	
	心線が端子から露出している(※引掛シーリングローゼット:1mm 以上, 埋込連用器具:2mm 以上)	
	電線を引っ張ると端子から心線が抜ける（※引掛シーリングローゼット・埋込連用器具）	
	取付枠に器具の取付不適の場合（裏返し・器具を引っ張ると外れる・取付位置の誤り）	
	器具を破損させたまま使用	
	総合チェック	

主な欠陥例

すべての作業を丁寧に行って，欠陥がない作品を完成させることを心掛けましょう．
★印はよくある欠陥のため，作業時には特に注意して下さい．

縦割がある

絶縁被覆の露出

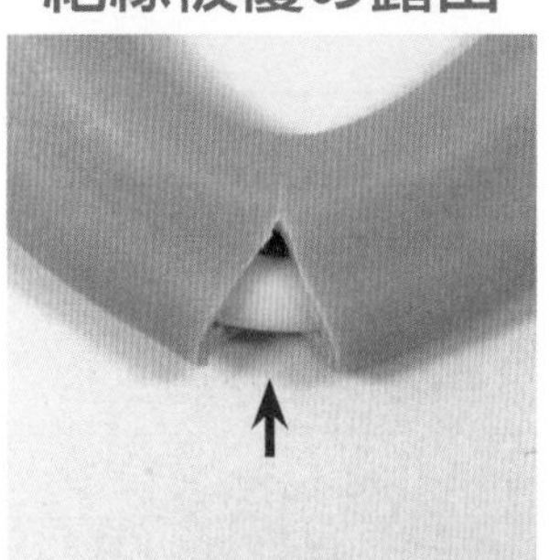

心線が見える

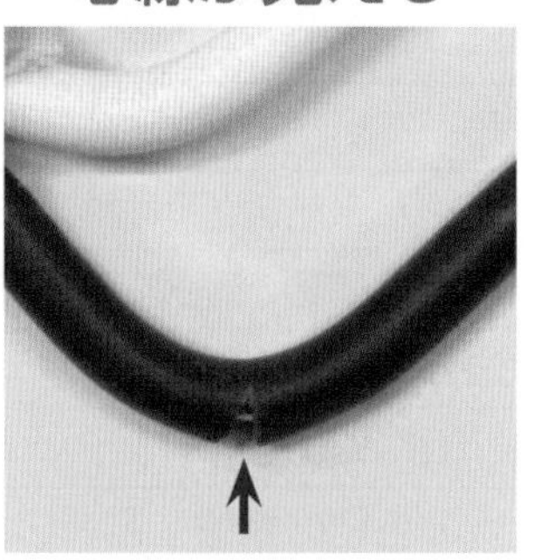

★極性の誤り

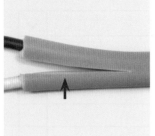

ゆるい締め付け

心線のはみ出し

★カバーが締まらない

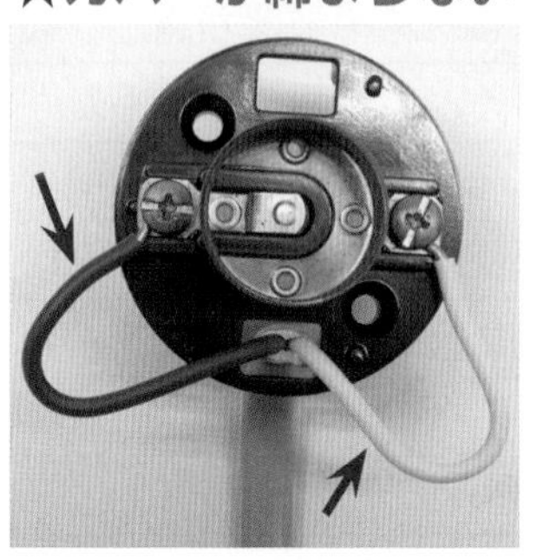

★台座に入っていない

左巻きで巻付け

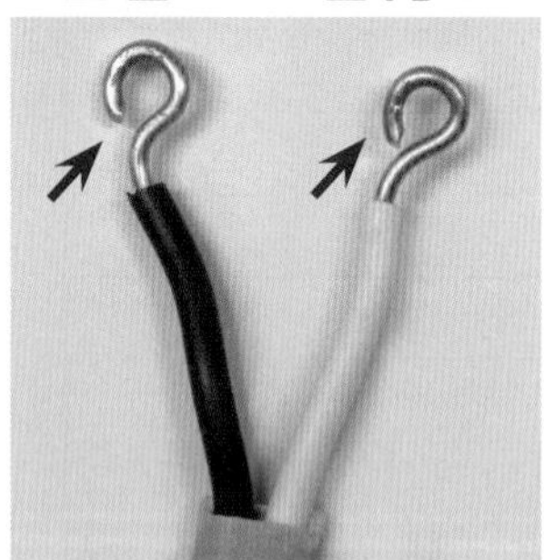

心線を重ねて巻付け

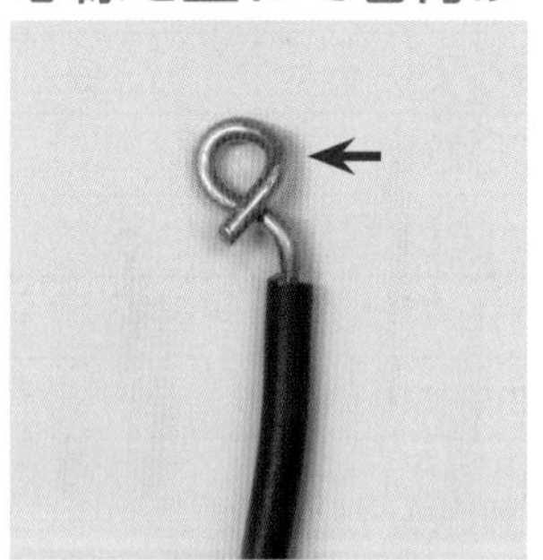

心線の巻付け不足

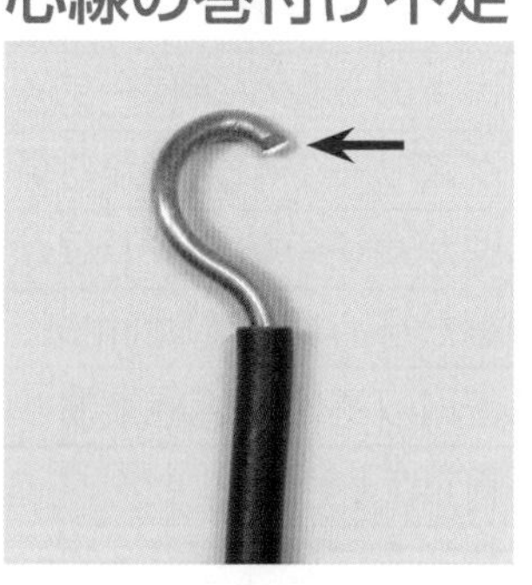

★台座に入っていない

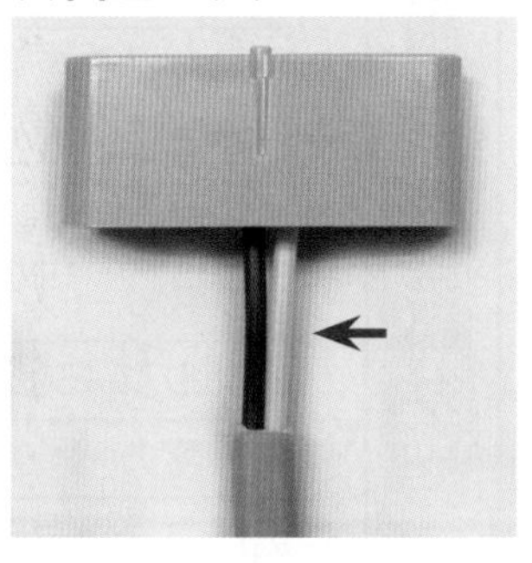

★極性の誤り

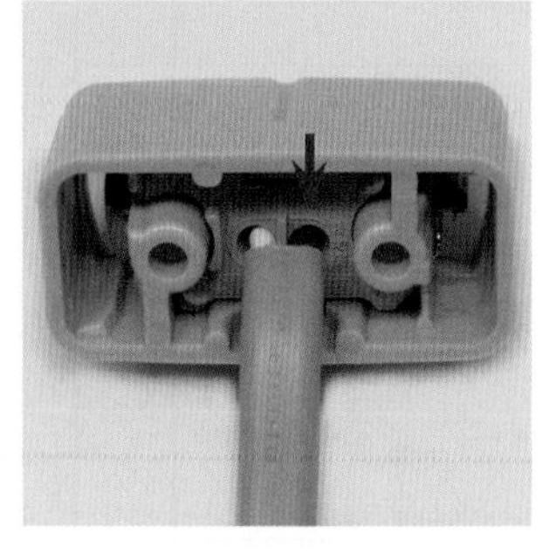

★心線の露出

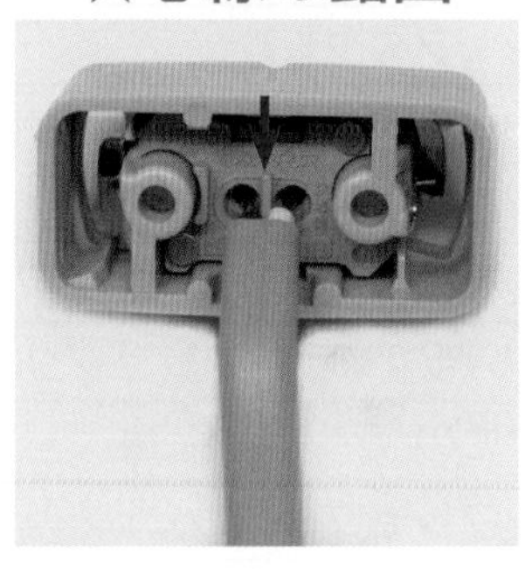

心線の露出

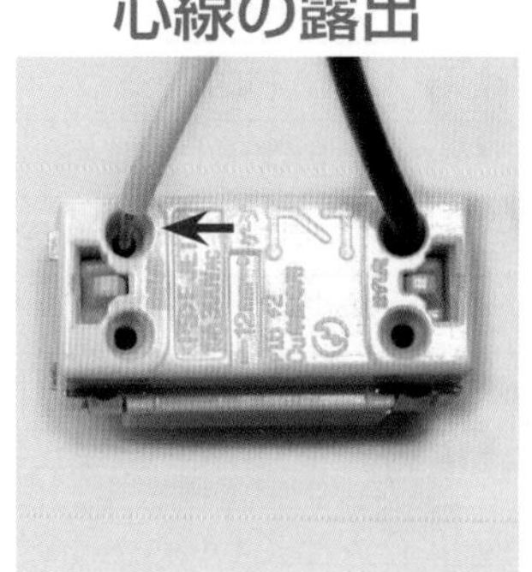

★心線の挿入不足

心線の露出

★圧着マークの誤り

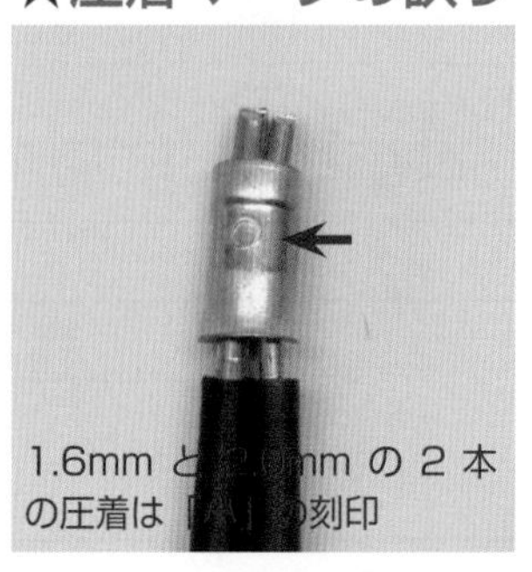

被覆の上から圧着

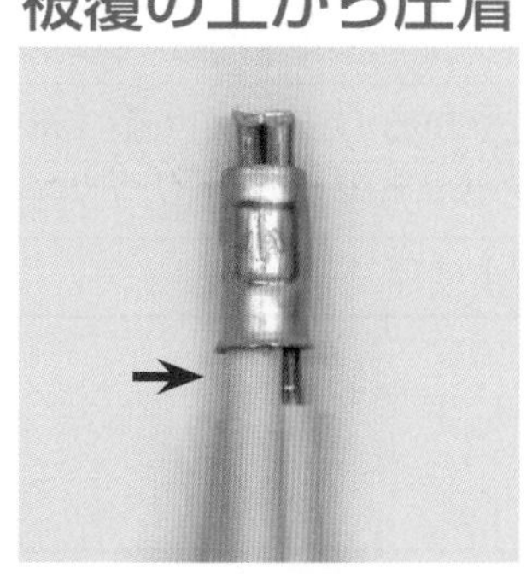

端末処理の不適切

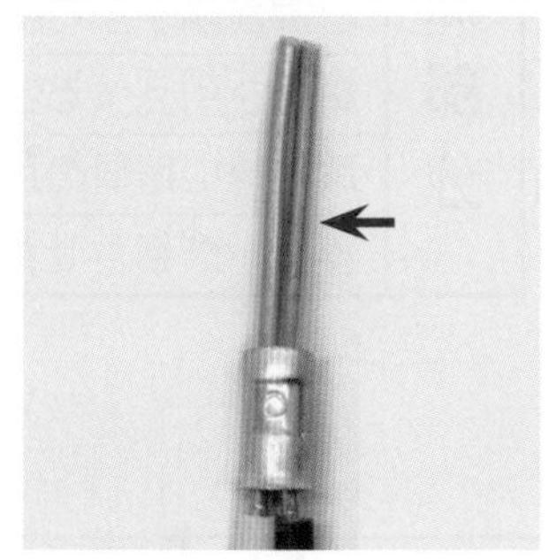

欠陥の詳細については，各作業手順のページをご参照ください．

候補問題 No.2 問題例

公表された候補問題には，配線図の寸法や接続方法，施工条件が明記されていないため，ここでは，寸法，接続方法，施工条件を想定して練習できるように問題例としました．

《 想定した材料等の確認 》

作業開始前に準備した材料等を下記の材料表と必ず照合し，材料の不足があれば，必要分を揃えて下さい．

想定した使用材料

材　　料	
1. 600V ビニル絶縁ビニルシースケーブル平形（シース青色），2.0mm，2 心，長さ約 250mm ……	1 本
2. 600V ビニル絶縁ビニルシースケーブル平形，1.6mm，2 心，長さ約 1200mm …………………	1 本
3. 600V ビニル絶縁ビニルシースケーブル平形，1.6mm，3 心，長さ約 800mm …………………	1 本
4. ランプレセプタクル（カバーなし）……………………………………………………	1 個
5. 埋込連用タンブラスイッチ ……………………………………………………………	1 個
6. 埋込連用パイロットランプ ……………………………………………………………	1 個
7. 埋込コンセント（2 口）………………………………………………………………	1 個
8. 埋込連用コンセント …………………………………………………………………	1 個
9. 埋込連用取付枠 ………………………………………………………………………	1 枚
10. リングスリーブ（小）………………………………………………………………	3 個
11. 差込形コネクタ（3 本用）…………………………………………………………	2 個
12. 差込形コネクタ（4 本用）…………………………………………………………	1 個

（注）上記の想定した材料表のリングスリーブの個数には予備品の数は含まれていません．実際の試験では，材料表には予備品を含んだリングスリーブの総数が示され，材料箱内にはリングスリーブの予備品もセットされて支給されます．

材料の写真

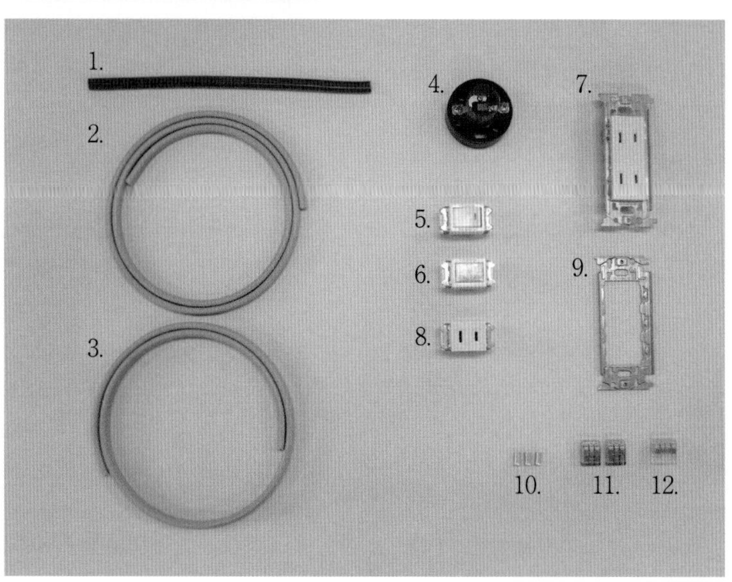

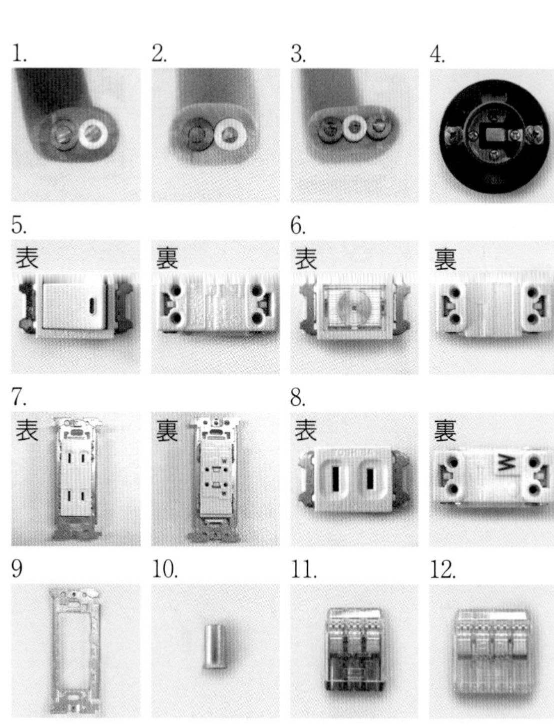

候補問題 No.2 問題例［試験時間　40 分］

図に示す低圧屋内配線工事を想定した全ての材料を使用し，〈 **施工条件** 〉に従って完成させなさい．なお，

1．―・―・― で示した部分は施工を省略する．
2．VVF 用ジョイントボックス及びスイッチボックスは準備していないので，その取り付けは省略する．
3．電線接続箇所のテープ巻きや絶縁キャップによる絶縁処理は省略する．

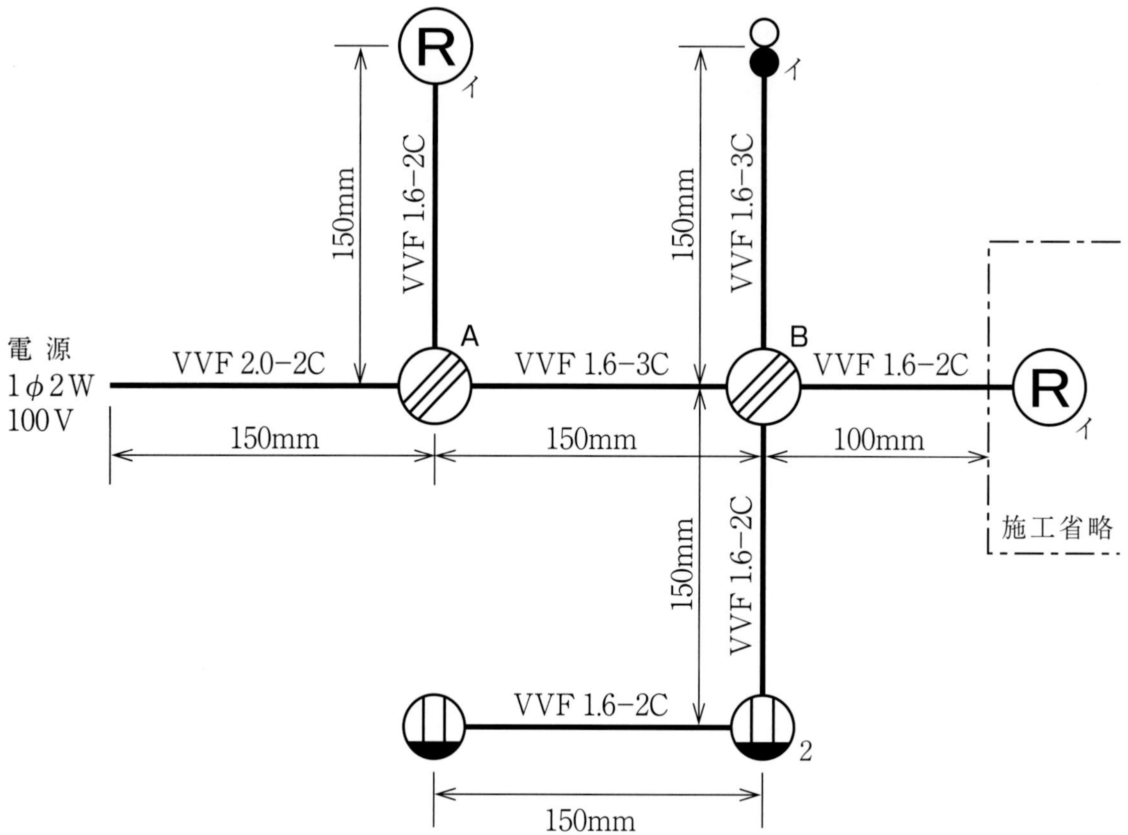

注：1．図記号は原則として JIS C 0303：2000 に準拠している．
　　　また，作業に直接関係のない部分等は省略又は簡略化してある．
　　2．Ⓡ は，ランプレセプタクルを示す．

〈 施工条件 〉

1．配線及び器具の配置は，図に従って行うこと．

2．確認表示灯（パイロットランプ）は，常時点灯とすること．

3．電線の色別（絶縁被覆の色）は，次によること．

　①電源からの接地側電線には，すべて白色を使用する．

　②電源から点滅器，パイロットランプ及びコンセントまでの非接地側電線には，すべて黒色を使用する．

　③次の器具の端子には，白色の電線を結線する．

　　・コンセントの接地側極端子（W と表示）

　　・ランプレセプタクルの受金ねじ部の端子

4．VVF 用ジョイントボックス部分を経由する電線は，その部分ですべて接続箇所を設け，接続方法は，次によること．

　① A 部分は，リングスリーブによる接続とする．

　② B 部分は，差込形コネクタによる接続とする．

5．埋込連用取付枠は，タンブラスイッチ及びパイロットランプ部分に使用すること．

複線図の描き方を動画でチェック！

複線図を描くステップ 1

複線図化の手順

接地側電線の白色を描く

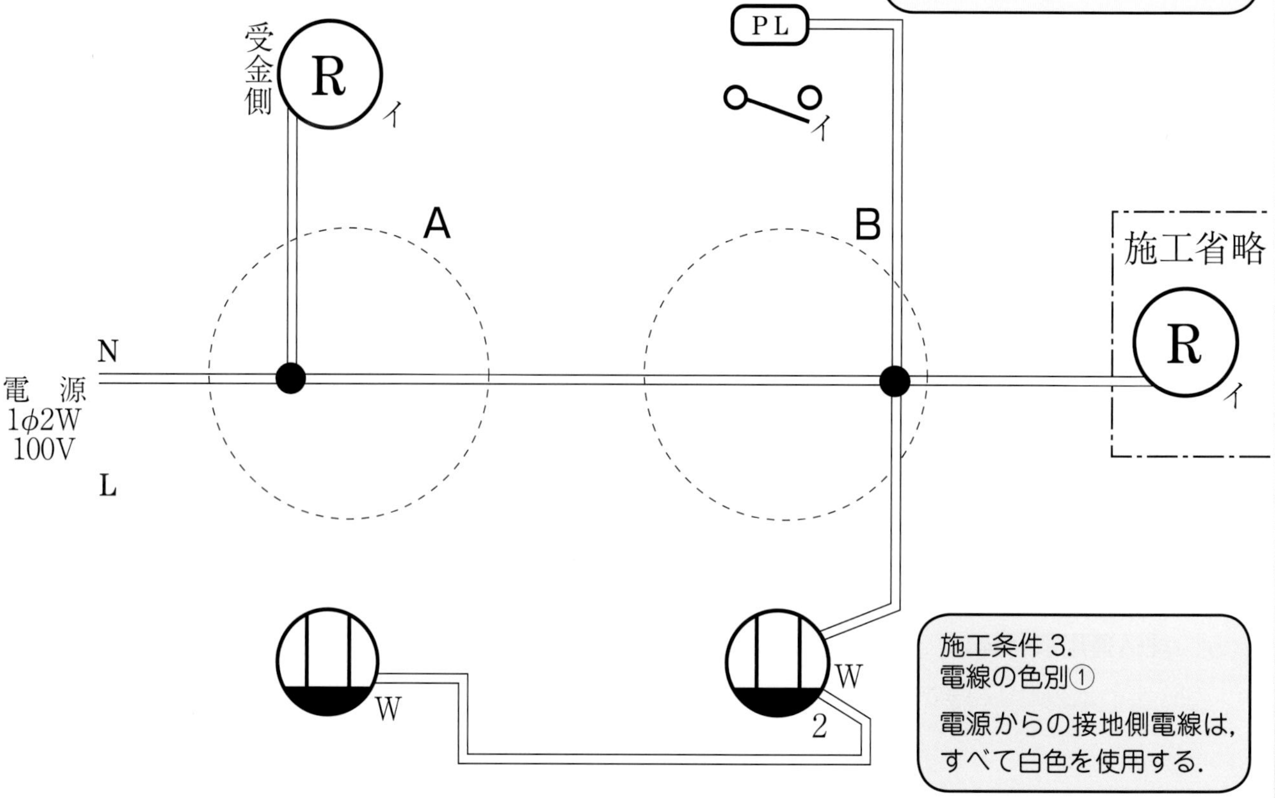

施工条件 3.
電線の色別①
電源からの接地側電線は，すべて白色を使用する．

複線図を描くステップ 2

複線図化の手順

非接地側電線の黒色を描く

施工条件 2.
確認表示灯（パイロットランプ）は，常時点灯とすること．

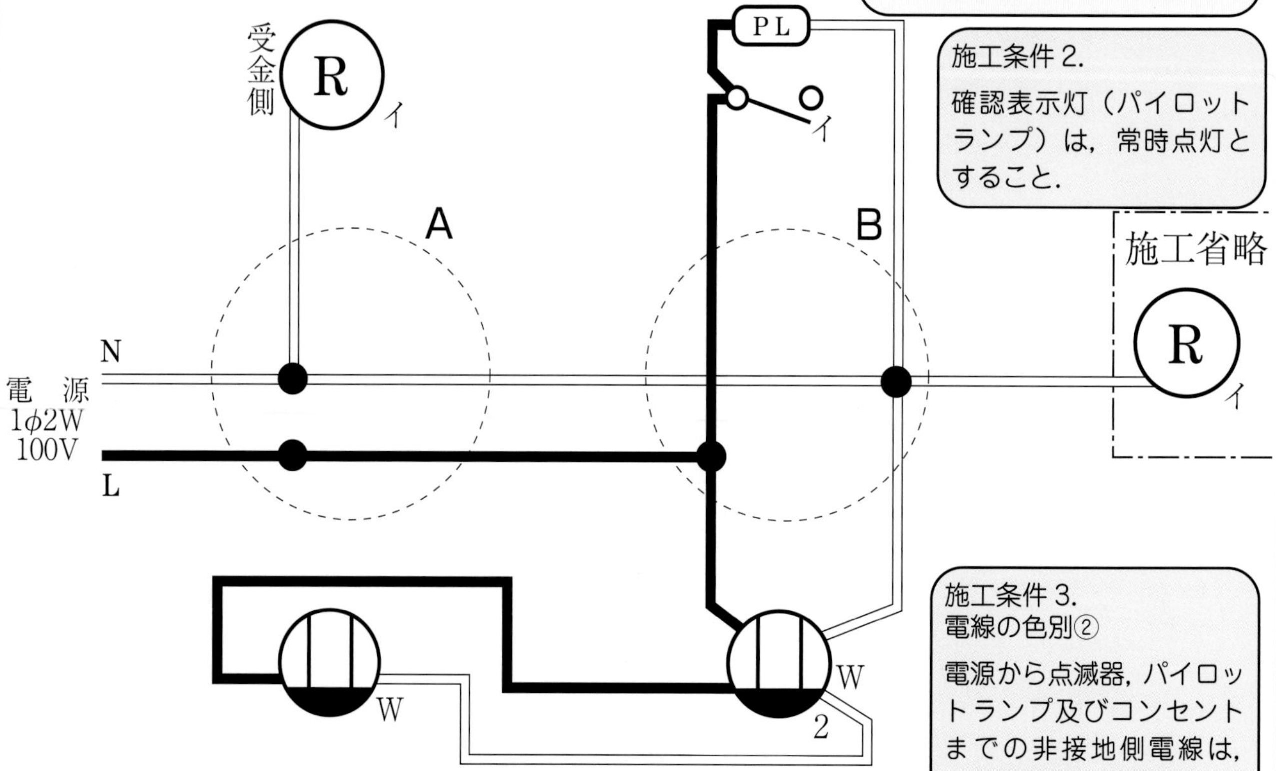

施工条件 3.
電線の色別②
電源から点滅器，パイロットランプ及びコンセントまでの非接地側電線は，すべて黒色を使用する．

複線図を描くステップ３

複線図化の手順
点滅器と照明器具をつないで完了

※ジョイントボックスＢ内が見やすいように，この問題では，片切スイッチの可動極に非接地側電線（黒色）を結線しています．

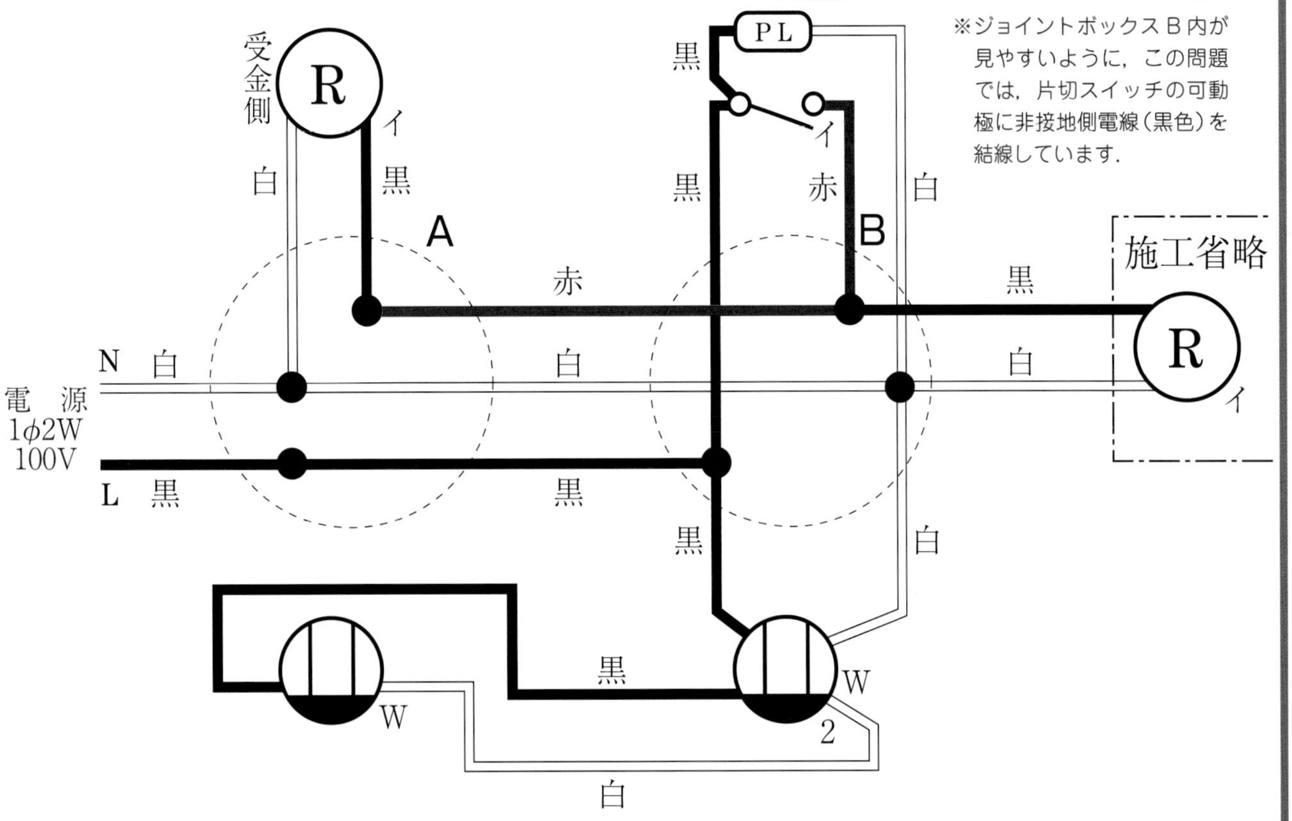

複線図を描くポイント（展開接続図）

●ダブルコンセントとシングルコンセントを使用する場合

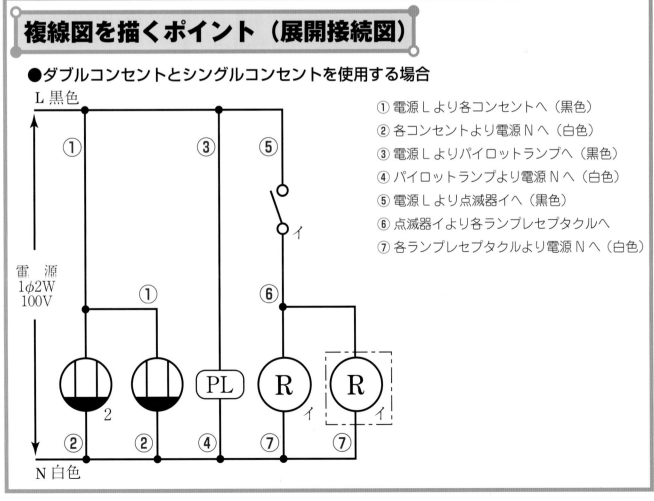

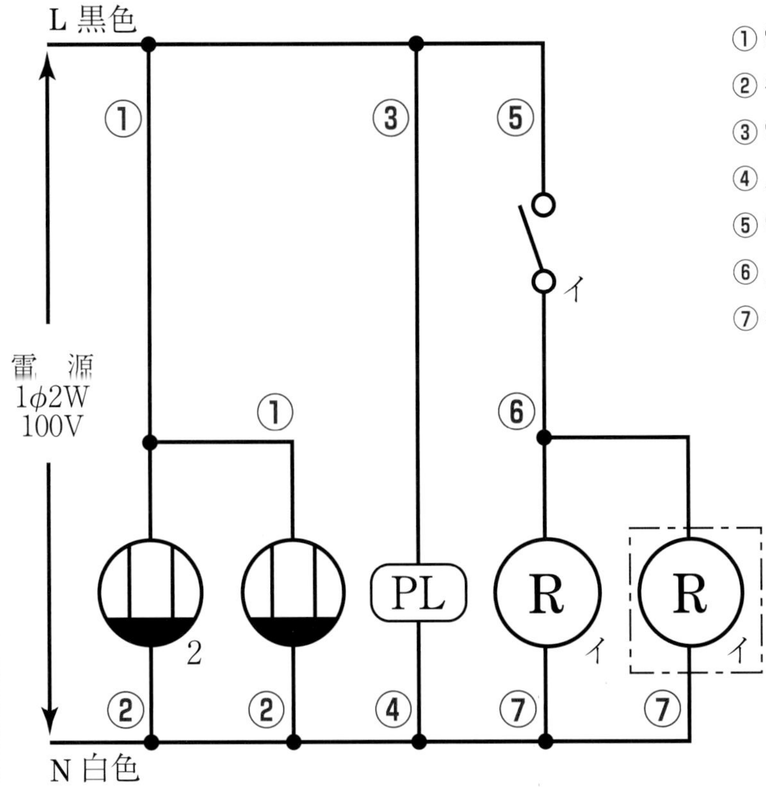

① 電源Ｌより各コンセントへ（黒色）
② 各コンセントより電源Ｎへ（白色）
③ 電源Ｌよりパイロットランプへ（黒色）
④ パイロットランプより電源Ｎへ（白色）
⑤ 電源Ｌより点滅器イへ（黒色）
⑥ 点滅器イより各ランプレセプタクルへ
⑦ 各ランプレセプタクルより電源Ｎへ（白色）

● ケーブルの使用箇所と切断寸法

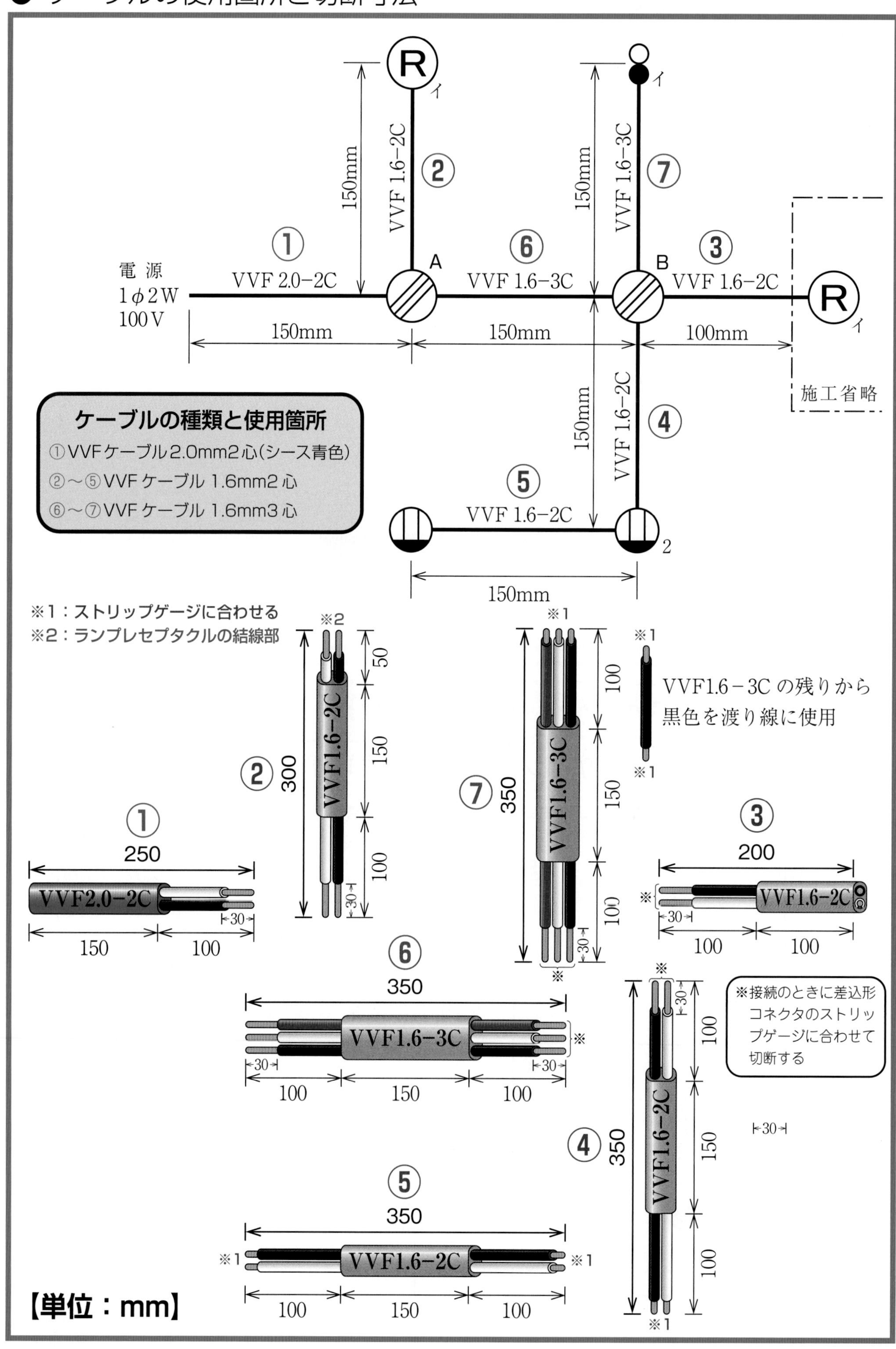

候補問題 No.2 の特徴と出題傾向

候補問題 No.2 の特徴として，点滅器と連用した確認表示灯（パイロットランプ）を常時点灯とすること，2 口コンセントを使用することが挙げられます．

この配線図は，令和 5 ～元年度，平成 30 ～ 28 年度，平成 24 ～ 23 年度に候補問題とされ，令和 5 ～元年度上期・下期試験，平成 30 年度上期・下期試験，平成 29 年度上期試験，平成 28 年度下期試験，平成 24 年度下期試験で出題されました．

常時点灯回路は，パイロットランプが常に点灯している回路で，点滅器を操作してもパイロットランプの点灯は変化しないということを覚えておきましょう．

2 口コンセントの結線箇所

問題例では，2 口コンセントにダブルコンセントを 1 個使用する想定ですが，シングルコンセントを 2 個連用することも考えられます．

表

裏

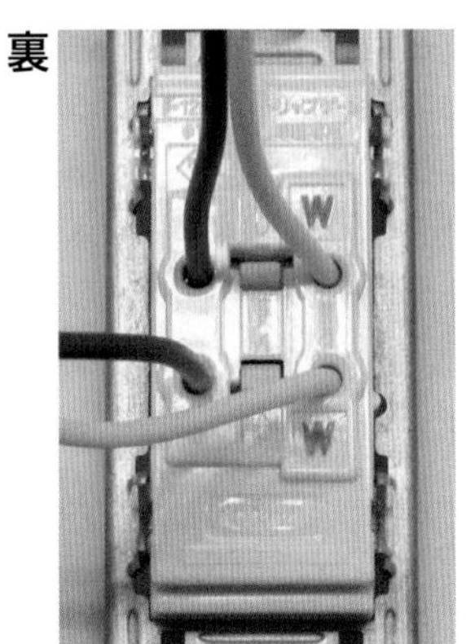

ダブルコンセントを使用する場合は，上下のコンセントの接地側極端子に白色，非接地側に黒色を結線するだけでよい．

表

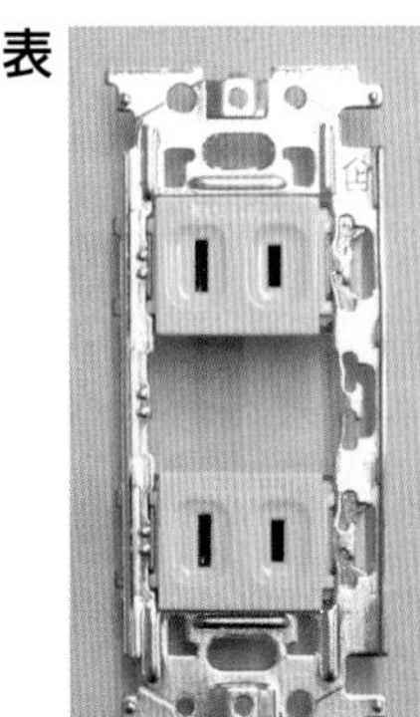

裏

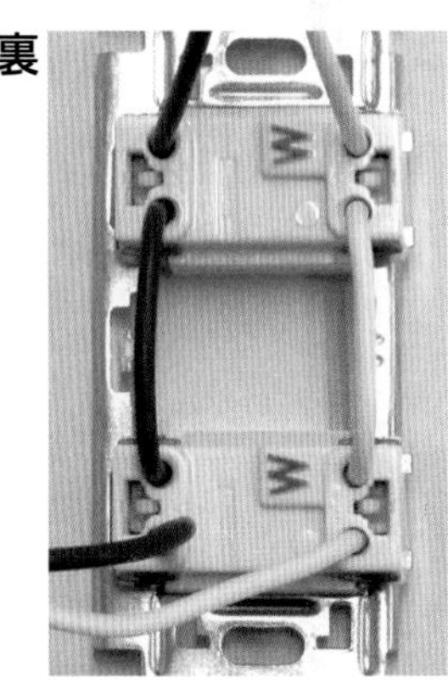

シングルコンセントを 2 個連用する場合は，上下のコンセントの接地側極端子に白色，非接地側に黒色の渡り線も結線する．

連用箇所の結線

パイロットランプと点滅器（片切スイッチ）の連用箇所の正しい結線方法は複数あります．下の写真は 134 ページとは別の正しい結線方法の一例です．

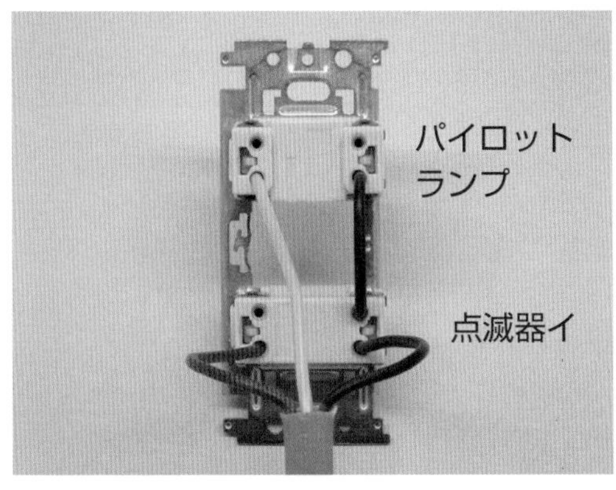

電源からの非接地側電線（黒色）を各器具の右側に結線し，パイロットランプの左側に接地側電線（白色），点滅器イの左側に点滅回路の赤色を結線したもの．

候補問題 No.2 完成参考写真

作業動画は
ここからアクセス！

	接続する電線の本数		圧着マーク	リングスリーブ
※	2本	1.6mm × 2	○	小
★	2本	2.0mm × 1 と 1.6mm × 1	小	
♠	3本	2.0mm × 1 と 1.6mm × 2	小	

★印の接続箇所は，圧着マークを間違えやすいので注意！

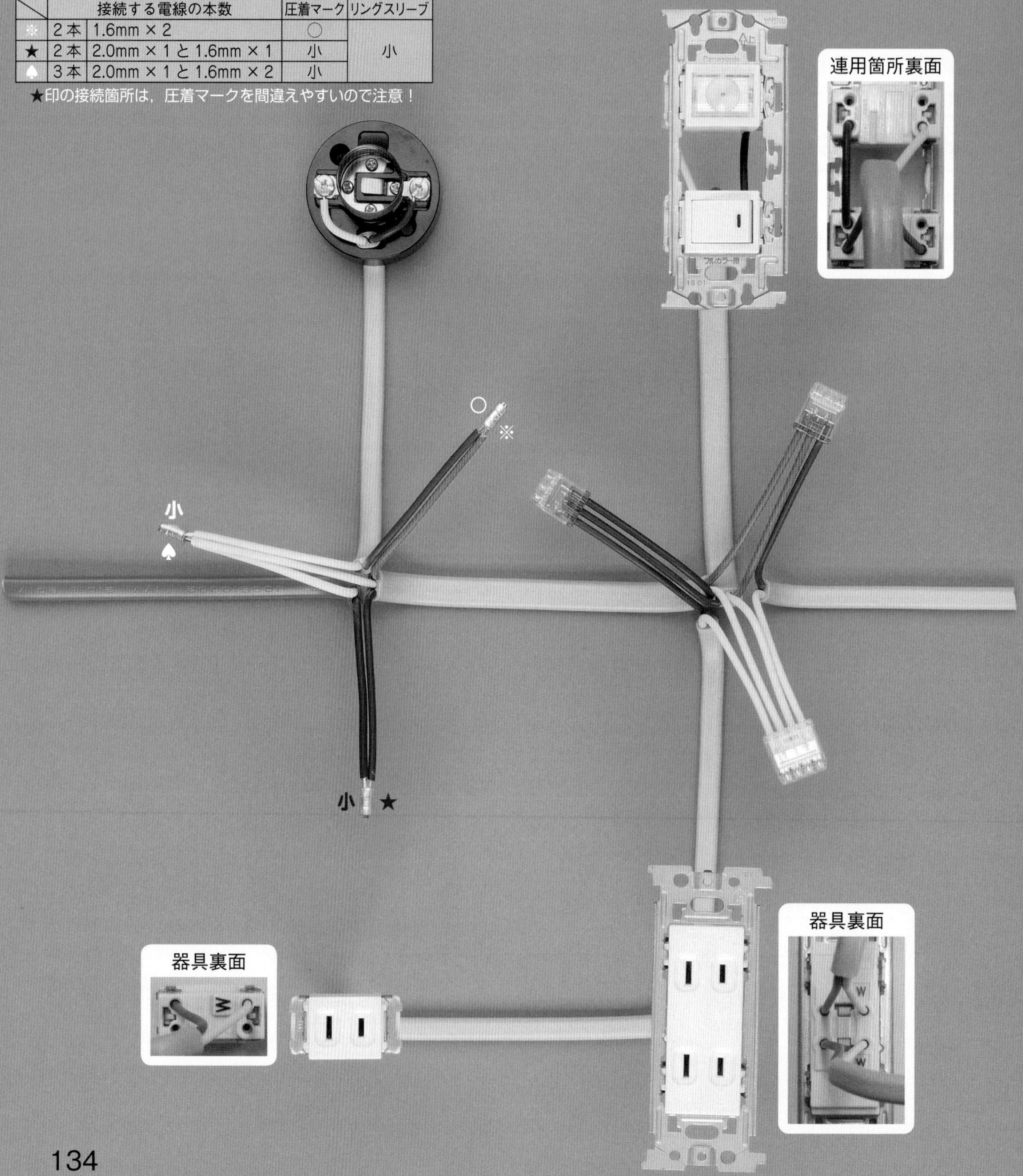

○ ※

小 ♠

小 ★

連用箇所裏面

器具裏面

器具裏面

候補問題 No.2 の欠陥チェック

	欠 陥 事 項	✓
全体共通部分	未完成（未着手，未接続，未結線，取付枠の未取付）	
	配線・器具の配置・電線の種類が配線図と相違	
	配線図に示された寸法の 50％以下で完成させている	
	取付枠を指定部分以外に使用	
	回路の誤り（誤接続，誤結線）	
	接地側・非接地側電線の色別の相違，器具の極性相違	
	ケーブルシースに 20mm 以上の縦割れがある	
	ケーブルを折り曲げると絶縁被覆が露出する傷がある	
	絶縁被覆を折り曲げると心線が露出する傷がある	
	心線を折り曲げると心線が折れる程度の傷がある	
	材料表以外の材料を使用している（試験時は支給品以外）	
電線相互の接続部分	指定箇所を指定された接続方法以外で接続している	
	圧着接続での圧着マークの誤り	
	リングスリーブを破損している	
	圧着マークの一部が欠けている	
	リングスリーブに 2 つ以上の圧着マークがある	
	1 箇所の接続に 2 個以上のリングスリーブを使用している	
	接続する心線がリングスリーブの先端から見えていない	
	接続部先端の端末処理が適切でない（心線が 5mm 以上露出している）	
	リングスリーブの下端から心線が 10mm 以上露出している	
	ケーブルシースのはぎ取り不足で絶縁被覆が 20mm 以下	
	絶縁被覆の上から圧着している	
	差込形コネクタの先端部分に心線が見えていない	
	差込形コネクタの下端部分から心線が露出している	
器具等との結線部分	心線をねじで締め付けていないもの（※ランプレセプタクル）	
	ねじの端から心線が 5mm 以上露出している（※ランプレセプタクル）	
	絶縁被覆の上からねじを締め付けている（※ランプレセプタクル）	
	ケーブル引込口を通さずに台座の上からケーブルを結線（※ランプレセプタクル）	
	心線の端末がねじの端から 5mm 以上はみ出している（※ランプレセプタクル）	
	ランプレセプタクルのカバーが適切に締まらないもの	
	ケーブルシースが台座まで入っていない（※ランプレセプタクル）	
	心線が端子から露出している（※埋込連用器具：2mm 以上）	
	電線を引っ張ると端子から心線が抜ける（※埋込連用器具）	
	取付枠に器具の取付不適の場合（裏返し・器具を引っ張ると外れる・取付位置の誤り）	
	器具を破損させたまま使用	
	総合チェック	

主な欠陥例

すべての作業を丁寧に行って，欠陥がない作品を完成させることを心掛けましょう．
★印はよくある欠陥のため，作業時には特に注意して下さい．

縦割がある

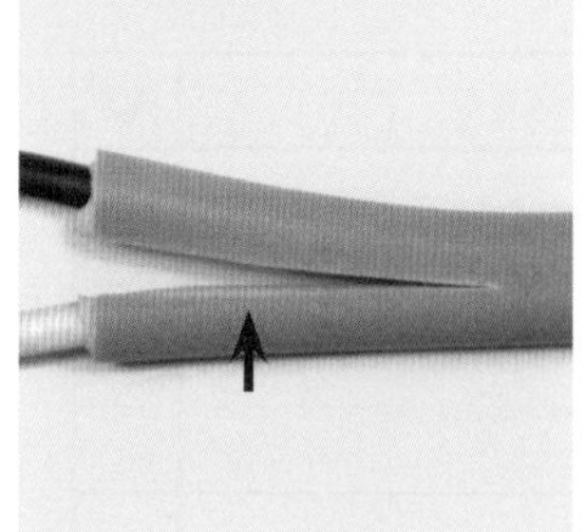

絶縁被覆の露出

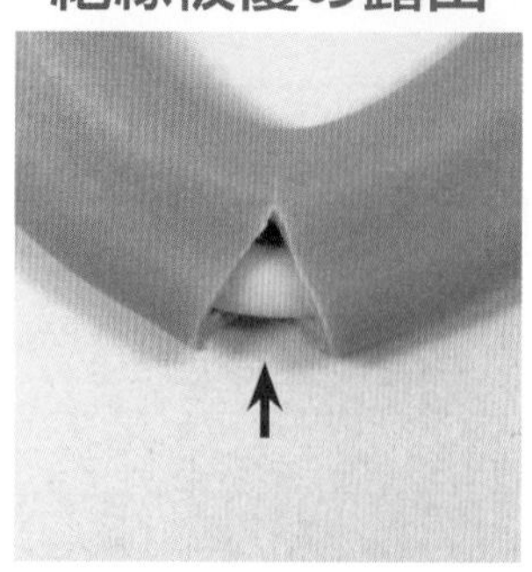

心線が見える

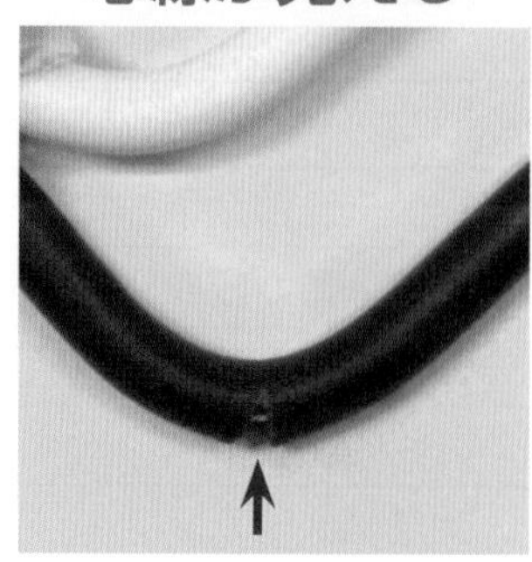

★極性の誤り

ゆるい締め付け

心線のはみ出し

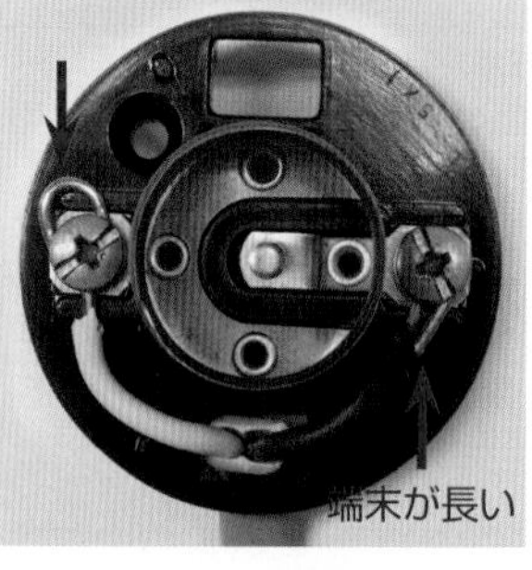

★カバーが締まらない

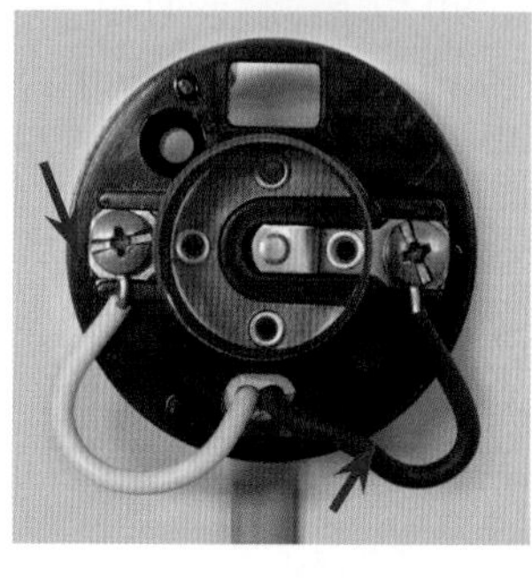

★台座に入っていない

台座の上から結線

左巻きで巻付け

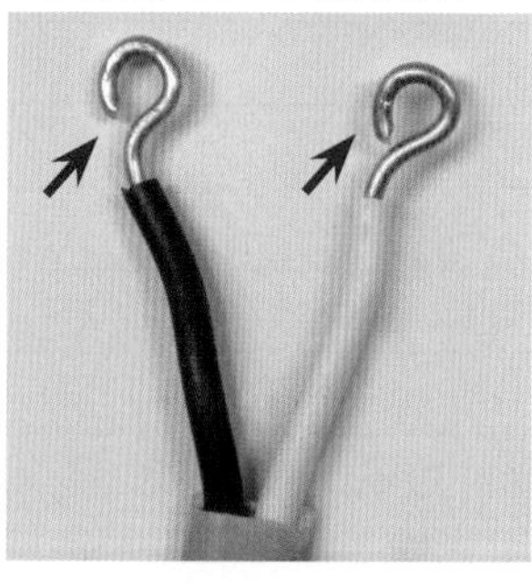

心線を重ねて巻付け

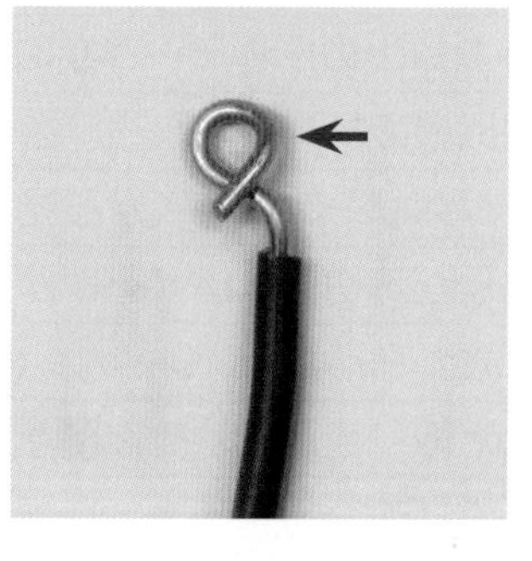

心線の巻付け不足

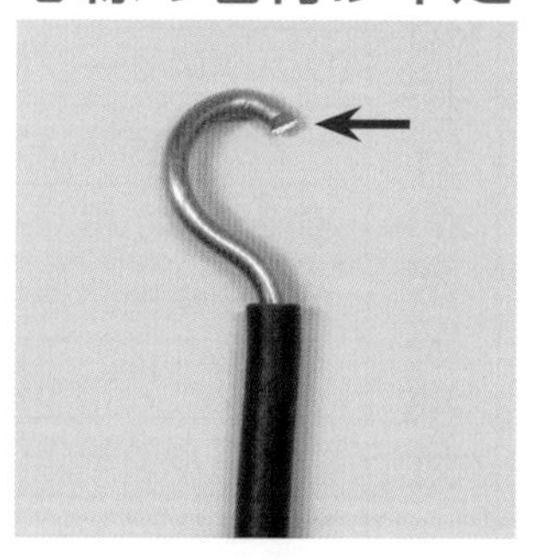

極性の誤り

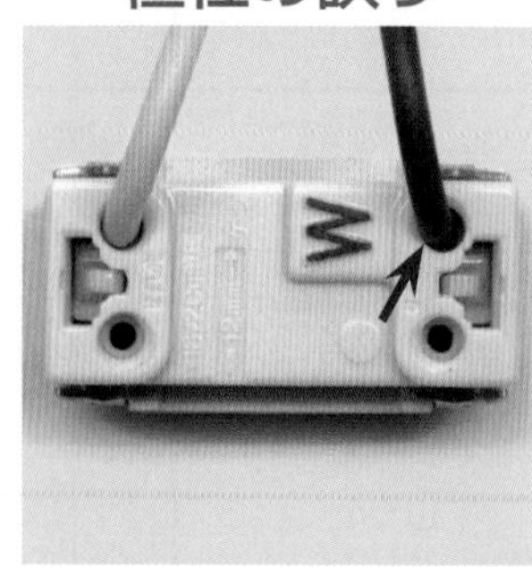

心線の露出

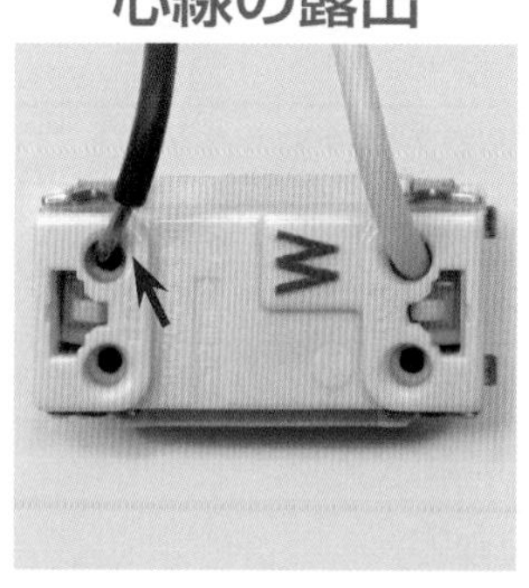

取付位置の誤り

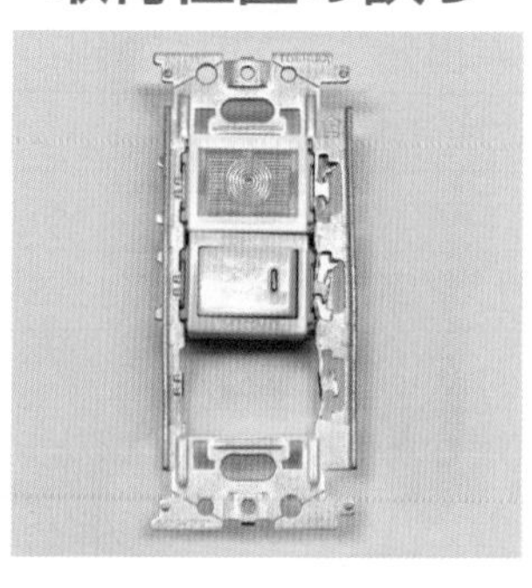

★心線の挿入不足

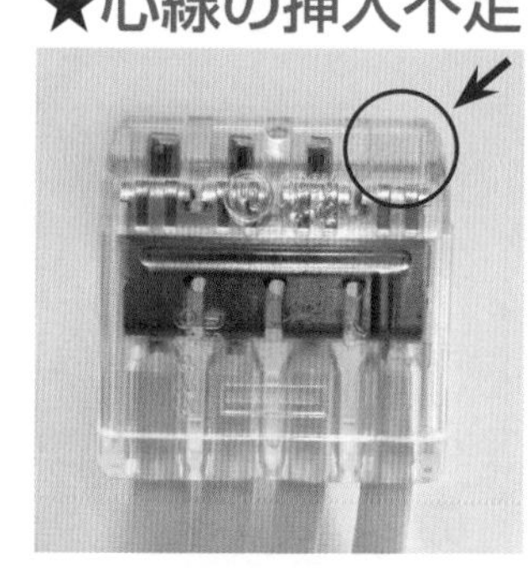

★圧着マークの誤り

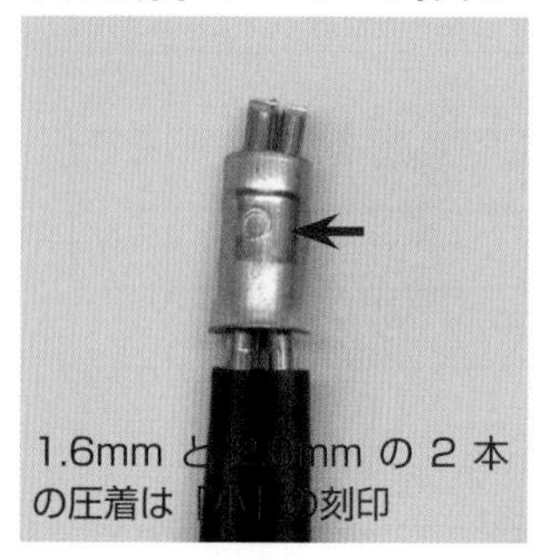

被覆の上から圧着

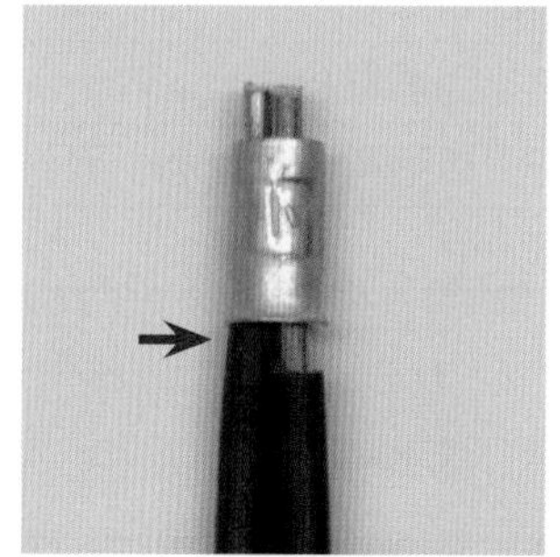

心線がみえていない

端末処理の不適切

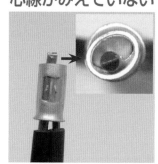

欠陥の詳細については，各作業手順のページをご参照ください．

候補問題 No.3 問題例

公表された候補問題には，配線図の寸法や接続方法，施工条件が明記されていないため，ここでは，寸法，接続方法，施工条件を想定して練習できるように問題例としました．

《 想定した材料等の確認 》

作業開始前に準備した材料等を下記の材料表と必ず照合し，材料の不足があれば，必要分を揃えて下さい．

想定した使用材料

材料	
1. 600V ビニル絶縁ビニルシースケーブル平形（シース青色），2.0mm，2心，長さ約250mm ……	1本
2. 600V ビニル絶縁ビニルシースケーブル平形，1.6mm，2心，長さ約1600mm ……	1本
3. 600V ビニル絶縁ビニルシースケーブル平形，1.6mm，3心，長さ約350mm ……	1本
4. 600V ビニル絶縁電線（緑），1.6mm，長さ約150mm ……	1本
5. ランプレセプタクル（カバーなし）……	1個
6. 引掛シーリングローゼット（ボディ（角形）のみ）……	1個
7. 端子台（タイムスイッチの代用），3極 ……	1個
8. 埋込連用タンブラスイッチ……	1個
9. 埋込連用接地極付コンセント……	1個
10. 埋込連用取付枠……	1枚
11. リングスリーブ（小）……	3個
12. 差込形コネクタ（2本用）……	1個
13. 差込形コネクタ（3本用）……	1個
14. 差込形コネクタ（4本用）……	1個

（注）上記の想定した材料表のリングスリーブの個数には予備品の数は含まれていません．実際の試験では，材料表には予備品を含んだリングスリーブの総数が示され，材料箱内にはリングスリーブの予備品もセットされて支給されます．

材料の写真

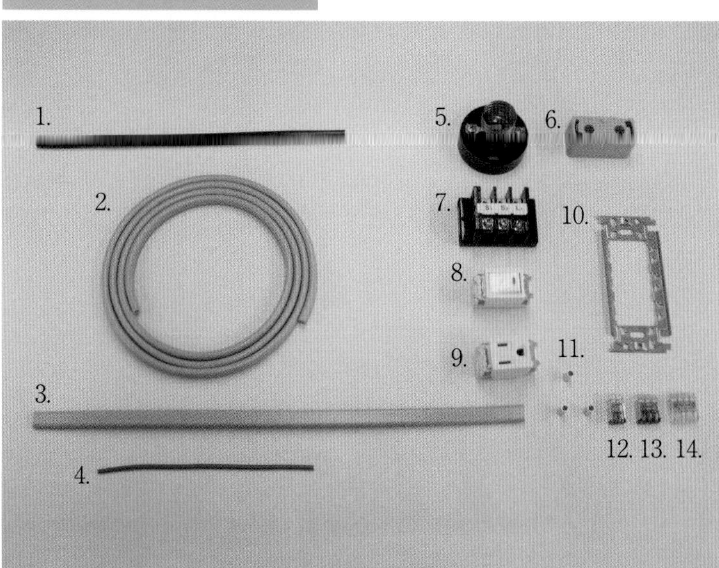

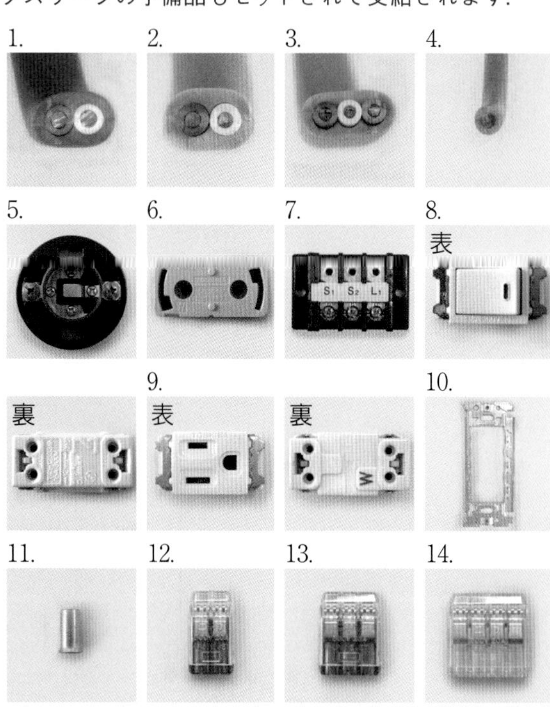

候補問題 No.3 問題例［試験時間　40 分］

図に示す低圧屋内配線工事を想定した全ての材料を使用し，〈 **施工条件** 〉に従って完成させなさい．なお，

1．タイムスイッチは端子台で代用するものとする．
2．―・―・― で示した部分は施工を省略する．
3．VVF 用ジョイントボックス及びスイッチボックスは準備していないので，その取り付けは省略する．
4．電線接続箇所のテープ巻きや絶縁キャップによる絶縁処理は省略する．

図 1．配線図

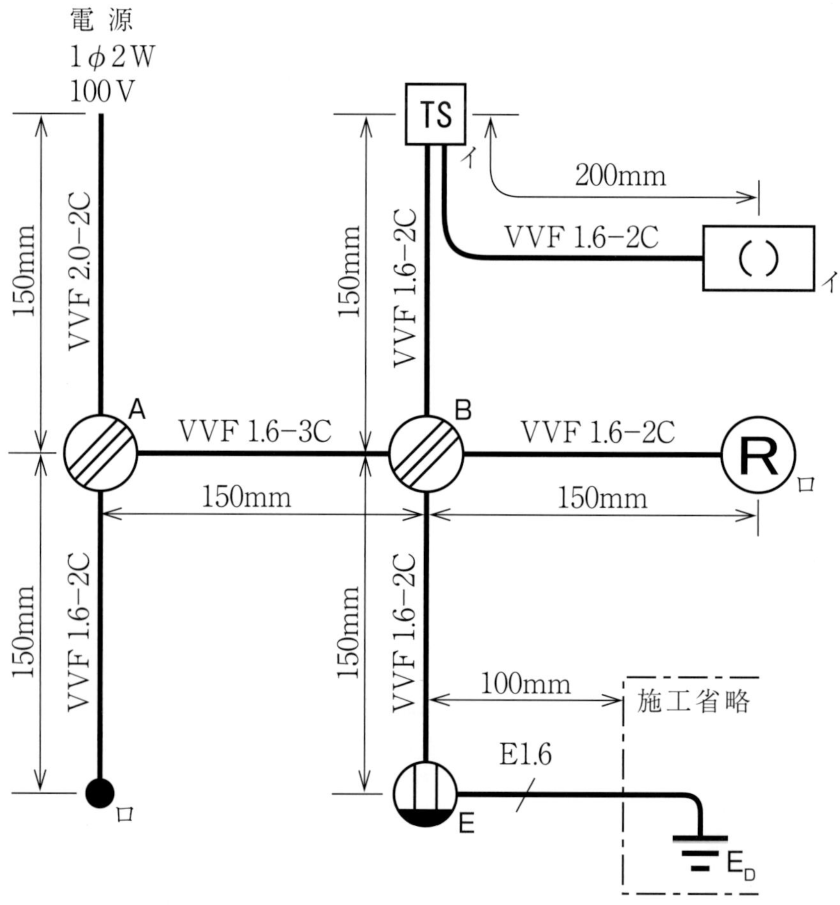

注：1. 図記号は原則として JIS C 0303：2000 に準拠している．
　　　また，作業に直接関係のない部分等は省略又は簡略化してある．
　　2. Ⓡ は，ランプレセプタクルを示す．

図 2．タイムスイッチ代用の端子台の説明図

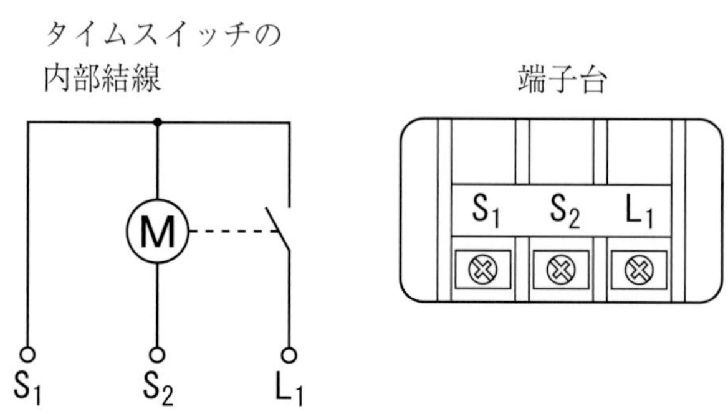

〈 施工条件 〉

1．配線及び器具の配置は，図１に従って行うこと．

2．タイムスイッチ代用の端子台は，図２に従って使用すること．

3．電線の色別（絶縁被覆の色）は，次によること．

①電源からの接地側電線には，すべて**白色**を使用する．

②電源から点滅器，コンセント及びタイムスイッチまでの非接地側電線には，すべて**黒色**を使用する．

③接地線は，**緑色**を使用する．

④次の器具の端子には，**白色の電線**を結線する．

・コンセントの接地側極端子（W と表示）

・ランプレセプタクルの受金ねじ部の端子

・引掛シーリングローゼットの接地側極端子（W 又は接地側と表示）

・タイムスイッチ（端子台）の記号 S_2 の端子

4．VVF 用ジョイントボックス部分を経由する電線は，その部分ですべて接続箇所を設け，接続方法は，次によること．

①A 部分は，リングスリーブによる接続とする．

②B 部分は，差込形コネクタによる接続とする．

5．埋込連用取付枠は，コンセント部分に使用すること．

複線図を描くステップ 1

複線図化の手順
接地側電線の白色を描く

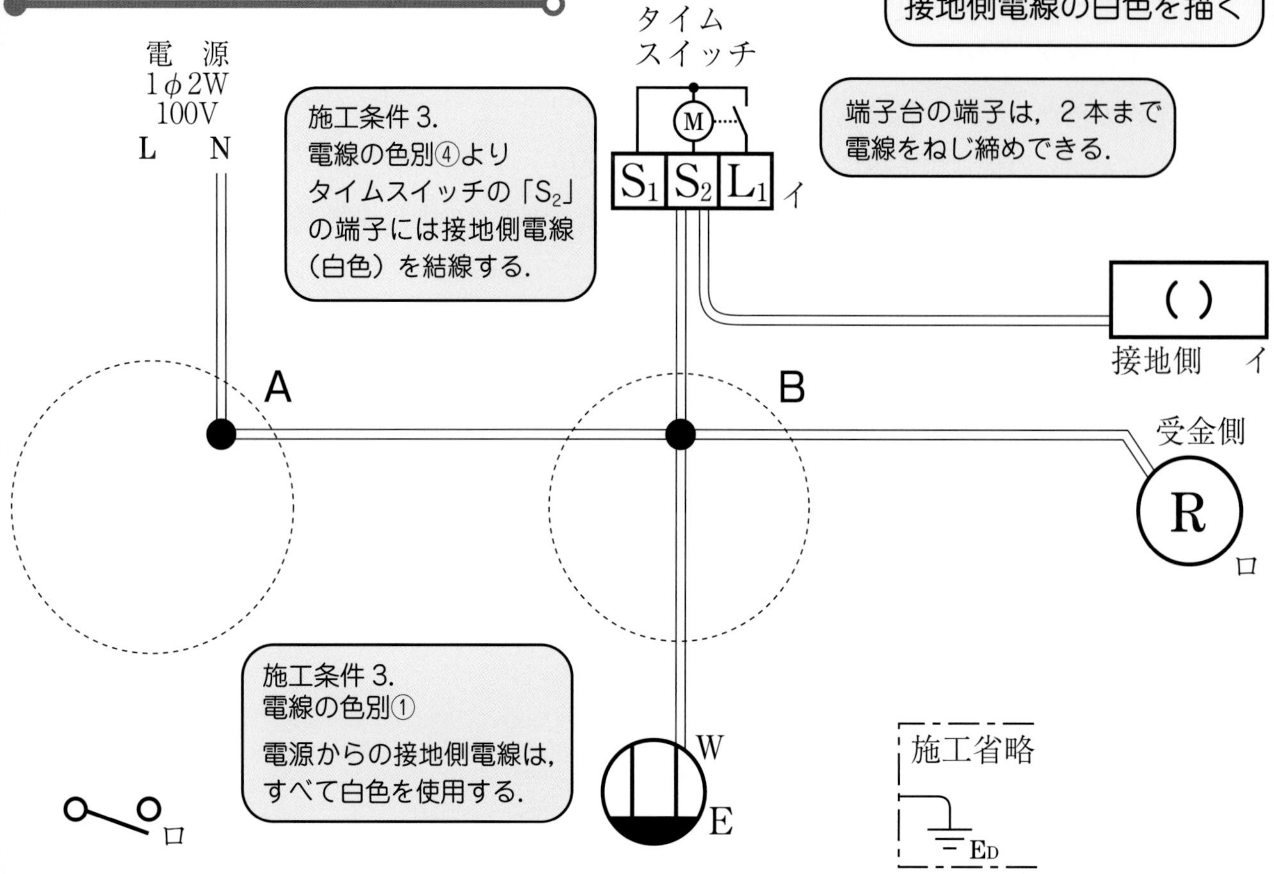

施工条件 3.
電線の色別④より
タイムスイッチの「S_2」の端子には接地側電線（白色）を結線する.

端子台の端子は，2 本まで電線をねじ締めできる.

施工条件 3.
電線の色別①
電源からの接地側電線は，すべて白色を使用する.

複線図を描くステップ 2

複線図化の手順
非接地側電線の黒色を描く

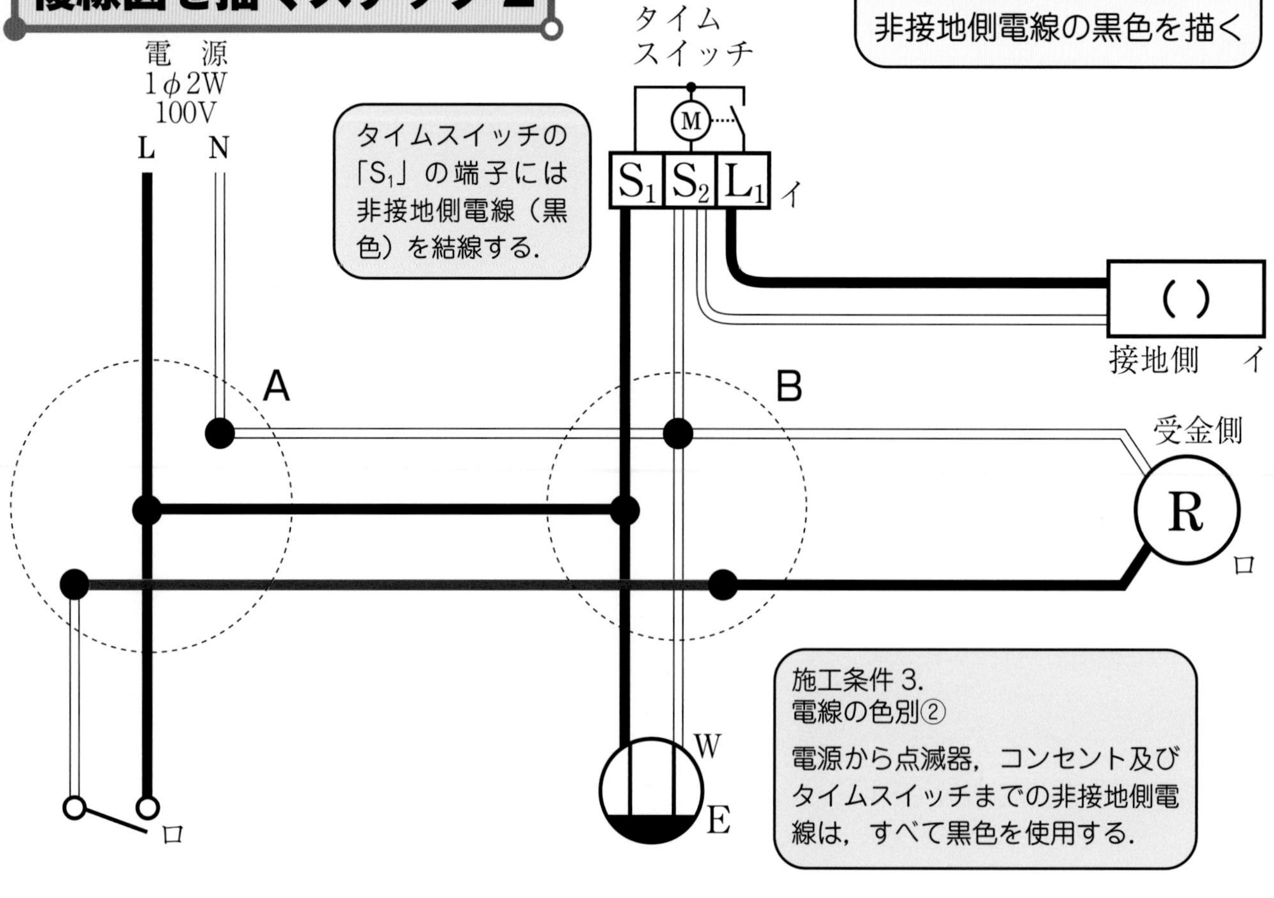

タイムスイッチの「S_1」の端子には非接地側電線（黒色）を結線する.

施工条件 3.
電線の色別②
電源から点滅器，コンセント及びタイムスイッチまでの非接地側電線は，すべて黒色を使用する.

複線図を描くステップ 3

複線図化の手順

イ，ロの点滅回路と接地線を結線して完了

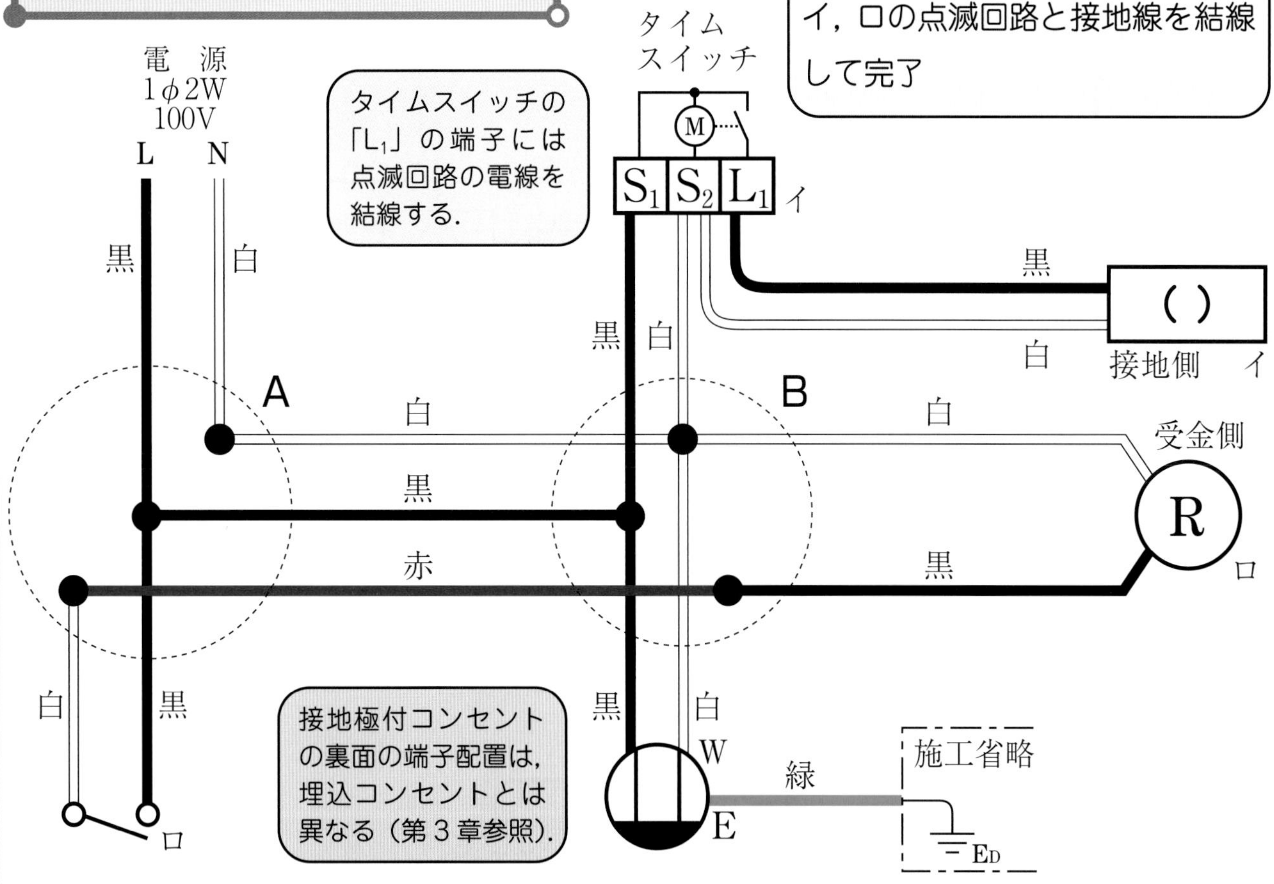

タイムスイッチの「L_1」の端子には点滅回路の電線を結線する．

接地極付コンセントの裏面の端子配置は，埋込コンセントとは異なる（第3章参照）．

複線図を描くポイント（展開接続図）

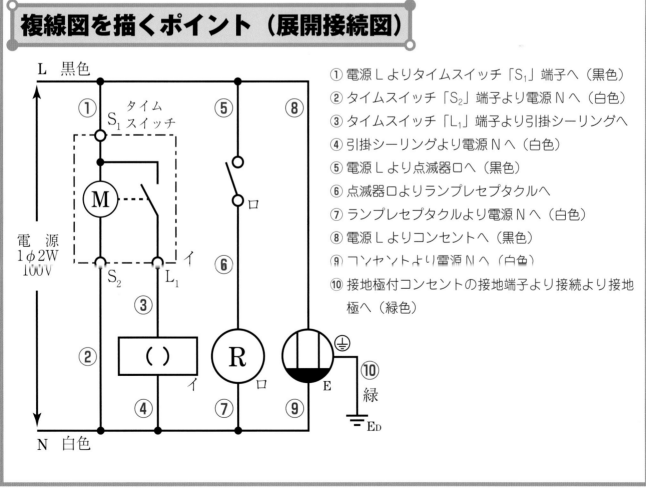

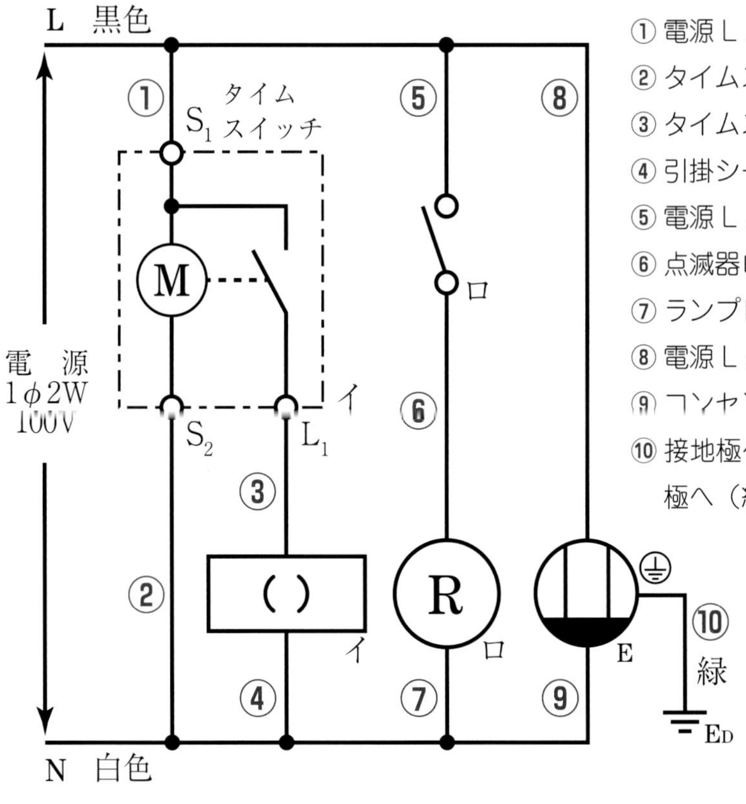

① 電源Lよりタイムスイッチ「S_1」端子へ（黒色）

② タイムスイッチ「S_2」端子より電源Nへ（白色）

③ タイムスイッチ「L_1」端子より引掛シーリングへ

④ 引掛シーリングより電源Nへ（白色）

⑤ 電源Lより点滅器ロへ（黒色）

⑥ 点滅器ロよりランプレセプタクルへ

⑦ ランプレセプタクルより電源Nへ（白色）

⑧ 電源Lよりコンセントへ（黒色）

⑨ コンセントより電源Nへ（白色）

⑩ 接地極付コンセントの接地端子より接続より接地極へ（緑色）

● ケーブルの使用箇所と切断寸法

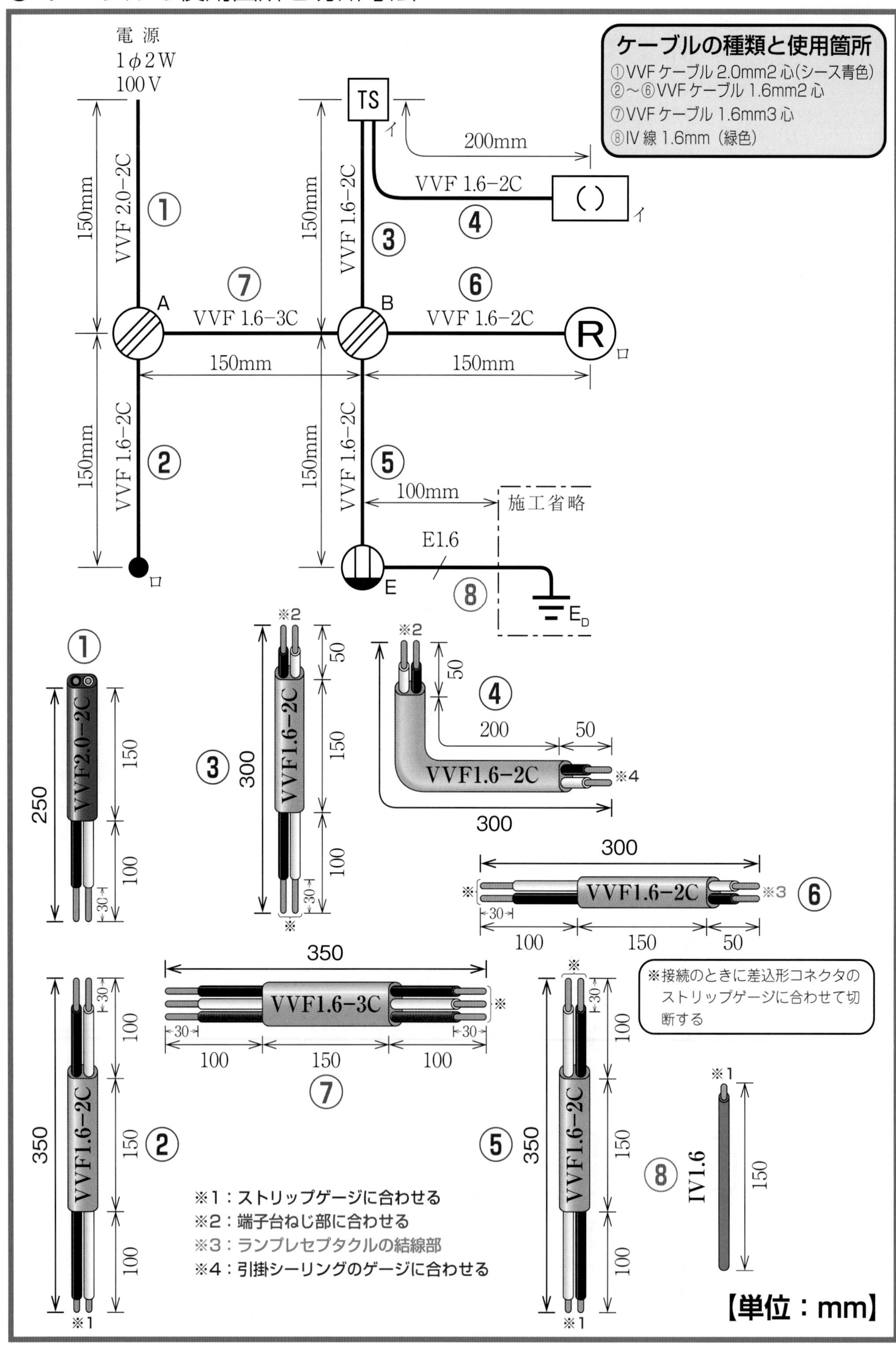

ケーブルの種類と使用箇所
①VVF ケーブル 2.0mm2 心(シース青色)
②～⑥VVF ケーブル 1.6mm2 心
⑦VVF ケーブル 1.6mm3 心
⑧IV 線 1.6mm（緑色）
電源
1φ2W
100V
TS
200mm
VVF 1.6−2C
VVF 2.0−2C
150mm
VVF 1.6−3C
施工省略
E1.6
※接続のときに差込形コネクタのストリップゲージに合わせて切断する
※1：ストリップゲージに合わせる
※2：端子台ねじ部に合わせる
※3：ランプレセプタクルの結線部
※4：引掛シーリングのゲージに合わせる
【単位：mm】

候補問題 No.3 の特徴と出題傾向

候補問題 No.3 の特徴は，タイムスイッチを使用して照明器具を点滅させる回路を含むこと，接地極付コンセントを使用することが挙げられます．この配線図は，本年度初めて候補問題とされました．

類似問題（埋込コンセントを使用）が，令和 5 ～元年度，平成 30 ～ 28 年度，平成 21 年度に候補問題とされ，令和 5 ～元年度上·下期試験，平成 30 年度上·下期試験，平成 29 年度上·下期試験，平成 28 年度下期試験，平成 21 年度の試験で出題されました．試験では，交流モータ式タイムスイッチを 3P 端子台で代用した問題が出題されています．この方式は，内蔵の交流モータでダイアル（24 時間目盛り付き円板）を回転させ，設定時刻に内部接点を「閉」または「開」し，負荷を「入」または「切」する構造のため，モータは常時電源とつながっていなければならないことを覚えておきましょう．

接地極付コンセントは，接地側·非接地側の極端子が埋込コンセントと異なるので注意しましょう．

タイムスイッチ

実際のタイムスイッチには，同一回路と別回路の 2 種類があり，実際は 4 端子ですが，技能試験では，同一回路のものを 3 極の端子台で代用する問題が過去に出題されています．代用端子台は，S_1 に非接地側電線（黒色），S_2 に接地側電線（白色），L_1 に引掛シーリングへの電線を結線します．

タイムスイッチ（同一回路のもの）

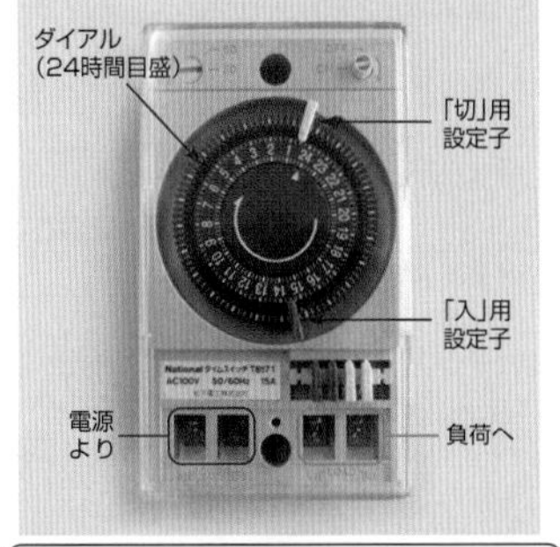

S_1，S_2 はダイアルを回転させるモータ用電源

L_1，L_2 は設定された時刻に「入」，「切」するスイッチ．

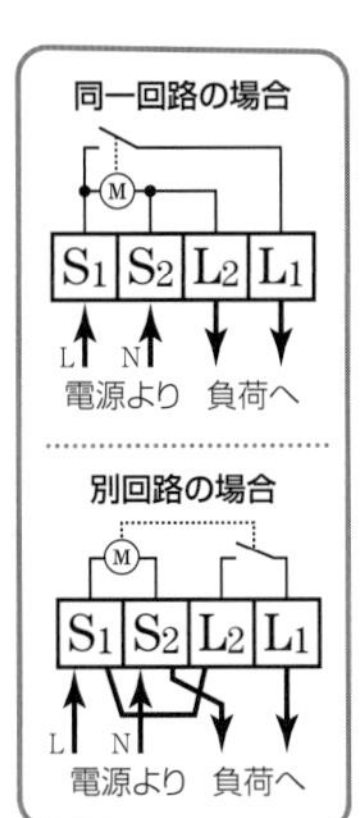

代用端子台の場合

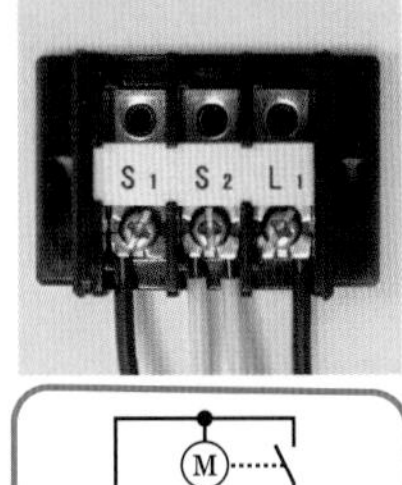

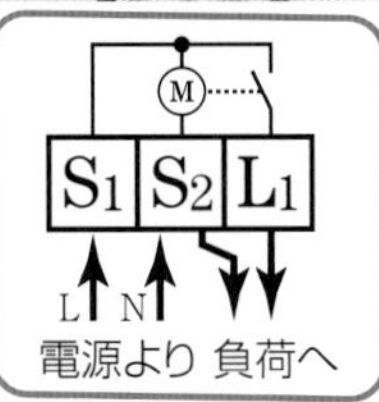

技能試験の出題では，同一回路の S_2 と L_2 を 1 つの端子にして代用しているので，代用端子台への結線は，S_1 端子に電源側の非接地側電線（黒色），S_2 端子に電源側·引掛シーリング側の接地側電線（白色），L_1 端子に引掛シーリング側の黒色を結線する．

接地極付コンセント

接地極付コンセントは，表面の刃受けの位置が埋込コンセントとは違うため，裏面の端子の配置も異なります．結線時には注意しましょう．

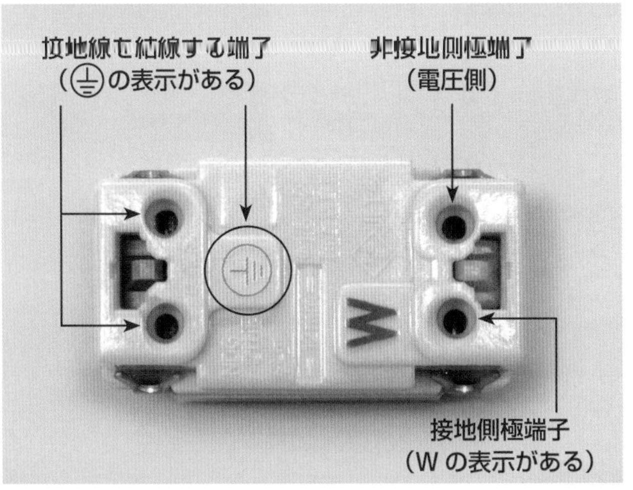

接地極付コンセントの端子は，左側の上·下の端子が接地線を結線する端子，右側の上が非接地側電線の黒色を結線する端子．右側の下が接地側電線の白色を結線する端子です．埋込コンセントへの結線と勘違いして，非接地側電線の黒色を左側の接地線を結線する端子に結線してしまうと欠陥になるので注意してください．

2024年度　第二種電気工事士技能試験

候補問題 No.3 完成参考写真

作業動画は
ここからアクセス！

	接続する電線の本数		圧着マーク	リングスリーブ
※	2本	1.6mm × 2	○	小
★	2本	2.0mm × 1と1.6mm × 1	小	
♠	3本	2.0mm × 1と1.6mm × 2	小	

★印の接続箇所は，圧着マークを間違えやすいので注意！

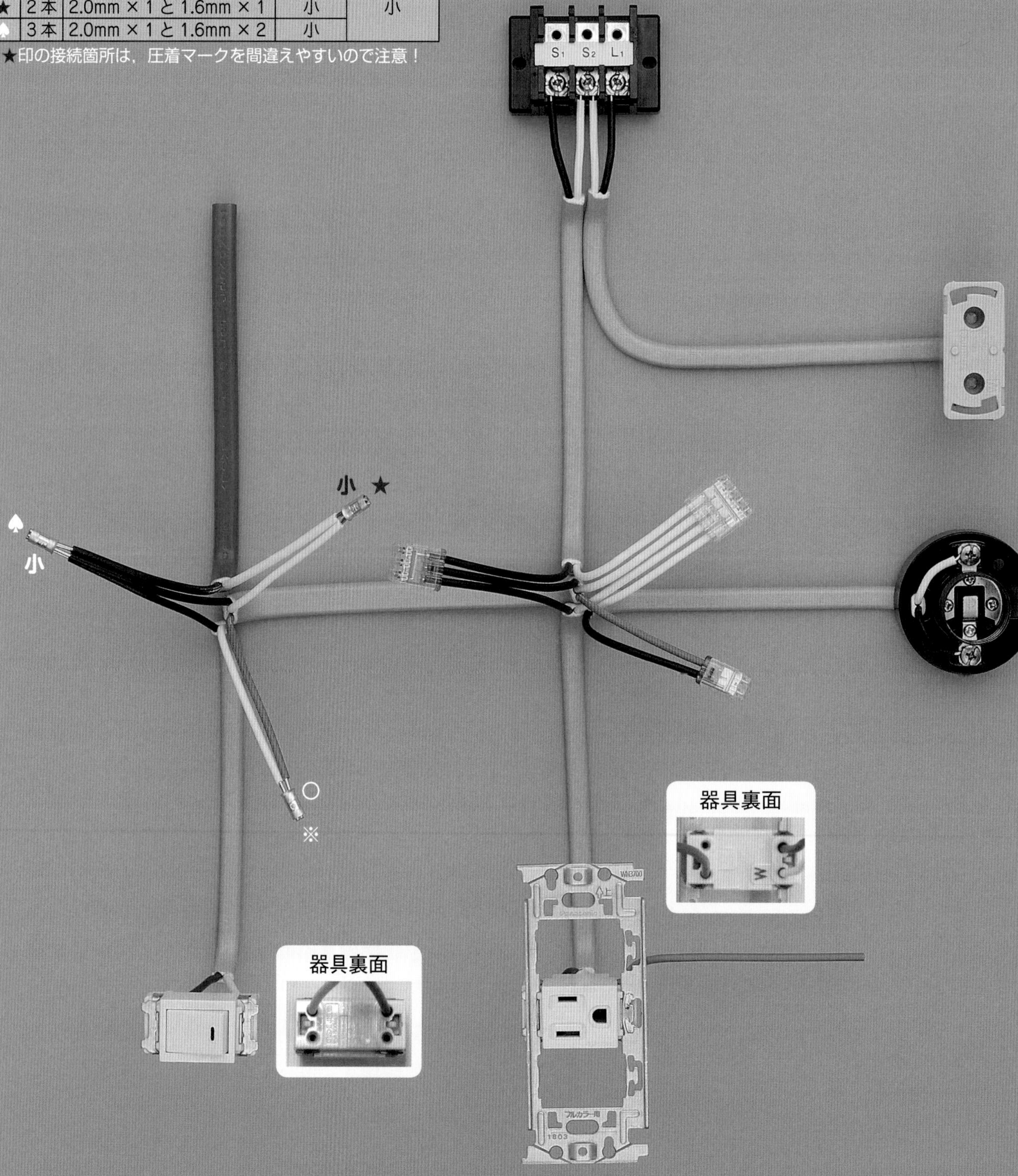

S1 S2 L1

小 ★

♠ 小

○ ※

器具裏面

器具裏面

候補問題 No.3 の欠陥チェック

	欠陥事項	✓
全体共通部分	未完成（未着手，未接続，未結線，取付枠の未取付）	
	配線・器具の配置・電線の種類が配線図と相違	
	配線図に示された寸法の 50%以下で完成させている	
	取付枠を指定部分以外に使用	
	回路の誤り（誤接続，誤結線）	
	接地側・非接地側電線・接地線の色別の相違，器具の極性相違	
	ケーブルシースに 20mm 以上の縦割れがある	
	ケーブルを折り曲げると絶縁被覆が露出する傷がある	
	絶縁被覆を折り曲げると心線が露出する傷がある	
	心線を折り曲げると心線が折れる程度の傷がある	
	材料表以外の材料を使用している（試験時は支給品以外）	
電線相互の接続部分	指定箇所を指定された接続方法以外で接続している	
	圧着接続での圧着マークの誤り	
	リングスリーブを破損している	
	圧着マークの一部が欠けている	
	リングスリーブに 2 つ以上の圧着マークがある	
	1 箇所の接続に 2 個以上のリングスリーブを使用している	
	接続する心線がリングスリーブの先端から見えていない	
	接続部先端の端末処理が適切でない（心線が 5mm 以上露出している）	
	リングスリーブの下端から心線が 10mm 以上露出している	
	ケーブルシースのはぎ取り不足で絶縁被覆が 20mm 以下	
	絶縁被覆の上から圧着している	
	差込形コネクタの先端部分に心線が見えていない	
	差込形コネクタの下端部分から心線が露出している	
器具等との結線部分	心線をねじで締め付けていないもの（※ランプレセプタクル・代用端子台）	
	ねじの端から心線が 5mm 以上露出している（※ランプレセプタクル）	
	端子台の端から心線が 5mm 以上露出している	
	絶縁被覆の上からねじを締め付けている（※ランプレセプタクル・代用端子台）	
	ケーブル引込口を通さずに台座の上からケーブルを結線（※ランプレセプタクル）	
	心線の端末がねじの端から 5mm 以上はみ出している（※ランプレセプタクル）	
	ランプレセプタクルのカバーが適切に締まらないもの	
	ケーブルシースが台座まで入っていない（※ランプレセプタクル）	
	ケーブルシースが台座下端から 5mm 以上露出（※引掛シーリングローゼット）	
	心線が端子から露出している（※引掛シーリングローゼット：1mm 以上，埋込連用器具：2mm 以上）	
	電線を引っ張ると端子から心線が抜ける（※引掛シーリングローゼット・埋込連用器具）	
	取付枠に器具の取付不適の場合（裏返し・器具を引っ張ると外れる・取付位置の誤り）	
	器具を破損させたまま使用	
	総合チェック	

主な欠陥例

すべての作業を丁寧に行って，欠陥がない作品を完成させることを心掛けましょう．
★印はよくある欠陥のため，作業時には特に注意して下さい．

縦割がある

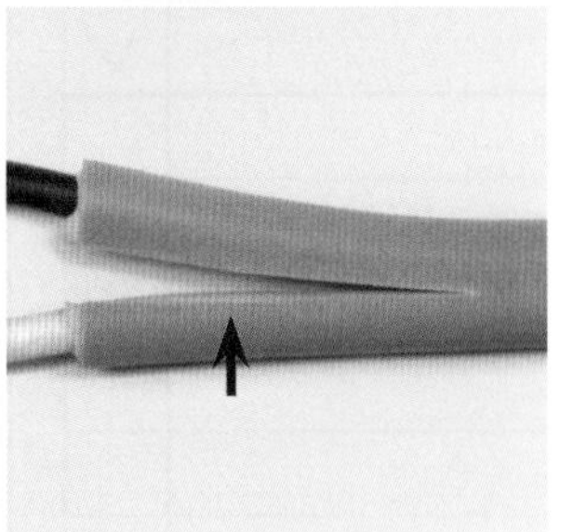

絶縁被覆の露出

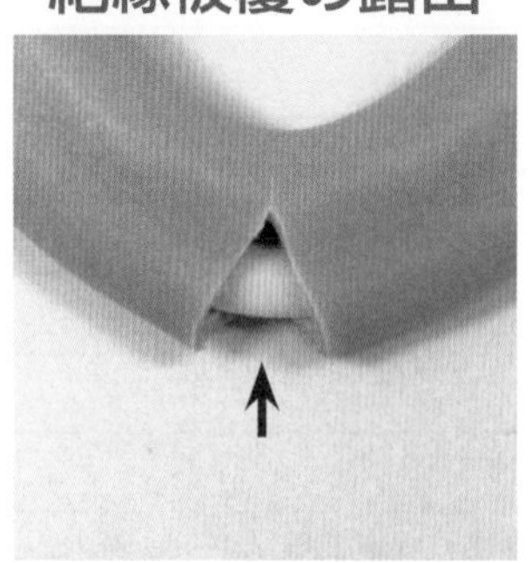

心線が見える

★極性の誤り

ゆるい締め付け

★台座に入っていない

左巻きで巻付け

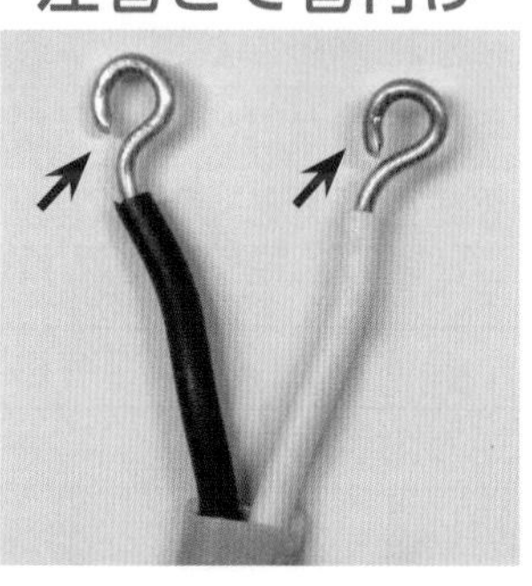

心線の巻付け不足

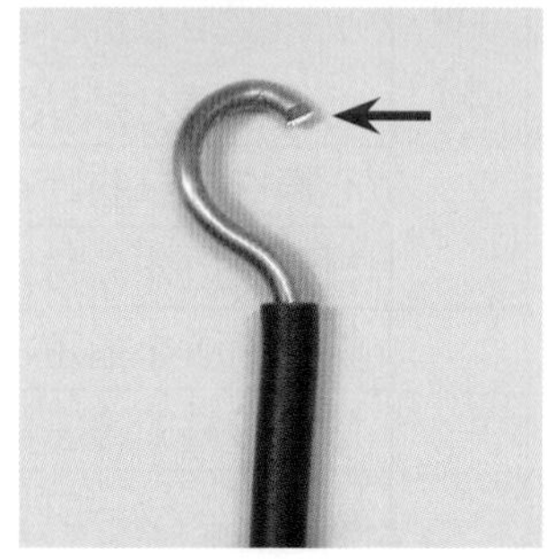

絶縁被覆のむき過ぎ

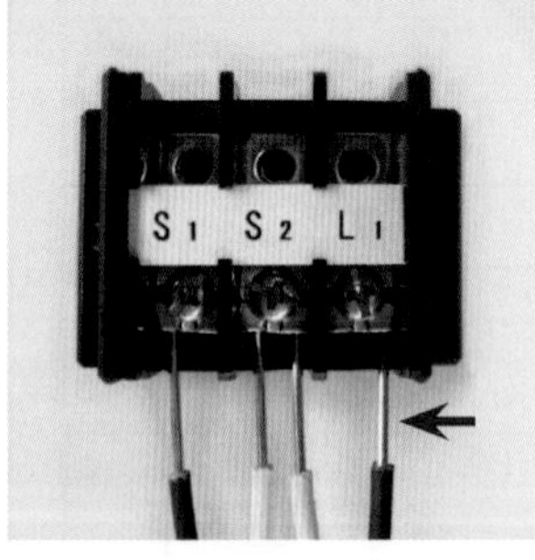

被覆の上から締め付け

★台座に入っていない

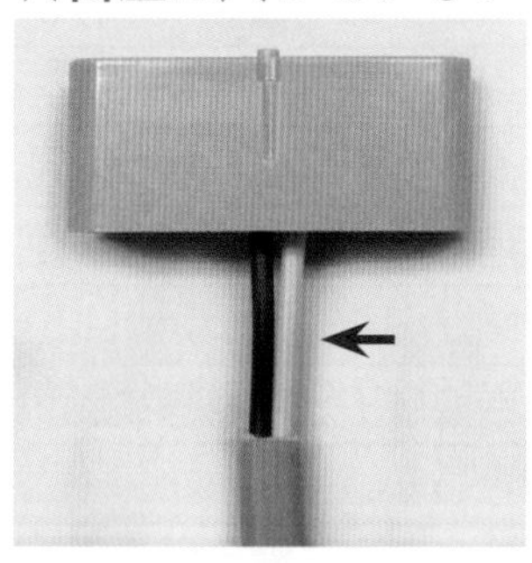

★極性の誤り

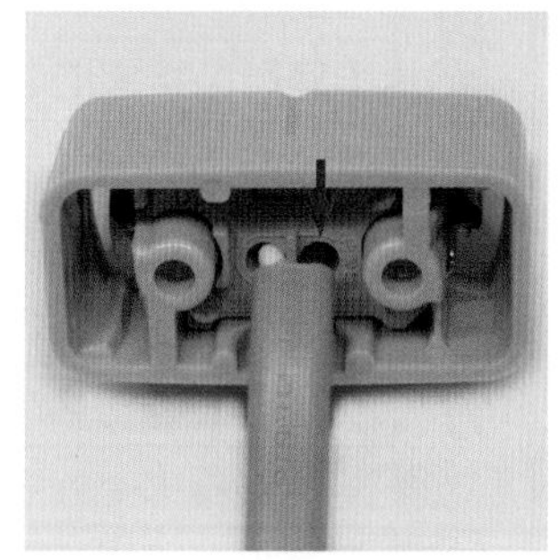

★心線の露出

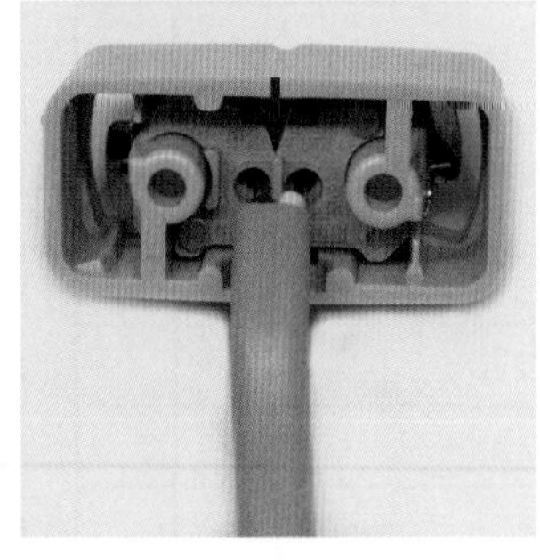

心線の露出

極性の誤り

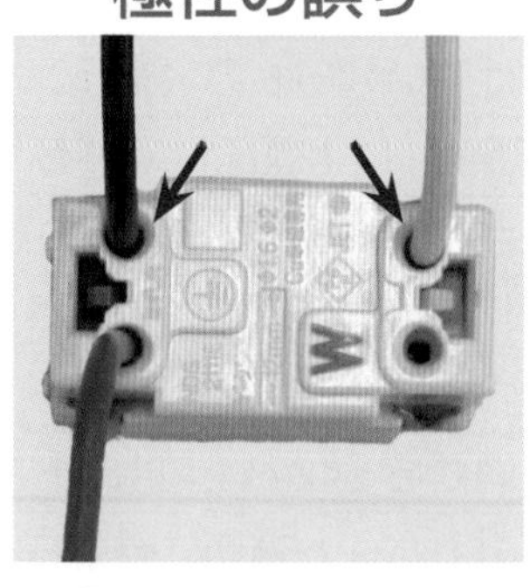

取付位置の誤り

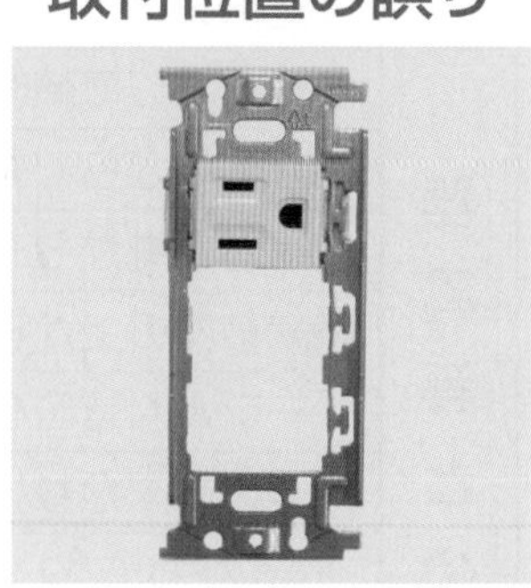

★心線の挿入不足

★圧着マークの誤り

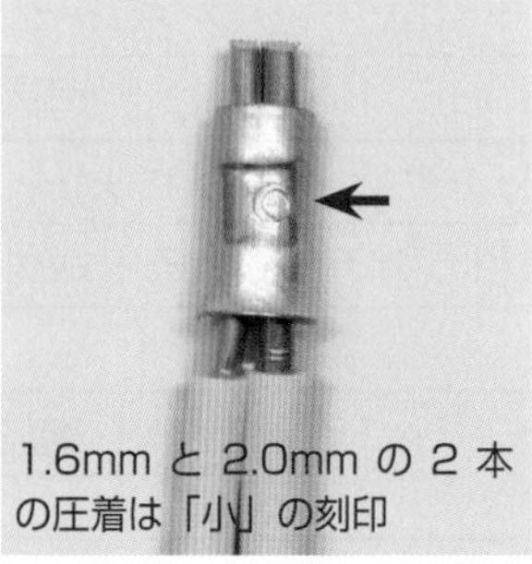

1.6mm と 2.0mm の 2 本
の圧着は「小」の刻印

被覆の上から圧着

端末処理の不適切

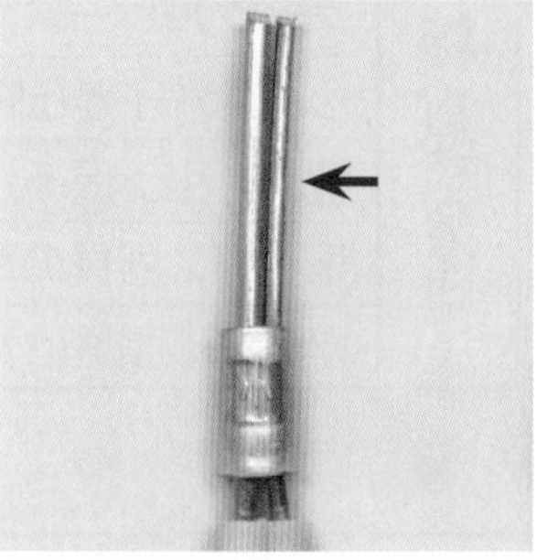

欠陥の詳細については，各作業手順のページをご参照ください．

候補問題 No.4 問題例

公表された候補問題には，配線図の寸法や接続方法，施工条件が明記されていないため，ここでは，寸法，接続方法，施工条件を想定して練習できるように問題例としました．

《 想定した材料等の確認 》

作業開始前に準備した材料等を下記の材料表と必ず照合し，材料の不足があれば，必要分を揃えて下さい．

想定した使用材料

材　　料	
1. 600V ビニル絶縁ビニルシースケーブル平形（シース青色），2.0mm，2心，長さ約 450mm ……	1本
2. 600V ビニル絶縁ビニルシースケーブル平形（シース青色），2.0mm，3心，長さ約 550mm ……	1本
3. 600V ビニル絶縁ビニルシースケーブル平形，1.6mm，2心，長さ約 800mm ………	1本
4. 600V ビニル絶縁ビニルシースケーブル平形，1.6mm，3心，長さ約 500mm ………	1本
5. 端子台（配線用遮断器及び漏電遮断器（過負荷保護付）の代用），5極 ………	1個
6. ランプレセプタクル（カバーなし）………	1個
7. 引掛シーリングローゼット（ボディ（角形）のみ）………	1個
8. 埋込連用タンブラスイッチ ………	1個
9. 埋込連用コンセント ………	1個
10. 埋込連用取付枠 ………	1枚
11. リングスリーブ（小）………	3個
12. 差込形コネクタ（2本用）………	1個
13. 差込形コネクタ（3本用）………	2個

（注）上記の想定した材料表のリングスリーブの個数には予備品の数は含まれていません．実際の試験では，材料表には予備品を含んだリングスリーブの総数が示され，材料箱内にはリングスリーブの予備品もセットされて支給されます．

材料の写真

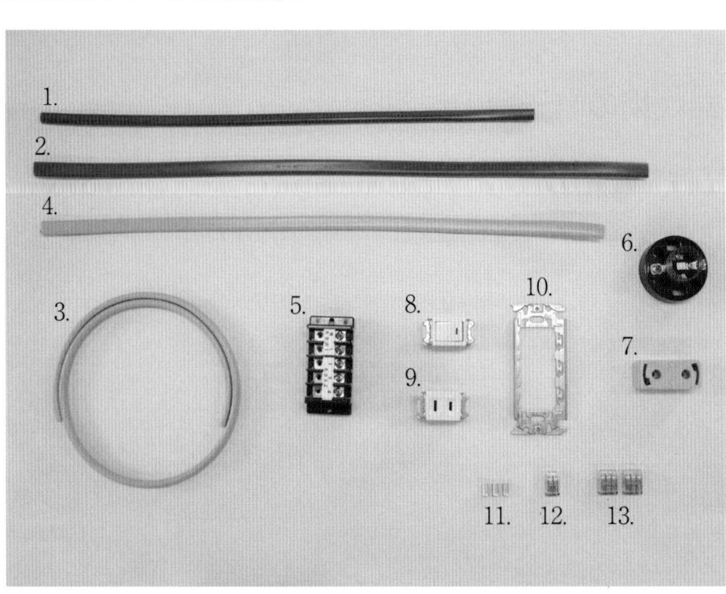

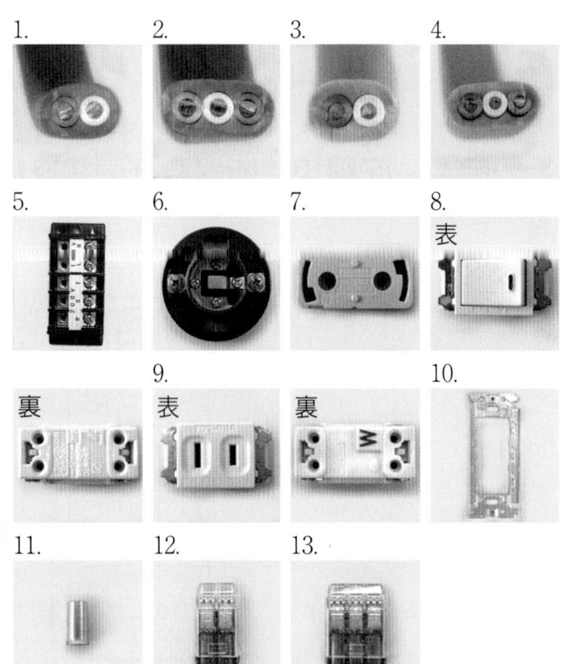

候補問題 No.4 問題例［試験時間　40 分］

図に示す低圧屋内配線工事を想定した全ての材料を使用し，〈**施工条件**〉に従って完成させなさい．なお，

1．配線用遮断器及び漏電遮断器（過負荷保護付）は，端子台で代用するものとする．

2．―・―・― で示した部分は施工を省略する．

3．VVF 用ジョイントボックス及びスイッチボックスは準備していないので，その取り付けは省略する．

4．電線接続箇所のテープ巻きや絶縁キャップによる絶縁処理は省略する．

図 1．配線図

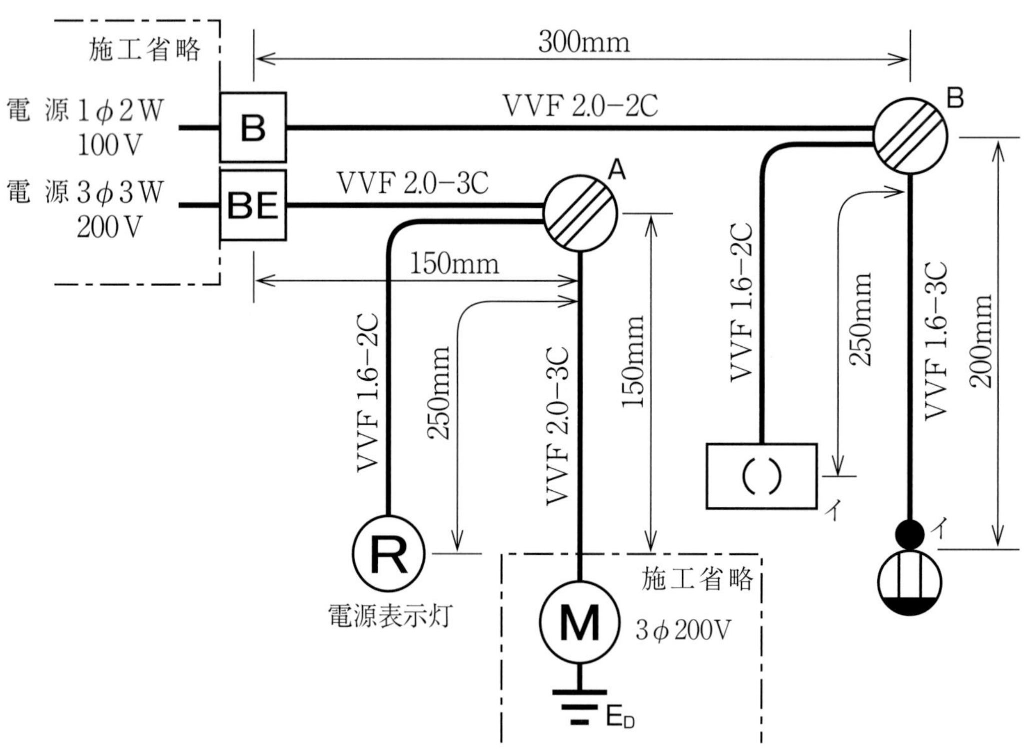

注：1．図記号は原則として JIS C 0303：2000 に準拠している．
　　また，作業に直接関係のない部分等は省略又は簡略化してある．
　2．Ⓡ は，ランプレセプタクルを示す．

図 2．配線用遮断器及び漏電遮断器代用の端子台の説明図

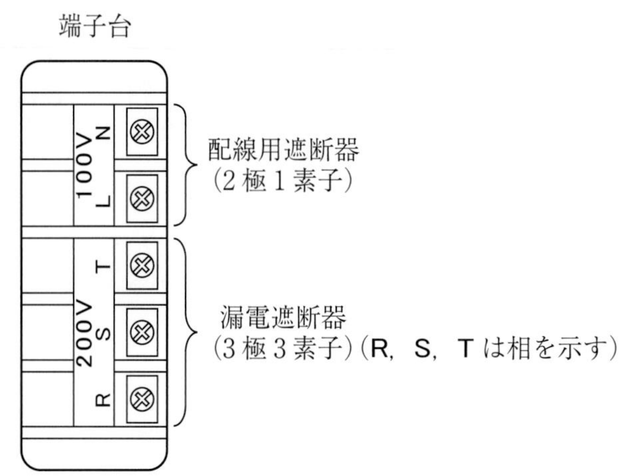

〈 施工条件 〉

1．配線及び器具の配置は，**図1**に従って行うこと．

2．配線用遮断器及び漏電遮断器代用の端子台は，**図2**に従って使用すること．

3．三相電源の**S相**は接地されているものとし，電源表示灯は，**S相とT相間**に接続すること．

4．電線の色別（絶縁被覆の色）は，次によること．

①100V回路の電源からの接地側電線には，すべて**白色**を使用する．

②100V回路の電源から点滅器及びコンセントまでの非接地側電線には，すべて**黒色**を使用する．

③200V回路の電源からの配線には，R相に**赤色**，S相に**白色**，T相に**黒色**を使用する．

④次の器具の端子には，**白色の電線**を結線する．

・コンセントの接地側極端子（Wと表示）

・ランプレセプタクルの受金ねじ部の端子

・引掛シーリングローゼットの接地側極端子（W又は接地側と表示）

・配線用遮断器（端子台）の記号Nの端子

5．VVF用ジョイントボックス部分を経由する電線は，その部分ですべて接続箇所を設け，接続方法は，次によること．

①A部分は，差込形コネクタによる接続とする．

②B部分は，リングスリーブによる接続とする．

複線図の描き方を動画でチェック！

複線図を描くステップ 1

複線図化の手順
100V 回路の接地側電線の白色を描く

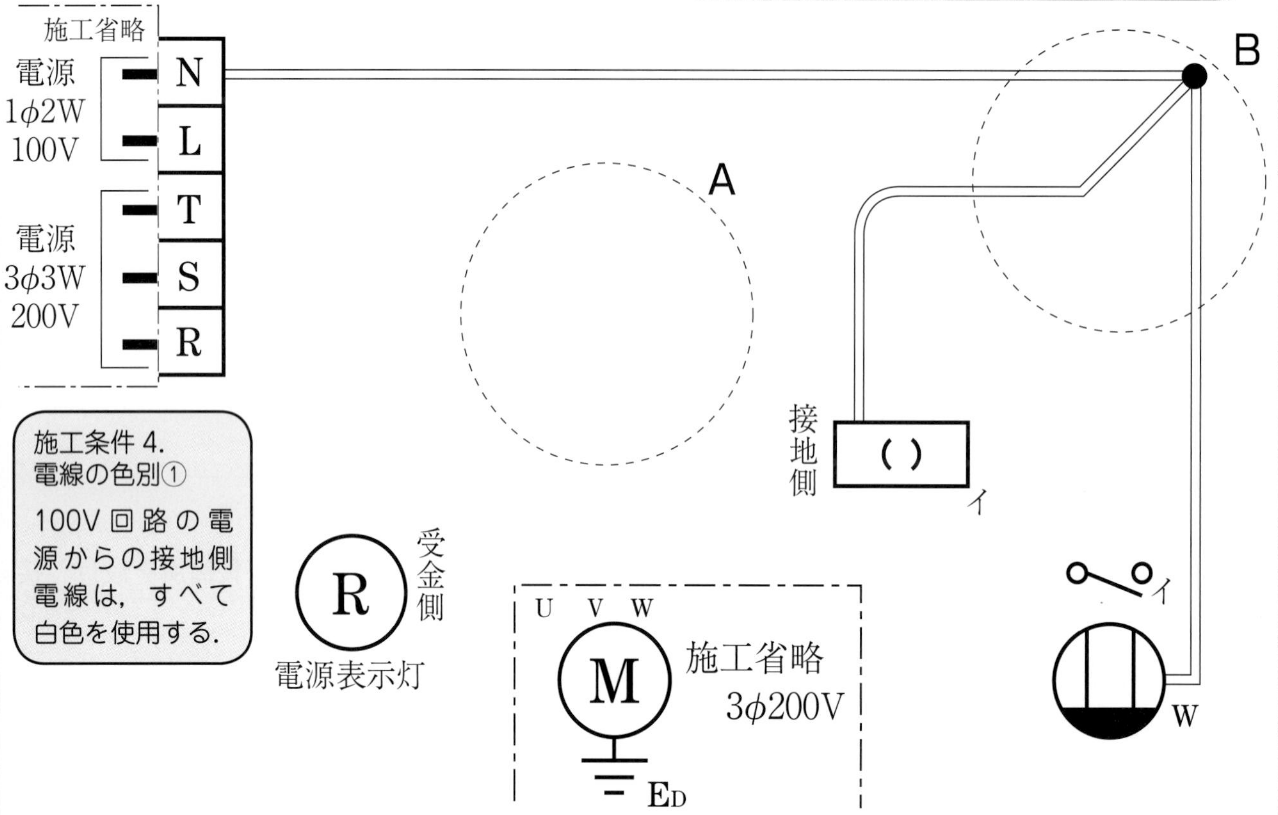

施工省略
電源 1φ2W 100V
N
L
電源 3φ3W 200V
T
S
R
A
B
接地側
( )
イ
イ
W

施工条件 4.
電線の色別①
100V 回路の電源からの接地側電線は，すべて白色を使用する.

R 受金側
電源表示灯

U V W
M
施工省略 3φ200V
E_D

複線図を描くステップ 2

複線図化の手順
非接地側電線の黒色と点滅器回路を描く

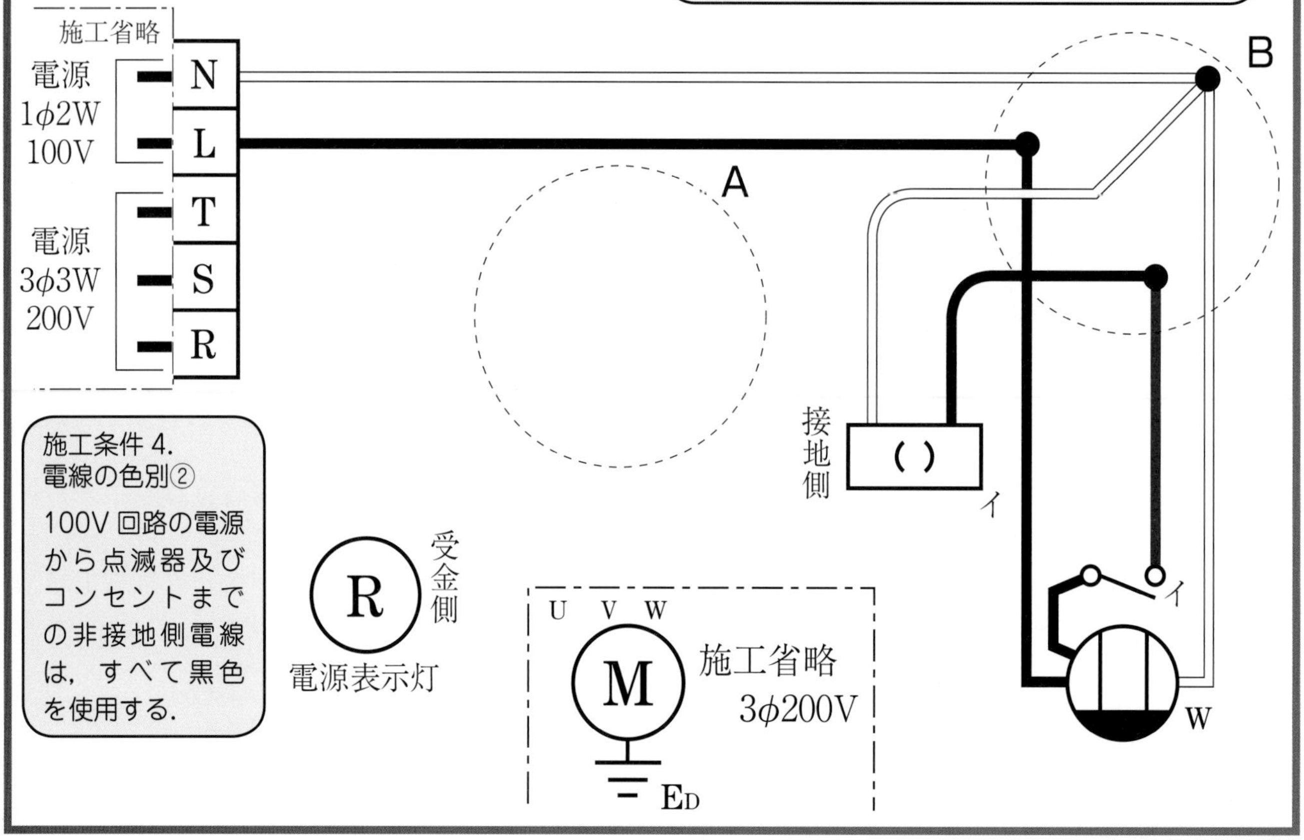

施工省略
電源 1φ2W 100V
N
L
電源 3φ3W 200V
T
S
R
A
B
接地側
( )
イ
イ
W

施工条件 4.
電線の色別②
100V 回路の電源から点滅器及びコンセントまでの非接地側電線は，すべて黒色を使用する.

R 受金側
電源表示灯

U V W
M
施工省略 3φ200V
E_D

複線図を描くステップ３

複線図化の手順

漏電遮断器(過負荷保護付)の負荷側と電動機間，電源表示灯回路を描く

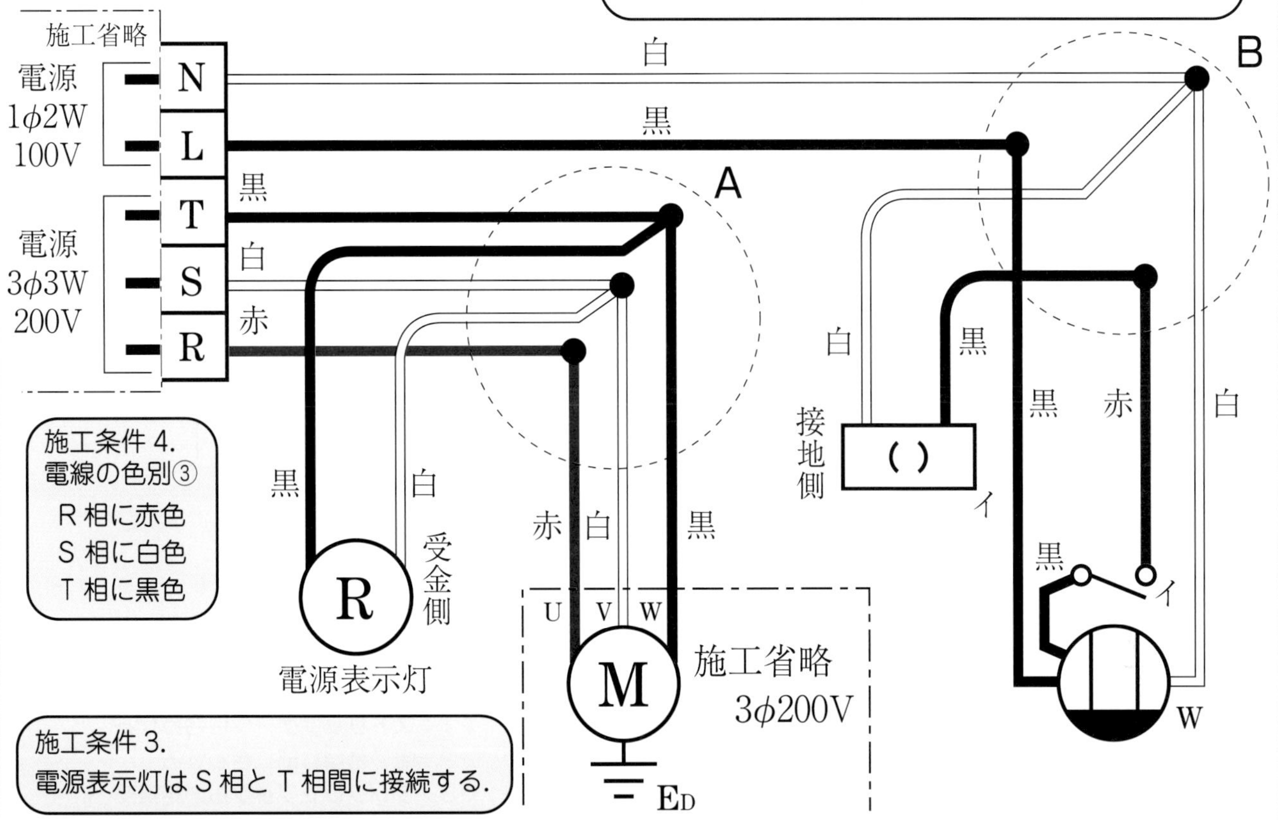

施工条件 4.
電線の色別③
R 相に赤色
S 相に白色
T 相に黒色

施工条件 3.
電源表示灯は S 相と T 相間に接続する。

複線図を描くポイント（展開接続図）

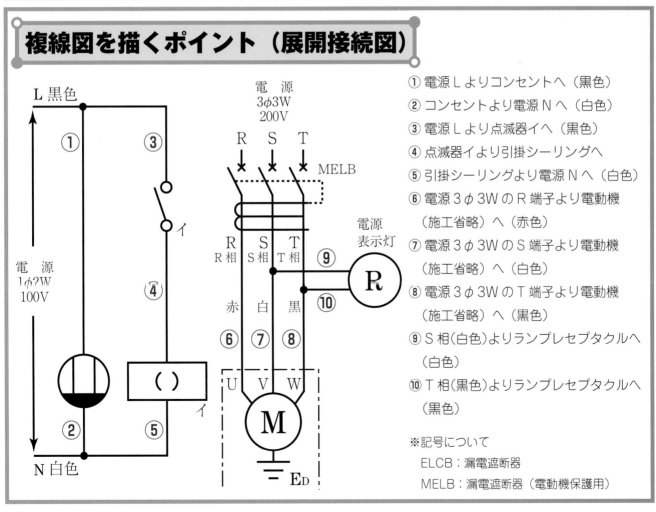

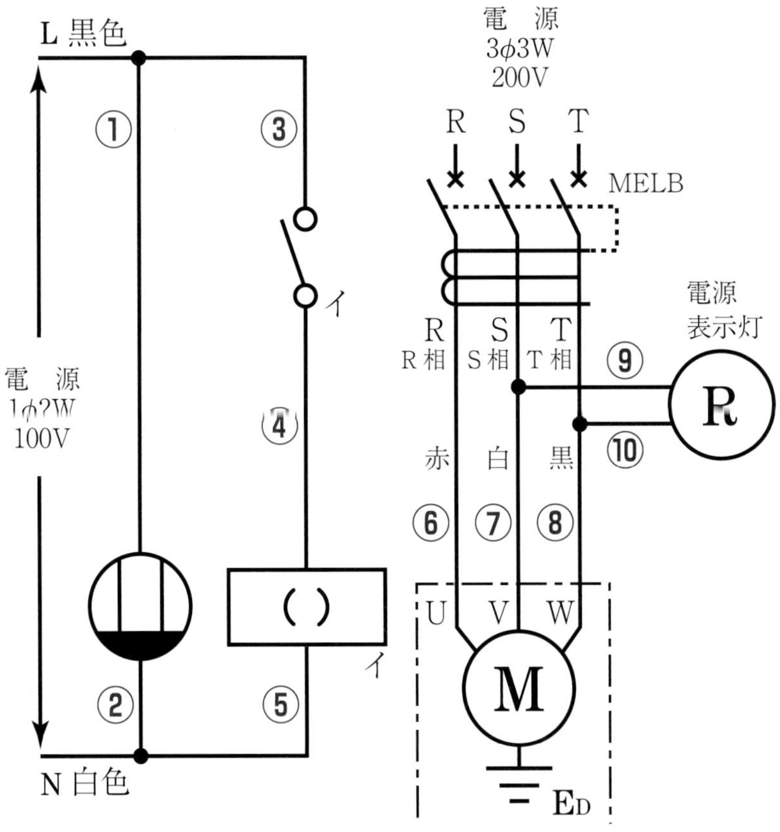

① 電源 L よりコンセントへ（黒色）

② コンセントより電源 N へ（白色）

③ 電源 L より点滅器イへ（黒色）

④ 点滅器イより引掛シーリングへ

⑤ 引掛シーリングより電源 N へ（白色）

⑥ 電源 3φ3W の R 端子より電動機（施工省略）へ（赤色）

⑦ 電源 3φ3W の S 端子より電動機（施工省略）へ（白色）

⑧ 電源 3φ3W の T 端子より電動機（施工省略）へ（黒色）

⑨ S 相(白色)よりランプレセプタクルへ（白色）

⑩ T 相(黒色)よりランプレセプタクルへ（黒色）

※記号について

ELCB：漏電遮断器

MELB：漏電遮断器（電動機保護用）

● ケーブルの使用箇所と切断寸法

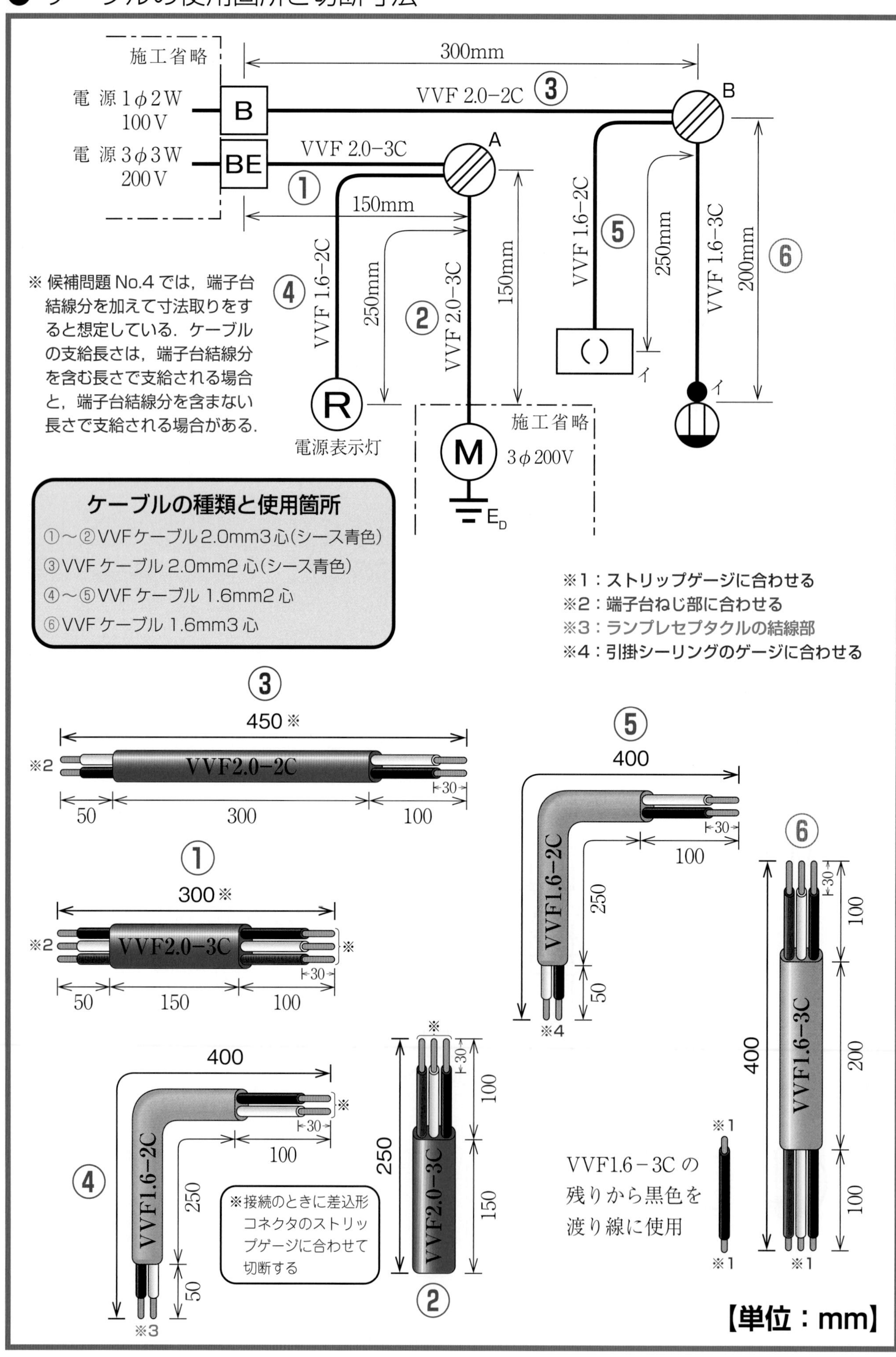

施工省略
300mm
電源 1φ2W 100V
B
VVF 2.0−2C ③
B
電源 3φ3W 200V
BE
VVF 2.0−3C
A
①
150mm
150mm
VVF 1.6−2C
④
250mm
VVF 2.0−3C
②
VVF 1.6−2C
⑤
250mm
VVF 1.6−3C
200mm
⑥
( )
イ
イ
R
電源表示灯
M
施工省略
3φ200V
※ 候補問題 No.4 では，端子台結線分を加えて寸法取りをすると想定している．ケーブルの支給長さは，端子台結線分を含む長さで支給される場合と，端子台結線分を含まない長さで支給される場合がある．
ケーブルの種類と使用箇所
①〜②VVF ケーブル 2.0mm3 心(シース青色)
③VVF ケーブル 2.0mm2 心(シース青色)
④〜⑤VVF ケーブル 1.6mm2 心
⑥VVF ケーブル 1.6mm3 心
※1：ストリップゲージに合わせる
※2：端子台ねじ部に合わせる
※3：ランプレセプタクルの結線部
※4：引掛シーリングのゲージに合わせる
③
450※
※2
VVF2.0−2C
30
50
300
100
①
300※
※2
VVF2.0−3C
※
30
50
150
100
⑤
400
VVF1.6−2C
30
100
250
50
※4
⑥
30
100
400
VVF1.6−3C
200
100
※1
※1
VVF1.6−3C の残りから黒色を渡り線に使用
※1
④
400
VVF1.6−2C
※
30
100
250
50
※3
※接続のときに差込形コネクタのストリップゲージに合わせて切断する
※
30
100
250
VVF2.0−3C
150
②
【単位：mm】

2024年度対応

第二種電気工事士技能試験

ケーブルセット＋器具・消耗品セット

この商品は 2024 年度の候補問題 13 問題をすべて練習できる材料（ケーブル・器具等）一式のセットです.

※一部の器具は流用いたしますので，他の問題を練習の際は施工済みの完成作品を分解する必要があります.
※この材料セットには解説書は付いておりません．ご使用の際は弊社発行の 2024 年版の『候補問題丸わかり』をテキストとしてお使いください.

ケーブルセットと器具・消耗品セットの予定セット内容

※一部変更になる場合があります.

【ケーブルセット】×1 セット

- VVR2.0−2C（600V ビニル絶縁ビニルシースケーブル丸形 2.0mm，2 心）
- VVR1.6−2C（600V ビニル絶縁ビニルシースケーブル丸形 1.6mm，2 心）
- VVF1.6−2C（600V ビニル絶縁ビニルシースケーブル平形 1.6mm，2 心）
- VVF1.6−3C（600V ビニル絶縁ビニルシースケーブル平形 1.6mm，3 心）
- VVF2.0−2C*1（600V ビニル絶縁ビニルシースケーブル平形 2.0mm，2 心）
- VVF2.0−3C*1（600V ビニル絶縁ビニルシースケーブル平形 2.0mm，3 心）
- VVF2.0−3C*2（600V ビニル絶縁ビニルシースケーブル平形 2.0mm，3 心）
- EM−EEF2.0−2C（600V ポリエチレン絶縁耐燃性ポリエチレンシースケーブル平形 2.0mm，2 心）
- IV1.6（黒）（600V ビニル絶縁電線（黒）1.6mm）
- IV1.6（白）（600V ビニル絶縁電線（白）1.6mm）
- IV1.6（赤）（600V ビニル絶縁電線（赤）1.6mm）
- IV1.6（緑）（600V ビニル絶縁電線（緑）1.6mm）

＊1：シースは青色です.　＊2：200V 回路用です.

※イメージ写真

【器具・消耗品セット】×1 セット

- 埋込連用タンブラスイッチ（片切スイッチ）
- 埋込連用 H タンブラスイッチ（位置表示灯内蔵スイッチ）
- 埋込連用タンブラスイッチ（3 路スイッチ）
- 埋込連用タンブラスイッチ（4 路スイッチ）
- 埋込連用コンセント
- 埋込連用接地極付コンセント
- 埋込コンセント（2 口コンセント）
- 埋込コンセント（接地極付 ET 付）
- 埋込連用パイロットランプ
- 埋込コンセント（20A250V 接地極付）
- 埋込連用取付枠
- No.3，No.13 代用端子台（3 極）
- No.4，No.5 代用端子台（5 極）
- リモコンリレー代用端子台（6 極）
- 配線用遮断器（100V2 極 1 素子）
- 露出形コンセント
- ランプレセプタクル
- 引掛シーリングローゼット（ボディ（角形）のみ）
- 引掛シーリングローゼット（ボディ（丸形）のみ）
- アウトレットボックス
- ねじなし電線管（E19）
- ねじなしボックスコネクタ（E19）
- 絶縁ブッシング
- 合成樹脂製可とう電線管（PF16）
- 合成樹脂製可とう電線管用コネクタ
- ゴムブッシング（19）
- ゴムブッシング（25）
- リングスリーブ（小）
- リングスリーブ（中）
- 差込形コネクタ（2 本用）
- 差込形コネクタ（3 本用）
- 差込形コネクタ（4 本用）

※練習に使用した器具は，電圧を印加しての回路には使用できませんのでご注意下さい.

ケーブルセット＋器具・消耗品セットは

これらの商品は書店では取り扱っておりません．ご購入の際は，お電話・FAX・弊社ホームページ（https://www.denkishoin.co.jp）等で弊社に直接ご注文ください.

発売予定

セット内容の詳しい情報は弊社ホームページでお知らせいたします（3 月中旬ごろを予定）．予定が変更になる場合もございますが，ご了承ください.

工具セット

弊社オリジナルの「電気工事士技能試験 工具セット」(ツノダ製)「工具+ケーブルストリッパ・収納ボックスセット」とHOZAN 製「電気工事士技能試験 工具セット」の3種類をご用意しました.

電気書院オリジナル工具セット(ツノダ製)

販売価格 ~~14,300~~ 円 送料サービス(10%税込) この商品は書店では扱っておりません.

ツノダ製の「技能試験工具セット」をベースに,電工ナイフの代わりにケーブルカッターをセットにした電気書院オリジナルの工具セットです.

ゴムブッシングの穴あけ作業や VVR ケーブルの外装はぎ取り作業を電工ナイフを使わずにケーブルカッターで安全に行えます.

受験後のお仕事にも続けてお使いいただける,オススメの工具セットです!

※第一種電気工事士技能試験で支給される VVF ケーブル 4 心の外装はぎ取り作業には「電工ナイフ」が必要です.当セットには電工ナイフが含まれておりませんので,第一種電気工事士技能試験の受験に当セットをご使用になる場合は,別途「電工ナイフ」をご自身でご準備ください.

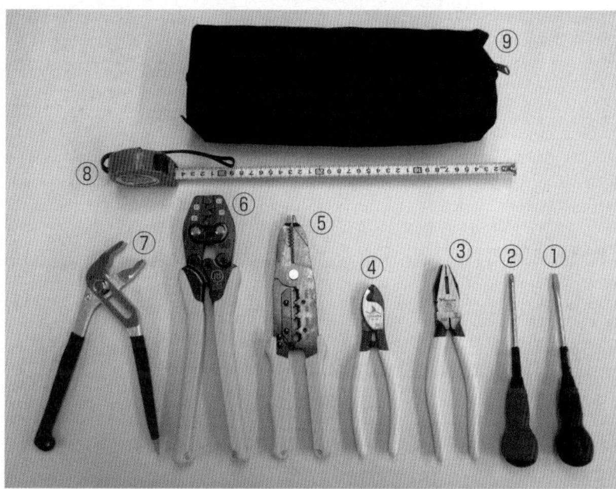

●セット内容一覧●

①マイナスドライバー / ②プラスドライバー
③ペンチ (CP−175) / ④ケーブルカッター (CA−22)
⑤VVF ストリッパ (VAS−230)
⑥圧着工具 (TP−R) ※刻印:○, 小, 中, 大
⑦ウォータポンププライヤ (WP−200DS)
⑧メジャー / ⑨工具袋※当セットの工具一式が収まります.

ケーブルカッターでの電工ナイフの代替作業

Y o u Y u b e
(Tsunoda-Japan)
にて公開中

★オリジナルセット販売記念★

＊キャンペーン実施期間:2024年4月22日~2024年12月6日まで

販売開始を記念して,通常販売価格から **10%OFF** の

12,870円 送料サービス(10%税込)

でご提供いたします.ぜひ,この機会をお見逃しなく!!

＊**学校様・法人様向けのまとめ買い割引**も行っております.割引率等の詳細は弊社営業部までお問い合わせください.

工具セット(HOZAN製 DK-28)

販売価格 **15,400** 円 送料サービス(10%税込) この商品は書店では扱っておりません.

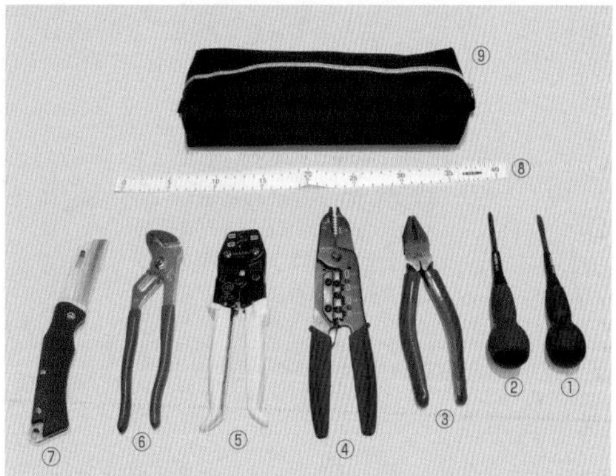

①マイナスドライバ / ②プラスドライバ / ③ペンチ (P-43-175) / ④VVF ストリッパー (P-958) / ⑤圧着工具 (P-738)※刻印:○, 小, 中 / ⑥ウォーターポンププライヤ (P-244) / ⑦電工ナイフ (Z-680) / ⑧布尺 / ⑨ツールポーチ

＊付録として「第二種技能試験対策ハンドブック(HOZAN 製)」付

工具セット(電気書院オリジナル)(指定工具+ケーブルストリッパ・収納ボックスセット)

販売価格 **27,500** 円 送料サービス(10%税込) この商品は書店では扱っておりません.

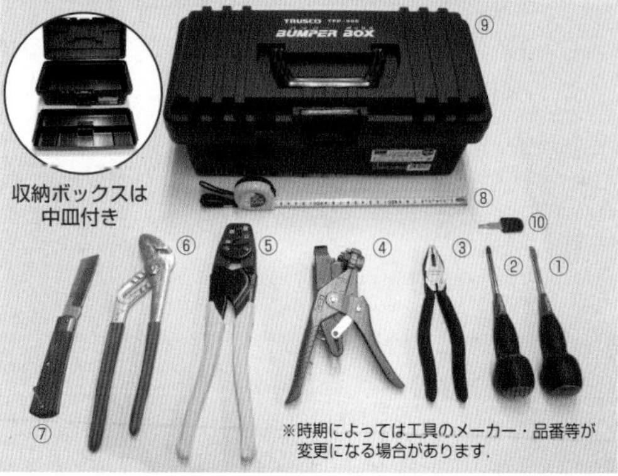
収納ボックスは
中皿付き
※時期によっては工具のメーカー・品番等が
変更になる場合があります.

①マイナスドライバ (トラスコ中山製 TDD-6-100) / ②プラスドライバ (トラスコ中山製 TDD-2-100) / ③電工ペンチ (トラスコ中山製 TBPE175) / ④ケーブルストリッパ (MMC製 VS-R1623 右利き用) / ⑤リングスリーブ用圧着ペンチ (ジェフコム DC-17A)※刻印:○, 小, 中, 大 / ⑥ウォータポンププライヤ (トラスコ中山製 TWP-250) / ⑦電工ナイフ (HOZAN製 Z-683) / ⑧メジャー (ムラテック KDS製 S13-20N) / ⑨収納ボックス (トラスコ中山製 TFP-395) / ⑩プレート外しキー (東芝ライテック製 NDG4990)

(注) このセットのケーブルストリッパは下刃で電線を固定し,上刃だけスライドさせる構造になっています.そのため,切り口がきれいにはぎ取れませんのでご了承ください.なお,技能試験では切り口がきれいにはぎ取れていなくても,欠陥扱いされません.

★こちらの商品は書店では扱っておりません.ご購入は,弊社ホームページ(https://www.denkishoin.co.jp)等から直接ご注文ください.

電気書院 DENKISHOIN
〒101-0051
東京都千代田区神田神保町 1-3(ミヤタビル 2F)
TEL (03) 5259-9160 / FAX (03) 5259-9162

候補問題 No.4 の特徴と出題傾向

候補問題 No.4 の特徴として，単相 100V 回路と三相 200V 回路があり，電源部に端子台を使用すること，三相 200V 回路には電源表示灯が接続されていることが挙げられます．

この配線図は，令和 5 ～元年度，平成 30 ～ 28 年度，平成 27 年度に候補問題とされ（平成 26 ～ 24 年度は単相 100V 電源ケーブルに VVF1.6－2C を使用し，配線図は同一のもの），令和 5 ～元年度上期・下期試験，平成 30 年度上期・下期試験，平成 29 年度上期・下期試験，平成 27 年度上期試験，平成 26 年度上期試験で出題されています．

三相 200V 回路では，各相の電線色別が施工条件で指定されます．また，電源表示灯をどの相に接続するのかも施工条件で指定されるので，試験で出題された場合は，試験問題の施工条件をしっかりと確認した上で，施工条件に従って作業を進めて下さい．

電源表示灯

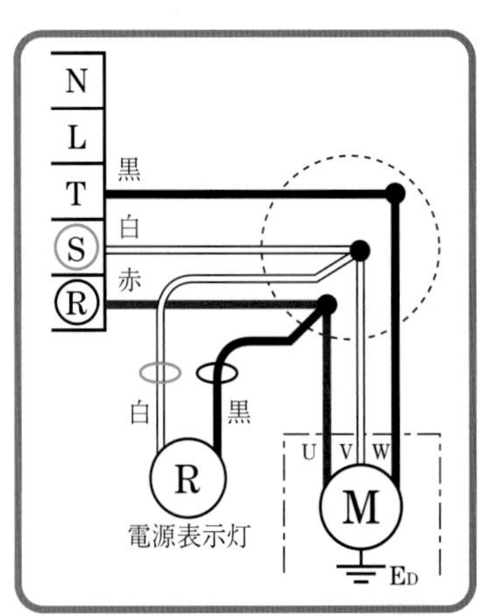

電源表示灯は，三相電動機（施工省略）に電源が供給されているかを示す表示灯で，技能試験ではランプレセプタクルが使用されます．

問題例では，施工条件で S 相（白色）と T 相（黒色）に電源表示灯を接続すると想定していますが，R 相（赤色）と S 相（白色）に接続する指定も考えられるので，出題された場合は，必ず試験問題の施工条件に従って接続してください．施工条件で「R 相と S 相間に結線する」と指定された場合，電源表示灯の接続は右図のようになります．この場合，右図以外の接続は「題意相違」で欠陥になります．

三相電源の相表示

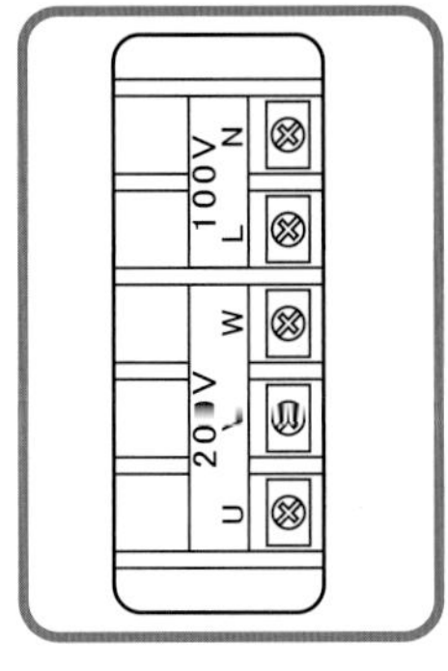

三相電源の電源記号は，第 1 相は R，第 2 相は S，第 3 相は T で示されます．また，実際の電動機などの端子では，第 1 相を U，第 2 相を V，第 3 相を W で示します，問題例では，端子台の三相電源の記号を R, S, T で想定しましたが, U, V, W で示されることも考えられます．それぞれの記号は第 1 相，第 2 相，第 3 相を示しているので，R：U，S：V，T：W のように対応しています．

連用箇所の結線

片切スイッチと埋込コンセントの連用箇所の正しい結線方法は複数あり, 写真はその一例です．

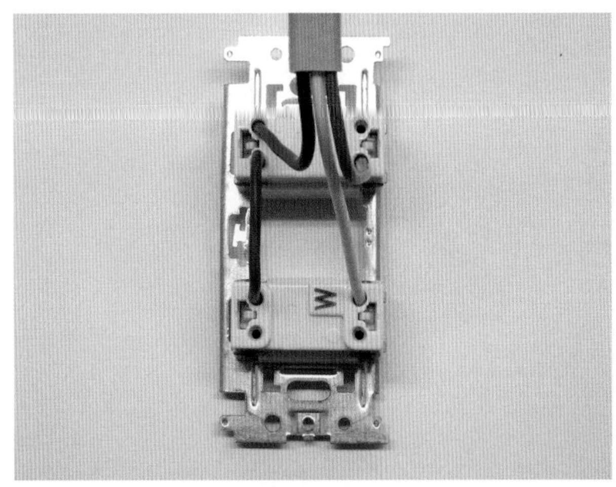

電源からの非接地側電線（黒色）を, 片切スイッチに結線した例

2024年度　第二種電気工事士技能試験

候補問題 No.4 完成参考写真

作業動画は
ここからアクセス！

	接続する電線の本数		圧着マーク	リングスリーブ
※	2本	1.6mm × 2	○	小
★	2本	2.0mm × 1 と 1.6mm × 1	小	
♠	3本	2.0mm × 1 と 1.6mm × 2	小	

★印の接続箇所は，圧着マークを間違えやすいので注意！

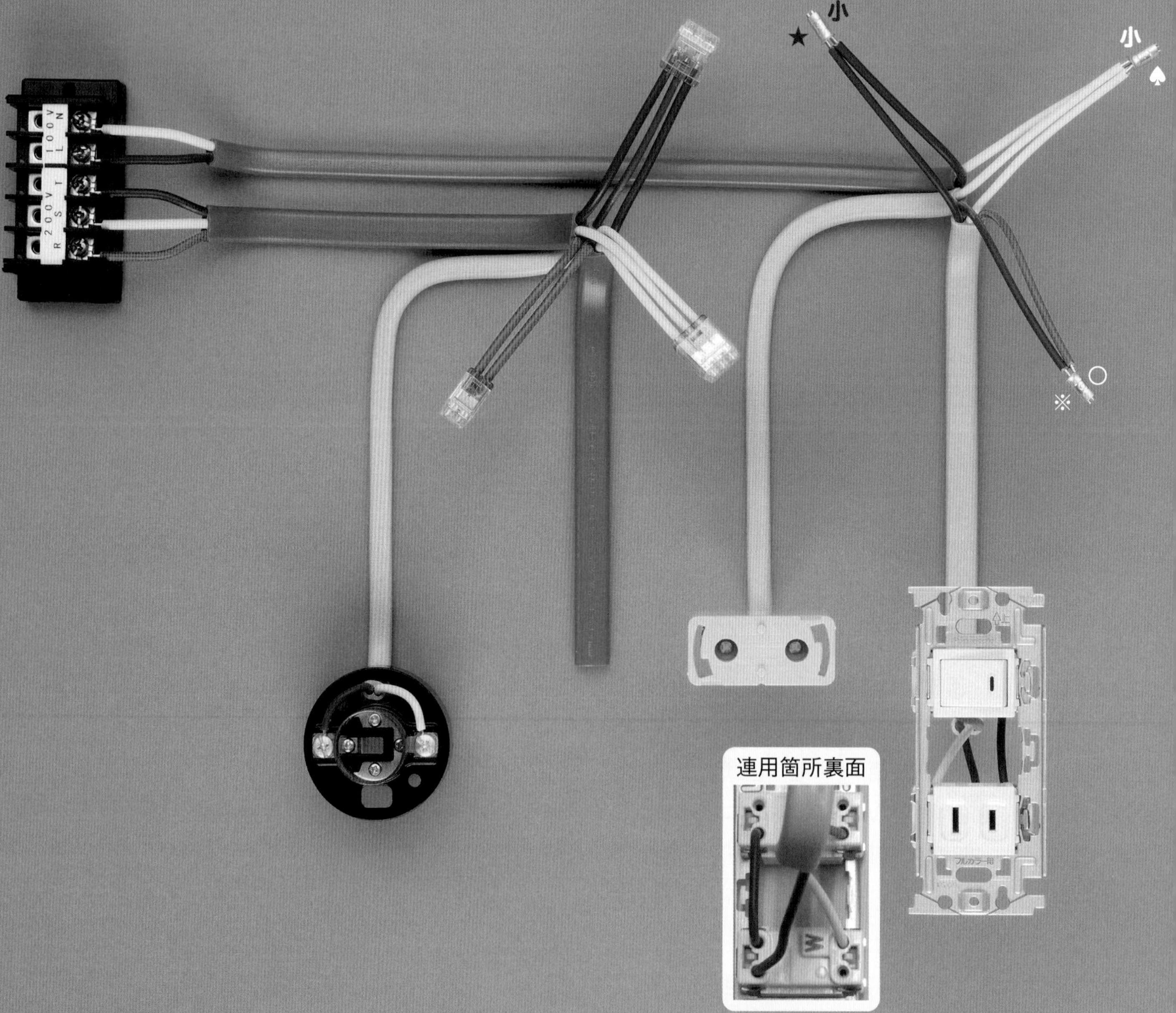

※片切スイッチの可動極と固定極については，251ページを参照.

候補問題 No.4 の欠陥チェック

	欠陥事項	✓
全体共通部分	未完成（未着手，未接続，未結線，取付枠の未取付）	
	配線・器具の配置・電線の種類が配線図と相違	
	配線図に示された寸法の 50％以下で完成させている	
	回路の誤り（誤接続，誤結線）㊟特に電源表示灯を接続する相の相違	
	接地側・非接地側電線・200V 回路の色別の相違，器具の極性相違	
	ケーブルシースに 20mm 以上の縦割れがある	
	ケーブルを折り曲げると絶縁被覆が露出する傷がある	
	絶縁被覆を折り曲げると心線が露出する傷がある	
	心線を折り曲げると心線が折れる程度の傷がある	
	材料表以外の材料を使用している（試験時は支給品以外）	
電線相互の接続部分	指定箇所を指定された接続方法以外で接続している	
	圧着接続での圧着マークの誤り	
	リングスリーブを破損している	
	圧着マークの一部が欠けている	
	リングスリーブに 2 つ以上の圧着マークがある	
	1 箇所の接続に 2 個以上のリングスリーブを使用している	
	接続する心線がリングスリーブの先端から見えていない	
	接続部先端の端末処理が適切でない（心線が 5mm 以上露出している）	
	リングスリーブの下端から心線が 10mm 以上露出している	
	ケーブルシースのはぎ取り不足で絶縁被覆が 20mm 以下	
	絶縁被覆の上から圧着している	
	差込形コネクタの先端部分に心線が見えていない	
	差込形コネクタの下端部分から心線が露出している	
器具等との結線部分	心線をねじで締め付けていないもの（※ランプレセプタクル・代用端子台）	
	ねじの端から心線が 5mm 以上露出している（※ランプレセプタクル）	
	端子台の端から心線が 5mm 以上露出している	
	絶縁被覆の上からねじを締め付けている（※ランプレセプタクル・代用端子台）	
	ケーブル引込口を通さずに台座の上からケーブルを結線（※ランプレセプタクル）	
	心線の端末がねじの端から 5mm 以上はみ出している（※ランプレセプタクル）	
	ランプレセプタクルのカバーが適切に締まらないもの	
	ケーブルシースが台座まで入っていない（※ランプレセプタクル）	
	ケーブルシースが台座下端から 5mm 以上露出（※引掛シーリングローゼット）	
	心線が端子から露出している(※引掛シーリングローゼット:1mm 以上，埋込連用器具:2mm 以上)	
	電線を引っ張ると端子から心線が抜ける（※引掛シーリングローゼット・埋込連用器具）	
	取付枠に器具の取付不適の場合（裏返し・器具を引っ張ると外れる・取付位置の誤り）	
	器具を破損させたまま使用	
	総合チェック	

主な欠陥例

すべての作業を丁寧に行って，欠陥がない作品を完成させることを心掛けましょう．
★印はよくある欠陥のため，作業時には特に注意して下さい．

縦割がある

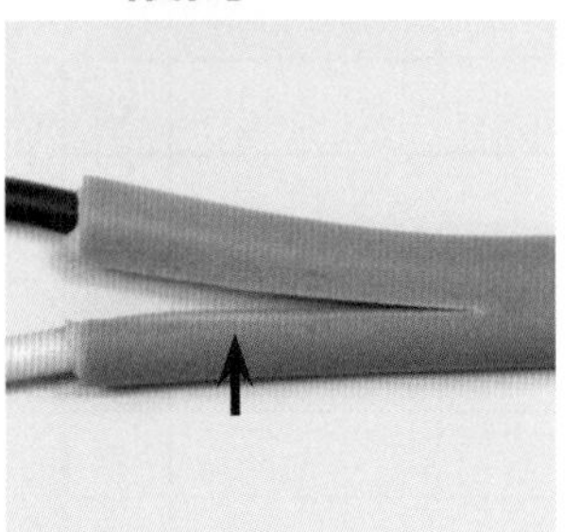

絶縁被覆の露出

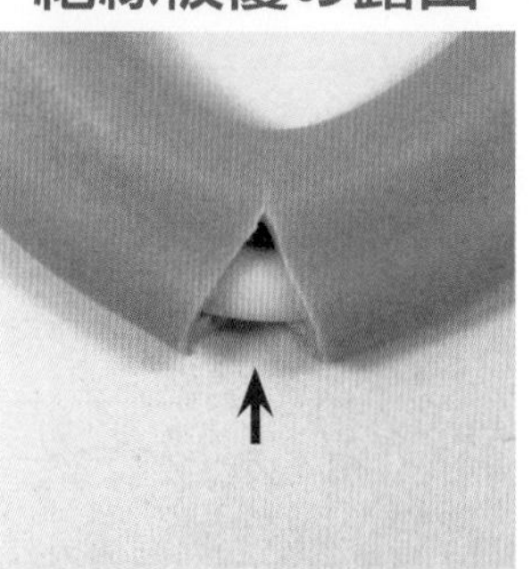

心線が見える

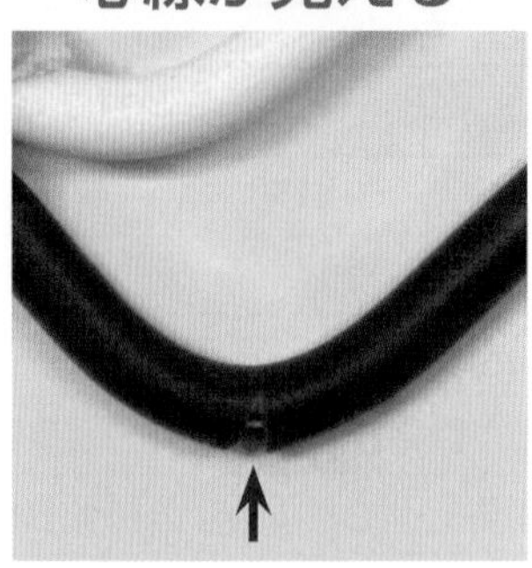

★極性の誤り

ゆるい締め付け

★台座に入っていない

左巻きで巻付け

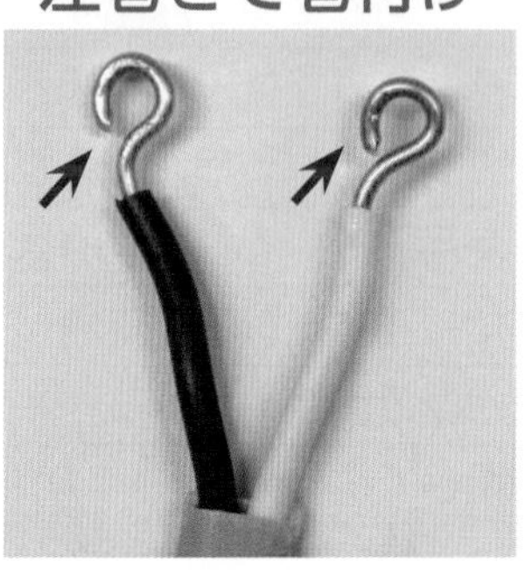

電線色別の誤り

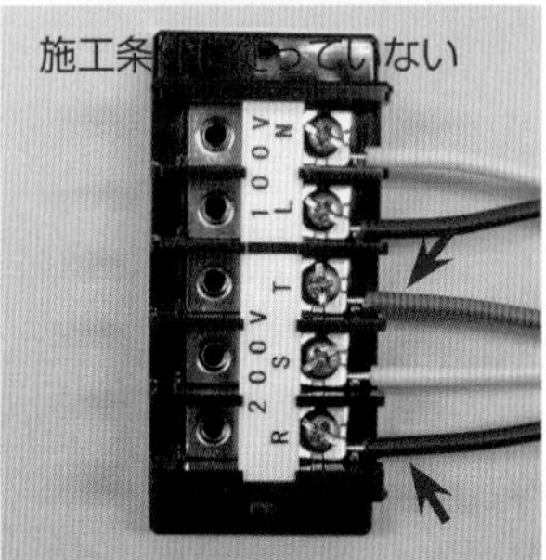

被覆の上から締め付け

絶縁被覆のむき過ぎ

★台座に入っていない

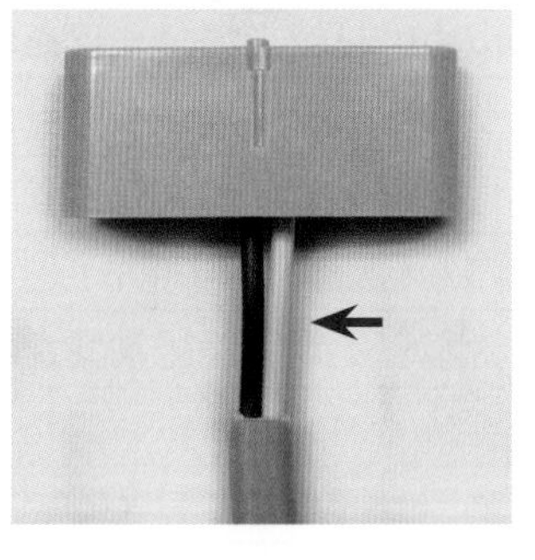

★極性の誤り

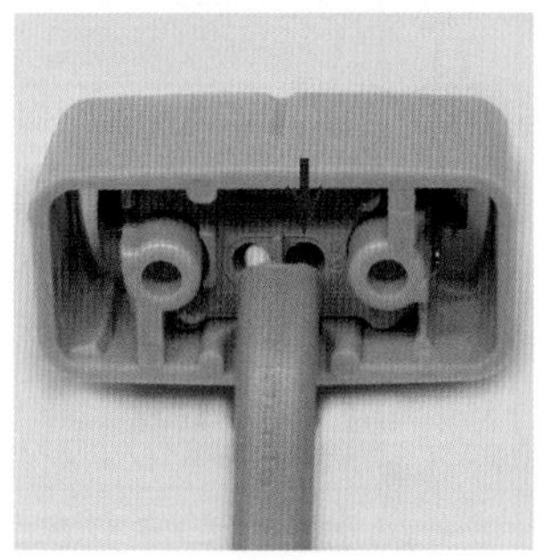

★心線の露出

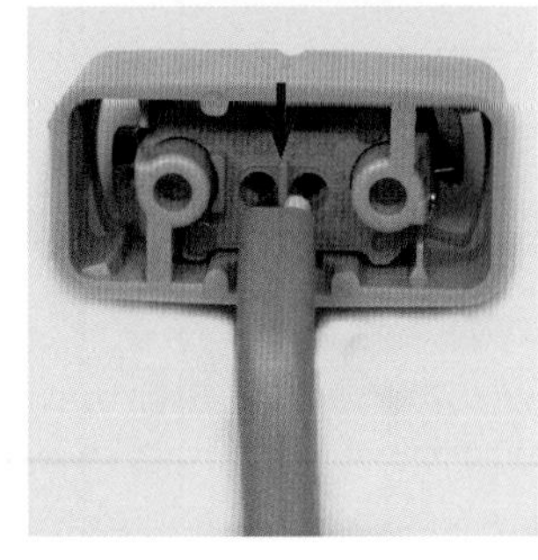

心線の露出

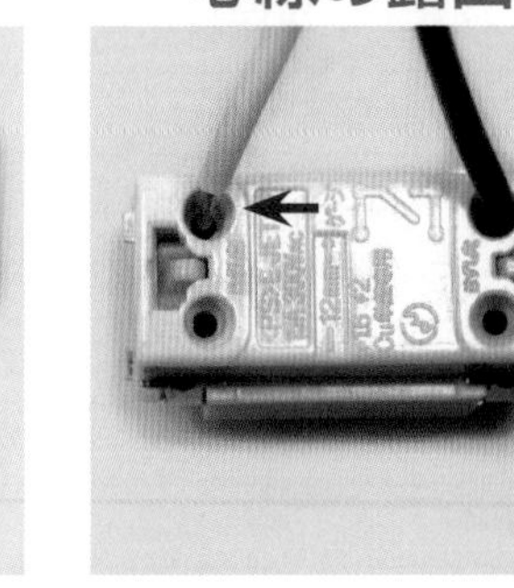

極性の誤り

取付位置の誤り

★心線の挿入不足

★圧着マークの誤り

被覆の上から圧着

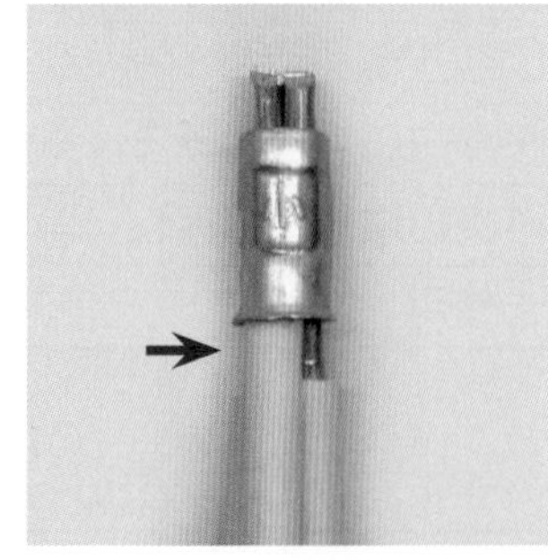

端末処理の不適切

欠陥の詳細については，各作業手順のページをご参照ください．

候補問題 No.5 問題例

公表された候補問題には，配線図の寸法や接続方法，施工条件が明記されていないため，ここでは，寸法，接続方法，施工条件を想定して練習できるように問題例としました．

〈〈 想定した材料等の確認 〉〉

作業開始前に準備した材料等を下記の材料表と必ず照合し，材料の不足があれば，必要分を揃えて下さい．

想定した使用材料

（注）下記の想定した材料表のリングスリーブの個数には予備品の数は含まれていません．実際の試験では，材料表には予備品を含んだリングスリーブの総数が示され，材料箱内にはリングスリーブの予備品もセットされて支給されます．

材　　料	
1. 600V ビニル絶縁ビニルシースケーブル平形（シース青色），2.0mm，2 心，長さ約 350mm ……	1 本
2. 600V ビニル絶縁ビニルシースケーブル平形，2.0mm，3 心，長さ約 350mm ……	1 本
3. 600V ビニル絶縁ビニルシースケーブル平形，1.6mm，2 心，長さ約 1600mm ……	1 本
4. 端子台（配線用遮断器，漏電遮断器（過負荷保護付）及び接地端子の代用），5 極 ……	1 個
5. ランプレセプタクル（カバーなし）……	1 個
6. 埋込連用タンブラスイッチ……	2 個
7. 埋込コンセント（20A250V 接地極付）……	1 個
8. 埋込連用コンセント……	1 個
9. 埋込連用取付枠……	1 枚
10. リングスリーブ（小）……	3 個
11. 差込形コネクタ（4 本用）……	1 個

※材料表の 2. の VVF2.0−3C は，200V 回路用（絶縁被覆の色：黒，赤，緑）のケーブルを想定しました．ケーブルシースにある 200V 表示については，メーカにより青ライン 200V 表示やオレンジライン，表示なしのものなどがあります．

材料の写真

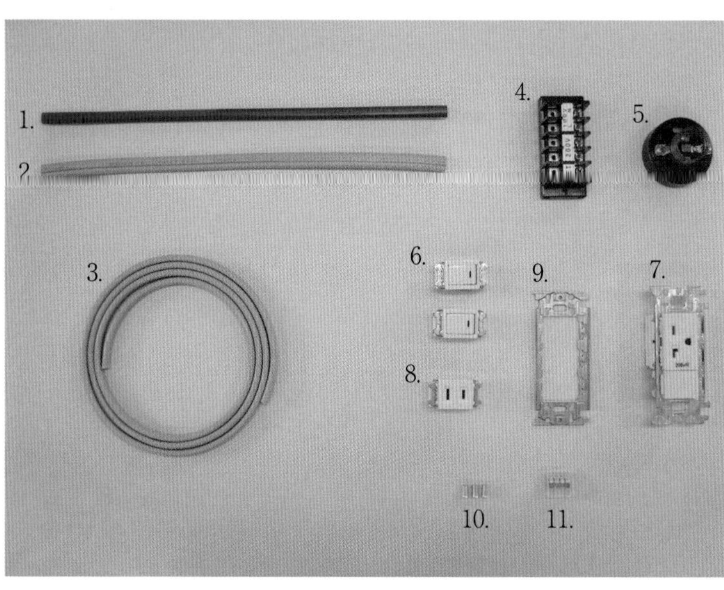

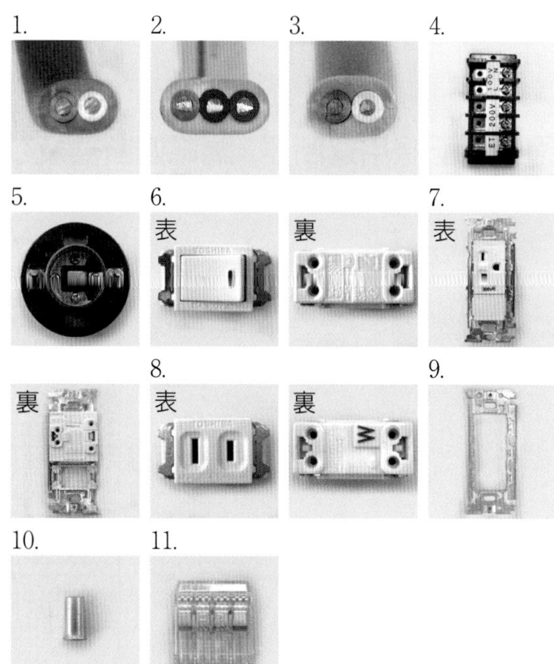

候補問題 No.5 問題例［試験時間　40 分］

図に示す低圧屋内配線工事を想定した全ての材料を使用し，〈**施工条件**〉に従って完成させなさい．
なお，

1．配線用遮断器，漏電遮断器（過負荷保護付）及び接地端子は，端子台で代用するものとする．
2．—・—・— で示した部分は施工を省略する．
3．VVF 用ジョイントボックス及びスイッチボックスは準備していないので，その取り付けは省略する．
4．電線接続箇所のテープ巻きや絶縁キャップによる絶縁処理は省略する．

図 1．配線図

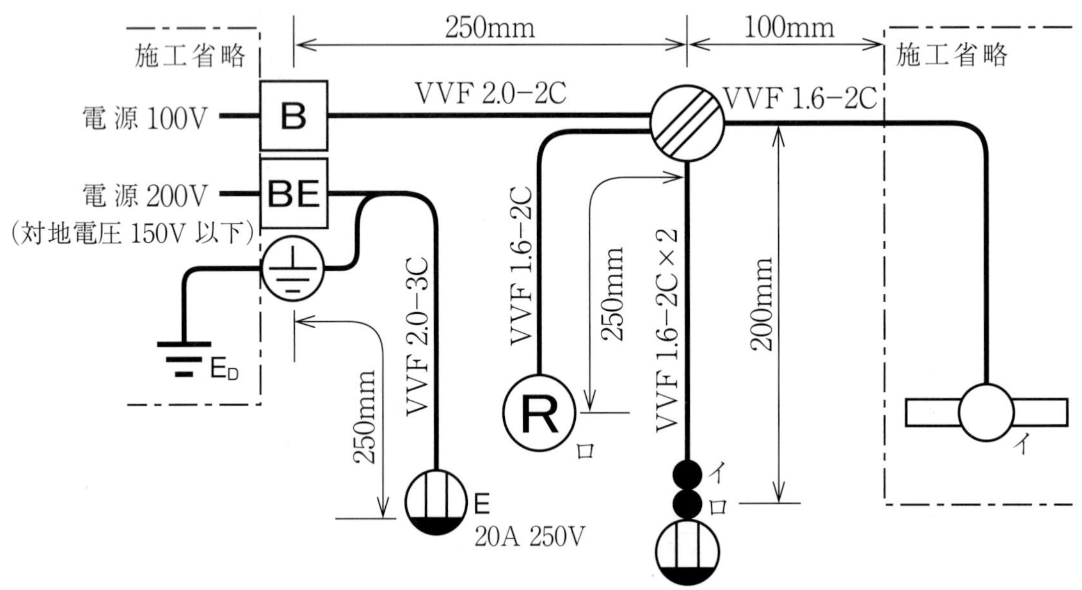

注：1．図記号は原則として JIS C 0303：2000 に準拠している．
　　　また，作業に直接関係のない部分等は省略又は簡略化してある．
　　2．Ⓡ は，ランプレセプタクルを示す．

図 2．配線用遮断器，漏電遮断器及び接地端子代用の端子台の説明図

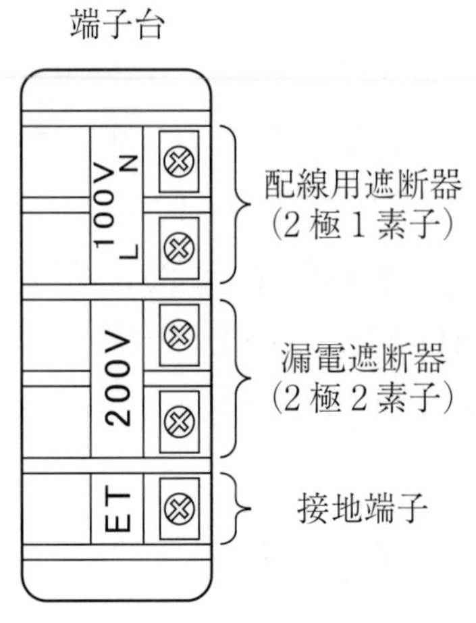

〈 施工条件 〉

1．配線及び器具の配置は，**図 1** に従って行うこと．

なお，「ロ」のタンブラスイッチは，取付枠の中央に取り付けること．

2．配線用遮断器，漏電遮断器及び接地端子代用の端子台は，**図 2** に従って使用すること．

3．電線の色別（絶縁被覆の色）は，次によること．

①電源からの接地側電線には，すべて**白色**を使用する．

② 100V 回路の電源から点滅器及びコンセントまでの非接地側電線には，すべて**黒色**を使用する．

③接地線は，**緑色**を使用する．

④次の器具の端子には，**白色の電線**を結線する．

・コンセントの接地側極端子（W と表示）

・ランプレセプタクルの受金ねじ部の端子

・配線用遮断器（端子台）の記号 N の端子

4．VVF 用ジョイントボックス部分を経由する電線は，その部分ですべて接続箇所を設け，接続方法は，次によること．

① 4 本の接続箇所は，差込形コネクタによる接続とする．

②その他の接続箇所は，リングスリーブによる接続とする．

複線図を描くステップ１

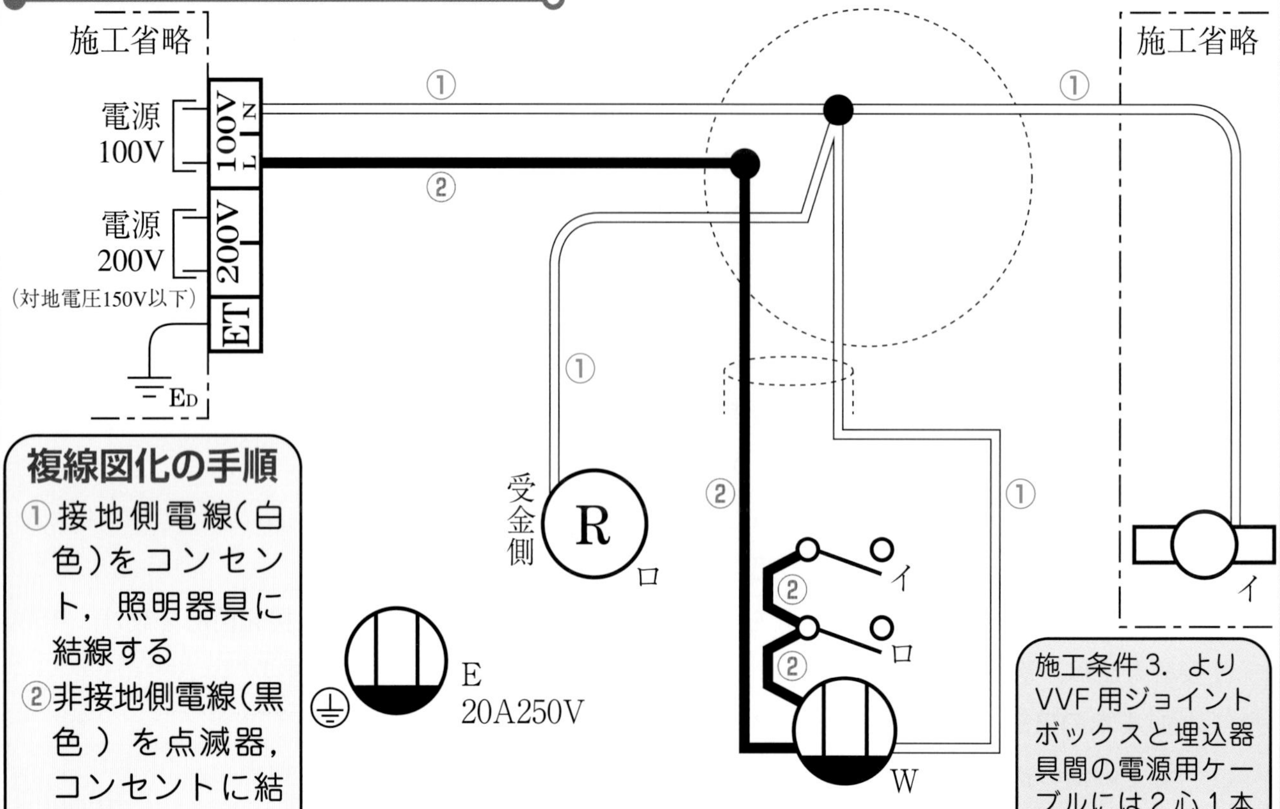

複線図化の手順

①接地側電線（白色）をコンセント，照明器具に結線する

②非接地側電線（黒色）を点滅器，コンセントに結線する

施工条件３．よりVVF用ジョイントボックスと埋込器具間の電源用ケーブルには２心１本を使用する．

複線図を描くステップ２

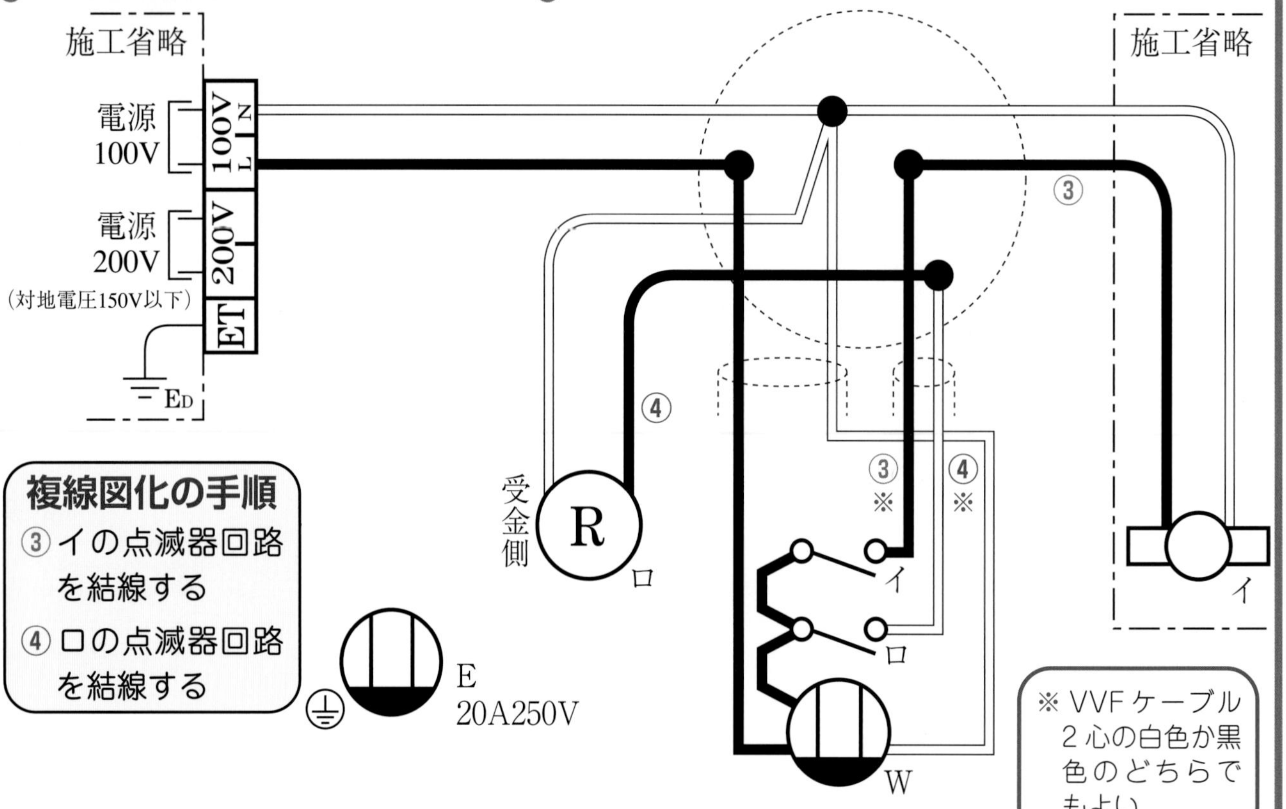

複線図化の手順

③イの点滅器回路を結線する

④ロの点滅器回路を結線する

※VVFケーブル２心の白色か黒色のどちらでもよい

複線図を描くステップ3

複線図化の手順
⑤20A250V E のコンセントと電源 200V の端子間，接地極と ED の端子間を結線する

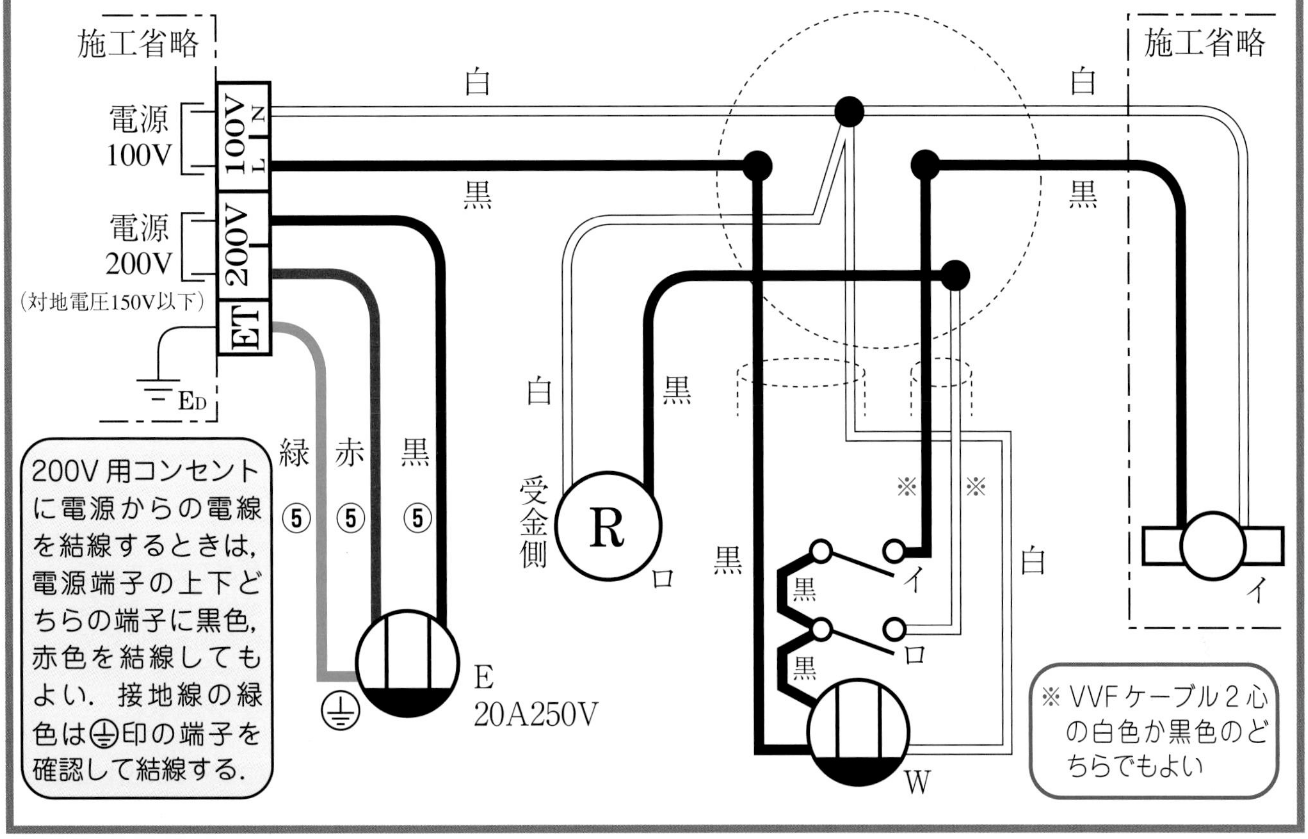

施工省略
電源 100V
電源 200V
（対地電圧150V以下）
白
黒
白
黒
白
黒
受金側
緑 ⑤ 赤 ⑤ 黒 ⑤
E 20A250V
W

200V 用コンセントに電源からの電線を結線するときは，電源端子の上下どちらの端子に黒色，赤色を結線してもよい．接地線の緑色は⏚印の端子を確認して結線する．

※ VVF ケーブル 2 心の白色か黒色のどちらでもよい

複線図を描くポイント（展開接続図）

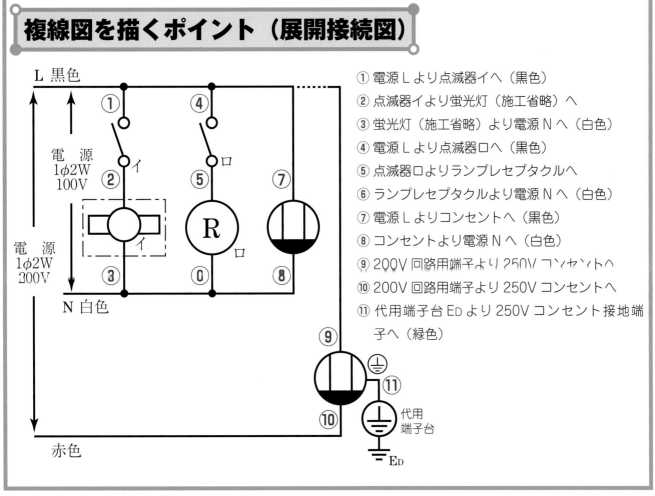

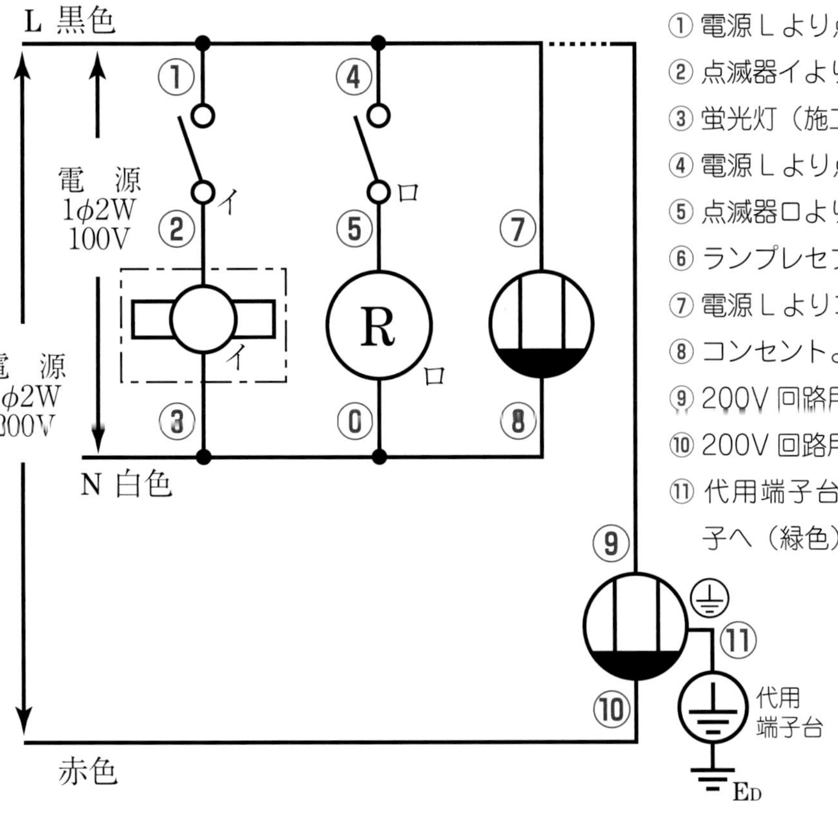

L 黒色
電源 1φ2W 100V
電源 1φ2W 200V
N 白色
赤色
代用端子台

① 電源 L より点滅器イへ（黒色）
② 点滅器イより蛍光灯（施工省略）へ
③ 蛍光灯（施工省略）より電源 N へ（白色）
④ 電源 L より点滅器ロへ（黒色）
⑤ 点滅器ロよりランプレセプタクルへ
⑥ ランプレセプタクルより電源 N へ（白色）
⑦ 電源 L よりコンセントへ（黒色）
⑧ コンセントより電源 N へ（白色）
⑨ 200V 回路用端子より 250V コンセントへ
⑩ 200V 回路用端子より 250V コンセントへ
⑪ 代用端子台 ED より 250V コンセント接地端子へ（緑色）

● ケーブルの使用箇所と切断寸法

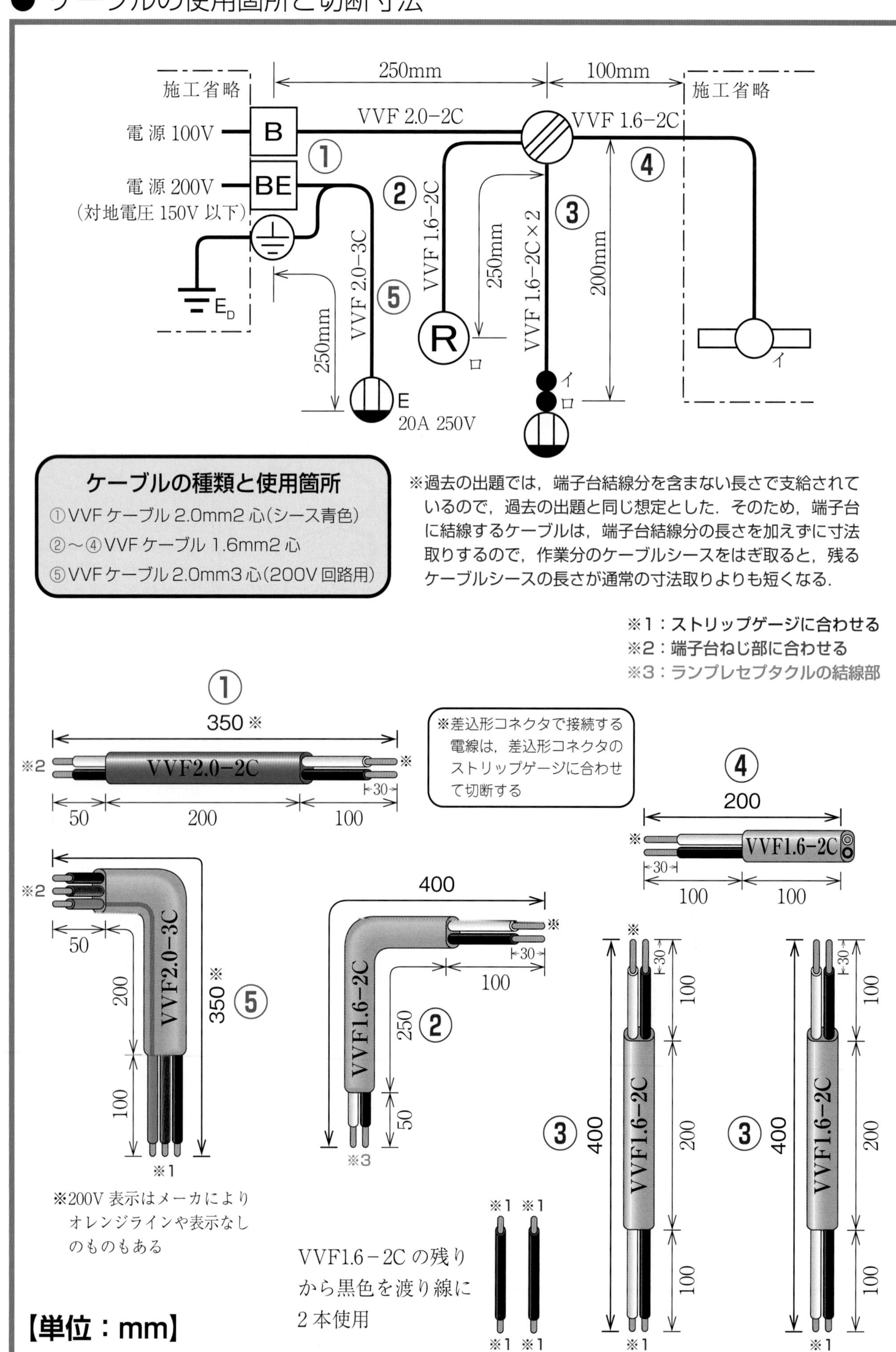

◆ 候補問題 No.5 で押さえておきたいポイント ◆

候補問題 No.5 の特徴と出題傾向

候補問題 No.5 の特徴として，単相 100V 回路と単相 200V 回路があり，電源部に端子台を使用すること，200V 用接地極付コンセントを使用すること，点滅器 2 個と埋込コンセントの連用箇所があることが挙げられます．本年度と同一の配線図は，令和 5 ～元年度，平成 30 ～ 28 年度，平成 24 年度に候補問題とされ，令和 5 ～元年度上期・下期試験，平成 30 年度上期・下期試験，平成 24 年度上期試験で出題されています．

点滅器 2 個と埋込コンセントを連用する問題では，各点滅器と対応する各照明器具の電線相互接続での誤接続が多いため，電線接続の際は注意しましょう．

連用箇所の結線

点滅器（片切スイッチ）2 個と埋込連用コンセントの連用箇所の正しい結線方法は複数あります．下の写真は 164 ページとは別の正しい結線方法の一例です．

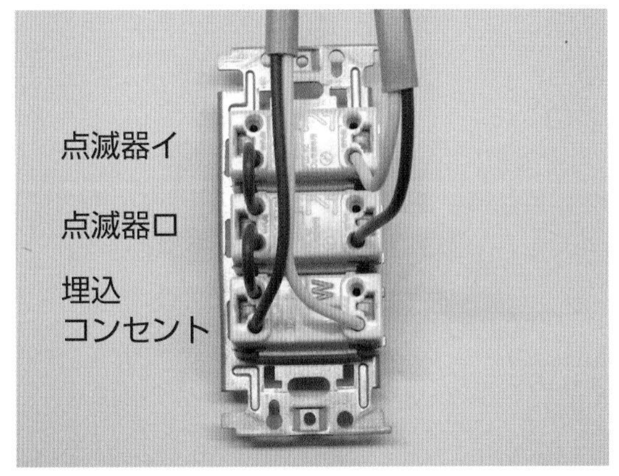

電源からの非接地側電線（黒色）を埋込コンセントに結線し，点滅回路の電線を点滅器イは白色，点滅器ロは黒色として結線したもの．

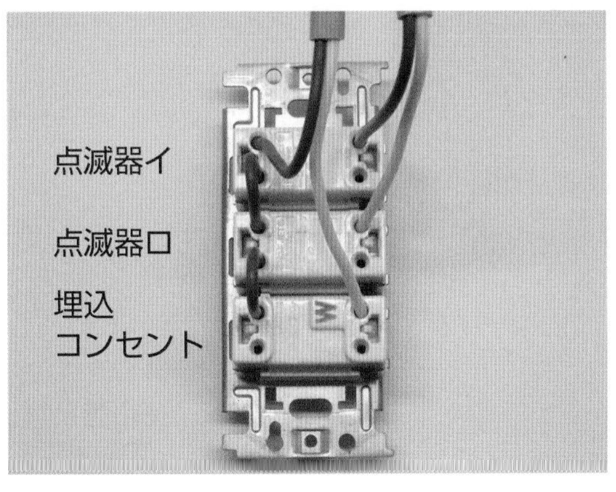

電源からの非接地側電線（黒色）を点滅器イの左側に結線し，点滅回路の電線を点滅器イは黒色，点滅器ロは白色として結線したもの．

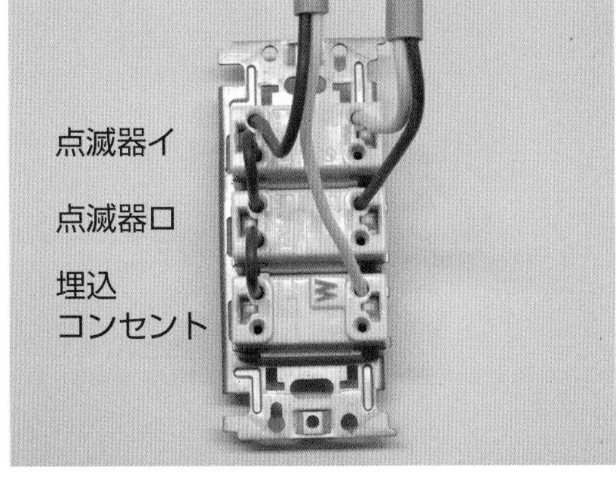

電源からの非接地側電線（黒色）を点滅器イの左側に結線し，点滅回路の電線を点滅器イは白色，点滅器ロは黒色として結線したもの．

2024 年度　第二種電気工事士技能試験

候補問題 No.5 完成参考写真

作業動画は
ここからアクセス！

（注）実際の現場では，電源用と点滅回路用のケーブルを区別して施工するのが基本のため，No.5 の完成作品でもケーブルを区別して作成しています．

	接続する電線の本数		圧着マーク	リングスリーブ
※	2 本	1.6mm × 2	○	小
★	2 本	2.0mm × 1 と 1.6mm × 1	小	

★印の接続箇所は，圧着マークを間違えやすいので注意！

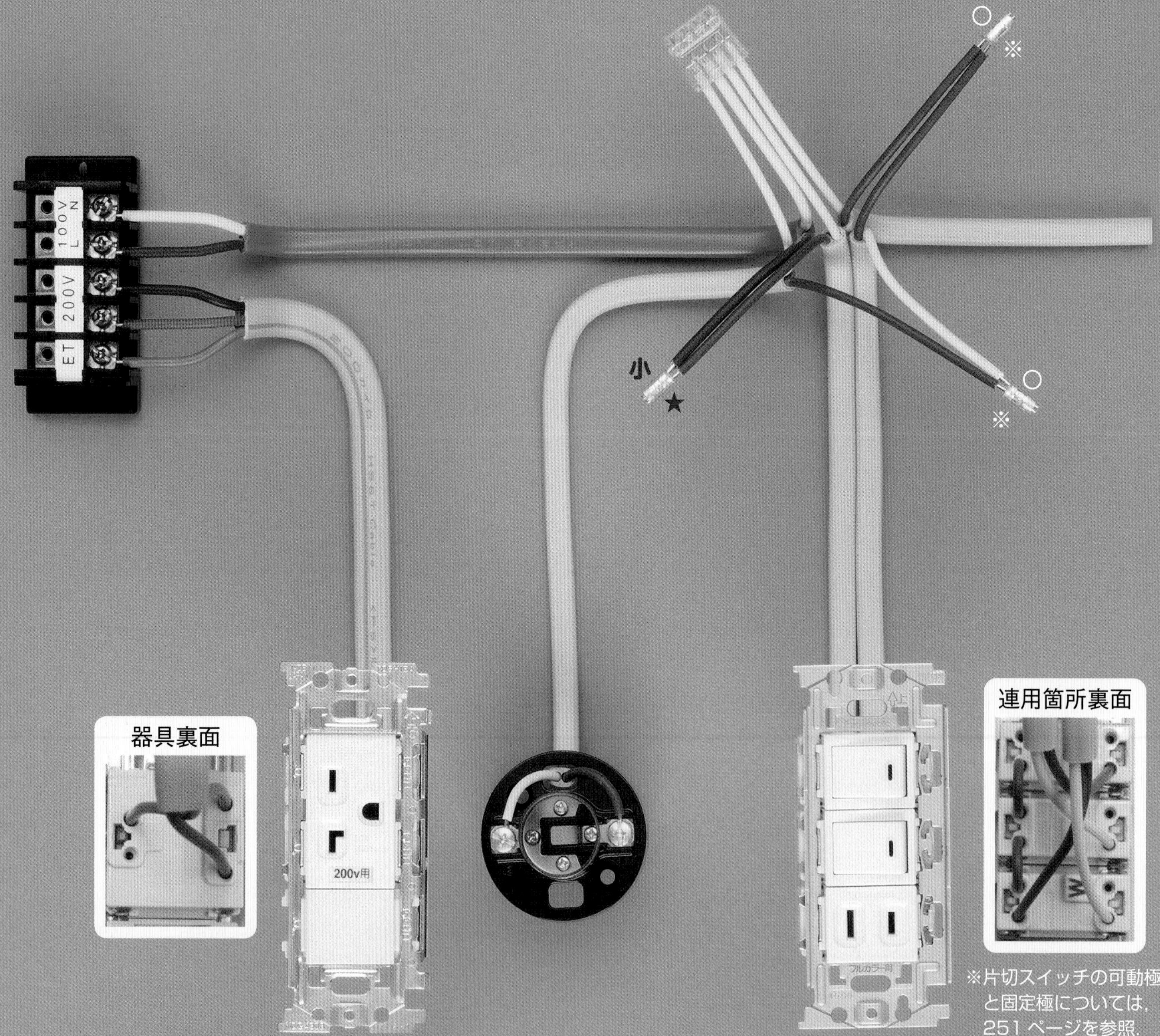

○ ※

100V N L

200V

ET

小 ★

○ ※

器具裏面

200V用

連用箇所裏面

※片切スイッチの可動極と固定極については，251 ページを参照．

候補問題 No.5 の欠陥チェック

	欠　陥　事　項	✓
全体共通部分	未完成（未着手，未接続，未結線，取付枠の未取付）	
	配線・器具の配置・電線の種類が配線図と相違	
	配線図に示された寸法の 50％以下で完成させている	
	回路の誤り（誤接続，誤結線）	
	接地側・非接地側電線・接地線の色別の相違，器具の極性相違	
	ケーブルシースに 20mm 以上の縦割れがある	
	ケーブルを折り曲げると絶縁被覆が露出する傷がある	
	絶縁被覆を折り曲げると心線が露出する傷がある	
	心線を折り曲げると心線が折れる程度の傷がある	
	材料表以外の材料を使用している（試験時は支給品以外）	
電線相互の接続部分	指定箇所を指定された接続方法以外で接続している	
	圧着接続での圧着マークの誤り	
	リングスリーブを破損している	
	圧着マークの一部が欠けている	
	リングスリーブに 2 つ以上の圧着マークがある	
	1 箇所の接続に 2 個以上のリングスリーブを使用している	
	接続する心線がリングスリーブの先端から見えていない	
	接続部先端の端末処理が適切でない（心線が 5mm 以上露出している）	
	リングスリーブの下端から心線が 10mm 以上露出している	
	ケーブルシースのはぎ取り不足で絶縁被覆が 20mm 以下	
	絶縁被覆の上から圧着している	
	差込形コネクタの先端部分に心線が見えていない	
	差込形コネクタの下端部分から心線が露出している	
器具等との結線部分	心線をねじで締め付けていないもの（※ランプレセプタクル・代用端子台）	
	ねじの端から心線が 5mm 以上露出している（※ランプレセプタクル）	
	端子台の端から心線が 5mm 以上露出している	
	絶縁被覆の上からねじを締め付けている（※ランプレセプタクル・代用端子台）	
	ケーブル引込口を通さずに台座の上からケーブルを結線（※ランプレセプタクル）	
	心線の端末がねじの端から 5mm 以上はみ出している（※ランプレセプタクル）	
	ランプレセプタクルのカバーが適切に締まらないもの	
	ケーブルシースが台座まで入っていない（※ランプレセプタクル）	
	心線が端子から露出している（※埋込連用器具：2mm 以上）	
	電線を引っ張ると端子から心線が抜ける（※埋込連用器具）	
	取付枠に器具の取付不適の場合（裏返し・器具を引っ張ると外れる・取付位置の誤り）	
	器具を破損させたまま使用	
	総合チェック	

候補問題 No.5

主な欠陥例

すべての作業を丁寧に行って，欠陥がない作品を完成させることを心掛けましょう．
★印はよくある欠陥のため，作業時には特に注意して下さい．

縦割がある

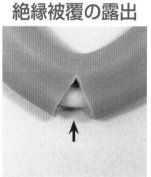

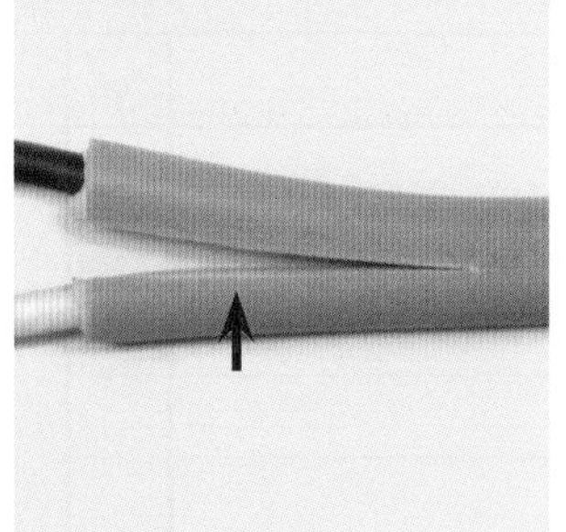

心線が見える

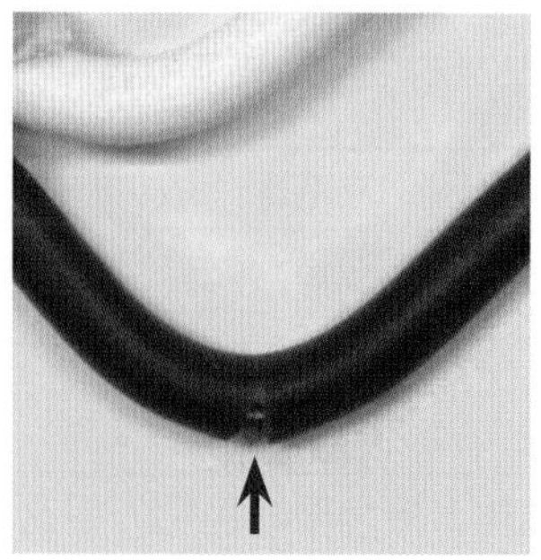

★極性の誤り

ゆるい締め付け

心線のはみ出し

★台座に入っていない

左巻きで巻付け

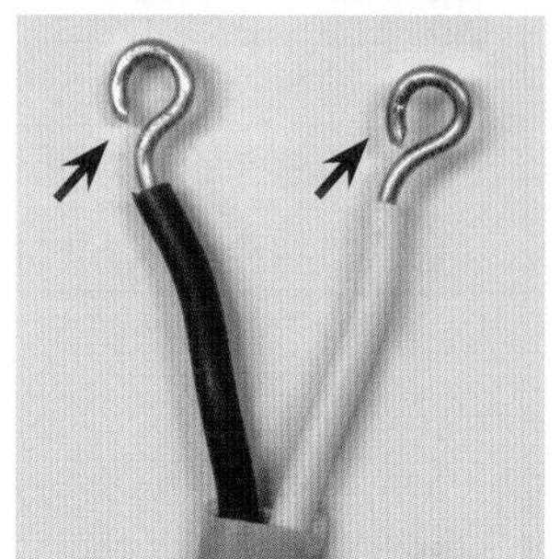

心線の巻付け不足

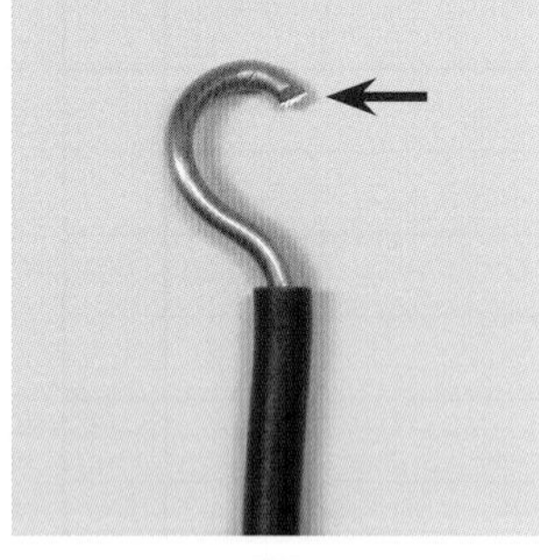

被覆の上から締め付け

絶縁被覆のむき過ぎ

心線の露出

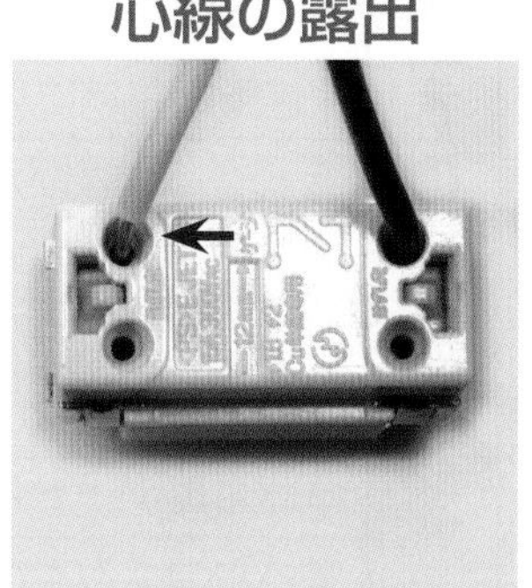

極性の誤り

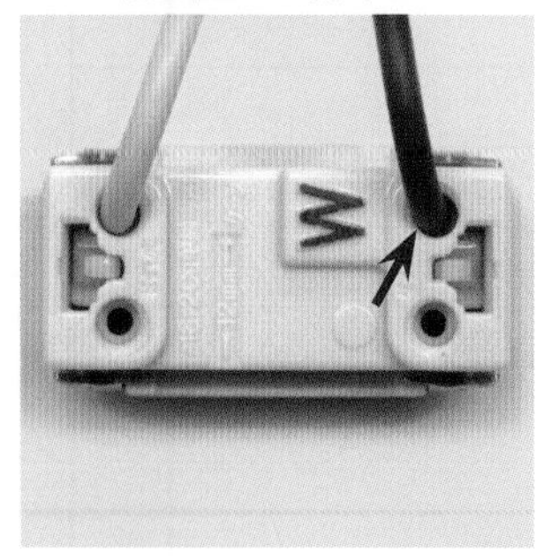

極性の誤り

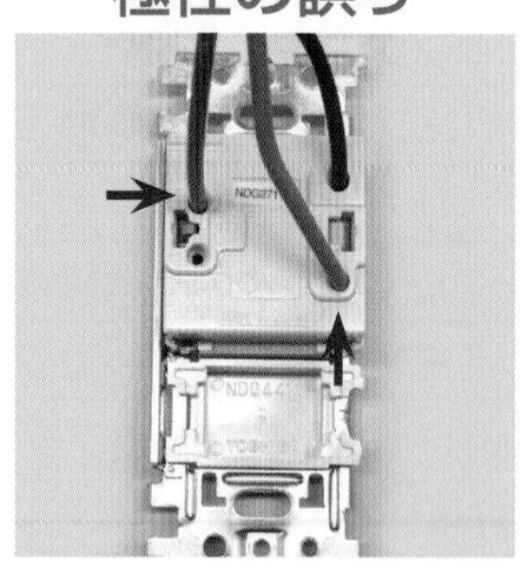

★心線の挿入不足

心線の露出

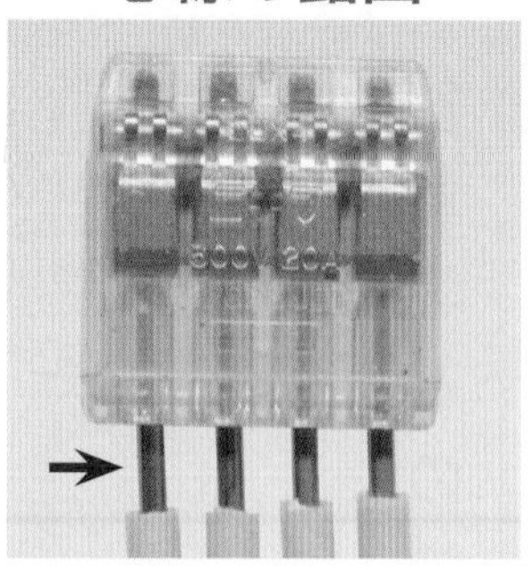

★圧着マークの誤り

1.6mm と 2.0mm の 2 本の圧着は「小」の刻印

被覆の上から圧着

心線がみえていない

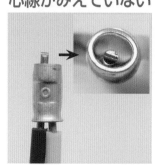

端末処理の不適切

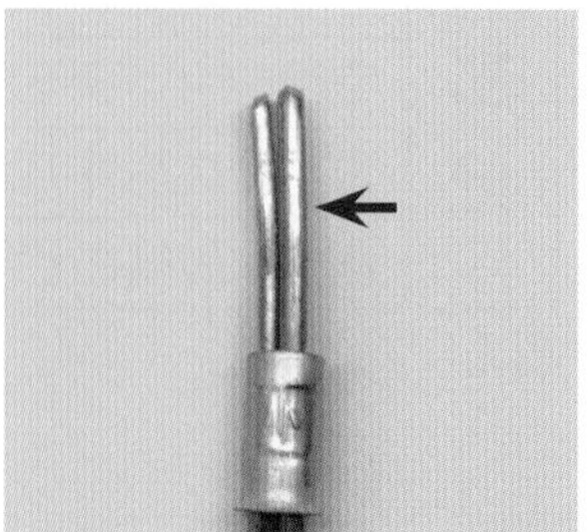

欠陥の詳細については，各作業手順のページをご参照ください．

候補問題 No.6 問題例

公表された候補問題には，配線図の寸法や接続方法，施工条件が明記されていないため，ここでは，寸法，接続方法，施工条件を想定して練習できるように問題例としました.

〈〈 想定した材料等の確認 〉〉

作業開始前に準備した材料等を下記の材料表と必ず照合し，材料の不足があれば，必要分を揃えて下さい.

想定した使用材料

（注）下記の想定した材料表のリングスリーブの個数には予備品の数は含まれていません．実際の試験では，材料表には予備品を含んだリングスリーブの総数が示され，材料箱内にはリングスリーブの予備品もセットされて支給されます.

材　料	
1. 600V ビニル絶縁ビニルシースケーブル平形（シース青色），2.0mm，2 心，長さ約 250mm ……	1 本
2. 600V ビニル絶縁ビニルシースケーブル平形，1.6mm，2 心，長さ約 800mm ……	1 本
3. 600V ビニル絶縁ビニルシースケーブル平形，1.6mm，3 心，長さ約 1050mm ……	1 本
4. 露出形コンセント（カバーなし）……	1 個
5. 引掛シーリングローゼット（ボディ（角形）のみ）……	1 個
6. 埋込連用タンブラスイッチ（3 路）……	2 個
7. 埋込連用取付枠 ……	2 枚
8. リングスリーブ（小）……	4 個
9. 差込形コネクタ（2 本用）……	2 個
10. 差込形コネクタ（3 本用）……	2 個

材料の写真

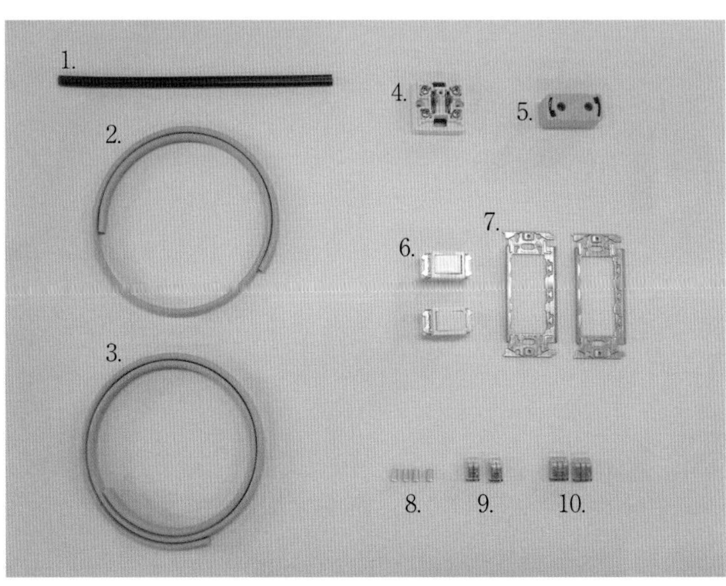

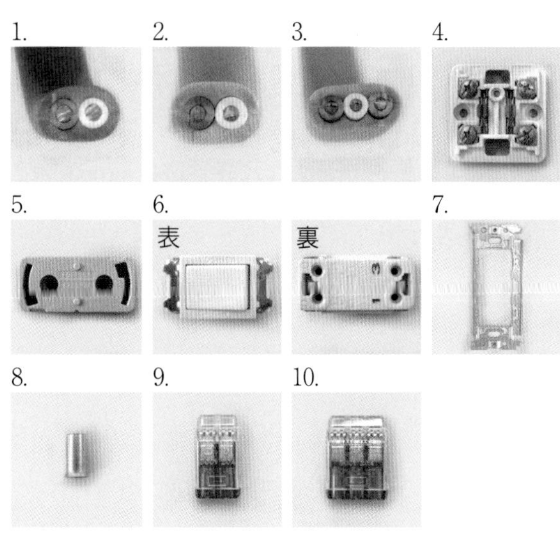

候補問題 No.6

候補問題 No.6 問題例［試験時間　40 分］

図に示す低圧屋内配線工事を想定した全ての材料を使用し，〈**施工条件**〉に従って完成させなさい．なお，

1．—・—・— で示した部分は施工を省略する．
2．VVF 用ジョイントボックス及びスイッチボックスは準備していないので，その取り付けは省略する．
3．電線接続箇所のテープ巻きや絶縁キャップによる絶縁処理は省略する．

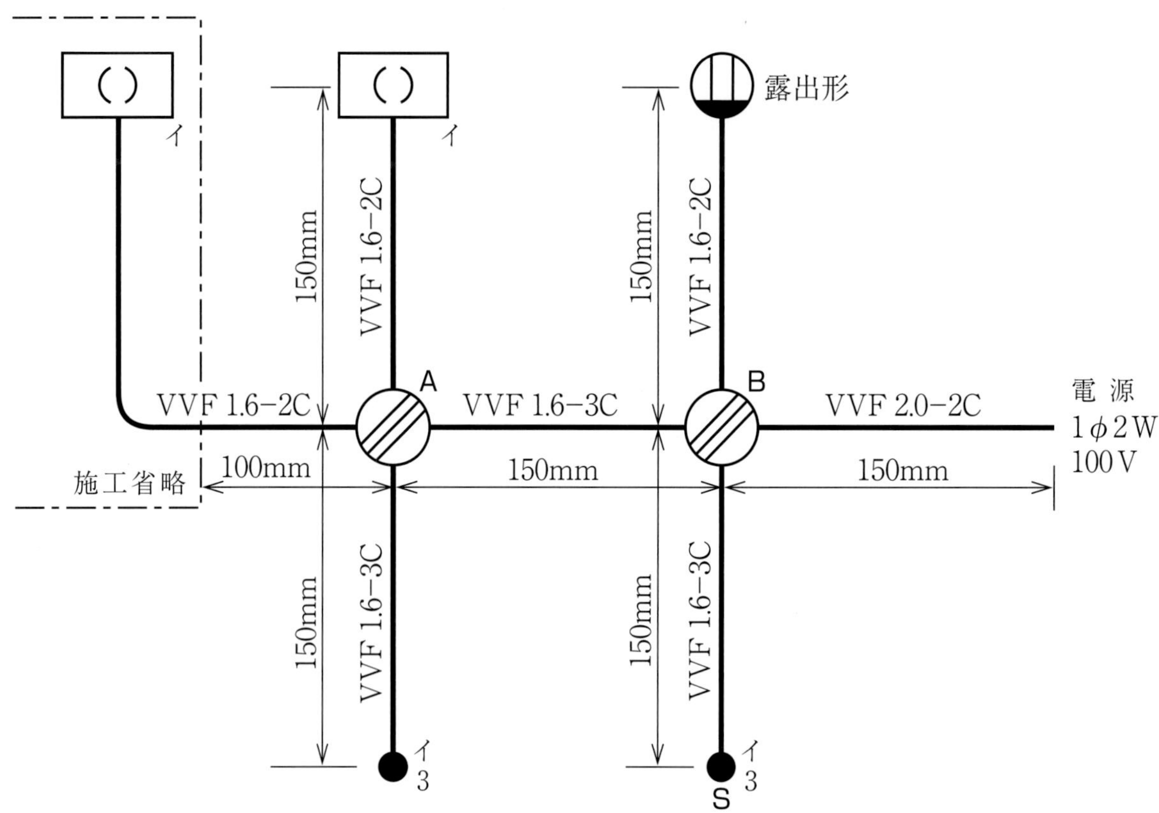

注：1．図記号は原則として JIS C 0303：2000 に準拠している．
また，作業に直接関係のない部分等は省略又は簡略化してある．

〈 施工条件 〉

1．配線及び器具の配置は，図に従って行うこと．

2．3路スイッチの配線方法は，次によること．

3路スイッチの記号「0」の端子には電源側又は負荷側の電線を結線し，記号「1」と「3」の端子にはスイッチ相互間の電線を結線する．

3．電線の色別（絶縁被覆の色）は，次によること．

①電源からの接地側電線には，すべて**白色**を使用する．

②電源から3路スイッチS及び露出形コンセントまでの非接地側電線には，すべて**黒色**を使用する．

③次の器具の端子には，**白色の電線**を結線する．

・露出形コンセントの接地側極端子（Wと表示）

・引掛シーリングローゼットの接地側極端子（W又は接地側と表示）

4．VVF用ジョイントボックス部分を経由する電線は，その部分ですべて接続箇所を設け，接続方法は，次によること．

①A部分は，差込形コネクタによる接続とする．

②B部分は，リングスリーブによる接続とする．

5．露出形コンセントへの結線は，ケーブルを挿入した部分に近い端子に行うこと．

複線図の描き方を動画でチェック！

複線図を描くステップ 1

複線図化の手順

①接地側電線の白色を描く

②非接地側電線(黒色)をコンセント，3路スイッチSまで描く

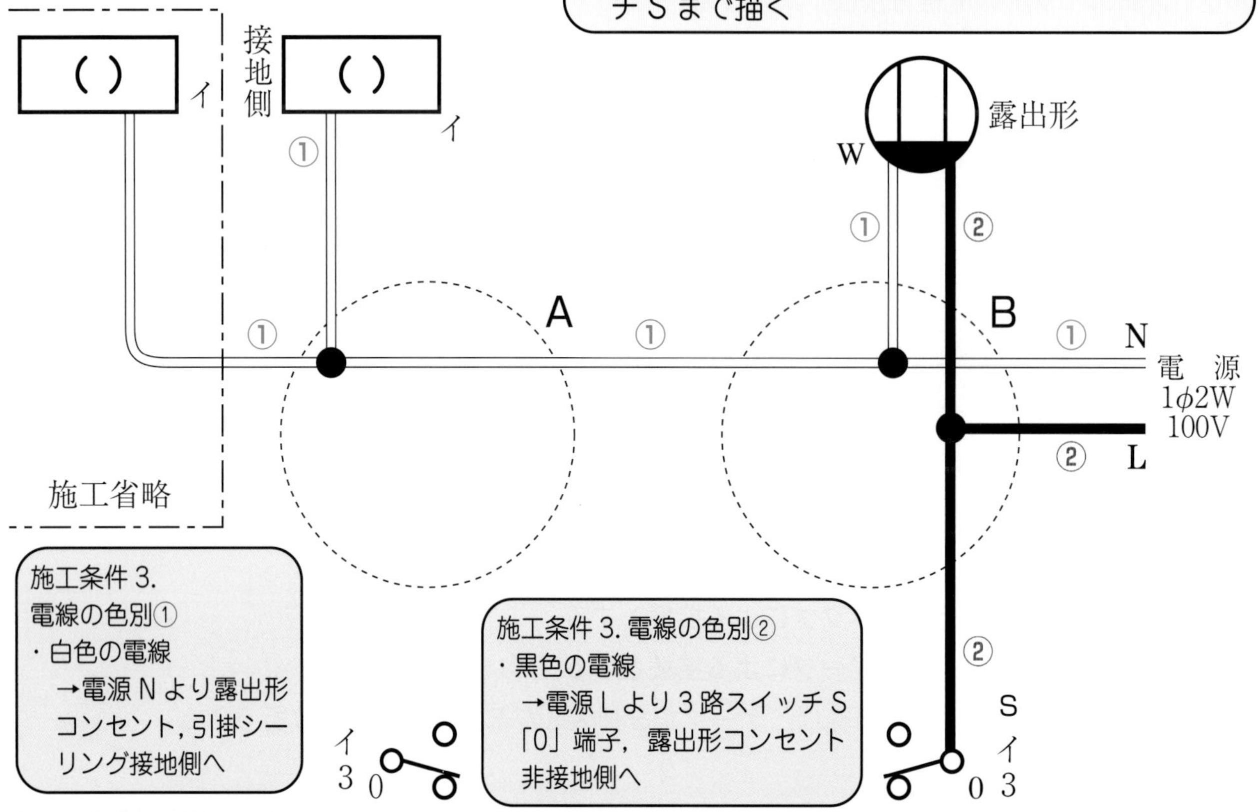

施工条件3.
電線の色別①
・白色の電線
→電源Nより露出形コンセント，引掛シーリング接地側へ

施工条件3. 電線の色別②
・黒色の電線
→電源Lより3路スイッチS「0」端子，露出形コンセント非接地側へ

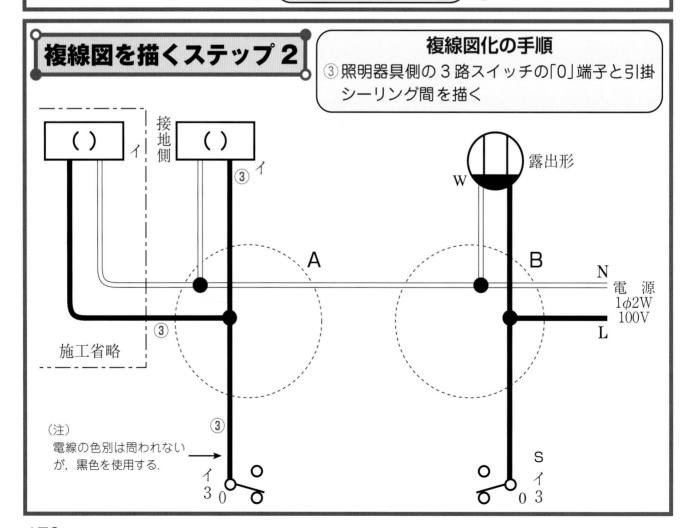

複線図を描くステップ 2

複線図化の手順

③照明器具側の3路スイッチの「0」端子と引掛シーリング間を描く

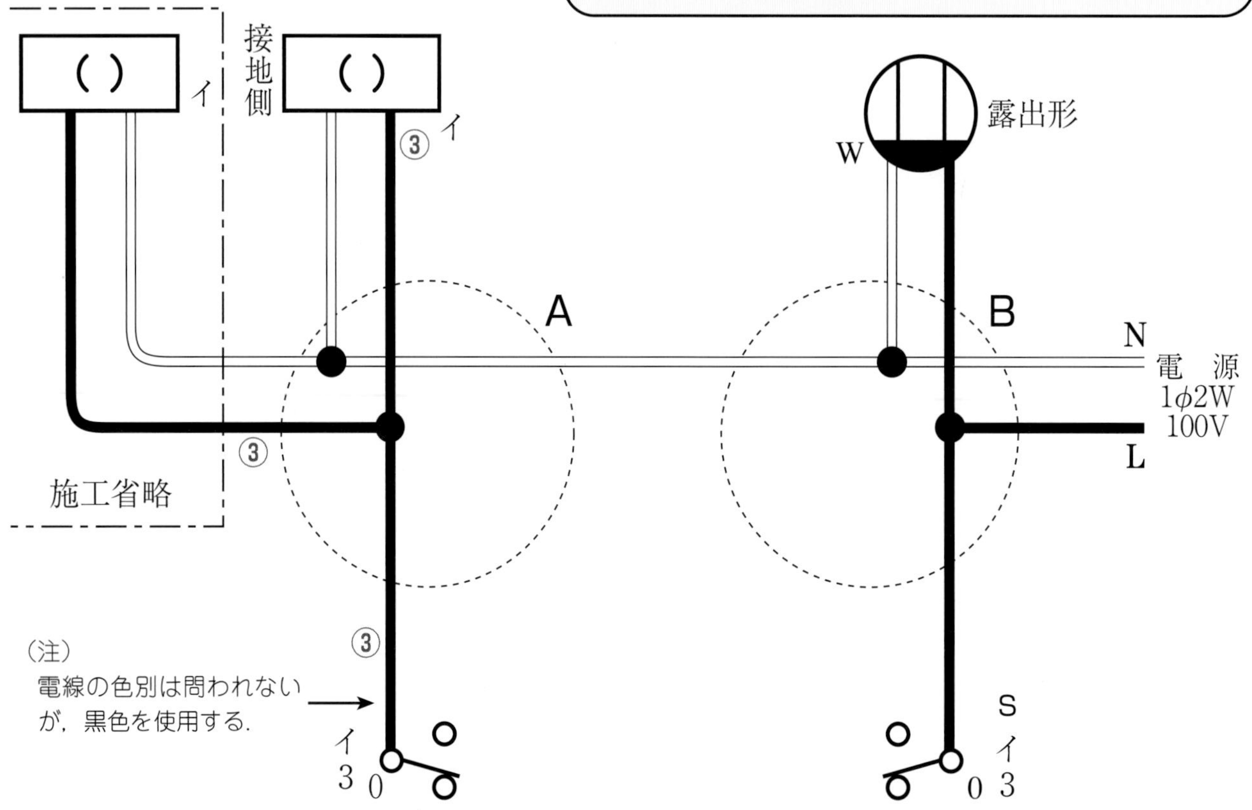

(注)
電線の色別は問われないが，黒色を使用する.

複線図を描くステップ 3

複線図化の手順
④3路スイッチ間を描いて完了

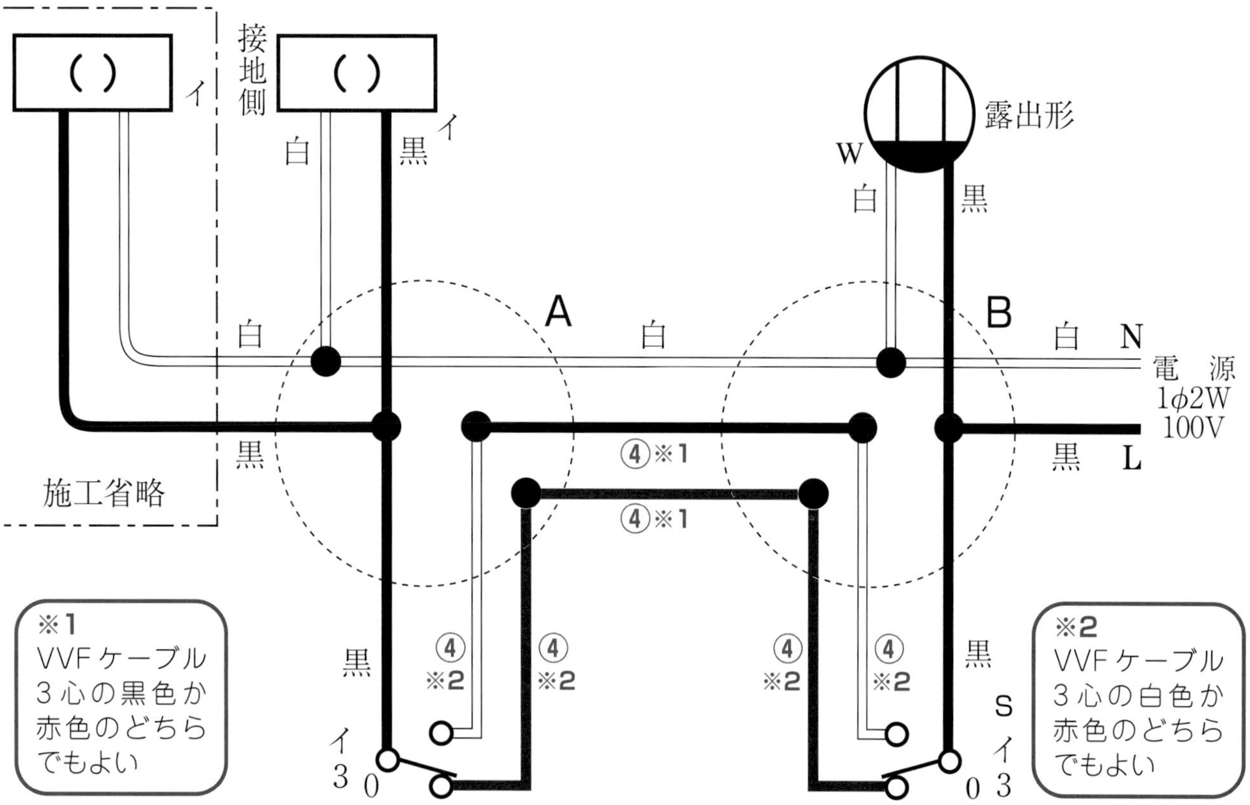

複線図を描くポイント（展開接続図）

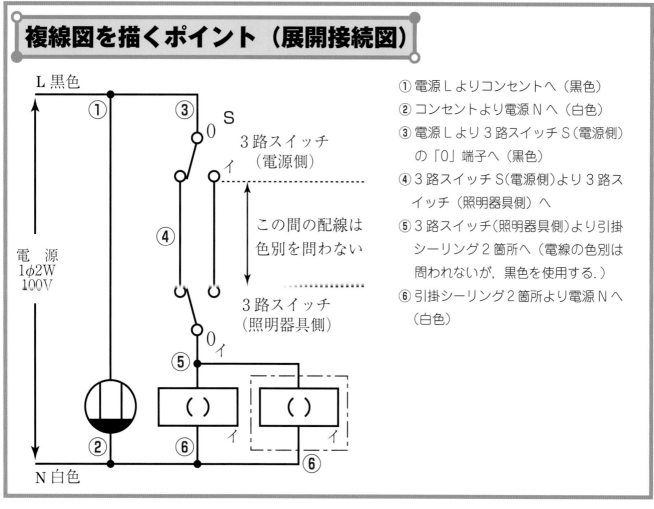

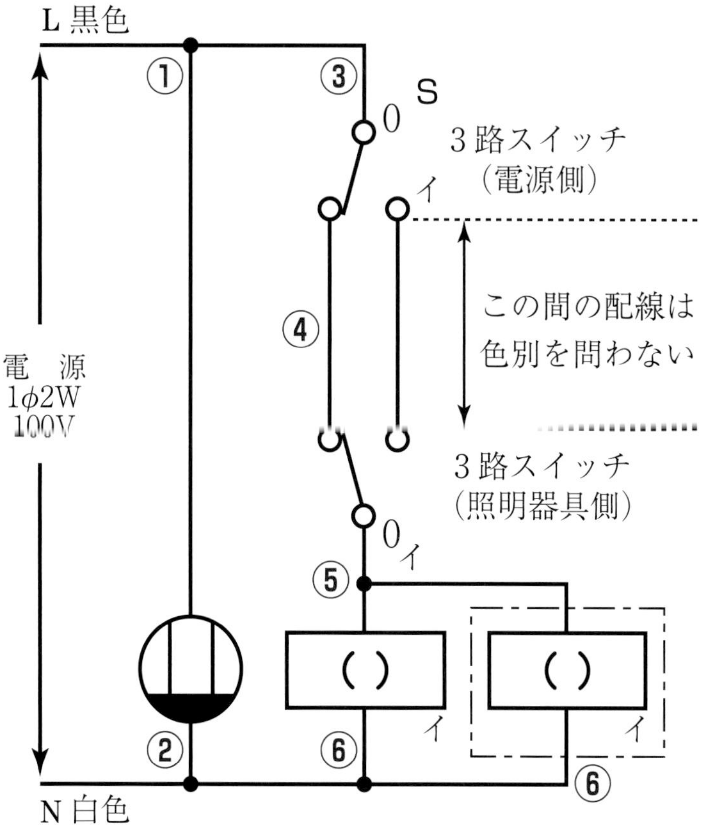

① 電源Lよりコンセントへ（黒色）
② コンセントより電源Nへ（白色）
③ 電源Lより3路スイッチS（電源側）の「0」端子へ（黒色）
④ 3路スイッチS（電源側）より3路スイッチ（照明器具側）へ
⑤ 3路スイッチ（照明器具側）より引掛シーリング2箇所へ（電線の色別は問われないが，黒色を使用する．）
⑥ 引掛シーリング2箇所より電源Nへ（白色）

● ケーブルの使用箇所と切断寸法

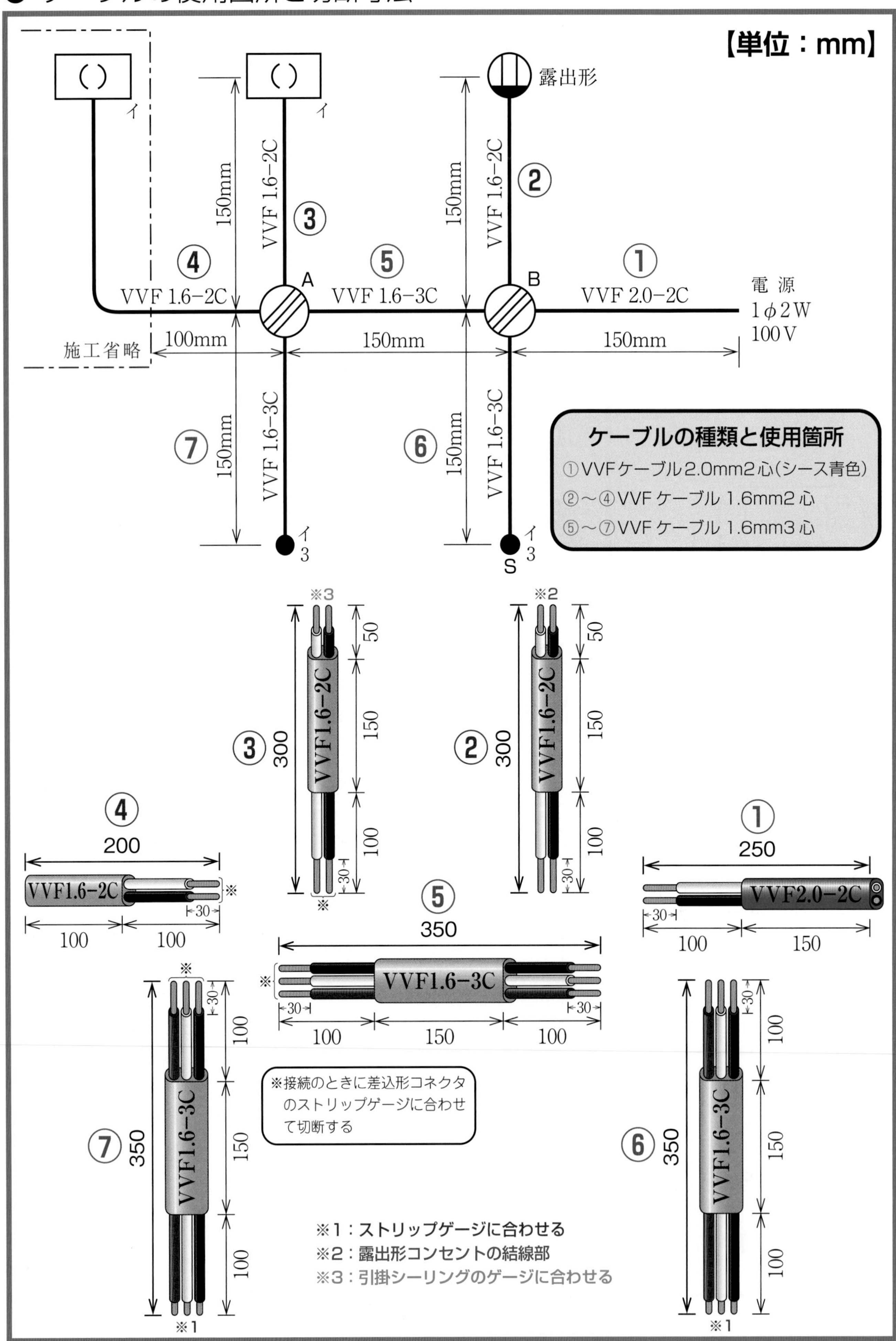

【単位：mm】
露出形
施工省略
電 源
1φ2W
100V
VVF 1.6−2C
VVF 1.6−3C
VVF 2.0−2C
150mm
100mm
ケーブルの種類と使用箇所
①VVFケーブル2.0mm2心(シース青色)
②～④VVF ケーブル 1.6mm2 心
⑤～⑦VVF ケーブル 1.6mm3 心
VVF1.6−2C
VVF1.6−3C
VVF2.0−2C
300
350
250
200
※接続のときに差込形コネクタのストリップゲージに合わせて切断する
※1：ストリップゲージに合わせる
※2：露出形コンセントの結線部
※3：引掛シーリングのゲージに合わせる

◆ 候補問題 No.6 で押さえておきたいポイント ◆

候補問題 No.6 の特徴と出題傾向

候補問題 No.6 の特徴として，3 路スイッチを 2 個使用して 2 箇所の照明器具を点滅させる回路であること，露出形コンセントを使用することが挙げられます．本年度と同一の配線図は，令和 5 ～元年度，平成 30 ～ 29 年度に候補問題とされ，令和 5 ～元年度上期･下期試験，平成 30 年度上期･下期試験で出題されています．また，平成 28 年度，平成 26 年度では，配線図は同一でメタルラス壁貫通部分があるものが候補問題として公表されており，これらは平成 28 年度下期試験，平成 26 年度下期試験で出題されています．

3 路スイッチ

3 路スイッチ回路は，それぞれのスイッチの操作により点灯・消灯が切り替わるため，片切スイッチにある点灯を示す黒印は器具には付きません．

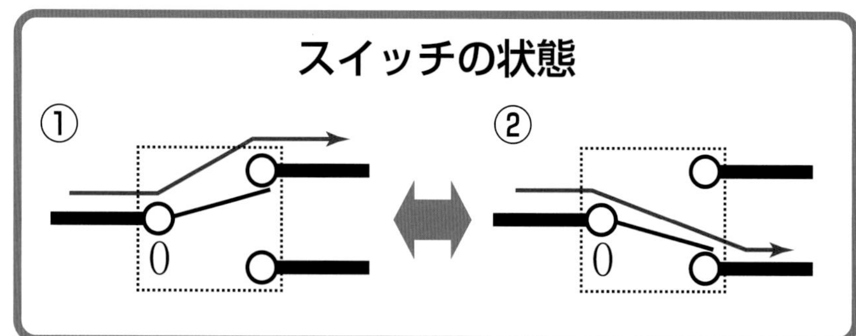

3 路スイッチを操作することで，「1」,「3」端子の接点が切り替わり，左図のように①や②の状態になる．

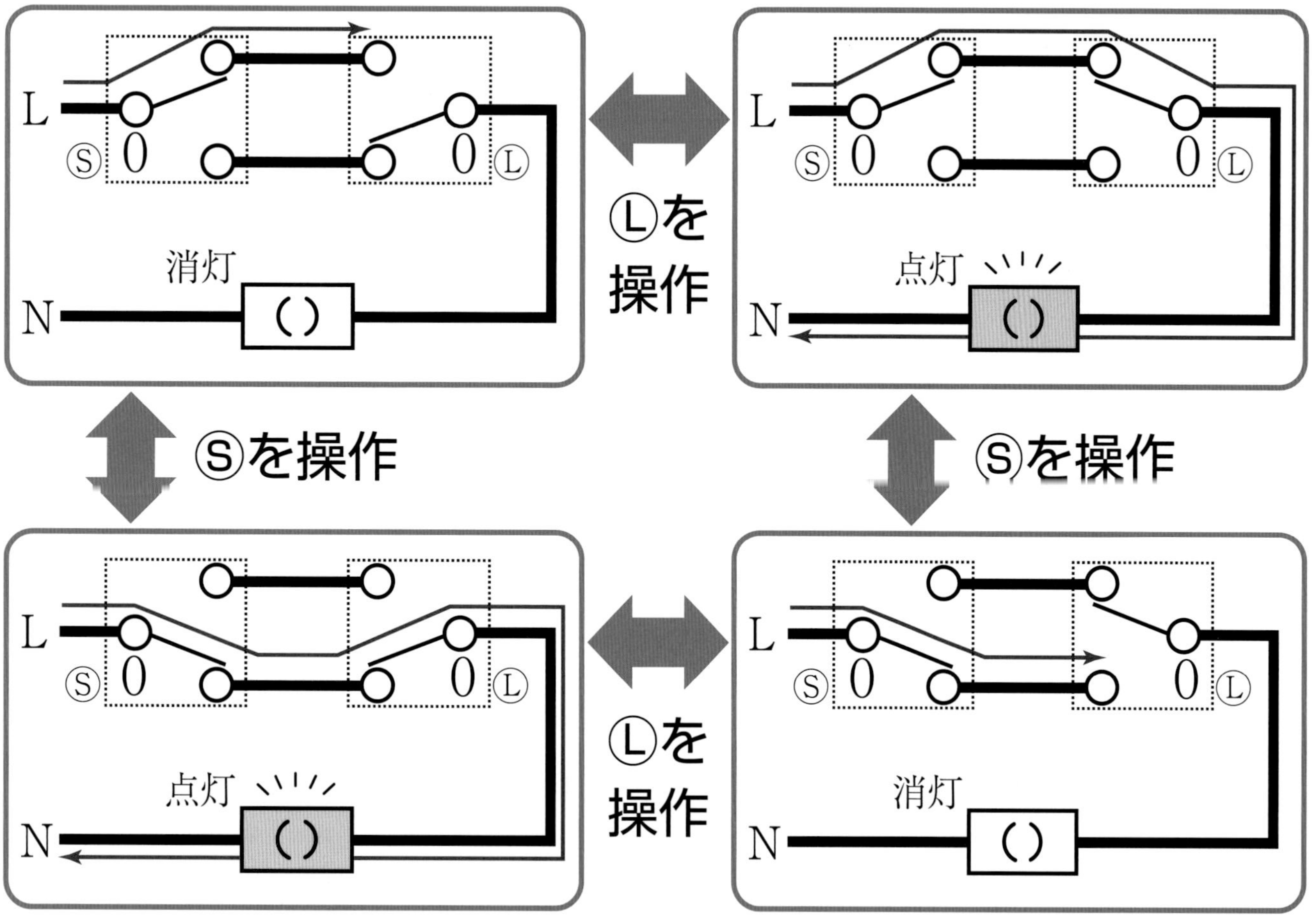

L
Ⓢ 0
0 Ⓛ
消灯
N

Ⓛを操作

L
Ⓢ 0
0 Ⓛ
点灯
N

Ⓢを操作

Ⓢを操作

L
Ⓢ 0
0 Ⓛ
点灯
N

Ⓛを操作

L
Ⓢ 0
0 Ⓛ
消灯
N

2024年度　第二種電気工事士技能試験

候補問題 No.6 完成参考写真

作業動画はここからアクセス！

	接続する電線の本数		圧着マーク	リングスリーブ
※	2本	1.6mm × 2	○	小
♠	3本	2.0mm × 1 と 1.6mm × 2	小	

○
※
小
♠
○
※
小
♠

負荷側裏面

電源側裏面

候補問題 No.6 の欠陥チェック

	欠陥事項	✓
全体共通部分	未完成（未着手，未接続，未結線，取付枠の未取付）	
	配線・器具の配置・電線の種類が配線図と相違	
	配線図に示された寸法の 50%以下で完成させている	
	回路の誤り（誤接続，誤結線）	
	接地側・非接地側電線の色別の相違，器具の極性相違	
	ケーブルシースに 20mm 以上の縦割れがある	
	ケーブルを折り曲げると絶縁被覆が露出する傷がある	
	絶縁被覆を折り曲げると心線が露出する傷がある	
	心線を折り曲げると心線が折れる程度の傷がある	
	材料表以外の材料を使用している（試験時は支給品以外）	
電線相互の接続部分	指定箇所を指定された接続方法以外で接続している	
	圧着接続での圧着マークの誤り	
	リングスリーブを破損している	
	圧着マークの一部が欠けている	
	リングスリーブに 2 つ以上の圧着マークがある	
	1 箇所の接続に 2 個以上のリングスリーブを使用している	
	接続する心線がリングスリーブの先端から見えていない	
	接続部先端の端末処理が適切でない（心線が 5mm 以上露出している）	
	リングスリーブの下端から心線が 10mm 以上露出している	
	ケーブルシースのはぎ取り不足で絶縁被覆が 20mm 以下	
	絶縁被覆の上から圧着している	
	差込形コネクタの先端部分に心線が見えていない	
	差込形コネクタの下端部分から心線が露出している	
器具等との結線部分	心線をねじで締め付けていないもの（※露出形コンセント）	
	ねじの端から心線が 5mm 以上露出している（※露出形コンセント）	
	絶縁被覆の上からねじを締め付けている（※露出形コンセント）	
	ケーブル引込口を通さずに台座の上からケーブルを結線（※露出形コンセント）	
	心線の端末がねじの端から 5mm 以上はみ出している（※露出形コンセント）	
	露出形コンセントのカバーが適切に締まらないもの	
	ケーブルシースが台座まで入っていない（※露出形コンセント）	
	ケーブルシースが台座下端から 5mm 以上露出（※引掛シーリングローゼット）	
	心線が端子から露出している(※引掛シーリングローゼット:1mm 以上,埋込連用器具:2mm 以上)	
	電線を引っ張ると端子から心線が抜ける（※引掛シーリングローゼット・埋込連用器具）	
	取付枠に器具の取付不適の場合（裏返し・器具を引っ張ると外れる・取付位置の誤り）	
	器具を破損させたまま使用	
	総合チェック	

主な欠陥例

すべての作業を丁寧に行って，欠陥がない作品を完成させることを心掛けましょう.
★印はよくある欠陥のため，作業時には特に注意して下さい.

縦割がある

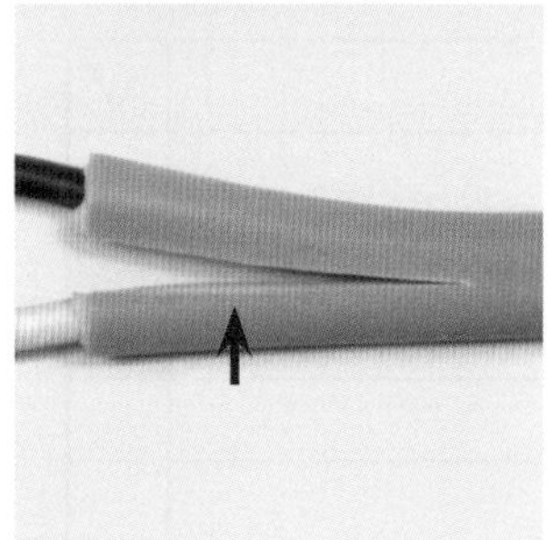

絶縁被覆の露出

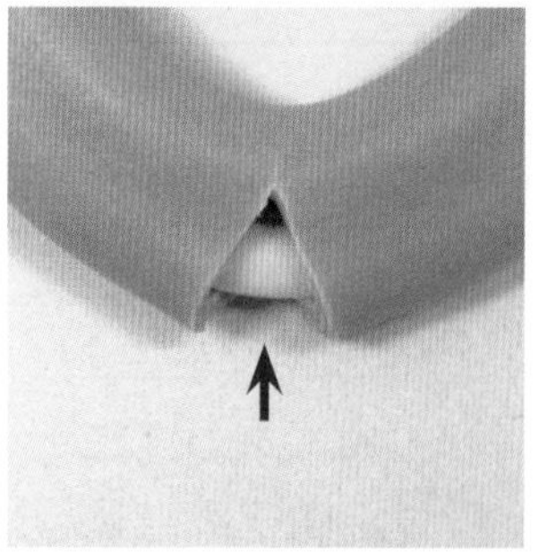

心線が見える

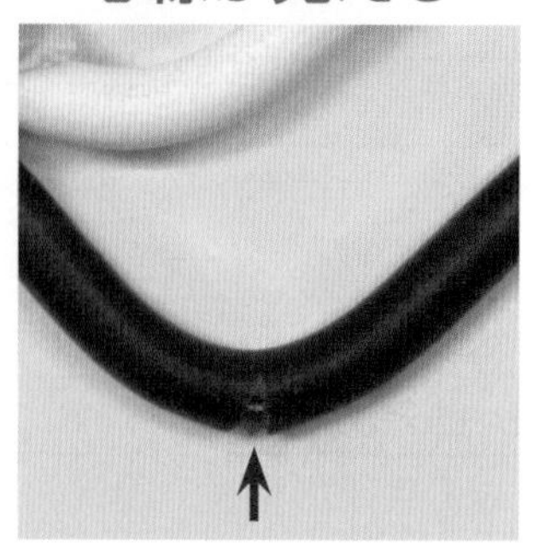

★極性の誤り

被覆の上から締め付け

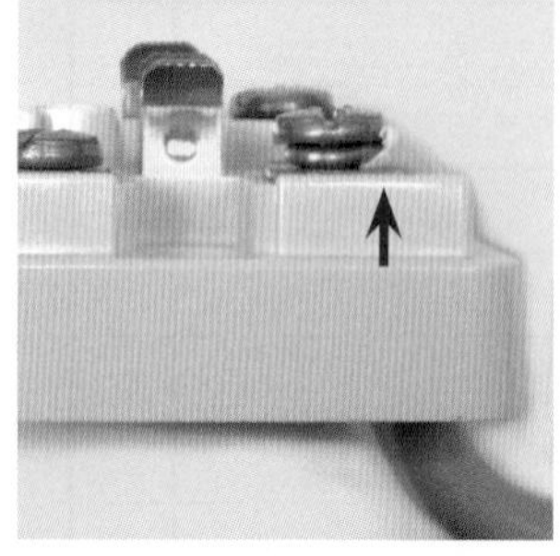

絶縁被覆のむき過ぎ

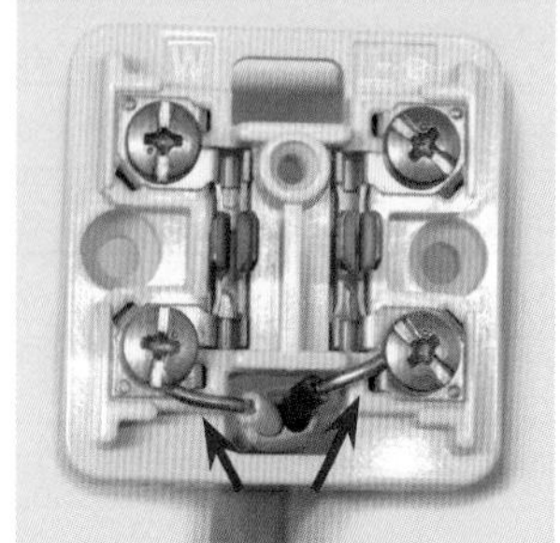

★台座に入っていない

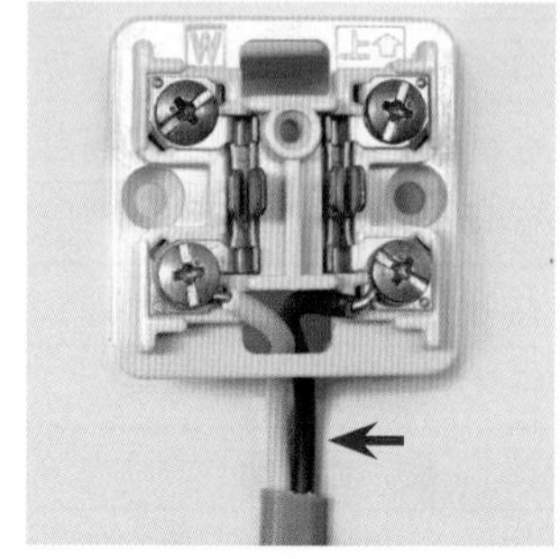

台座の上から結線

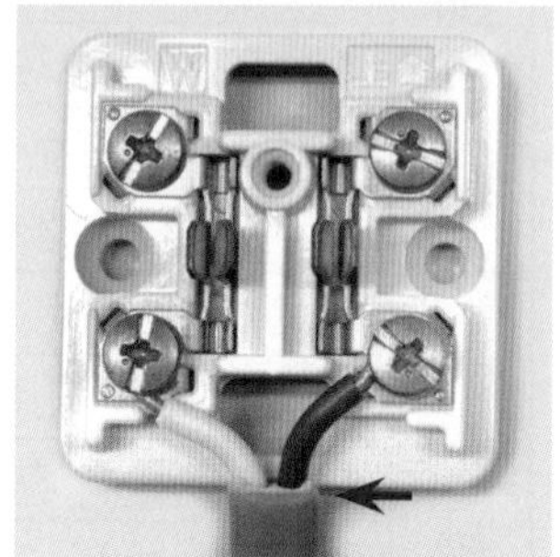

左巻きで巻付け

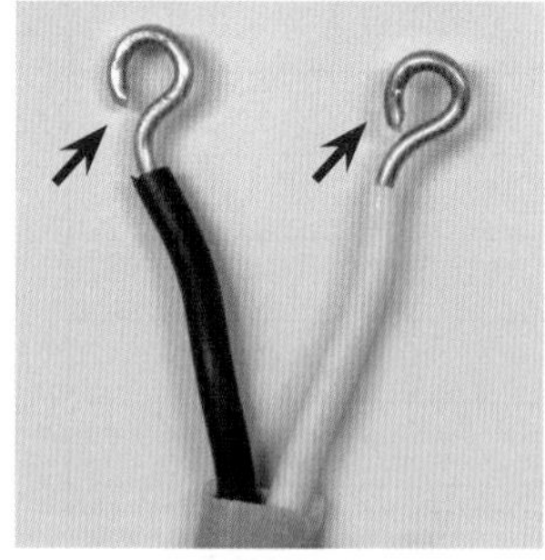

心線を重ねて巻付け

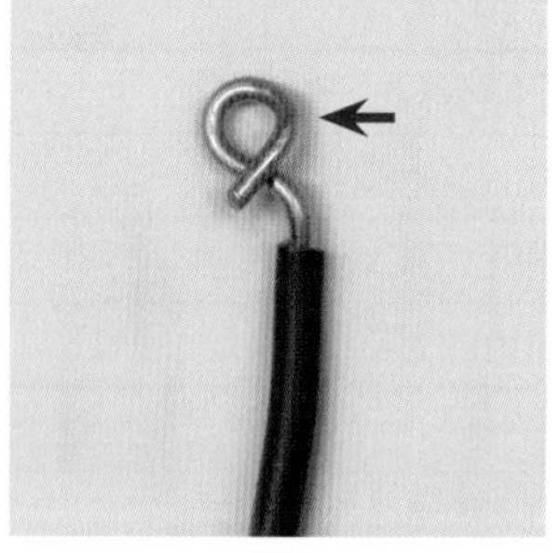

心線の巻付け不足

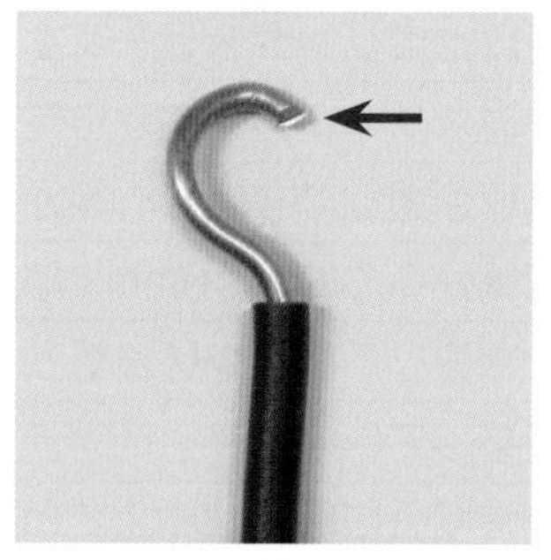

★台座に入っていない

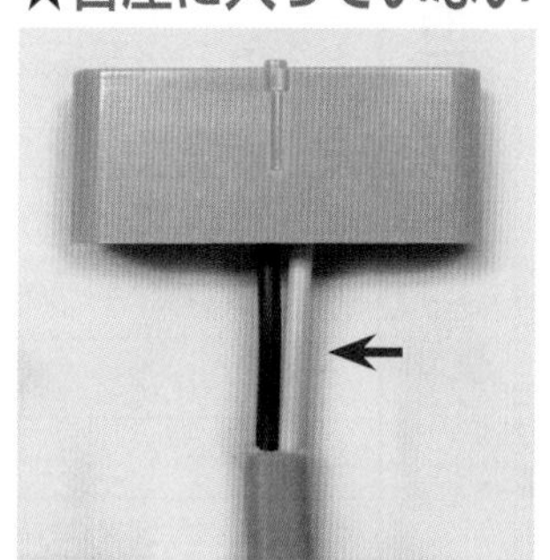

★極性の誤り

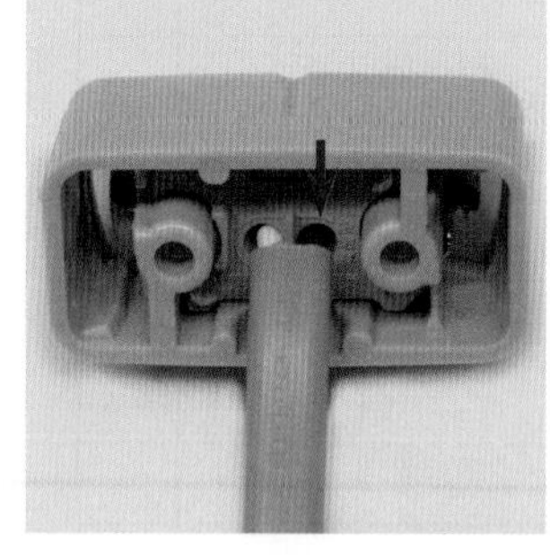

★心線の露出

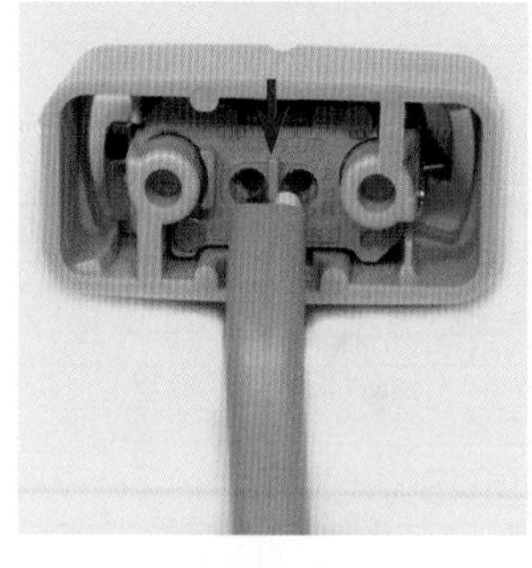

心線の露出

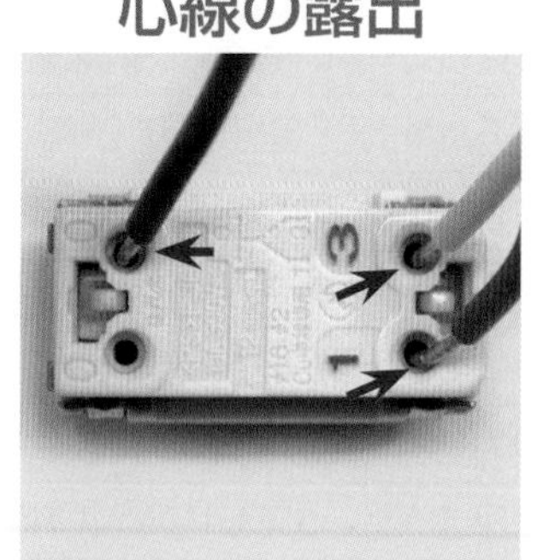

取付位置の誤り

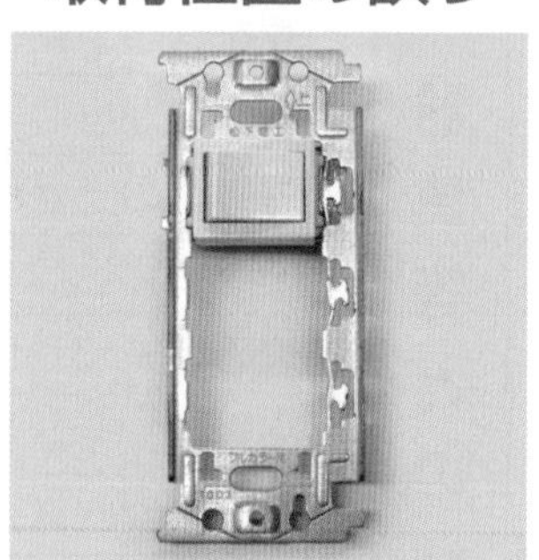

★心線の挿入不足

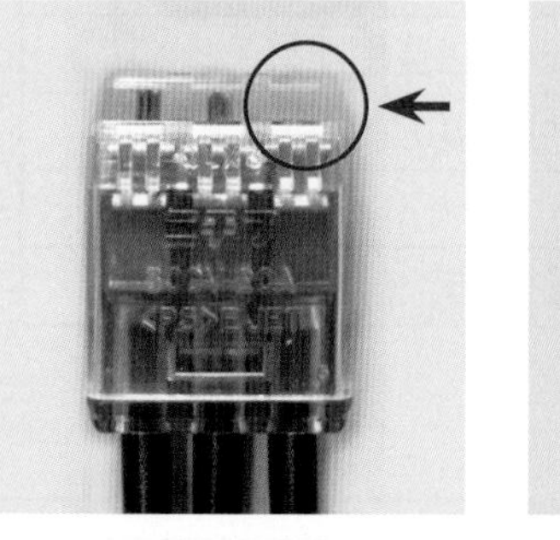

心線の露出

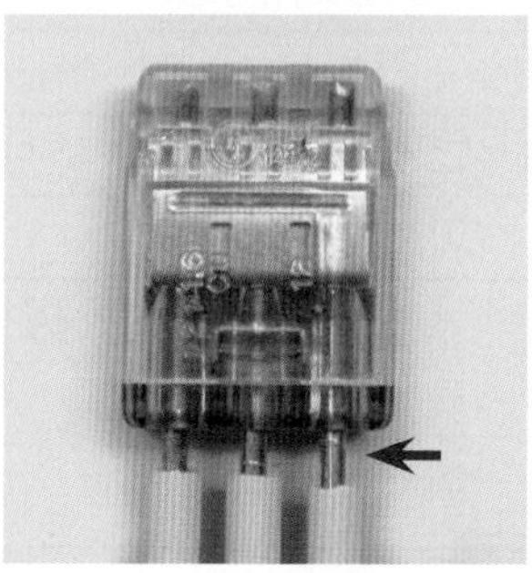

被覆の上から圧着

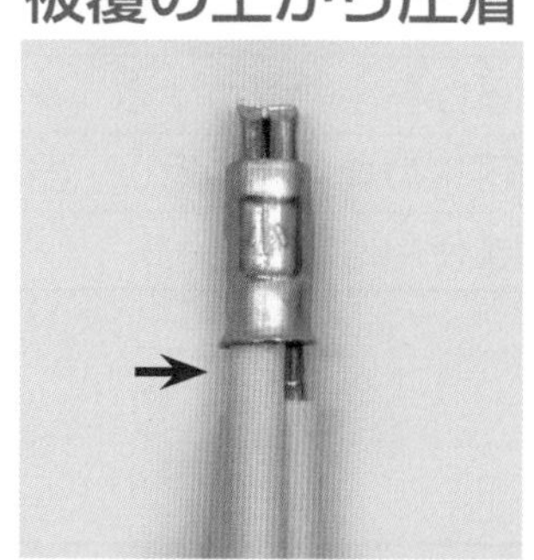

端末処理の不適切

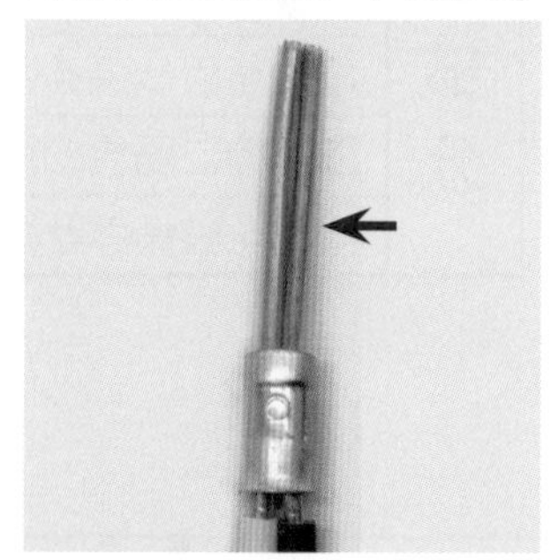

欠陥の詳細については，各作業手順のページをご参照ください.

候補問題 No.7 問題例

公表された候補問題には，配線図の寸法や接続方法，施工条件が明記されていないため，ここでは，寸法，接続方法，施工条件を想定して練習できるように問題例としました．

《 想定した材料等の確認 》

作業開始前に準備した材料等を下記の材料表と必ず照合し，材料の不足があれば，必要分を揃えて下さい．

想定した使用材料

（注）下記の想定した材料表のリングスリーブの個数には予備品の数は含まれていません．実際の試験では，材料表には予備品を含んだリングスリーブの総数が示され，材料箱内にはリングスリーブの予備品もセットされて支給されます．

材　　料	
1. 600V ビニル絶縁ビニルシースケーブル平形（シース青色），2.0mm，2心，長さ約 250mm ……	1本
2. 600V ビニル絶縁ビニルシースケーブル平形，1.6mm，2心，長さ約 1350mm ………………	1本
3. 600V ビニル絶縁ビニルシースケーブル平形，1.6mm，3心，長さ約 1150mm ………………	1本
4. ジョイントボックス（アウトレットボックス）(19mm 3箇所，25mm 2箇所 ノックアウト打抜き済み）……	1個
5. ランプレセプタクル（カバーなし）………………………………………………	1個
6. 埋込連用タンブラスイッチ（3路）………………………………………………	2個
7. 埋込連用タンブラスイッチ（4路）………………………………………………	1個
8. 埋込連用取付枠 ………………………………………………………………	1枚
9. ゴムブッシング（19）………………………………………………………………	3個
10. ゴムブッシング（25）………………………………………………………………	2個
11. リングスリーブ（小）………………………………………………………………	4個
12. 差込形コネクタ（2本用）………………………………………………………	4個
13. 差込形コネクタ（3本用）………………………………………………………	2個

材料の写真

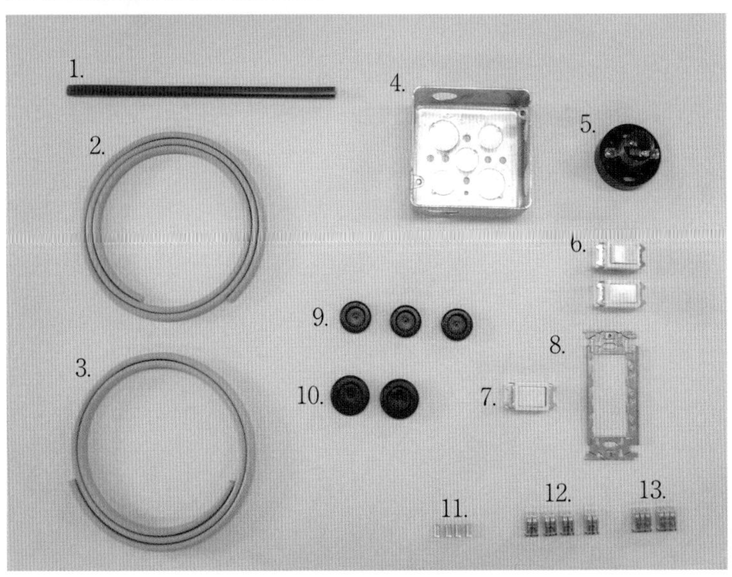

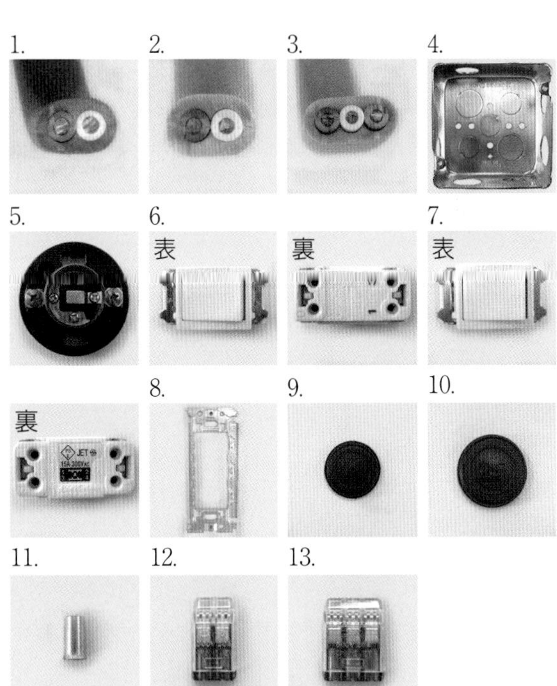

候補問題 No.7

候補問題 No.7 問題例［試験時間　40 分］

図に示す低圧屋内配線工事を想定した全ての材料を使用し，〈 **施工条件** 〉に従って完成させなさい．なお，

1．—·—·— で示した部分は施工を省略する．

2．VVF 用ジョイントボックス及びスイッチボックスは準備していないので，その取り付けは省略する．

3．電線接続箇所のテープ巻きや絶縁キャップによる絶縁処理は省略する．

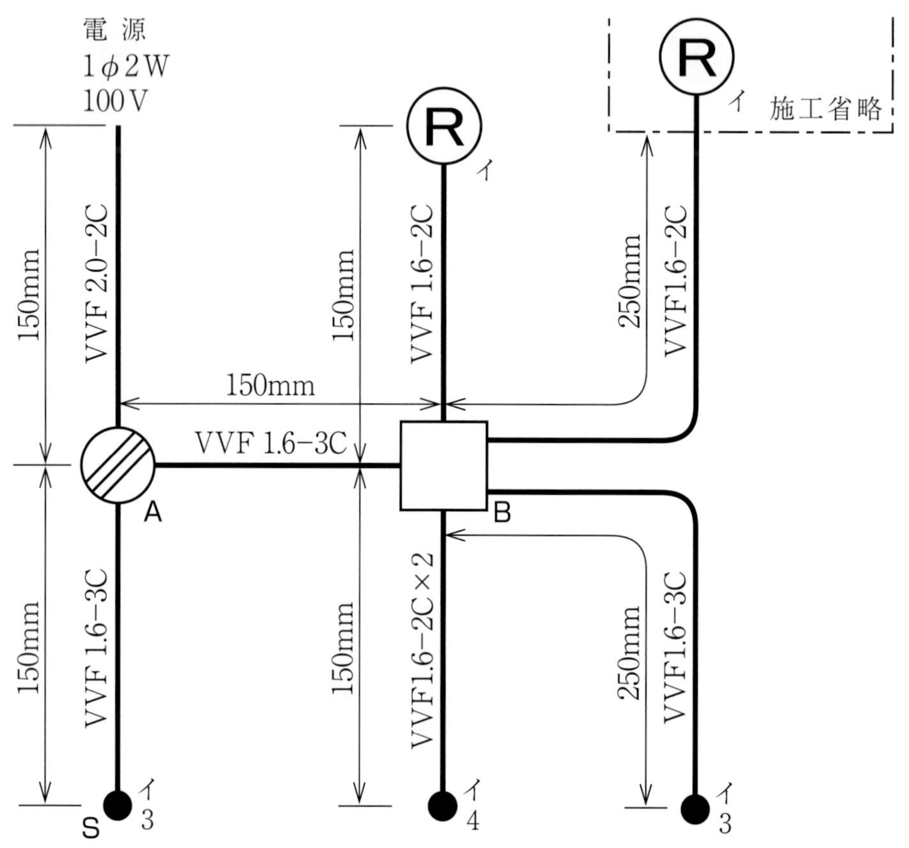

注：1．図記号は原則として JIS C 0303：2000 に準拠している．
　　　また，作業に直接関係のない部分等は省略又は簡略化してある．
　　2．Ⓡ は，ランプレセプタクルを示す．

〈 施工条件 〉

1．配線及び器具の配置は，図に従って行うこと．

2．3路スイッチ及び4路スイッチの配線方法は，次によること．

　①3箇所のスイッチをそれぞれ操作することによりランプレセプタクルを点滅できるようにする．

　②3路スイッチの記号「0」の端子には電源側又は負荷側の電線を結線し，記号「1」と「3」の端子には4路スイッチとの間の電線を結線する．

3．ジョイントボックス（アウトレットボックス）は，打抜き済みの穴だけをすべて使用すること．

4．電線の色別（絶縁被覆の色）は，次によること．

　①電源からの接地側電線には，すべて**白色**を使用する．

　②電源から3路スイッチSまでの非接地側電線には，**黒色**を使用する．

　③ランプレセプタクルの受金ねじ部の端子には，**白色の電線**を結線する．

5．VVF用ジョイントボックスA部分及びジョイントボックスB部分を経由する電線は，その部分ですべて接続箇所を設け，接続方法は，次によること．

　①A部分は，リングスリーブによる接続とする．

　②B部分は，差込形コネクタによる接続とする．

6．**埋込連用取付枠は，4路スイッチ部分に使用すること．**

複線図の描き方を動画でチェック！

複線図を描くステップ1

複線図化の手順

①接地側電線（白色）を描く

②非接地側電線（黒色）を３路スイッチＳまで描く

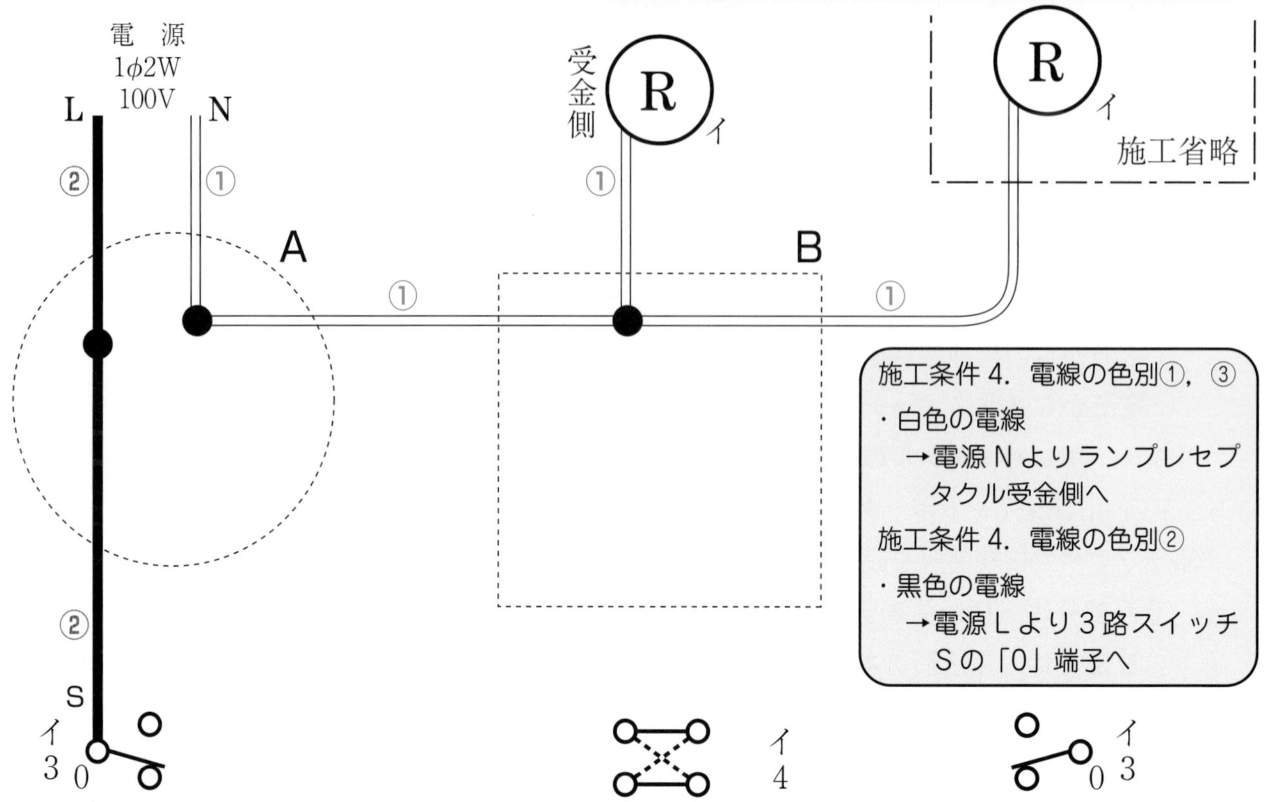

施工条件 4．電線の色別①，③

・白色の電線

→電源Ｎよりランプレセプタクル受金側へ

施工条件 4．電線の色別②

・黒色の電線

→電源Ｌより３路スイッチＳの「0」端子へ

複線図を描くステップ2

複線図化の手順

③負荷側３路スイッチ「0」端子と各照明器具間を描く

④３路スイッチＳと４路スイッチ間を描く

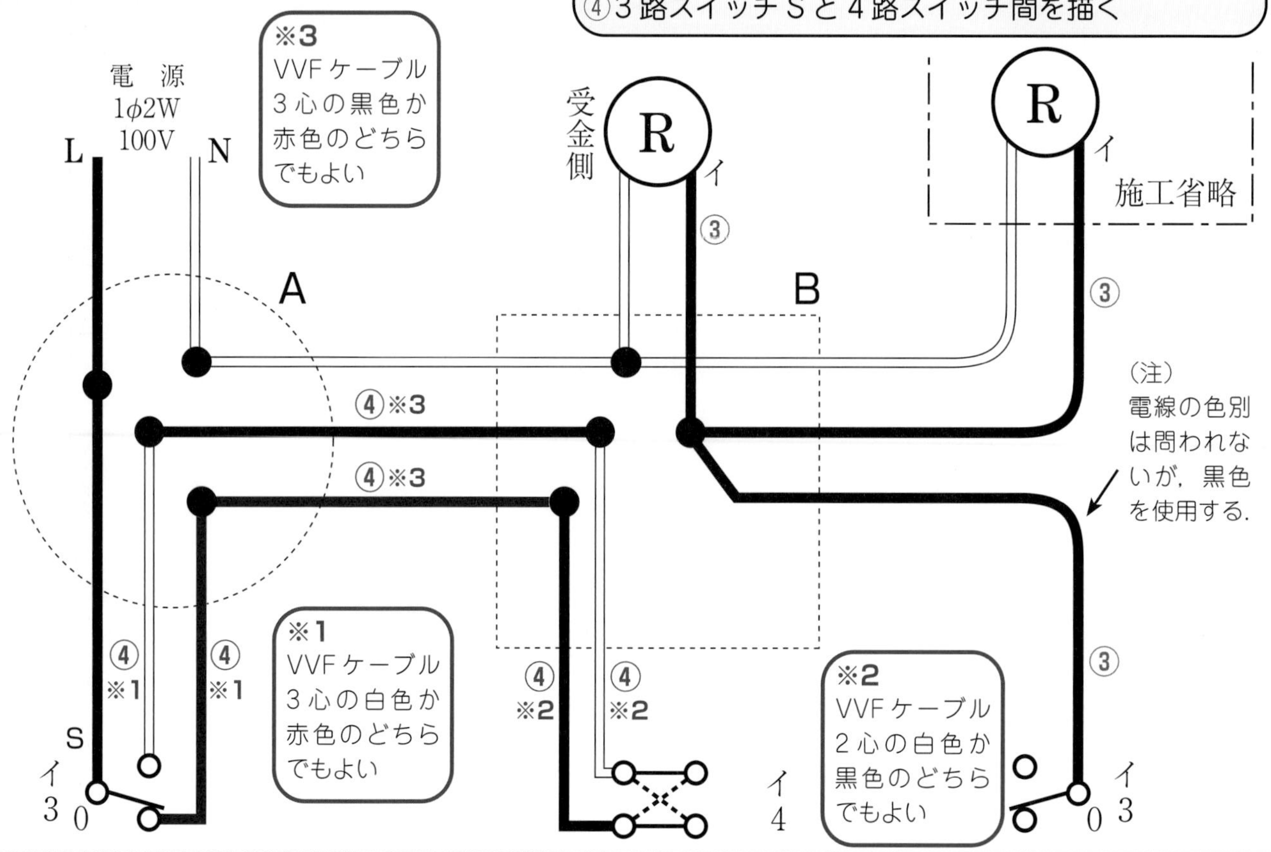

※3
VVF ケーブル３心の黒色か赤色のどちらでもよい

（注）
電線の色別は問われないが，黒色を使用する．

※1
VVF ケーブル３心の白色か赤色のどちらでもよい

※2
VVF ケーブル２心の白色か黒色のどちらでもよい

複線図を描くステップ３

複線図化の手順

⑤４路スイッチと負荷側 ３路スイッチ間を描いて完了

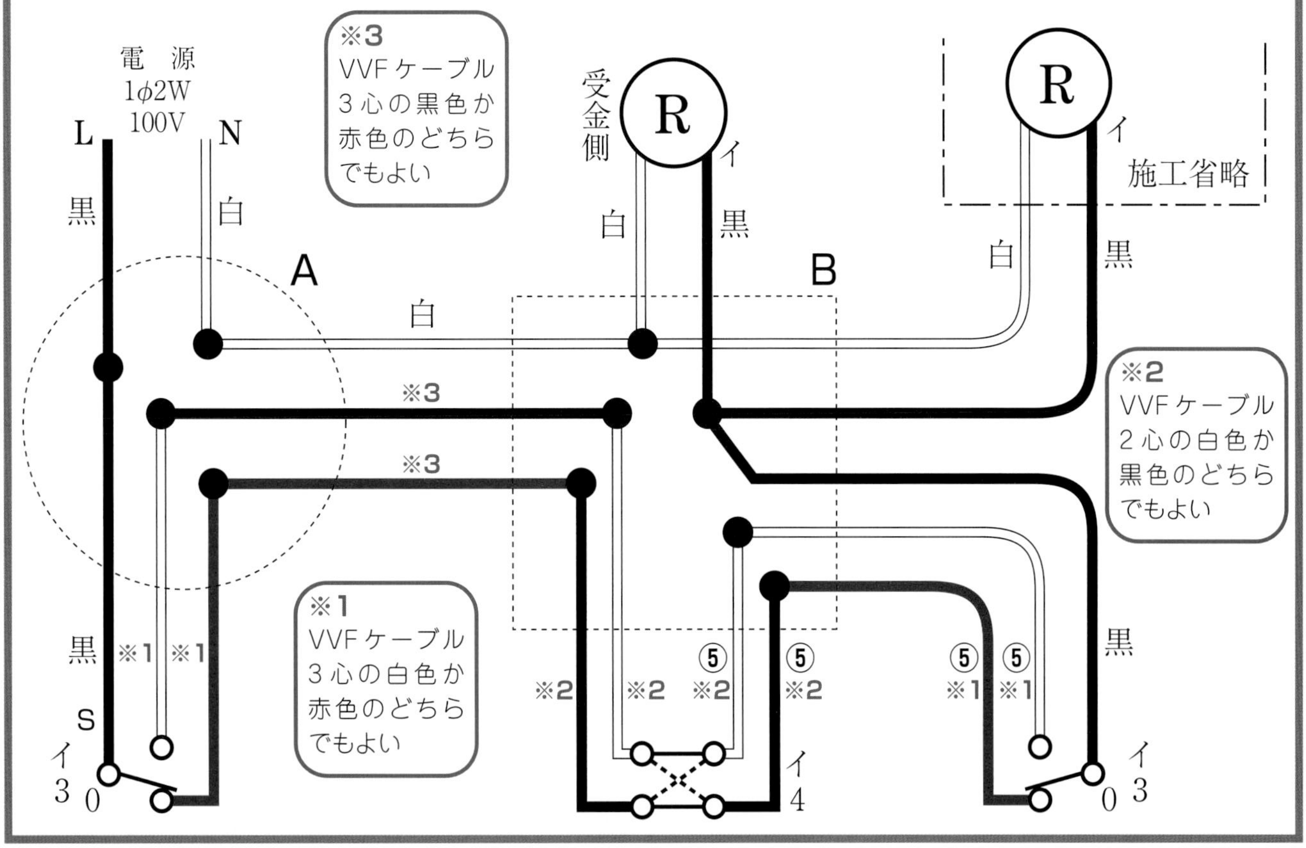

電源
1φ2W
100V
L
N
黒
白
A
B
白
※3
※3
黒
※1 ※1
S
イ
3
0
※3
VVFケーブル
3心の黒色か
赤色のどちら
でもよい
※1
VVFケーブル
3心の白色か
赤色のどちら
でもよい
受金側
R
イ
白
黒
※2 ※2 ※2 ※2
⑤ ⑤
イ
4
R
イ
施工省略
白
黒
※2
VVFケーブル
2心の白色か
黒色のどちら
でもよい
黒
⑤ ⑤
※1 ※1
イ
0
3

複線図を描くポイント（展開接続図）

L 黒色
①
S
0
3路スイッチ
（電源側）
イ
②
4路
スイッチ
イ
③
この間の配線は
色別を問わない
電源
1φ2W
100V
3路スイッチ
（照明器具側）
0
イ
④
R
R
イ
イ
⑤
⑤
N 白色

① 電源Ｌより３路スイッチＳ(電源側)の「0」端子へ（黒色）

② ３路スイッチＳ(電源側)より４路スイッチへ

③ ４路スイッチより３路スイッチ（照明器具側）へ

④ ３路スイッチ(照明器具側)「0」端子より各ランプレセプタクルへ（電線の色別は問われないが，黒色を使用する.）

⑤ 各ランプレセプタクルより電源Ｎへ(白色)

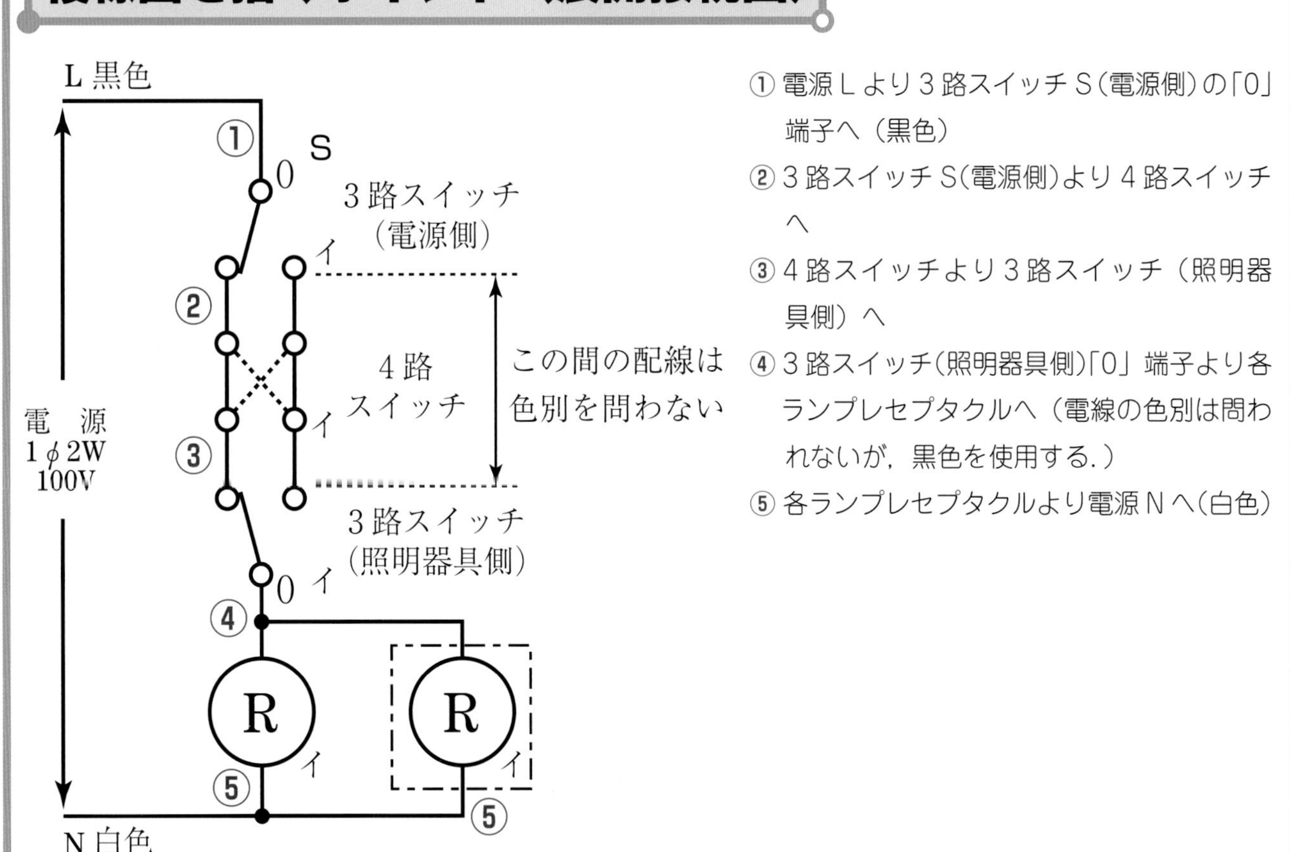

● ケーブルの使用箇所と切断寸法

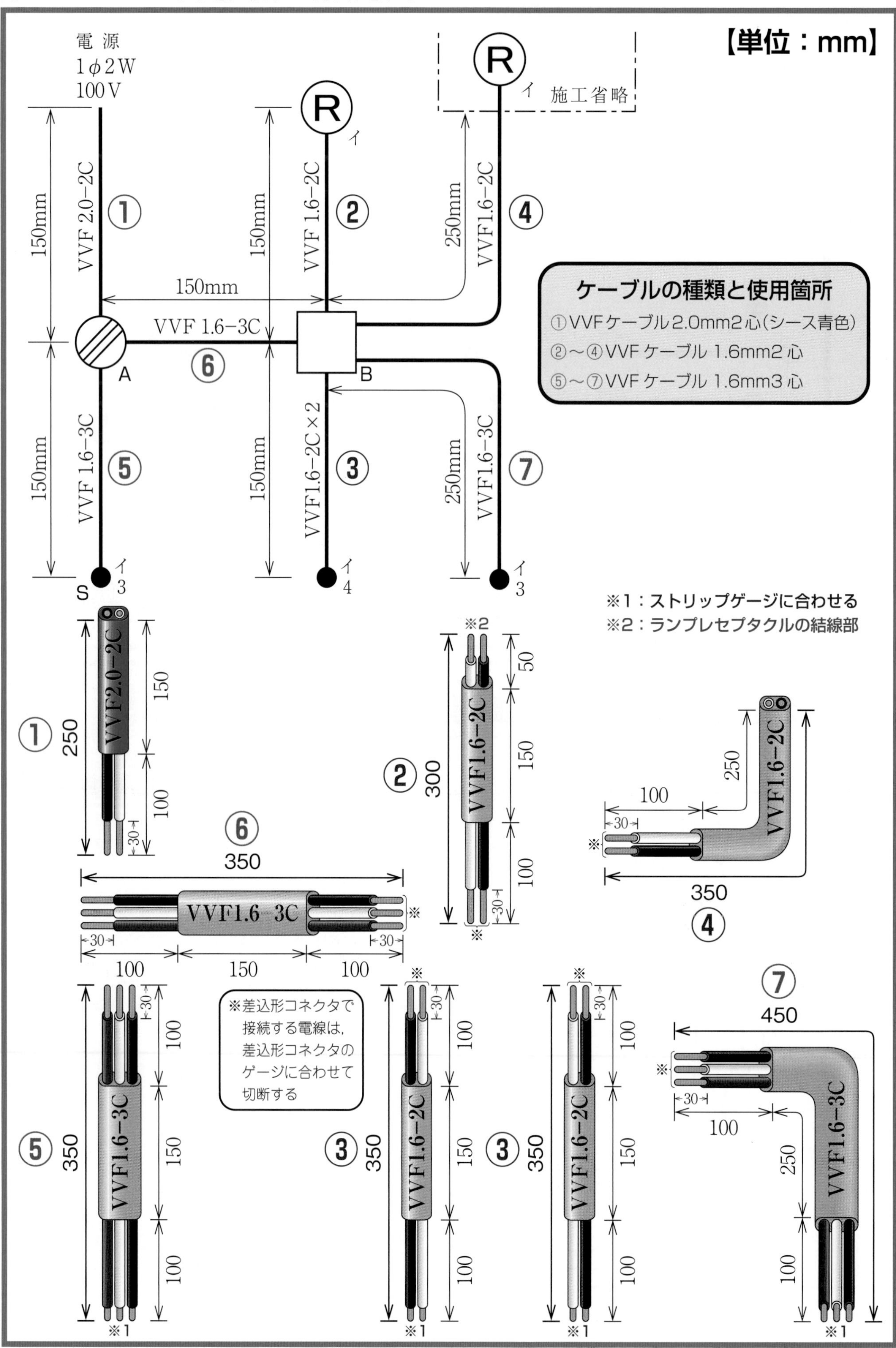

【単位：mm】
電 源
1φ2W
100V
施工省略
VVF 2.0−2C
VVF 1.6−2C
VVF1.6−2C
VVF 1.6−3C
VVF1.6−2C×2
VVF 1.6−3C
VVF1.6−3C
150mm
250mm
A
B
S
ケーブルの種類と使用箇所
①VVFケーブル2.0mm2心(シース青色)
②〜④VVF ケーブル 1.6mm2 心
⑤〜⑦VVF ケーブル 1.6mm3 心
※1：ストリップゲージに合わせる
※2：ランプレセプタクルの結線部
※差込形コネクタで接続する電線は，差込形コネクタのゲージに合わせて切断する
VVF2.0−2C
VVF1.6−2C
VVF1.6−3C

◆ 候補問題 No.7 で押さえておきたいポイント ◆

候補問題 No.7 の特徴と出題傾向

候補問題 No.7 の特徴は，3 路スイッチを 2 個と 4 路スイッチ 1 個使用して 2 箇所の照明器具を点滅させる回路であることが挙げられます．本年度と同一の配線図は，令和 5 ～元年度，平成 30 ～ 27 年度に候補問題とされ，令和 5 ～元年度上期・下期試験，平成 30 年度上期・下期試験，平成 29 年度下期試験で出題されています．

4 路スイッチ

3 路・4 路スイッチ回路は，それぞれのスイッチの操作により点灯・消灯が切り替わるため，片切スイッチにある点灯を示す黒印が 3 路スイッチ，4 路スイッチには付きません．

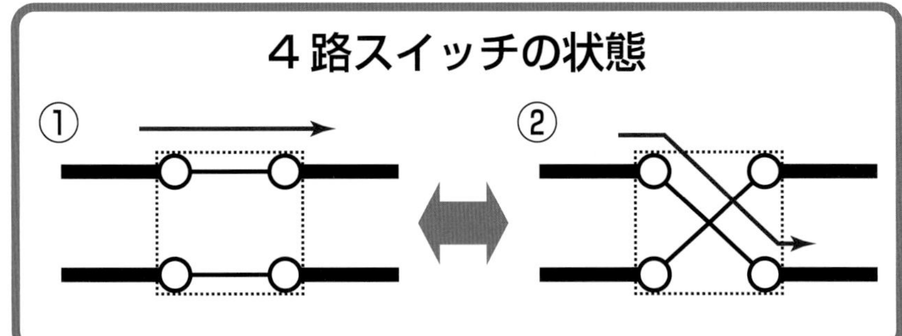

4 路スイッチを操作することで，内部の接点が切り替わり，左図のように①や②の状態になる．

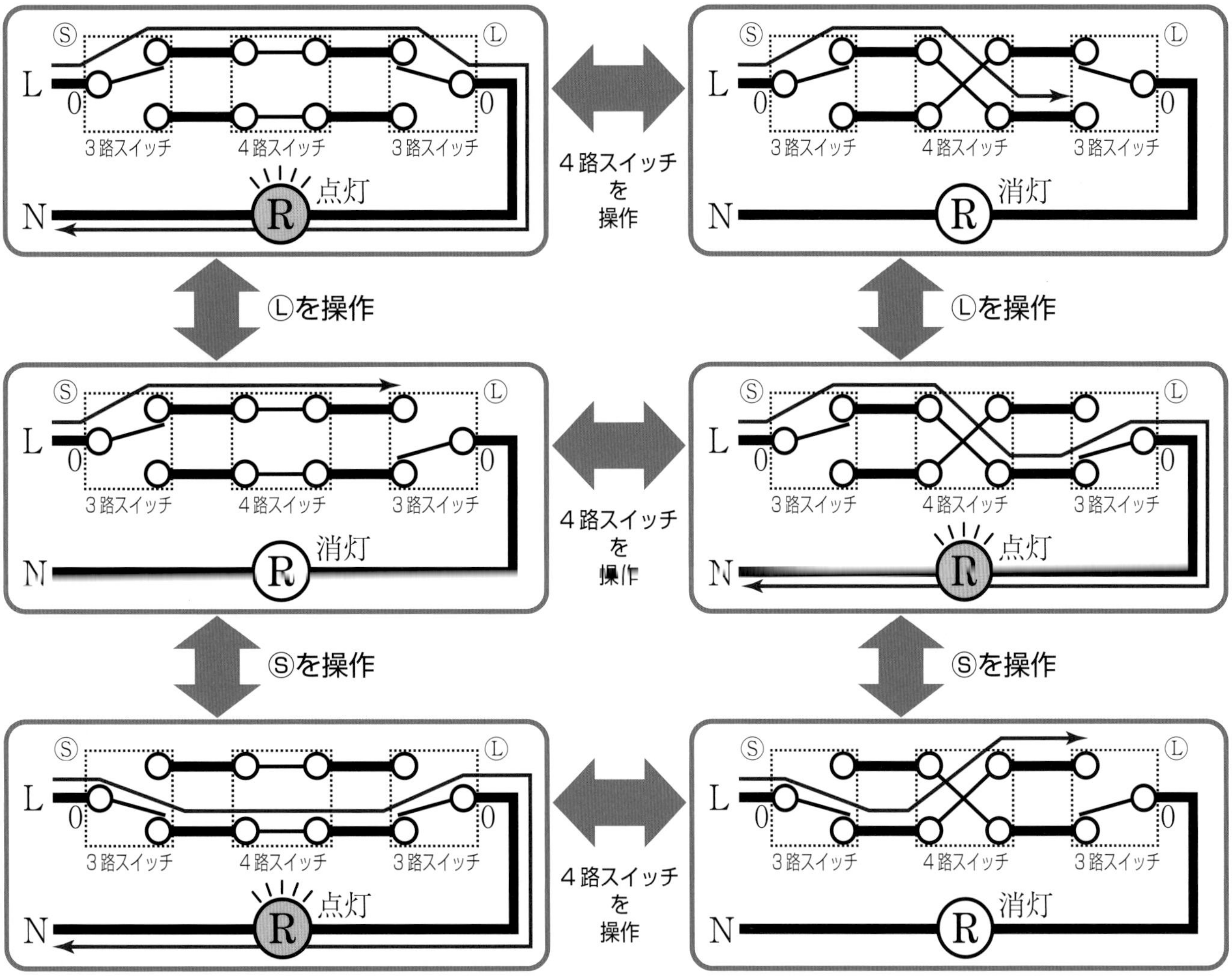

L 0 Ⓢ Ⓛ 0 N
3 路スイッチ　4 路スイッチ　3 路スイッチ
R 点灯

4 路スイッチを操作

L 0 Ⓢ Ⓛ 0 N
3 路スイッチ　4 路スイッチ　3 路スイッチ
R 消灯

Ⓛを操作　　Ⓛを操作

L 0 Ⓢ Ⓛ 0 N
3 路スイッチ　4 路スイッチ　3 路スイッチ
R 消灯

4 路スイッチを操作

L 0 Ⓢ Ⓛ 0 N
3 路スイッチ　4 路スイッチ　3 路スイッチ
R 点灯

Ⓢを操作　　Ⓢを操作

L 0 Ⓢ Ⓛ 0 N
3 路スイッチ　4 路スイッチ　3 路スイッチ
R 点灯

4 路スイッチを操作

L 0 Ⓢ Ⓛ 0 N
3 路スイッチ　4 路スイッチ　3 路スイッチ
R 消灯

2024 年度　第二種電気工事士技能試験

候補問題 No.7 完成参考写真

作業動画は
ここからアクセス！

	接続する電線の本数	圧着マーク	リングスリーブ
※	2 本　1.6mm × 2	○	小
★	2 本　2.0mm × 1 と 1.6mm × 1	小	

★印の接続箇所は，圧着マークを間違えやすいので注意！

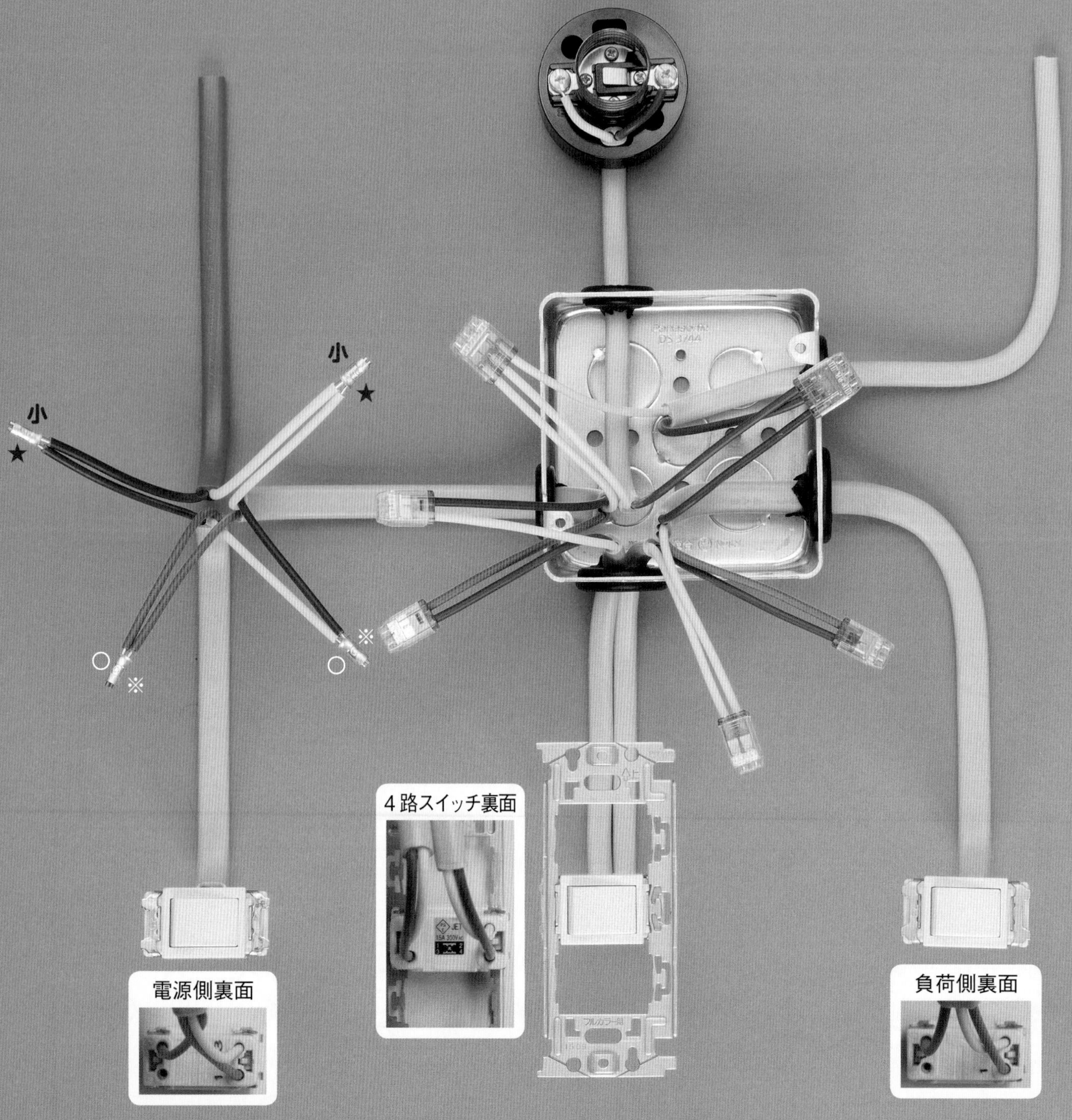

小
★
小
★
○
※
○
※

4 路スイッチ裏面

電源側裏面

負荷側裏面

候補問題 No.7 の欠陥チェック

	欠 陥 事 項	✓
全体共通部分	未完成（未着手，未接続，未結線，取付枠の未取付）	
	配線・器具の配置・電線の種類が配線図と相違	
	配線図に示された寸法の 50％以下で完成させている	
	取付枠を指定部分以外に使用	
	回路の誤り（誤接続，誤結線）	
	接地側・非接地側電線の色別の相違，器具の極性相違	
	ケーブルシースに 20mm 以上の縦割れがある	
	ケーブルを折り曲げると絶縁被覆が露出する傷がある	
	絶縁被覆を折り曲げると心線が露出する傷がある	
	心線を折り曲げると心線が折れる程度の傷がある	
	アウトレットボックスに余分な打ち抜きをした	
	ゴムブッシングの使用不適切（未取付・穴の径と異なる）	
	材料表以外の材料を使用している（試験時は支給品以外）	
電線相互の接続部分	指定箇所を指定された接続方法以外で接続している	
	圧着接続での圧着マークの誤り	
	リングスリーブを破損している	
	圧着マークの一部が欠けている	
	リングスリーブに 2 つ以上の圧着マークがある	
	1 箇所の接続に 2 個以上のリングスリーブを使用している	
	接続する心線がリングスリーブの先端から見えていない	
	接続部先端の端末処理が適切でない（心線が 5mm 以上露出している）	
	リングスリーブの下端から心線が 10mm 以上露出している	
	ケーブルシースのはぎ取り不足で絶縁被覆が 20mm 以下	
	絶縁被覆の上から圧着している	
	差込形コネクタの先端部分に心線が見えていない	
	差込形コネクタの下端部分から心線が露出している	
器具等との結線部分	心線をねじで締め付けていないもの（※ランプレセプタクル）	
	ねじの端から心線が 5mm 以上露出している（※ランプレセプタクル）	
	絶縁被覆の上からねじを締め付けている（※ランプレセプタクル）	
	ケーブル引込口を通さずに台座の上からケーブルを結線（※ランプレセプタクル）	
	心線の端末がねじの端から 5mm 以上はみ出している（※ランプレセプタクル）	
	ランプレセプタクルのカバーが適切に締まらないもの	
	ケーブルシースが台座まで入っていない（※ランプレセプタクル）	
	心線が端子から露出している（※埋込連用器具：2mm 以上）	
	電線を引っ張ると端子から心線が抜ける（※埋込連用器具）	
	取付枠に器具の取付不適の場合（裏返し・器具を引っ張ると外れる・取付位置の誤り）	
	器具を破損させたまま使用	
	総合チェック	

主な欠陥例

すべての作業を丁寧に行って，欠陥がない作品を完成させることを心掛けましょう．
★印はよくある欠陥のため，作業時には特に注意して下さい．

縦割がある

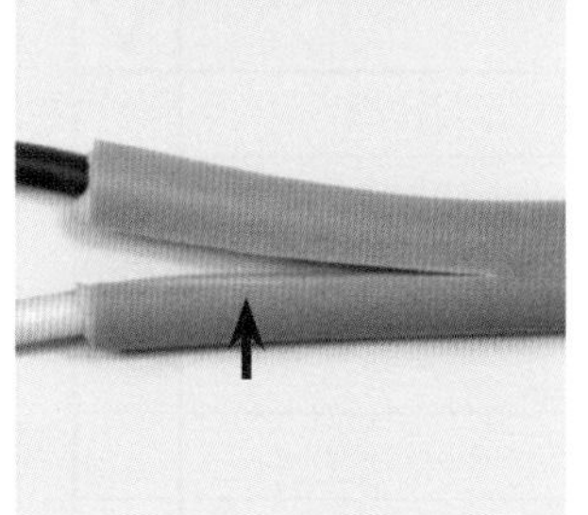

絶縁被覆の露出

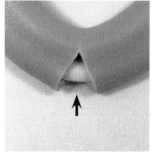

心線が見える

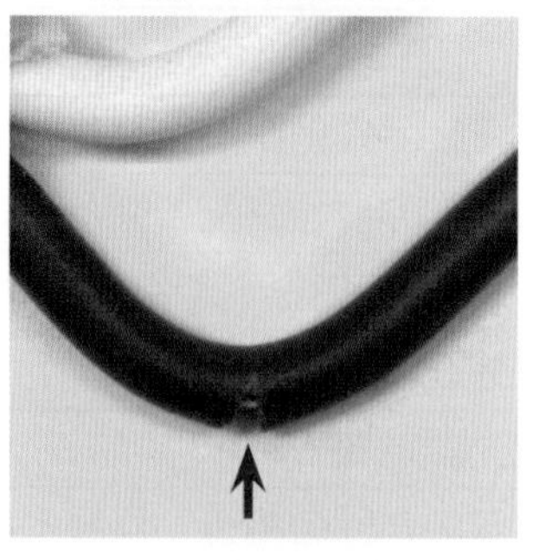

★極性の誤り

ゆるい締め付け

心線のはみ出し

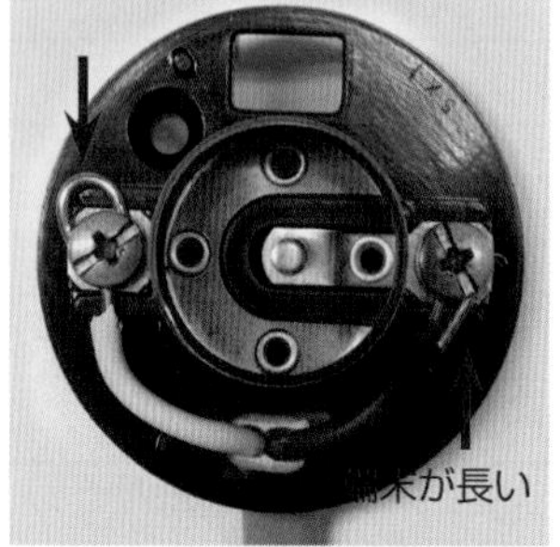

★カバーが締まらない

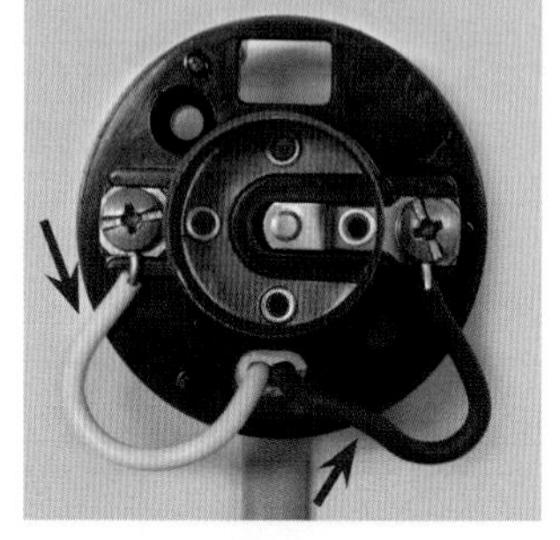

★台座に入っていない

左巻きで巻付け

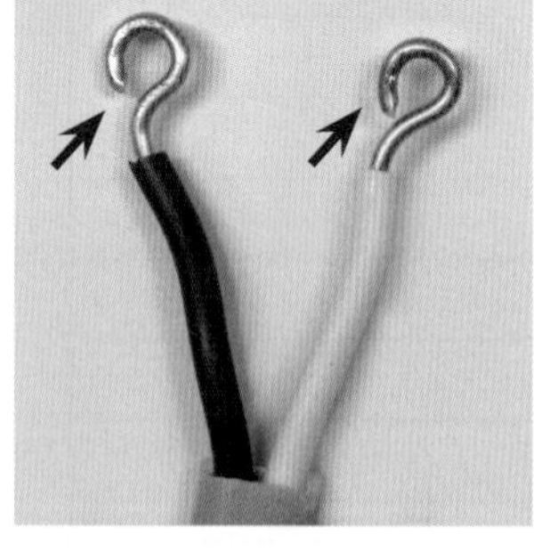

心線を重ねて巻付け

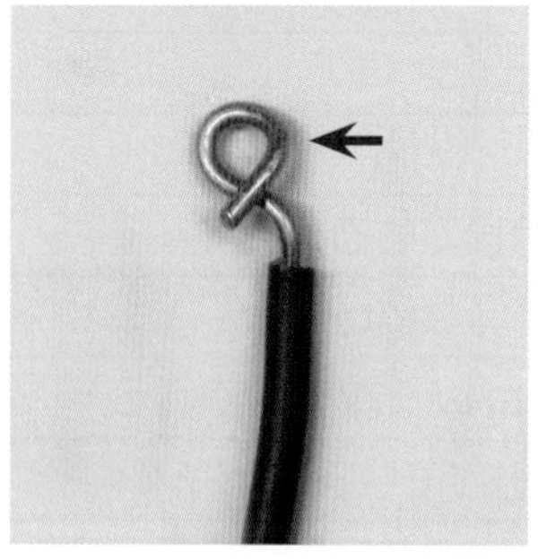

心線の巻付け不足

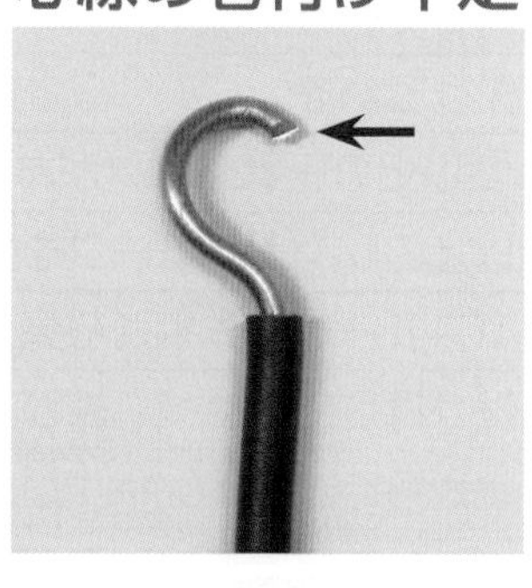

心線の露出

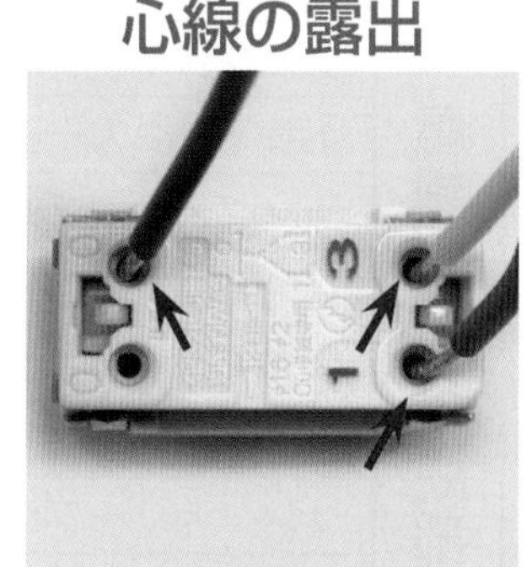

ゴムブッシング未使用

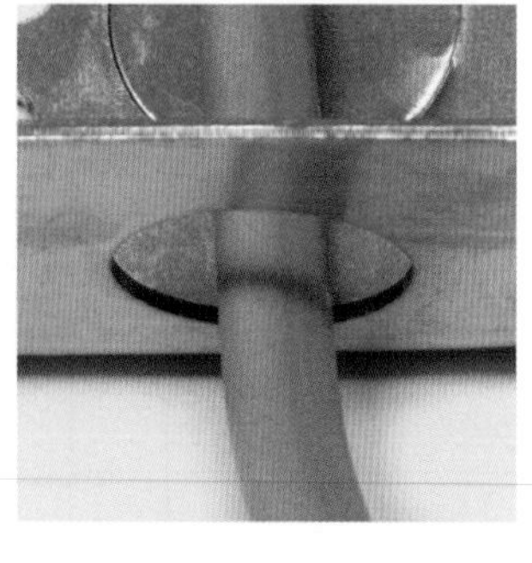

取付位置の誤り

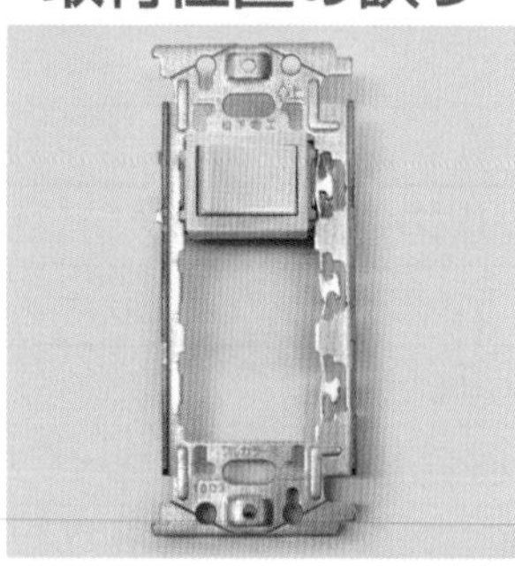

★心線の挿入不足

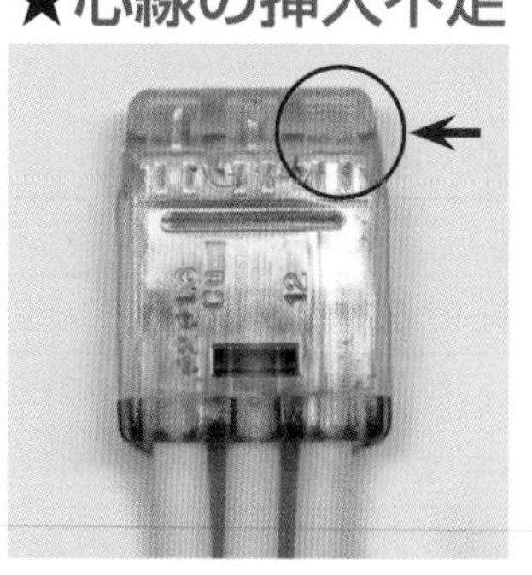

心線の露出

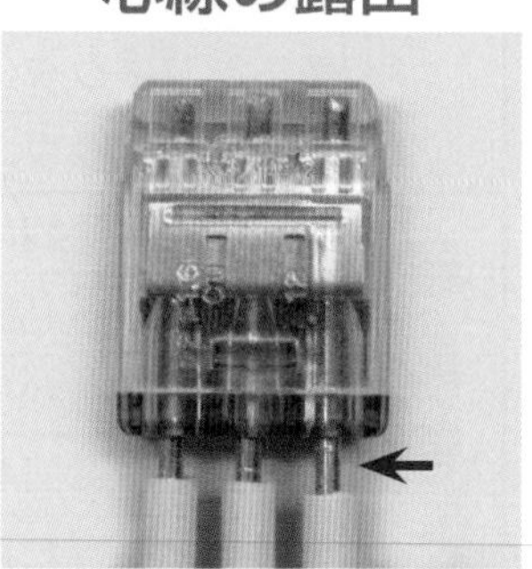

★圧着マークの誤り

1.6mm と [illegible]mm の 2 本の圧着は「[illegible]」の刻印

被覆の上から圧着

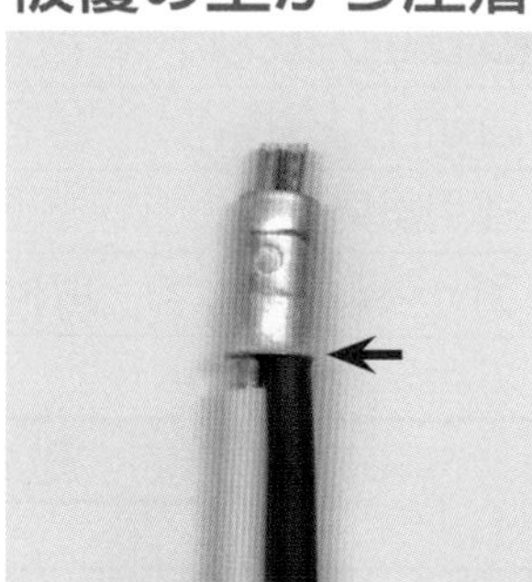

心線がみえていない

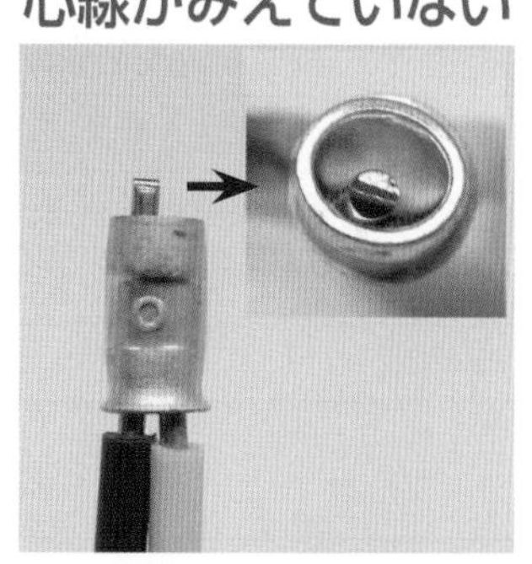

端末処理の不適切

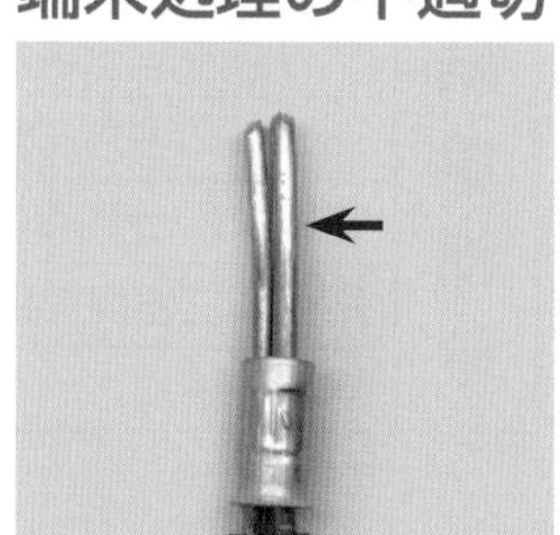

欠陥の詳細については，各作業手順のページをご参照ください．

候補問題 No.8 問題例

公表された候補問題には，配線図の寸法や接続方法，施工条件が明記されていないため，ここでは，寸法，接続方法，施工条件を想定して練習できるように問題例としました．

《 想定した材料等の確認 》

作業開始前に準備した材料等を下記の材料表と必ず照合し，材料の不足があれば，必要分を揃えて下さい．

想定した使用材料

（注）材料を揃える際は，ケーブルの本数をよくお確かめ下さい．

材　料	
1. 600V ビニル絶縁ビニルシースケーブル丸形，2.0mm，2 心，長さ約 300mm ‥‥‥	1 本
2. 600V ビニル絶縁ビニルシースケーブル平形，1.6mm，2 心，長さ約 1050mm ‥‥‥	2 本
3. ジョイントボックス（アウトレットボックス）（19mm 2 箇所，25mm 3 箇所 ノックアウト打抜き済み）‥‥‥	1 個
4. 端子台（リモコンリレーの代用），6 極 ‥‥‥	1 個
5. ランプレセプタクル（カバーなし）‥‥‥	1 個
6. 引掛シーリングローゼット（ボディ（丸形）のみ）‥‥‥	1 個
7. ゴムブッシング（19）‥‥‥	2 個
8. ゴムブッシング（25）‥‥‥	3 個
9. リングスリーブ（小）‥‥‥	3 個
10. 差込形コネクタ（4 本用）‥‥‥	2 個

（注）上記の想定した材料表のリングスリーブの個数には予備品の数は含まれていません．実際の試験では，材料表には予備品を含んだリングスリーブの総数が示され，材料箱内にはリングスリーブの予備品もセットされて支給されます．

候補問題 No.8

材料の写真

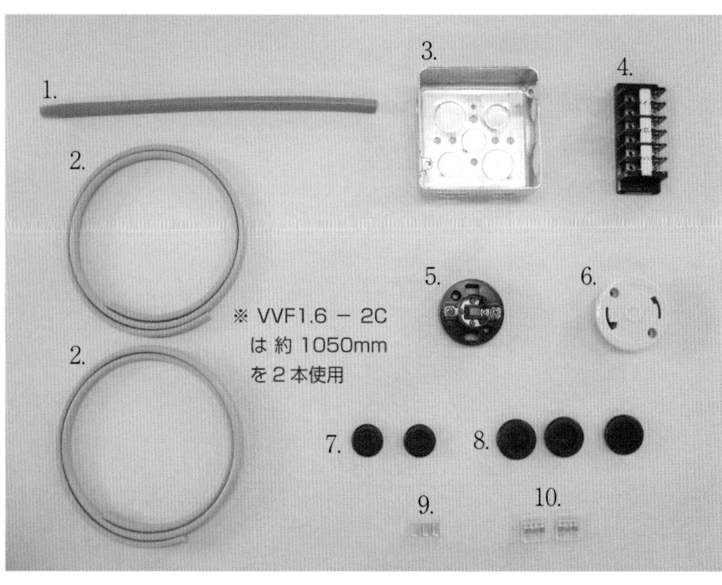

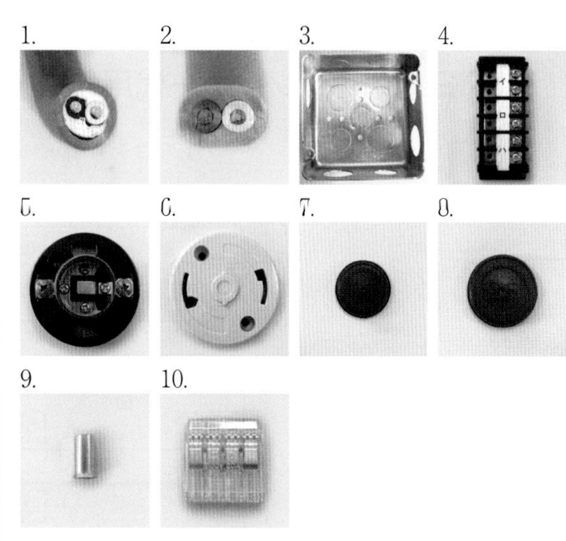

候補問題 No.8 問題例［試験時間　40 分］

図に示す低圧屋内配線工事を想定した全ての材料を使用し，〈**施工条件**〉に従って完成させなさい．なお，

1．リモコンリレーは端子台で代用するものとする．

2．━・━・━ で示した部分は施工を省略する．

3．電線接続箇所のテープ巻きや絶縁キャップによる絶縁処理は省略する．

図 1．配線図

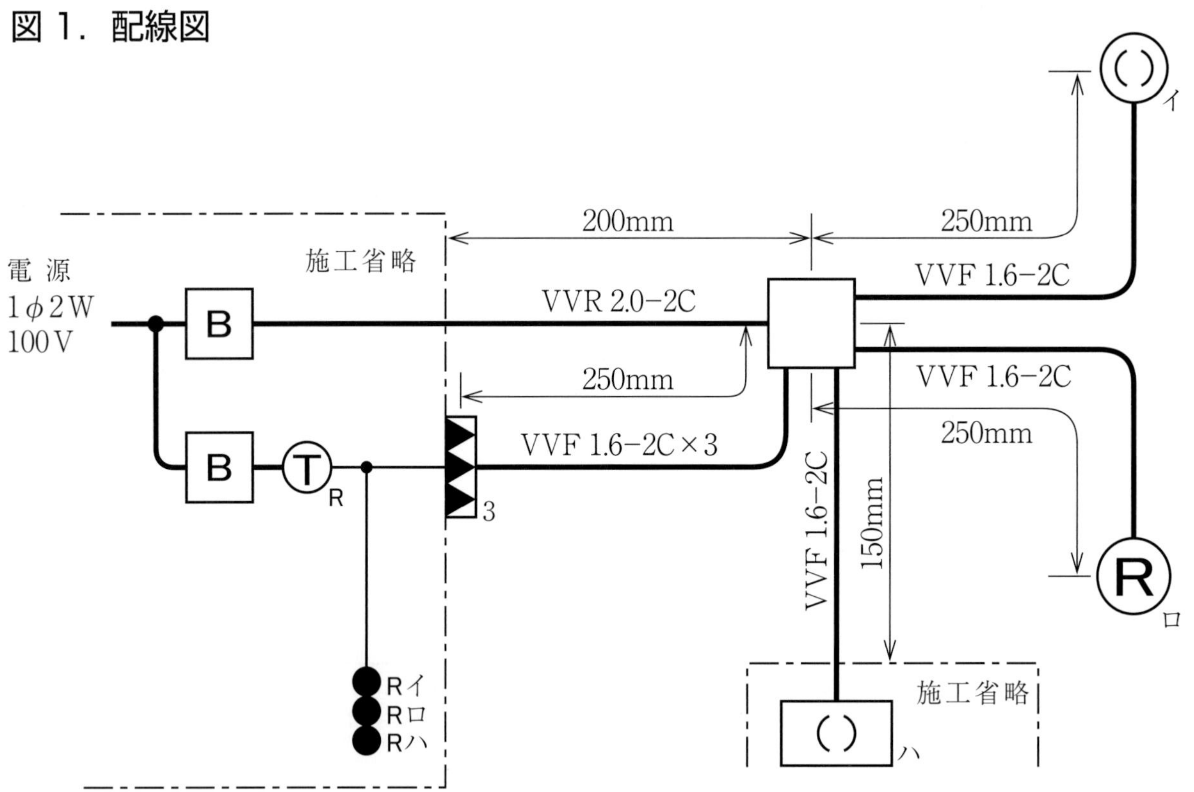

注：1．図記号は原則として JIS C 0303：2000 に準拠している．
　　　また，作業に直接関係のない部分等は省略又は簡略化してある．
　　2．Ⓡ は，ランプレセプタクルを示す．

図 2．リモコンリレー代用の端子台の説明図

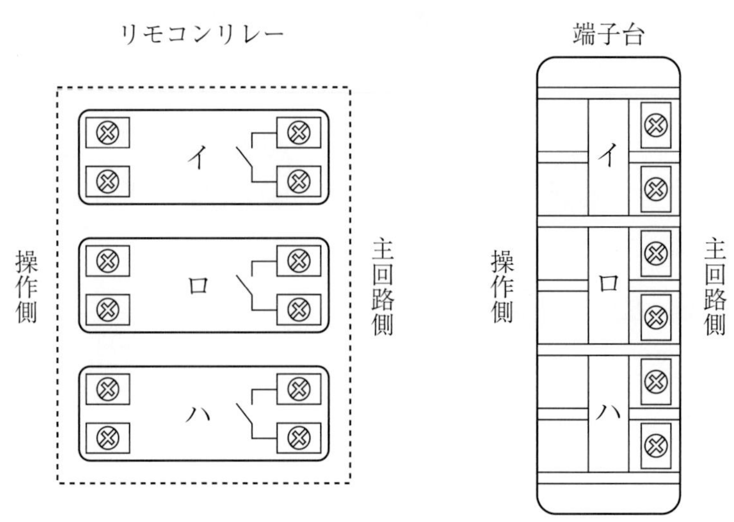

〈 施工条件 〉

1．配線及び器具の配置は，**図 1** に従って行うこと．

2．リモコンリレー代用の端子台は，**図 2** に従って使用すること．

3．各リモコンリレーに至る電線には，**それぞれ 2 心ケーブル 1 本を使用すること．**

4．ジョイントボックス（アウトレットボックス）は，打抜き済みの穴だけをすべて使用すること．

5．電線の色別（絶縁被覆の色）は，次によること．

①電源からの接地側電線には，すべて**白色**を使用する．

②電源からリモコンリレーまでの非接地側電線には，すべて**黒色**を使用する．

③次の器具の端子には，**白色の電線**を結線する．

・ランプレセプタクルの受金ねじ部の端子

・引掛シーリングローゼットの接地側極端子（W 又は接地側と表示）

6．ジョイントボックス部分を経由する電線は，その部分ですべて接続箇所を設け，接続方法は，次によること．

① 4 本の接続箇所は，差込形コネクタによる接続とする．

②その他の接続箇所は，リングスリーブによる接続とする．

複線図を描くステップ 1

複線図化の手順
接地側電線の白色を描く

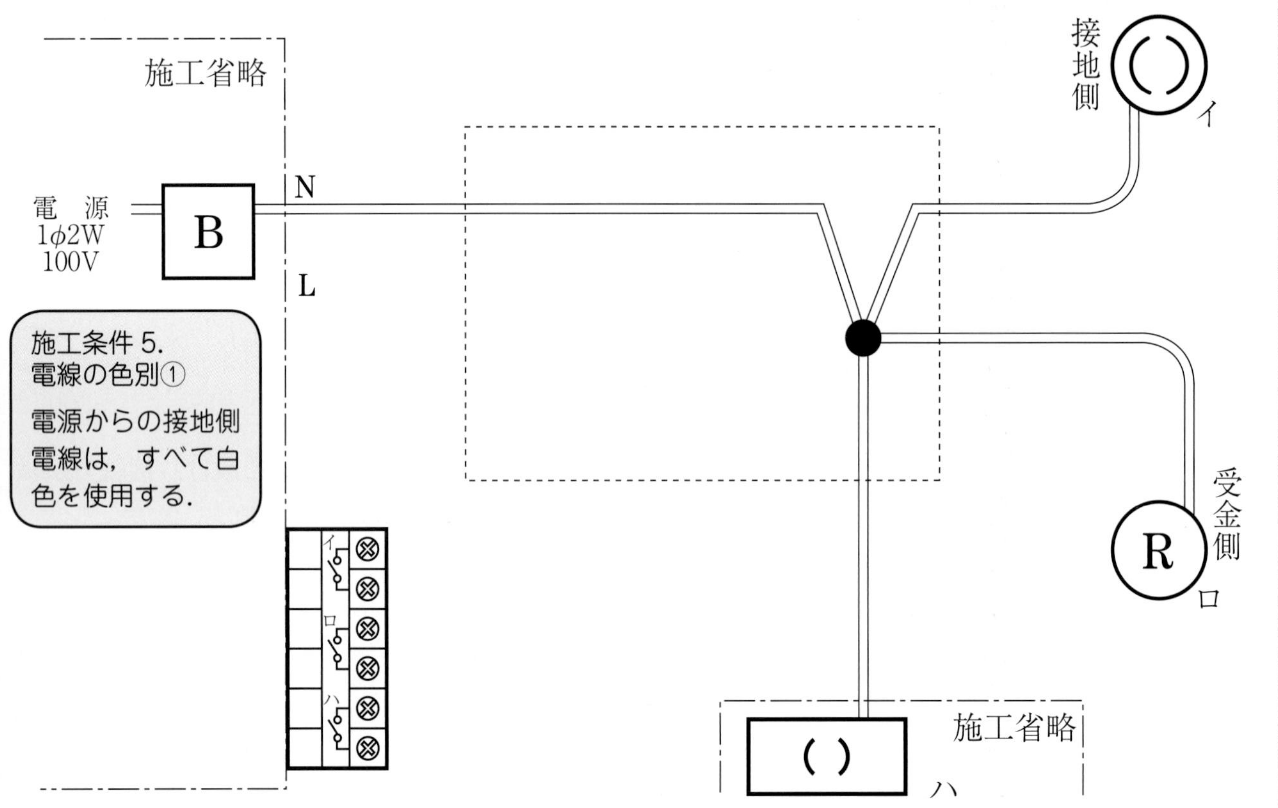

施工条件 5.
電線の色別①
電源からの接地側電線は，すべて白色を使用する．

複線図を描くステップ 2

複線図化の手順
非接地側電線の黒色を描く

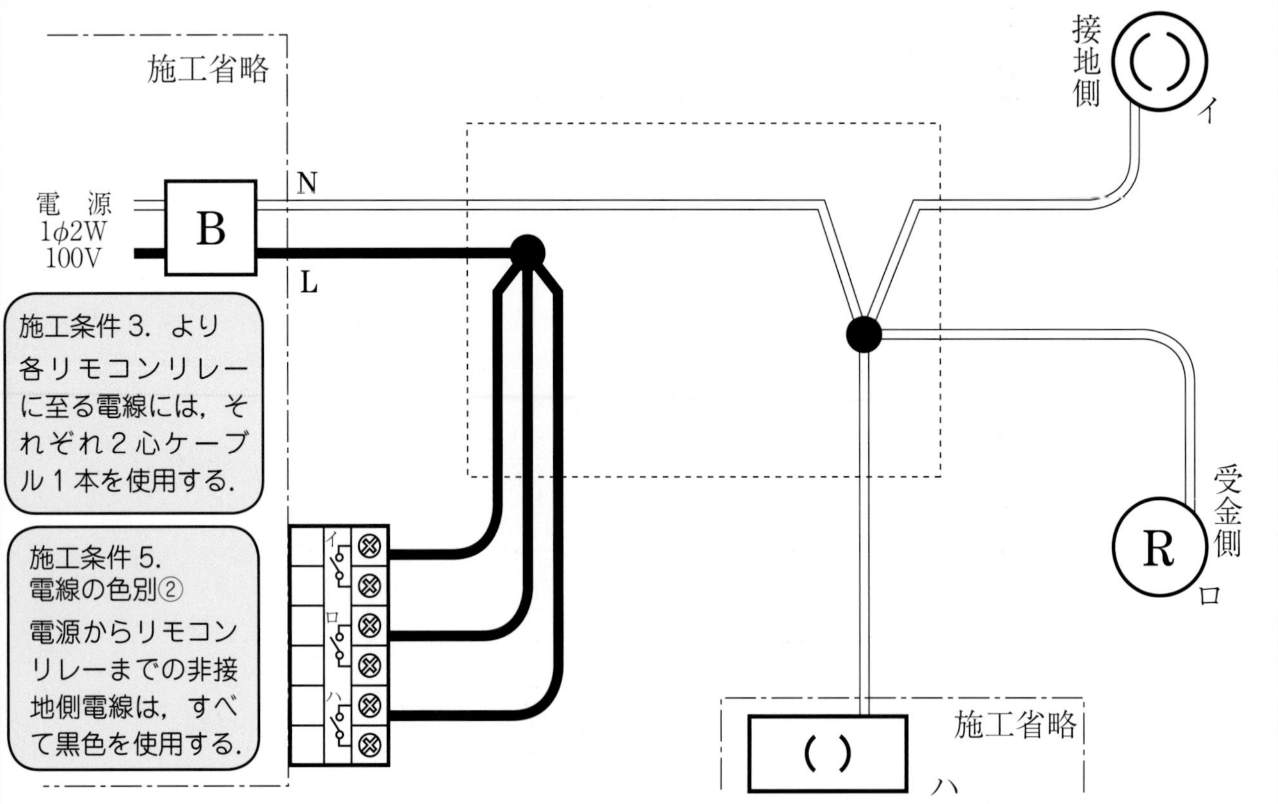

施工条件 3．より
各リモコンリレーに至る電線には，それぞれ 2 心ケーブル 1 本を使用する．

施工条件 5.
電線の色別②
電源からリモコンリレーまでの非接地側電線は，すべて黒色を使用する．

複線図を描くステップ3

複線図化の手順

照明器具の点滅回路を描いて完成

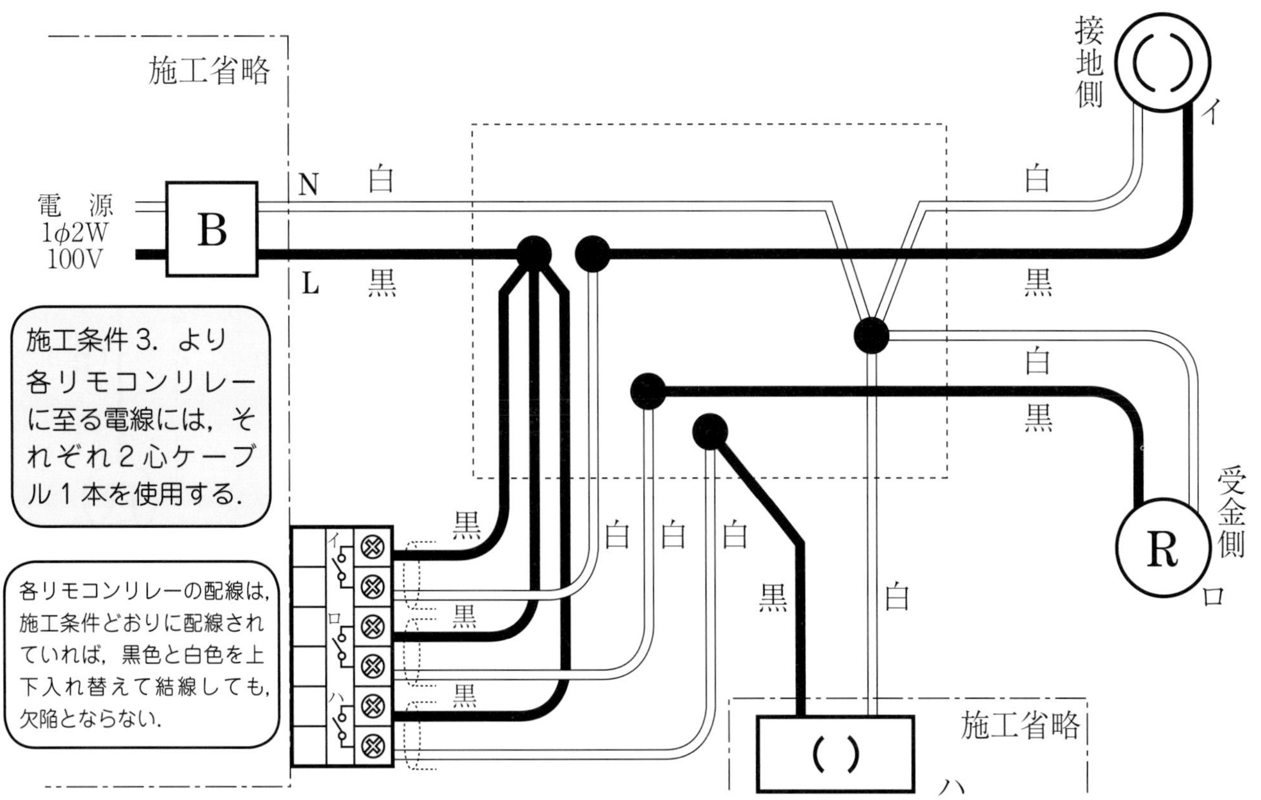

施工省略
接地側
イ
電源
1φ2W
100V
B
N
白
L
黒
施工条件3. より各リモコンリレーに至る電線には，それぞれ2心ケーブル1本を使用する．
各リモコンリレーの配線は，施工条件どおりに配線されていれば，黒色と白色を上下入れ替えて結線しても，欠陥とならない．
受金側
R
ロ
( )
ハ

複線図を描くポイント（展開接続図）

L 黒色
①
④
⑦
イ
ロ
ハ
リモコンリレー
電源
1φ2W
100V
②
⑤
⑧
R
( )
③
⑥
⑨
N 白色

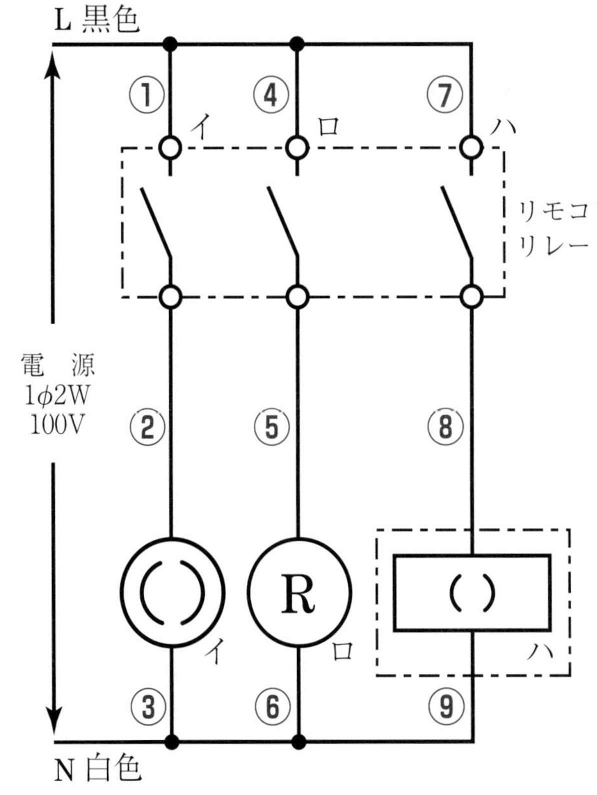

① 電源Lよりリモコンリレー「イ」へ（黒色）
② リモコンリレー「イ」より引掛シーリング(丸形)へ
③ 引掛シーリング（丸形）より電源Nへ（白色）
④ 電源Lよりリモコンリレー「ロ」へ（黒色）
⑤ リモコンリレー「ロ」よりランプレセプタクルへ
⑥ ランプレセプタクルより電源Nへ（白色）
⑦ 電源Lよりリモコンリレー「ハ」へ（黒色）
⑧ リモコンリレー「ハ」より引掛シーリング（角形）（施工省略）へ
⑨ 引掛シーリング（角形）（施工省略）より電源Nへ（白色）

● ケーブルの使用箇所と切断寸法

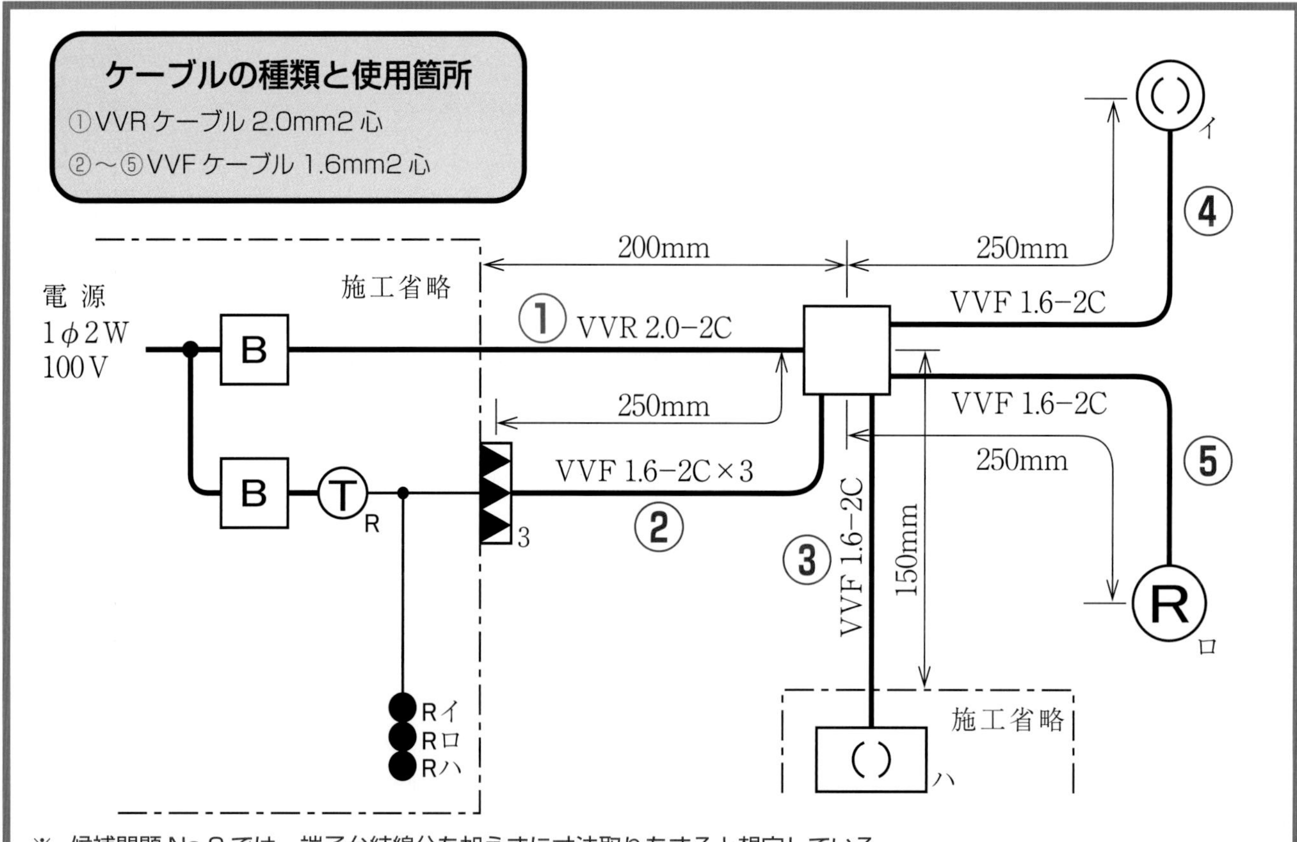

※1 候補問題 No.8 では，端子台結線分を加えずに寸法取りをすると想定している．

※2 VVF1.6-2C は約 1050mm が 2 本支給される想定とした．1 本目は②×3 本に使用し，2 本目は③，④，⑤に使用する．

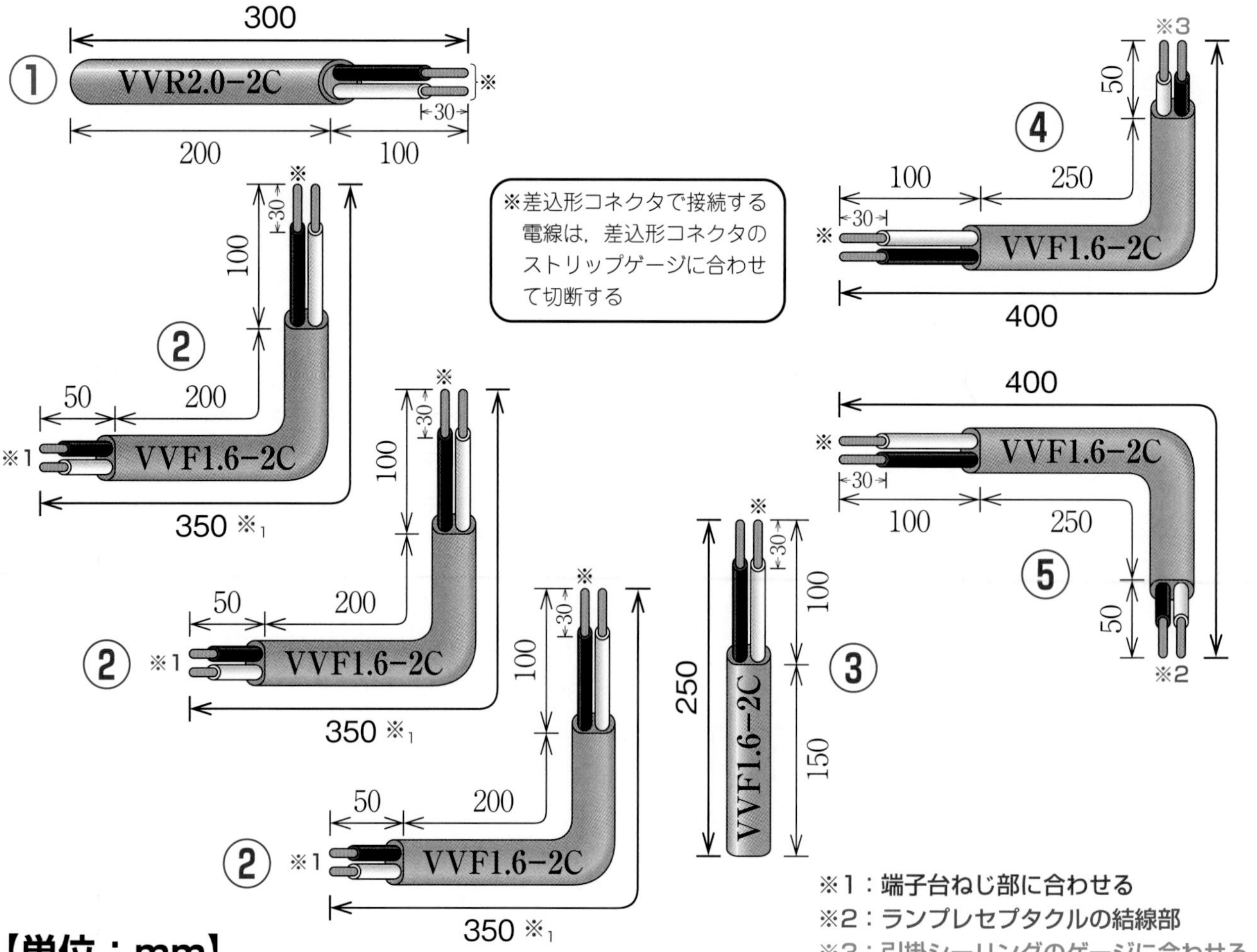

① VVR2.0−2C 300 200 100 ※ 30

② VVF1.6−2C 50 200 100 30 ※ ※1 350 ※1

② VVF1.6−2C 50 200 100 30 ※ ※1 350 ※1

② VVF1.6−2C 50 200 100 30 ※ ※1 350 ※1

※差込形コネクタで接続する電線は，差込形コネクタのストリップゲージに合わせて切断する

④ VVF1.6−2C 100 250 50 30 ※ ※3 400

⑤ VVF1.6−2C 100 250 50 30 ※ ※2 400

③ VVF1.6−2C 250 100 150 30 ※

※1：端子台ねじ部に合わせる

※2：ランプレセプタクルの結線部

※3：引掛シーリングのゲージに合わせる

【単位：mm】

◆ 候補問題 No.8 で押さえておきたいポイント ◆

候補問題 No.8 の特徴と出題傾向

候補問題 No.8 の特徴として，リモコンリレーを使用して 3 箇所の照明器具を点滅させる回路であることが挙げられます．なお，リモコンリレーは 6 極の端子台で代用されます．

本年度と同一の配線図は，令和 5 ～元年度，平成 30 ～ 28 年度，平成 25 年度，平成 24 年度の候補問題として公表されています．平成 25 年度と平成 24 年度の候補問題では，リモコンリレー部分に結線するケーブルの種類と本数が「VVF1.6−2C×3」と明記されて公表されましたが，平成 28 年度からは明記されずに公表されています．この明記がない場合，リモコンリレー部分を「VVF1.6−2C×3」または「VVF1.6−2C×2」と指定して出題されることが考えられます．この回路は，令和 5 ～元年度上期・下期試験，平成 30 年度上期・下期試験，平成 29 年度上期試験，平成 28 年度上期試験，平成 24 年度上期試験で出題されており，どれもリモコンリレー部分は「VVF1.6−2C×3」と指定されたため，本書でも「VVF1.6−2C×3」と想定して解説しました．試験では，どちらの指定で出題されているかをしっかり確認して作業してください．

リモコンリレー代用端子台

リモコンリレー部分の結線は，配線図の指定により「VVF1.6−2C×3」と「VVF1.6−2C×2」の 2 パターンが考えられます．

「VVF1.6−2C×3」と指定された場合

リモコンリレー部分が「VVF1.6−2C×3」と指定された場合は，ケーブルを 3 本使用する．結線の詳細は，代用端子台のイ，ロ，ハの各端子に，それぞれ非接地側電線（黒色）と各照明器具に至る電線を結線する．また，アウトレットボックス内の電線接続は，接地側電線(白色)4 本の接続と非接地側電線(黒色)4 本の接続，各照明器具に至る電線 2 本の接続が 3 箇所となる．

「VVF1.6−2C×2」と指定された場合

リモコンリレー部分の指定が「VVF1.6−2C×2」の場合，ケーブル 2 本と非接地側電線(黒色)の渡り線を 2 本使用して，1 本目のケーブルは電源からの非接地側電線(黒色)とイの点滅回路用，2 本目はロとハの点滅回路用，非接地側電線(黒色)の渡り線はイとロ，ロとハの各端子間用となる．アウトレットボックス内の電線接続は，非接地側電線(黒色)が2 本接続となり，これ以外は「VVF1.6−2C×3」の場合と同じ接続となる．

2024年度　第二種電気工事士技能試験

候補問題 No.8

完成参考写真

作業動画は
ここからアクセス！

（注）問題例では，各リモコンリレーに至る電線の本数を「VVF1.6－2C × 3」と想定しましたが，「VVF1.6－2C × 2」で出題されることも考えられるので，実際の試験では，材料表，試験問題，施工条件等に注意してください．

	接続する電線の本数		圧着マーク	リングスリーブ
※	2本	1.6mm × 2	○	小

候補問題 No.8 の欠陥チェック

	欠陥事項	✓
全体共通部分	未完成（未着手，未接続，未結線）	
	配線・器具の配置・電線の種類が配線図と相違	
	配線図に示された寸法の 50％以下で完成させている	
	回路の誤り（誤接続，誤結線）	
	接地側・非接地側電線の色別の相違，器具の極性相違	
	ケーブルシースに 20mm 以上の縦割れがある	
	ケーブルを折り曲げると絶縁被覆が露出する傷がある	
	絶縁被覆を折り曲げると心線が露出する傷がある	
	心線を折り曲げると心線が折れる程度の傷がある	
	アウトレットボックスに余分な打ち抜きをした	
	ゴムブッシングの使用不適切（未取付・穴の径と異なる）	
	材料表以外の材料を使用している（試験時は支給品以外）	
電線相互の接続部分	指定箇所を指定された接続方法以外で接続している	
	圧着接続での圧着マークの誤り	
	リングスリーブを破損している	
	圧着マークの一部が欠けている	
	リングスリーブに 2 つ以上の圧着マークがある	
	1 箇所の接続に 2 個以上のリングスリーブを使用している	
	接続する心線がリングスリーブの先端から見えていない	
	接続部先端の端末処理が適切でない（心線が 5mm 以上露出している）	
	リングスリーブの下端から心線が 10mm 以上露出している	
	ケーブルシースのはぎ取り不足で絶縁被覆が 20mm 以下	
	絶縁被覆の上から圧着している	
	差込形コネクタの先端部分に心線が見えていない	
	差込形コネクタの下端部分から心線が露出している	
器具等との結線部分	心線をねじで締め付けていないもの（※ランプレセプタクル・代用端子台）	
	ねじの端から心線が 5mm 以上露出している（※ランプレセプタクル）	
	端子台の端から心線が 5mm 以上露出している	
	絶縁被覆の上からねじを締め付けている（※ランプレセプタクル・代用端子台）	
	ケーブル引込口を通さずに台座の上からケーブルを結線（※ランプレセプタクル）	
	心線の端末がねじの端から 5mm 以上はみ出している（※ランプレセプタクル）	
	ランプレセプタクルのカバーが適切に締まらないもの	
	ケーブルシースが台座まで入っていない（※ランプレセプタクル）	
	ケーブルシースが台座下端から 5mm 以上露出（※引掛シーリングローゼット）	
	心線が端子から露出している（※引掛シーリングローゼット：1mm 以上）	
	電線を引っ張ると端子から心線が抜ける（※引掛シーリングローゼット）	
	器具を破損させたまま使用	
	総合チェック	

候補問題 No.8

候補問題 No.8 別想定の問題例

候補問題 No.8 の別想定です．187 ～ 189 ページと異なる箇所を赤字で示しました．

材　　料	
1. 600V ビニル絶縁ビニルシースケーブル丸形，2.0mm，2 心，長さ約 300mm ……………………	1 本
2. 600V ビニル絶縁ビニルシースケーブル平形，1.6mm，2 心，長さ約 1050mm ………………	2 本
3. ジョイントボックス（アウトレットボックス）（19mm 2 箇所，25mm 3 箇所 ノックアウト打抜き済み）……	1 個
4. 端子台（リモコンリレーの代用），6 極 …………………………………………………………	1 個
5. ランプレセプタクル（カバーなし）……………………………………………………………	1 個
6. 引掛シーリングローゼット（ボディ（丸形）のみ）……………………………………………	1 個
7. ゴムブッシング（19）……………………………………………………………………………	2 個
8. ゴムブッシング（25）……………………………………………………………………………	3 個
9. リングスリーブ（小）……………………………………………………………………………	4 個
10. 差込形コネクタ（4 本用）…………………………………………………………………	1 個

※この別想定でも，VVF1.6-2C は約 1050mm × 2 本が支給されると想定するが，この場合は，端子台結線分を含む長さで寸法取りをする．

図 1．配線図

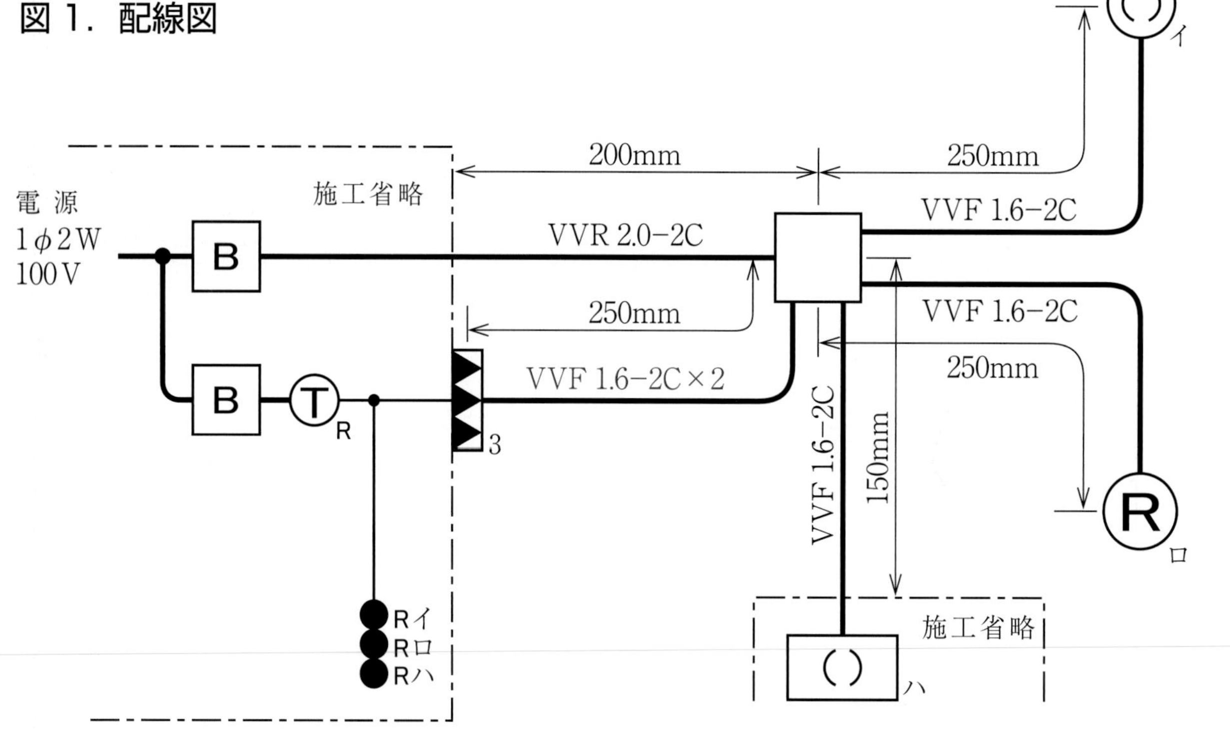

注：1. 図記号は原則として JIS C 0303：2000 に準拠している．
　　また，作業に直接関係のない部分等は省略又は簡略化してある．
　2. Ⓡ は，ランプレセプタクルを示す．

※図 2．リモコンリレー代用の端子台の説明図は 188 ページと同一のため，ここでは省略しました．

〈 施工条件 〉

3．各リモコンリレーに至る電線には，2 心ケーブル 2 本を使用し，各リモコンリレーがそれぞれ動作することにより，照明器具イ，ロ，ハがそれぞれ点滅できるようにすること．

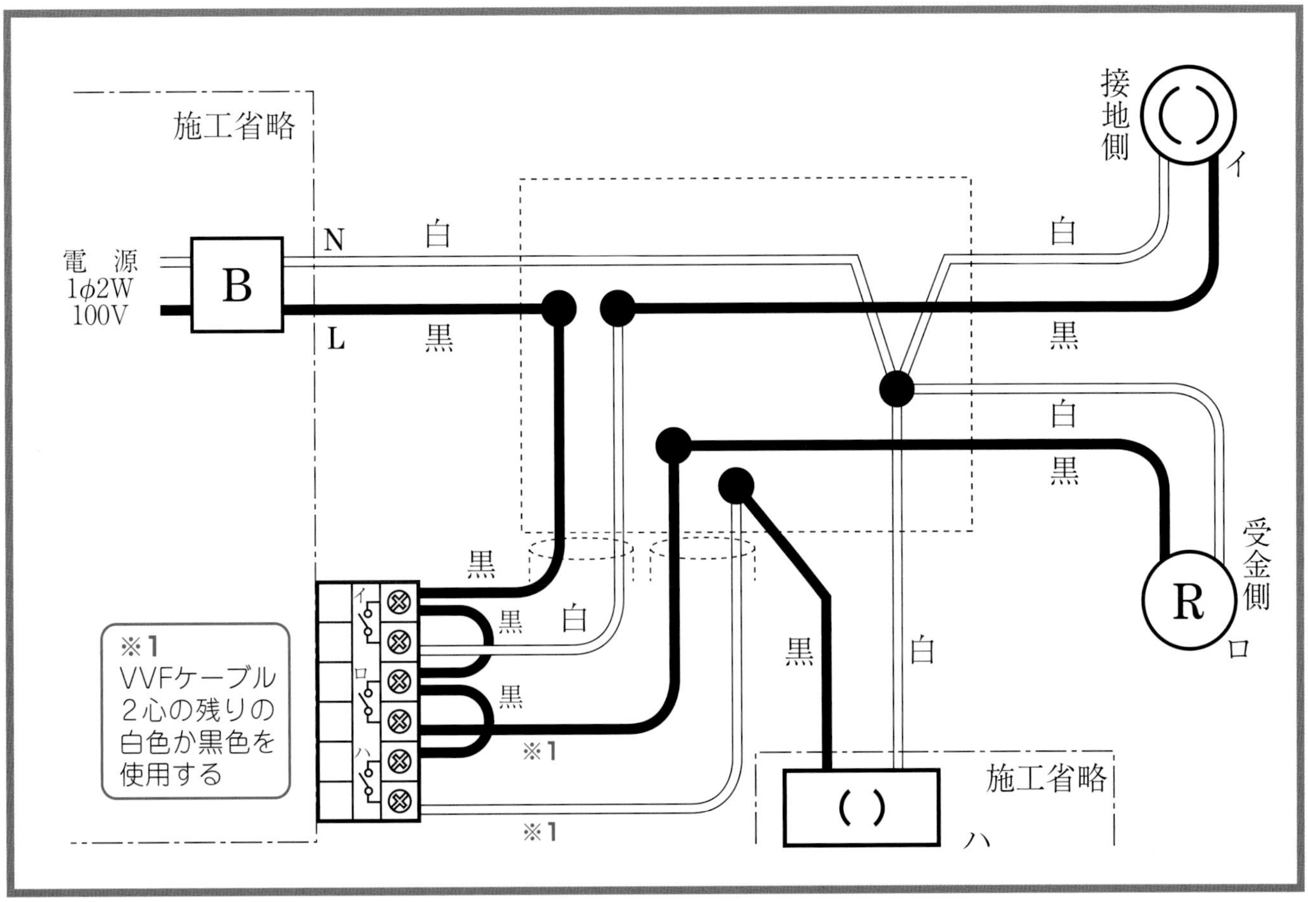

施工省略

電 源
1φ2W
100V

B

N 白

L 黒

接地側

イ

白

黒

白

黒

受金側

R

ロ

黒

黒 白

黒

黒 白

※1

※1

※1
VVFケーブル
2心の残りの
白色か黒色を
使用する

施工省略

( )

ハ

別想定の完成参考写真

	接続する電線の本数		圧着マーク	リングスリーブ
※	2本	1.6mm × 2	○	小
★	2本	2.0mm × 1と1.6mm × 1	小	

★印の接続箇所は，圧着マークを間違えやすいので注意！

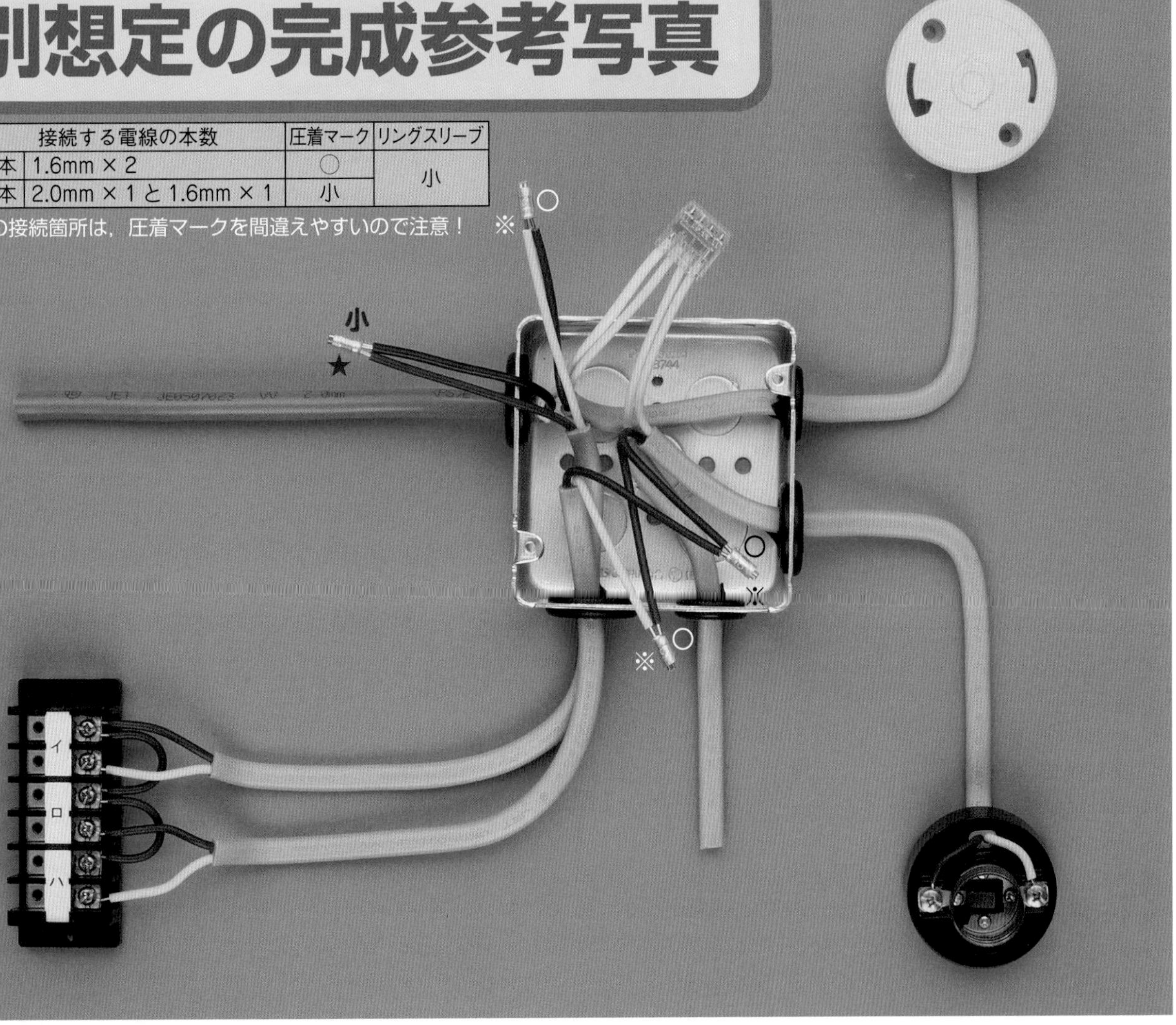

※ ○

小
★

○
※

※ ○

イ
ロ
ハ

候補問題 No.8

主な欠陥例

すべての作業を丁寧に行って，欠陥がない作品を完成させることを心掛けましょう．
★印はよくある欠陥のため，作業時には特に注意して下さい．

縦割がある

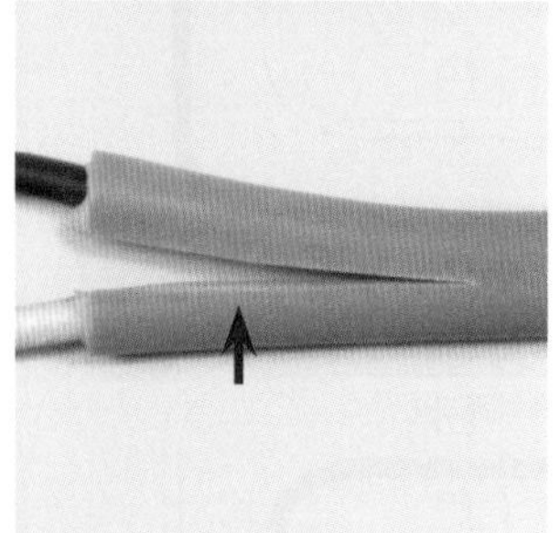

絶縁被覆の露出

心線が見える

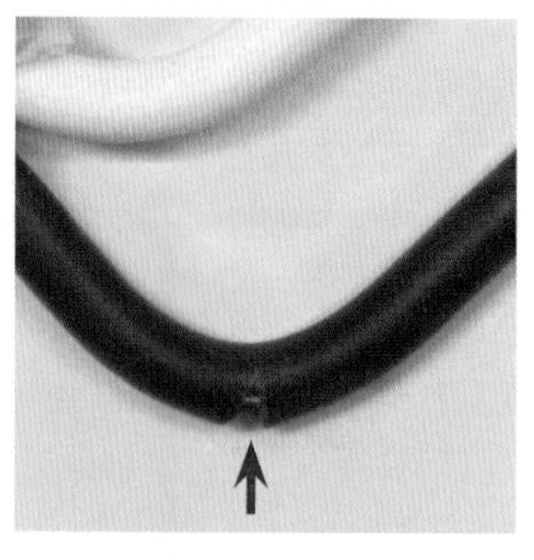

★極性の誤り

ゆるい締め付け

★台座に入っていない

左巻きで巻付け

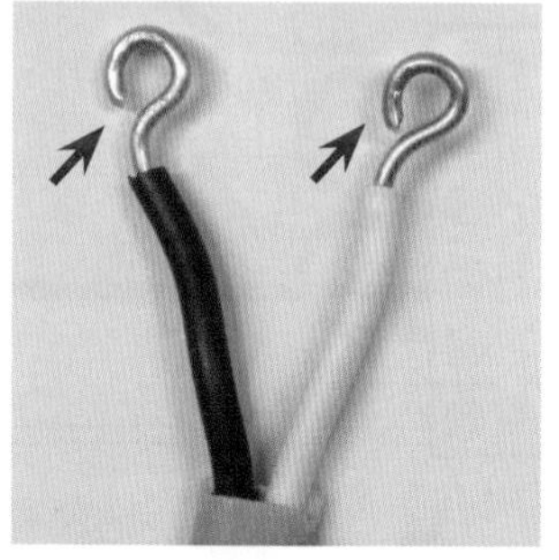

心線を重ねて巻付け

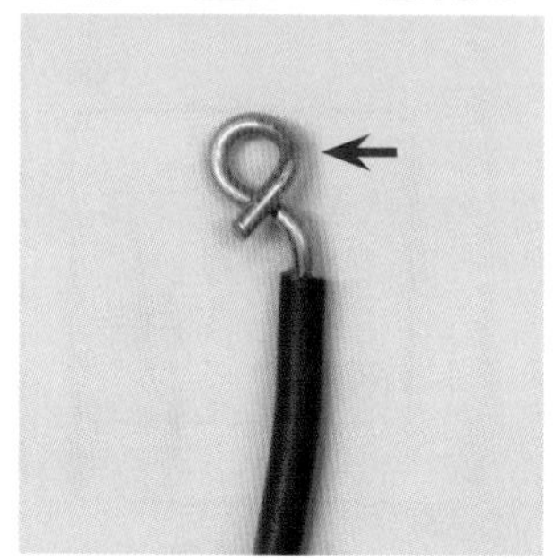

心線の巻付け不足

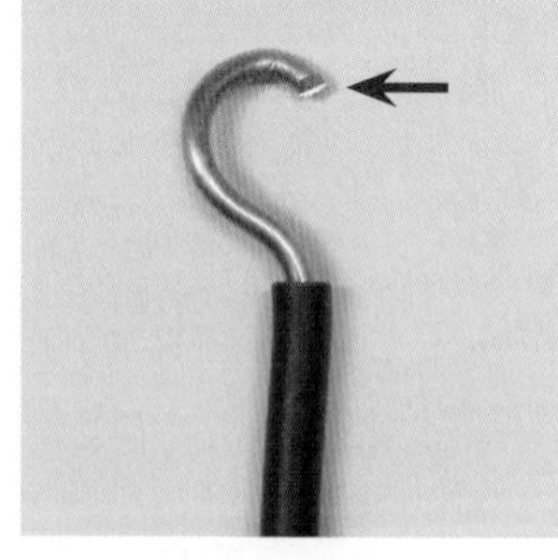

被覆の上から締め付け

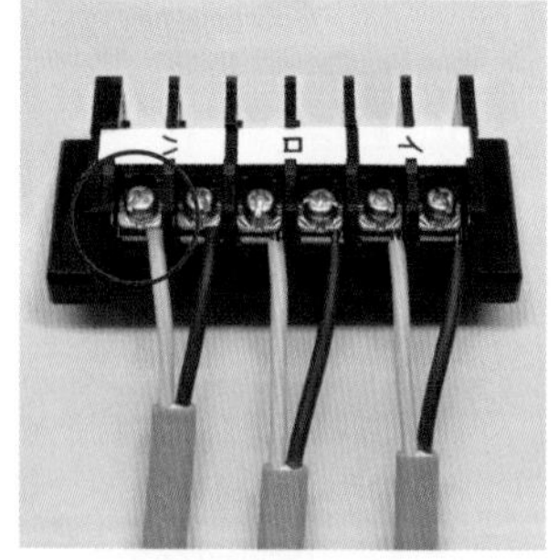

絶縁被覆のむき過ぎ

★台座に入っていない

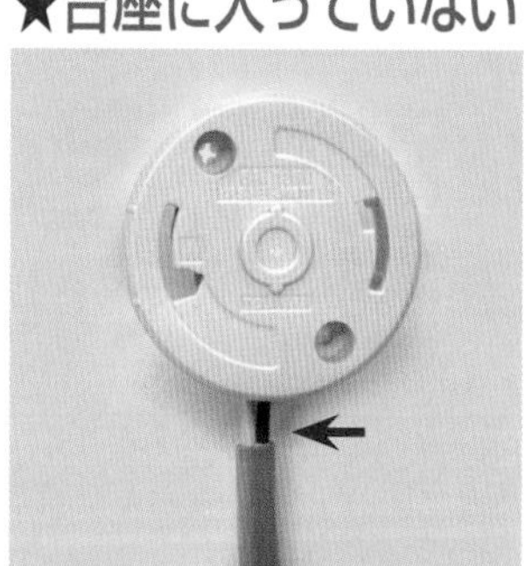

★極性の誤り

★心線の露出

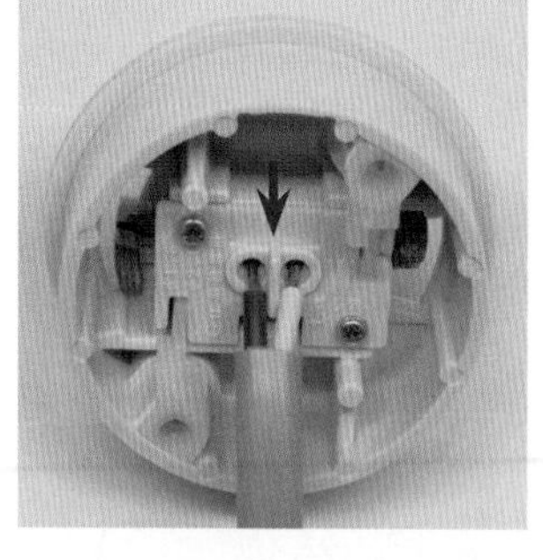

ゴムブッシング未使用

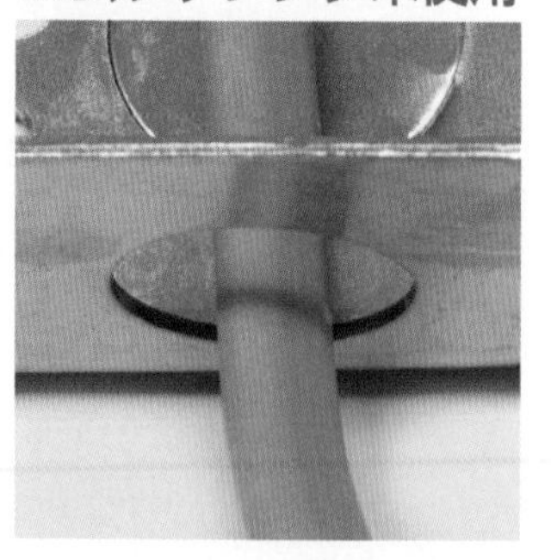

★心線の挿入不足

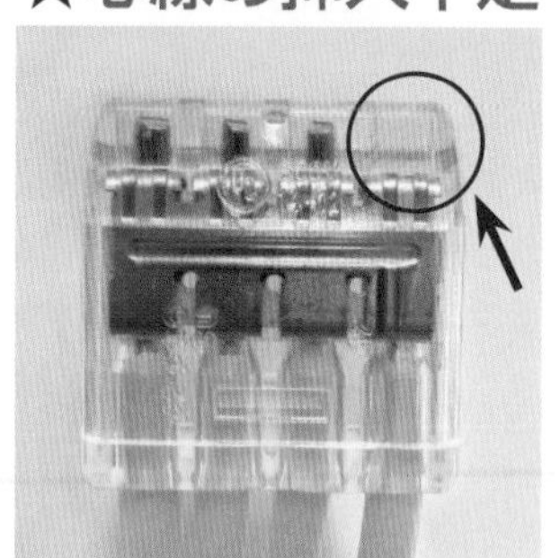

心線の露出

被覆の上から圧着

心線がみえていない

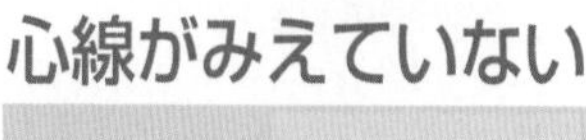

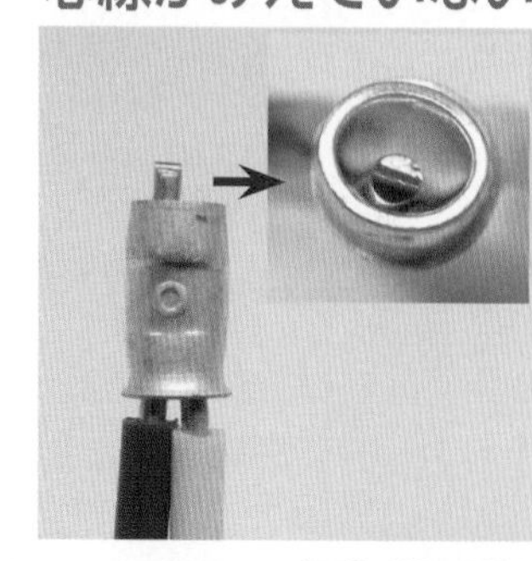

端末処理の不適切

欠陥の詳細については，各作業手順のページをご参照ください．

候補問題 No.9 問題例

公表された候補問題には，配線図の寸法や接続方法，施工条件が明記されていないため，ここでは，寸法，接続方法，施工条件を想定して練習できるように問題例としました．

《 想定した材料等の確認 》

作業開始前に準備した材料等を下記の材料表と必ず照合し，材料の不足があれば，必要分を揃えて下さい．

想定した使用材料

材　　　料	
1. 600V ビニル絶縁ビニルシースケーブル平形（シース青色），2.0mm，2 心，長さ約 600mm ……	1 本
2. 600V ビニル絶縁ビニルシースケーブル平形，1.6mm，2 心，長さ約 1200mm ……	1 本
3. 600V ビニル絶縁ビニルシースケーブル平形，1.6mm，3 心，長さ約 350mm ……	1 本
4. 600V ビニル絶縁電線（緑），1.6mm，長さ約 150mm ……	1 本
5. ランプレセプタクル（カバーなし）……	1 個
6. 引掛シーリングローゼット（ボディ（丸形）のみ）……	1 個
7. 埋込連用タンブラスイッチ ……	1 個
8. 埋込コンセント（15A125V 接地極付接地端子付）……	1 個
9. 埋込連用取付枠 ……	1 枚
10. リングスリーブ（小）……	1 個
11. リングスリーブ（中）……	2 個
12. 差込形コネクタ（2 本用）……	2 個
13. 差込形コネクタ（3 本用）……	1 個

（注）上記の想定した材料表のリングスリーブの個数には予備品の数は含まれていません．実際の試験では，材料表には予備品を含んだリングスリーブの総数が示され，材料箱内にはリングスリーブの予備品もセットされて支給されます．

材料の写真

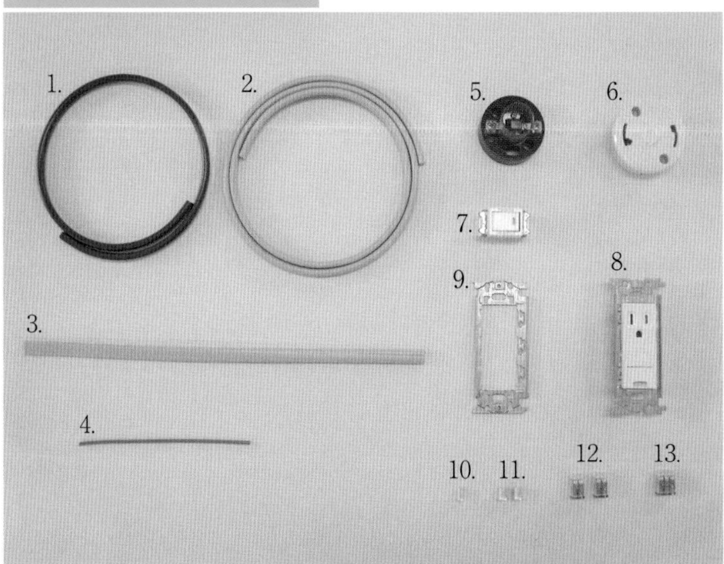

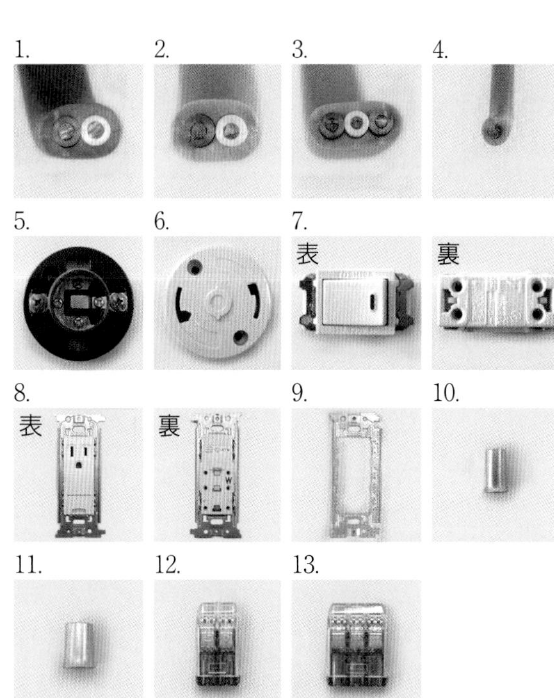

候補問題 No.9 問題例［試験時間　40 分］

図に示す低圧屋内配線工事を想定した全ての材料を使用し，〈 **施工条件** 〉に従って完成させなさい．なお，

1．―・―・― で示した部分は施工を省略する．
2．VVF 用ジョイントボックス及びスイッチボックスは準備していないので，その取り付けは省略する．
3．電線接続箇所のテープ巻きや絶縁キャップによる絶縁処理は省略する．

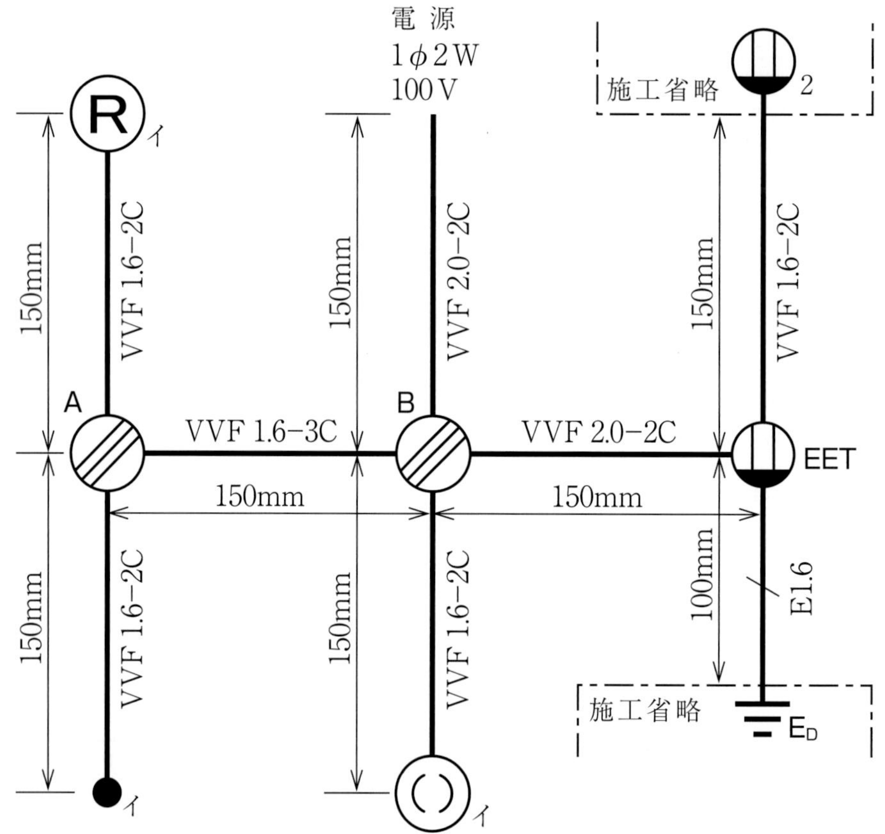

注：1. 図記号は原則として JIS C 0303：2000 に準拠している．
また，作業に直接関係のない部分等は省略又は簡略化してある．
2. Ⓡ は，ランプレセプタクルを示す．

〈 施工条件 〉

1．配線及び器具の配置は，図に従って行うこと．

2．電線の色別（絶縁被覆の色）は，次によること．

①電源からの接地側電線には，すべて**白色**を使用する．

②電源からコンセント及び点滅器までの非接地側電線には，すべて**黒色**を使用する．

③接地線は，**緑色**を使用する．

④次の器具の端子には，**白色の電線**を結線する．

・コンセントの接地側極端子（W と表示）

・ランプレセプタクルの受金ねじ部の端子

・引掛シーリングローゼットの接地側極端子（W 又は接地側と表示）

3．VVF 用ジョイントボックス部分を経由する電線は，その部分ですべて接続箇所を設け，接続方法は，次によること．

① A 部分は，差込形コネクタによる接続とする．

② B 部分は，リングスリーブによる接続とする．

複線図の描き方を動画でチェック！

複線図を描くステップ 1

複線図化の手順
接地側電線の白色を描く

施工条件 2.
電線の色別①
電源からの接地側電線は，すべて白色を使用する．

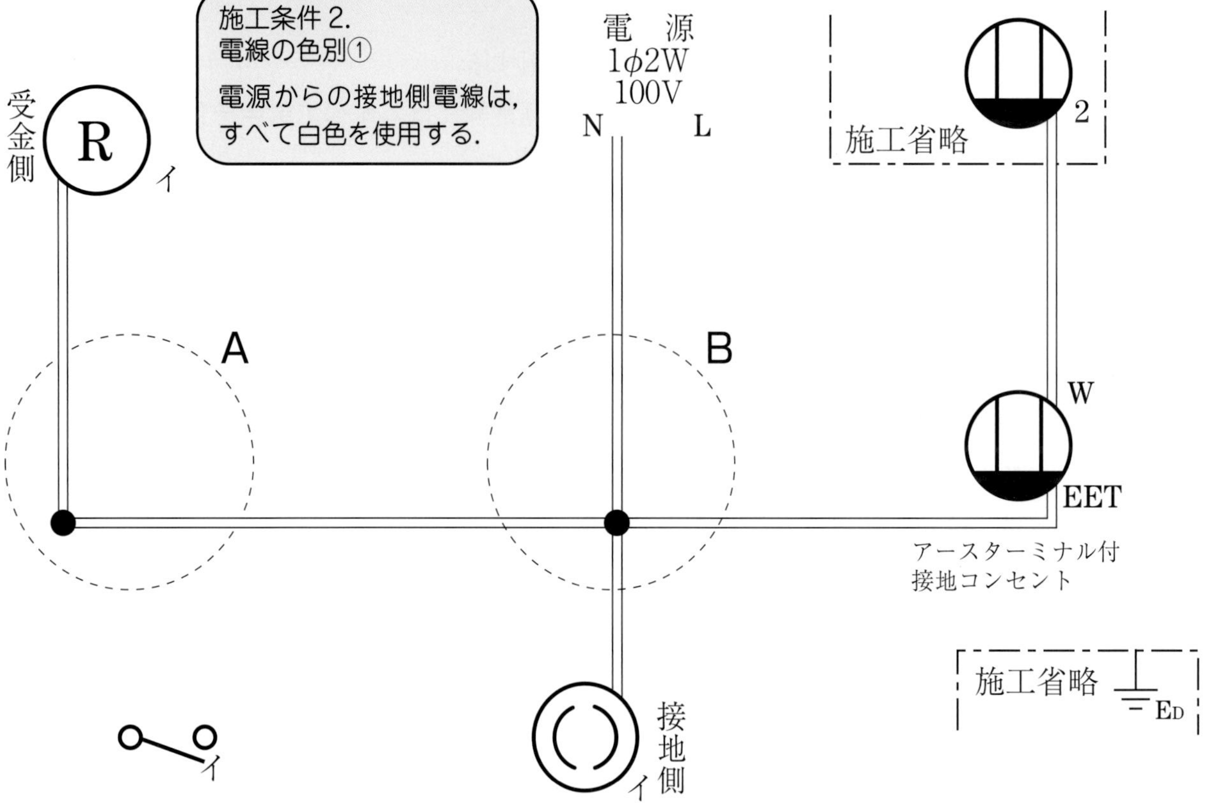

複線図を描くステップ 2

複線図化の手順
非接地側電線の黒色を描く

施工条件 2.
電線の色別②
電源からコンセント及び点滅器までの非接地側電線は，すべて黒色を使用する．

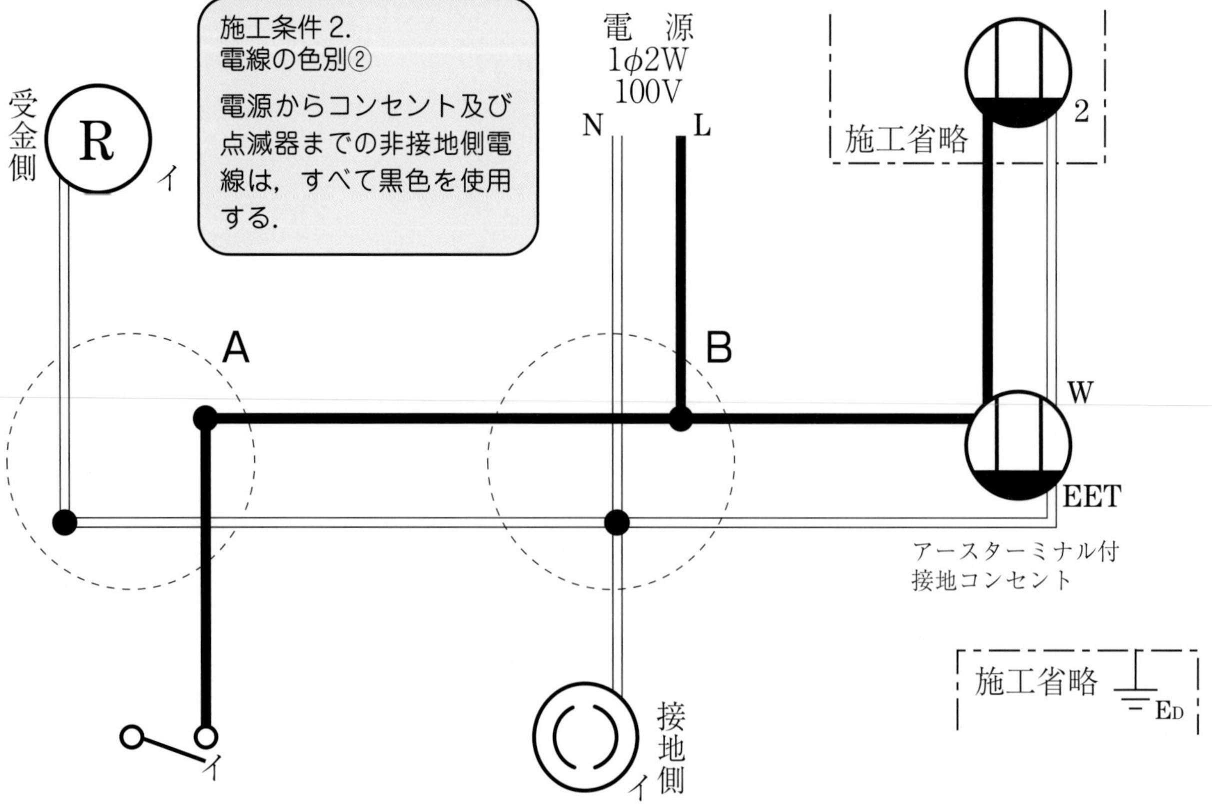

複線図を描くステップ３

複線図化の手順
点滅回路と接地線を描いて完了

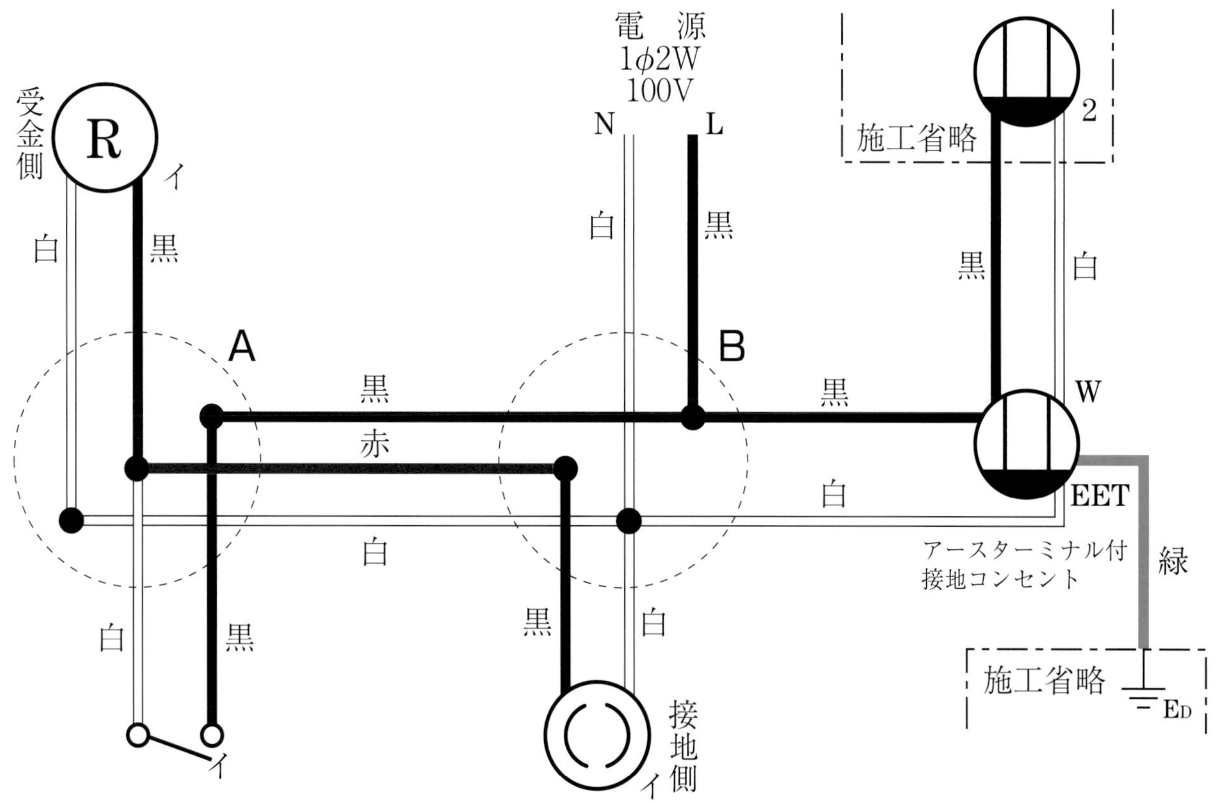

電源
1φ2W
100V
N L
受金側
R
イ
白
黒
A
B
黒
赤
白
白
施工省略
2
黒
白
W
黒
白
EET
アースターミナル付
接地コンセント
緑
施工省略
E_D
白
黒
黒
白
イ
接地側
イ

複線図を描くポイント（展開接続図）

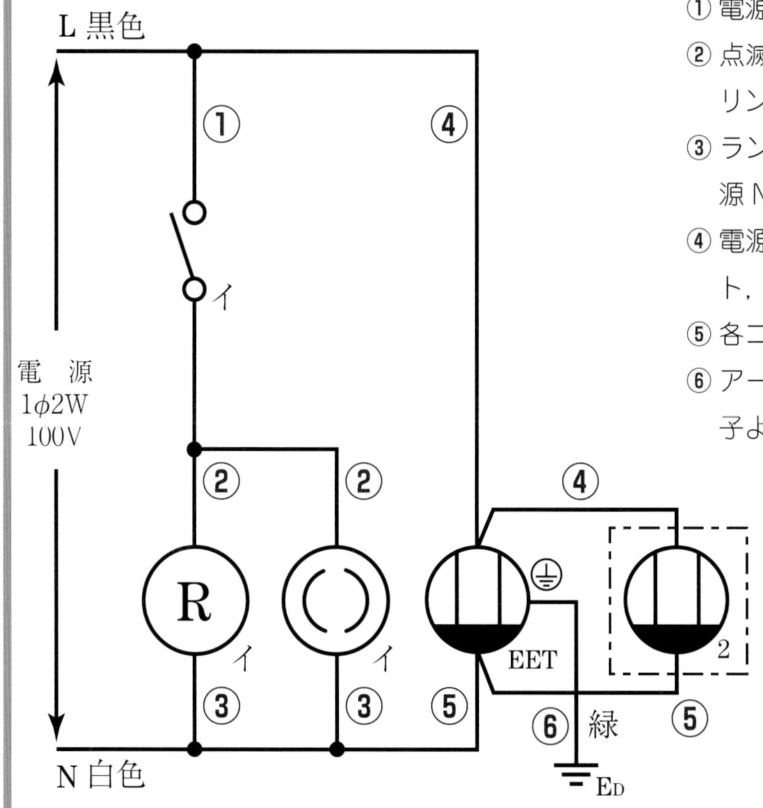

L 黒色
①
④
イ
電源
1φ2W
100V
②
②
④
R
イ
イ
EET
2
③
③
⑤
⑥ 緑
⑤
E_D
N 白色

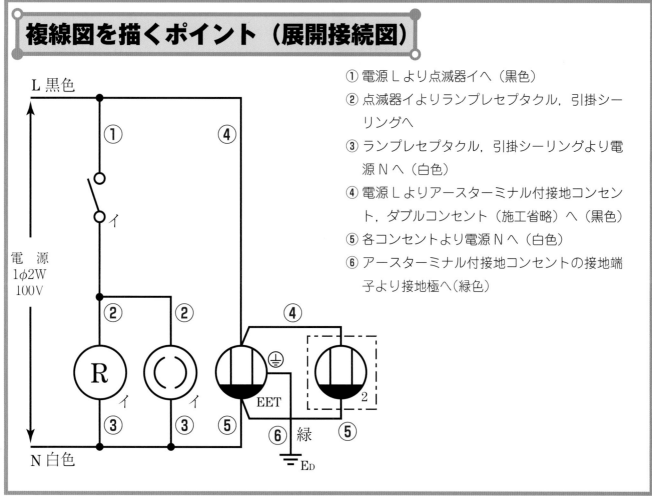

① 電源Ｌより点滅器イへ（黒色）
② 点滅器イよりランプレセプタクル，引掛シーリングへ
③ ランプレセプタクル，引掛シーリングより電源Ｎへ（白色）
④ 電源Ｌよりアースターミナル付接地コンセント，ダブルコンセント（施工省略）へ（黒色）
⑤ 各コンセントより電源Ｎへ（白色）
⑥ アースターミナル付接地コンセントの接地端子より接地極へ（緑色）

● ケーブルの使用箇所と切断寸法

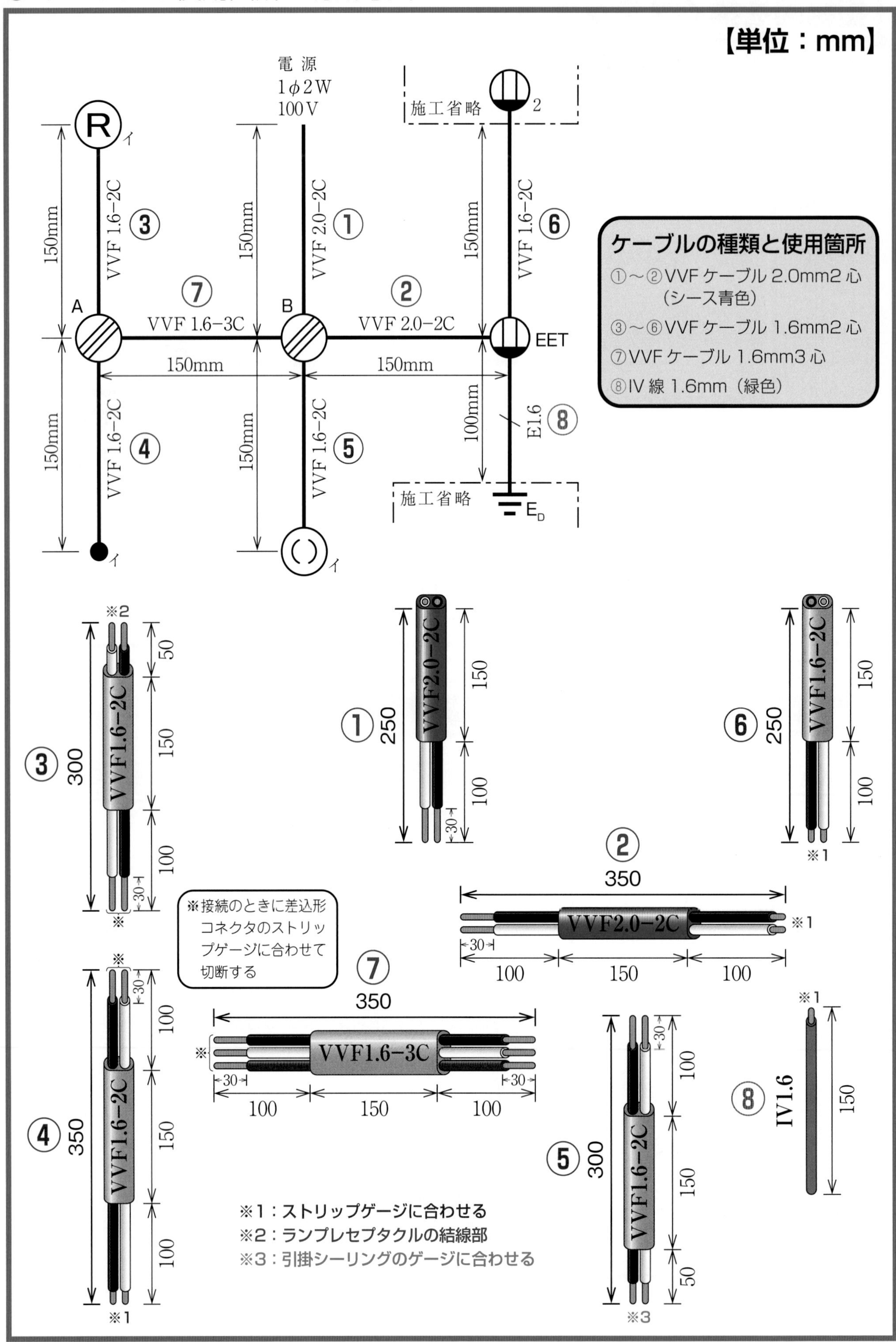

◆ 候補問題 No.9 で押さえておきたいポイント ◆

候補問題 No.9 の特徴と出題傾向

候補問題 No.9 の特徴として，VVF2.0－2C を電源部以外にも使用すること，接地極付接地端子付コンセントを使用することが挙げられます．

本年度と同一の配線図は，令和 5 ～元年度，平成 30 ～ 26 年度の候補問題として公表され，令和 5 ～元年度上期・下期試験，平成 30 年度上期・下期試験で出題されています．

接地極付接地端子付コンセントには，接地線（緑色）を結線しなければならないので，作業の際に接地線（緑色）の結線を忘れないようにしましょう．また，電線の接続作業では中スリーブを使用する箇所があるので，注意しましょう．

接地極付接地端子付コンセント

接地極付接地端子付コンセントは，シングルの接地極付コンセントやダブルコンセントとは，裏面の端子の配置が異なります．結線時には間違えないように注意してください．

●接地極付接地端子付コンセント

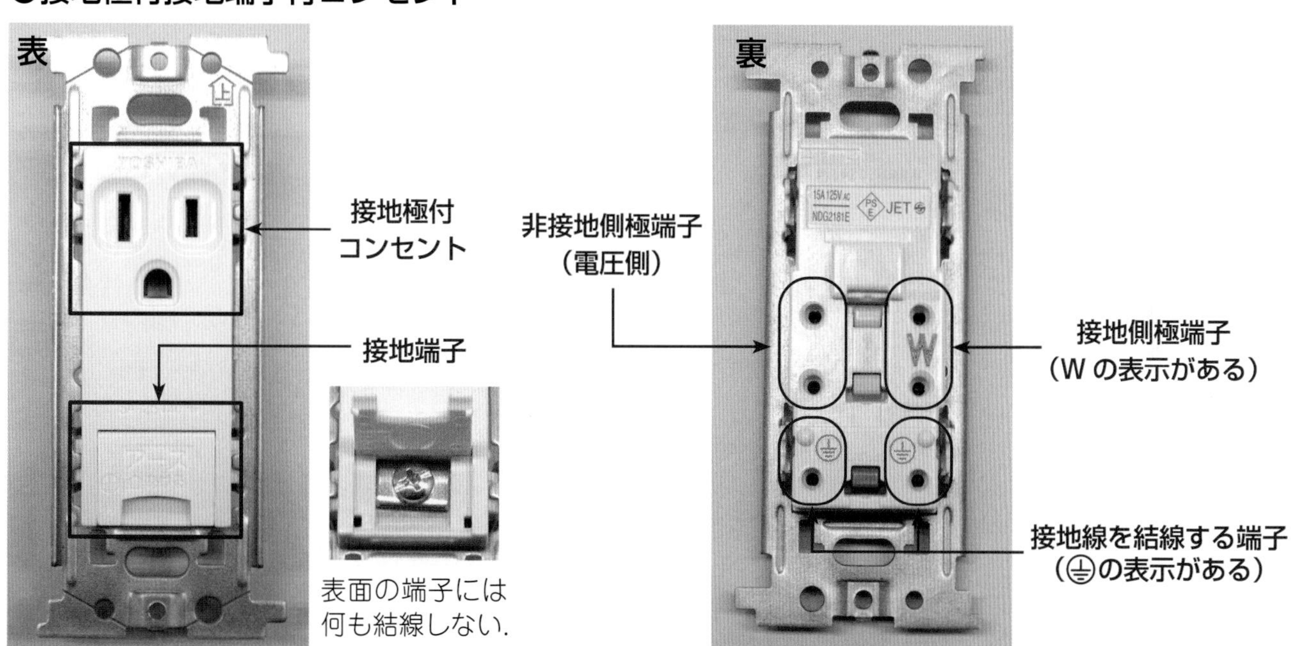

参考：コンセントの端子配置（※下のコンセントは，この問題では使用しない）

●接地極付コンセント(シングル)

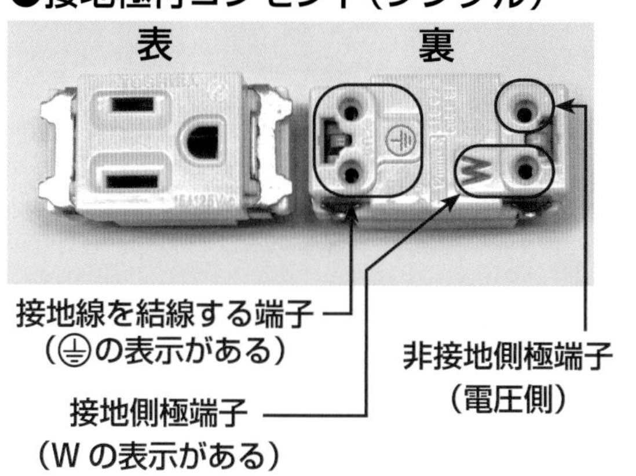

●ダブルコンセント ※接地線を結線する端子はない

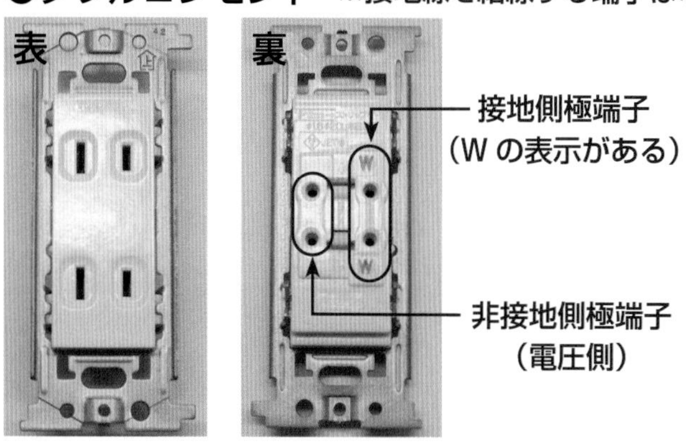

2024年度　第二種電気工事士技能試験

候補問題 No.9 完成参考写真

作業動画は
ここからアクセス！

	接続する電線の本数		圧着マーク	リングスリーブ
※	2本	1.6mm × 2	○	小
♣	3本	2.0mm × 2と1.6mm × 1	中	中
♦	4本	2.0mm × 2と1.6mm × 2	中	

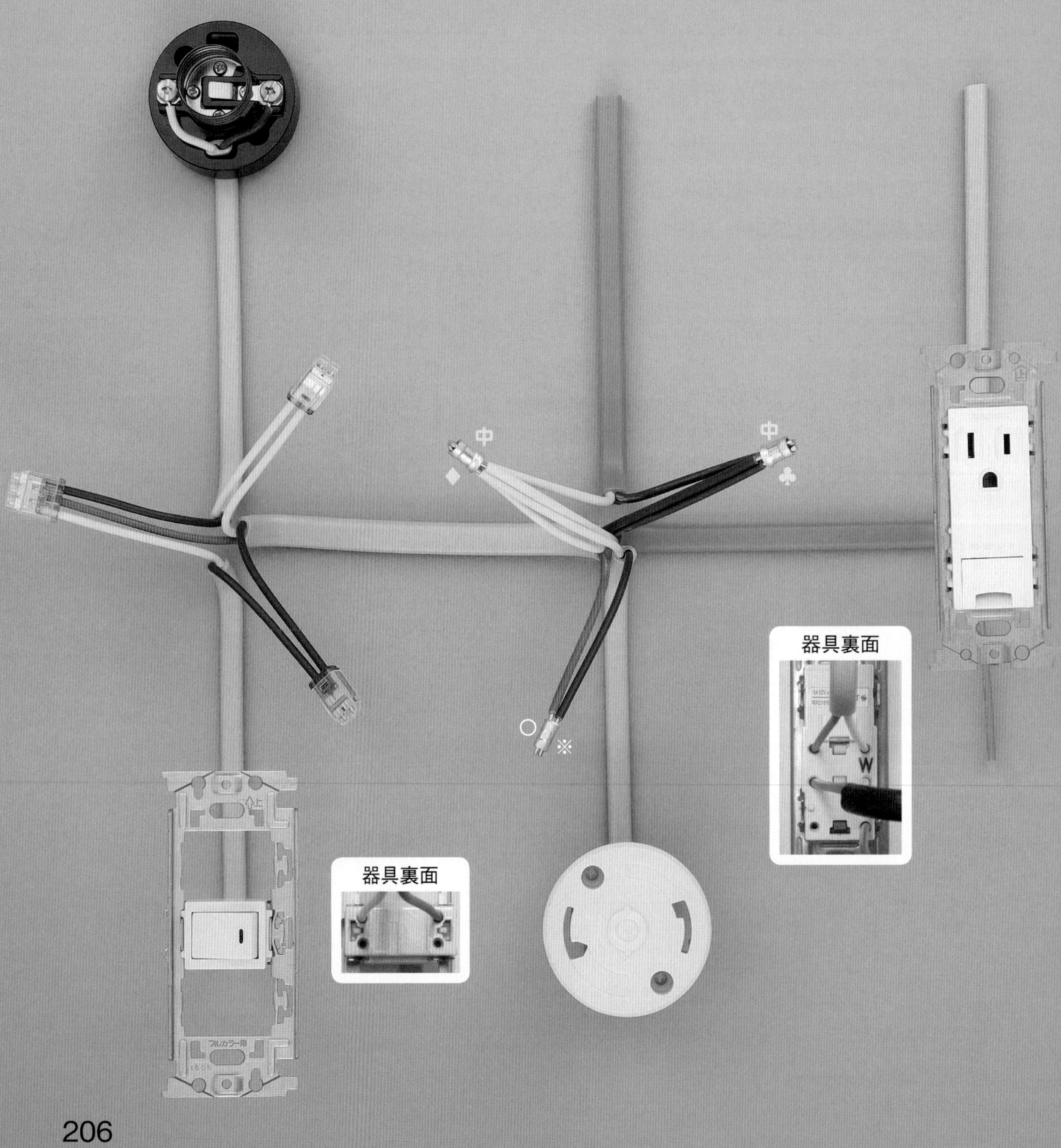

中
♦
中
♣
○
※

器具裏面

器具裏面

候補問題 No.9 の欠陥チェック

	欠　陥　事　項	✓
全体共通部分	未完成（未着手，未接続，未結線，取付枠の未取付）	
	配線・器具の配置・電線の種類が配線図と相違	
	配線図に示された寸法の 50％以下で完成させている	
	回路の誤り（誤接続，誤結線）	
	接地側・非接地側電線・接地線の色別の相違，器具の極性相違	
	ケーブルシースに 20mm 以上の縦割れがある	
	ケーブルを折り曲げると絶縁被覆が露出する傷がある	
	絶縁被覆を折り曲げると心線が露出する傷がある	
	心線を折り曲げると心線が折れる程度の傷がある	
	材料表以外の材料を使用している（試験時は支給品以外）	
電線相互の接続部分	指定箇所を指定された接続方法以外で接続している	
	圧着接続での圧着マークの誤り	
	リングスリーブを破損している	
	圧着マークの一部が欠けている	
	リングスリーブに 2 つ以上の圧着マークがある	
	1 箇所の接続に 2 個以上のリングスリーブを使用している	
	接続する心線がリングスリーブの先端から見えていない	
	接続部先端の端末処理が適切でない（心線が 5mm 以上露出している）	
	リングスリーブの下端から心線が 10mm 以上露出している	
	ケーブルシースのはぎ取り不足で絶縁被覆が 20mm 以下	
	絶縁被覆の上から圧着している	
	差込形コネクタの先端部分に心線が見えていない	
	差込形コネクタの下端部分から心線が露出している	
器具等との結線部分	心線をねじで締め付けていないもの（※ランプレセプタクル）	
	ねじの端から心線が 5mm 以上露出している（※ランプレセプタクル）	
	絶縁被覆の上からねじを締め付けている（※ランプレセプタクル）	
	ケーブル引込口を通さずに台座の上からケーブルを結線（※ランプレセプタクル）	
	心線の端末がねじの端から 5mm 以上はみ出している（※ランプレセプタクル）	
	ランプレセプタクルのカバーが適切に締まらないもの	
	ケーブルシースが台座まで入っていない（※ランプレセプタクル）	
	ケーブルシースが台座下端から 5mm 以上露出（※引掛シーリングローゼット）	
	心線が端子から露出している(※引掛シーリングローゼット:1mm 以上，埋込連用器具:2mm 以上)	
	電線を引っ張ると端子から心線が抜ける（※引掛シーリングローゼット・埋込連用器具）	
	取付枠に器具の取付不適の場合（裏返し・器具を引っ張ると外れる・取付位置の誤り）	
	器具を破損させたまま使用	
	総合チェック	

主な欠陥例

すべての作業を丁寧に行って，欠陥がない作品を完成させることを心掛けましょう．
★印はよくある欠陥のため，作業時には特に注意して下さい．

縦割がある

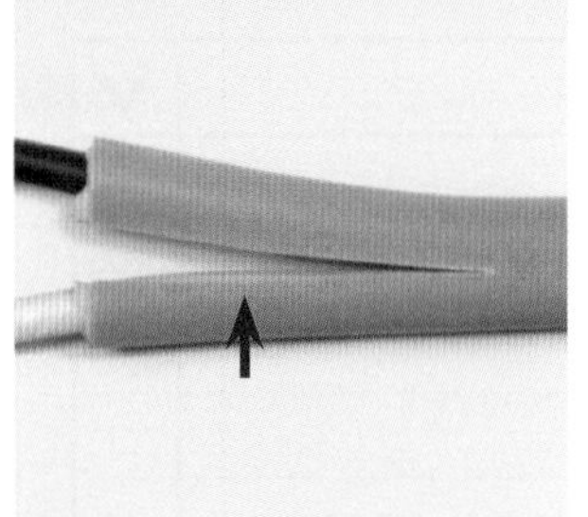

絶縁被覆の露出

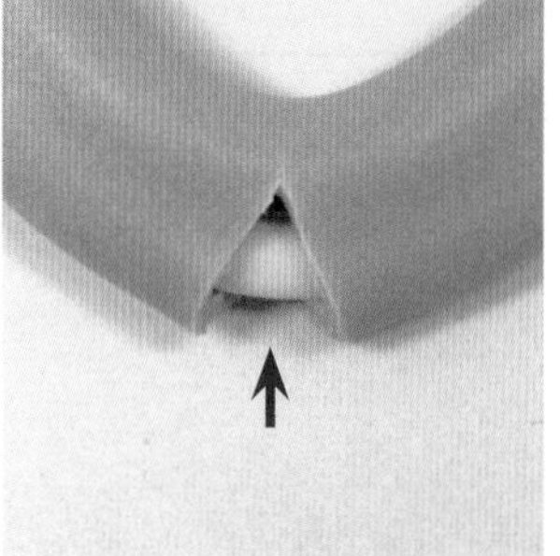

心線が見える

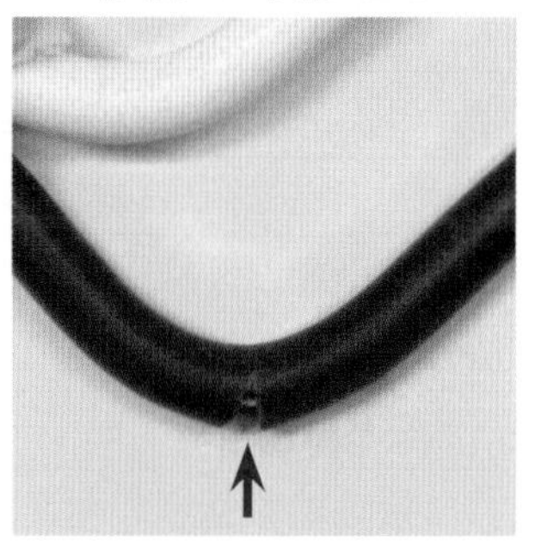

★極性の誤り

ゆるい締め付け

★カバーが締まらない

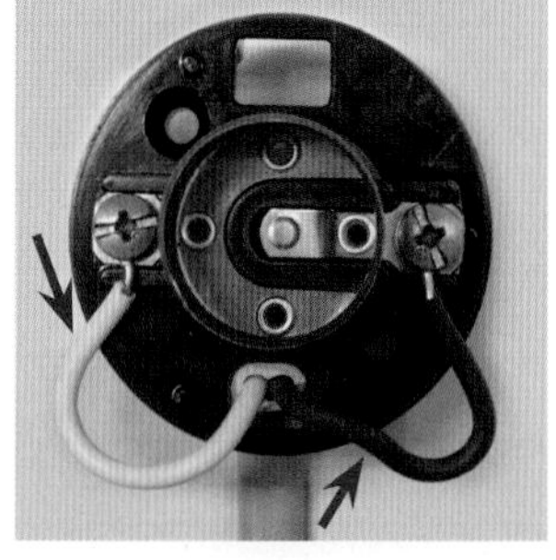

★台座に入っていない

左巻きで巻付け

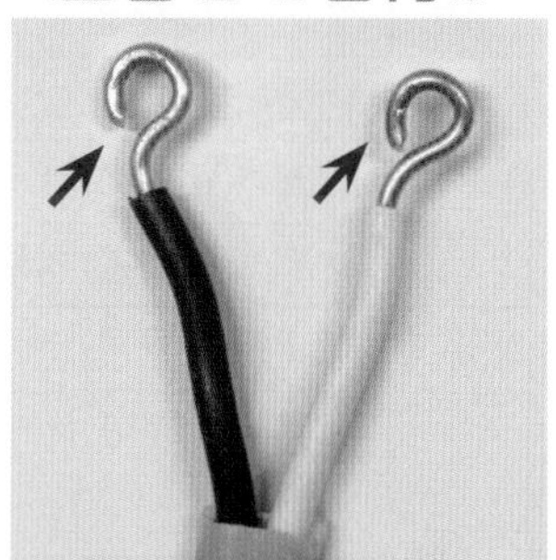

心線を重ねて巻付け

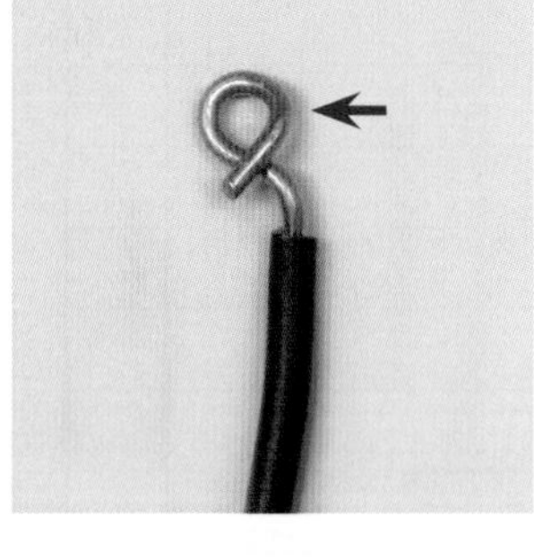

心線の巻付け不足

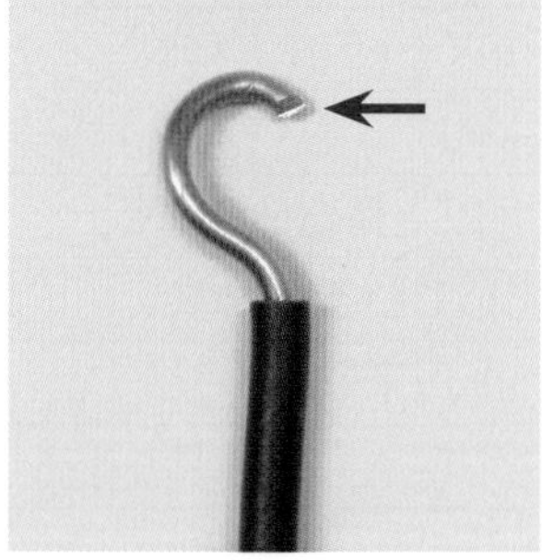

★台座に入っていない

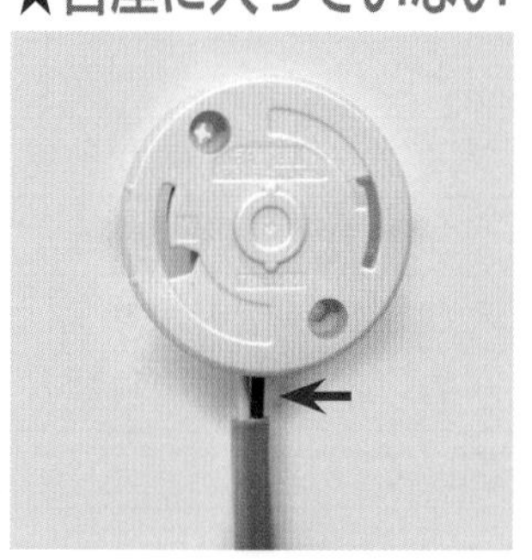

★極性の誤り

★心線の露出

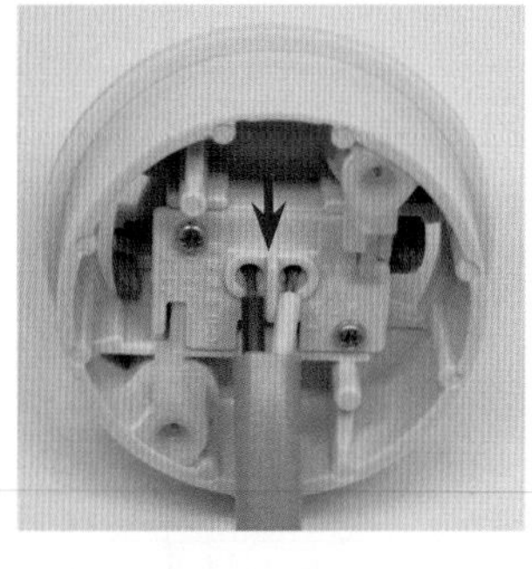

心線の露出

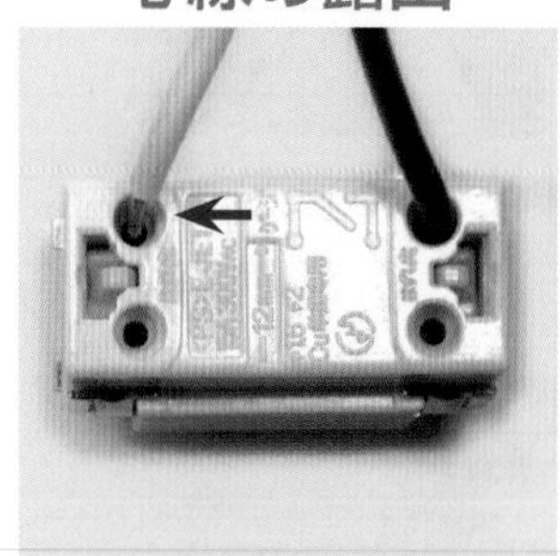

取付位置の誤り

極性の誤り

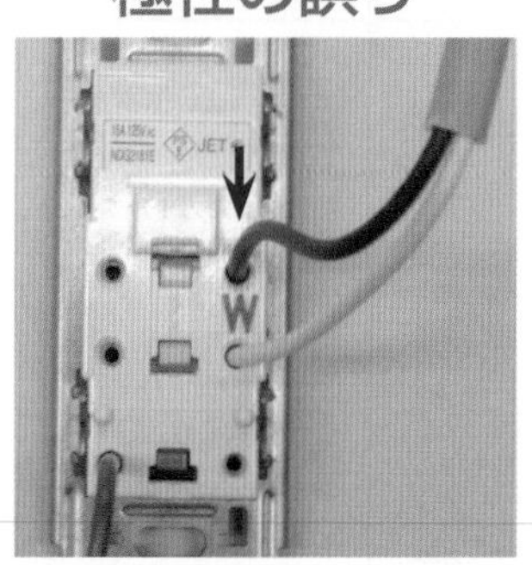

★心線の挿入不足

心線の露出

被覆の上から圧着

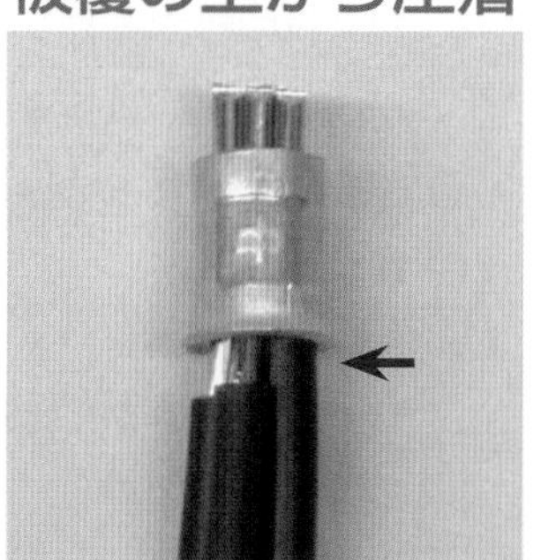

端末処理の不適切

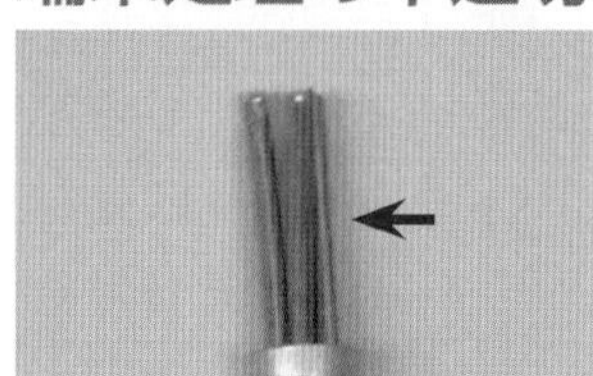

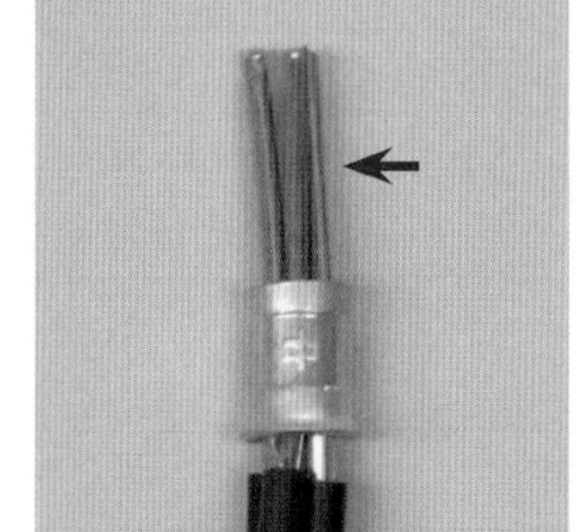

欠陥の詳細については，各作業手順のページをご参照ください．

候補問題 No.10 問題例

公表された候補問題には，配線図の寸法や接続方法，施工条件が明記されていないため，ここでは，寸法，接続方法，施工条件を想定して練習できるように問題例としました．

《 想定した材料等の確認 》

作業開始前に準備した材料等を下記の材料表と必ず照合し，材料の不足があれば，必要分を揃えて下さい．

想定した使用材料

（注）下記の想定した材料表のリングスリーブの個数には予備品の数は含まれていません．実際の試験では，材料表には予備品を含んだリングスリーブの総数が示され，材料箱内にはリングスリーブの予備品もセットされて支給されます．

材　料	
1. 600V ビニル絶縁ビニルシースケーブル平形（シース青色），2.0mm，2心，長さ約 300mm ……	1本
2. 600V ビニル絶縁ビニルシースケーブル平形，1.6mm，2心，長さ約 600mm ……	1本
3. 600V ビニル絶縁ビニルシースケーブル平形，1.6mm，3心，長さ約 450mm ……	1本
4. 配線用遮断器（100V，2極1素子）……	1個
5. ランプレセプタクル（カバーなし）……	1個
6. 引掛シーリングローゼット（ボディ（角形）のみ）……	1個
7. 埋込連用タンブラスイッチ ……	1個
8. 埋込連用パイロットランプ……	1個
9. 埋込連用コンセント……	1個
10. 埋込連用取付枠 ……	1枚
11. リングスリーブ（小）……	1個
12. リングスリーブ（中）……	1個
13. 差込形コネクタ（3本用）……	1個

材料の写真

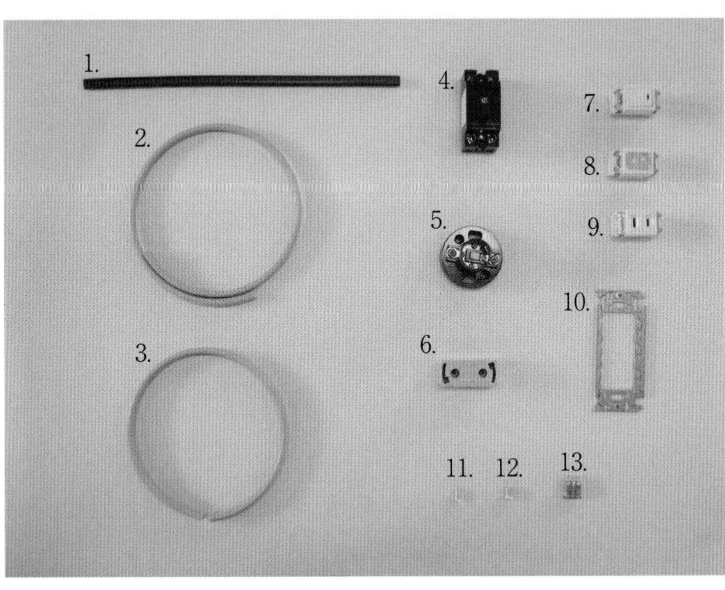

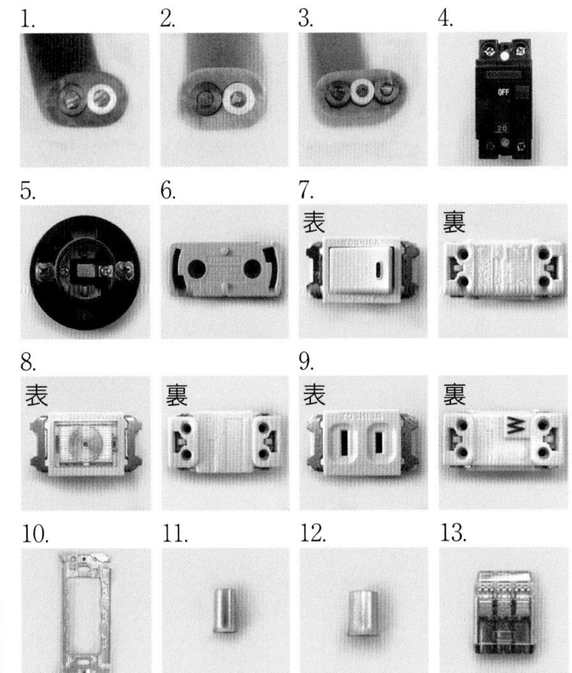

候補問題 No.10 問題例［試験時間　40 分］

図に示す低圧屋内配線工事を想定した材料を使用し，〈**施工条件**〉に従って完成させなさい．
なお，

1．—・—・— で示した部分は施工を省略する．
2．VVF 用ジョイントボックス及びスイッチボックスは準備していないので，その取り付けは省略する．
3．電線接続箇所のテープ巻きや絶縁キャップによる絶縁処理は省略する．

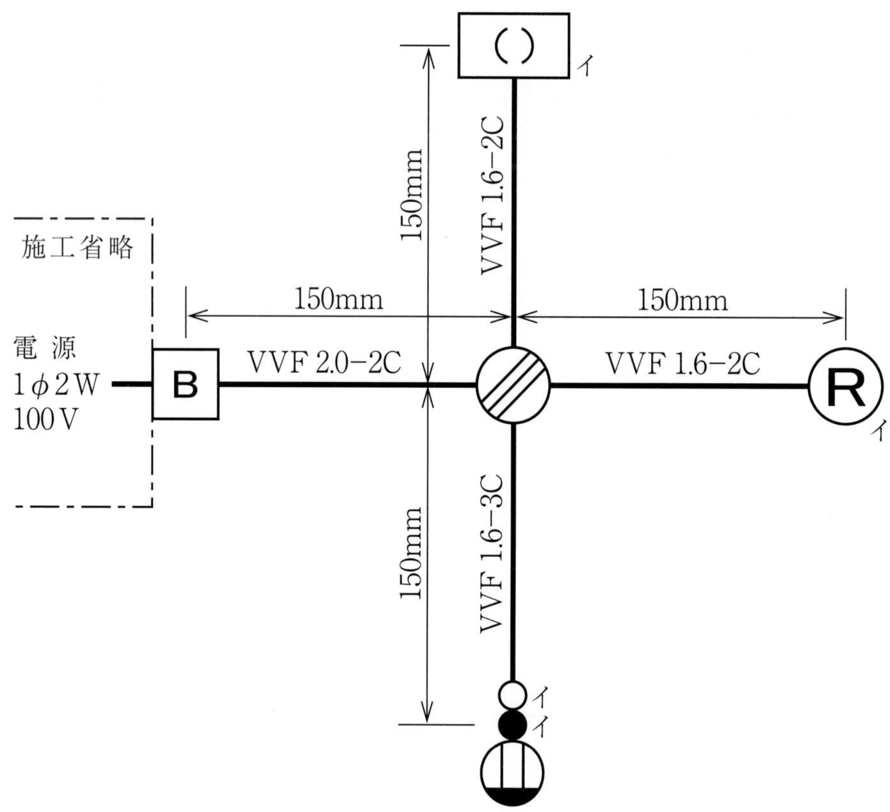

注：1．図記号は原則として JIS C 0303：2000 に準拠している．
　　　また，作業に直接関係のない部分等は省略又は簡略化してある．
　　2．Ⓡ は，ランプレセプタクルを示す．

〈 施工条件 〉

1．配線及び器具の配置は，図に従って行うこと．

2．確認表示灯（パイロットランプ）は，引掛シーリングローゼット及びランプレセプタクルと同時点滅とすること．

3．電線の色別（絶縁被覆の色）は，次によること．

①電源からの接地側電線には，すべて白色を使用する．

②電源から点滅器及びコンセントまでの非接地側電線には，すべて黒色を使用する．

③次の器具の端子には，白色の電線を結線する．

・コンセントの接地側極端子（W と表示）

・ランプレセプタクルの受金ねじ部の端子

・引掛シーリングローゼットの接地側極端子（W 又は接地側と表示）

・配線用遮断器の接地側極端子（N と表示）

4．VVF 用ジョイントボックス部分を経由する電線は，その部分ですべて接続箇所を設け，接続方法は，次によること．

①３本の接続箇所は，差込形コネクタによる接続とする．

②その他の接続箇所は，リングスリーブによる接続とする．

候補問題 No.10

複線図を描くステップ 1

複線図化の手順
接地側電線の白色を描く

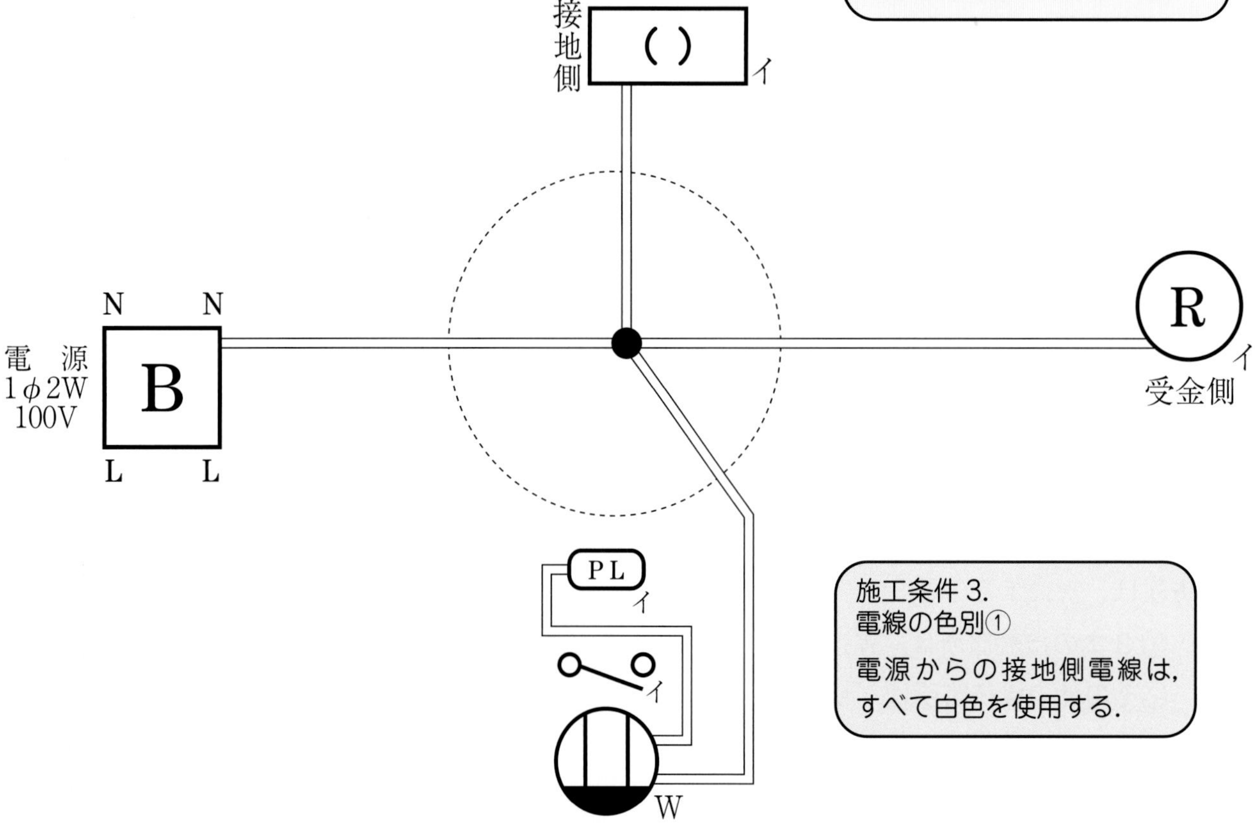

施工条件 3.
電線の色別①
電源からの接地側電線は，すべて白色を使用する.

複線図を描くステップ 2

複線図化の手順
非接地側電線の黒色を描く

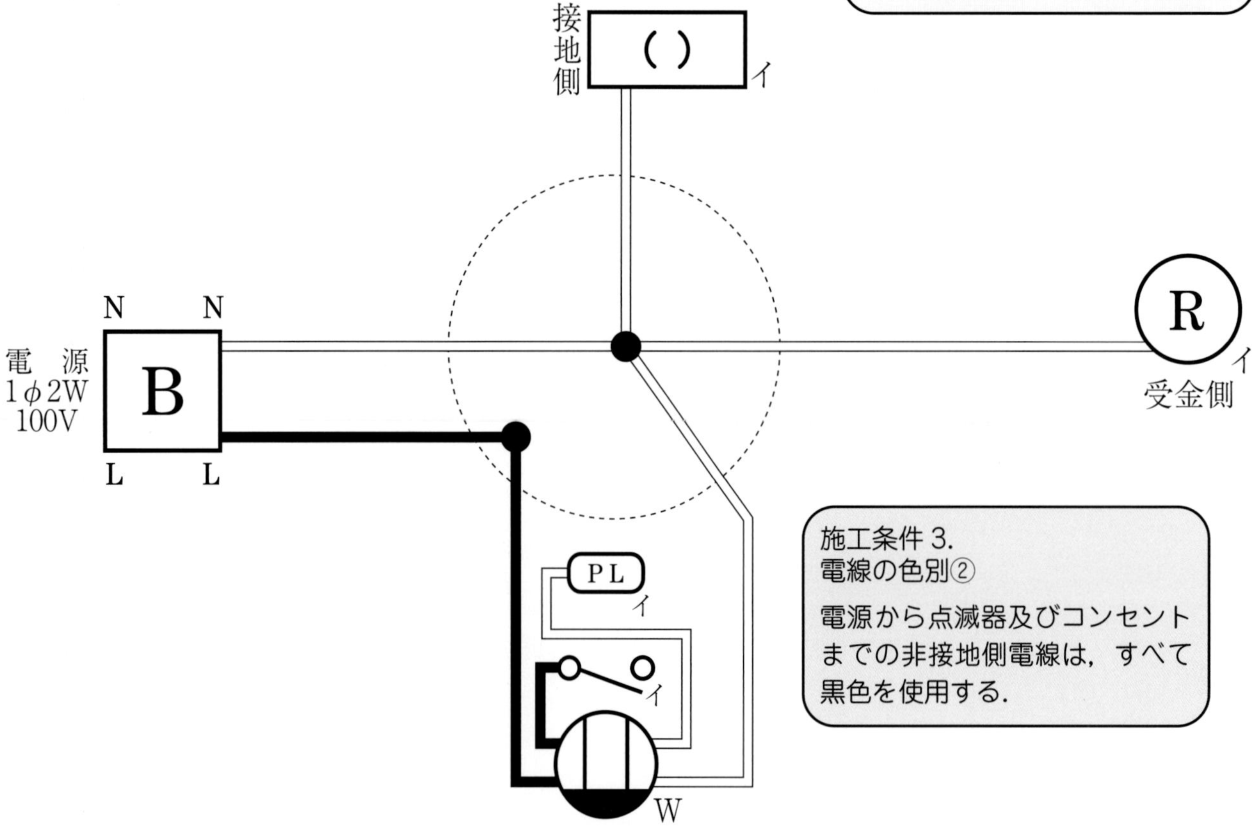

施工条件 3.
電線の色別②
電源から点滅器及びコンセントまでの非接地側電線は，すべて黒色を使用する.

複線図を描くステップ 3

複線図化の手順

ランプレセプタクル，引掛シーリング，パイロットランプの点滅回路を描いて完了

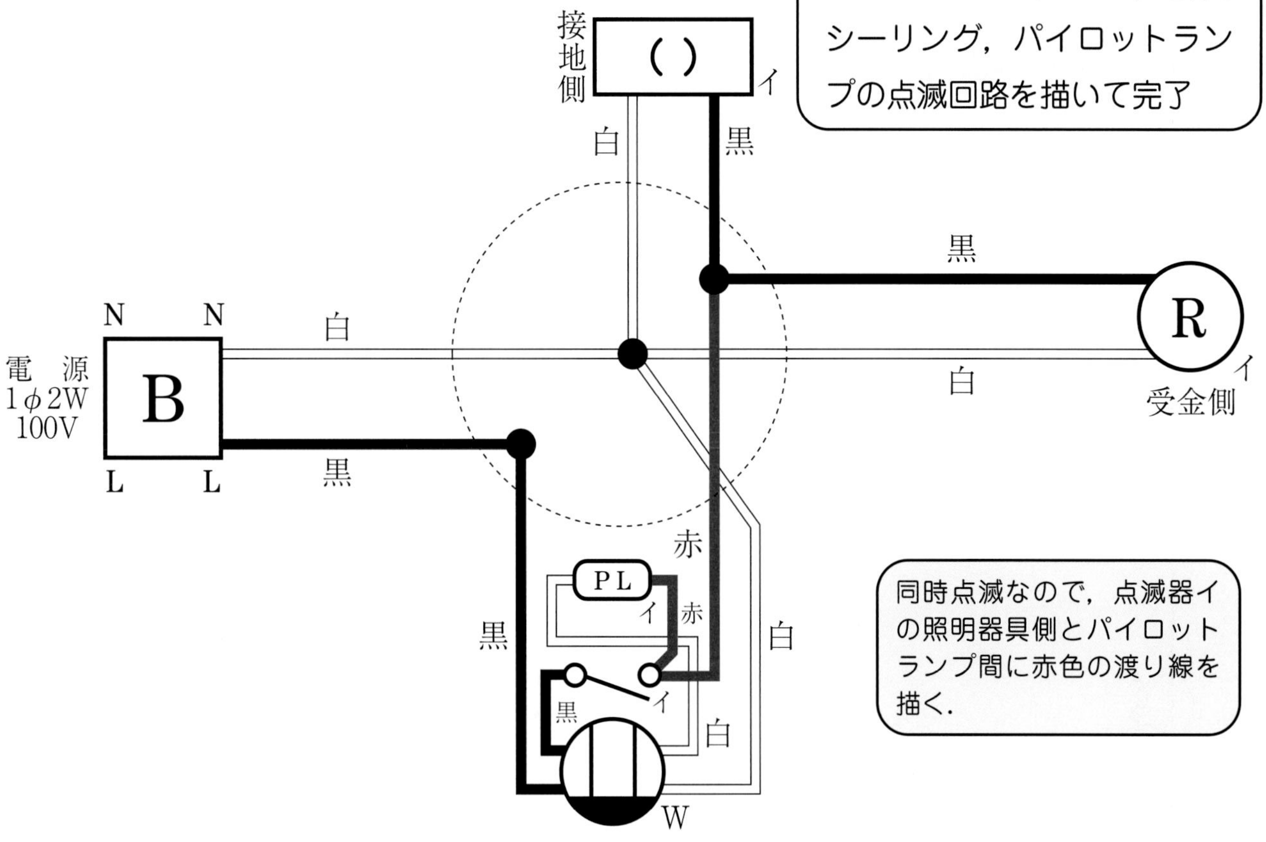

同時点滅なので，点滅器イの照明器具側とパイロットランプ間に赤色の渡り線を描く．

複線図を描くポイント（展開接続図）

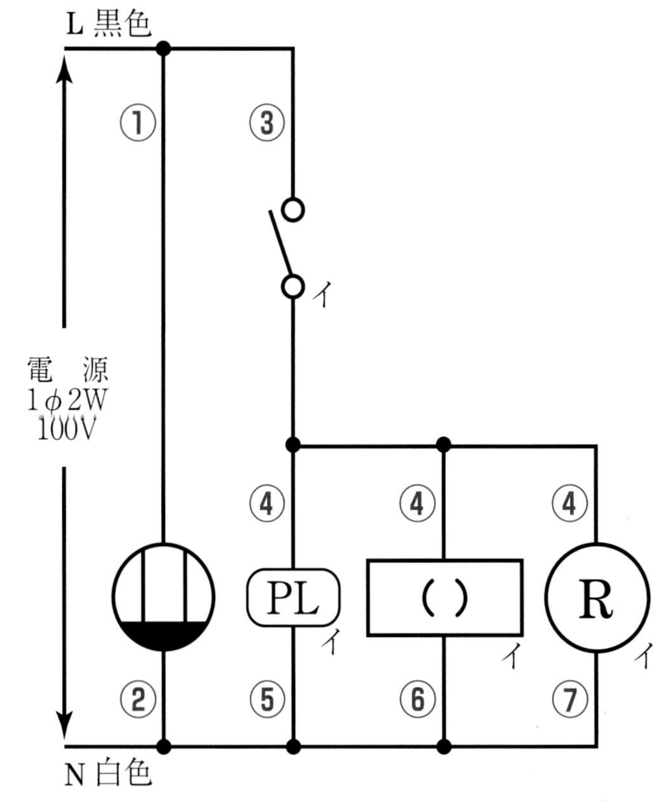

① 電源Lよりコンセントへ（黒色）
② コンセントより電源Nへ（白色）
③ 電源Lより点滅器イへ（黒色）
④ 点滅器イよりパイロットランプ，引掛シーリング及びランプレセプタクルへ（パイロットランプは照明器具と同時点滅）
⑤ パイロットランプより電源Nへ（白色）
⑥ 引掛シーリングより電源Nへ（白色）
⑦ ランプレセプタクルより電源Nへ（白色）

点滅器イ（片切スイッチ）を「ON」，「OFF」操作すると，パイロットランプ，引掛シーリング及びランプレセプタクルが同時に点灯したり消灯したりする回路となる．

● ケーブルの使用箇所と切断寸法

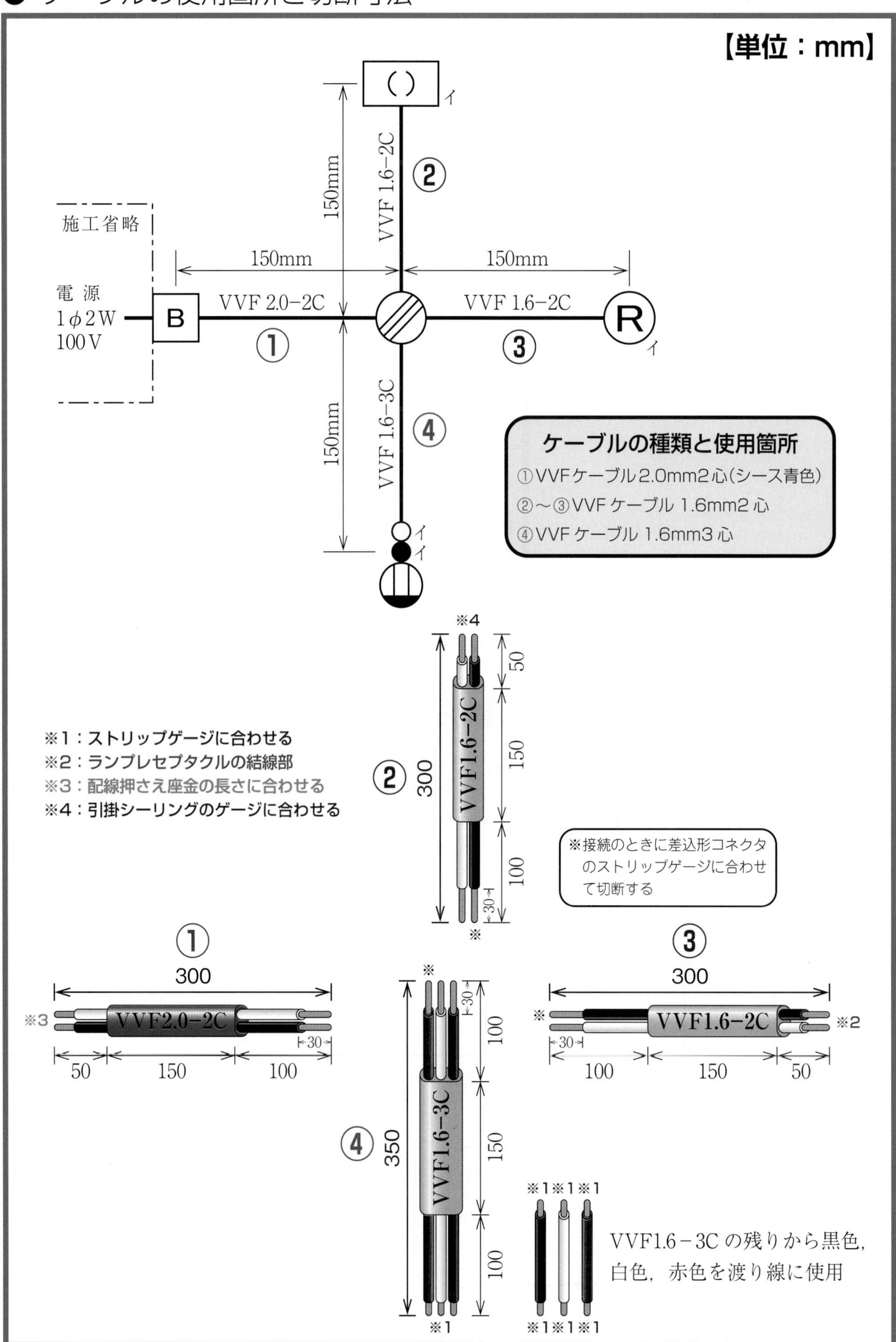
【単位：mm】
施工省略
電源
1φ2W
100V
B
VVF 2.0−2C
①
150mm
VVF 1.6−2C
②
VVF 1.6−2C
③
R
VVF 1.6−3C
④
イ
ケーブルの種類と使用箇所
①VVFケーブル2.0mm2心(シース青色)
②〜③VVFケーブル 1.6mm2心
④VVFケーブル 1.6mm3心
※1：ストリップゲージに合わせる
※2：ランプレセプタクルの結線部
※3：配線押さえ座金の長さに合わせる
※4：引掛シーリングのゲージに合わせる
※接続のときに差込形コネクタのストリップゲージに合わせて切断する
300
50
150
100
30
350
VVF1.6−3Cの残りから黒色，白色，赤色を渡り線に使用

候補問題 No.10 の特徴と出題傾向

候補問題 No.10 の特徴として，点滅器，埋込コンセントと連用した確認表示灯（パイロットランプ）を同時点滅とすること，配線用遮断器を使用することが挙げられます．本年度と同一の配線図は，令和 5 ～元年度，平成 30 ～ 28 年度，平成 23 ～ 21 年度に候補問題とされ，令和 5 ～元年度上期・下期試験，平成 30 年度上期・下期試験，平成 29 年度下期試験，平成 28 年度下期試験，平成 23 年度上期試験で出題されました．

連用箇所の結線

この問題の連用箇所は，黒色，白色，赤色の 3 本の渡り線を使用します．同時点滅の渡り線は「赤色」と覚えておきましょう．また，この箇所の正しい結線方法は複数あります．下の写真は 216 ページとは別の正しい結線方法の一例です．

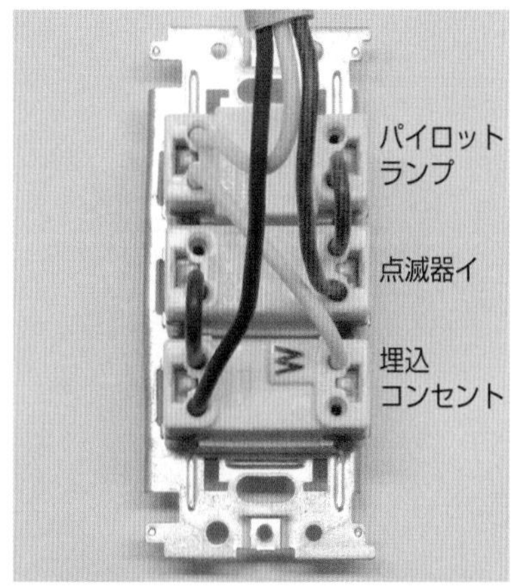

電源からの非接地側電線（黒色）と点滅回路の赤色は，216 ページと同じように結線し，電源からの接地側電線（白色）をパイロットランプに結線したもの．

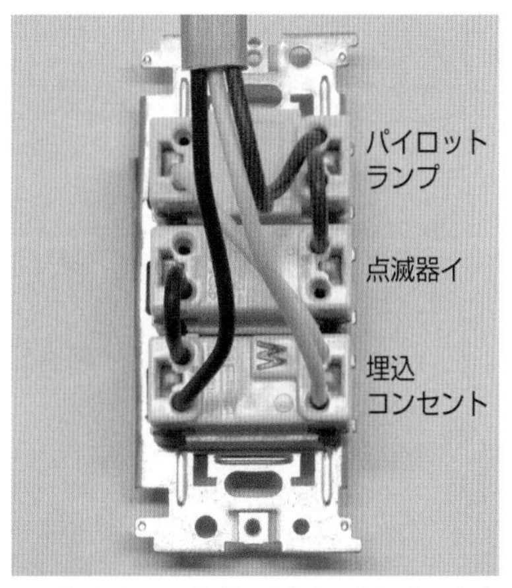

電源からの非接地側電線（黒色）と接地側電線（白色）は，216 ページと同じように結線し，点滅回路の赤色をパイロットランプに結線したもの．

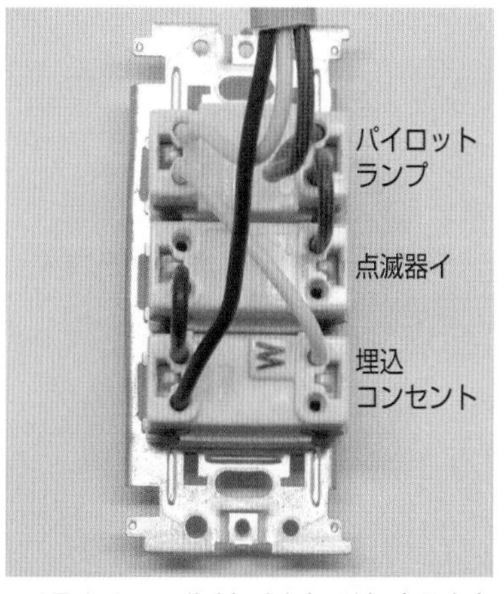

電源からの非接地側電線（黒色）は，216 ページと同じように結線し，接地側電線（白色）と点滅回路の赤色をパイロットランプに結線したもの．

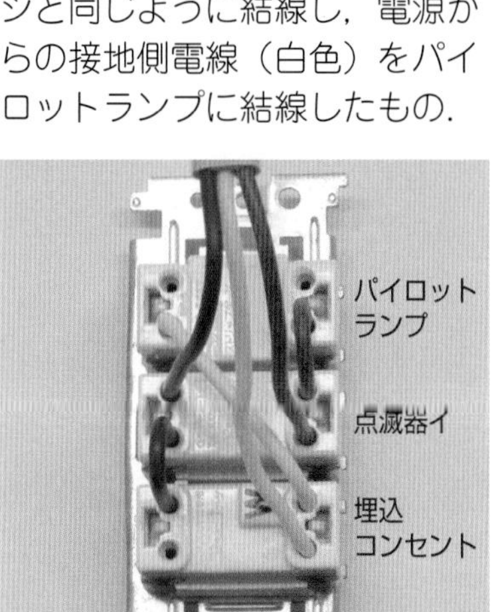

電源からの接地側電線（白色）と点滅回路の赤色は，216 ページと同じように結線し，電源からの非接地側電線（黒色）を点滅器イに結線したもの．

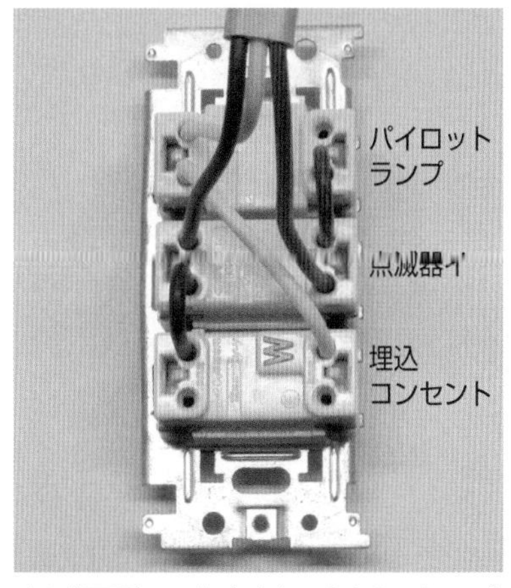

点滅回路の赤色は，216 ページと同じように結線し，電源からの接地側電線（白色）はパイロットランプに，非接地側電線（黒色）は点滅器イに結線したもの．

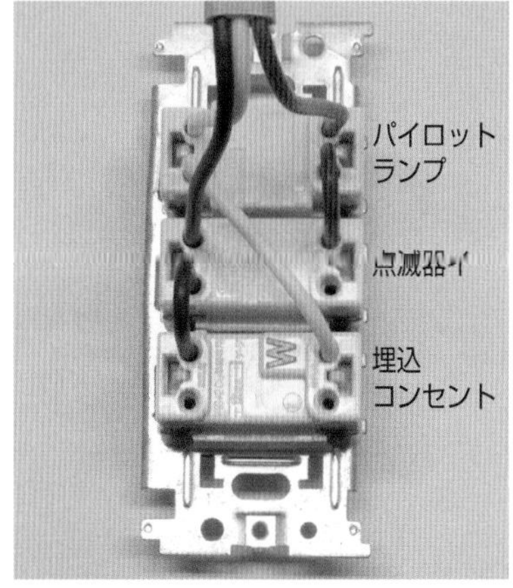

電源からの接地側電線（白色）と点滅回路の赤色をパイロットランプに，電源からの非接地側電線（黒色）を点滅器イに結線したもの．

2024年度　第二種電気工事士技能試験

候補問題 No. 10 完成参考写真

作業動画は
ここからアクセス！

	接続する電線の本数	圧着マーク	リングスリーブ
★	2本 2.0mm × 1と1.6mm × 1	小	小
▲	4本 2.0mm × 1と1.6mm × 3	中	中

★印の接続箇所は，圧着マークを間違えやすいので注意！

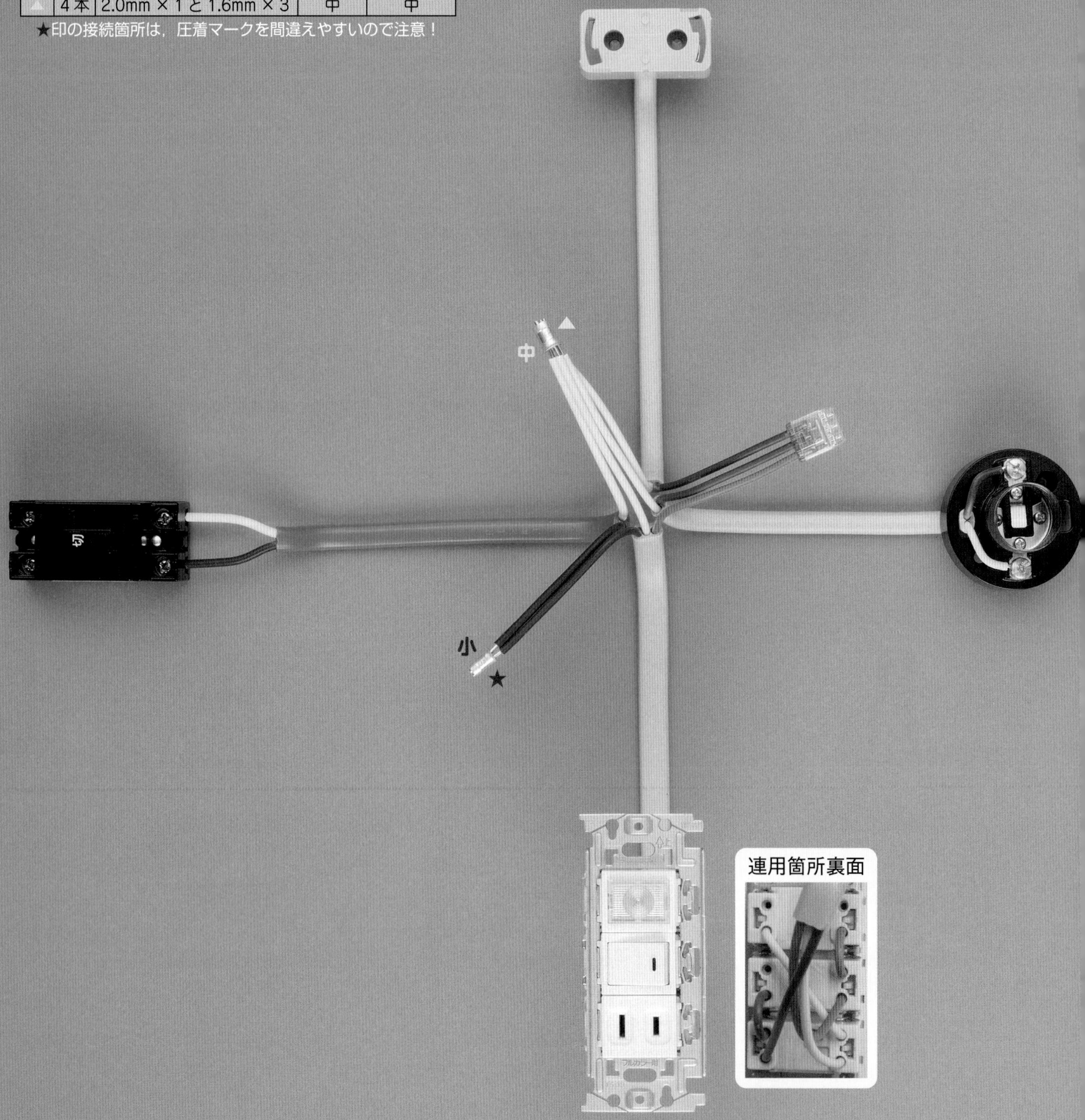

中 ▲

小 ★

連用箇所裏面

候補問題 No.10 の欠陥チェック

	欠　陥　事　項	✓
全体共通部分	未完成（未着手，未接続，未結線，取付枠の未取付）	
	配線・器具の配置・電線の種類が配線図と相違	
	配線図に示された寸法の 50％以下で完成させている	
	回路の誤り（誤接続，誤結線）	
	接地側・非接地側電線の色別の相違，器具の極性相違	
	ケーブルシースに 20mm 以上の縦割れがある	
	ケーブルを折り曲げると絶縁被覆が露出する傷がある	
	絶縁被覆を折り曲げると心線が露出する傷がある	
	心線を折り曲げると心線が折れる程度の傷がある	
	材料表以外の材料を使用している（試験時は支給品以外）	
電線相互の接続部分	指定箇所を指定された接続方法以外で接続している	
	圧着接続での圧着マークの誤り	
	リングスリーブを破損している	
	圧着マークの一部が欠けている	
	リングスリーブに 2 つ以上の圧着マークがある	
	1 箇所の接続に 2 個以上のリングスリーブを使用している	
	接続する心線がリングスリーブの先端から見えていない	
	接続部先端の端末処理が適切でない（心線が 5mm 以上露出している）	
	リングスリーブの下端から心線が 10mm 以上露出している	
	ケーブルシースのはぎ取り不足で絶縁被覆が 20mm 以下	
	絶縁被覆の上から圧着している	
	差込形コネクタの先端部分に心線が見えていない	
	差込形コネクタの下端部分から心線が露出している	
器具等との結線部分	心線をねじで締め付けていないもの（※ランプレセプタクル・配線用遮断器）	
	ねじの端から心線が 5mm 以上露出している（※ランプレセプタクル）	
	配線用遮断器の端から心線が 5mm 以上露出している（※配線用遮断器）	
	絶縁被覆の上からねじを締め付けている（※ランプレセプタクル・配線用遮断器）	
	ケーブル引込口を通さずに台座の上からケーブルを結線（※ランプレセプタクル）	
	心線の端末がねじの端から 5mm 以上はみ出している（※ランプレセプタクル）	
	ランプレセプタクルのカバーが適切に締まらないもの	
	ケーブルシースが台座まで入っていない（※ランプレセプタクル）	
	ケーブルシースが台座下端から 5mm 以上露出（※引掛シーリングローゼット）	
	心線が端子から露出している(※引掛シーリングローゼット:1mm 以上, 埋込連用器具:2mm 以上)	
	電線を引っ張ると端子から心線が抜ける（※引掛シーリングローゼット・埋込連用器具）	
	取付枠に器具の取付不適の場合（裏返し・器具を引っ張ると外れる・取付位置の誤り）	
	器具を破損させたまま使用	
	総合チェック	

主な欠陥例

すべての作業を丁寧に行って，欠陥がない作品を完成させることを心掛けましょう．
★印はよくある欠陥のため，作業時には特に注意して下さい．

縦割がある

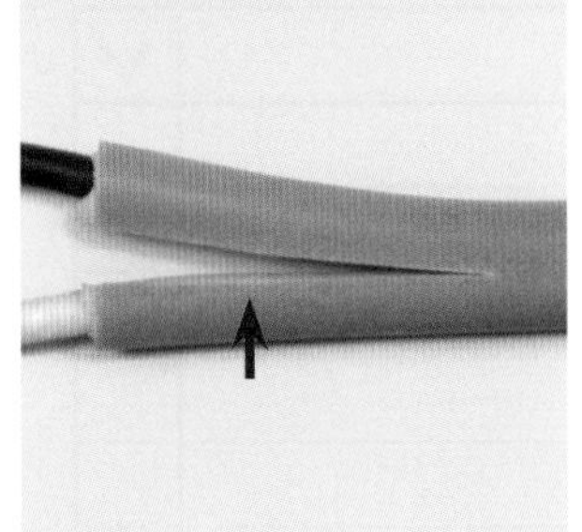

絶縁被覆の露出

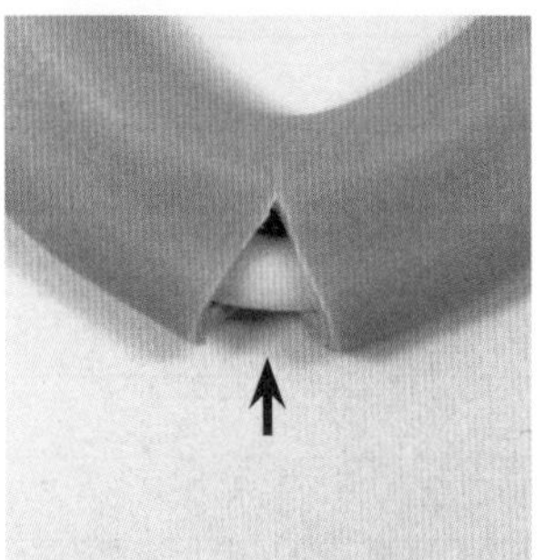

心線が見える

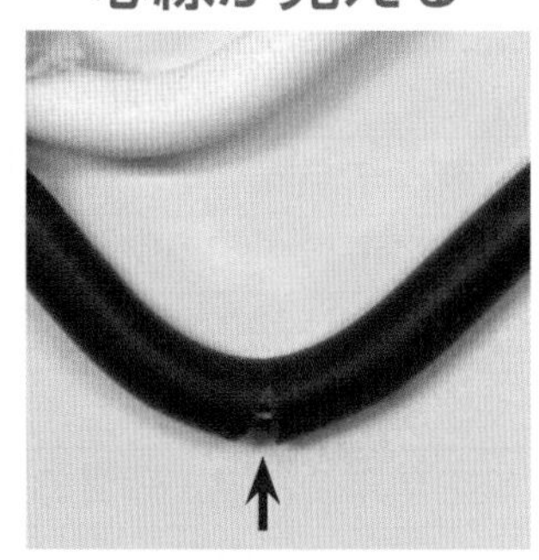

★極性の誤り

★台座に入っていない

左巻きで巻付け

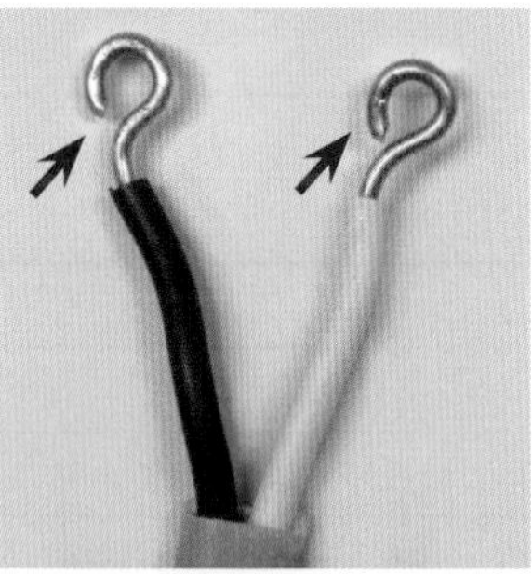

心線を重ねて巻付け

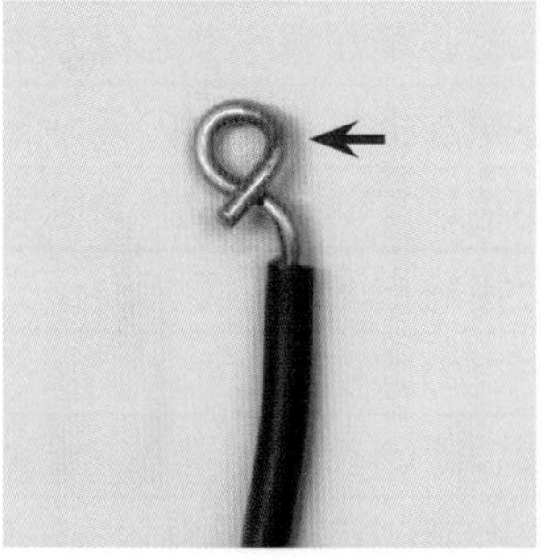

心線の巻付け不足

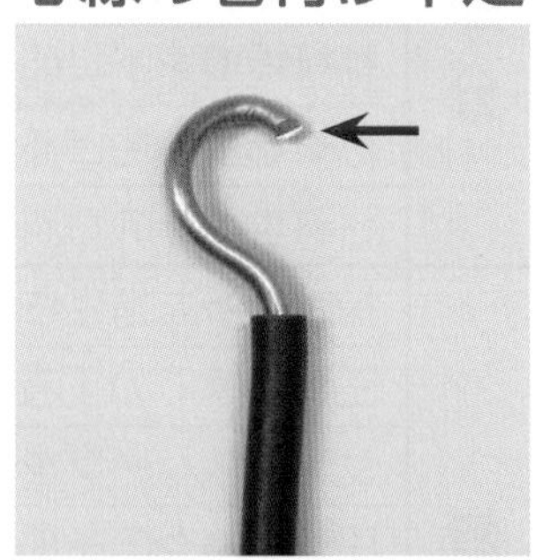

★極性の誤り

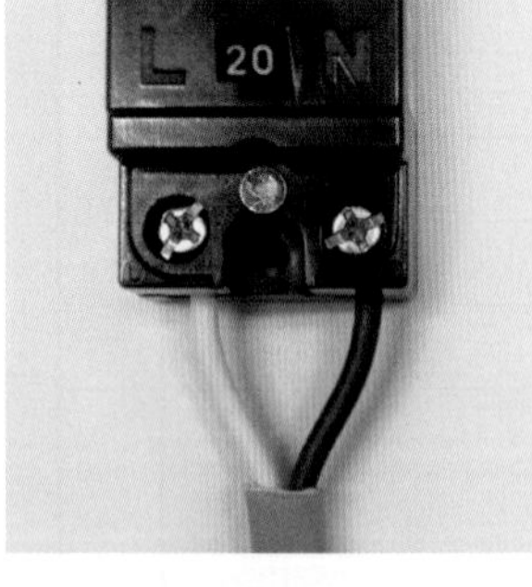

被覆の上から締め付け

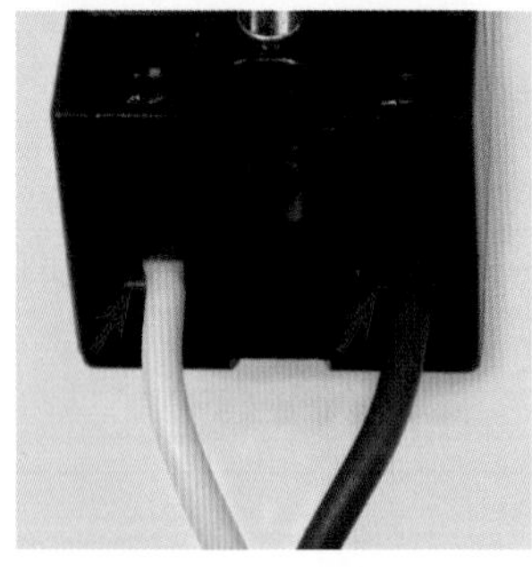

絶縁被覆のむき過ぎ

★台座に入っていない

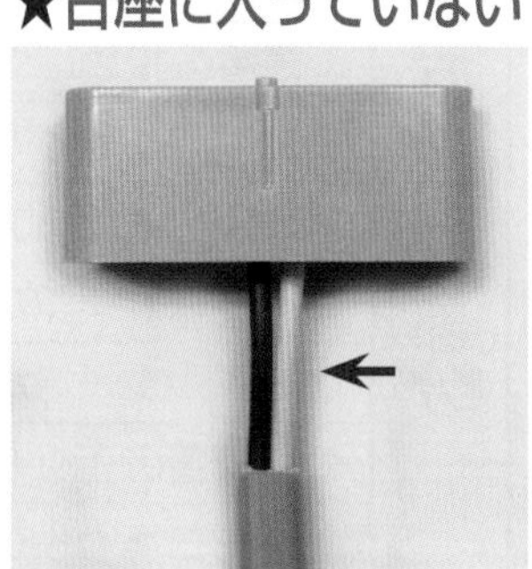

★極性の誤り

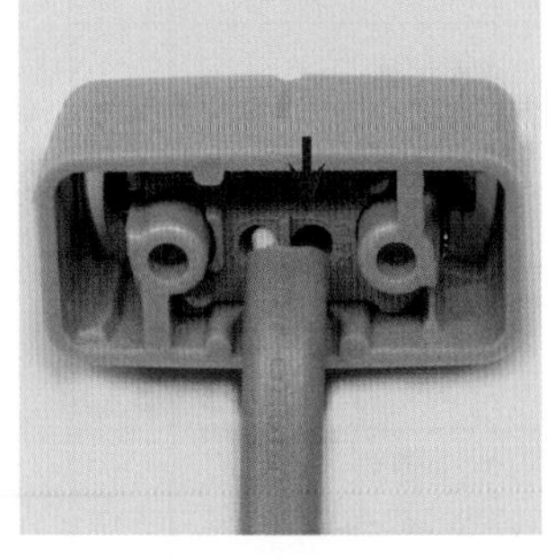

★心線の露出

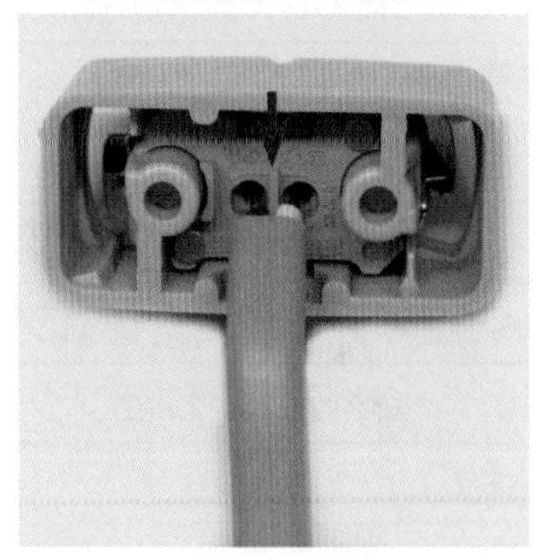

心線の露出

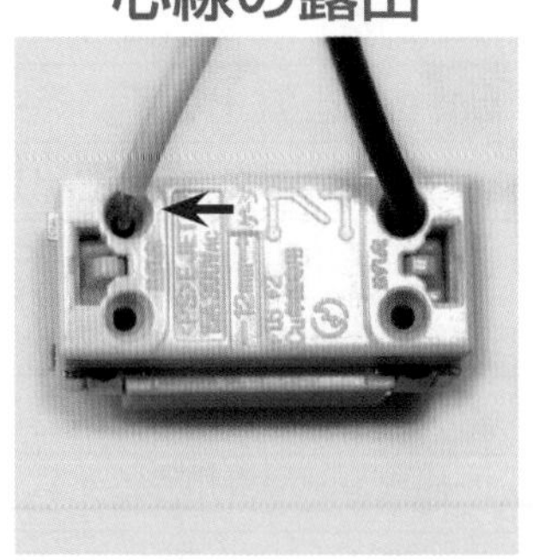

極性の誤り

★心線の挿入不足

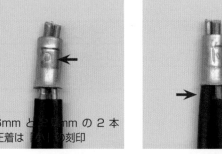

★圧着マークの誤り

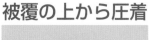

1.6mm と 2.0mm の 2 本の圧着は「小」の刻印

被覆の上から圧着

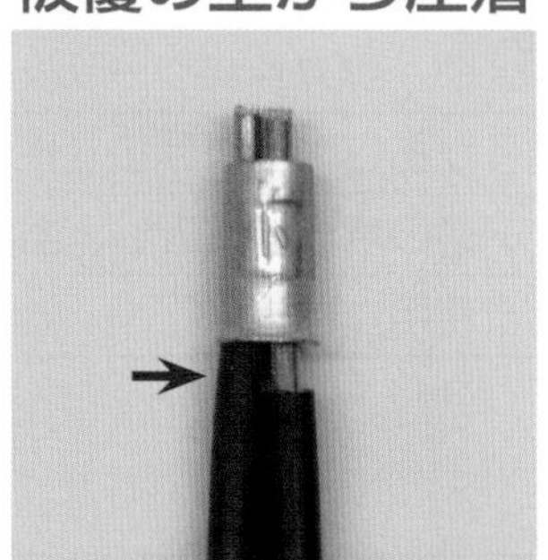

端末処理の不適切

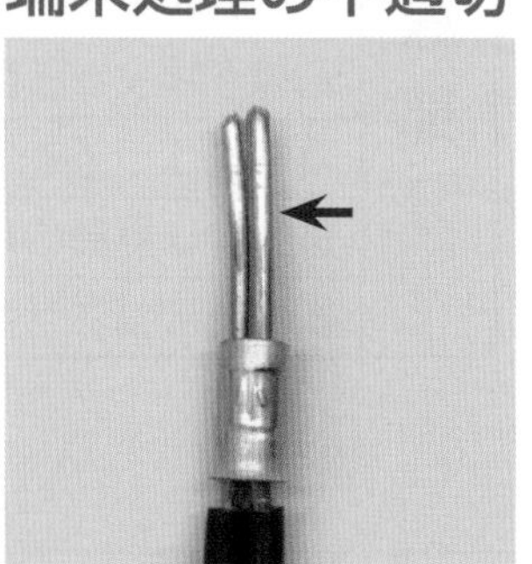

欠陥の詳細については，各作業手順のページをご参照ください．

候補問題 No.11 問題例

公表された候補問題には，配線図の寸法や接続方法，施工条件が明記されていないため，ここでは，寸法，接続方法，施工条件を想定して練習できるように問題例としました．

《 想定した材料等の確認 》

作業開始前に準備した材料等を下記の材料表と必ず照合し，材料の不足があれば，必要分を揃えて下さい．

想定した使用材料

(注) 下記の想定した材料表のリングスリーブの個数には予備品の数は含まれていません．実際の試験では，材料表には予備品を含んだリングスリーブの総数が示され，材料箱内にはリングスリーブの予備品もセットされて支給されます．

材　　料	
1. 600V ビニル絶縁ビニルシースケーブル平形（シース青色），2.0mm，2 心，長さ約 250mm ……	1 本
2. 600V ビニル絶縁ビニルシースケーブル平形，1.6mm，2 心，長さ約 1150mm ……	1 本
3. 600V ビニル絶縁電線（黒），1.6mm，長さ約 550mm ……	1 本
4. 600V ビニル絶縁電線（白），1.6mm，長さ約 450mm ……	1 本
5. 600V ビニル絶縁電線（赤），1.6mm，長さ約 450mm ……	1 本
6. ジョイントボックス（アウトレットボックス　19mm 3 箇所，25mm 2 箇所 ノックアウト打抜き済み）……	1 個
7. ねじなし電線管（E19），長さ約 120mm ……	1 本
8. ねじなしボックスコネクタ（E19）ロックナット付き，接地用端子は省略 ……	1 個
9. ランプレセプタクル（カバーなし）……	1 個
10. 引掛シーリングローゼット（ボディ（角形）のみ）……	1 個
11. 埋込連用タンブラスイッチ ……	2 個
12. 埋込連用コンセント ……	1 個
13. 埋込連用取付枠 ……	1 枚
14. 絶縁ブッシング（19）……	1 個
15. ゴムブッシング（19）……	2 個
16. ゴムブッシング（25）……	2 個
17. リングスリーブ（小）……	1 個
18. リングスリーブ（中）……	1 個
19. 差込形コネクタ（2 本用）……	2 個

材料の写真

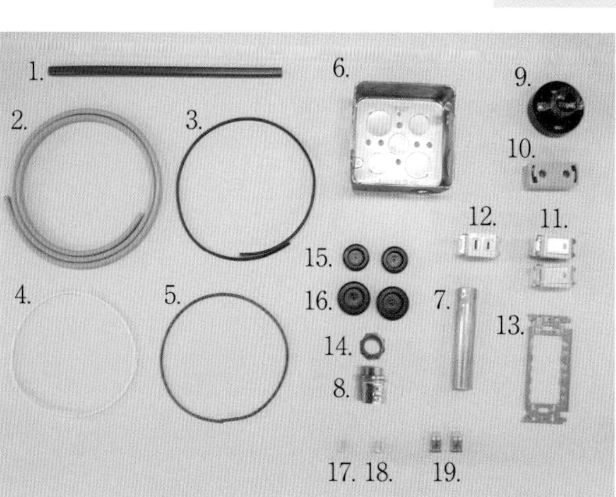

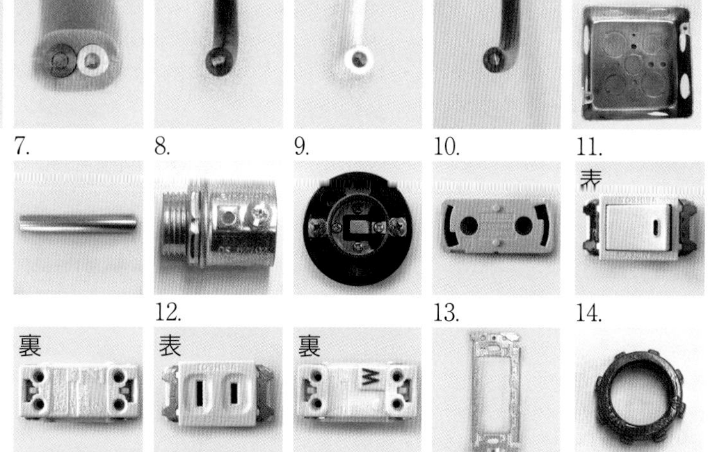

候補問題 No.11 問題例［試験時間　40 分］

図に示す低圧屋内配線工事を想定した全ての材料を使用し，〈**施工条件**〉に従って完成させなさい．なお，

1．金属管とジョイントボックス（アウトレットボックス）とを電気的に接続することは省略する．
2．スイッチボックスは準備していないので，その取り付けは省略する．
3．電線接続箇所のテープ巻きや絶縁キャップによる絶縁処理は省略する．

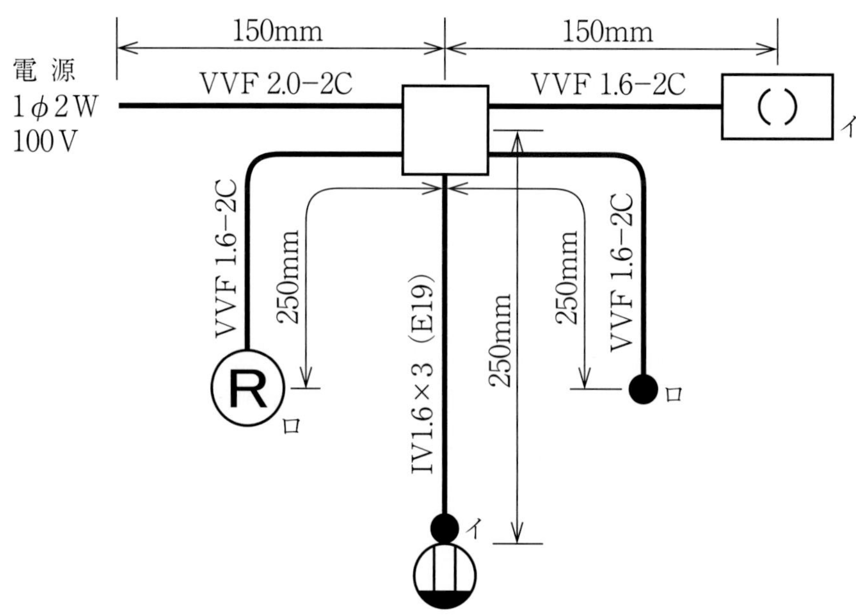

注：1. 図記号は原則として JIS C 0303：2000 に準拠している．
　　また，作業に直接関係のない部分等は省略又は簡略化してある．
2. Ⓡは，ランプレセプタクルを示す．

〈 施工条件 〉

1．配線及び器具の配置は，図に従って行うこと．

2．ジョイントボックス(アウトレットボックス)は，打抜き済みの穴だけをすべて使用すること．

3．電線の色別（絶縁被覆の色）は，次によること．

①電源からの接地側電線には，すべて**白色**を使用する．

②電源から点滅器及びコンセントまでの非接地側電線には，すべて**黒色**を使用する．

③次の器具の端子には，**白色の電線**を結線する．

・コンセントの接地側極端子（W と表記）

・ランプレセプタクルの受金ねじ部の端子

・引掛シーリングローゼットの接地側極端子（W 又は接地側と表示）

4．ジョイントボックス部分を経由する電線は，その部分ですべて接続箇所を設け，接続方法は，次によること．

①電源側電線(電源からの電線・シース青色)との接続箇所は，リングスリーブによる接続とする．

②その他の接続箇所は，差込形コネクタによる接続とする．

5．ねじなしボックスコネクタは，ジョイントボックス側に取り付けること．

6．埋込連用取付枠は，タンブラスイッチ(イ)及びコンセント部分に使用すること．

複線図の描き方を動画でチェック！

複線図を描くステップ 1

複線図化の手順
接地側電線の白色を描く

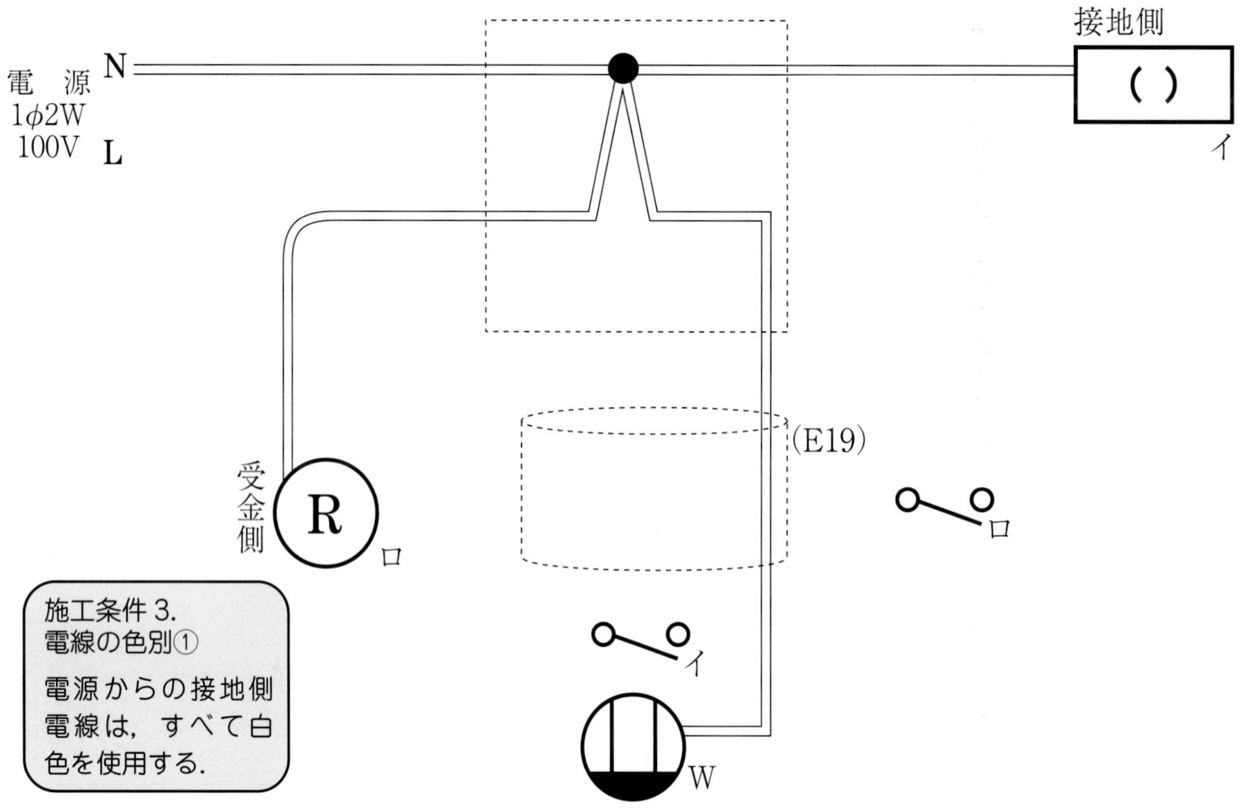

施工条件 3.
電線の色別①
電源からの接地側電線は，すべて白色を使用する．

複線図を描くステップ 2

複線図化の手順
非接地側電線の黒色を描く

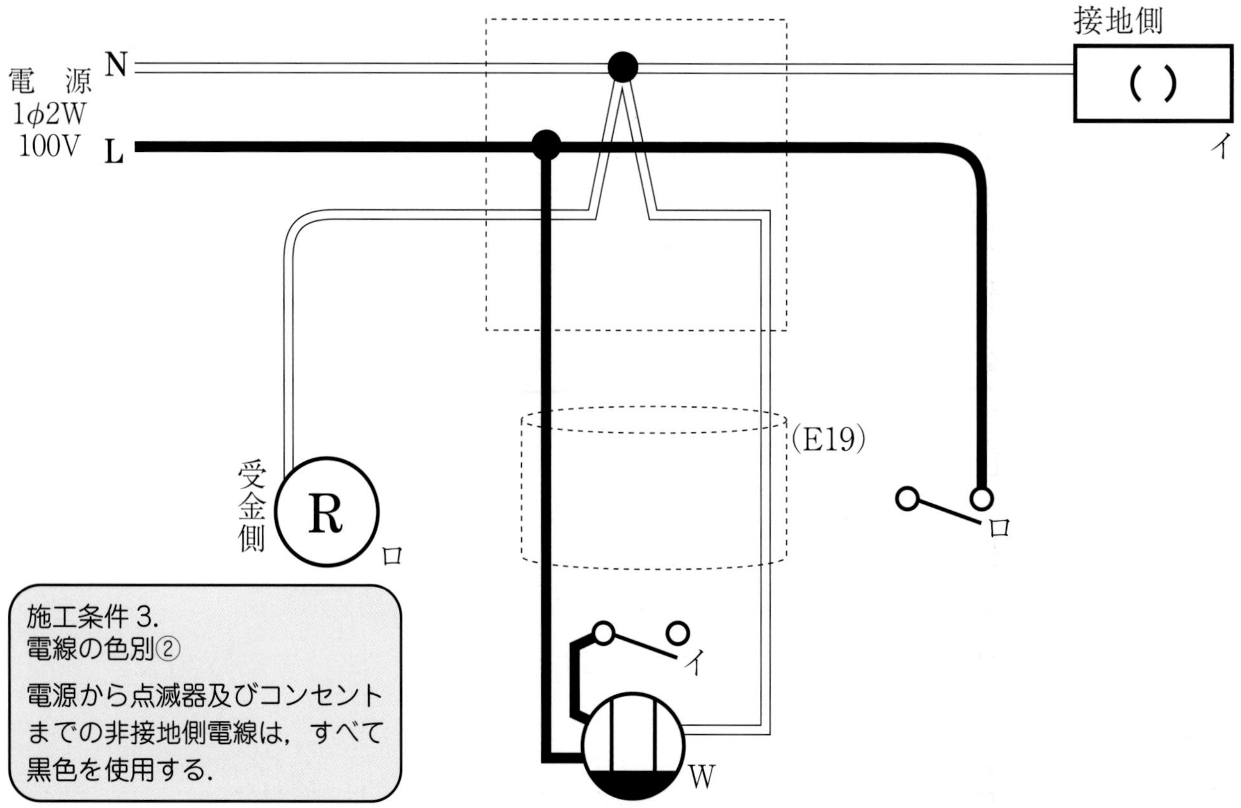

施工条件 3.
電線の色別②
電源から点滅器及びコンセントまでの非接地側電線は，すべて黒色を使用する．

複線図を描くステップ 3

複線図化の手順
照明器具の点滅回路を描いて完成

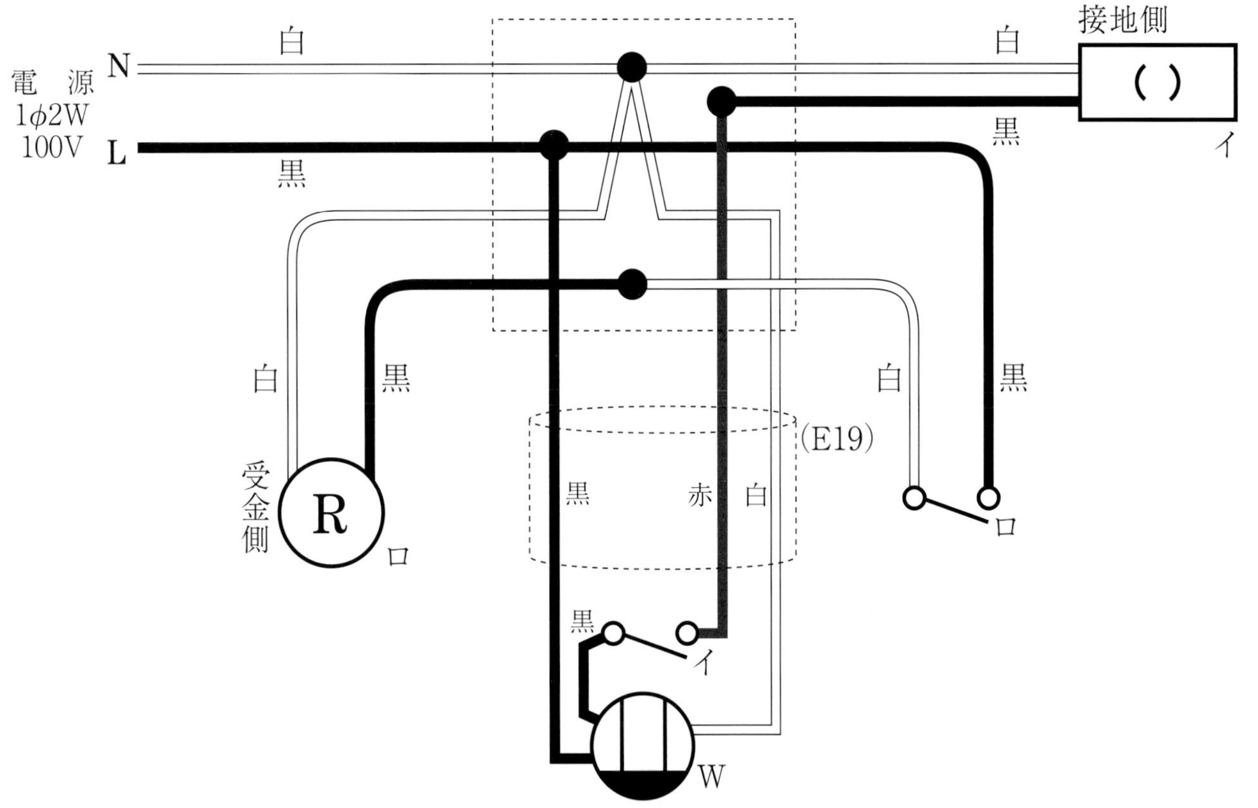

電源 1φ2W 100V
N 白
L 黒
接地側 ( ) イ
白 黒 白 黒 白 黒
受金側 R ロ
(E19)
黒 赤 白
黒 イ
W
ロ

複線図を描くポイント（展開接続図）

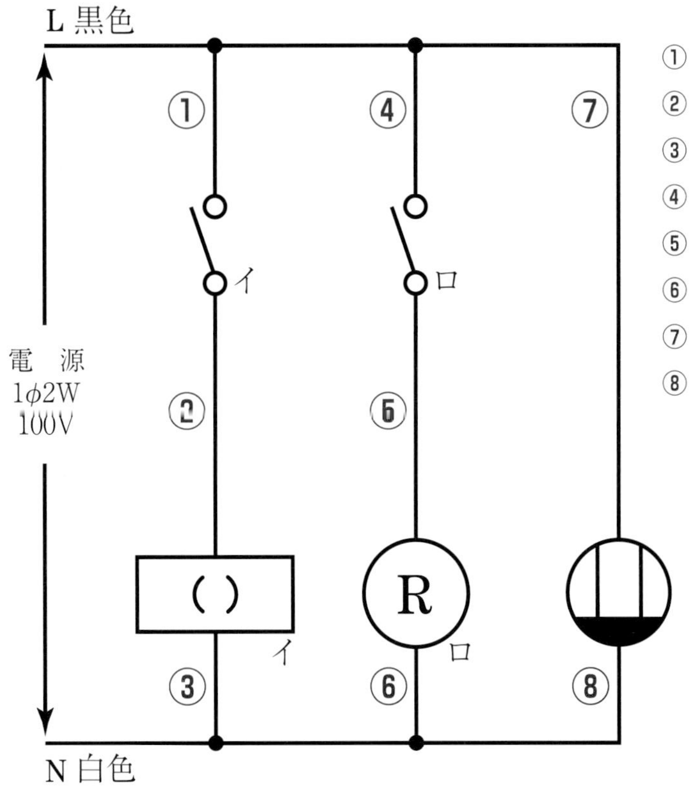

L 黒色
電源 1φ2W 100V
N 白色
① ④ ⑦ イ ロ ② ⑥ ( ) イ R ロ ③ ⑥ ⑧

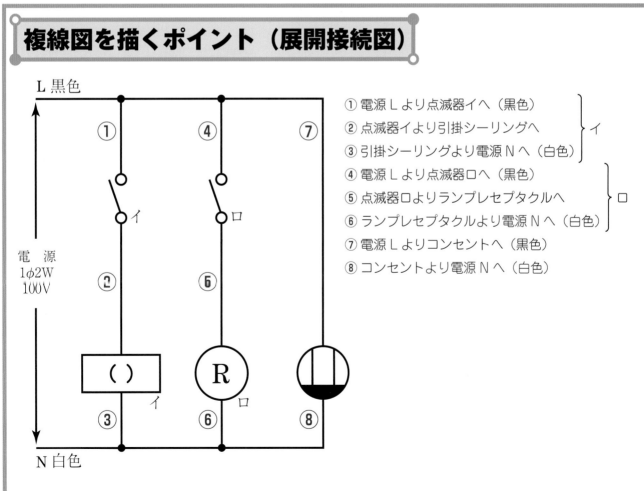

① 電源Ｌより点滅器イへ（黒色）
② 点滅器イより引掛シーリングへ
③ 引掛シーリングより電源Ｎへ（白色）
} イ

④ 電源Ｌより点滅器ロへ（黒色）
⑤ 点滅器ロよりランプレセプタクルへ
⑥ ランプレセプタクルより電源Ｎへ（白色）
} ロ

⑦ 電源Ｌよりコンセントへ（黒色）
⑧ コンセントより電源Ｎへ（白色）

● ケーブルの使用箇所と切断寸法

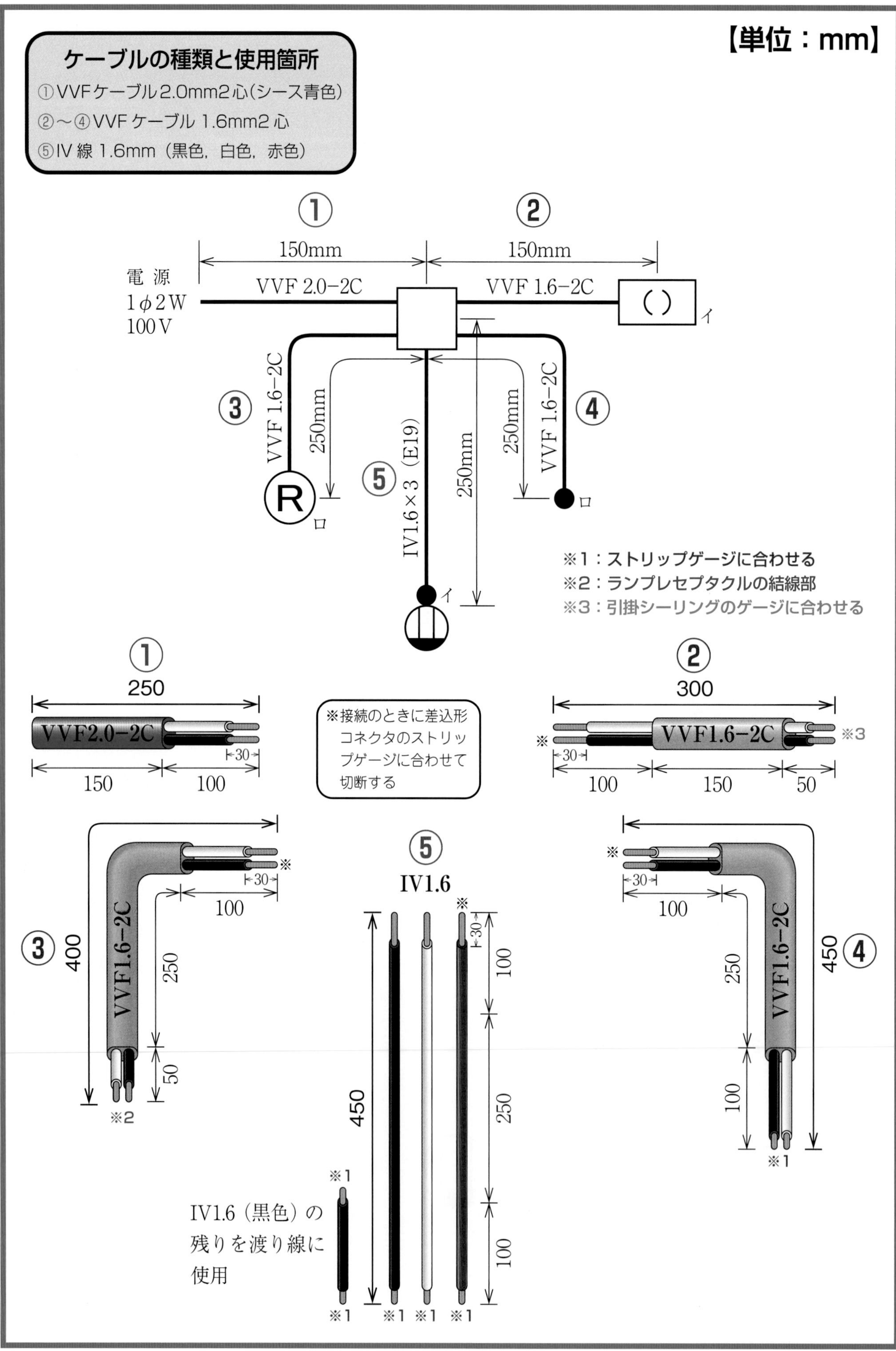

◆ 候補問題 No.11 で押さえておきたいポイント ◆

候補問題 No.11 の特徴と出題傾向

候補問題 No.11 の特徴として，金属管を使用すること，点滅器 1 個と埋込コンセントの連用箇所があることが挙げられます．本年度と同一の配線図は，令和 5 ～元年度，平成 30 ～ 27 年度の候補問題として公表され，令和 5 ～元年度と平成 30 年度の上期・下期試験，平成 29 年度上期試験，平成 27 年度下期試験で出題されています．

本書の想定では，ねじなしボックスコネクタを金属管のジョイントボックス側のみに取り付け，金属管とアウトレットボックスとを電気的に接続することを省略するものとしていますが，「ねじなしボックスコネクタは，電線管の両端に取り付ける」，「アウトレットボックスと金属管は電気的に接続する」と指定される場合も考えられるので，試験の際は，試験問題の指定通りに作業を行ってください．

ねじなしボックスコネクタ

ねじなしボックスコネクタの取り付け作業では，欠陥となる判断基準が多いので注意が必要です．

【金属管と接続時】

止めねじは必ずねじ切る

金属管とねじなしボックスコネクタの接続では，止めねじをねじ切って，金属管とボックスコネクタを固定します．止めねじをねじ切っていないと欠陥になります．

【ボックスとの接続時①】

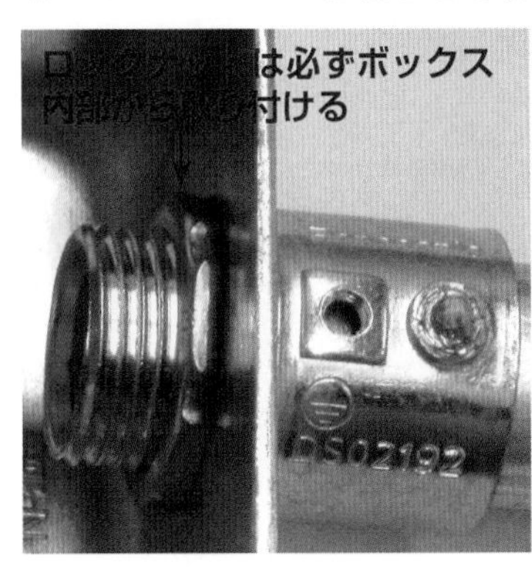
は必ずボックス
DS02192

ロックナットをはずしたボックスコネクタをボックスに差し込み，ロックナットはボックス内部から取り付けます．ボックス外部にロックナットを取り付けると欠陥になります．

【ボックスとの接続時②】

絶縁ブッシングは
必ず取り付ける
DS02192

ロックナットをアウトレットボックス内部から取り付けてボックスコネクタを固定し，先端に絶縁ブッシングを取り付けます．絶縁ブッシングを取り付けないと欠陥になります．

連用箇所の結線

片切スイッチと埋込コンセントの連用箇所の正しい結線方法は複数あります．下の写真は 226 ページとは別の正しい結線方法の一例です．

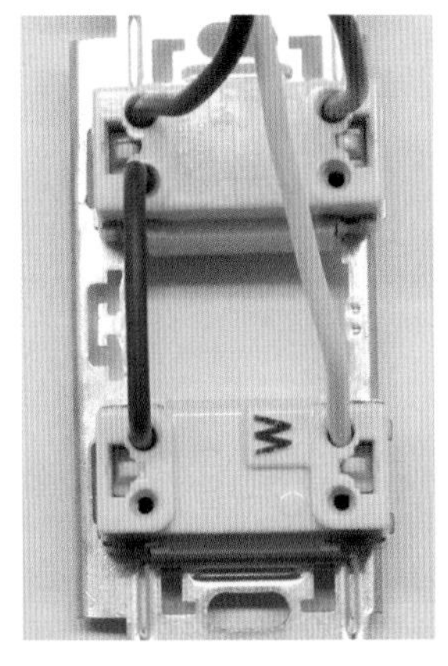

電源からの非接地側電線（黒色）を片切スイッチに結線したもの．

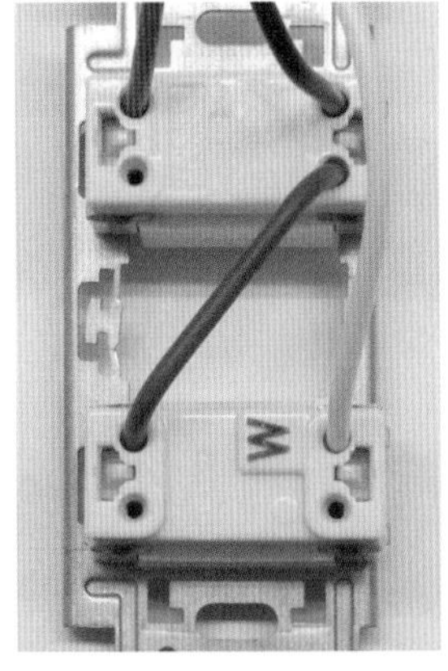

電源からの非接地側電線（黒色）を片切スイッチの右側に結線し（渡り線は斜めに結線．），点滅回路の赤色を片切スイッチの左側上部の端子に結線したもの．

2024年度　第二種電気工事士技能試験

候補問題 No.11 完成参考写真

作業動画は
ここからアクセス！

	接続する電線の本数		圧着マーク	リングスリーブ
♠	3本	2.0mm × 1 と 1.6mm × 2	小	小
▲	4本	2.0mm × 1 と 1.6mm × 3	中	中

▲ 中

♠ 小

連用箇所裏面

※片切スイッチの可動極と固定極については，251 ページを参照.

器具裏面

候補問題 No.11 の欠陥チェック

	欠 陥 事 項	✓
全体共通部分	未完成（未着手，未接続，未結線，取付枠の未取付）	
	配線・器具の配置・電線の種類が配線図と相違	
	配線図に示された寸法の 50％以下で完成させている	
	取付枠を指定部分以外に使用	
	回路の誤り（誤接続，誤結線）	
	接地側・非接地側電線の色別の相違，器具の極性相違	
	ケーブルシースに 20mm 以上の縦割れがある	
	ケーブルを折り曲げると絶縁被覆が露出する傷がある	
	絶縁被覆を折り曲げると心線が露出する傷がある	
	心線を折り曲げると心線が折れる程度の傷がある	
	材料表以外の材料を使用している（試験時は支給品以外）	
ボックス部分	アウトレットボックスと電線管との未接続（ロックナットが取り付けられていない）	
	絶縁ブッシングを取り付けていない	
	アウトレットボックスの外側にロックナットを取り付けている	
	ねじなしボックスコネクタと電線管との未接続または引っ張って外れるもの	
	アウトレットボックスとねじなしボックスコネクタの接続がゆるい	
	ねじなしボックスコネクタの止めねじをねじ切っていない	
	アウトレットボックスに余分な打ち抜きをした	
	ゴムブッシングの使用不適切（未取付・穴の径と異なる）	
電線相互の接続部分	指定箇所を指定された接続方法以外で接続している	
	圧着接続での圧着マークの誤り	
	リングスリーブを破損している	
	圧着マークの一部が欠けている	
	リングスリーブに 2 つ以上の圧着マークがある	
	1 箇所の接続に 2 個以上のリングスリーブを使用している	
	接続する心線がリングスリーブの先端から見えていない	
	接続部先端の端末処理が適切でない（心線が 5mm 以上露出している）	
	リングスリーブの下端から心線が 10mm 以上露出している	
	ケーブルシースのはぎ取り不足で絶縁被覆が 20mm 以下	
	絶縁被覆の上から圧着している	
	差込形コネクタの先端部分に心線が見えていない	
	差込形コネクタの下端部分から心線が露出している	
器具等との結線部分	心線をねじで締め付けていないもの（※ランプレセプタクル）	
	ねじの端から心線が 5mm 以上露出している（※ランプレセプタクル）	
	絶縁被覆の上からねじを締め付けている（※ランプレセプタクル）	
	ケーブル引込口を通さずに台座の上からケーブルを結線（※ランプレセプタクル）	
	心線の端末がねじの端から 5mm 以上はみ出している（※ランプレセプタクル）	
	ランプレセプタクルのカバーが適切に締まらないもの	
	ケーブルシースが台座まで入っていない（※ランプレセプタクル）	
	ケーブルシースが台座下端から 5mm 以上露出（※引掛シーリングローゼット）	
	心線が端子から露出している（※引掛シーリングローゼット：1mm 以上，埋込連用器具：2mm 以上）	
	電線を引っ張ると端子から心線が抜ける（※引掛シーリングローゼット・埋込連用器具）	
	取付枠に器具の取付不適の場合（裏返し・器具を引っ張ると外れる・取付位置の誤り）	
	器具を破損させたまま使用	
	総合チェック	

候補問題 No.11 別想定の問題例

候補問題No.11の金属管とアウトレットボックスの電気的接続が指定され，ねじなしボックスコネクタが2個支給された場合の別想定です．

材　　料	
1. 600V ビニル絶縁ビニルシースケーブル平形（シース青色），2.0mm，2心，長さ約250mm ……	1本
2. 600V ビニル絶縁ビニルシースケーブル平形，1.6mm，2心，長さ約1150mm ………………	1本
3. 600V ビニル絶縁電線（黒），1.6mm，長さ約550mm ………………………………	1本
4. 600V ビニル絶縁電線（白），1.6mm，長さ約450mm ………………………………	1本
5. 600V ビニル絶縁電線（赤），1.6mm，長さ約450mm ………………………………	1本
6. 裸軟銅線（ボンド線），1.6mm，長さ約200mm ………………………………………	1本
7. ジョイントボックス（アウトレットボックス） （19mm 3箇所，25mm 2箇所ノックアウト打抜き済み，接地ねじ，ワッシャ付き）‥	1個
8. ねじなし電線管（E19），長さ約120mm …………………………………………	1本
9. ねじなしボックスコネクタ（E19用）ロックナット，接地用端子付き………………	2個
10. ランプレセプタクル（カバーなし）…………………………………………………	1個
11. 引掛シーリングローゼット（ボディ（角形）のみ）…………………………………	1個
12. 埋込連用タンブラスイッチ ………………………………………………………	2個
13. 埋込連用コンセント ………………………………………………………………	1個
14. 埋込連用取付枠 ……………………………………………………………………	1枚
15. 絶縁ブッシング（19）………………………………………………………………	2個
16. ゴムブッシング（19）………………………………………………………………	2個
17. ゴムブッシング（25）………………………………………………………………	2個
18. リングスリーブ（小）………………………………………………………………	1個
19. リングスリーブ（中）………………………………………………………………	1個
20. 差込形コネクタ（2本用）…………………………………………………………	2個

※赤字で示した箇所以外は219ページの材料表と同一です．また，配線図も220ページと同一です．

〈 施工条件 〉※赤字で示した以外は221ページと同一です．

1．配線及び器具の配置は，図に従って行うこと．
2．ジョイントボックス(アウトレットボックス)は，打抜き済みの穴だけをすべて使用すること．
3．電線の色別（絶縁被覆の色）は，次によること．
　①電源からの接地側電線には，すべて**白色**を使用する．
　②電源から点滅器及びコンセントまでの非接地側電線には，すべて**黒色**を使用する．
　③次の器具の端子には，**白色の電線**を結線する．
　　・コンセントの接地側極端子（Wと表記）
　　・ランプレセプタクルの受金ねじ部の端子
　　・引掛シーリングローゼットの接地側極端子（W又は接地側と表示）
4．ジョイントボックス部分を経由する電線は，その部分ですべて接続箇所を設け，接続方法は，次によること．
　①電源側電線(電源からの電線・シース青色)との接続箇所は，リングスリーブによる接続とする．
　②その他の接続箇所は，差込形コネクタによる接続とする．
5．ねじなしボックスコネクタは，電線管の両端に取り付けること．
6．アウトレットボックスと金線管は，ボンド線で電気的に接続すること．
7．埋込連用取付枠は，タンブラスイッチ(イ)及びコンセント部分に使用すること．

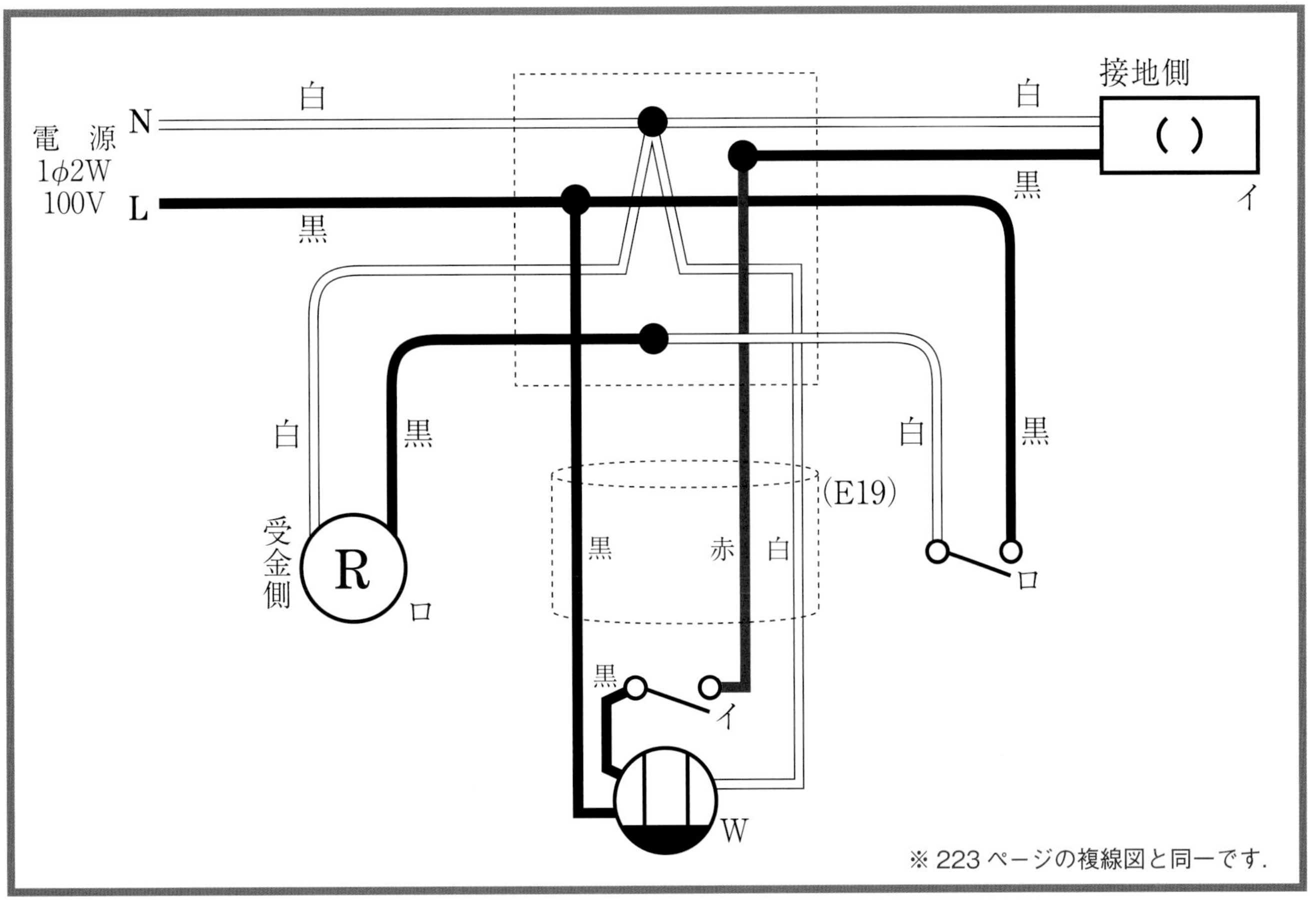

電　源
1φ2W
100V

N 白 白 接地側

L 黒 黒 イ

白 黒 白 黒

受金側 R ロ

(E19)

黒 赤 白

ロ

黒 イ

W

※ 223 ページの複線図と同一です.

別想定の完成参考写真

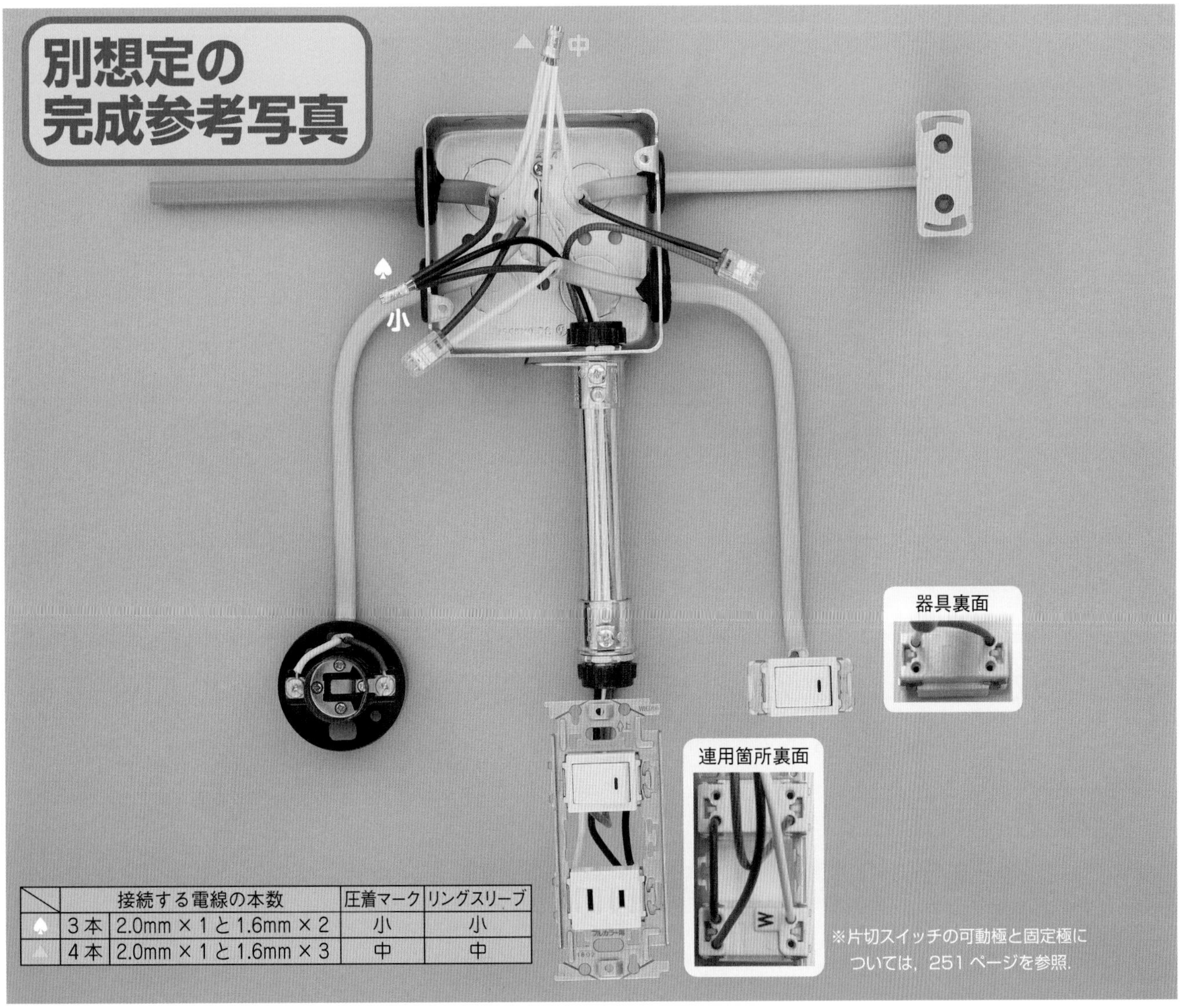

▲ 中

♠ 小

器具裏面

連用箇所裏面

	接続する電線の本数		圧着マーク	リングスリーブ
♠	3 本	2.0mm × 1 と 1.6mm × 2	小	小
▲	4 本	2.0mm × 1 と 1.6mm × 3	中	中

※片切スイッチの可動極と固定極については，251 ページを参照.

候補問題 No.11

主な欠陥例

すべての作業を丁寧に行って，欠陥がない作品を完成させることを心掛けましょう．
★印はよくある欠陥のため，作業時には特に注意して下さい．

縦割がある

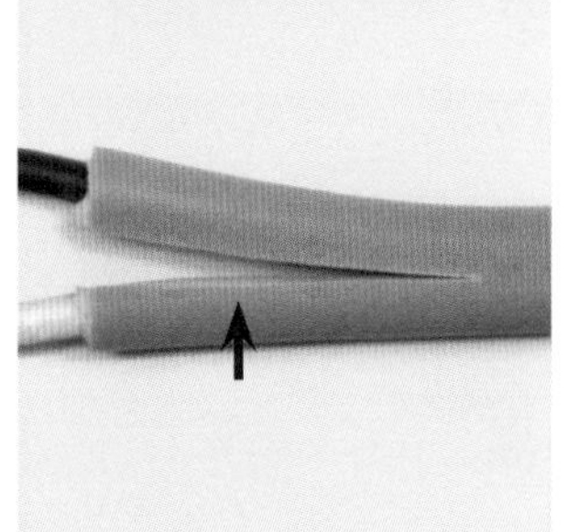

絶縁被覆の露出

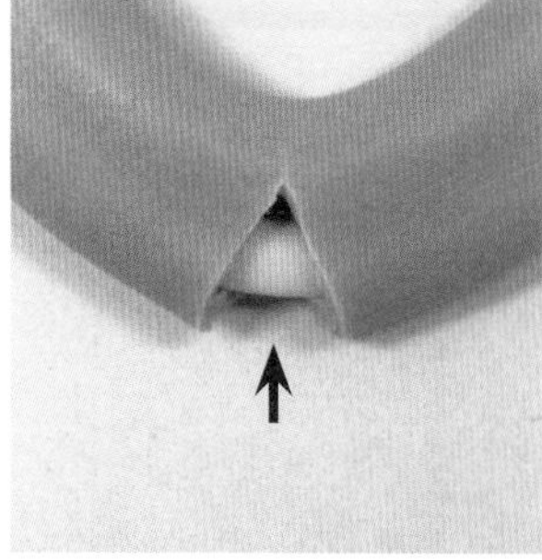

心線が見える

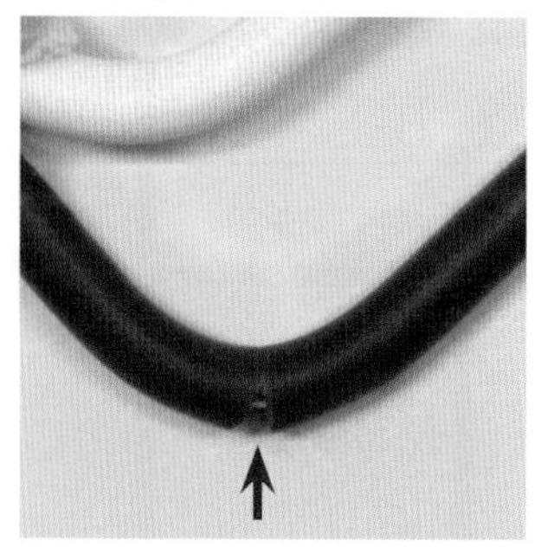

★極性の誤り

★台座に入っていない

左巻きで巻付け

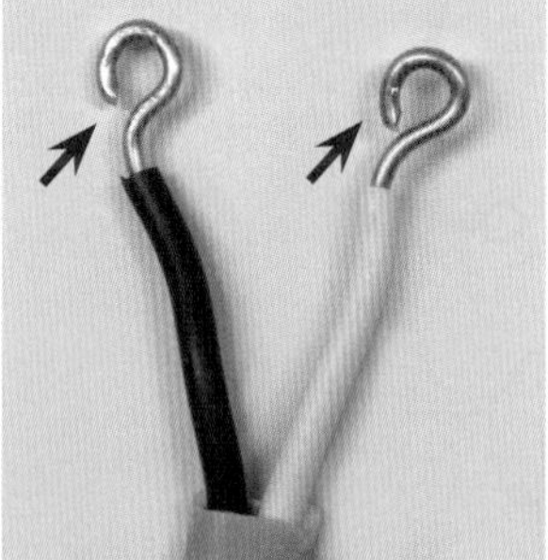

★台座に入っていない

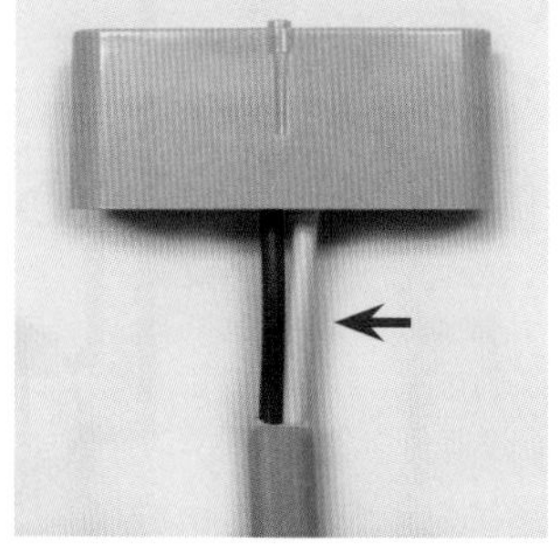

★極性の誤り

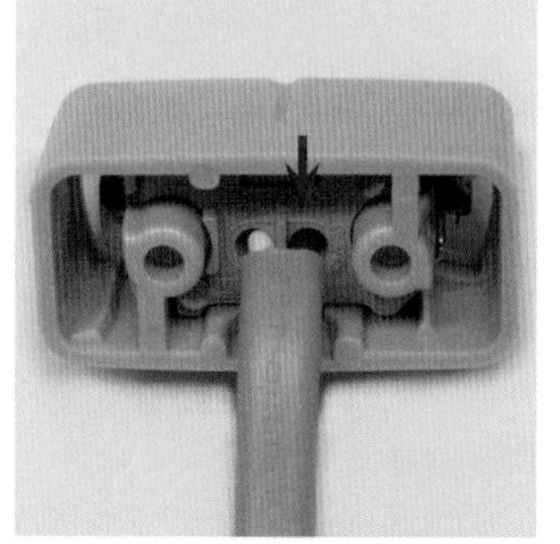

★心線の露出

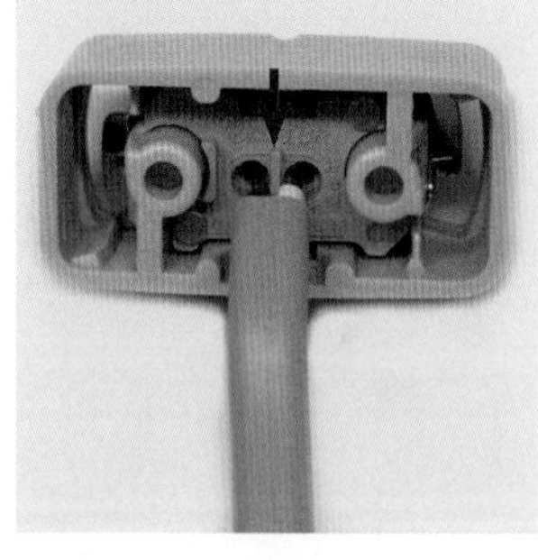

心線の露出

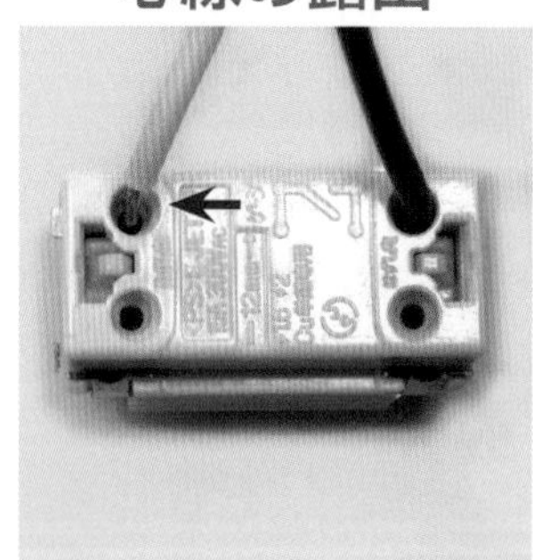

極性の誤り

取付位置の誤り

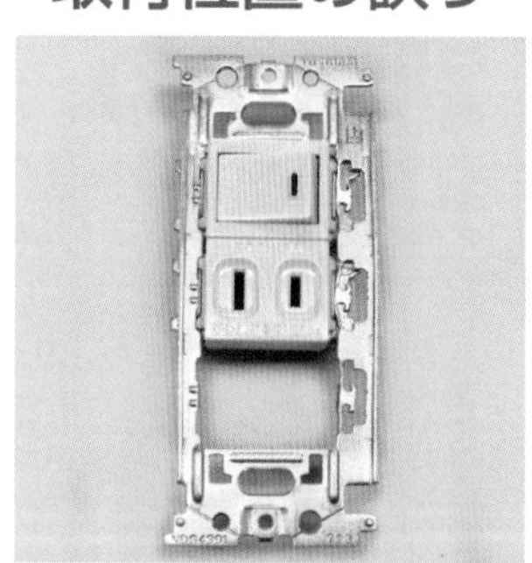

絶縁ブッシング未使用

ロックナット未使用

取付箇所の誤り

取り付けがゆるい

★ねじ切っていない

ゴムブッシング未使用

★心線の挿入不足

被覆の上から圧着

欠陥の詳細については，各作業手順のページをご参照ください．

候補問題 No.12 問題例

公表された候補問題には，配線図の寸法や接続方法，施工条件が明記されていないため，ここでは，寸法，接続方法，施工条件を想定して練習できるように問題例としました．

〈〈 想定した材料等の確認 〉〉

作業開始前に準備した材料等を下記の材料表と必ず照合し，材料の不足があれば必要分を揃えて下さい．

想定した使用材料

（注）下記の想定した材料表のリングスリーブの個数には予備品の数は含まれていません．実際の試験では，材料表に予備品を含んだリングスリーブの総数が示され，材料箱内にはリングスリーブの予備品もセットされて支給されます．

材　　料	
1. 600V ビニル絶縁ビニルシースケーブル平形（シース青色），2.0mm，2 心，長さ約 250mm ……	1 本
2. 600V ビニル絶縁ビニルシースケーブル平形，1.6mm，2 心，長さ約 950mm ……	1 本
3. 600V ビニル絶縁ビニルシースケーブル平形，1.6mm，3 心，長さ約 350mm ……	1 本
4. 600V ビニル絶縁電線（黒），1.6mm，長さ約 500mm ……	1 本
5. 600V ビニル絶縁電線（白），1.6mm，長さ約 400mm ……	1 本
6. 600V ビニル絶縁電線（赤），1.6mm，長さ約 400mm ……	1 本
7. ジョイントボックス（アウトレットボックス）（19mm 4 箇所ノックアウト打抜き済み）……	1 個
8. 合成樹脂製可とう電線管（PF16），長さ約 70mm ……	1 本
9. 合成樹脂製可とう電線管用ボックスコネクタ（PF16）……	1 個
10. ランプレセプタクル（カバーなし）……	1 個
11. 引掛シーリングローゼット（ボディ（角形）のみ）……	1 個
12. 埋込連用タンブラスイッチ ……	2 個
13. 埋込連用コンセント ……	1 個
14. 埋込連用取付枠 ……	1 枚
15. ゴムブッシング（19）……	3 個
16. リングスリーブ（小）……	4 個
17. 差込形コネクタ（2 本用）……	2 個
18. 差込形コネクタ（3 本用）……	1 個

材料の写真

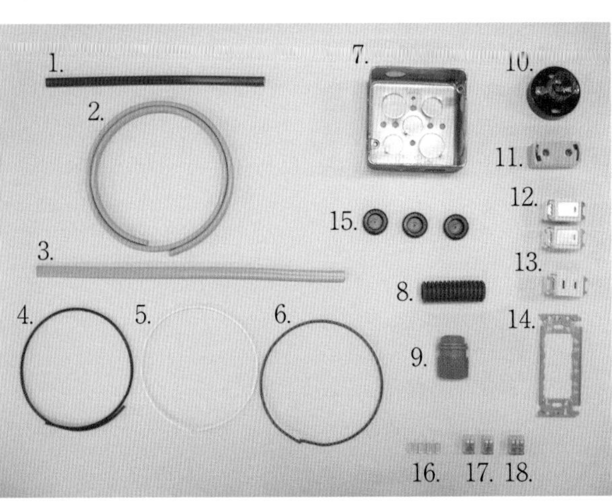

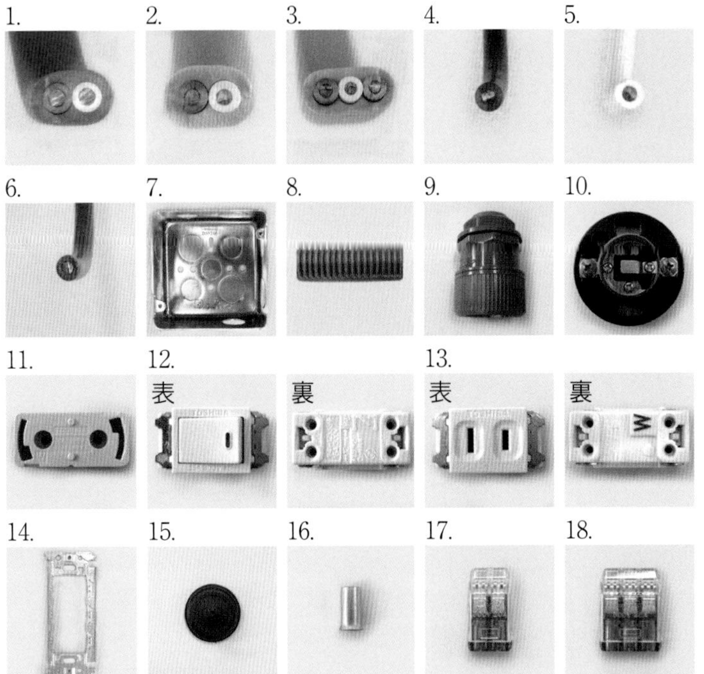

候補問題 No.12

候補問題 No.12 問題例［試験時間　40 分］

図に示す低圧屋内配線工事を想定した全ての材料を使用し，〈**施工条件**〉に従って完成させなさい．なお，

1．VVF 用ジョイントボックス及びスイッチボックスは準備していないので，その取り付けは省略する．
2．電線接続箇所のテープ巻きや絶縁キャップによる絶縁処理は省略する．

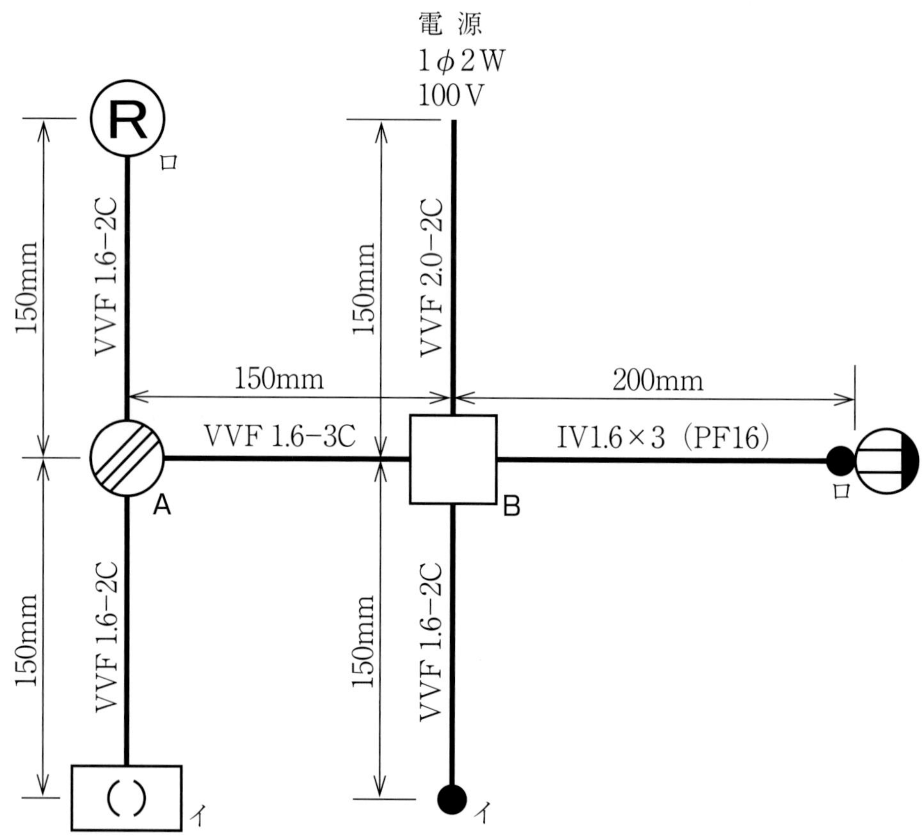

注：1．図記号は原則として JIS C 0303：2000 に準拠している．
　　また，作業に直接関係のない部分等は省略又は簡略化してある．
　2．Ⓡ は，ランプレセプタクルを示す．

〈 施工条件 〉

1．配線及び器具の配置は，図に従って行うこと．

2．ジョイントボックス（アウトレットボックス）は，打抜き済みの穴だけをすべて使用すること．

3．電線の色別（絶縁被覆の色）は，次によること．

①電源からの接地側電線には，すべて**白色**を使用する．

②電源から点滅器及びコンセントまでの非接地側電線には，すべて**黒色**を使用する．

③次の器具の端子には，**白色の電線**を結線する．

・コンセントの接地側極端子（W と表示）

・ランプレセプタクルの受金ねじ部の端子

・引掛シーリングローゼットの接地側極端子（W 又は接地側と表示）

4．VVF 用ジョイントボックス A 部分及びジョイントボックス B 部分を経由する電線は，その部分ですべて接続箇所を設け，接続方法は，次によること．

① **A 部分は，差込形コネクタによる接続とする．**

② **B 部分は，リングスリーブによる接続とする．**

5．**電線管用ボックスコネクタは，ジョイントボックス側に取り付けること．**

6．**埋込連用取付枠は，タンブラスイッチ（ロ）及びコンセント部分に使用すること．**

複線図の描き方を動画でチェック！

複線図を描くステップ 1

複線図化の手順
接地側電線の白色を描く

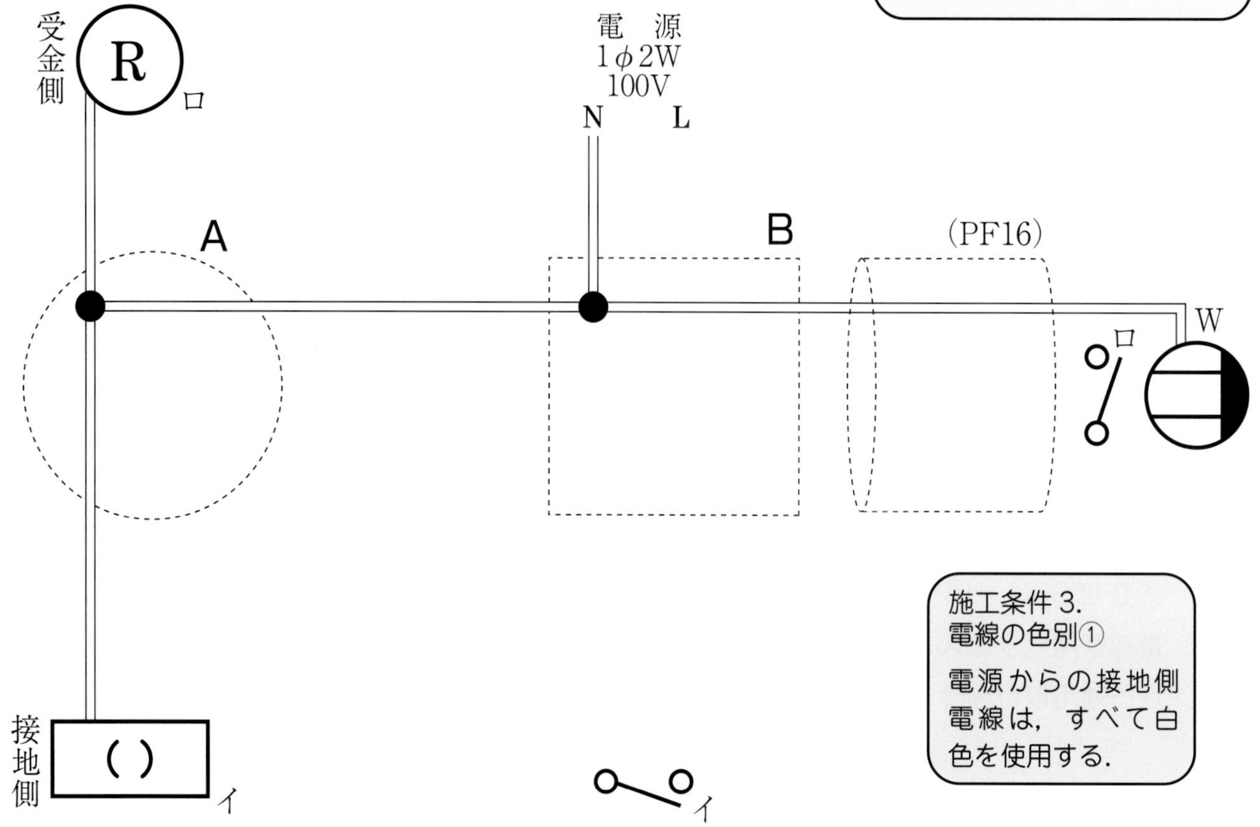

施工条件 3.
電線の色別①
電源からの接地側電線は，すべて白色を使用する.

複線図を描くステップ 2

複線図化の手順
非接地側電線の黒色を描く

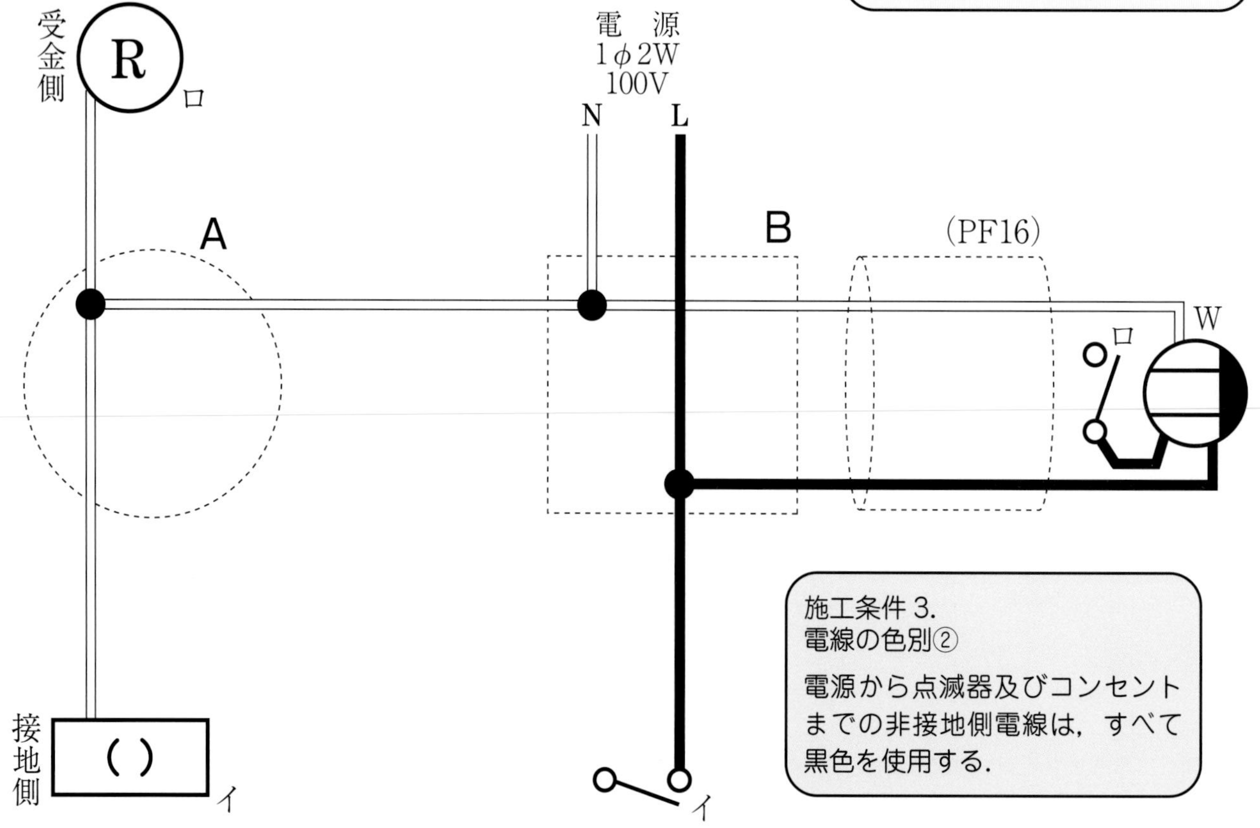

施工条件 3.
電線の色別②
電源から点滅器及びコンセントまでの非接地側電線は，すべて黒色を使用する.

複線図を描くステップ３

複線図化の手順
照明器具の点滅回路を描いて完成

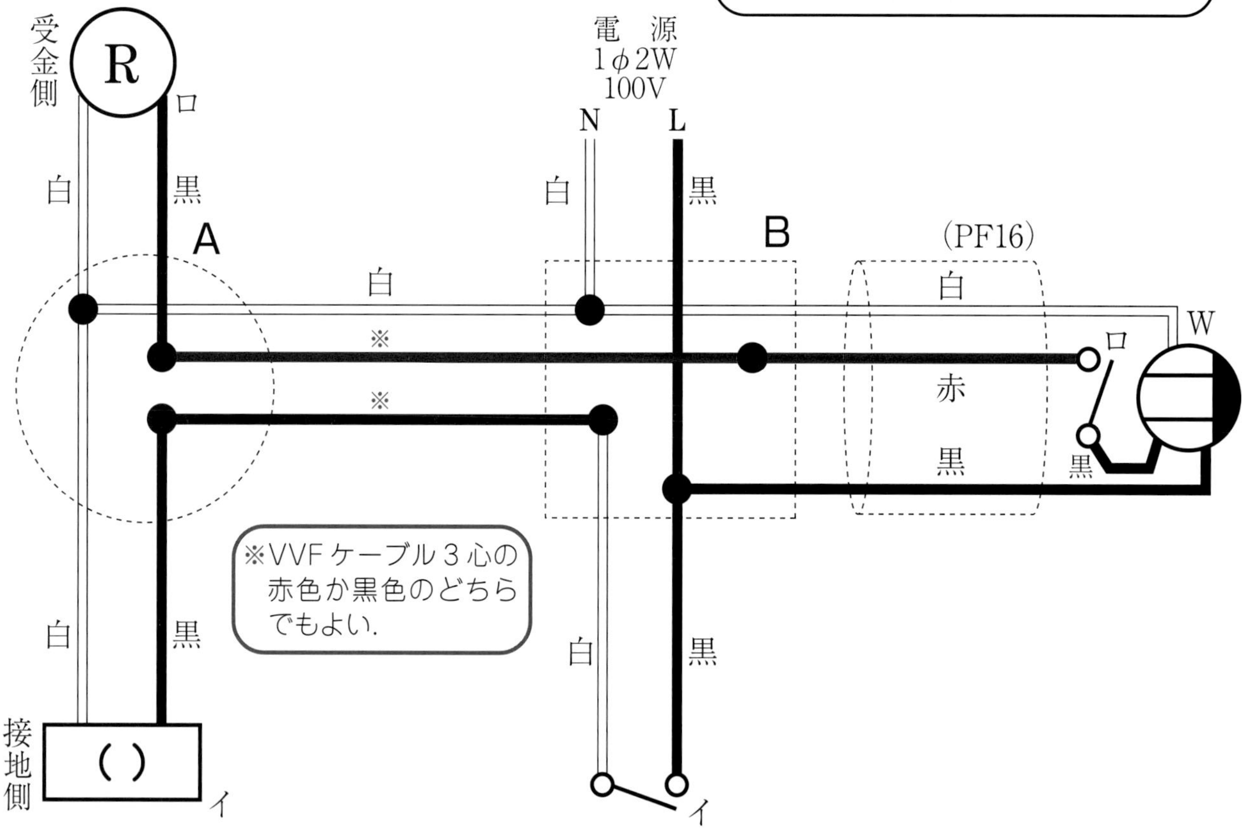

受金側
R
ロ
白
黒
A
電 源
1φ2W
100V
N
L
白
黒
B
(PF16)
白
※
ロ
W
赤
※
黒
黒

※VVF ケーブル３心の赤色か黒色のどちらでもよい.

白
黒
接地側
( )
イ
白
黒
イ

複線図を描くポイント（展開接続図）

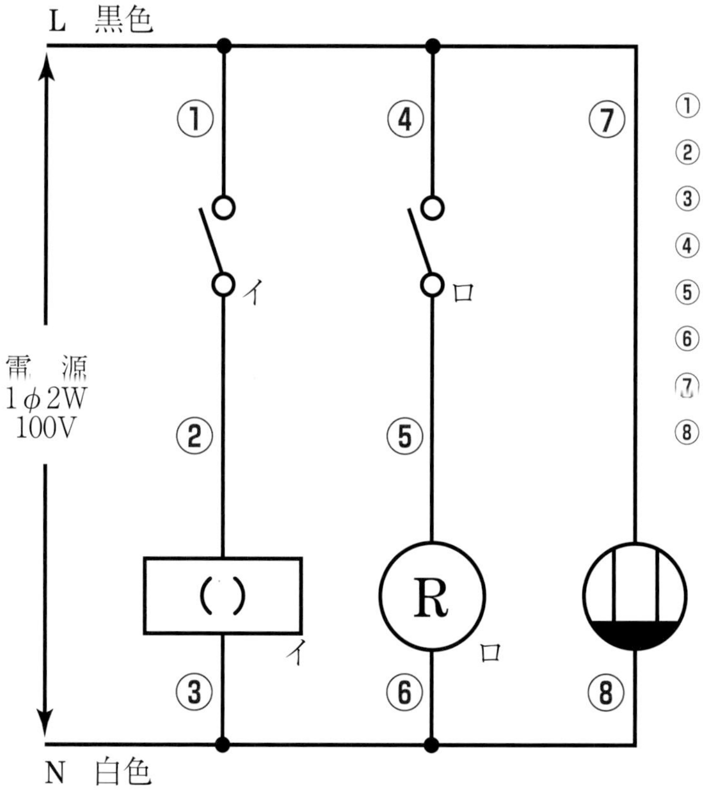

L 黒色
①
④
⑦
イ
ロ
電 源
1φ2W
100V
②
⑤
( )
R
イ
ロ
③
⑥
⑧
N 白色

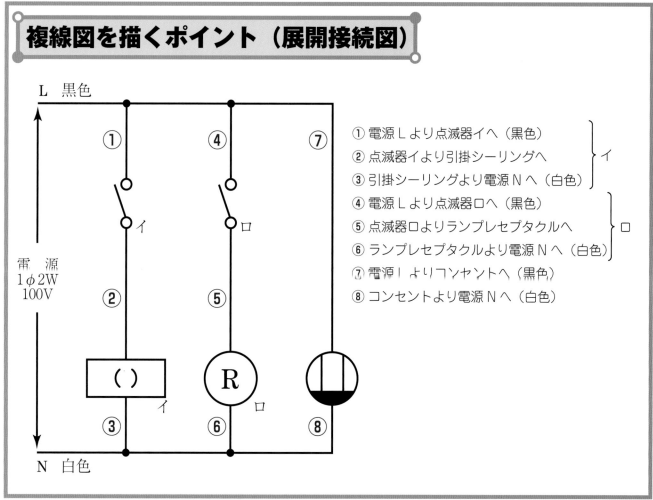

① 電源Ｌより点滅器イへ（黒色）
② 点滅器イより引掛シーリングへ
③ 引掛シーリングより電源Ｎへ（白色）
（①〜③：イ）

④ 電源Ｌより点滅器ロへ（黒色）
⑤ 点滅器ロよりランプレセプタクルへ
⑥ ランプレセプタクルより電源Ｎへ（白色）
（④〜⑥：ロ）

⑦ 電源Ｌよりコンセントへ（黒色）
⑧ コンセントより電源Ｎへ（白色）

候補問題 No.12

● ケーブルの使用箇所と切断寸法

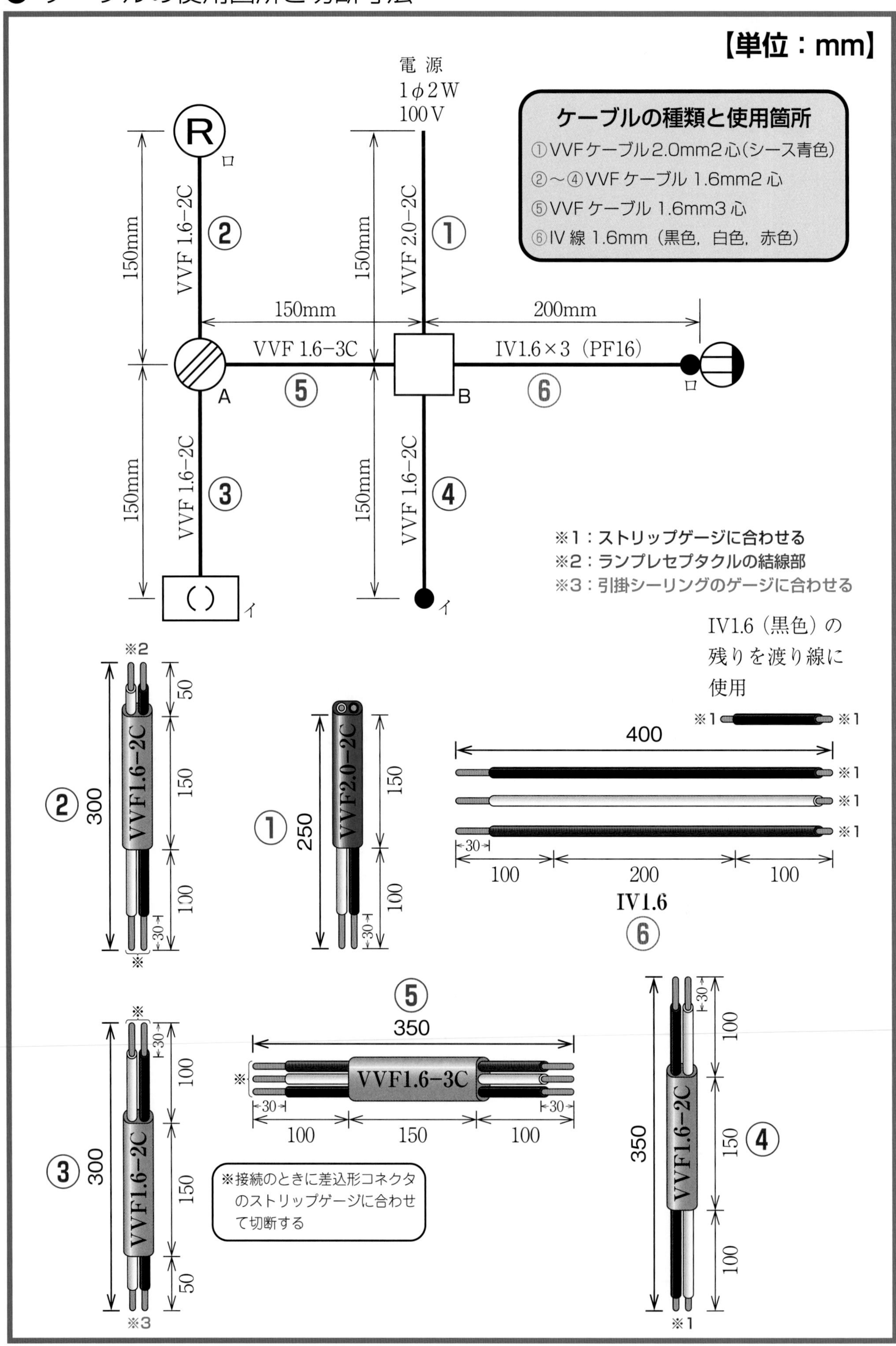

【単位：mm】
電源
1φ2W
100V
ケーブルの種類と使用箇所
①VVFケーブル2.0mm2心(シース青色)
②～④VVFケーブル 1.6mm2心
⑤VVFケーブル 1.6mm3心
⑥IV線 1.6mm（黒色，白色，赤色）
VVF 1.6−2C
VVF 2.0−2C
150mm
200mm
VVF 1.6−3C
IV1.6×3（PF16）
A
B
ロ
イ
※1：ストリップゲージに合わせる
※2：ランプレセプタクルの結線部
※3：引掛シーリングのゲージに合わせる
IV1.6（黒色）の残りを渡り線に使用
400
100
200
IV1.6
VVF1.6−2C
VVF2.0−2C
VVF1.6−3C
300
250
350
150
100
50
30
※接続のときに差込形コネクタのストリップゲージに合わせて切断する

候補問題 No.12 の特徴と出題傾向

候補問題 No.12 の特徴として，PF 管を使用すること，点滅器 1 個と埋込コンセントの連用箇所があることが挙げられます．

本年度と同一の配線図は，令和 5 ～元年度，平成 30 ～ 28 年度，平成 25 年度の候補問題として公表されており，令和 5 ～元年度上期・下期試験，平成 30 年度上期・下期試験，平成 29 年度下期試験，平成 25 年度下期試験で出題されています．

本書の想定では，電線管用ボックスコネクタを PF 管のジョイントボックス側のみに取り付ける指定になっていますが，電線管用ボックスコネクタを電線管の両端に取り付ける指定で出題されることも考えられます．試験の際は，試験問題の指定通りに作業を行ってください．

PF 管用ボックスコネクタ

右の写真は，アウトレットボックスの向きが 238 ページの完成作品とは異なりますが，19mm のノックアウト穴のみが 4 箇所打抜かれている場合，施工条件に指定がなければ，カバー取付用ねじ穴のない穴に PF 管を接続する向きでアウトレットボックスを使用しても，正しい作業になります．

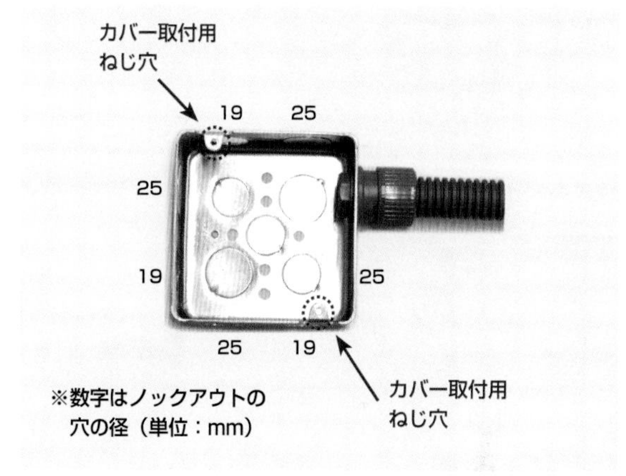

連用箇所の結線

片切スイッチと埋込コンセントの連用箇所の正しい結線方法は複数あります．下の写真は 238 ページとは別の正しい結線方法一例です．

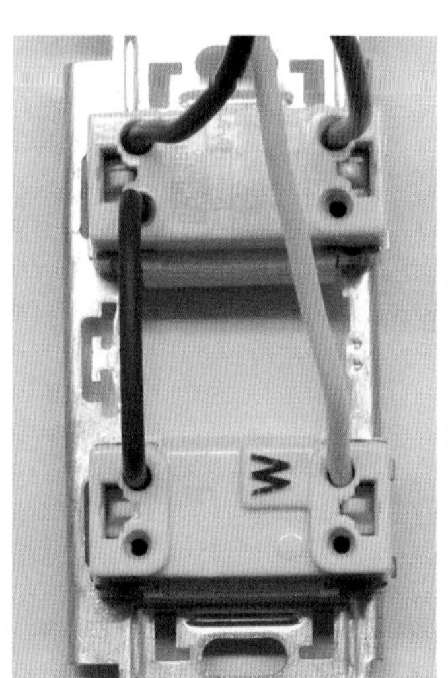

電源からの非接地側電線（黒色）を片切スイッチに結線したもの．

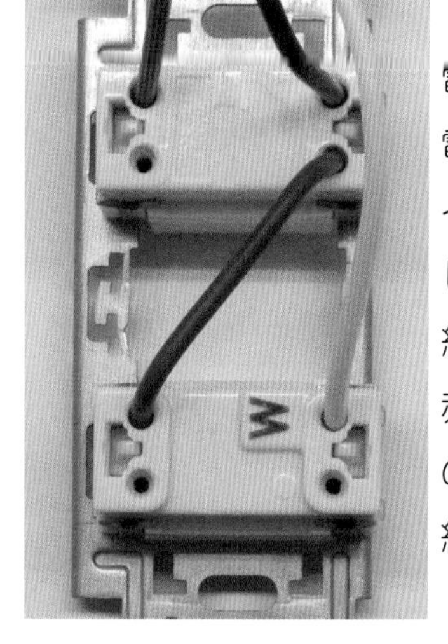

電源からの非接地側電線（黒色）を片切スイッチの右側に結線し（渡り線は斜めに結線．），点滅回路の赤色を片切スイッチの左側上部の端子に結線したもの．

候補問題 No.12

2024 年度　第二種電気工事士技能試験

候補問題 No. 12 完成参考写真

作業動画は
ここからアクセス！

	接続する電線の本数		圧着マーク	リングスリーブ
※	2 本	1.6mm × 2	○	小
♠	3 本	2.0mm × 1 と 1.6mm × 2	小	

※片切スイッチの可動極と固定極については，251 ページを参照.

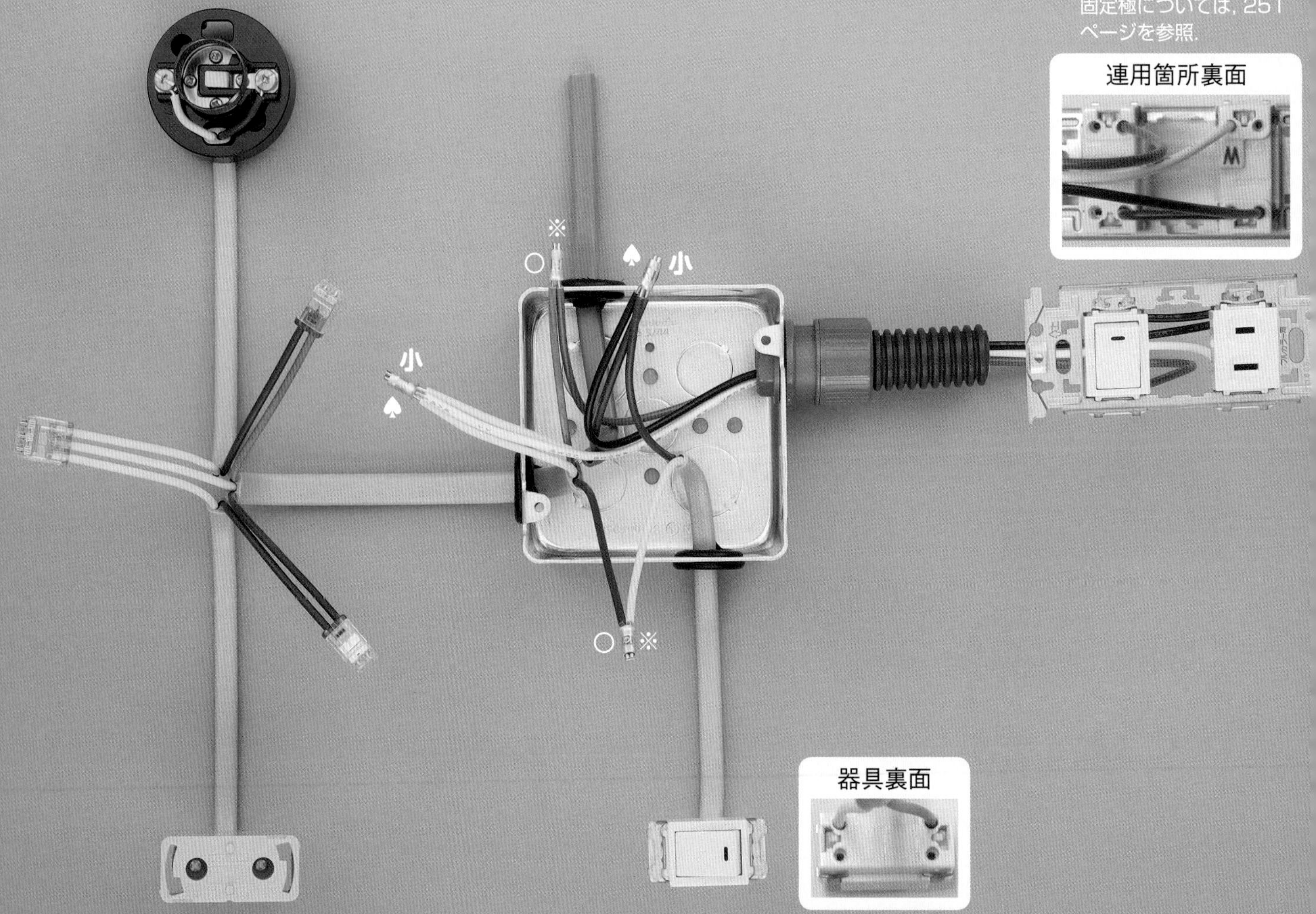

連用箇所裏面

※　○　♠ 小

小　♠

○　※

器具裏面

候補問題 No.12 の欠陥チェック

	欠　陥　事　項	✓
全体共通部分	未完成（未着手，未接続，未結線，取付枠の未取付）	
	配線・器具の配置・電線の種類が配線図と相違	
	配線図に示された寸法の 50%以下で完成させている	
	取付枠を指定部分以外に使用	
	回路の誤り（誤接続，誤結線）	
	接地側・非接地側電線の色別の相違，器具の極性相違	
	ケーブルシースに 20mm 以上の縦割れがある	
	ケーブルを折り曲げると絶縁被覆が露出する傷がある	
	絶縁被覆を折り曲げると心線が露出する傷がある	
	心線を折り曲げると心線が折れる程度の傷がある	
	材料表以外の材料を使用している（試験時は支給品以外）	
ボックス部分	ロックナットを取り付けていない	
	PF 管用ボックスコネクタから PF 管が外れている，または引っ張って外れるもの	
	アウトレットボックスと PF 管用ボックスコネクタの接続がゆるい	
	アウトレットボックスに余分な打ち抜きをした	
	ゴムブッシングの使用不適切（未取付・穴の径と異なる）	
電線相互の接続部分	指定箇所を指定された接続方法以外で接続している	
	圧着接続での圧着マークの誤り	
	リングスリーブを破損している	
	圧着マークの一部が欠けている	
	リングスリーブに 2 つ以上の圧着マークがある	
	1 箇所の接続に 2 個以上のリングスリーブを使用している	
	接続する心線がリングスリーブの先端から見えていない	
	接続部先端の端末処理が適切でない（心線が 5mm 以上露出している）	
	リングスリーブの下端から心線が 10mm 以上露出している	
	ケーブルシースのはぎ取り不足で絶縁被覆が 20mm 以下	
	絶縁被覆の上から圧着している	
	差込形コネクタの先端部分に心線が見えていない	
	差込形コネクタの下端部分から心線が露出している	
器具等との結線部分	心線をねじで締め付けていないもの（※ランプレセプタクル）	
	ねじの端から心線が 5mm 以上露出している（※ランプレセプタクル）	
	絶縁被覆の上からねじを締め付けている（※ランプレセプタクル）	
	ケーブル引込口を通さずに台座の上からケーブルを結線（※ランプレセプタクル）	
	心線の端末がねじの端から 5mm 以上はみ出している（※ランプレセプタクル）	
	ランプレセプタクルのカバーが適切に締まらないもの	
	ケーブルシースが台座まで入っていない（※ランプレセプタクル）	
	ケーブルシースが台座下端から 5mm 以上露出（※引掛シーリングローゼット）	
	心線が端子から露出している(※引掛シーリングローゼット:1mm 以上, 埋込連用器具:2mm 以上)	
	電線を引っ張ると端子から心線が抜ける（※引掛シーリングローゼット・埋込連用器具）	
	取付枠に器具の取付不適の場合（裏返し・器具を引っ張ると外れる・取付位置の誤り）	
	器具を破損させたまま使用	
	総合チェック	

主な欠陥例

すべての作業を丁寧に行って，欠陥がない作品を完成させることを心掛けましょう．
★印はよくある欠陥のため，作業時には特に注意して下さい．

縦割がある

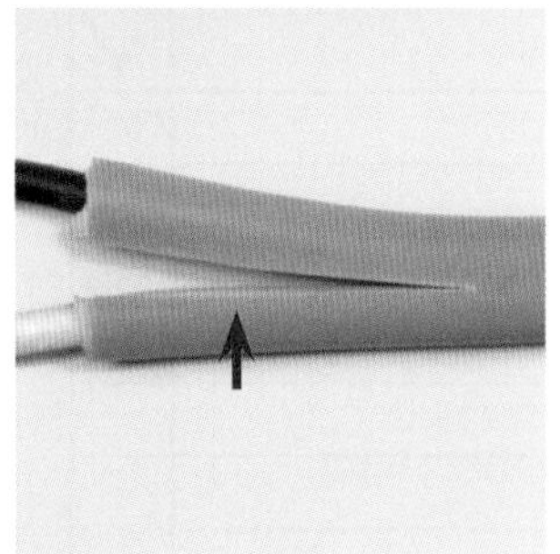

絶縁被覆の露出

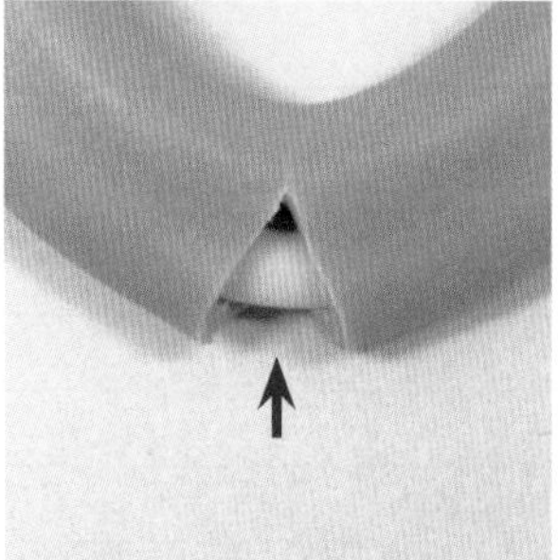

心線が見える

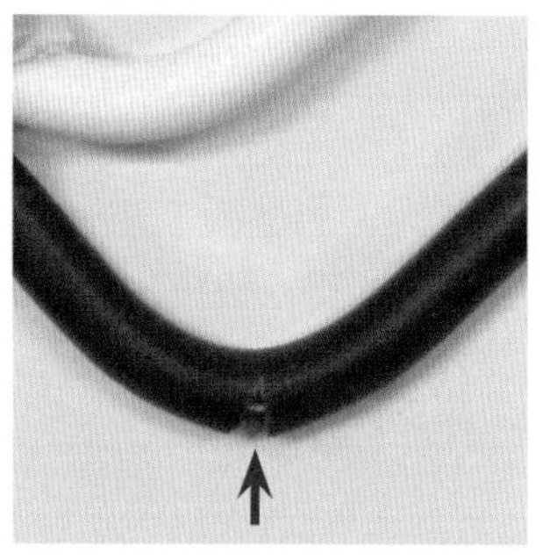

★極性の誤り

★台座に入っていない

左巻きで巻付け

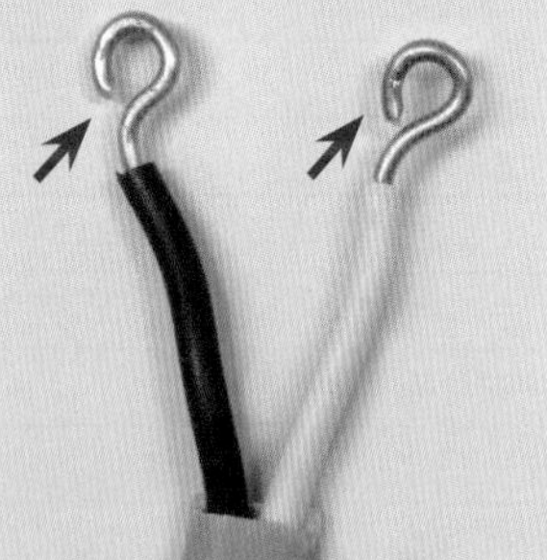

★台座に入っていない

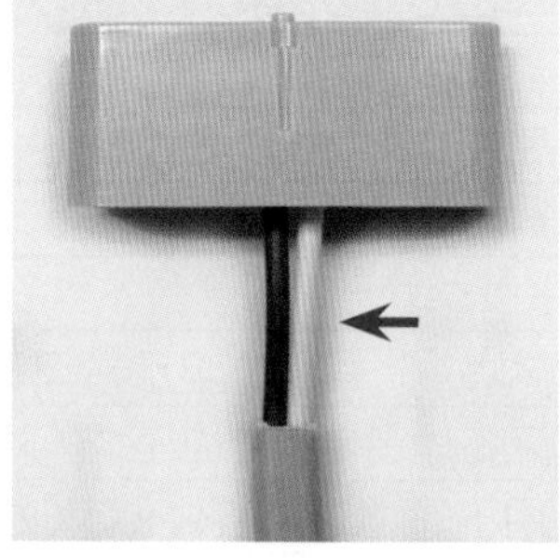

★極性の誤り

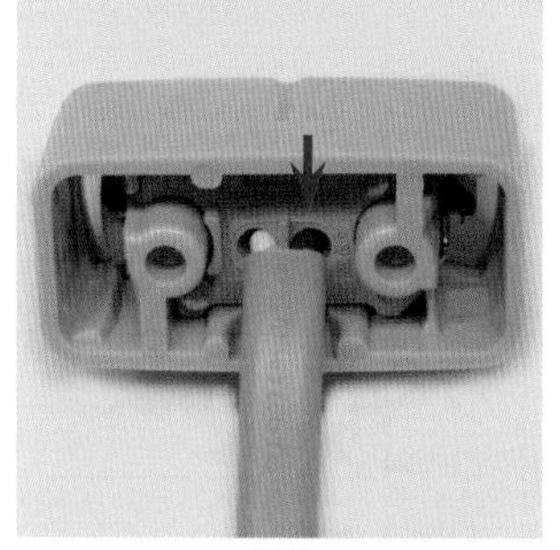

★心線の露出

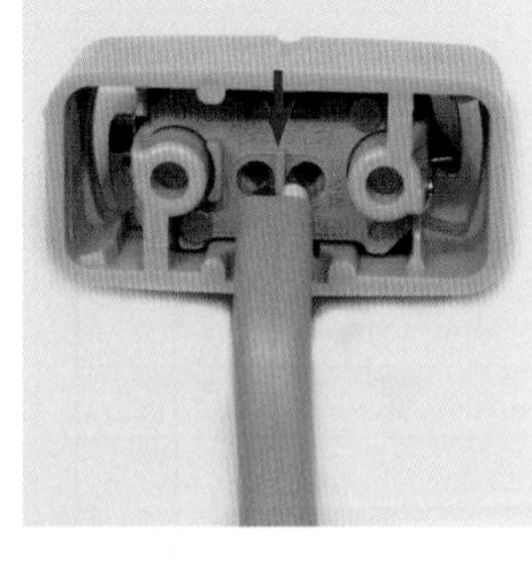

心線の露出

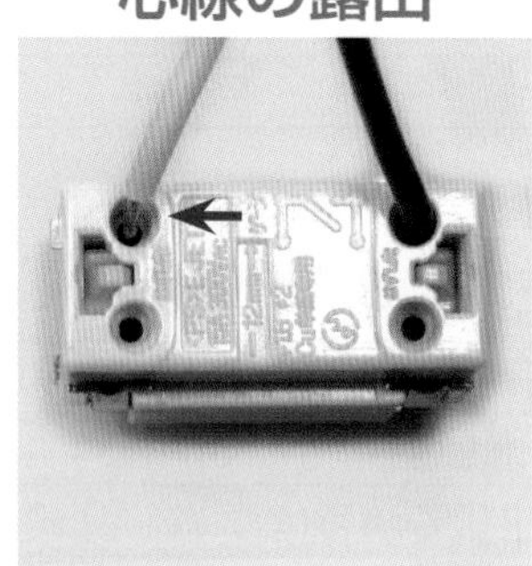

極性の誤り

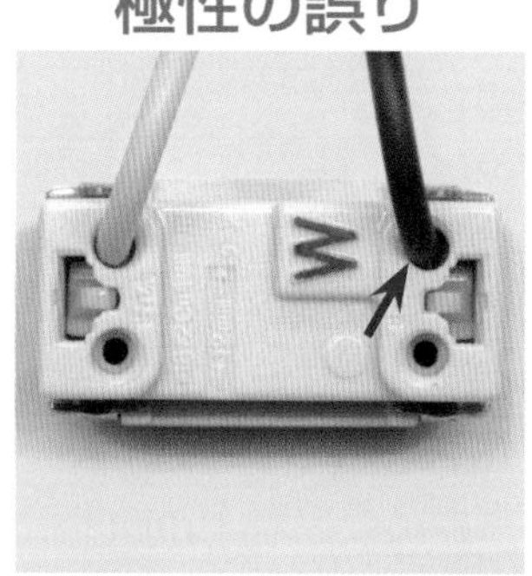

取付位置の誤り

ロックナット未使用

取り付けがゆるい

ゴムブッシング未使用

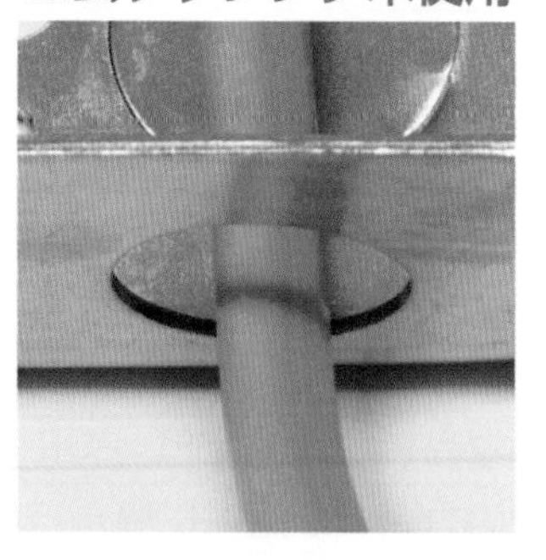

★心線の挿入不足

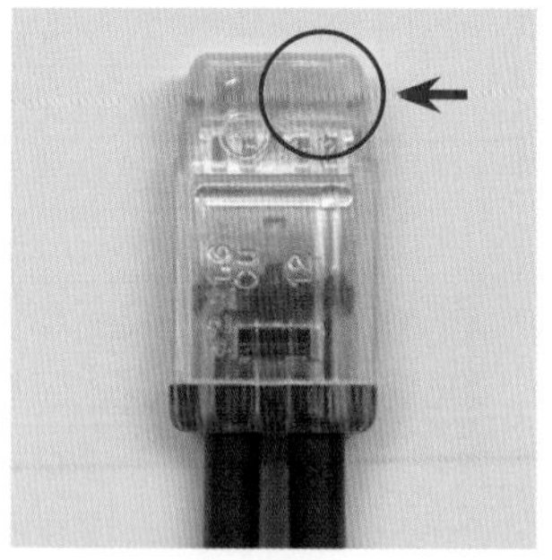

心線の露出

被覆の上から圧着

心線がみえていない

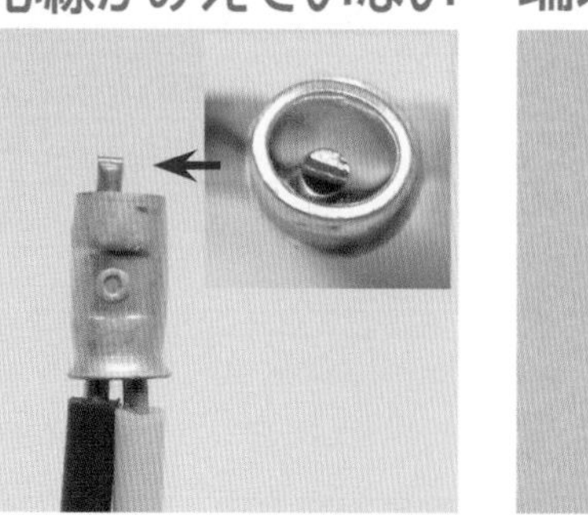

端末処理の不適切

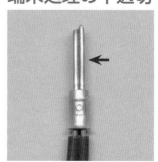

欠陥の詳細については，各作業手順のページをご参照ください．

候補問題 No.13 問題例

公表された候補問題には，配線図の寸法や接続方法，施工条件が明記されていないため，ここでは，寸法，接続方法，施工条件を想定して練習できるように問題例としました．

《 想定した材料等の確認 》

作業開始前に準備した材料等を下記の材料表と必ず照合し，材料の不足があれば，必要分を揃えて下さい．

想定した使用材料

（注）下記の想定した材料表のリングスリーブの個数には予備品の数は含まれていません．実際の試験では，材料表に予備品を含んだリングスリーブの総数が示され，材料箱内にはリングスリーブの予備品もセットされて支給されます．

材　料	
1. 600V ビニル絶縁ビニルシースケーブル平形（シース青色），2.0mm，2 心，長さ約 250mm ……	1 本
2. 600V ビニル絶縁ビニルシースケーブル平形，1.6mm，2 心，長さ約 1350mm ……	1 本
3. 600V ビニル絶縁ビニルシースケーブル平形，1.6mm，3 心，長さ約 350mm ……	1 本
4. 600V ビニル絶縁ビニルシースケーブル丸形，1.6mm，2 心，長さ約 250mm ……	1 本
5. 600V ビニル絶縁電線（緑），1.6mm，長さ約 150mm ……	1 本
6. 端子台（自動点滅器の代用），3 極 ……	1 個
7. ランプレセプタクル（カバーなし）……	1 個
8. 埋込連用タンブラスイッチ ……	1 個
9. 埋込連用接地極付コンセント ……	1 個
10. 埋込連用取付枠 ……	1 枚
11. リングスリーブ（小）……	3 個
12. 差込形コネクタ（2 本用）……	1 個
13. 差込形コネクタ（3 本用）……	1 個
14. 差込形コネクタ（4 本用）……	1 個

材料の写真

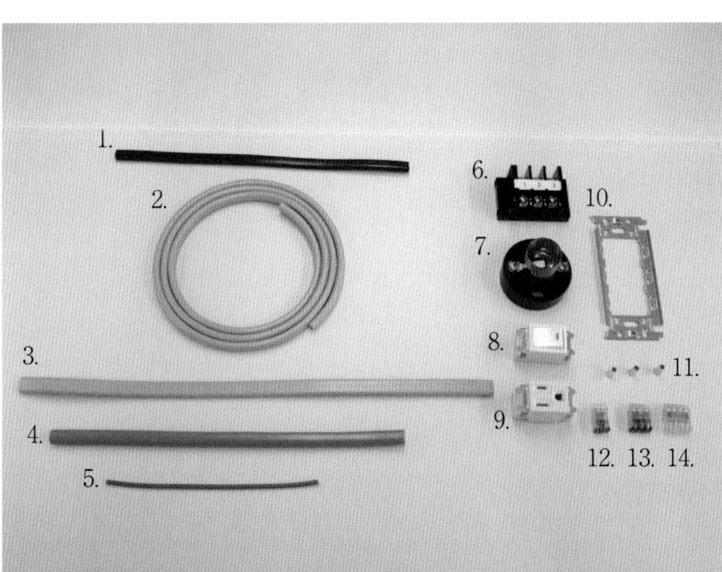

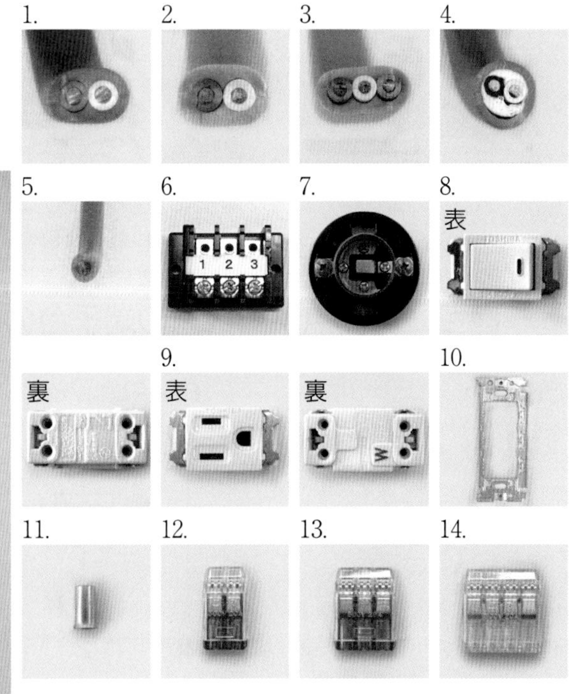

候補問題 No.13

候補問題 No.13 問題例［試験時間　40 分］

図に示す低圧屋内配線工事を想定した全ての材料を使用し，〈**施工条件**〉に従って完成させなさい．なお，

1．自動点滅器は端子台で代用するものとする．
2．━‐━‐━ で示した部分は施工を省略する．
3．VVF 用ジョイントボックス及びスイッチボックスは準備していないので，その取り付けは省略する．
4．電線接続箇所のテープ巻きや絶縁キャップによる絶縁処理は省略する．

図 1．配線図

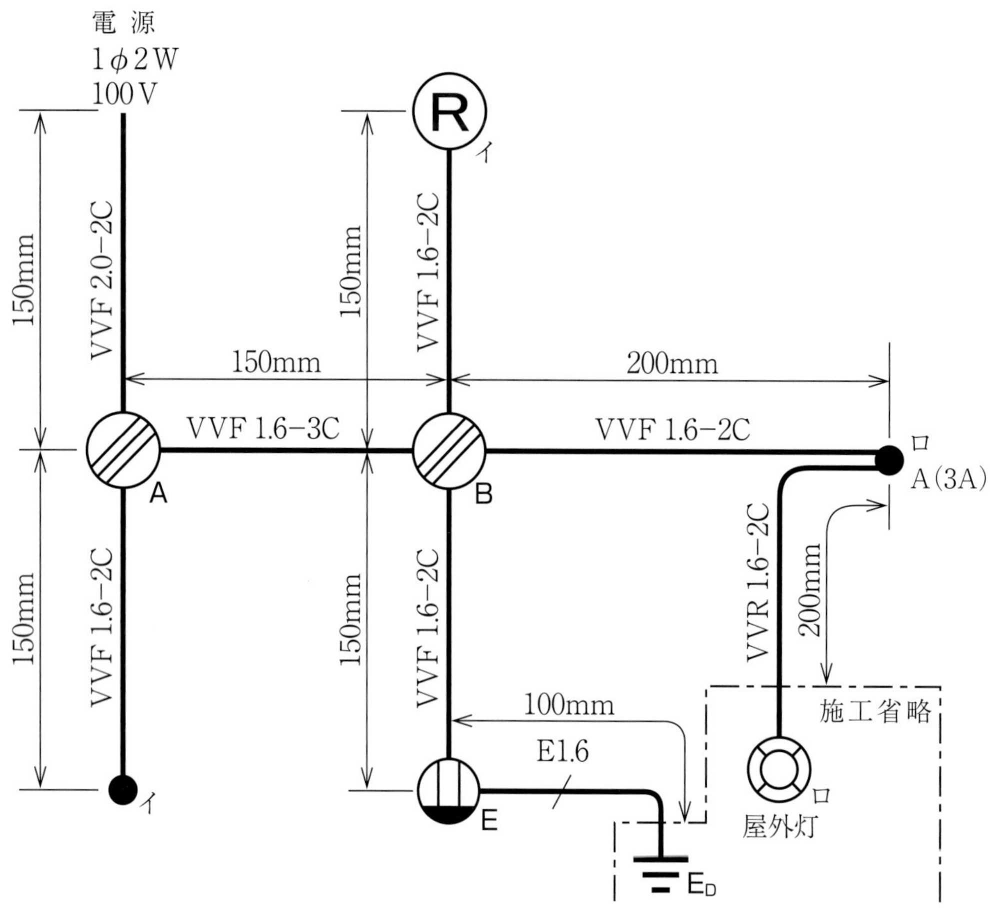

注：1．図記号は原則として JIS C 0303：2000 に準拠している．
　　また，作業に直接関係のない部分等は省略又は簡略化してある．
　2．Ⓡ は，ランプレセプタクルを示す．

図 2．自動点滅器代用の端子台の説明図

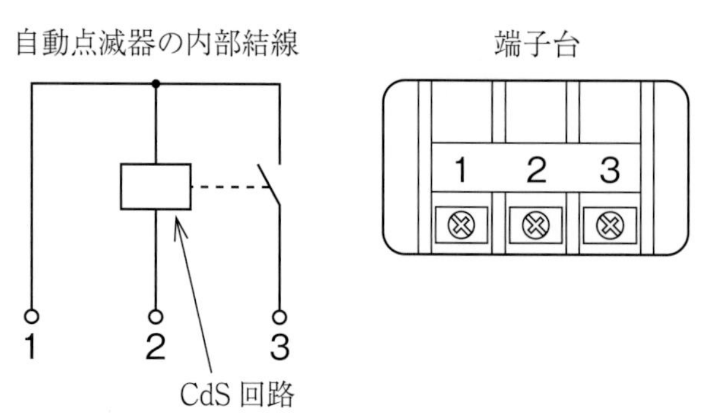

〈 施工条件 〉

1．配線及び器具の配置は，図 1 に従って行うこと．

2．自動点滅器代用の端子台は，図 2 に従って使用すること．

3．電線の色別（絶縁被覆の色）は，次によること．

　①電源からの接地側電線には，すべて白色を使用する．

　②電源から点滅器，コンセント及び自動点滅器までの非接地側電線には，すべて黒色を使用する．

　③接地線は，緑色を使用する．

　④次の器具の端子には，白色の電線を結線する．

　　・コンセントの接地側極端子（W と表示）

　　・ランプレセプタクルの受金ねじ部の端子

　　・自動点滅器（端子台）の記号 2 の端子

4．VVF 用ジョイントボックス部分を経由する電線は，その部分ですべて接続箇所を設け，接続方法は，次によること．

　① A 部分は，リングスリーブによる接続とする．

　② B 部分は，差込形コネクタによる接続とする．

5．埋込連用取付枠は，コンセント部分に使用すること．

複線図を描くステップ 1

複線図化の手順

接地側電線の白色を描く

施工条件 3.
電線の色別④より
代用端子台の記号「2」の端子には白色の電線を結線する.
なお，端子台の端子は 2 本まで電線をねじ締めできる.

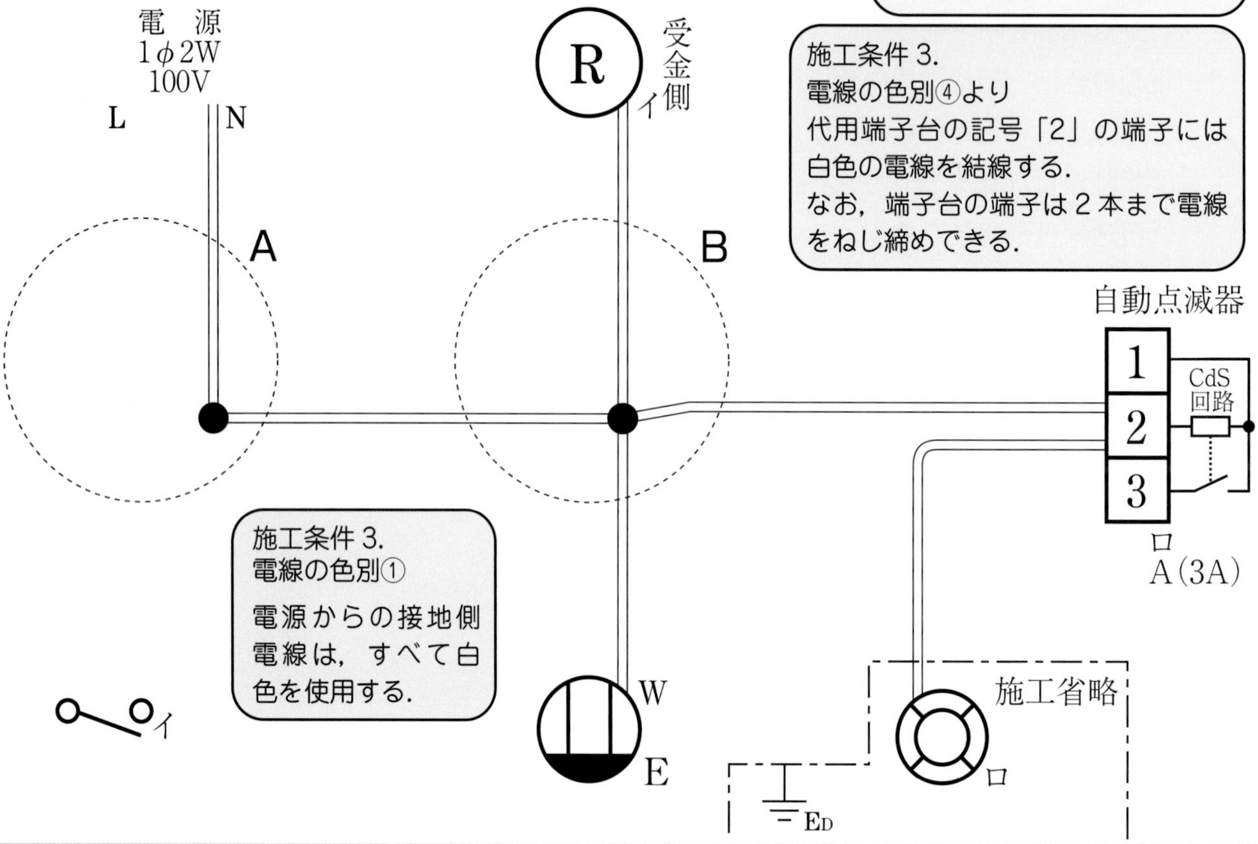

施工条件 3.
電線の色別①
電源からの接地側電線は，すべて白色を使用する.

複線図を描くステップ 2

複線図化の手順

非接地側電線の黒色を描く

※施工条件に示されている点滅器には自動点滅器も含まれる.
非接地側電線を結線する端子は「1」端子である.

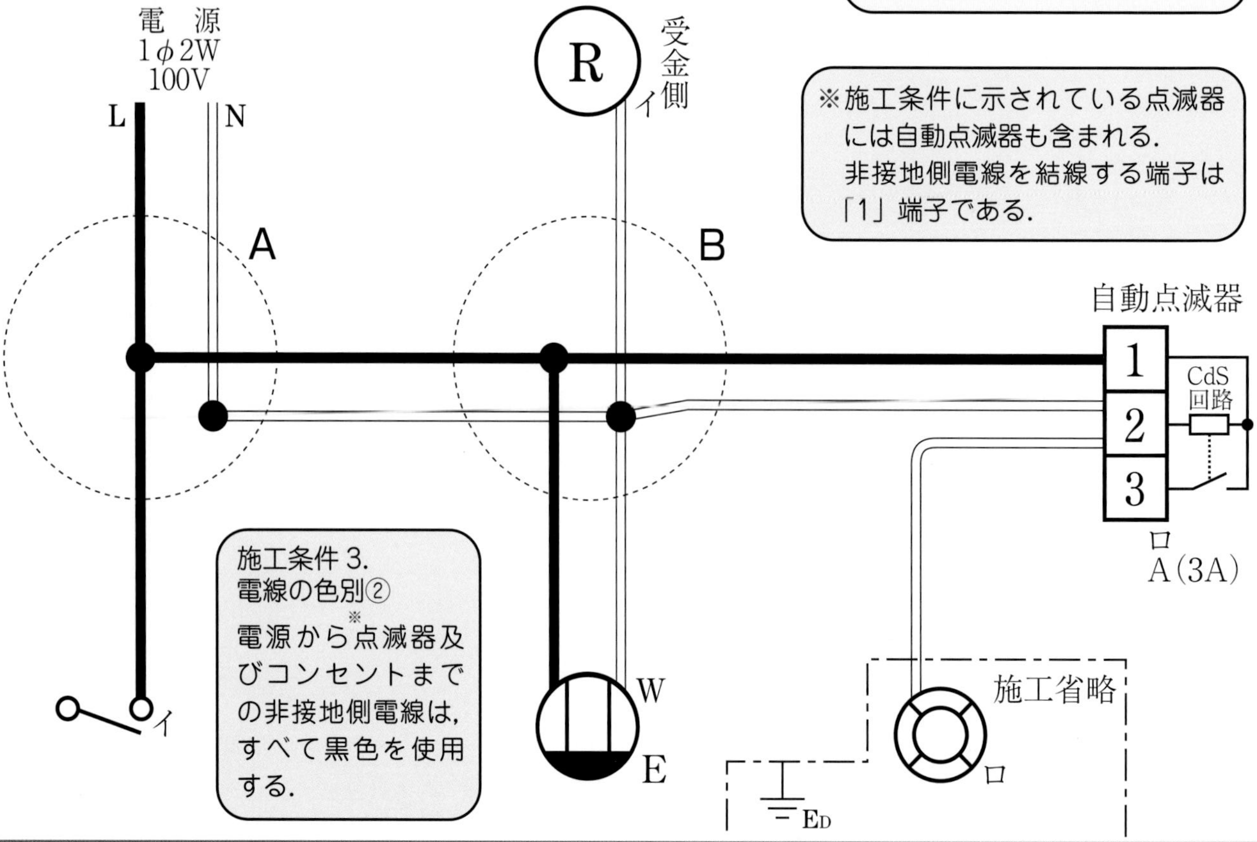

施工条件 3.
電線の色別②
電源から※点滅器及びコンセントまでの非接地側電線は，すべて黒色を使用する.

複線図を描くステップ３

複線図化の手順

照明器具の点滅回路と接地線を描いて完了

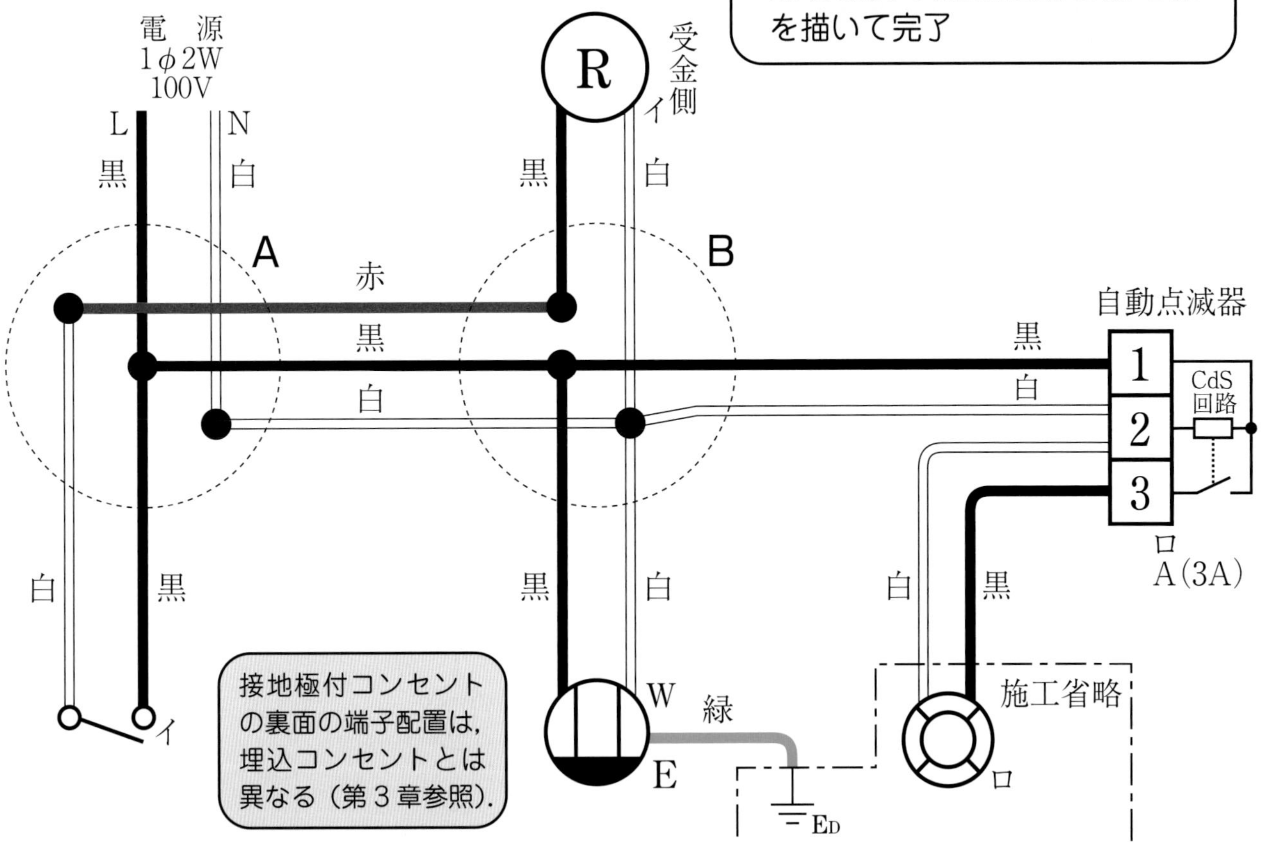

電　源
1φ2W
100V
L
N
黒
白
R
受金側
イ
黒
白
A
B
赤
黒
白
自動点滅器
黒
白
1
2
3
CdS
回路
ロ
A(3A)
白
黒
白
黒
黒
白
イ
W
緑
E
施工省略
ロ
ED
接地極付コンセントの裏面の端子配置は，埋込コンセントとは異なる（第３章参照）.

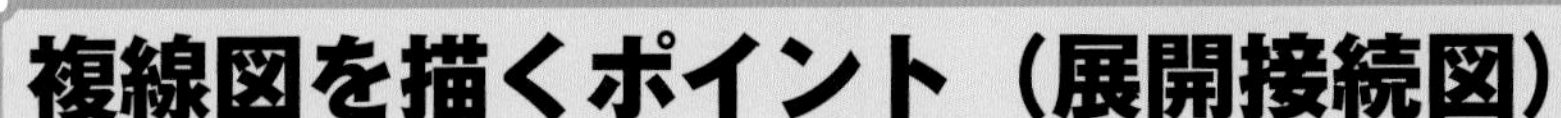

複線図を描くポイント（展開接続図）

L 黒色
①
④
⑥
自動
点滅器
1
イ
CdS
回路
電　源
1φ2W
100V
②
2
3
ロ
A(3A)
⑦
⑧
R
イ
E 緑
⑩
ED
ロ
③
⑤
⑨
N 白色

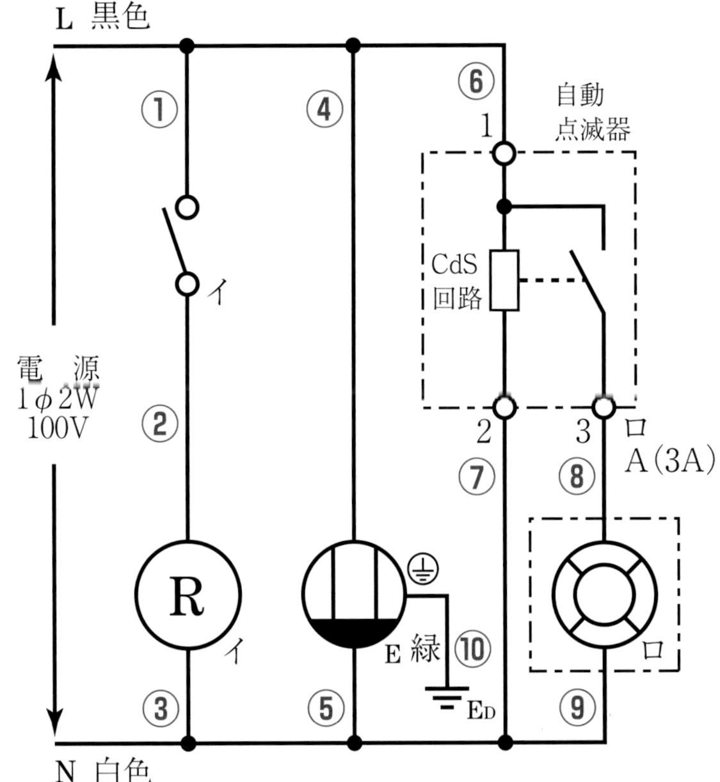

① 電源Ｌより点滅器イへ（黒色）
② 点滅器イよりランプレセプタクルへ
③ ランプレセプタクルより電源Ｎへ（白色）
④ 電源Ｌよりコンセントへ（黒色）
⑤ コンセントより電源Ｎへ（白色）
⑥ 電源Ｌより自動点滅器１端子へ（黒色）
⑦ 自動点滅器２端子より電源Ｎへ（白色）
⑧ 自動点滅器３端子より屋外灯（施工省略）へ
⑨ 屋外灯（施工省略）より電源Ｎへ（白色）
⑩ 接地極付コンセントの接地端子より接続より接地極へ（緑色）

● ケーブルの使用箇所と切断寸法

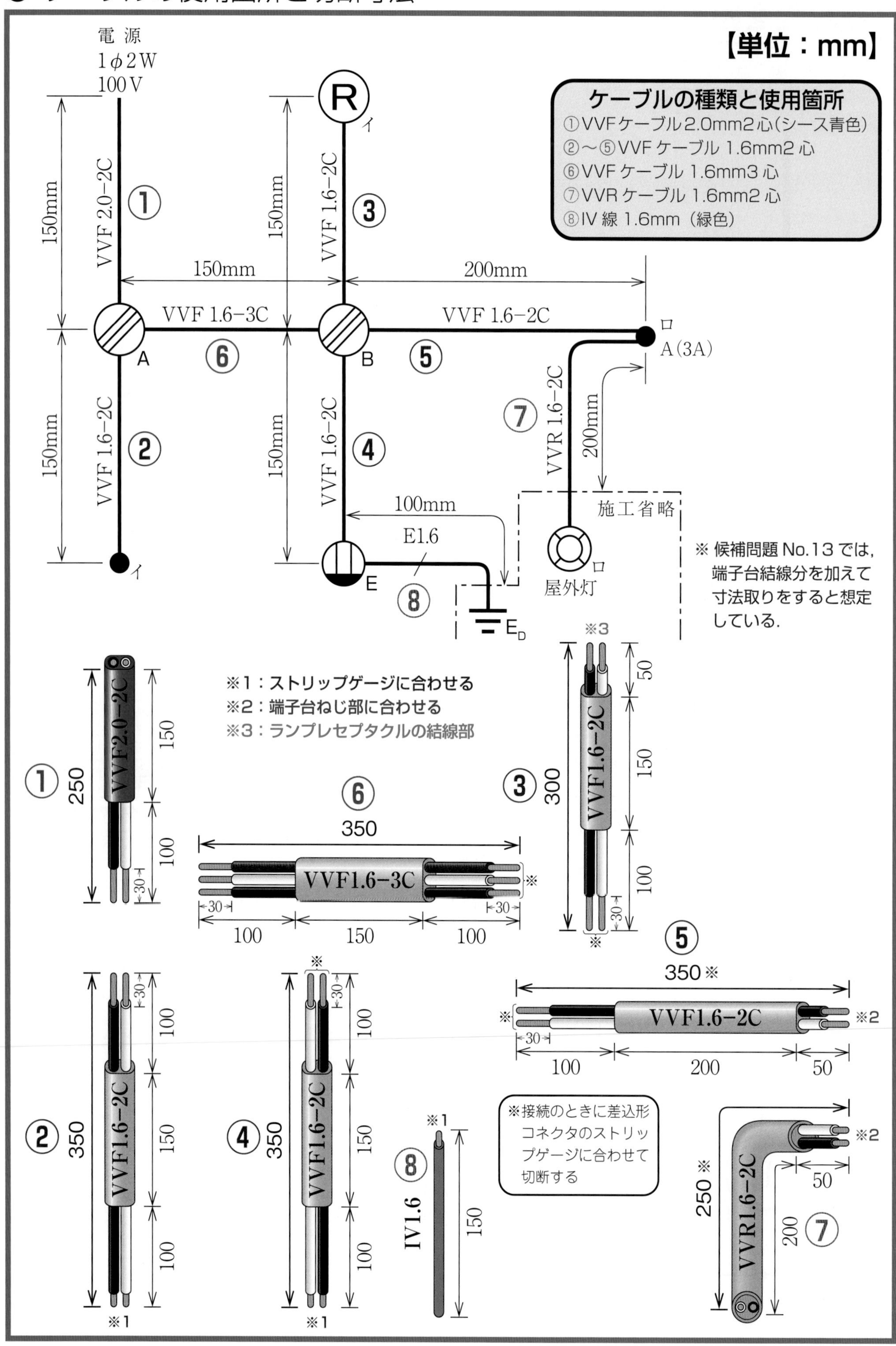

【単位：mm】
ケーブルの種類と使用箇所
①VVFケーブル2.0mm2心（シース青色）
②～⑤VVFケーブル 1.6mm2心
⑥VVFケーブル 1.6mm3心
⑦VVRケーブル 1.6mm2心
⑧IV線 1.6mm（緑色）
電源
1φ2W
100V
VVF 2.0−2C
VVF 1.6−2C
VVF 1.6−3C
VVR 1.6−2C
150mm
200mm
100mm
A(3A)
E1.6
施工省略
屋外灯
※ 候補問題 No.13 では，端子台結線分を加えて寸法取りをすると想定している．
※1：ストリップゲージに合わせる
※2：端子台ねじ部に合わせる
※3：ランプレセプタクルの結線部
VVF2.0−2C
VVF1.6−3C
VVF1.6−2C
VVR1.6−2C
IV1.6
350
250
300
※接続のときに差込形コネクタのストリップゲージに合わせて切断する

候補問題 No.13 の特徴と出題傾向

候補問題 No.13 の特徴として，自動点滅器回路が含まれていること，接地極付コンセントを使用することが挙げられます．この配線図は，本年度初めて候補問題とされました．

接地極付コンセントではなく埋込コンセントを使用する類似問題が，令和 5 ～元年度，平成 30 ～ 29 年度に候補問題とされ，令和 5 ～元年度上期・下期試験，平成 30 年度上期・下期試験，平成 29 年度上期・下期試験で出題されています．試験では，光導電素子とバイメタルスイッチ式の自動点滅器を 3P 端子台で代用した問題が出題されています．

光導電素子とバイメタルスイッチ式の自動点滅器は，内蔵された cds 回路が周囲の明るさを検知して内部接点を「閉」または「開」にすることで，屋外灯などの照明器具を点灯･消灯する構造のため，cds 回路は常時電源とつながっていなければならないことを覚えておきましょう．

自動点滅器

自動点滅器には，電線の結線方式がリード式のものと端子台式のものがあり，結線方式によって代用端子台の極数が異なります．

リード式

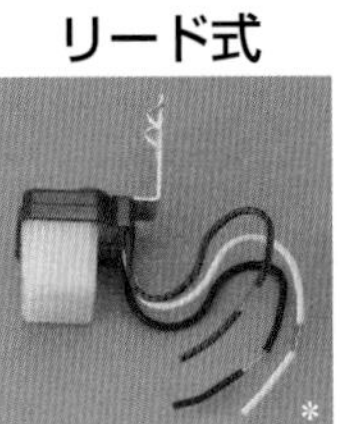

過去の出題はこちら

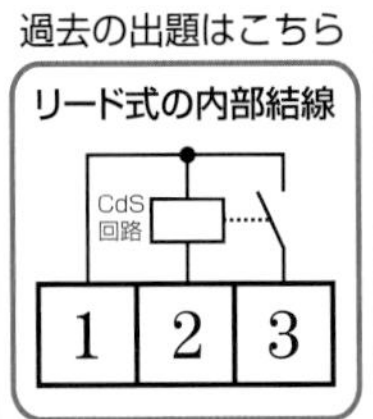

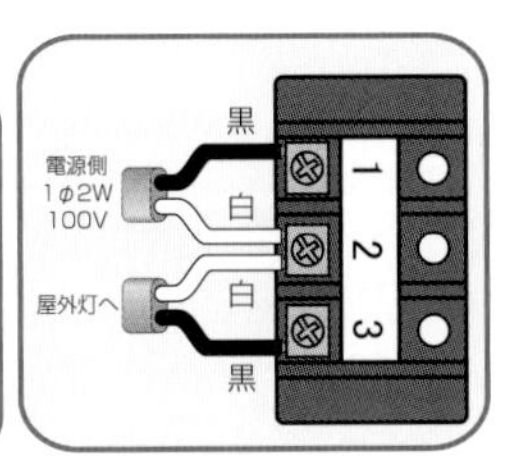

リード式の場合は，3 極の端子台を使用する（過去の試験では，これが出題．）．
「1」端子には電源からの非接地側電線（黒色），「2」端子には電源からの接地側電線（白色）と屋外灯の接地側電線（白色）の 2 本を結線する．「3」端子には，屋外灯の黒色を結線する．

＊印の写真の出典：2023 年度第二種電気工事士上期学科試験（筆記方式）午前：問 17

端子台式

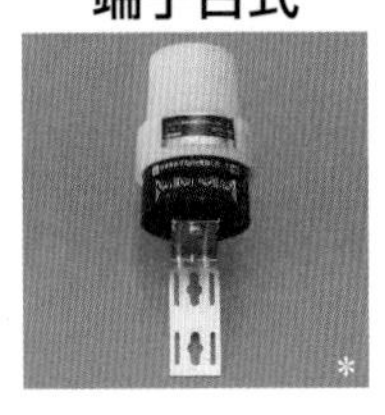

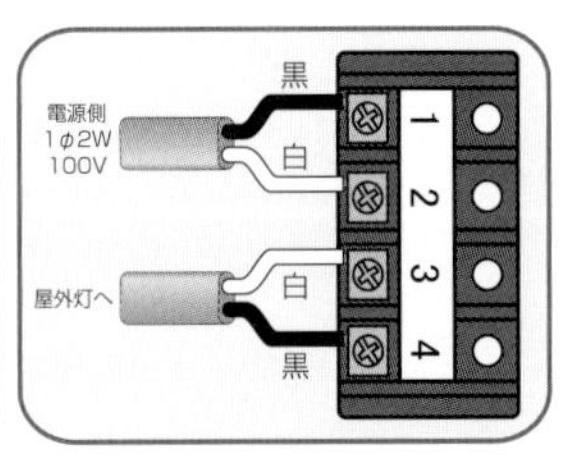

端子台式の場合は，4 極の端子台を使用する．この場合は,「1」端子には電源からの非接地側電線（黒色），「2」端子には電源からの接地側電線（白色）を結線する．屋外灯の接地側電線（白色）は「3」端子，「4」端子には，屋外灯の黒色を結線する．

＊印の写真の出典：2023 年度第二種電気工事士上期学科試験（筆記方式）午前：問 17

接地極付コンセント

接地極付コンセントは，表面の刃受けの位置が埋込コンセントとは違うため, 裏面の端子の配置も異なります．結線時には注意しましょう．

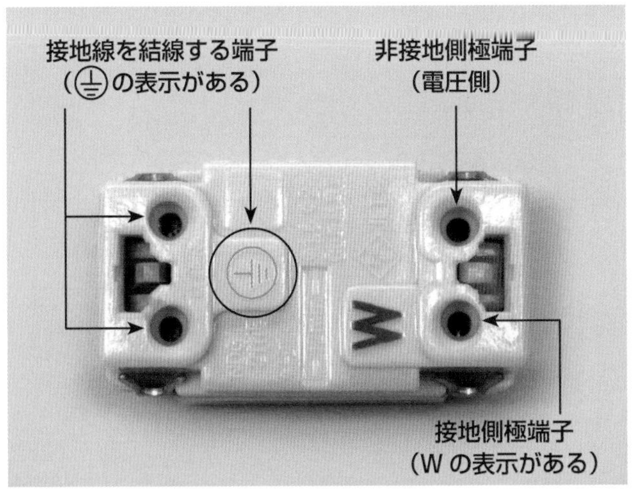

接地極付コンセントの端子は，左側の上・下の端子が接地線を結線する端子，右側の上が非接地側電線の黒色を結線する端子．右側の下が接地側電線の白色を結線する端子です．埋込コンセントへの結線と勘違いして，非接地側電線の黒色を左側の接地線を結線する端子に結線してしまうと欠陥になるので注意してください．

候補問題 No. 13 完成参考写真

作業動画は
ここからアクセス！

	接続する電線の本数		圧着マーク	リングスリーブ
※	2本	1.6mm × 2	○	小
★	2本	2.0mm × 1と1.6mm × 1	小	
♠	3本	2.0mm × 1と1.6mm × 2	小	

★印の接続箇所は，圧着マークを間違えやすいので注意！

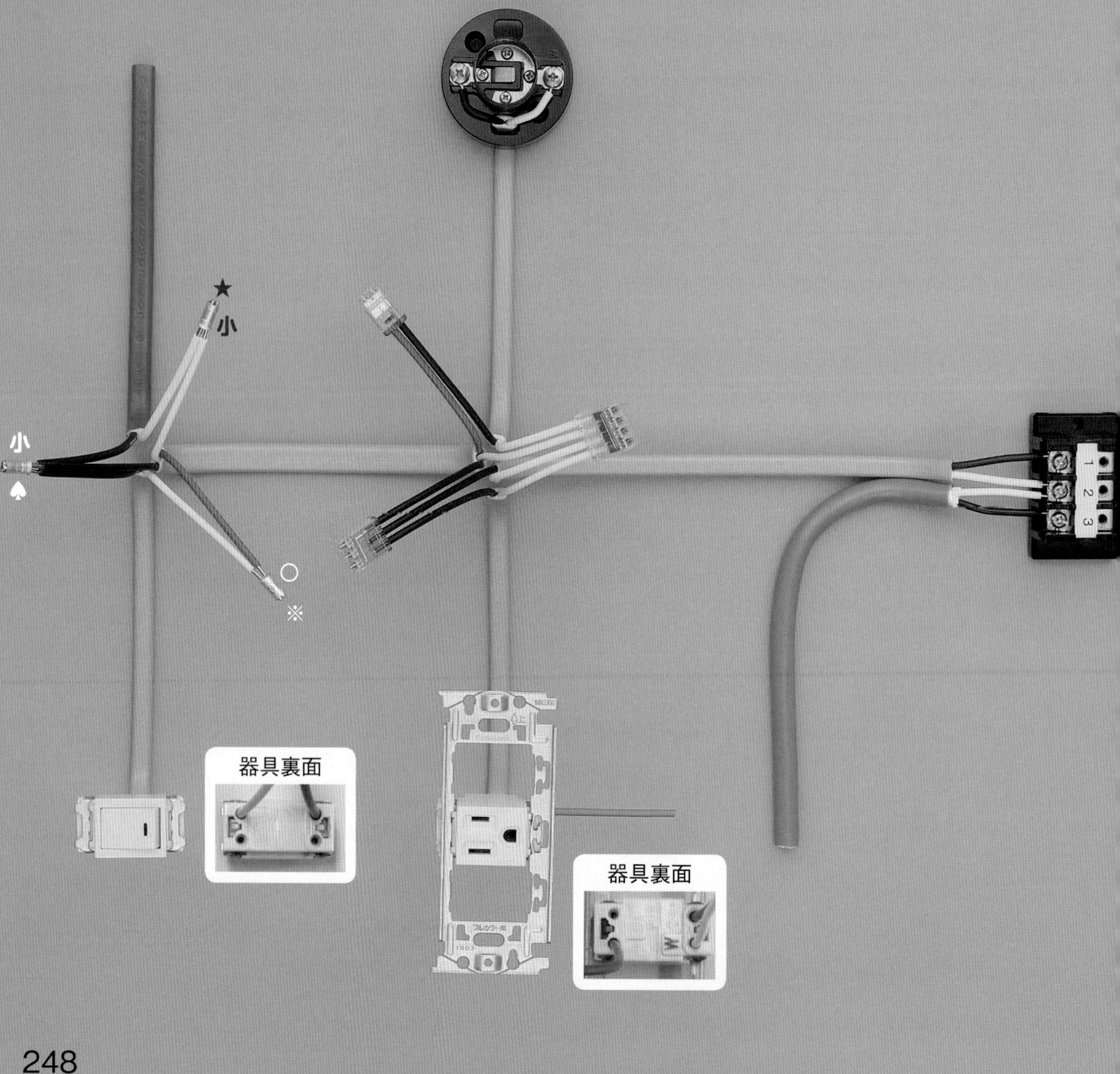

★ 小

小 ♠

○ ※

器具裏面

器具裏面

候補問題 No.13 の欠陥チェック

	欠陥事項	✓
全体共通部分	未完成（未着手，未接続，未結線，取付枠の未取付）	
	配線・器具の配置・電線の種類が配線図と相違	
	配線図に示された寸法の 50%以下で完成させている	
	取付枠を指定部分以外に使用	
	回路の誤り（誤接続，誤結線）	
	接地側・非接地側電線・接地線の色別の相違，器具の極性相違	
	ケーブルシースに 20mm 以上の縦割れがある	
	ケーブルを折り曲げると絶縁被覆が露出する傷がある	
	絶縁被覆を折り曲げると心線が露出する傷がある	
	心線を折り曲げると心線が折れる程度の傷がある	
	材料表以外の材料を使用している（試験時は支給品以外）	
電線相互の接続部分	指定箇所を指定された接続方法以外で接続している	
	圧着接続での圧着マークの誤り	
	リングスリーブを破損している	
	圧着マークの一部が欠けている	
	リングスリーブに 2 つ以上の圧着マークがある	
	1 箇所の接続に 2 個以上のリングスリーブを使用している	
	接続する心線がリングスリーブの先端から見えていない	
	接続部先端の端末処理が適切でない（心線が 5mm 以上露出している）	
	リングスリーブの下端から心線が 10mm 以上露出している	
	ケーブルシースのはぎ取り不足で絶縁被覆が 20mm 以下	
	絶縁被覆の上から圧着している	
	差込形コネクタの先端部分に心線が見えていない	
	差込形コネクタの下端部分から心線が露出している	
器具等との結線部分	心線をねじで締め付けていないもの（※ランプレセプタクル・代用端子台）	
	ねじの端から心線が 5mm 以上露出している（※ランプレセプタクル）	
	端子台の端から心線が 5mm 以上露出している	
	絶縁被覆の上からねじを締め付けている（※ランプレセプタクル・代用端子台）	
	ケーブル引込口を通さずに台座の上からケーブルを結線（※ランプレセプタクル）	
	心線の端末がねじの端から 5mm 以上はみ出している（※ランプレセプタクル）	
	ランプレセプタクルのカバーが適切に締まらないもの	
	ケーブルシースが台座まで入っていない（※ランプレセプタクル）	
	心線が端子から露出している（※埋込連用器具：2mm 以上）	
	電線を引っ張ると端子から心線が抜ける（※埋込連用器具）	
	取付枠に器具の取付不適の場合（裏返し・器具を引っ張ると外れる・取付位置の誤り）	
	器具を破損させたまま使用	
	総合チェック	

主な欠陥例

すべての作業を丁寧に行って，欠陥がない作品を完成させることを心掛けましょう．
★印はよくある欠陥のため，作業時には特に注意して下さい．

縦割がある

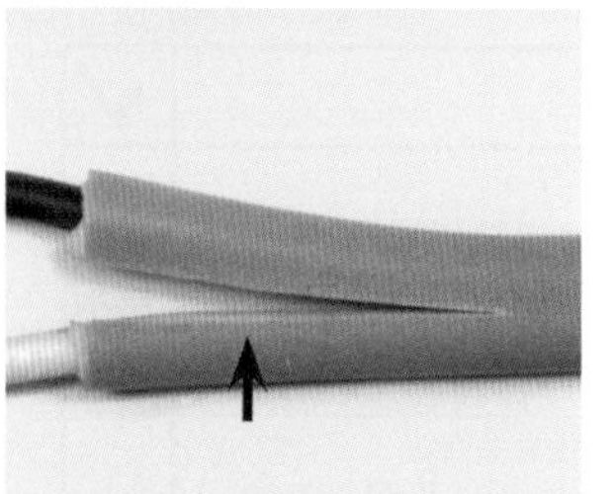

絶縁被覆の露出

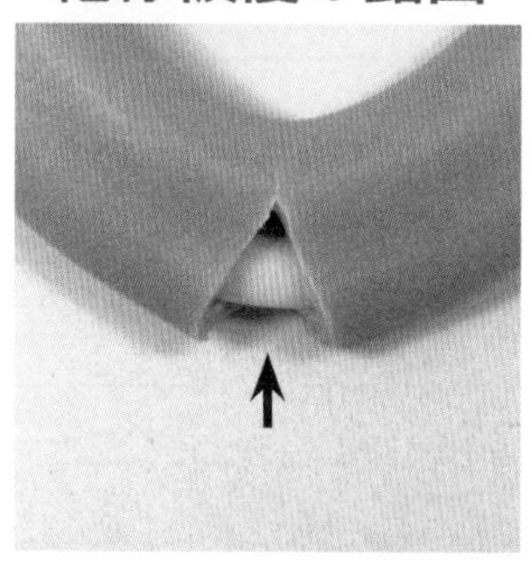

心線が見える

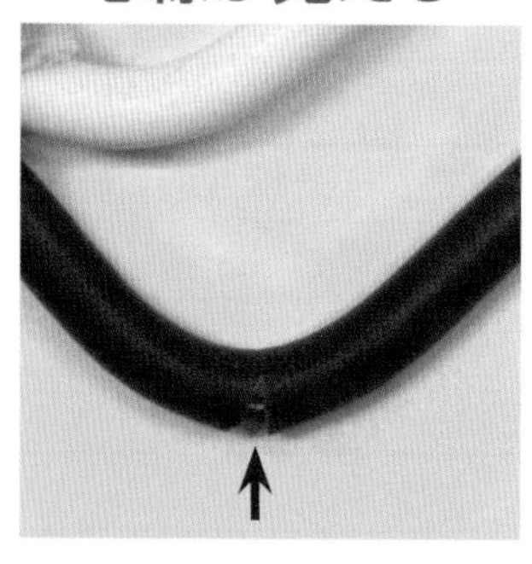

介在物が抜けている

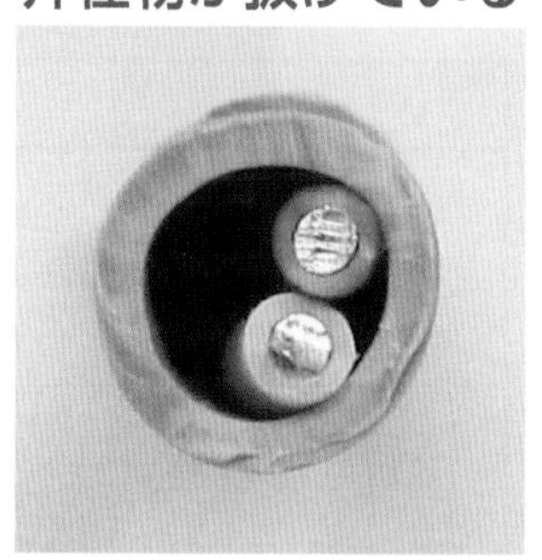

★極性の誤り

ゆるい締め付け

★台座に入っていない

左巻きで巻付け

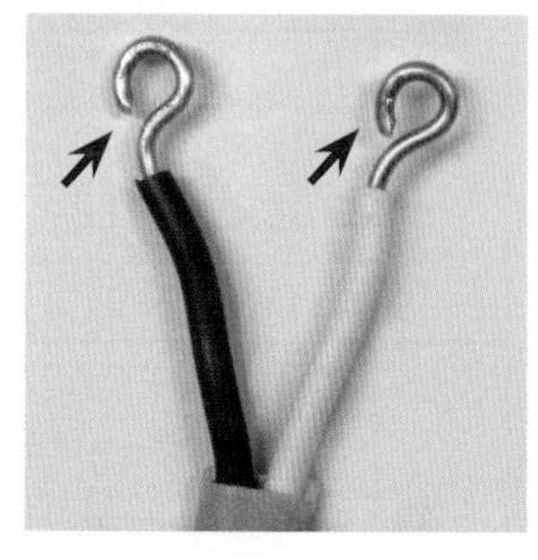

心線を重ねて巻付け

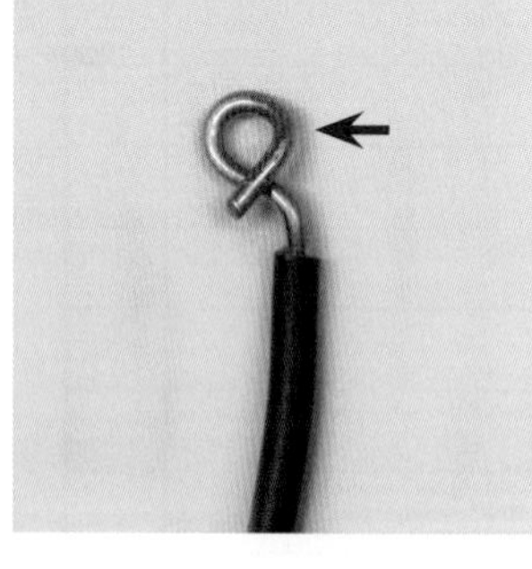

心線の巻付け不足

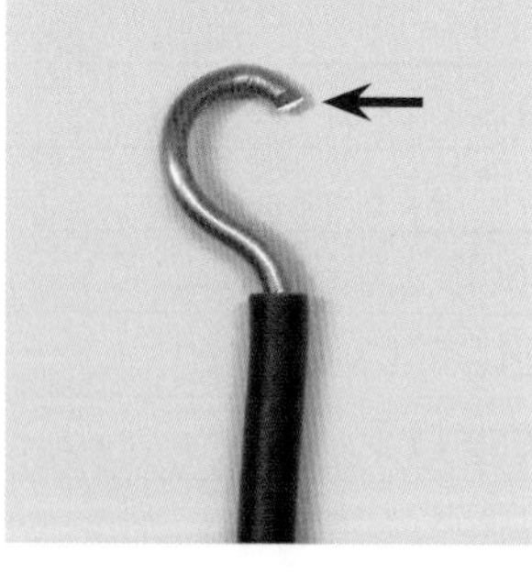

被覆の上から締め付け

絶縁被覆のむき過ぎ

心線の露出

極性の誤り

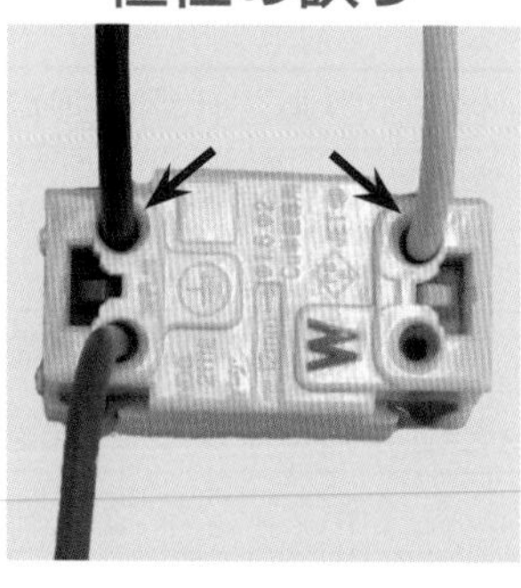

取付位置の誤り

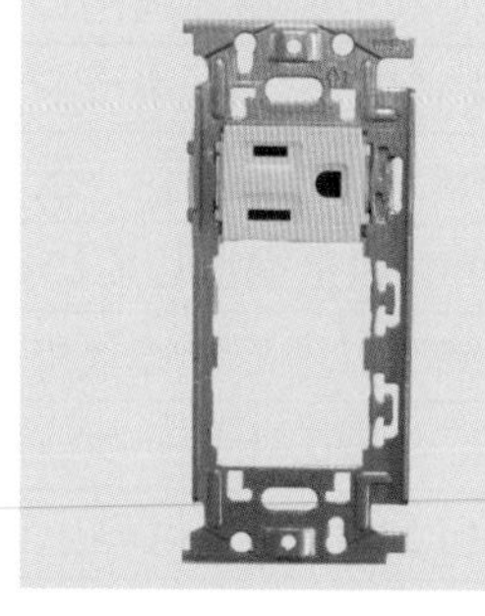

★心線の挿入不足

心線の露出

★圧着マークの誤り

1.6mm と 2.0mm の 2 本の圧着は「小」の刻印

被覆の上から圧着

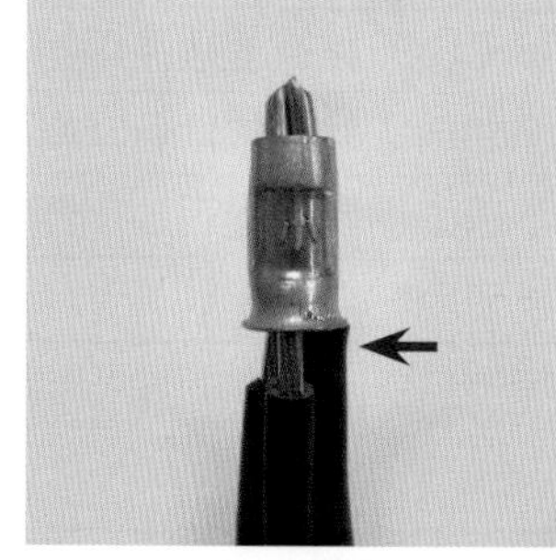

端末処理の不適切

欠陥の詳細については，各作業手順のページをご参照ください．

片切スイッチの固定極・可動極について

片切スイッチ裏面の固定極・可動極の配置は，メーカによって異なります．本書では，片切スイッチ裏面の右側の端子が固定極となるものを使用しています．

【固定極：右側に配置】

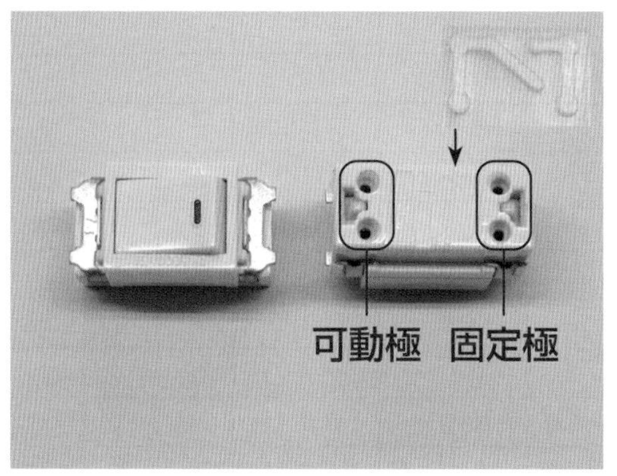

【固定極：左側に配置】

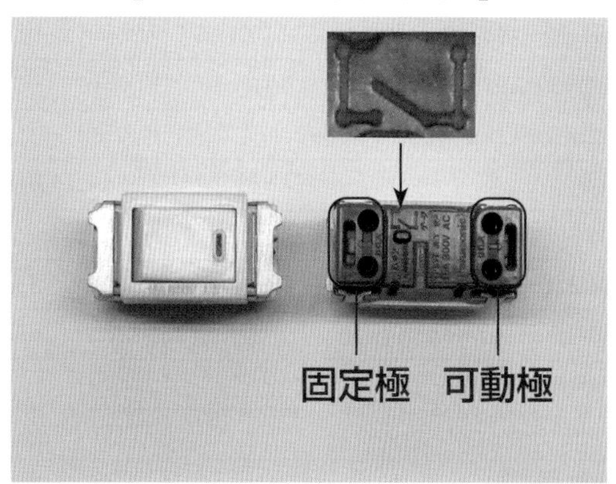

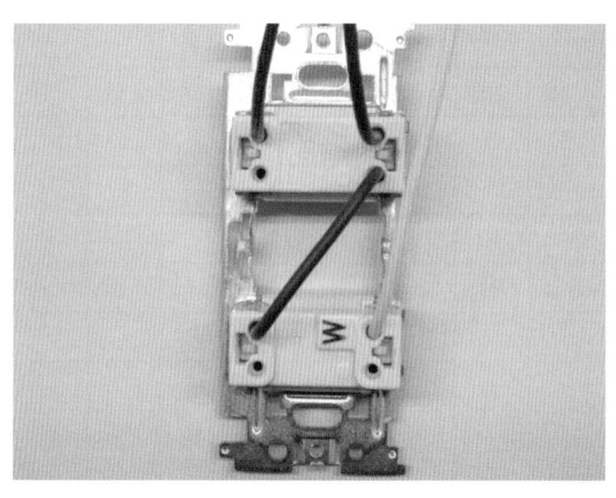

裏面右側の端子が固定極になっている片切スイッチと埋込コンセントを連用する場合，片切スイッチの固定極に非接地側電線（黒色）を結線すると，片切スイッチと埋込コンセント間の渡り線が斜めになります．

片切スイッチには極性がなく，技能試験では固定極･可動極のどちらに非接地側電線（黒色）を結線しても欠陥にはなりません．そのため，片切スイッチと埋込コンセント間の渡り線を斜めに結線するよりも縦に結線した方が作業しやすいと判断し，第５章の候補問題の解説における片切スイッチと埋込コンセントを連用する箇所については，片切スイッチの可動極に非接地側電線（黒色）を結線し，片切スイッチと埋込コンセント間の渡り線が縦一列に並ぶような複線図，結線例としました．

【複線図例】

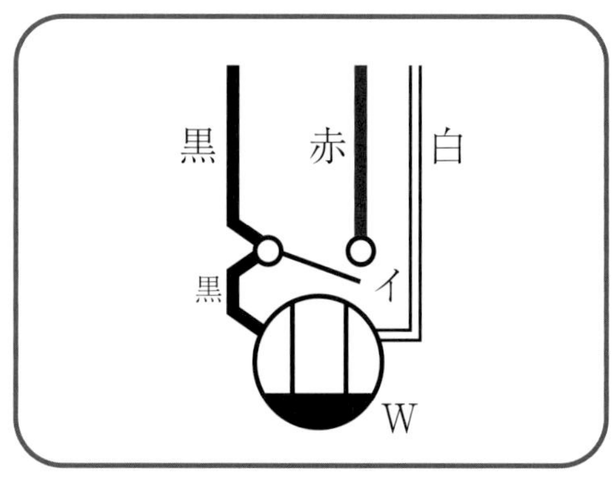

【結線例】

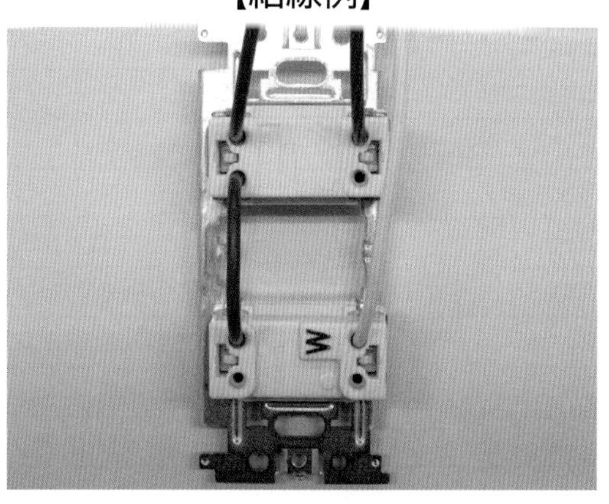

候補問題例（第５章）の練習で必要な材料一覧

※各候補問題で使用する各種ケーブル長は，おおよその長さです．

材　　料	数　量	No.1	No.2	No.3	No.4	No.5	No.6	No.7	No.8	No.9	No.10	No.11	No.12	No.13
600Vビニル絶縁ビニルシースケーブル平形1.6mm，２心（VVF1.6-2C）	約16.5m	900mm ×２本	1200mm	1600mm	800mm	1600mm	800mm	1350mm	1050mm ×２本	1200mm	600mm	1150mm	950mm	1350mm
600Vビニル絶縁ビニルシースケーブル平形2.0mm，２心（VVF2.0-2C，シース青色）	約3.45m	–	250mm	250mm	450mm	350mm	250mm	250mm	–	600mm	300mm	250mm	250mm	250mm
600Vビニル絶縁ビニルシースケーブル平形1.6mm，３心（VVF1.6-3C）	約5.7m	350mm	800mm	350mm	500mm	–	1050mm	1150mm	–	350mm	450mm	–	350mm	350mm
600Vビニル絶縁ビニルシースケーブル平形2.0mm，３心（VVF2.0-3C，シース青色）	約55cm	–	–	–	550mm	–	–	–	–	–	–	–	–	–
600Vビニル絶縁ビニルシースケーブル平形2.0mm，３心（VVF2.0-3C，200V 回路用）	約35cm	–	–	–	–	350mm	–	–	–	–	–	–	–	–
600Vビニル絶縁ビニルシースケーブル丸形1.6mm，２心（VVR1.6-2C）	約25cm	–	–	–	–	–	–	–	–	–	–	–	–	250mm
600Vビニル絶縁ビニルシースケーブル丸形2.0mm，２心（VVR2.0-2C）	約30cm	–	–	–	–	–	–	–	300mm	–	–	–	–	–
600Vポリエチレン絶縁耐燃性ポリエチレンシースケーブル平形2.0mm，２心(EM-EEF2.0-2C)	約25cm	250mm	–	–	–	–	–	–	–	–	–	–	–	–
600Vビニル絶縁電線1.6mm（IV，黒）	約1.05m	–	–	–	–	–	–	–	–	–	–	550mm	500mm	–
600Vビニル絶縁電線1.6mm（IV，白）	約85cm	–	–	–	–	–	–	–	–	–	–	450mm	400mm	–
600Vビニル絶縁電線1.6mm（IV，赤）	約85cm	–	–	–	–	–	–	–	–	–	–	450mm	400mm	–
600Vビニル絶縁電線1.6mm（IV，緑）	約45cm	–	–	150mm	–	–	–	–	–	150mm	–	–	–	150mm
ランプレセプタクル	１個	１個	１個	１個	１個	１個	–	１個	１個	１個	１個	１個	１個	１個
露出形コンセント	１個	–	–	–	–	–	１個	–	–	–	–	–	–	–
引掛シーリングローゼット（角形）	１個	１個	–	１個	１個	–	１個	–	–	–	１個	１個	１個	–
引掛シーリングローゼット（丸形）	１個	–	–	–	–	–	–	–	１個	１個	–	–	–	–
埋込連用タンブラスイッチ（片切）	２個	２個	１個	１個	１個	２個	–	–	–	１個	１個	２個	２個	１個
埋込連用タンブラスイッチ（３路）	２個	–	–	–	–	–	２個	２個	–	–	–	–	–	–
埋込連用タンブラスイッチ（４路）	１個	–	–	–	–	–	–	１個	–	–	–	–	–	–
埋込連用タンブラスイッチ（位置表示灯内蔵）	１個	１個	–	–	–	–	–	–	–	–	–	–	–	–
埋込連用コンセント	１個	–	１個	１個	１個	１個	–	–	–	–	１個	１個	１個	１個
埋込連用接地極付コンセント	１個	–	–	１個	–	–	–	–	–	–	–	–	–	１個
埋込コンセント（２口）	１個	–	１個	–	–	–	–	–	–	–	–	–	–	–
埋込コンセント（15A125V 接地極付接地端子付）	１個	–	–	–	–	–	–	–	–	１個	–	–	–	–
埋込連用パイロットランプ	１個	–	１個	–	–	–	–	–	–	–	１個	–	–	–
埋込コンセント（20A250V 接地極付）	１個	–	–	–	–	１個	–	–	–	–	–	–	–	–
埋込連用取付枠	２枚	１枚	１枚	１枚	１枚	１枚	２枚	１枚	–	１枚	１枚	１枚	１枚	１枚
３極端子台	１個	–	–	１個	–	–	–	–	–	–	–	–	–	１個
５極端子台	１個	–	–	–	１個	１個	–	–	–	–	–	–	–	–
６極端子台	１個	–	–	–	–	–	–	–	１個	–	–	–	–	–
配線用遮断器（100V，２極１素子）	１個	–	–	–	–	–	–	–	–	–	１個	–	–	–
アウトレットボックス	１個	–	–	–	–	–	–	１個	１個	–	–	１個	１個	–
ねじなし電線管（E19）約 120 mm	１本	–	–	–	–	–	–	–	–	–	–	１本	–	–
ねじなしボックスコネクタ（E19）	１個	–	–	–	–	–	–	–	–	–	–	１個	–	–
絶縁ブッシング（19）	１個	–	–	–	–	–	–	–	–	–	–	１個	–	–
合成樹脂製可とう電線管（PF16）約 70 mm	１本	–	–	–	–	–	–	–	–	–	–	–	１本	–
合成樹脂製可とう電線管用ボックスコネクタ（PF16）	１個	–	–	–	–	–	–	–	–	–	–	–	１個	–
ゴムブッシング（19）	３個	–	–	–	–	–	–	３個	２個	–	–	２個	３個	–
ゴムブッシング（25）	３個	–	–	–	–	–	–	２個	３個	–	–	２個	–	–
リングスリーブ（小）	38 個	５個	３個	３個	３個	３個	４個	４個	３個	１個	１個	１個	４個	３個
リングスリーブ（中）	４個	–	–	–	–	–	–	–	–	２個	１個	１個	–	–
差込形コネクタ（２本用）	４個	２個	–	１個	１個	–	２個	４個	–	２個	–	２個	２個	１個
差込形コネクタ（３本用）	２個	１個	２個	１個	２個	–	２個	２個	–	１個	１個	–	１個	１個
差込形コネクタ（４本用）	２個	–	１個	１個	–	１個	–	–	２個	–	–	–	–	１個

※数量の欄のケーブル・絶縁電線，リングスリーブは 13 問題で使用する総合計の長さ，個数です．配線器具，ゴムブッシング，差込形コネクタなどは，使い回しを前提とした最低数です．練習用の材料をご準備される際にお役立て下さい．

第6章 昨年度の出題について

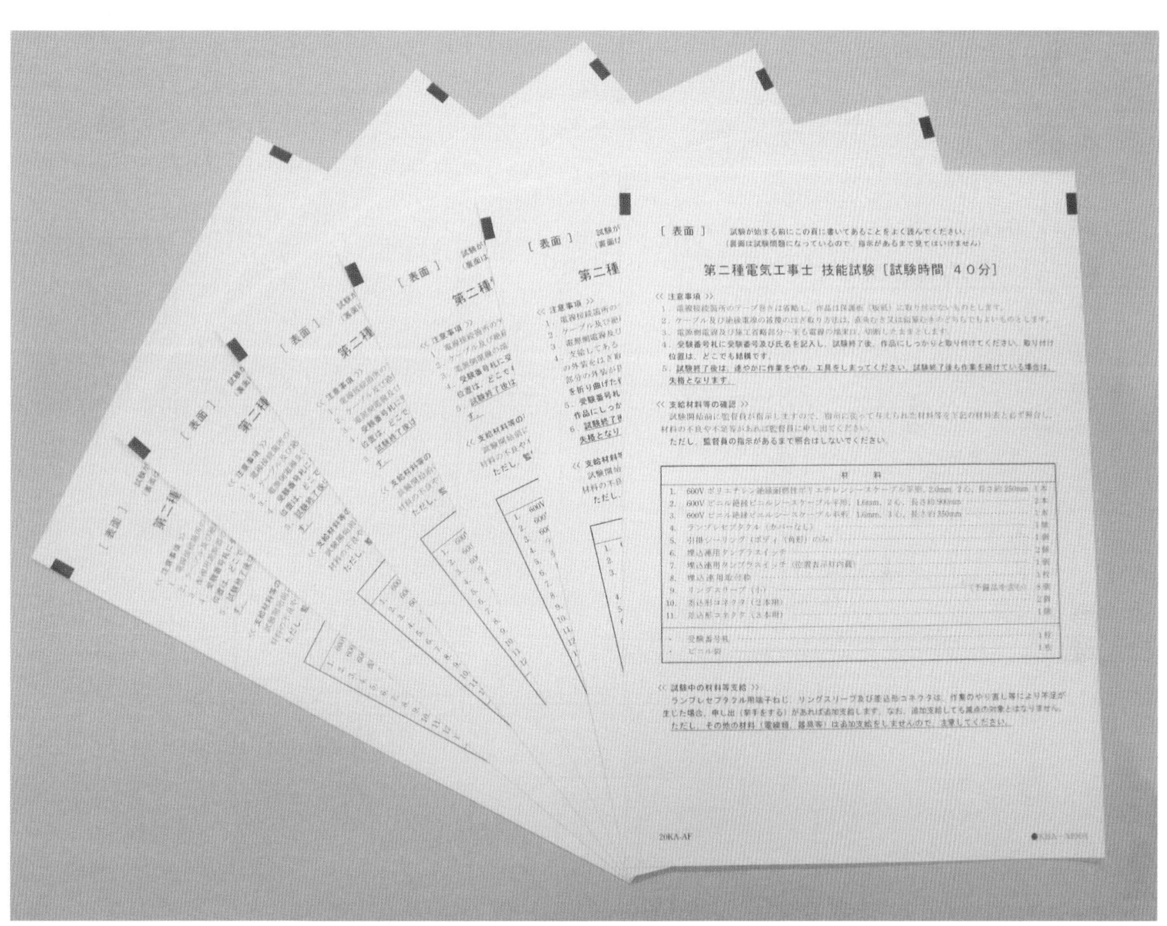

この章では，昨年度（2023年度：令和5年度）に公表された候補問題，実際の試験で出題された試験問題を取り上げています．技能試験の受験に向けて，参考にしてください．

1 昨年度の出題問題

1. 2023年度（令和5年度）に公表された候補問題

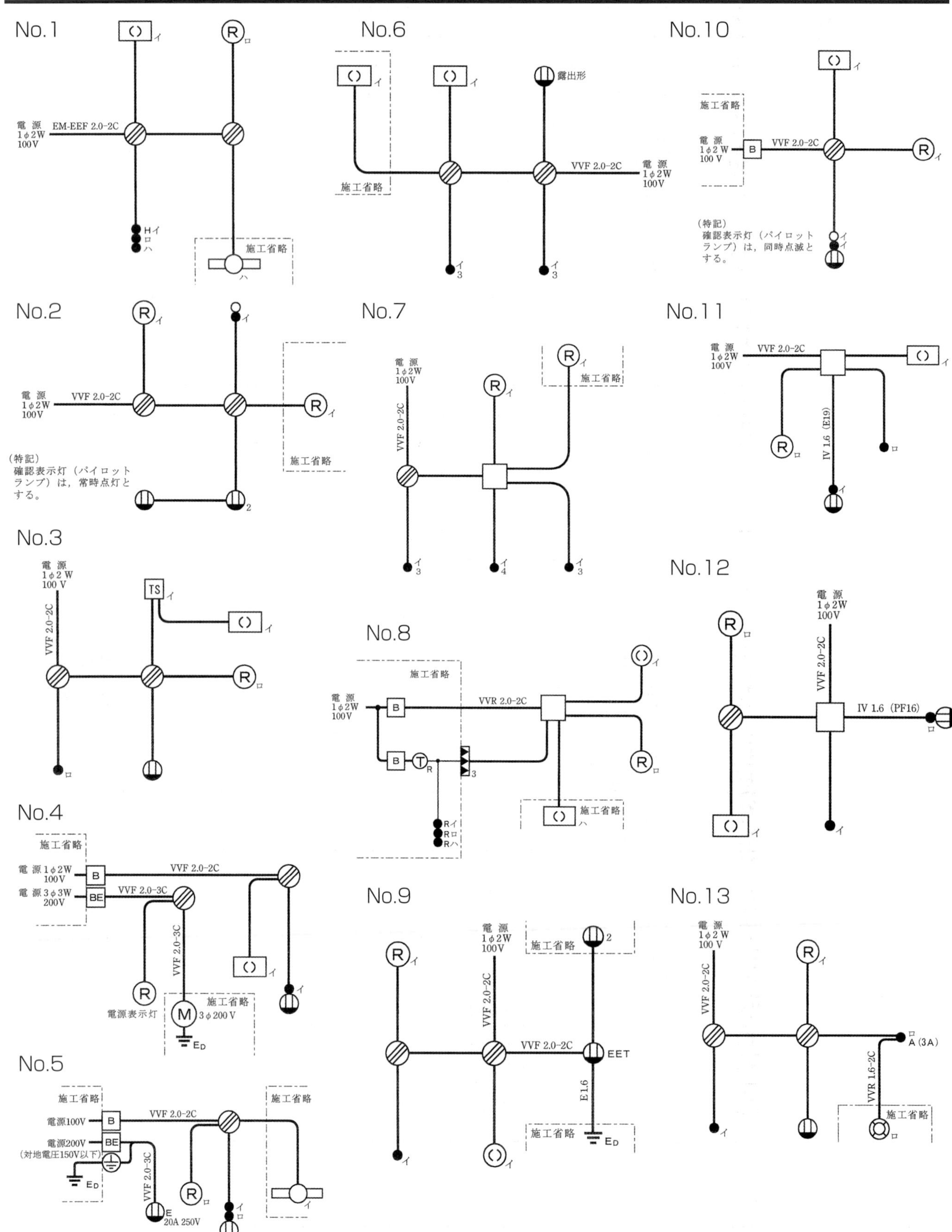

2. 2023年度（令和5年度）の技能試験で出題された試験地別問題一覧

下表は，全国の工業高校を対象に弊社が独自にアンケートを依頼し，返信のあった工業高校から自己申告された出題問題の候補問題Noを試験日・試験地ごとにまとめたものです．

〈転載禁止〉

地区	試験地	上期技能試				下期技能試験*			
		7/22実施	地区別合格率	7/23実施	地区別合格率	12/23実施	地区別合格率	12/24実施	地区別合格率
北海道	旭川市	No.4	77.6%	×	68.5%	No.10	73.3%	×	64.6%
	北見市	−		×		−		×	
	札幌市	×		No.10		×		No.1	
	釧路市	−		×		−		×	
	室蘭市	−		×		−		×	
	函館市	No.4		×		−		×	
東北	青森県	×	70.2%	No.12	71.1%	×	74.9%	No.4	73.6%
	岩手県	×		No.6		×		No.11	
	宮城県	No.4		×		No.13		×	
	秋田県	No.10		×		×		No.11	
	山形県	No.9		×		×		No.13	
	福島県	×		No.7		×		No.4	
	新潟県	×		No.7		No.3		×	
関東	茨城県	×	74.7%	No.4	73.2%	×	65.7%	No.10	67.2%
	栃木県	No.9		×		No.7		×	
	群馬県	×		−		−		×	
	埼玉県	×		No.6		×		No.9	
	千葉県	No.3		×		×		No.1	
	東京都	No.12，No.13		×		No.5，No.11		×	
	神奈川県	×		No.2，No.5		×		No.2	
	山梨県	×		No.9		×		−	
中部	長野県	No.10	70.8%	×	68.9%	No.10	66.3%	×	70.8%
	岐阜県	No.1		×		No.11		×	
	静岡県	No.8		×		No.6		×	
	愛知県	×		No.3，No.6		×		No.8	
	三重県	No.7		×		No.2		×	
北陸	富山県	No.9	74.1%	×	76.8%	No.12	75.1%	×	77.8%
	石川県	×		−		×		No.5	
	福井県	No.1		×		−		×	
関西	滋賀県	No.13	76.2%	×	73.2%	×	67.7%	No.10	66.2%
	京都府	No.2		×		−		×	
	大阪府	×		No.3，No.8		×		No.11	
	兵庫県	No.13		×		No.12		×	
	奈良県	×		No.6		−		×	
	和歌山県	No.5		×		No.12		×	
中国	鳥取県	No.5	75.0%	×	75.8%	−	70.7%	×	68.0%
	島根県	×		No.7		×		No.8	
	岡山県	No.2		×		No.13		×	
	広島県	×		No.13		×		No.6	
	山口県	No.2		×		No.3		×	
四国	徳島県	×	71.7%	No.8	76.8%	No.1	70.3%	×	71.4%
	香川県	×		−		×		−	
	愛媛県	No.5		×		No.4		×	
	高知県	No.3		×		No.4		×	
九州	福岡県	×	74.9%	No.10	72.1%	×	71.1%	No.3	72.4%
	佐賀県	−		×		−		×	
	長崎県	No.11		×		×		−	
	熊本県	No.10		×		−		×	
	大分県	No.6		×		−		×	
	宮崎県	×		−		−		×	
	鹿児島県	×		−		×		−	
	奄美市	×		−		×		×	
沖縄	沖縄県	×	64.6%	−	70.6%	×	0.0%	−	71.6%
	宮古島市	−		×		×		×	
	石垣市	−		×		×		×	

×印：該当試験日に技能試験未実施の試験地，−印：アンケート未回答 （上期：対象277校 / 返信110校）

*2024年1月26日～2月1日集計分（対象278校 / 返信49校）を掲載．

※地区別合格率は，一般財団法人電気技術者試験センターが公表したもの．

出題①：候補問題 No.1

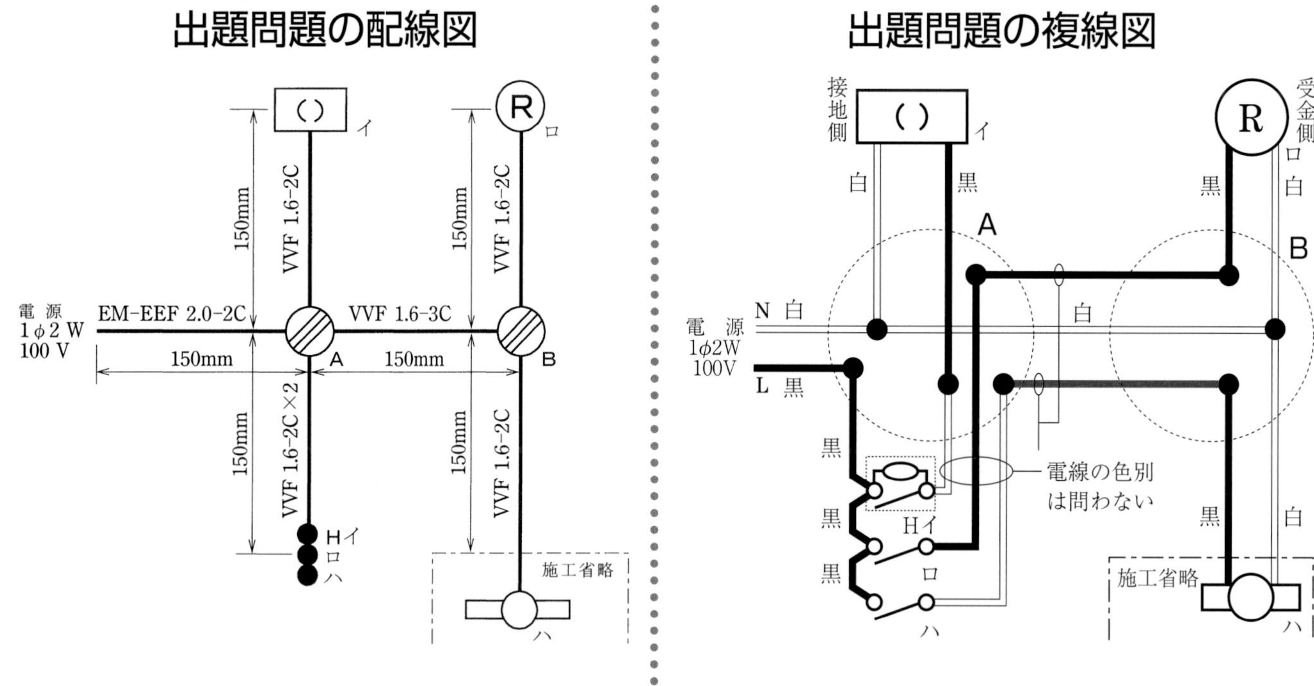

完成作品例

連用箇所裏面

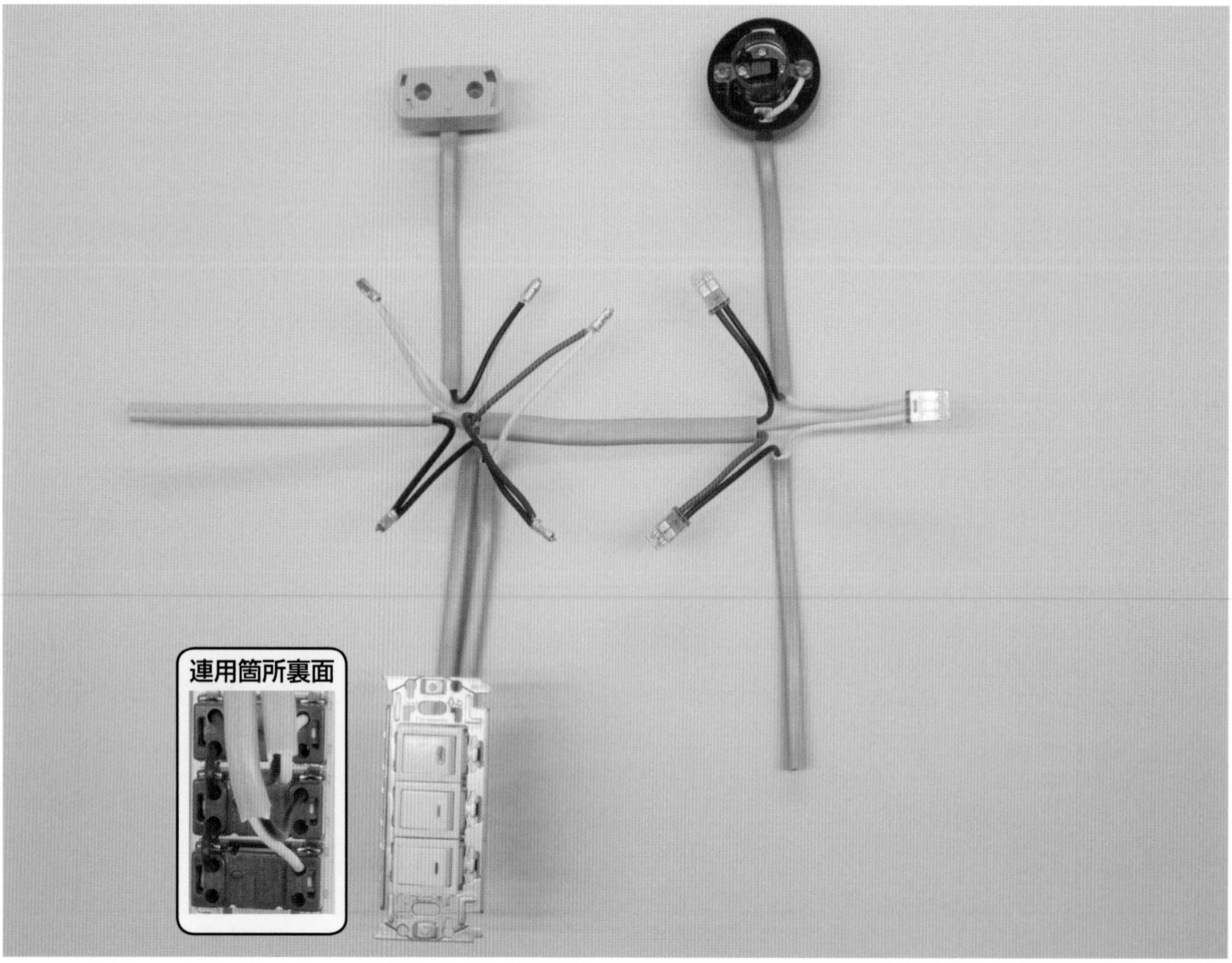

出題②：候補問題 No.2

出題問題の配線図

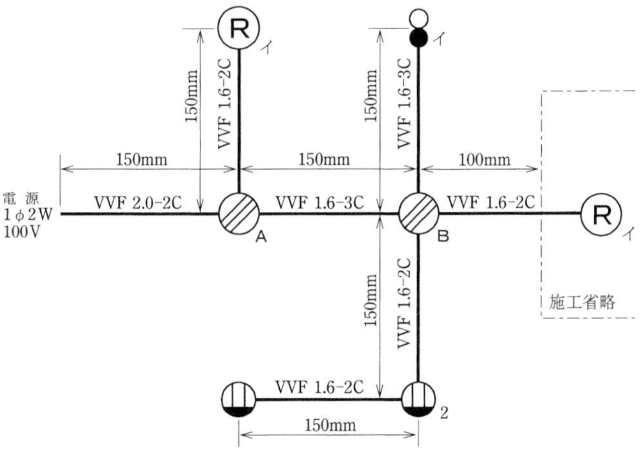

150mm
VVF 1.6-2C
R イ
150mm
VVF 1.6-3C
イ
150mm 150mm 100mm
電源 1φ2W 100V
VVF 2.0-2C
A
VVF 1.6-3C
B
VVF 1.6-2C
R イ
施工省略
150mm
VVF 1.6-2C
VVF 1.6-2C
2
150mm

出題問題の複線図

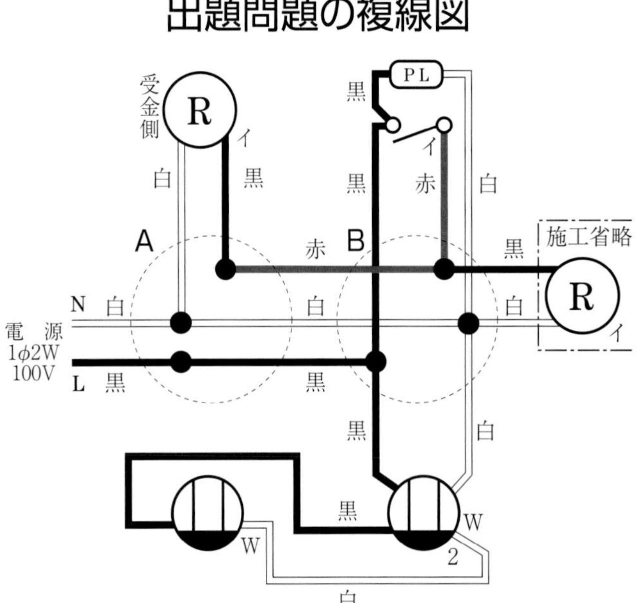

完成作品例

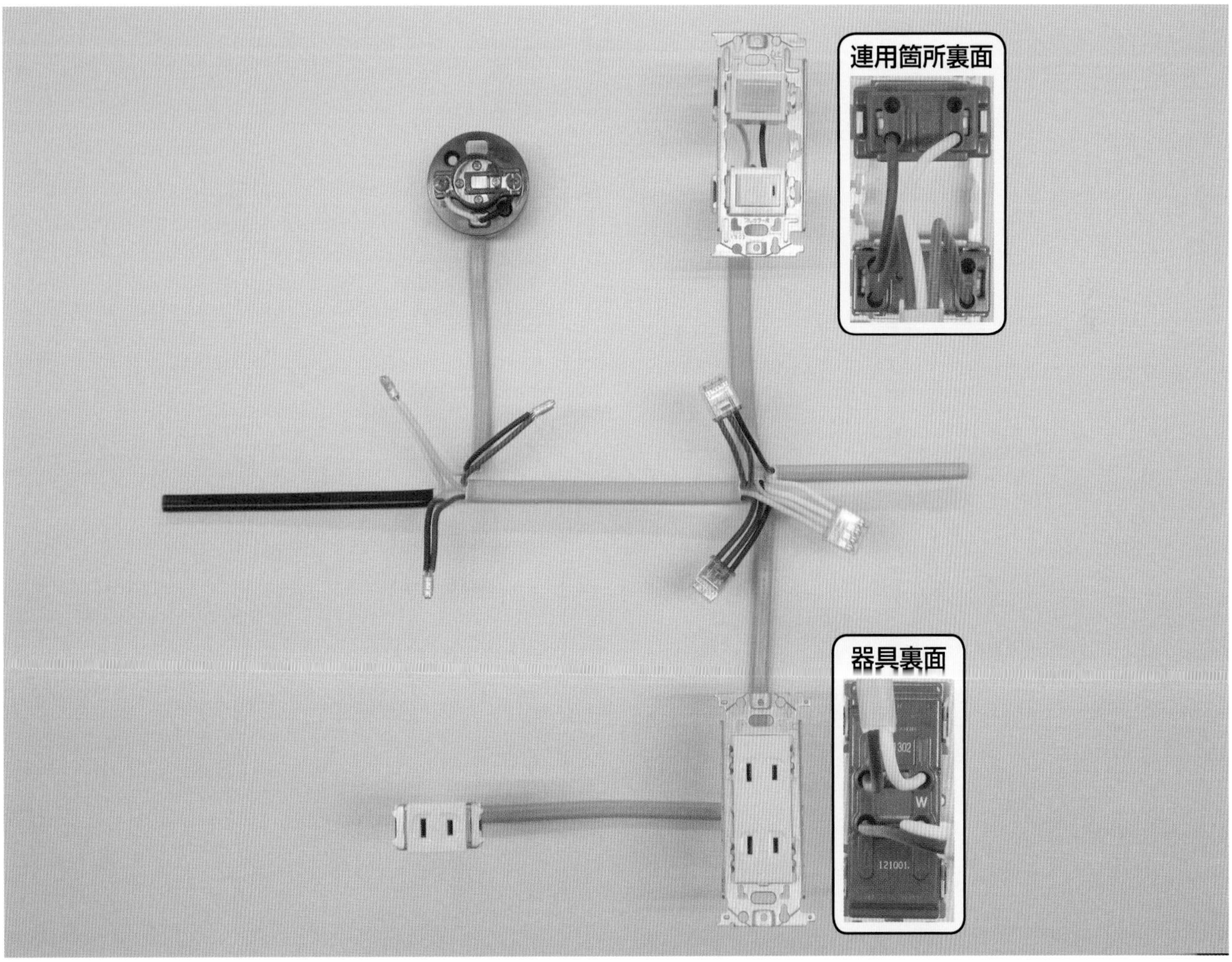

連用箇所裏面

器具裏面

昨年度の出題問題

出題③：候補問題 No.3

出題問題の配線図と端子台説明図

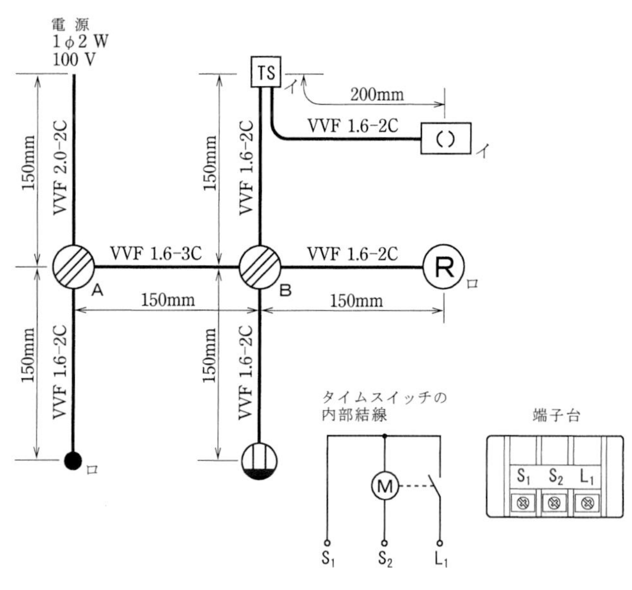

出題問題の複線図

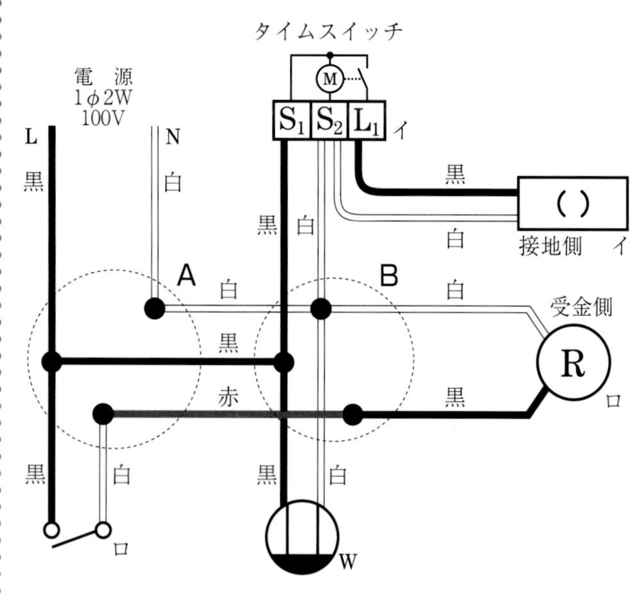

完成作品例

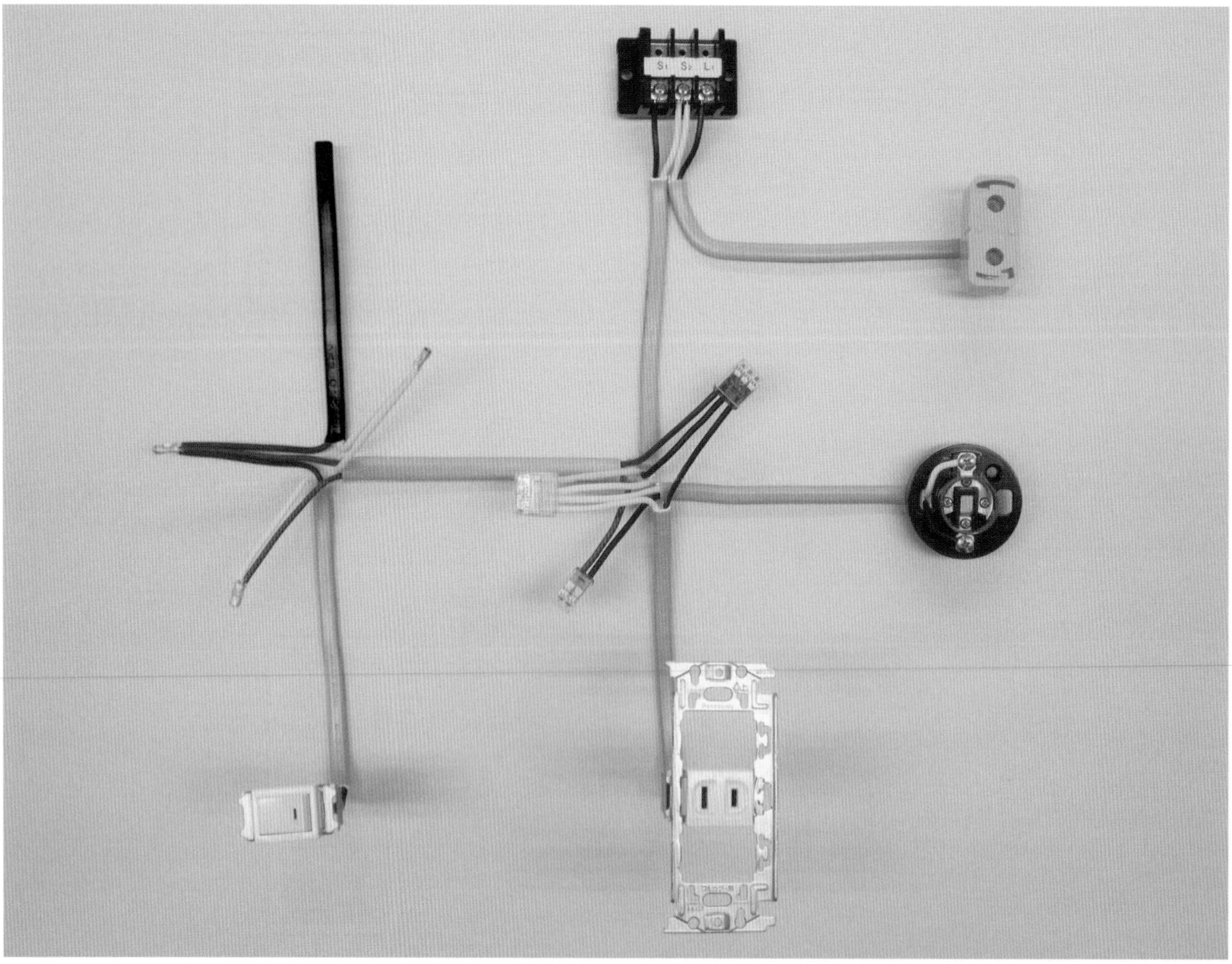

出題④：候補問題 No.4

出題問題の配線図

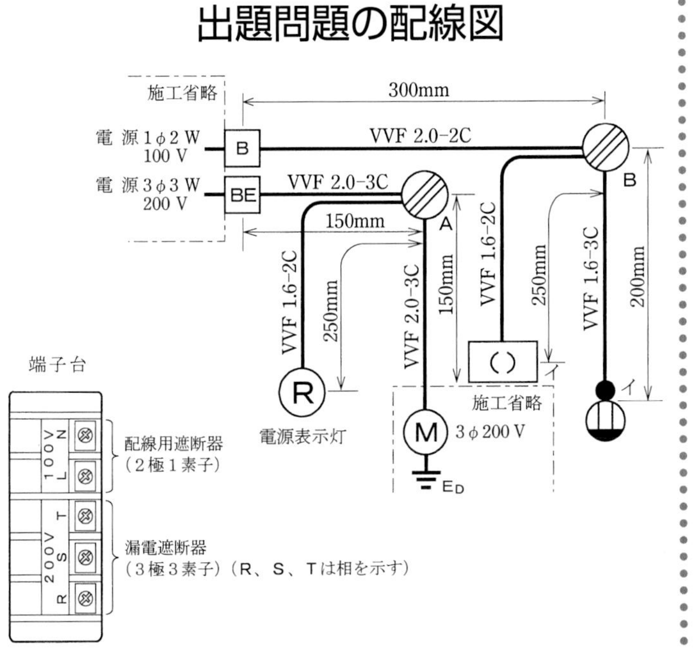

出題問題の複線図

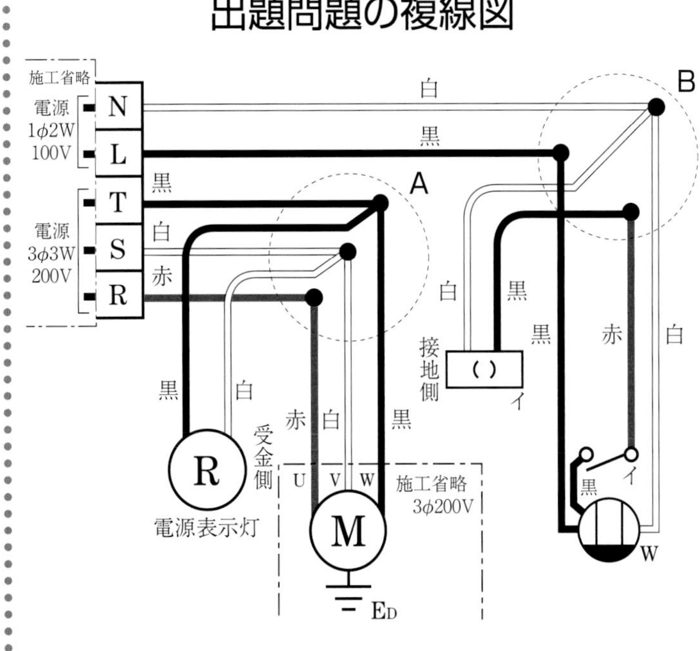

完成作品例

連用箇所裏面

昨年度の出題問題

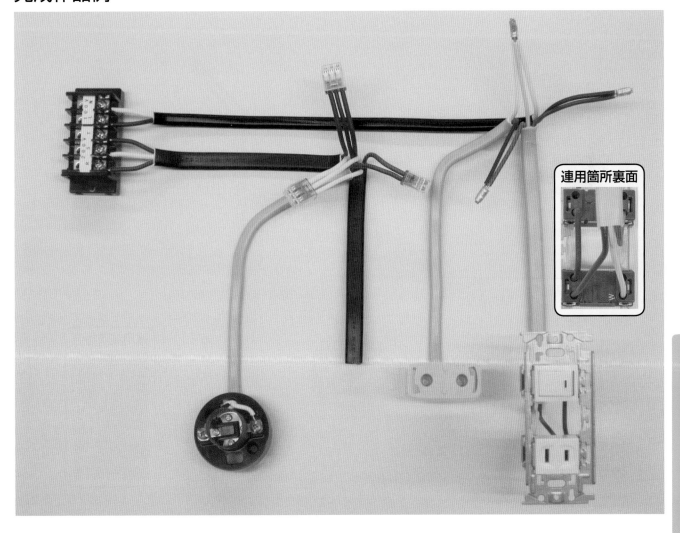

出題⑤：候補問題 No.5

出題問題の配線図と端子台説明図

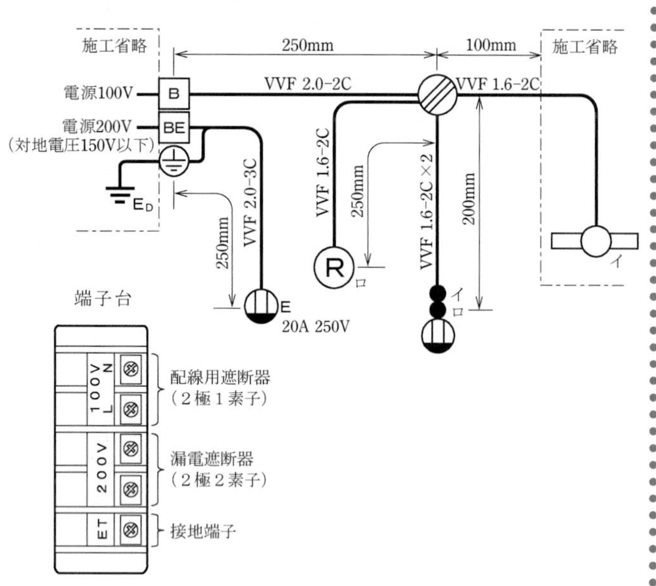

出題問題の複線図

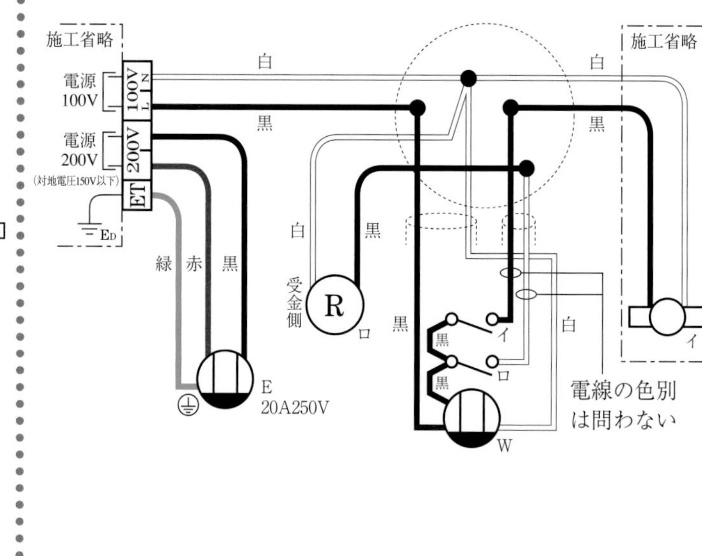

完成作品例

器具裏面

連用箇所裏面

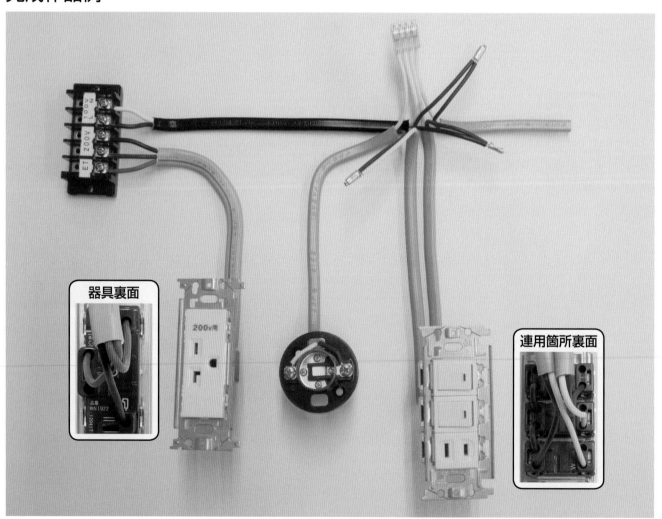

出題⑥：候補問題 No.6

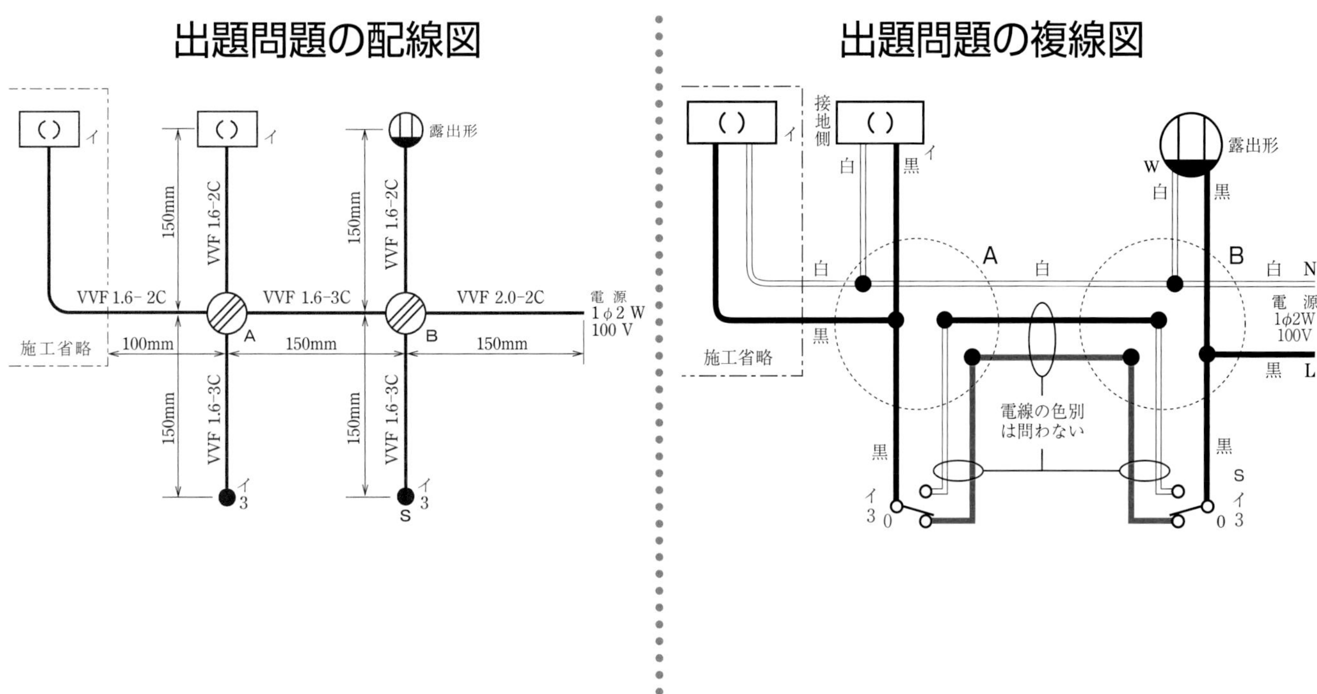

完成作品例

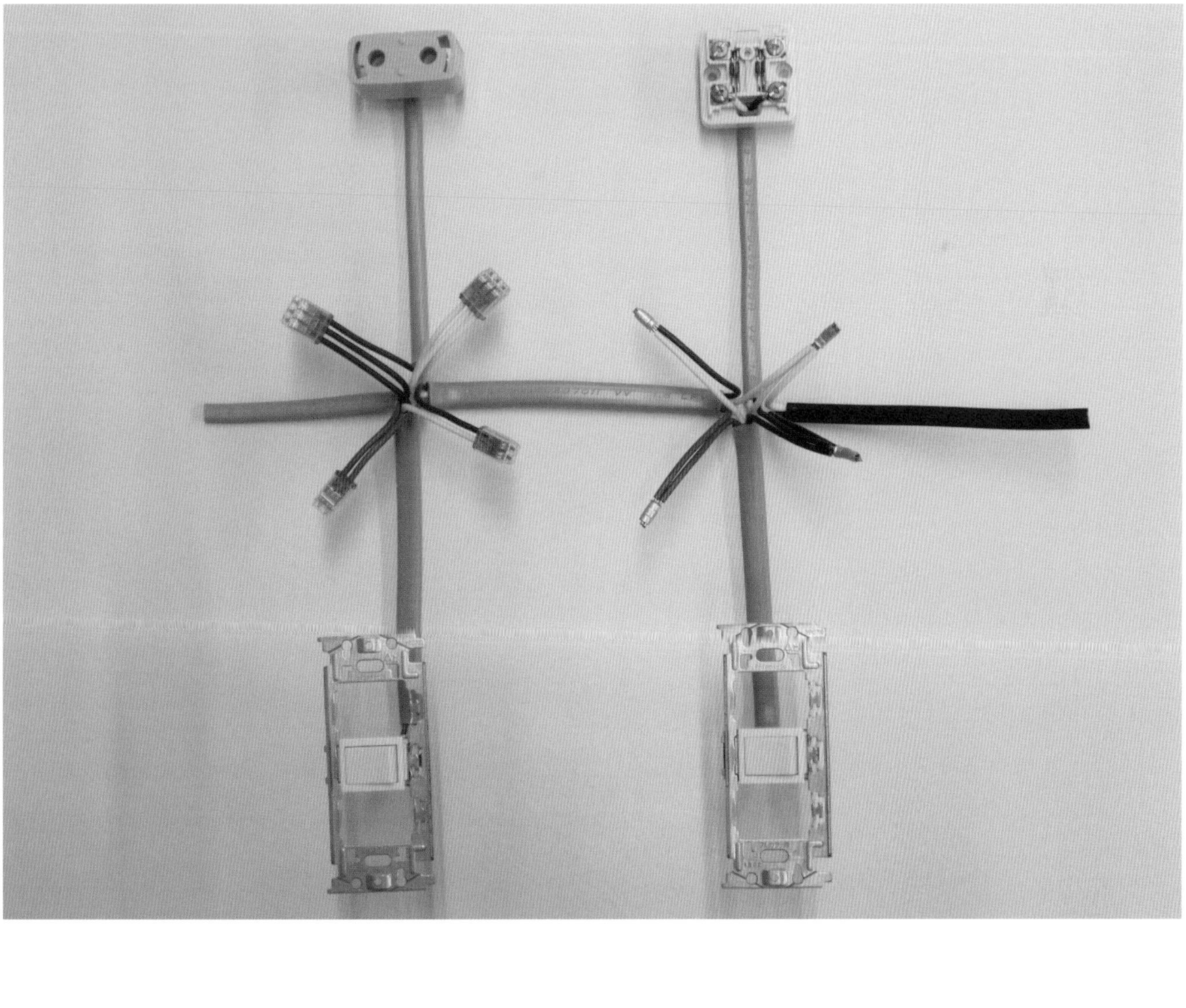

出題⑦：候補問題 No.7

出題問題の配線図

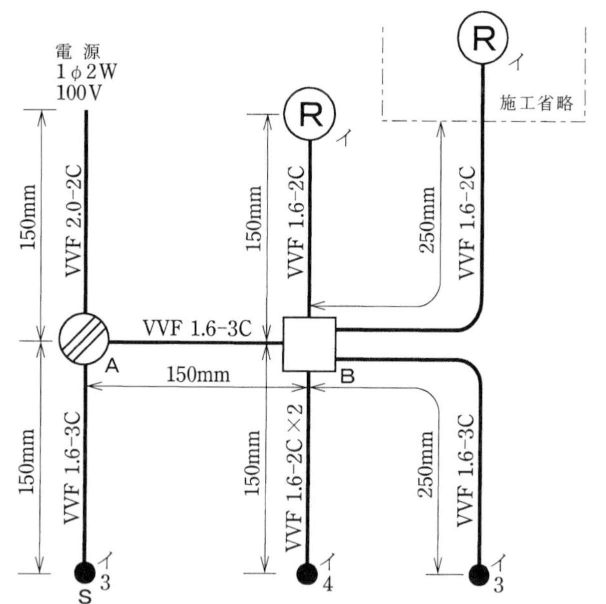

出題問題の複線図

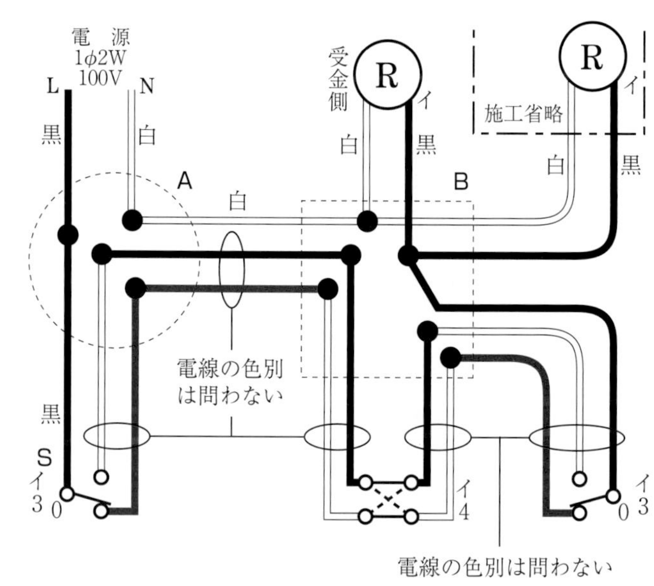

完成作品例

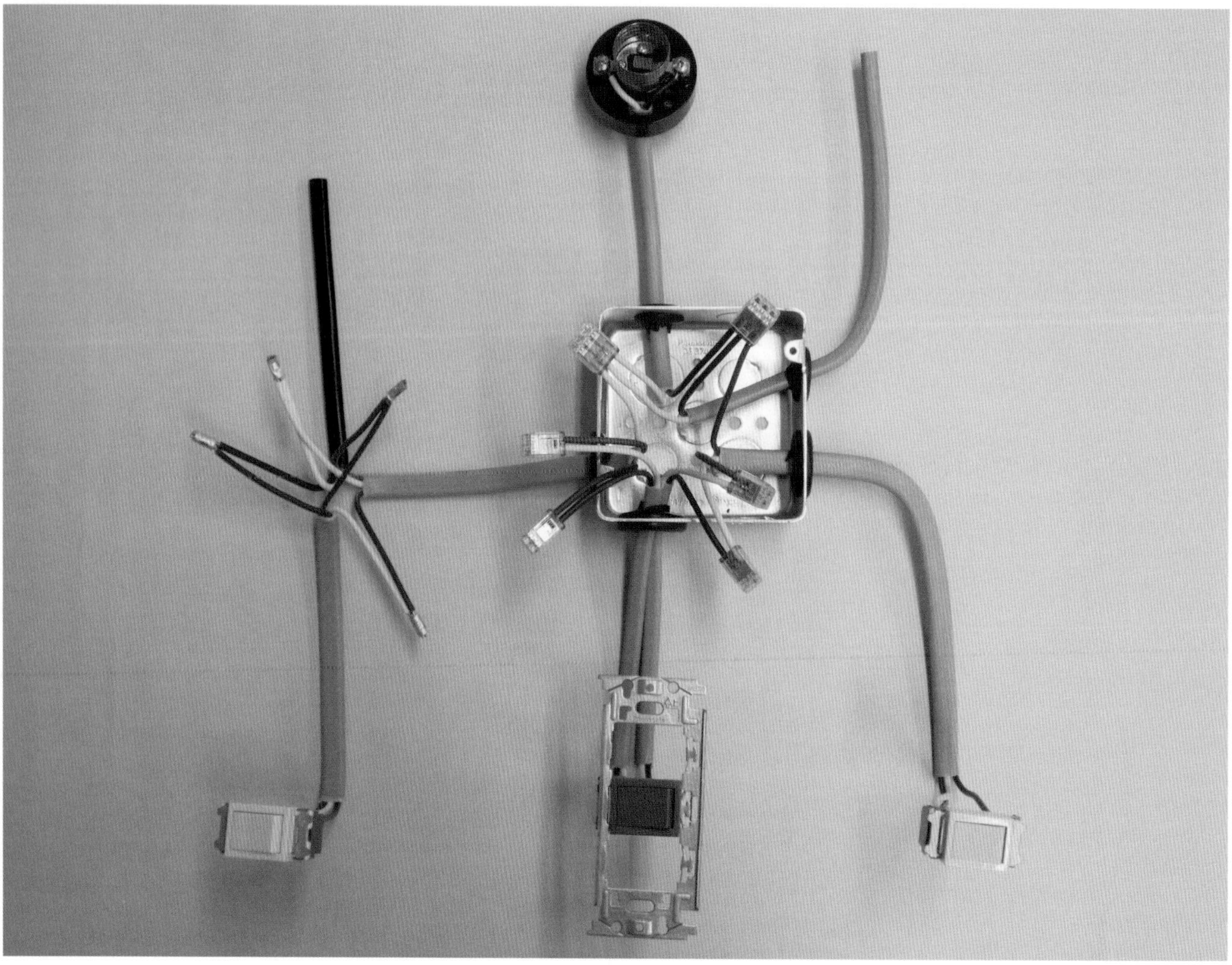

出題⑧：候補問題 No.8

出題問題の配線図と端子台説明図

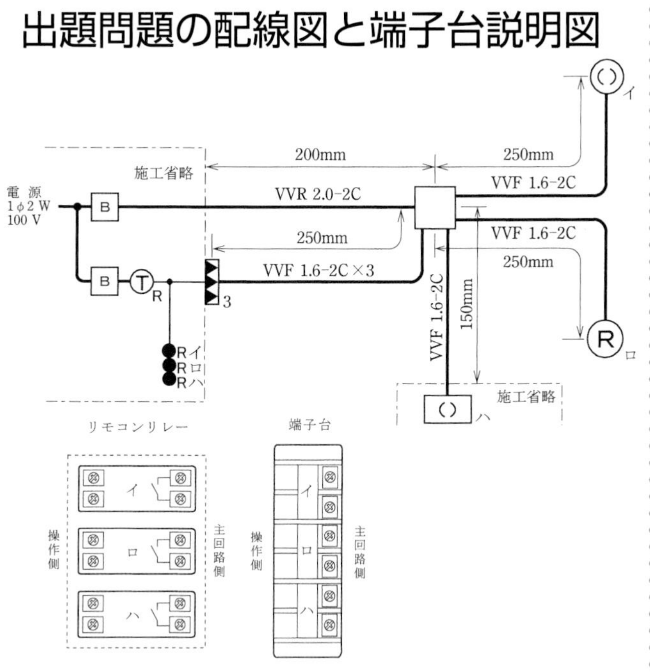

出題問題の複線図

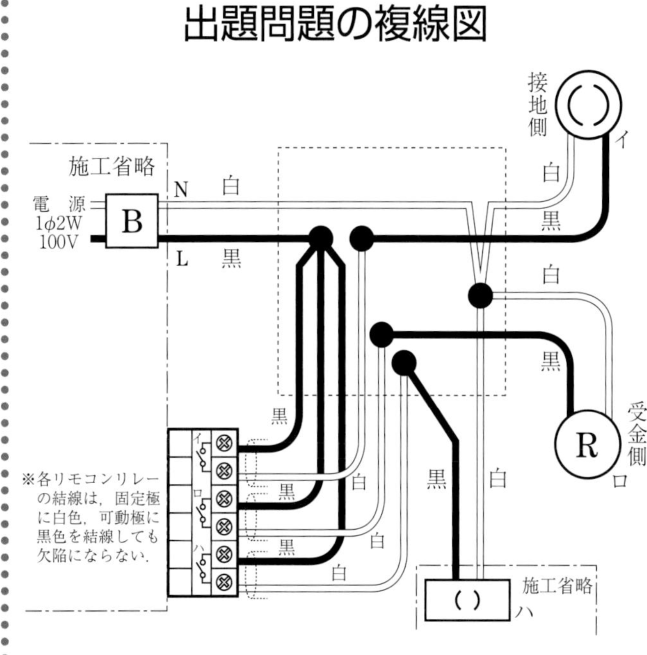

完成作品例

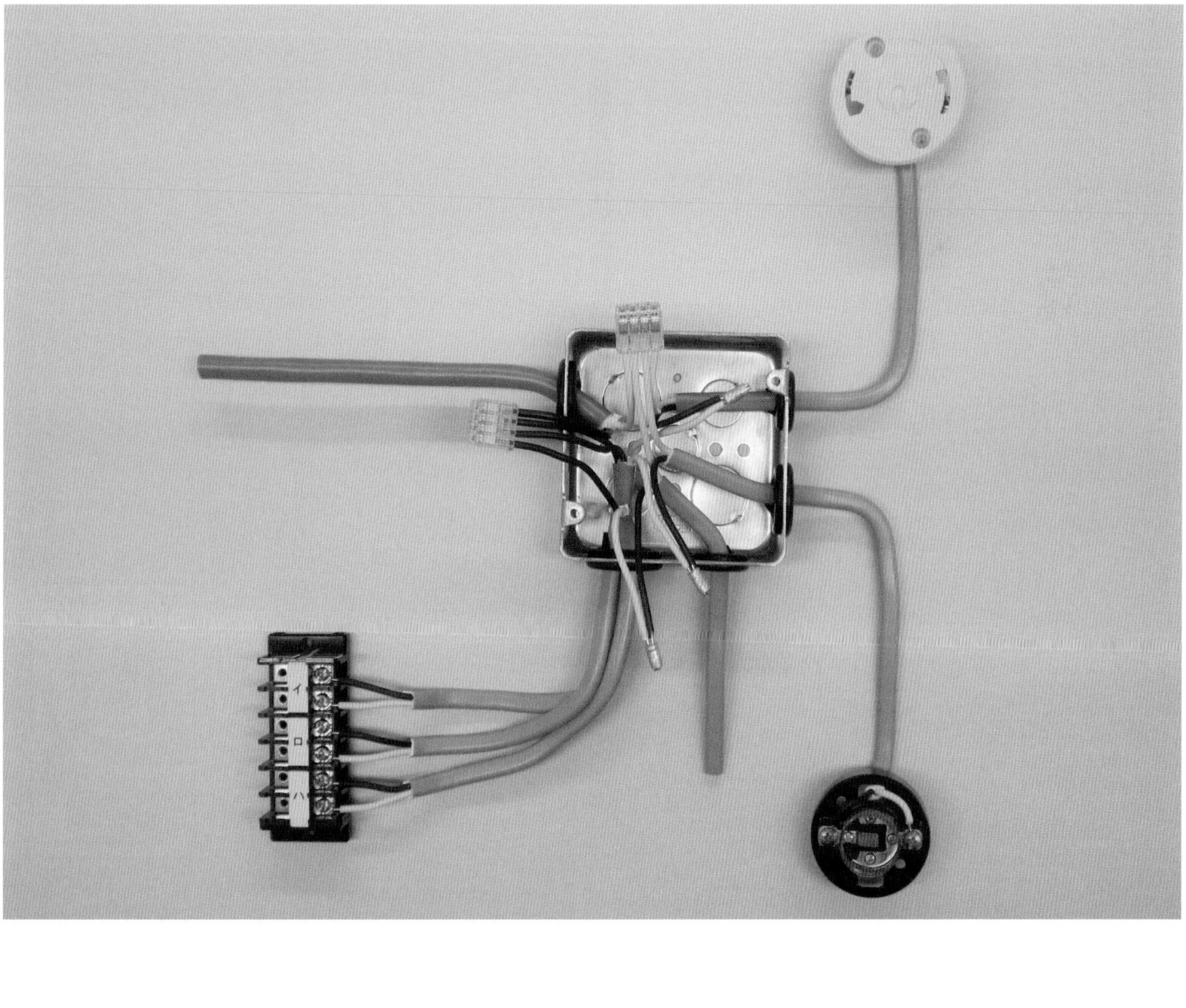

出題⑨：候補問題 No.9

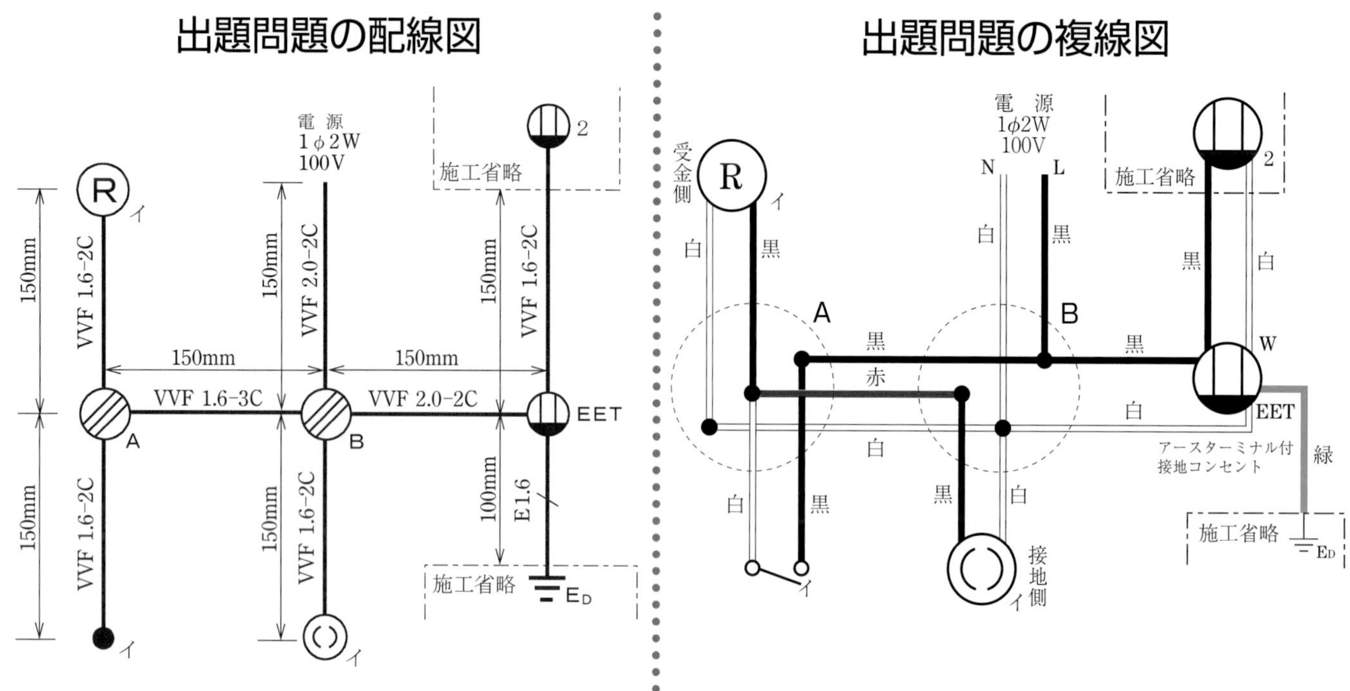

完成作品例

連用箇所裏面

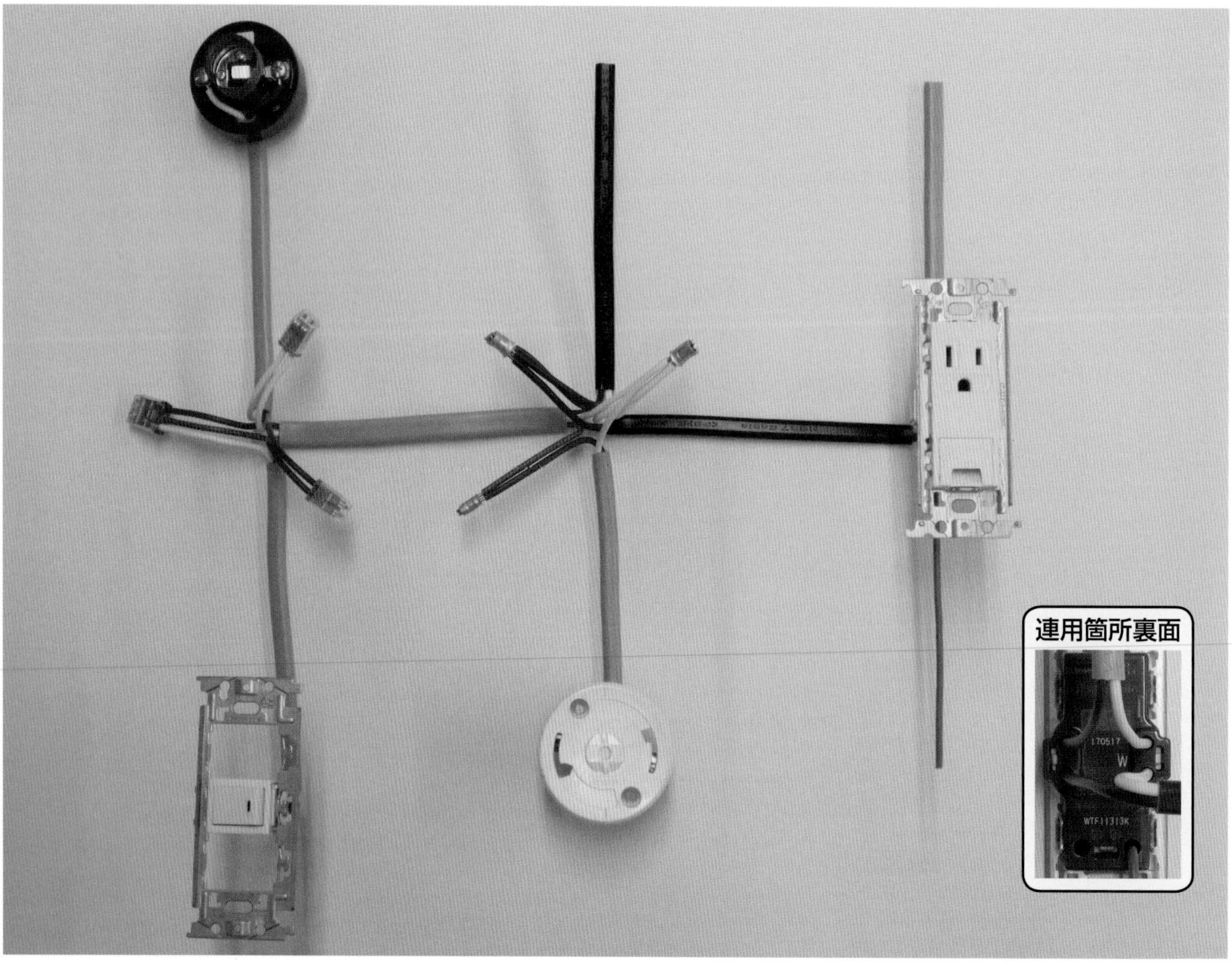

出題⑩：候補問題 No.10

出題問題の配線図

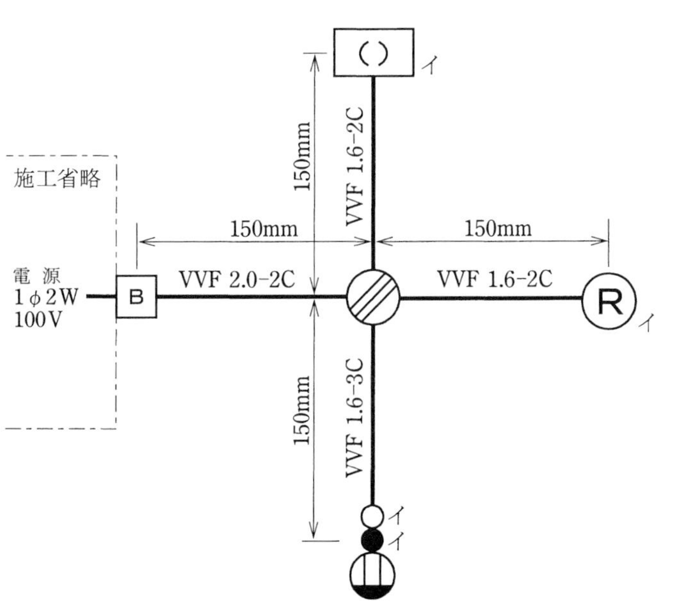

出題問題の複線図

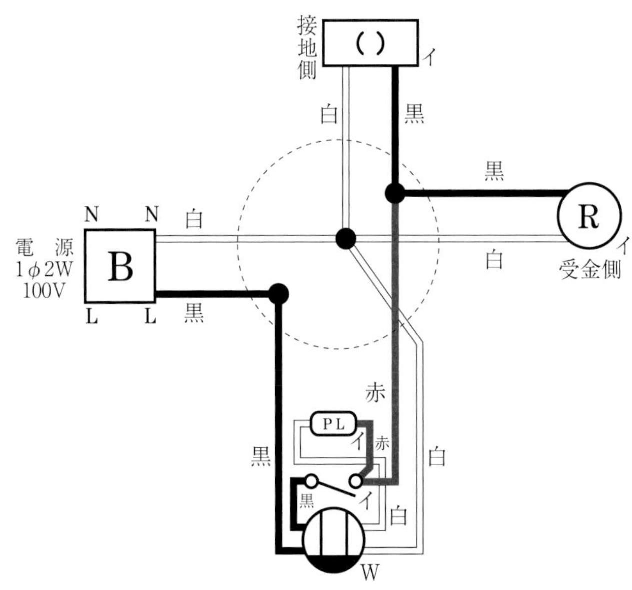

完成作品例

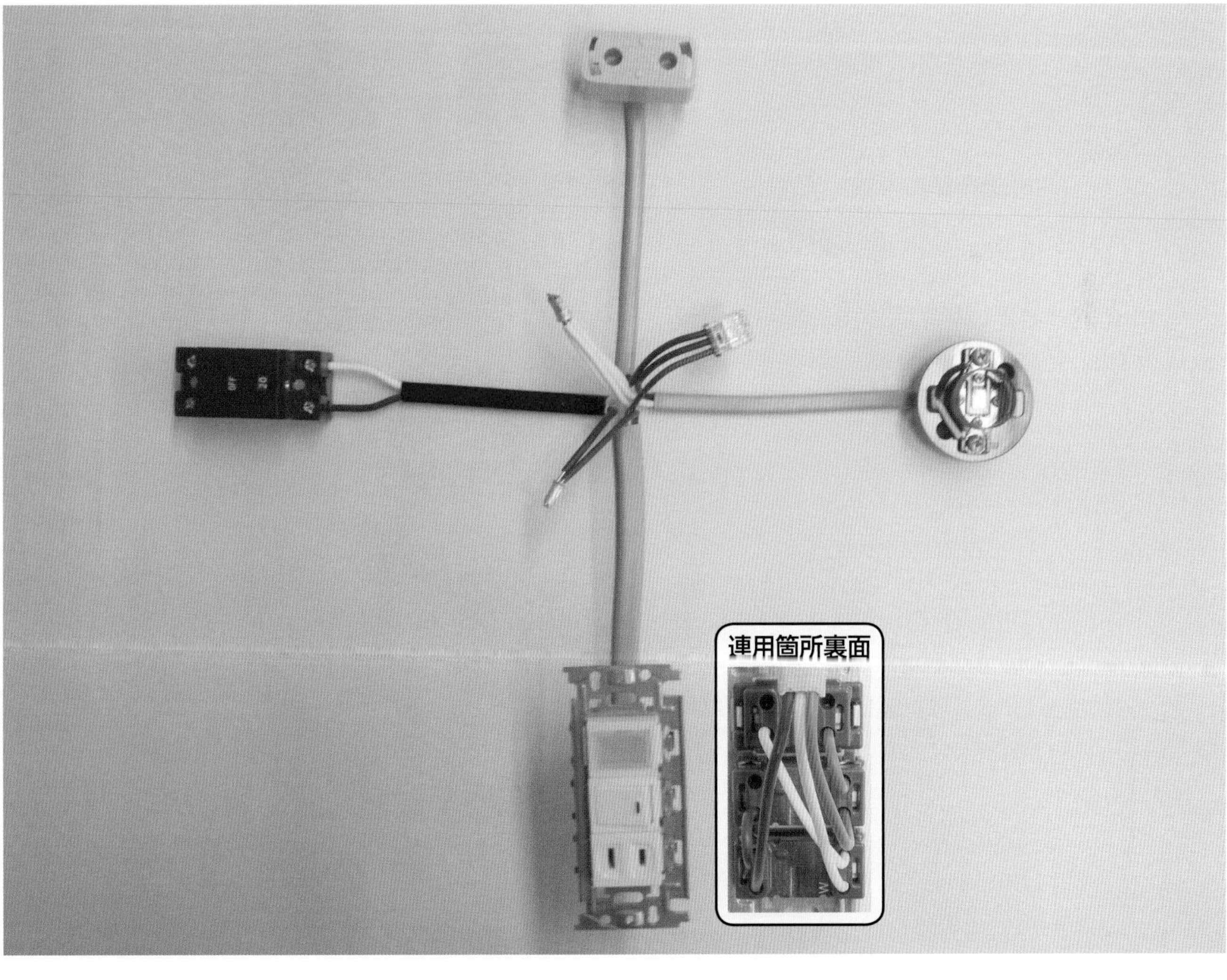

連用箇所裏面

昨年度の出題問題

出題⑪：候補問題 No.11

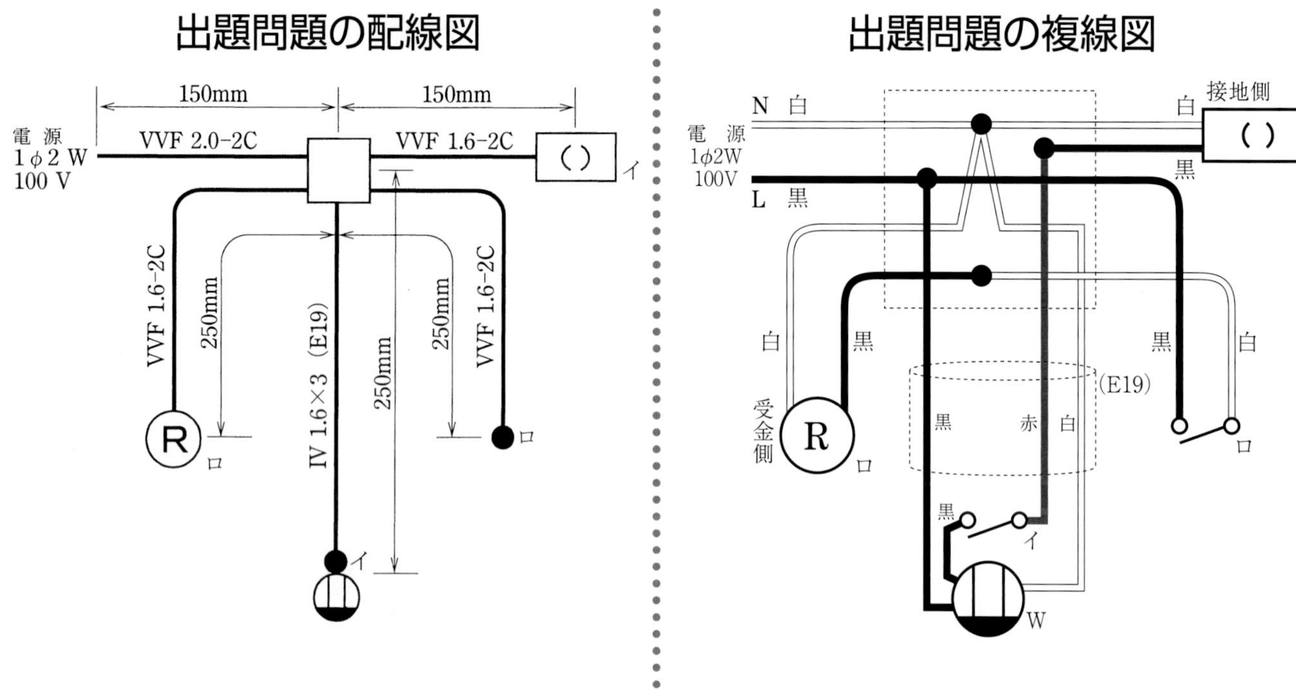

完成作品例

連用箇所裏面

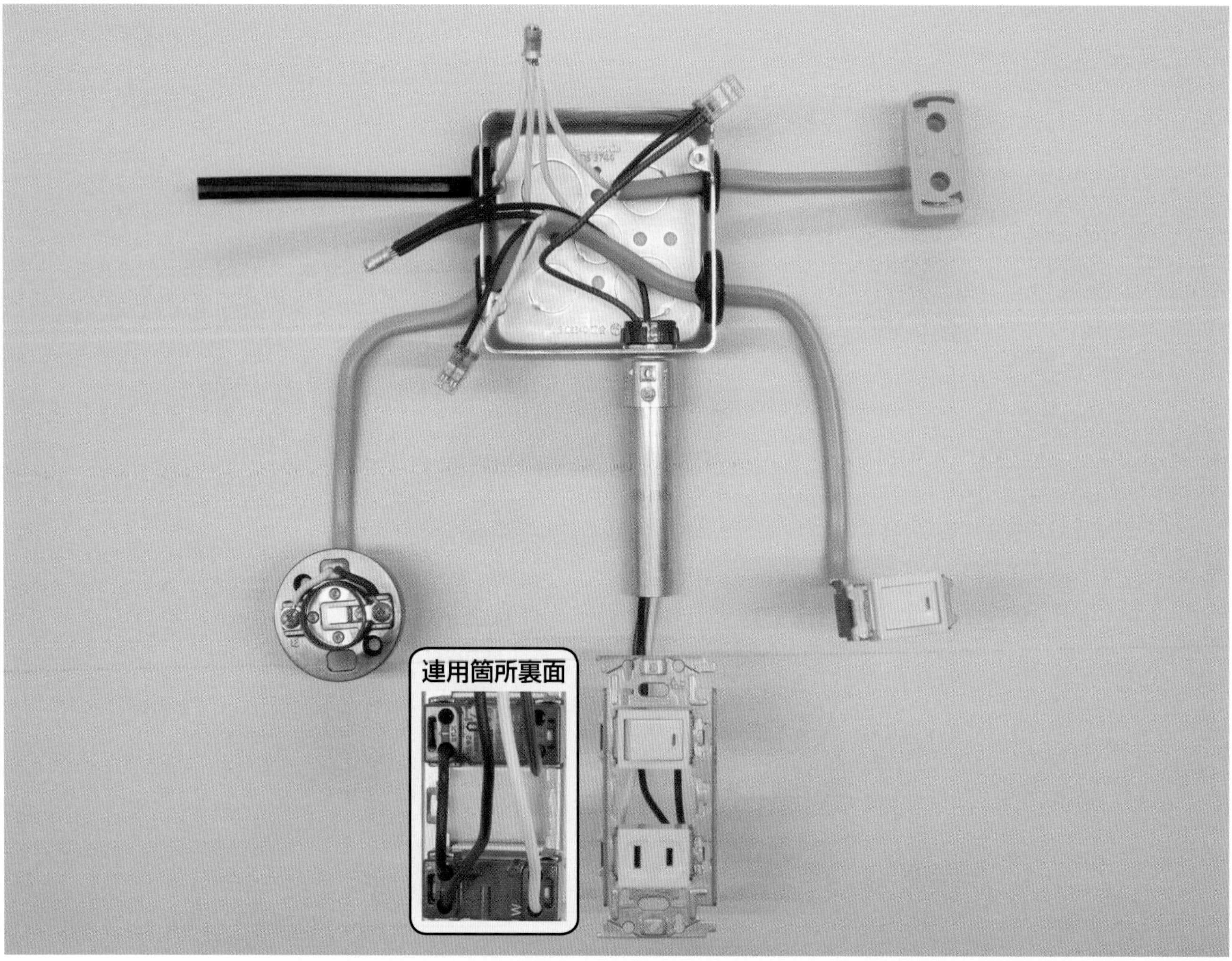

出題⑫：候補問題 No.12

出題問題の配線図

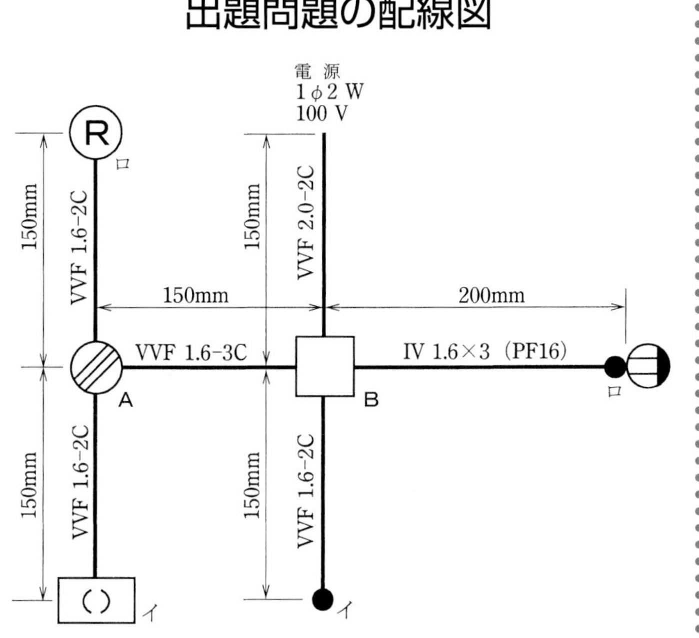

出題問題の複線図

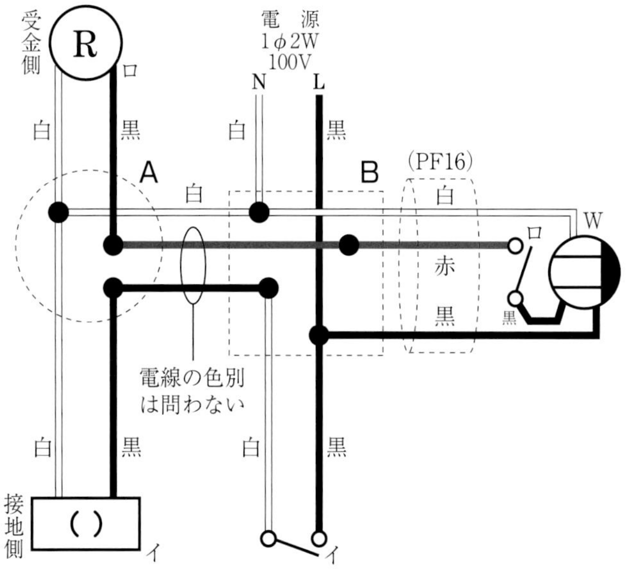

受金側
R
ロ
電 源
1φ2W
100V
N
L
白
黒
白
黒
A
B
（PF16）
白
白
W
ロ
赤
黒
黒
電線の色別
は問わない
白
黒
白
黒
接地側
( )
イ
イ

完成作品例

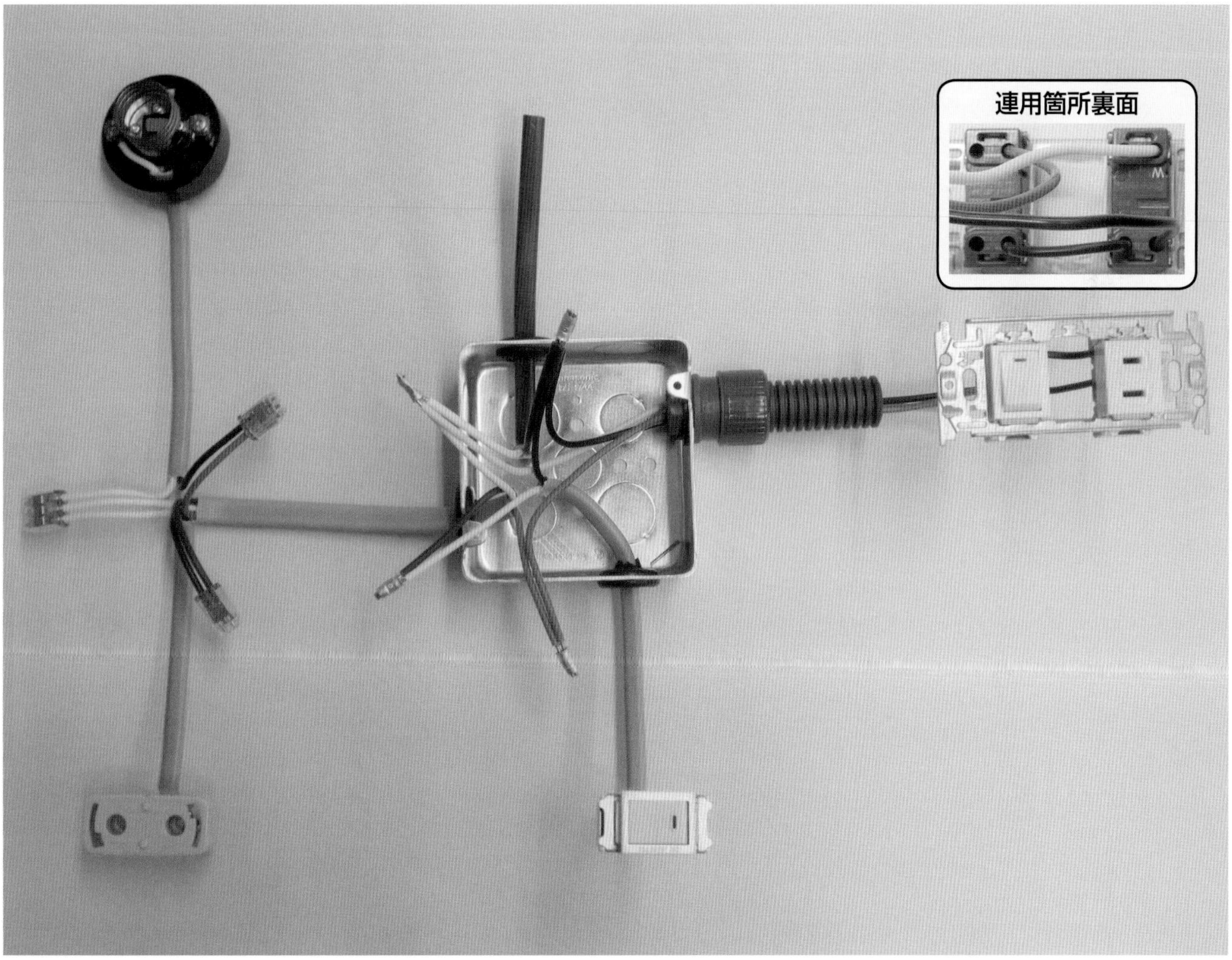

連用箇所裏面

出題⑬：候補問題 No.13

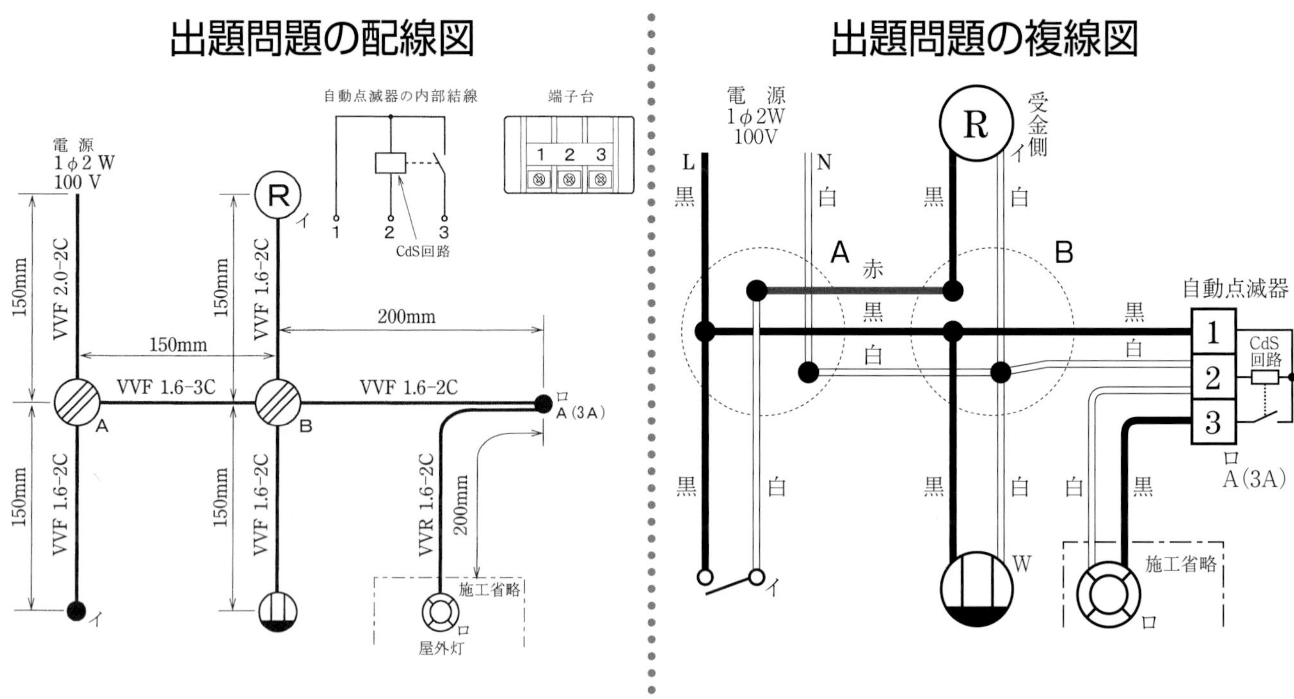

完成作品例

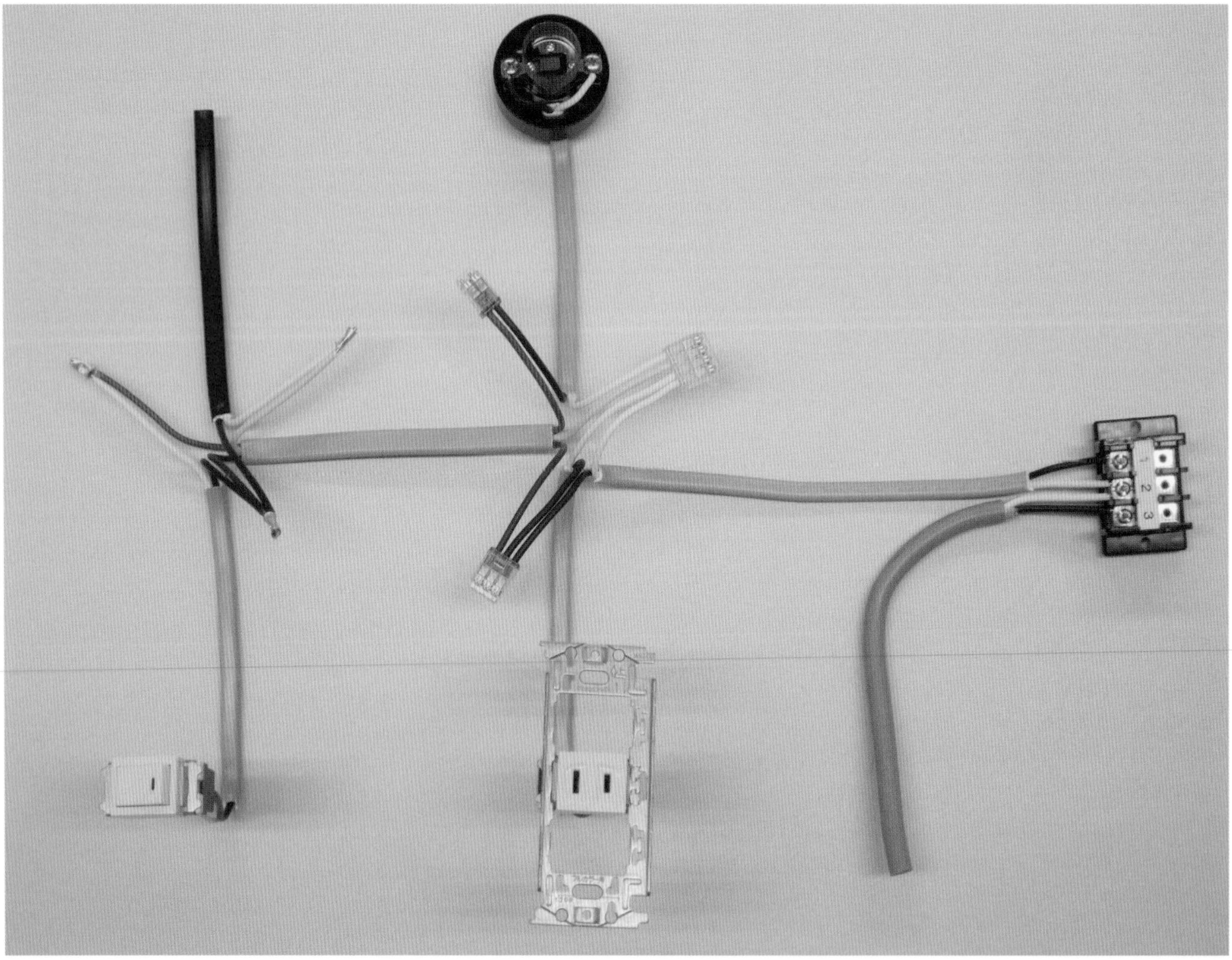

2024年版
第二種電気工事士技能試験候補問題丸わかり

2024年 3月22日　第1版第1刷発行

編　者　電　気　書　院
発行者　田　　中　　聡

発　行　所
株式会社　電　気　書　院
ホームページ　www.denkishoin.co.jp
（振替口座　00190-5-18837）
〒101-0051　東京都千代田区神田神保町1-3ミヤタビル2F
電話(03)5259-9160／FAX(03)5259-9162

印刷　日経印刷株式会社
Printed in Japan／ISBN978-4-485-21497-8

- 落丁・乱丁の際は，送料弊社負担にてお取り替えいたします.
- 正誤のお問合せにつきましては，書名・版刷を明記の上，編集部宛に郵送・FAX（03-5259-9162）いただくか，当社ホームページの「お問い合わせ」をご利用ください．電話での質問はお受けできません．また，正誤以外の詳細な解説・受験指導は行っておりません.

[本書の正誤に関するお問い合せ方法は，最終ページをご覧ください]

書籍の正誤について

万一，内容に誤りと思われる箇所がございましたら，以下の方法でご確認いただきますようお願いいたします．

なお，正誤のお問合せ以外の書籍の内容に関する解説や受験指導などは**行っておりません**．このようなお問合せにつきましては，お答えいたしかねますので，予めご了承ください．

正誤表の確認方法

最新の正誤表は，弊社Webページに掲載しております．書籍検索で「正誤表あり」や「キーワード検索」などを用いて，書籍詳細ページをご覧ください．

正誤表があるものに関しましては，書影の下の方に正誤表をダウンロードできるリンクが表示されます．表示されないものに関しましては，正誤表がございません．

弊社Webページアドレス
https://www.denkishoin.co.jp/

正誤のお問合せ方法

正誤表がない場合，あるいは当該箇所が掲載されていない場合は，書名，版刷，発行年月日，お客様のお名前，ご連絡先を明記の上，具体的な記載場所とお問合せの内容を添えて，下記のいずれかの方法でお問合せください．

回答まで，時間がかかる場合もございますので，予めご了承ください．

郵送先

〒101-0051
東京都千代田区神田神保町1-3
ミヤタビル2F
㈱電気書院　編集部　正誤問合せ係

ファクス番号　**03-5259-9162**

弊社Webページ右上の「**お問い合わせ**」から
https://www.denkishoin.co.jp/

お電話でのお問合せは，承れません

(2024年2月現在)